国家科学技术学术著作出版基金资助出版

工业过程优化控制方法基础

丁宝苍　平续斌　胡建晨　姚　旭　著

科学出版社

北　京

内容简介

本书主要介绍工业双层结构预测控制和基于线性多胞模型的鲁棒预测控制算法以及与其紧密相关的线性规划、二次规划、序列规划、子空间辨识和状态估计的基础方法。针对这些算法和方法技术不仅提供大量算例和习题，并且给出部分程序代码供读者研究与参考。

本书可供高等学校控制理论与控制工程以及相关专业的本科生、研究生使用，也可供工程技术人员和工业软件领域的从业人员参考。

图书在版编目（CIP）数据

工业过程优化控制方法基础/丁宝苍等著. —北京：科学出版社, 2024.3
ISBN 978-7-03-078017-1

I.①工… II.①丁… III.①工业-生产过程-过程控制 IV.①TB114.2

中国国家版本馆 CIP 数据核字（2024）第 034455 号

责任编辑：叶苏苏 赵晓廷／责任校对：高辰雷
责任印制：罗 科／封面设计：义和文创

科学出版社 出版
北京东黄城根北街 16 号
邮政编码：100717
http://www.sciencep.com
四川煤田地质制图印务有限责任公司印刷
科学出版社发行 各地新华书店经销
*
2024 年 3 月第 一 版 开本：890×1240 A4 (210×297)
2024 年 3 月第一次印刷 印张：24 1/4
字数：785 000

定价：299.00 元

(如有印装质量问题，我社负责调换)

前　言

数学优化是众多先进和智能自动控制算法的理论基础，其中尤其以模型预测控制 (MPC) 为基于优化的自动控制算法的代表。模型预测控制已在全球能源、化工、石化等行业数千个复杂装置中得到成功应用，取得了巨大的经济效益。这些应用离不开对基本的线性规划、二次规划、序列线性/二次规划、字典序优化的运用。在工业应用上，出现了以双层结构预测控制为代表的算法体系；在学术研究上，形成了具有稳定性保证的约束预测控制、鲁棒预测控制、非线性预测控制等。

以模型预测控制为代表的优化控制的理论研究与技术应用是一个系统工程，涉及模型辨识、信号滤波、数学规划、多变量控制、状态估计等诸多科学问题，工程实施的关键在于相关技术的完备性以及技术人员的经验。本书获得国家科学技术学术著作出版基金、重庆邮电大学出版基金资助，介绍与预测控制工程应用和学术研究紧密相关的一些数学优化、算法设计和理论分析成果，主要有三部分内容：基础优化理论（第 1 ～ 3 章）、基于状态空间模型的估计与双层结构预测控制（第 4、5 章）、基于线性多胞模型的鲁棒预测控制（第 6 ～ 8 章）。

本书第一作者丁宝苍从 1997 年开始接触和学习优化控制理论。攻读硕士期间，参加了两个优化控制工程应用项目；攻读博士期间，接触和学习了导师席裕庚教授于 20 世纪 90 年代提出的满意控制；博士毕业后，一直从事优化控制的学术理论研究，推广优化控制工业应用；2010 年，开始开发优化控制软件。在围绕本科/研究生教学、科学理论研究和工程实践中，逐渐形成了本书的主体内容。撰写本书的目的在于搭建工程实践与理论研究之间的桥梁，以此促进优化控制在我国的研究与应用。

全书由第一作者丁宝苍提笔，平续斌参与撰写了第 1 章部分内容，胡建晨参与撰写了第 2 章部分内容，姚旭参与撰写了第 3 章部分内容。本书的算法通过了长期程序/软件验证，与工业预测控制软件相关部分更是经过了工程测试和应用。除了课题组的应用，主要是外单位采用作者的软件，在几十个不同的工业装置上开展或计划开展工作。这些工作有的涉及全厂各段流程的控制，有的是在局部生产单元采用。这些是很有成效的，也促使作者尽快出版本书。

本书多数内容已经在河北工业大学研究生课程“预测控制”、重庆大学本科生必修课程“先进控制理论”、西安交通大学研究生公共课程“泛函分析及应用”、重庆邮电大学研究生必修课“数学优化与最优控制”等课程中讲授、打磨和反复修改，因此适合作为研究生通用参考书。本书一些研究方法在自主知识产权的软件技术中实现并在流程企业得到应用，因此适合工程技术人员和工业软件领域的从业人员参考。

感谢国家自然科学基金（编号：62073053）的资助。由于作者水平有限，书中难免会有不尽如人意之处，衷心希望广大读者提出宝贵意见。

丁宝苍

2023 年 10 月

目　录

第 1 章　优化问题描述方法 ······ 1
1.1　基本描述方法 ······ 1
1.2　等式约束 ······ 2
1.3　基于优化的控制问题 ······ 4
1.3.1　线性时不变状态空间模型 ······ 4
1.3.2　非线性状态空间模型 ······ 9
1.3.3　线性多胞状态空间模型 ······ 11
1.4　本书常用的优化求解工具 ······ 12
1.4.1　最小二乘法 ······ 12
1.4.2　线性规划 ······ 16
1.4.3　字典序优化 ······ 17
1.4.4　二次规划 ······ 19
1.4.5　线性矩阵不等式优化 ······ 20
1.5　习题 1 ······ 20
第 2 章　线性规划和控制器设计 ······ 21
2.1　线性规划的一种标准化形式 ······ 21
2.1.1　决策变量的非负性 ······ 21
2.1.2　不等式约束变成等式约束 ······ 22
2.1.3　标准化处理 ······ 22
2.1.4　单纯形算法 ······ 23
2.2　基于线性规划的控制器 ······ 29
2.3　基于字典序线性规划的控制器 ······ 44
2.4　序列线性规划的基本原理 ······ 51
2.5　基于序列线性规划的控制器 ······ 53
2.6　习题 2 ······ 56
第 3 章　二次规划和控制器设计 ······ 58
3.1　二次规划的一些基本处理方法 ······ 58
3.1.1　Lagrange 乘子法 ······ 58
3.1.2　近似迭代最小二乘法 ······ 59
3.1.3　积极集法 ······ 61
3.2　基于二次规划的控制器 ······ 63
3.3　序列二次规划的基本原理 ······ 71
3.4　基于序列二次规划的控制器 ······ 72
3.5　习题 3 ······ 76
第 4 章　状态空间模型的状态与参数估计 ······ 79
4.1　最优 Kalman 滤波 ······ 79
4.2　稳态 Kalman 滤波 ······ 86
4.3　信息融合 Kalman 滤波的基本原理 ······ 88

4.4 基于子空间方法的模型参数估计 ······ 96
4.4.1 开环辨识的线性回归分析法 ······ 98
4.4.2 开环辨识的 PO-MOESP 法 ······ 101
4.4.3 闭环辨识的 2ORT 法 ······ 102
4.5 习题 4 ······ 115
第 5 章 双层结构预测控制 ······ 117
5.1 线性模型的双层结构预测控制 ······ 117
5.1.1 上层优化 ······ 117
5.1.2 下层优化 ······ 118
5.2 双层结构预测控制的一个完整例子 ······ 121
5.2.1 开环预测模块 ······ 122
5.2.2 稳态目标计算模块 ······ 123
5.2.3 动态控制模块 ······ 127
5.3 非线性模型的双层结构预测控制 ······ 155
5.4 习题 5 ······ 160
第 6 章 线性多胞模型的启发式预测控制 ······ 163
6.1 基于开环优化的启发式方法 ······ 163
6.2 状态不可测时的开环优化预测控制 ······ 169
6.3 习题 6 ······ 178
第 7 章 线性多胞模型的鲁棒预测控制 ······ 179
7.1 重要基础方法 ······ 179
7.1.1 KBM 公式 ······ 179
7.1.2 KBM 控制器 ······ 181
7.1.3 一个推广到网络控制的例子 ······ 181
7.2 不变集陷阱 ······ 186
7.3 时域 N 为 0 或者为 1 ······ 194
7.4 变体反馈预测控制 ······ 222
7.5 关于最优性 ······ 234
7.5.1 线性时变系统的约束二次型调节器 ······ 235
7.5.2 基于标称性能指标改进最优性 ······ 243
7.5.3 关于采用多个上界的思考 ······ 257
7.6 习题 7 ······ 258
第 8 章 输出反馈鲁棒预测控制 ······ 259
8.1 模型及控制器描述 ······ 282
8.1.1 线性多胞模型的控制器 ······ 282
8.1.2 线性准多胞模型的控制器 ······ 283
8.2 稳定性和最优性的描述 ······ 284
8.2.1 二次有界性回顾 ······ 284
8.2.2 稳定性条件 ······ 285
8.2.3 最优性条件 ······ 286
8.2.4 状态收敛的悖论 ······ 288
8.3 优化问题的一般性处理 ······ 288
8.3.1 物理约束处理 ······ 289
8.3.2 当前扩展状态 ······ 290

8.3.3　一些常用的变换 …… 291
8.3.4　双凸组合处理 …… 292
8.4　优化问题的最终形式 …… 293
8.4.1　线性多胞模型的全参数在线方法 …… 293
8.4.2　线性多胞模型的部分参数在线方法 …… 294
8.4.3　优化问题中的松弛变量 …… 296
8.4.4　基于合同变换的其他形式 …… 297
8.4.5　关于真实状态的界描述 …… 316
8.5　习题 8 …… 316
参考文献 …… 319
部分参考答案 …… 322
附录　一些公共程序代码 …… 366

第 1 章　优化问题描述方法

1.1　基本描述方法

考虑如下优化问题：

$$\min J(u) \quad \text{s.t.} \quad h_1(u) \geqslant 0, \quad h_2(u) \leqslant 0, \quad h_3(u) = 0 \tag{1.1}$$

其中, min 表示最小化 (minimization),有时改为 max 即最大化 (maximization);$J(u)$ 是目标函数 (objective function)；$u \in \mathbb{R}^m$ 为决策变量 (decision variable)，是式(1.1)中未知的变量；s.t. 是 subjected to（受到）的缩写；s.t. 后面的不等式和等式表示约束，即

$$\begin{cases} h_1(u) \geqslant 0 \\ h_2(u) \leqslant 0 \\ h_3(u) = 0 \end{cases}$$

约束定义了 u 的一个区域 $\mathcal{F}$，即 u 只能在 $\mathcal{F}$ 内取值。

优化问题一般包含以下要素：

(1) 目标函数;

(2) 决策变量;

(3) 约束。

这里有以下几个重要的概念。

(1) 可行域或称可行集，即 $\mathcal{F}$：只有 $\mathcal{F}$ 非空，优化问题才有解。

(2) 可行性：$\mathcal{F}$ 非空且在 $\mathcal{F}$ 上 $J(u)$ 有值，则 $J(u)$ 有可行解。可行解 $u^f \in \mathcal{F}$，则 $J(u^f)$ 存在且有界。

(3) 最优性：若

$$J(u^*) \leqslant J(u^f), \quad \forall u^f \in \mathcal{F}$$

则 $J(u^*)$ 就是最优的。

(4) 最优解的唯一性：u^* 是唯一的，即

$$J(u^*) < J(u^f), \quad \forall u^f \neq u^*, \quad u^f \in \mathcal{F}$$

(5) 凸性：如果 $\mathcal{F}$ 是凸的且 $J(u)$ 是凸的，则优化问题是凸的。所谓 $\mathcal{F}$ 是凸的，即连接 $\mathcal{F}$ 中的任意两点的直线全部属于 $\mathcal{F}$，即

$$\lambda u^1 + (1-\lambda)u^2 \in \mathcal{F}, \quad \forall u^1,\ u^2 \in \mathcal{F}, \quad \forall \lambda \in [0,1]$$

所谓 $J(u)$ 是凸的，即

$$J(\lambda u^1 + (1-\lambda)u^2) \leqslant \lambda J(u^1) + (1-\lambda)J(u^2), \quad \forall u^1,\ u^2 \in \mathcal{F}, \quad \forall \lambda \in [0,1]$$

如果 $\mathcal{F}$ 或者 $J(u)$ 是非凸的，则最优解可能不容易找到。

1.2 等式约束

约束的形式其实很多，如等式约束 $h_3(u)=0$ 可以是代数方程，也可以是更复杂的情况：

(1) $\dot{y}=h_3(y,u)$，其中 $\dot{y}=\dfrac{\mathrm{d}y}{\mathrm{d}u}$；

(2) $\dot{y}(t)=h_3\left(y(t),u(t),t\right)$，其中 $\dot{y}=\dfrac{\mathrm{d}y\,(t)}{\mathrm{d}t}$；

(3) $y_{k+1}=h_3\left(y_k,y_{k-1},\cdots,y_{k-p},u_k,u_{k-1},\cdots,u_{k-q}\right)$，其中 p 和 q 是正数。

约束 (2) 为连续时间方程，t 为时间；约束 (3) 为离散时间方程，k 代表第 k 个采样时刻。

约束 (1) 的例子如下：

$$\begin{cases}\dot{y}_1=3y_1+y_2+u_1^3\\ \dot{y}_2=y_1-2y_2-\sin u_2+u_1^{\frac{1}{2}}\end{cases}$$

其中

$$y=\begin{bmatrix}y_1\\ y_2\end{bmatrix},\quad u=\begin{bmatrix}u_1\\ u_2\end{bmatrix}$$

这是常微分方程 (ordinary differential equation, ODE)，以一阶方程组的形式出现。另一个例子：

$$\begin{cases}\ddot{y}_1=3\dot{y}_1+\dot{y}_2+y_1+y_2+u_1^3\\ \ddot{y}_2=y_1-2y_2-\sin u_2+u_1^{\frac{1}{2}}\end{cases}$$

化成一阶方程组的形式，即约束 (1) 的形式，为

$$\begin{cases}\dot{y}_1=y_3\\ \dot{y}_2=y_4\\ \dot{y}_3=y_1+y_2+3y_3+y_4+u_1^3\\ \dot{y}_4=y_1-2y_2-\sin u_2+u_1^{\frac{1}{2}}\end{cases}$$

其中

$$y=\begin{bmatrix}y_1\\ y_2\\ y_3\\ y_4\end{bmatrix},\quad u=\begin{bmatrix}u_1\\ u_2\end{bmatrix}$$

约束 (2) 的例子如下：

$$\begin{cases}\dot{y}_1(t)=y_2(t)+u(t)+\sin t\\ \dot{y}_2(t)=u(t)\end{cases}$$

其中

$$y=\begin{bmatrix}y_1\\ y_2\end{bmatrix}$$

这是动态方程，即 $\{u,y\}$ 随时间运动。约束 (2) 的一个特例就是

$$\dot{x}(t)=Ax(t)+Bu(t)$$

其中，$x \in \mathbb{R}^n$；$u \in \mathbb{R}^m$；$A \in \mathbb{R}^{n\times n}$；$B \in \mathbb{R}^{n\times m}$。

约束 (3) 的例子如下：

$$y_{k+1} = y_k^{\frac{1}{2}} + y_{k-3}^2 + \tan u_{k-1} + u_{k-2}^{\frac{1}{3}}$$

约束 (1)、约束 (2)、约束 (3) 仅有某种程度的一般性，例如：

$$y_{k+1}^{\frac{1}{2}} \ln(y_{k+1}y_k) + y_{k+1}^2 + y_k u_k - u_{k-1} = 0$$

就不具有约束 (3) 的形式。

除了约束 (1)、约束 (2)、约束 (3)，等式约束 $h_3(u) = 0$ 可以替换为偏微分方程 (partial differential equation, PDE)、积分方程 (integral equation, IE) 等。例如：

$$\frac{\partial^2 y}{\partial u_1^2} + \frac{\partial^2 y}{\partial u_2^2} = 0$$

是一个 PDE，其中

$$y = y(u_1, u_2), \quad u = \begin{bmatrix} u_1 \\ u_2 \end{bmatrix}$$

又如：

$$\frac{\partial^2 y}{\partial t^2} = a^2 \frac{\partial^2 y}{\partial u^2}$$

也是一个 PDE，其中 $y = y(u,t)$ 是波动，a 为常数，t 为时间，u 为长度。再如：

$$\frac{\partial y}{\partial t} = a^2 \frac{\partial^2 y}{\partial u^2}$$

也是一个 PDE。例如：

$$\alpha(u)y(u) = F(u) + \mu \int_a^b K(u,t)y(t)\mathrm{d}t$$

是一个 IE，其中 $\alpha(u)$、$F(u)$ 和 $K(u,t)$ 都是已知函数；$\{\mu, a, b\}$ 是常数。

实际上，很多时候当出现 ODE/PDE/IE 中的 y（因变量）时，优化问题(1.1)更方便地表达为

$$\min J(y,u) \ \text{ s.t. } \ h_1(y,u) = 0, \quad h_2(y,u) \geqslant 0 \tag{1.2}$$

其中

$$y = \begin{bmatrix} y_1 \\ y_2 \\ \vdots \\ y_n \end{bmatrix} \in \mathbb{R}^n, \quad u = \begin{bmatrix} u_1 \\ u_2 \\ \vdots \\ u_m \end{bmatrix} \in \mathbb{R}^m, \quad h_1 = \begin{bmatrix} h_{11} \\ h_{12} \\ \vdots \\ h_{1l} \end{bmatrix}, \quad h_2 = \begin{bmatrix} h_{21} \\ h_{22} \\ \vdots \\ h_{2r} \end{bmatrix}$$

h_{ij}（$i = 1,2$；$j = 1,2,\cdots,l$ 或 r）是多变量单值函数。如果 $y = y(t)$ 和 $u = u(t)$，则式(1.2)为动态优化问题。

将式(1.2)写为如下形式：

$$\min_u J(y,u) \ \text{ s.t. } \ \begin{cases} h_{1j}(y,u) \geqslant 0, & j = 1,2,\cdots,l \\ h_{2j}(y,u) = 0, & j = 1,2,\cdots,r \end{cases}$$

可将 h_{ij} 理解为算子；算子包括函数，但是内涵更加丰富。例如：

$$h(y,u)=\frac{\mathrm{d}y}{\mathrm{d}u}+u^{\frac{1}{2}}+\sin(yu)$$
$$h(y,u)=\frac{\partial^2 y}{\partial u^2}u+y$$
$$h(y,u)=\int_a^b y\mathrm{d}u+y^2$$
$$h(y,u)=\sum_{j=1}^{\infty}(y^{\frac{1}{j}}+u^j)$$

同理，可将 $J(y,u)$ 理解为算子。

1.3　基于优化的控制问题

对控制问题，一个常见的优化为

$$\min\left\{\sum_{i=1}^{N-1}\left\|Q_i^{\frac{1}{q}}(y_i-y_{\text{ss}})\right\|_p^q+\sum_{j=0}^{N-1}\left\|R_j^{\frac{1}{q}}(u_j-u_{\text{ss}})\right\|_p^q+\left\|P^{\frac{1}{q}}(y_N-y_{\text{ss}})\right\|_p^q\right\}$$

其中，$y\in\mathbb{R}^n$，y_{ss} 为 y 的稳态目标值；$u\in\mathbb{R}^m$，u_{ss} 为 u 的稳态目标值；$q=1,2$，但 $q=1$ 时经常省略；$p=1,2,\infty$，但 $p=2$ 时经常省略；$\{Q_i,R_j,P\}$ 为加权矩阵。

$p=1$ 时（1 范数），有

$$\|y_i\|_1=\sum_{l=1}^{n}|y_{l,i}|,\quad \|u_j\|_1=\sum_{l=1}^{m}|u_{l,j}|$$

$p=2$ 时（2 范数），有

$$\|y_i\|_2^2=\sum_{l=1}^{n}y_{l,i}^2,\quad \|u_j\|_2^2=\sum_{l=1}^{m}u_{l,j}^2,\quad \|y_i\|_{Q_i}^2=\left\|Q_i^{\frac{1}{2}}y_i\right\|_2^2,\quad \|u_j\|_{R_j}^2=\left\|R_j^{\frac{1}{2}}u_j\right\|_2^2$$

$p=\infty$ 时（∞ 范数），有

$$\|y_i\|_\infty=\max\{|y_{l,i}|,\quad l=1,2,\cdots,n\},\quad \|u_j\|_\infty=\max\{|u_{l,j}|,\quad l=1,2,\cdots,m\}$$

对基于优化的控制问题，本书主要采用离散时间状态空间模型，下面介绍三种常见的形式。

1.3.1　线性时不变状态空间模型

离散时间线性时不变 (linear time invariant, LTI) 状态空间模型的基本形式如下：

$$x_{k+1}=Ax_k+Bu_k \tag{1.3}$$

式中

$$x_k=\begin{bmatrix}x_{1,k}\\x_{2,k}\\\vdots\\x_{n_x,k}\end{bmatrix},\quad u_k=\begin{bmatrix}u_{1,k}\\u_{2,k}\\\vdots\\u_{n_u,k}\end{bmatrix}$$

其中，$u\in\mathbb{R}^{n_u}$ 为控制输入信号；$x\in\mathbb{R}^{n_x}$ 为系统状态。这种方程经常用来近似一个实际系统的动态特性。

注解 1.1[1-2] 通常可认为式(1.3)为式 (1.4)的简写形式:

$$\nabla x_{k+1} = A\nabla x_k + B\nabla u_k \tag{1.4}$$

即式(1.3)为式(1.4)中省略掉符号 ∇ 所得，其中 $\nabla x = x - x_{\text{eq}}$ 和 $\nabla u = u - u_{\text{eq}}$；$x_{\text{eq}}$ 和 u_{eq} 表示平衡点(或称稳态工作点)。

假设 $x_0 = \begin{bmatrix} 2 \\ 2 \end{bmatrix}$，$A = \begin{bmatrix} 2 & 1 \\ 0 & 1 \end{bmatrix}$，$B = \begin{bmatrix} 1 \\ 0 \end{bmatrix}$，则

当 $k = 0$ 时，有

$$x_1 = \begin{bmatrix} 2 & 1 \\ 0 & 1 \end{bmatrix} \begin{bmatrix} 2 \\ 2 \end{bmatrix} + \begin{bmatrix} 1 \\ 0 \end{bmatrix} u_0$$

当 $k = 1$ 时，有

$$x_2 = \begin{bmatrix} 2 & 1 \\ 0 & 1 \end{bmatrix} x_1 + \begin{bmatrix} 1 \\ 0 \end{bmatrix} u_1$$

当 $k = N - 1$ 时，有

$$x_N = \begin{bmatrix} 2 & 1 \\ 0 & 1 \end{bmatrix} x_{N-1} + \begin{bmatrix} 1 \\ 0 \end{bmatrix} u_{N-1}$$

下面给出创建 LTI 模型的 C# 程序代码，目录和命名为 ControlLib/Model/Model.cs。

```
using System;
using System.Collections.Generic;
using System.Linq;
using System.Text;
using System.Threading.Tasks;

namespace ControlLib
{
    // 这个类的主要作用是记录和更改LTI模型{A, B, C, D}这些参数
    // 也包括用基于模型的仿真——对对象的模拟
    public class Model
    {
        public Model()
        {        }
        //由于要进行矩阵运算，行数为1、列数为1的情况，也都写成二维数组
        static public double[] Aelements =
            new double[] { 1, 0.1, 0.005, 0, 1, 0.1, 0, 0, 1 };
        static public double[] Belements = new double[] { 0, 0, 1 };
        static public double[] Celements = new double[] { 1, 0, 0 };
        static public int nx = 3; static public int ny = 1; static public int nu = 1;
        static public Matrix A = new Matrix(nx, nx, Aelements);
        static public Matrix B = new Matrix(nx, nu, Belements);
        static public Matrix C = new Matrix(ny, nx, Celements);

        //引入y,u的测量值
        static public Matrix y_k = new Matrix(ny, 1);
        static public Matrix umeas_1k = new Matrix(nu, 1);
```

```
        static public Matrix xtrue_k = new Matrix(nx, 1);
        static public Matrix xtrue_1k = new Matrix(nx, 1);

        // 标称仿真的初始化
        // 给x(0)和y(0)赋值
        static public void SimulInit()
        {
            for (int i = 0; i < nx; i++)
            {
                xtrue_k[i, 0] = 5;
            }
            //将用控制器计算
            for (int i = 0; i < nu; i++)
            {
                umeas_1k[i, 0] = 0.1;
            }
            y_k = C * xtrue_k;
        }
        // 由给定的输入仿真标称输出
        // x(k) = A * x(k - 1) + B * u(k - 1)
        // y(k) = C * x(k)
        static public Matrix Simulator(Matrix _umeas_1k)
        {
            // 时间移动
            xtrue_1k = xtrue_k;
            xtrue_k = A * xtrue_1k + B * _umeas_1k;
            y_k = C * xtrue_k;
            return y_k;
        }
    }
}
```

将式(1.3)中关于 $k=0,1,2,\cdots,N-1$ 的所有结果写在一起，即

$$\left\{\begin{array}{l} x_{i+1}=Ax_i+Bu_i,\quad i=1,2,\cdots,N-1 \\ x_1=Ax_0+Bu_0 \end{array}\right. \tag{1.5}$$

定义

$$\tilde{x}=x_{1:N}=\begin{bmatrix} x_1 \\ x_2 \\ \vdots \\ x_N \end{bmatrix},\quad \tilde{u}=u_{0:N-1}=\begin{bmatrix} u_0 \\ u_1 \\ \vdots \\ u_{N-1} \end{bmatrix},\quad A_N=\begin{bmatrix} I & & & & \\ -A & I & & & \\ & -A & I & & \\ & & \ddots & \ddots & \\ & & & -A & I \end{bmatrix},\quad d_0=\begin{bmatrix} Ax_0 \\ 0 \\ \vdots \\ 0 \end{bmatrix}$$

$$B_N=\operatorname{diag}\{B,\ B,\ \cdots,\ B\}$$

则式(1.5)表示为 $A_N\tilde{x}=B_N\tilde{u}+d_0$。

实际问题中一般还有输出方程。因此，将式(1.3)扩展如下：

$$\left\{\begin{array}{l} x_{k+1}=Ax_k+Bu_k \\ y_k=Cx_k \end{array}\right. \tag{1.6}$$

其中，$y \in \mathbb{R}^{n_y}$。有时候需要区别可控输入和不可控输入（干扰），将式(1.6)扩展如下：

$$\begin{cases} x_{k+1} = Ax_k + Bu_k + B_f f_k \\ y_k = Cx_k \end{cases} \tag{1.7}$$

其中，$f \in \mathbb{R}^{n_f}$ 是可测干扰。

例题 1.1 [3] 考虑由超级电容 (S)、蓄电池 (B)、光伏发电系统 (PV)、负荷 (L) 和直流电网组成的微电网，采用如下连续时间状态空间模型：

$$\begin{cases} \dfrac{\mathrm{d}E}{\mathrm{d}t} = \eta_{\mathrm{PV}}\left(D_{\mathrm{PV}} - P_{\mathrm{PV}}\right) - \dfrac{1}{\eta_{\mathrm{L}}}\left(D_{\mathrm{L}} - P_{\mathrm{L}}\right) + \eta_{\mathrm{B}}^{\mathrm{d}} P_{\mathrm{B}}^{+} - \dfrac{1}{\eta_{\mathrm{B}}^{\mathrm{c}}} P_{\mathrm{B}}^{-} + \eta_{\mathrm{S}}^{\mathrm{d}} P_{\mathrm{S}}^{+} - \dfrac{1}{\eta_{\mathrm{S}}^{\mathrm{c}}} P_{\mathrm{S}}^{-} \\ \dfrac{\mathrm{d}E_{\mathrm{B}}}{\mathrm{d}t} = -P_{\mathrm{B}}^{+} + P_{\mathrm{B}}^{-} \\ \dfrac{\mathrm{d}E_{\mathrm{S}}}{\mathrm{d}t} = -P_{\mathrm{S}}^{+} + P_{\mathrm{S}}^{-} \end{cases}$$

其中，E_{B}、E_{S}、E 分别为储存在蓄电池、超级电容和直流电网中的能量；D_{PV} 为光伏可发功率；P_{PV} 为弃光功率；$D_{\mathrm{PV}}-P_{\mathrm{PV}}$ 为光伏上网功率；D_{L} 为所需满荷功率；P_{L} 为卸荷功率；$D_{\mathrm{L}}-P_{\mathrm{L}}$ 为实际负荷功率；P_{B}^{+} 和 P_{B}^{-} 为蓄电池与电网的交换功率；P_{B}^{+} 为放电功率；P_{B}^{-} 为充电功率；P_{S}^{+} 和 P_{S}^{-} 是超级电容与电网的交换功率；P_{S}^{+} 为放电功率；P_{S}^{-} 为充电功率；$\eta_{\mathrm{B}}^{\mathrm{c}}$ 为电池充电效率；$\eta_{\mathrm{B}}^{\mathrm{d}}$ 为电池放电效率；$\eta_{\mathrm{S}}^{\mathrm{c}}$ 为超级电容充电效率；$\eta_{\mathrm{S}}^{\mathrm{d}}$ 为超级电容放电效率；η_{L} 为负荷用电效率；η_{PV} 为光伏上网效率。假设所有功率值可测，E 不可测，E_{B} 和 E_{S} 可测。假设采样周期为 T_{s}，采用 Euler（欧拉）方法离散化，即

$$\left.\frac{\mathrm{d}E(t)}{\mathrm{d}t}\right|_{t=kT_{\mathrm{s}}} = \frac{E_{k+1} - E_k}{T_{\mathrm{s}}}, \quad \left.\frac{\mathrm{d}E_{\mathrm{B}}(t)}{\mathrm{d}t}\right|_{t=kT_{\mathrm{s}}} = \frac{E_{\mathrm{B},k+1} - E_{\mathrm{B},k}}{T_{\mathrm{s}}}, \quad \left.\frac{\mathrm{d}E_{\mathrm{S}}(t)}{\mathrm{d}t}\right|_{t=kT_{\mathrm{s}}} = \frac{E_{\mathrm{S},k+1} - E_{\mathrm{S},k}}{T_{\mathrm{s}}}$$

得到：

$$\begin{cases} E_{k+1} = E_k + T_{\mathrm{s}}\left[\eta_{\mathrm{PV}}\left(D_{\mathrm{PV},k} - P_{\mathrm{PV},k}\right) - \dfrac{1}{\eta_{\mathrm{L}}}\left(D_{\mathrm{L},k} - P_{\mathrm{L},k}\right) + \eta_{\mathrm{B}}^{\mathrm{d}} P_{\mathrm{B},k}^{+} - \dfrac{1}{\eta_{\mathrm{B}}^{\mathrm{c}}} P_{\mathrm{B},k}^{-} + \eta_{\mathrm{S}}^{\mathrm{d}} P_{\mathrm{S},k}^{+} - \dfrac{1}{\eta_{\mathrm{S}}^{\mathrm{c}}} P_{\mathrm{S},k}^{-}\right] \\ E_{\mathrm{B},k+1} = E_{\mathrm{B},k} + T_{\mathrm{s}}(-P_{\mathrm{B},k}^{+} + P_{\mathrm{B},k}^{-}) \\ E_{\mathrm{S},k+1} = E_{\mathrm{S},k} + T_{\mathrm{s}}(-P_{\mathrm{S},k}^{+} + P_{\mathrm{S},k}^{-}) \end{cases}$$

取

$$x = \begin{bmatrix} E \\ E_{\mathrm{B}} \\ E_{\mathrm{S}} \end{bmatrix}, \quad y = \begin{bmatrix} E_{\mathrm{B}} \\ E_{\mathrm{S}} \end{bmatrix}, \quad u = \begin{bmatrix} P_{\mathrm{PV}} \\ P_{\mathrm{L}} \\ P_{\mathrm{B}}^{+} \\ P_{\mathrm{B}}^{-} \\ P_{\mathrm{S}}^{+} \\ P_{\mathrm{S}}^{-} \end{bmatrix}, \quad f = \begin{bmatrix} D_{\mathrm{PV}} \\ D_{\mathrm{L}} \end{bmatrix}$$

$$A = \begin{bmatrix} 1 & & \\ & 1 & \\ & & 1 \end{bmatrix}, \quad B = T_{\mathrm{s}} \begin{bmatrix} -\eta_{\mathrm{PV}} & \dfrac{1}{\eta_{\mathrm{L}}} & \eta_{\mathrm{B}}^{\mathrm{d}} & -\dfrac{1}{\eta_{\mathrm{B}}^{\mathrm{c}}} & \eta_{\mathrm{S}}^{\mathrm{d}} & -\dfrac{1}{\eta_{\mathrm{S}}^{\mathrm{c}}} \\ 0 & 0 & -1 & 1 & 0 & 0 \\ 0 & 0 & 0 & 0 & -1 & 1 \end{bmatrix}$$

$$C = \begin{bmatrix} 0 & 1 & 0 \\ 0 & 0 & 1 \end{bmatrix}, \quad B_f = T_{\mathrm{s}} \begin{bmatrix} \eta_{\mathrm{PV}} & -\dfrac{1}{\eta_{\mathrm{L}}} \\ 0 & 0 \\ 0 & 0 \end{bmatrix}$$

得到方程(1.7)。

当涉及估计问题时，经常进一步将式(1.6)拓展到如下形式：

$$\begin{cases} x_{k+1} = A_k x_k + B_k u_k + B_{\xi,k}\xi_k \\ y_k = C_k x_k + \eta_k \end{cases} \tag{1.8}$$

其中，ξ_k 为系统噪声；η_k 为量测噪声；$\{A_k, B_k, B_{\xi,k}, C_k\}$ 都是随 k 而变（时变）的矩阵。

下面给出引入噪声后模型的 C# 程序代码，目录和命名为 ControlLib/Model/Noise.cs。

```
using System;
using System.Collections.Generic;
using System.Linq;
using System.Text;
using System.Threading.Tasks;
namespace ControlLib
{
    //这个类主要引入噪声相关的一些参数{D, W, V}, 为KF服务
    public class Noise : Model
    {
        public Noise()
        {
        }
        static private double[] Delements = new double[] { 1, 0, 0, 0, 1, 0, 0, 0, 1 };
        static private double[] Welements =
             new double[] { 1.0 / 3.0, 0, 0, 0, 1.0 / 3.0, 0, 0, 0, 1.0 / 3.0 };
        static private double[] Velements = new double[] { 1.0 / 3.0 };
        static public int nw = 3;
        static public Matrix D = new Matrix(nx, nw, Delements);
        static public Matrix W = new Matrix(nw, nw, Welements);
        static public Matrix V = new Matrix(ny, ny, Velements);
        static public Matrix xi = new Matrix(nw, 1);
        static private Matrix eta = new Matrix(ny, 1);
        static Random rnd = new Random();

        // 仿真的初始化
        // 给x(0),y(0),u(-1),eta(0)赋初值
        static public void NoisySimulInit()
        {
            for (int i = 0; i < nx; i++)
            {
                xtrue_k[i, 0] = 50;
            }
            //将用控制器计算
            for (int i = 0; i < nu; i++)
            {
                umeas_1k[i, 0] = 0.1;
            }
            for (int i = 0; i < ny; i++)
            {
                // [-1, 1]区间上的随机数, 其方差为1/3
                eta[i, 0] = 2 * rnd.NextDouble() - 1;
            }
            y_k = C * xtrue_k + eta;
```

```
        }
        // 由给定的输入仿真输出
        // x(k) = A * x(k - 1) + B * u(k - 1) + D * w(k - 1)
        // y(k) = C * x(k) + eta(k)
        static public Matrix NoisySimulator(Matrix _umeas_1k)
        {
            // [-1, 1]区间上的随机数，其方差为1/3
            for (int i = 0; i < nx; i++)
            {
                xi[i, 0] = 2 * rnd.NextDouble() - 1;
            }
            for (int i = 0; i < ny; i++)
            {
                eta[i, 0] = 2 * rnd.NextDouble() - 1;
            }
            //时间移位
            xtrue_1k = xtrue_k;
            xtrue_k = A * xtrue_1k + B * _umeas_1k + D * xi;
            y_k = C * xtrue_k + eta;
            return y_k;
        }
    }
}
```

但是，研究状态空间模型的子空间辨识时，经常采用式(1.6)的如下拓展形式：

$$\begin{cases} x_{k+1} = Ax_k + Bu_k + \xi_k \\ y_k = Cx_k + Du_k + \eta_k \end{cases} \tag{1.9}$$

当 $\{A_k, B_k, C_k\}$ 固定为 $\{A, B, C\}$ 时，式(1.8)和式(1.9)并没有本质的区别，这一点可通过信号置换（$B_{\xi,k}\xi_k \leftrightarrow \xi_k$ 和 $y_k \leftrightarrow y_k - Du_k$）得知。不同的表示形式，是为了表达相应问题和算法的简便性。

1.3.2 非线性状态空间模型

LTI 状态空间模型经常近似动态特性的能力有限。考虑如下离散时间非线性状态空间模型：

$$x_{k+1} = f(x_k, u_k) \tag{1.10}$$

其中，x_0 已知。该模型经常在平衡点或稳态目标值 $\{x_\mathrm{s}, u_\mathrm{s}\}$ 附近近似为

$$z_{k+1} = A_\mathrm{s} z_k + B_\mathrm{s} v_k + \ell_\mathrm{s}$$

其中，$A_\mathrm{s} = \left(\left.\dfrac{\partial f}{\partial x}\right|_{x=x_\mathrm{s}}\right)^\mathrm{T} \in \mathbb{R}^{n\times n}$；$B_\mathrm{s} = \left(\left.\dfrac{\partial f}{\partial u}\right|_{u=u_\mathrm{s}}\right)^\mathrm{T} \in \mathbb{R}^{n\times m}$；$z_k = x_k - x_\mathrm{s}$；$v_k = u_k - u_\mathrm{s}$；$\ell_\mathrm{s} = f(x_\mathrm{s}, u_\mathrm{s}) - x_\mathrm{s}$。这是因为

$$f(x,u) \approx f(x_\mathrm{s}, u_\mathrm{s}) + \left(\left.\frac{\partial f}{\partial \varsigma}\right|_{\varsigma=\varsigma_\mathrm{s}}\right)^\mathrm{T} (\varsigma - \varsigma_\mathrm{s}) = f(x_\mathrm{s}, u_\mathrm{s}) + \left(\left.\frac{\partial f}{\partial x}\right|_{x=x_\mathrm{s}}\right)^\mathrm{T} z + \left(\left.\frac{\partial f}{\partial u}\right|_{u=u_\mathrm{s}}\right)^\mathrm{T} v$$

其中

$$\varsigma = \begin{bmatrix} x \\ u \end{bmatrix}$$

下面的程序代码的目录和命名为 ControlLib/Model/Linearization.cs。

```
using System;
namespace ControlLib
{
    //这个类是先根据具体的非线性状态空间模型，手工算出雅可比矩阵，
    //然后把雅可比矩阵表示出来
    public class Linearization : Model
    {
        //状态空间模型算例如下（example 1）
        // x1(k + 1) = 3 * x1(k) * x2(k) + x2(k) + 0.01 * x3(k) + u(k)^3
        // x2(k + 1) = x1(k) - 2 * x2(k)^2 + 0.1 * x3(k) + u(k)^0.5
        // x3(k + 1) = x3(k) + 0.5 * u(k)
        // y(k) = x1(k)^2 + x3(k)
        static public void LA(Matrix _x, Matrix _u)
        {
            //下面表示的是example 1的雅可比矩阵
            Model.Aelements[0] = 3 * _x[1, 0]; Model.Aelements[1] = 3 * _x[0, 0] + 1;
            Model.Aelements[2] = 0.01; Model.Aelements[3] = 1;
            Model.Aelements[4] = -4 * _x[1, 0]; Model.Aelements[5] = 0.1;
            Model.Aelements[6] = 0; Model.Aelements[7] = 0; Model.Aelements[8] = 1;
            Model.Belements[0] = 3 * _u[0, 0] * _u[0, 0];
            Model.Belements[1] = 0.5 * Math.Pow(_u[0, 0], -0.5); Model.Belements[2]=0.5;
            Model.Celements[0] = 2 * _x[0, 0]; Model.Celements[1] = 0;
            Model.Celements[2] = 1;

            // 要更新{A, B, C}，才能使线性化赋值生效
            Model.A = new Matrix(nx, nx, Aelements);
            Model.B = new Matrix(nx, nu, Belements);
            Model.C = new Matrix(ny, nx, Celements);
        }
        //测试线性化
        static public void LAtest()
        {
            Console.WriteLine("Model.A is:");
            for (int l = 0; l < Model.A.Rows; l++)
            {
                for (int j = 0; j < Model.A.Columns; j++)
                {
                    Console.Write("{0,8}", Model.A[l, j]);
                }
                Console.WriteLine(";");
            }
            LA(Model.xtrue_k, Model.umeas_1k);
            Console.WriteLine("mdl.A is:");
            for (int l = 0; l < Model.A.Rows; l++)
            {
                for (int j = 0; j < Model.A.Columns; j++)
                {
                    Console.Write("{0,8}", Model.A[l, j]);
                }
                Console.WriteLine(";");
```

```
            }
        }
    }
}
```

当涉及估计问题时，经常采用式(1.10)的如下扩展形式：

$$\begin{cases} x_{k+1} = f(x_k, u_k) + B_\xi \xi_k \\ y_k = Cx_k + \eta_k \end{cases} \tag{1.11}$$

甚至采用如下拓展形式：

$$\begin{cases} x_{k+1} = f(x_k, u_k, \xi_k) \\ y_k = g(x_k, \eta_k) \end{cases} \tag{1.12}$$

1.3.3 线性多胞状态空间模型

当涉及处理系统参数不确定性和系统非线性特性，希望尽量继承/集成线性系统的分析方法并且节省算力时，常采用如下线性多胞 (linear polytopic varying 或者 linear parameter varying，LPV) 模型：

$$x_{k+1} = A_k x_k + B_k u_k, \quad [A_k|B_k] \in \Omega \tag{1.13}$$

其中，Ω 定义为如下多胞（polytope；或称凸包, convex hull)：

$$\Omega = \mathrm{Co}\left\{[A_1|B_1],\ [A_2|B_2],\ \cdots,\ [A_L|B_L]\right\}$$

即存在 L 个非负组合系数 $\omega_{l,k}$, $l \in \{1, 2, \cdots, L\}$，并且满足

$$\sum_{l=1}^{L} \omega_{l,k} = 1, \quad [A_k|B_k] = \sum_{l=1}^{L} \omega_{l,k} \left[A_l|B_l\right] \tag{1.14}$$

其中，$[A_l|B_l]$ 为多胞的顶点，并且多胞的所有顶点为预先给定。通常假定 $\omega_{l,k}$ 值未知、不可测并且不能直接计算。

实际问题中一般还有输出方程，因此将式(1.13)扩展如下：

$$\begin{cases} x_{k+1} = A_k x_k + B_k u_k \\ y_k = C_k x_k \end{cases}, \quad [A_k|B_k|C_k] \in \Omega \tag{1.15}$$

其中，Ω 定义为如下的多胞：

$$\Omega = \mathrm{Co}\left\{[A_1|B_1|C_1],\ [A_2|B_2|C_2],\ \cdots,\ [A_L|B_L|C_L]\right\}$$

也就是说，存在 L 个非负组合系数 $\omega_{l,k}$, $l \in \{1, 2, \cdots, L\}$ 使得

$$\sum_{l=1}^{L} \omega_{l,k} = 1, \quad [A_k|B_k|C_k] = \sum_{l=1}^{L} \omega_{l,k} \left[A_l|B_l|C_l\right] \tag{1.16}$$

$[A_l|B_l|C_l]$ 称为多胞的顶点，这些顶点值已知/给定。一般假设 $\omega_{l,k}$ 的值未知、不可测、不可直接计算。

当涉及状态估计时，还采用如下对式(1.15)的拓展形式：

$$\begin{cases} x_{k+1} = A_k x_k + B_k u_k + B_{w,k} w_k \\ y_k = C_k x_k + C_{w,k} w_k \\ z_k = \mathcal{C}_k x_k + \mathcal{C}_{w,k} w_k \\ z'_k = \mathcal{C}'_k x_k + \mathcal{C}'_{w,k} w_k \end{cases} \tag{1.17}$$

其中，$z_k \in \mathbb{R}^{n_z}$ [4,5] 和 $z'_k \in \mathbb{R}^{n'_z}$ [6,7] 分别为约束信号与惩罚信号。干扰 w 为未知，持续存在（即对任意 $k \geqslant 0$ 存在），且范数有界。

假设 1.1　对所有 $k \geqslant 0$，$\|w_k\| \leqslant 1$。

假设 1.2　$[A|B|B_w|C|C_w|\mathcal{C}|\mathcal{C}_w|\mathcal{C}'|\mathcal{C}'_w]_k \in \Omega := \mathrm{Co}\{[A_l|B_l|B_{w,l}|C_l|C_{w,l}\ |\mathcal{C}_l|\mathcal{C}_{w,l}|\mathcal{C}'_l|\mathcal{C}'_{w,l}]|l=1,2,\cdots,L]\}$，即存在非负系数 $\omega_{l,k}$, $l \in \{1,2,\cdots,L\}$，满足 $\sum\limits_{l=1}^{L}\omega_{l,k}=1$ 和

$$[A|B|B_w|C|C_w|\mathcal{C}|\mathcal{C}_w|\mathcal{C}'|\mathcal{C}'_w]_k = \sum_{l=1}^{L}\omega_{l,k}[A_l|B_l|B_{w,l}|C_l|C_{w,l}|\mathcal{C}_l|\mathcal{C}_{w,l}|\mathcal{C}'_l|\mathcal{C}'_{w,l}]$$

因为 $B_{w,k}, C_{w,k}$ 为成型矩阵, 假设 1.1可适用于任何 2 范数（即欧氏范数）有界的干扰情况。如果凸组合系数 $\omega_{l,k}$ 在当前 k 时刻精确已知，但在当前 k 时刻 $\omega_{l,i|k}$（表示对 $\omega_{l,k+i}$ 的预测）对所有 $i>0$ 未知，则称式(1.17)为线性准多胞 (quasi-LPV) 模型。

1.4　本书常用的优化求解工具

本节介绍本书常用的五类优化求解工具。

1.4.1　最小二乘法

最小二乘 (least square, LS) 法源于对模型参数的估计，可以用于某些无约束优化和等式约束的处理。考虑如下线性模型：

$$y_k = \theta \mathrm{w}_k + \xi_k \tag{1.18}$$

其中，w 表示输入信号；y 为输出信号；θ 为模型参数；ξ 为白噪声且与 w_k 不相关。如果已有 $\{y_k, \mathrm{w}_k|k=0,1,2,\cdots,L\}(L \gg n_y)$ 这些数据，如何来估计 θ 的值？把这些数据代入式(1.18)，建立如下方程组：

$$[\ y_0\ \ y_1\ \ \cdots\ \ y_L\ ] = \theta[\ \mathrm{w}_0\ \ \mathrm{w}_1\ \ \cdots\ \ \mathrm{w}_L\ ] + [\ \xi_0\ \ \xi_1\ \ \cdots\ \ \xi_L\ ]$$

并简记为

$$Y = \theta W + \Xi$$

用最小二乘估计，很快得到如下 θ 的估计值：

$$\hat{\theta} = YW^{\mathrm{T}}(WW^{\mathrm{T}})^{-1}$$

对以上方法进行推广，即考虑如下线性模型：

$$y_k = Lu_k + Hf_k + \xi_k \tag{1.19}$$

其中，ξ_k 与输入 u_k 和 f_k 不相关。令 $\mathrm{w} = \begin{bmatrix} u \\ f \end{bmatrix}$ 和 $\theta = [\ L\ \ H\ ]$，即可看到式(1.18)和式(1.19)具有相同形式。将式(1.19)写成：

$$y_k = [\ L\ \ H\ ]\begin{bmatrix} u_k \\ f_k \end{bmatrix} + \xi_k = \theta \mathrm{w}_k + \xi_k$$

则用最小二乘估计，有

$$[\ \hat{L}\ \ \hat{H}\ ] = Y\begin{bmatrix} U \\ F \end{bmatrix}^{\mathrm{T}}\left(\begin{bmatrix} U \\ F \end{bmatrix}\begin{bmatrix} U \\ F \end{bmatrix}^{\mathrm{T}}\right)^{-1}$$

其中，$U = [\ u_0\ \ u_1\ \ \cdots\ \ u_L\ ]$；$F = [\ f_0\ \ f_1\ \ \cdots\ \ f_L\ ]$。

例题 1.2 编写将 LTI 状态空间模型辨识成自回归 (auto regressive, AR) 模型以及辨识 AR 模型的程序代码，其中 y 中直接加噪声：

$$\mathrm{w}_k = [y_{k-1}, y_{k-2}, y_{k-3}, u_{k-1}, u_{k-2}, u_{k-3}]^{\mathrm{T}}$$

$$\theta = [-a_1, -a_2, -a_3, b_1, b_2, b_3]$$

由于 y 中直接加了噪声，本例的估计是有偏的估计。下面的程序代码的目录和命名为 ControlLib/LeastSquare.cs。

```
using System;
using System.Collections.Generic;
using System.Text;

namespace ControlLib
{
    //这个类是为了模型辨识和控制u计算而服务的最小二乘计算
    public class LeastSquare
    {
        //最小二乘法
        static public Matrix LSM(Matrix Mleft, Matrix Mright)
        {
           // 由Mleft * x = Mright, 计算x
           return Matrix.Athwart(Mleft.Transpose() * Mleft) * Mleft.Transpose() * Mright;
        }
        //测试能否将状态空间模型辨识成ARMA模型
        static public void LSMtest_SS2ARMA()
        {
            // 数据长度
            int dataLength = 1000; int parLength = 6;

            //用随机数产生u_data
            Matrix u_data = new Matrix(dataLength, 1); u_data = Get_uRand(dataLength);
            // 用Model类里的状态空间模型和真实状态产生y_data
            Noise nmdl = new Noise(); Matrix y_data = new Matrix(dataLength + 1, 1);
            Matrix y_temp = Model.y_k; Matrix u_temp = new Matrix(1, 1);
            y_data[0, 0] = y_temp[0, 0];
            for (int i = 1; i < dataLength + 1; i++)
            {
                u_temp[0, 0] = u_data[i - 1, 0]; Noise.NoisySimulator(u_temp);
                y_temp = Model.y_k; y_data[i, 0] = y_temp[0, 0];
            }
            // 传递到最小二乘法的右乘矩阵
            Matrix r_mat = new Matrix(dataLength - 3, 1);
            r_mat = Get_rMat(dataLength, y_data);
            // 传递到最小二乘法的左乘矩阵
            Matrix l_mat = new Matrix(dataLength - 3, parLength);
            l_mat = Get_lMat(dataLength, y_data, u_data, parLength);
            Matrix theta = LSM(l_mat, r_mat);
            for (int i = 0; i < 6; i++)
            {
                Console.WriteLine(theta[i, 0]);
```

```
        }
    }
    //测试能否将ARMA模型辨识出来
    static public void LSMtest_ARMA2ARMA()
    {
        // 数据长度
        // 当方程噪声在0.04 * [-1 1]内变化，数据长度10以上，辨识结果就比较准确
        // 当方程噪声在0.1 * [-1 1]内变化，增加数据长度不一定使得辨识结果更准确
        int dataLength = 20; int parLength = 6;
        //用随机数产生u_data
        Matrix u_data = new Matrix(dataLength, 1);
        u_data = Get_uRand(dataLength);
        Matrix y_data = new Matrix(dataLength + 1, 1);
        y_data[0, 0] = 0; y_data[1, 0] = 0; y_data[2, 0] = 0;
        //用真实模型产生y_data
        // y(k) = -a1 * y(k - 1) - a2 * y(k - 2)  - a3 * y(k - 3) + b1 * u(k - 1)
        //         + b2 * u(k - 2) + b3 * u(k - 3)
        Matrix l_vec = new Matrix(1, 6);
        for (int i = 3; i < dataLength + 1; i++)
        {
            l_vec[0, 0] = y_data[i - 1, 0]; l_vec[0, 1] = y_data[i - 2, 0];
            l_vec[0, 2] = y_data[i - 3, 0];
            l_vec[0, 3] = u_data[i - 1, 0]; l_vec[0, 4] = u_data[i - 2, 0];
            l_vec[0, 5] = u_data[i - 3, 0];
            Matrix y_temp = SimulatorARMA(l_vec); y_data[i, 0] = y_temp[0, 0];
        }
        Matrix r_mat = new Matrix(dataLength - 3, 1);
        r_mat = Get_rMat(dataLength, y_data);
        Matrix l_mat = new Matrix(dataLength - 3, parLength);
        l_mat = Get_lMat(dataLength, y_data, u_data, parLength);
        Matrix theta = LSM(l_mat, r_mat);
        for (int i = 0; i < 6; i++)
        {
            Console.WriteLine(theta[i, 0]);
        }
    }
    //仿真：为辨识ARMA模型，产生y的数据
    private static Matrix SimulatorARMA(Matrix _l_vec)
    {
        // 最小二乘法需要辨识的模型
        // y(k) = -a1 * y(k - 1) - a2 * y(k - 2)  - a3 * y(k - 3) + b1 * u(k - 1)
        //          + b2 * u(k - 2)  + b3 * u(k - 3)
        // 最小二乘法需要辨识的参数
        // _theta = [-a1, -a2, -a3, b1, b2, b3]
        Matrix _theta = new Matrix(6, 1);
        //自回归部分，系数符号按照方程右边算
        _theta[0, 0] = -1.5; _theta[1, 0] = -0.75; _theta[2, 0] = -0.125;
        //滑动平均部分
        _theta[3, 0] = 3; _theta[4, 0] = 3; _theta[5, 0] = 1;
        //差分方程噪声
        Matrix xi = new Matrix(1, 1);
```

```
        //[0, 1]区间的随机数
        Random rnd = new Random();
        //[-1, 1]区间分布的随机数
        xi[0, 0] = 0.1 * (2 * rnd.NextDouble() - 1);
        //[a, b]区间分布式的随机数，其方差为(b-a)^2/12
        //采用不同区间的随机数进行测试，当区间越来越宽时，辨识结果越来越不准确

        //计算y_k
        Matrix _r_vec;  _r_vec = xi + _l_vec * _theta;
        return _r_vec;
    }
    #region
    //产生u随机数
    private static Matrix Get_uRand(int _dlength)
    {
        Random rnd = new Random(); Matrix U_data = new Matrix(_dlength, 1);
        for (int i = 0; i < _dlength; i++)
        {
            // 2 * [-1, 1]区间的随机数
            U_data[i, 0] = 2 * (2 * rnd.NextDouble() - 1);
            //产生的随机数够"随机"
            //Console.WriteLine(U_data[i, 0]);
            //[a, b]区间分布式的随机数，其方差为(b-a)^2/12
        }
        return U_data;
    }
    #endregion
    // 最小二乘法的左数据矩阵
    private static Matrix
        Get_lMat(int _dlength, Matrix _ydata, Matrix _udata, int _thetalength)
    {
        Matrix _lMat = new Matrix(_dlength - 3, _thetalength);
        for (int i = 0; i < _dlength - 3; i++)
        {
          _lMat[i, 0] = _ydata[i + 2, 0];  _lMat[i, 1] = _ydata[i + 1, 0];
          _lMat[i, 2] = _ydata[i, 0];  _lMat[i, 3] = _udata[i + 2, 0];
          _lMat[i, 4] = _udata[i + 1, 0];  _lMat[i, _thetalength - 1] = _udata[i, 0];
            // 这里_thetalength还没有一般化处理
        }
        return _lMat;
    }
    // 最小二乘法的右数据矩阵
    private static Matrix Get_rMat(int _dlength, Matrix _ydata)
    {
        Matrix _rMat = new Matrix(_dlength - 3, 1);
        for (int i = 0; i < _dlength - 3; i++)
        {
            _rMat[i, 0] = _ydata[i + 3, 0];
        }
        return _rMat;
    }
```

```
    }
}
```

1.4.2 线性规划

采用线性目标函数和线性约束的优化称为线性规划 (linear programming, LP)。假设线性规划的目标函数为

$$f(x) = c_v^{\mathrm{T}} v \tag{1.20}$$

其中，v 为决策变量；c_v 为加权向量；约束组为

$$\begin{cases} \underline{v} \leqslant v \leqslant \bar{v} \\ A_1 v = b_1 \\ A_2 v \leqslant b_2 \\ A_3 v \geqslant b_3 \end{cases} \tag{1.21}$$

其中，$\underline{v}, \bar{v}, b_1, b_2, b_3$ 为给定的约束界；A_1, A_2, A_3 为给定的矩阵。

例题 1.3　寻找 $\{u_1, u_2\}$，最小化

$$J = \max\{|1+2u_1|, |1+u_1|\} + |u_1| + |u_2| + 2|1+u_1+u_2|$$

解：引入 $\{\varepsilon_1, \varepsilon_2, \varepsilon_3, \varepsilon_4\}$，使得

$$\begin{cases} |1+2u_1| \leqslant \varepsilon_1 \\ |1+u_1| \leqslant \varepsilon_1 \\ |u_1| \leqslant \varepsilon_2 \\ |u_2| \leqslant \varepsilon_3 \\ |1+u_1+u_2| \leqslant \varepsilon_4 \end{cases} \tag{1.22}$$

则 $J \leqslant \varepsilon_1 + \varepsilon_2 + \varepsilon_3 + 2\varepsilon_4$。去掉式(1.22)中的绝对值，即

$$\begin{cases} -\varepsilon_1 \leqslant 1+2u_1 \\ -\varepsilon_1 \leqslant -1-2u_1 \\ -\varepsilon_1 \leqslant 1+u_1 \\ -\varepsilon_1 \leqslant -1-u_1 \\ -\varepsilon_2 \leqslant u_1 \\ -\varepsilon_2 \leqslant -u_1 \\ -\varepsilon_3 \leqslant u_2 \\ -\varepsilon_3 \leqslant -u_2 \\ -\varepsilon_4 \leqslant 1+u_1+u_2 \\ -\varepsilon_4 \leqslant -1-u_1-u_2 \end{cases}$$

写成向量的形式：

$$\begin{bmatrix} -2 & 0 & -1 & 0 & 0 & 0 \\ 2 & 0 & -1 & 0 & 0 & 0 \\ -1 & 0 & -1 & 0 & 0 & 0 \\ 1 & 0 & -1 & 0 & 0 & 0 \\ -1 & 0 & 0 & -1 & 0 & 0 \\ 1 & 0 & 0 & -1 & 0 & 0 \\ 0 & -1 & 0 & 0 & -1 & 0 \\ 0 & 1 & 0 & 0 & -1 & 0 \\ -1 & -1 & 0 & 0 & 0 & -1 \\ 1 & 1 & 0 & 0 & 0 & -1 \end{bmatrix} \begin{bmatrix} u_1 \\ u_2 \\ \varepsilon_1 \\ \varepsilon_2 \\ \varepsilon_3 \\ \varepsilon_4 \end{bmatrix} \leqslant \begin{bmatrix} 1 \\ -1 \\ 1 \\ -1 \\ 0 \\ 0 \\ 0 \\ 0 \\ 1 \\ -1 \end{bmatrix}$$

简记为 $Av \leqslant b$。则优化问题变为

$$\min c^{\mathrm{T}} v \quad \text{s.t.} \quad Av \leqslant b$$

用如下 Matlab 语句: $[u_1, u_2] = \text{linprog}(c, A, b)$ 得到 $u_1^* = -0.67$，$u_2^* = -0.33$。

该题也可以人工推导。考虑如下分区：

$$u_1: \mathcal{F}_{1,1} = (-\infty, -1], \quad \mathcal{F}_{1,2} = \left[-1, -\frac{1}{2}\right], \quad \mathcal{F}_{1,3} = \left[-\frac{1}{2}, 0\right], \quad \mathcal{F}_{1,4} = [0, \infty)$$

$$u_2: \mathcal{F}_{2,1} = (-\infty, 0], \quad \mathcal{F}_{2,2} = [0, \infty)$$

$$u_1 + u_2: \mathcal{F}_{12,1} = (-\infty, -1], \quad \mathcal{F}_{12,2} = [-1, \infty)$$

考虑 $\{\mathcal{F}_{1,i}, \mathcal{F}_{2,j}, \mathcal{F}_{12,l}\}$ 的所有组合。针对每个组合，以 $\{u_1 \in \mathcal{F}_{1,i}, u_2 \in \mathcal{F}_{2,j}, u_1 + u_2 \in \mathcal{F}_{12,l}\}$ 为约束，最小化 J。比较所有组合的 J^*，得到最小的 J^* 对应的 $\{u_1, u_2\}$ 即为所求。手工推导的过程见表 1.1，结果为 $u_1^* = -\dfrac{2}{3}$，$u_2^* = -\dfrac{1}{3}$，与 Matlab 结果一致。

表 1.1 J^* 的计算过程 $\left(u_1^* = -\dfrac{2}{3}\text{是使 } |1 + 2u_1| = |1 + u_1| \text{ 的点}\right)$

i, j, l	J	u_1^*, u_2^*, J	其他 u_1, u_2, J
1, 1, 1	$-3 - 5u_1 - 3u_2$	$-1, 0, 2$	
1, 1, 2	$1 - u_1 + u_2$	$-1, 0, 2$	
1, 2, 1	$-3 - 5u_1 - u_2$	$-1, 0, 2$	
1, 2, 2	$1 - u_1 + 3u_2$	$-1, 0, 2$	
2, 1, 1	$\max\{-1 - 2u_1, 1 + u_1\} - 3u_1 - 3u_2 - 2$	$-\frac{2}{3}, -\frac{1}{3}, \frac{4}{3}$	$-1, 0, 2; -\frac{1}{2}, -\frac{1}{2}, \frac{3}{2}$
2, 1, 2	$\max\{-1 - 2u_1, 1 + u_1\} + u_1 + u_2 + 2$	$-\frac{2}{3}, -\frac{1}{3}, \frac{4}{3}$	$-1, 0, 2; -\frac{1}{2}, -\frac{1}{2}, \frac{3}{2}$
2, 2, 1	$\max\{-1 - 2u_1, 1 + u_1\} - 3u_1 - u_2 - 2$	$-1, 0, 2$	
2, 2, 2	$\max\{-1 - 2u_1, 1 + u_1\} + u_1 + 3u_2 + 2$	$-1, 0, 2$	
3, 1, 1	$-1 - 2u_1 - 3u_2$	$-\frac{1}{2}, -\frac{1}{2}, \frac{3}{2}$	$0, -1, 2$
3, 1, 2	$3 + 2u_1 + u_2$	$-\frac{1}{2}, 0, 2$	$0, 0, 3$
3, 2, 1	$-1 - 2u_1 - u_2$	无解	
3, 2, 2	$3 + 2u_1 + 3u_2$	$-\frac{1}{2}, 0, 2$	$0, 0, 3$
4, 1, 1	$-1 + u_1 - 3u_2$	$0, -1, 2$	
4, 1, 2	$3 + 5u_1 + u_2$	$0, 0, 3$	
4, 2, 1	$-1 + u_1 - u_2$	无解	
4, 2, 2	$3 + 5u_1 + 3u_2$	$0, 0, 3$	

1.4.3 字典序优化

有些优化问题要最小化多个目标函数：

$$\{g_i, \quad i = 1, 2, \cdots, r\}$$

对这 r 个目标函数，经常采用加权方法，得到：

$$g = \sum_{i=1}^{r} \omega_i g_i$$

其中，ω_i 为加权。还有一种可能，即 r 个目标函数有字典序 (lexicographic order)；不失一般性，假设 g_{i-1} 比 g_i 优先，这等价于

$$\min g_i \quad \text{s.t.} \quad g_l \leqslant g_l^*, \quad l < i$$

其中，i 从 1 到 r；g_l^* 是 g_l 的最优值。

考虑如下优化：

$$\min_{u,\varepsilon}\{\varepsilon, g\} \quad \text{s.t.} \quad Hu \leqslant h, \quad Hu \leqslant \frac{4}{5}h + \varepsilon \tag{1.23}$$

其中

$$\varepsilon = \begin{bmatrix} \varepsilon_1 \\ \varepsilon_2 \\ \vdots \\ \varepsilon_n \end{bmatrix} \in \mathbb{R}^n, \quad u = \begin{bmatrix} u_1 \\ u_2 \\ \vdots \\ u_m \end{bmatrix} \in \mathbb{R}^m, \quad h = \begin{bmatrix} h_1 \\ h_2 \\ \vdots \\ h_n \end{bmatrix} \in \mathbb{R}^n, \quad H = \begin{bmatrix} H_{11} & H_{12} & \cdots & H_{1m} \\ H_{21} & H_{22} & \cdots & H_{2m} \\ \vdots & \vdots & & \vdots \\ H_{n1} & H_{n2} & \cdots & H_{nm} \end{bmatrix} \in \mathbb{R}^{n \times m}$$

显然

$$Hu \leqslant \frac{4}{5}h + \varepsilon$$

等价于

$$\begin{cases} H_{11}u_1 + H_{12}u_2 + \cdots + H_{1m}u_m \leqslant \frac{4}{5}h_1 + \varepsilon_1 \\ H_{21}u_1 + H_{22}u_2 + \cdots + H_{2m}u_m \leqslant \frac{4}{5}h_2 + \varepsilon_2 \\ \qquad \vdots \\ H_{n1}u_1 + H_{n2}u_2 + \cdots + H_{nm}u_m \leqslant \frac{4}{5}h_n + \varepsilon_n \end{cases}$$

式(1.23)中只考虑不等式约束，但显然等式约束可类似加入。

对式(1.23)，一般来说：

(1) 先确定 ε，再优化 g，即 $Hu \leqslant \frac{4}{5}h$ 比 g 优先。相反，如果 g 比 ε 优先，那么直接求

$$\min_u g \quad \text{s.t.} \quad Hu \leqslant h$$

即可，不需要知道 ε。

(2) 也可能某些 ε 的元素比 g 优先，其他的元素与 g 同等重要。

下面加强一下假设：

(3) ε_{i-1} 的最小化比 ε_i 的最小化优先，且 ε_n 的最小化比 g 的最小化优先。

基于假设 (3)，式(1.23)变成 $n+1$ 个 LP，即

$$\min_{u,\varepsilon_i} \varepsilon_i \quad \text{s.t.} \quad H_{(i)}u \leqslant h_{(i)}, \quad H^{(i)}u^{(i)} \leqslant \frac{4}{5}h^{(i)} + \varepsilon^{(i)}, \quad \varepsilon^{(i-1)} = \varepsilon^{(i-1)*}$$

和

$$\min_u g \quad \text{s.t.} \quad Hu \leqslant \frac{4}{5}h + \varepsilon^{(n)^*}$$

其中，$i=1,2,\cdots,n$；$H^{(i)}$ 是 H 的前 i 行；$H_{(i)}$ 是 H 扣除前 i 行；$h^{(i)}$ 是 h 的前 i 个元素；$h_{(i)}$ 是 h 扣除前 i 个元素；$\varepsilon^{(i)}$ 是 ε 的前 i 个元素；ε^* 是 ε 的最优解。把式(1.23)拓展到更一般的情况：

$$\min_{u,\varepsilon}\{\varepsilon,g\} \quad \text{s.t.} \quad H(u)\leqslant h,\quad S(u,\varepsilon)\leqslant s,\quad \varepsilon\geqslant 0 \tag{1.24}$$

其中

$$H=\begin{bmatrix} H_1\\ H_2\\ \vdots\\ H_n\end{bmatrix},\quad S=\begin{bmatrix} S_1\\ S_2\\ \vdots\\ S_p\end{bmatrix},\quad \varepsilon=\begin{bmatrix} \varepsilon_1\\ \varepsilon_2\\ \vdots\\ \varepsilon_r\end{bmatrix}\in\mathbb{R}^r$$

$$u=\begin{bmatrix} u_1\\ u_2\\ \vdots\\ u_m\end{bmatrix}\in\mathbb{R}^m,\quad h=\begin{bmatrix} h_1\\ h_2\\ \vdots\\ h_n\end{bmatrix}\in\mathbb{R}^n,\quad s=\begin{bmatrix} s_1\\ s_2\\ \vdots\\ s_p\end{bmatrix}\in\mathbb{R}^p$$

H 为向量函数，即每个 H_i 是一个标量函数；S 是向量函数，即每个 S_j 是一个标量函数。式(1.24)中只考虑不等式约束，但显然等式约束可类似加入。

对优化问题(1.24)，如果采用字典序方法，并且满足假设 (3)，可化为 $r+1$ 个优化问题，即 $(i=1,2,\cdots,r)$

$$\min_{u,\varepsilon^{(i)}}\ \varepsilon^{(i)} \quad \text{s.t.} \quad H(u)\leqslant h,\quad S(u,\varepsilon)\leqslant s,\quad \varepsilon^{(i-1)}\leqslant\varepsilon^{(i-1)*},\quad \varepsilon^{(i)}\geqslant 0$$

和

$$\min_{u} g \quad \text{s.t.} \quad H(u)\leqslant h,\quad S(u,\varepsilon)\leqslant s,\quad \varepsilon\leqslant\varepsilon^*,\quad \varepsilon\geqslant 0$$

假设在假设 (3) 中，某组 ε_i 和 ε_{i+1} 同等重要。例如，对式(1.23)中的问题，计算

$$\min_{u,\varepsilon_i,\varepsilon_{i+1}}(\omega_i\varepsilon_i+\omega_{i+1}\varepsilon_{i+1}) \quad \text{s.t.} \quad H_{(i+1)}u\leqslant h_{(i+1)},\quad H^{(i+1)}u\leqslant\frac{4}{5}h^{(i+1)}+\varepsilon^{(i+1)},\quad \varepsilon^{(i-1)}=\varepsilon^{(i-1)*}$$

那么 ω_i 和 ω_{i+1} 怎么取？同等重要绝不是加权相等，而是要用 ε 的最大值的相反数来加权，这样满足 $\omega_i\varepsilon_i\in[0,1]$。对式(1.23)中的问题，求解

$$\max_{u,\varepsilon_i}\varepsilon_i \quad \text{s.t.} \quad Hu\leqslant h,\quad H_iu\leqslant\frac{4}{5}h_i+\varepsilon_i \tag{1.25}$$

得到 $\omega_i=5h_i^{-1}$。对式(1.24)中的问题，式(1.25)变为

$$\max_{u,\varepsilon}\varepsilon_i \quad \text{s.t.} \quad H(u)\leqslant h,\quad S(u,\varepsilon)\leqslant s,\quad \varepsilon\geqslant 0$$

1.4.4 二次规划

采用二次型目标函数和线性约束的优化问题为二次规划 (quadratic programming, QP) 问题。二次规划的标准型如下：

$$\min_{u}\left\{\frac{1}{2}u^{\mathrm{T}}Hu+c^{\mathrm{T}}u\right\} \quad \text{s.t.} \quad \begin{cases} a_i^{\mathrm{T}}u=b_i, & i\in\mathbb{E}=\{1,2,\cdots,\tau\}\\ a_i^{\mathrm{T}}u\geqslant b_i, & i\in\mathbb{I}=\{\tau+1,\tau+2,\cdots,n\}\end{cases} \tag{1.26}$$

其中，$H\geqslant 0$ 是黑塞 (Hessian) 矩阵，$H\in\mathbb{R}^{m\times m}$；$u\in\mathbb{R}^m$；$c\in\mathbb{R}^m$；$a_i\in\mathbb{R}^m$；$b_i\in\mathbb{R}$。

使约束中等号成立的那些 i 的集合称为积极集 (active set)，记 $\mathcal{A}(u^*)$ 为 $u=u^*$ 时的积极集。若 $u=u^*$ 是式(1.26)的可行解，则 $\mathcal{A}(u^*)\supseteq\mathbb{E}$，一般记为

$$\mathcal{A}(u^*)=\mathbb{E}\bigcup\mathbb{I}_1(u^*),\quad \mathbb{I}_1(u^*)\subseteq\mathbb{I}$$

如果 $u=u^*$ 是最优解，则式(1.26)等价于

$$\min_u\left\{\frac{1}{2}u^{\mathrm{T}}Hu+c^{\mathrm{T}}u\right\}\quad \text{s.t.}\ \ a_i^{\mathrm{T}}u=b_i,\ \ i\in\mathcal{A}(u^*) \tag{1.27}$$

如果通过反复尝试得到式(1.26)中的 $\mathcal{A}(u^*)$，那么式(1.26)等价于式(1.27)。

1.4.5　线性矩阵不等式优化

2000 年前后，线性多胞模型成为控制理论的研究热点。其中，求解技术的出现是一个主要原因。1994 年前后，线性矩阵不等式 (linear matrix inequality, LMI) 的求解工具在数学上准备完毕，然后出现了 Matlab LMI 工具箱，使得之前一些难以求解的控制理论问题得到了解决，如李雅普诺夫 (Lyapunov) 不等式、鲁棒控制、输出反馈等，这大大推动了控制理论的研究。对于线性多胞模型，在 LMI 求解工具出现前，其控制策略的设计和综合是很难的。LMI 的出现，以及线性多胞模型的一定程度的普适性，使得“LMI+ 线性多胞 + 鲁棒控制”成为一种广泛接受的研究模式。LMI 实际上就是系数为对称矩阵的多元一次（即线性）不等式。根据矩阵的正定性判据和舒尔 (Schur) 引理，可对 LMI 进行合并和拆分，得到方便编程的形式；有时也会用到 S-procedure 处理条件不等式（“若不等式 a 成立，则不等式 b 成立”）。

1.5　习　题　1

1. 寻找 $\{u_1,u_2\}$，最小化

$$J=\max\{|1+2u_1|,|1+u_1|\}+|u_1|+|u_2|+2\max\left\{\left|\frac{1}{27}(25+36u_0+18u_1)\right|,|1+u_0+u_1|\right\}$$

2. 采用本章关于 LTI 模型的仿真代码，仿真例题 1.1 中的模型。
3. 例题 1.2 中辨识 AR 模型以及将状态空间模型辨识成 AR 模型的结果是有偏的，为什么？

第 2 章　线性规划和控制器设计

2.1　线性规划的一种标准化形式

考虑线性规划问题的如下形式：

$$\max_{u_j} J=\sum_{j=1}^{m} c_j u_j \quad \text{s.t.} \quad \sum_{j=1}^{m} a_{ij}u_j=b_i,\quad i=1,2,\cdots,n,\quad u_j\geqslant 0 \tag{2.1}$$

其中，$b_i\geqslant 0$。

式(2.1)称为线性规划问题的标准形式。将式(2.1)写为如下简洁的形式：

$$\max_{u} J=c^{\mathrm{T}}u \quad \text{s.t.} \quad Au=b,\quad u\geqslant 0 \tag{2.2}$$

其中

$$c=\begin{bmatrix} c_1\\ c_2\\ \vdots\\ c_m\end{bmatrix}\in\mathbb{R}^m,\quad u=\begin{bmatrix} u_1\\ u_2\\ \vdots\\ u_m\end{bmatrix}\in\mathbb{R}^m,\quad A=\begin{bmatrix} a_{11} & a_{12} & \cdots & a_{1m}\\ a_{21} & a_{22} & \cdots & a_{2m}\\ \vdots & \vdots & & \vdots\\ a_{n1} & a_{n2} & \cdots & a_{nm}\end{bmatrix}\in\mathbb{R}^{n\times m},\quad b=\begin{bmatrix} b_1\\ b_2\\ \vdots\\ b_n\end{bmatrix}\in\mathbb{R}^n$$

根据线性代数，如果 A 行满秩，且 $n<m$，则 $Au=b$ 有无穷多解。因此，$n<m$ 是一般情况。

若不具有式(2.1)和式(2.2)的形式，假设目标函数为

$$f(x)=c_v^{\mathrm{T}}v \tag{2.3}$$

且约束组为

$$\begin{cases} \underline{v}\leqslant v\leqslant \bar{v}\\ A_1v=b_1\\ A_2v\leqslant b_2\\ A_3v\geqslant b_3\end{cases} \tag{2.4}$$

见 1.4.2 节，则做如下处理。

2.1.1　决策变量的非负性

先处理约束 $\underline{v}\leqslant v\leqslant \bar{v}$，其中 v 为 n_v 维。

令 $\dim(\mathbb{v})=\dim(v)$。$A_4=[\ ]$，$b_4=[\ ]$。对 $0<i\leqslant n_v$ 进行如下步骤。

(1) $\underline{v}_i=-\infty$ 且 $\bar{v}_i=\infty$ 的情形。记 $C_1(i,\cdot)=[e(\dim(\mathbb{v})),-1]$，$B_1(i,i)=1$，$c_1(i)=0$，其中 $e(h)$ 取 h 阶单位矩阵的第 i 行。定义 $\mathbb{v}_i-\mathbb{v}_{\text{last}}=v_i$，其中 $\mathbb{v}_{\text{last}}$ 是在 $\mathbb{v}$ 的尾部再添加的一个元素。

(2) $\underline{v}_i=-\infty$ 且 $\bar{v}_i\neq\infty$ 的情形。记 $C_1(i,\cdot)=e(\dim(\mathbb{v}))$，$B_1(i,i)=-1$，$c_1(i)=\bar{v}_i$。定义 $\mathbb{v}_i=\bar{v}_i-v_i$。

(3) $\underline{v}_i\neq-\infty$ 且 $\bar{v}_i=\infty$ 的情形。记 $C_1(i,\cdot)=e(\dim(\mathbb{v}))$，$B_1(i,i)=1$，$c_1(i)=-\underline{v}_i$。定义 $\mathbb{v}_i=v_i-\underline{v}_i$。

(4) $\underline{v}_i\neq-\infty$ 且 $\bar{v}_i\neq\infty$ 的情形。记 $C_1(i,\cdot)=e(\dim(\mathbb{v}))$，$B_1(i,i)=1$，$c_1(i)=-\underline{v}_i$，$A_4(\text{last},\cdot)=e(\dim(\mathbb{v}))$，$b_4(\text{last})=\bar{v}_i-\underline{v}_i$，其中 $A_4(\text{last},\cdot)$ 是在 A_4 的底部增加一行，$b_4(\text{last})$ 是在 b_4 的底部增加一个元素。定义 $\mathbb{v}_i=v_i-\underline{v}_i$，且增加

$$\mathbb{v}_i \leqslant \bar{v}_i - \underline{v}_i \tag{2.5}$$

其中，$C_1(i,j)$ 表示矩阵 C_1 的第 i 行第 j 列；$B_1(i,i)$ 表示矩阵 B_1 的第 i 个对角元；$c_1(i)$ 表示向量 c_1 的第 i 个元素。

由步骤 (1)～步骤 (4) 得到 $C_1\mathbb{v} = B_1 v + c_1$，步骤 (1)～步骤 (4) 中未定义的元素值为零，故

$$v = B_1^{-1}(C_1\mathbb{v} - c_1) \tag{2.6}$$

将式(2.6)代入式 (2.3) 和式 (2.4) 得到目标函数为

$$c_v^{\mathrm{T}} B_1^{-1} C_1 \mathbb{v} = c_{\mathbb{v}}^{\mathrm{T}} \mathbb{v} \tag{2.7}$$

并考虑式(2.5)得到约束组为

$$\begin{cases} \mathbb{v} \geqslant 0 \\ A_1 B_1^{-1} C_1 \mathbb{v} = b_1 + A_1 B_1^{-1} c_1, & \text{即} A_1' \mathbb{v} = b_1' \\ A_2 B_1^{-1} C_1 \mathbb{v} \leqslant b_2 + A_2 B_1^{-1} c_1, & \text{即} A_2' \mathbb{v} \leqslant b_2' \\ A_3 B_1^{-1} C_1 \mathbb{v} \geqslant b_3 + A_3 B_1^{-1} c_1, & \text{即} A_3' \mathbb{v} \geqslant b_3' \\ A_4 \mathbb{v} \leqslant b_4 \end{cases} \tag{2.8}$$

2.1.2　不等式约束变成等式约束

增加辅助变量 $\theta = \begin{bmatrix} \theta_2 \\ \theta_3 \\ \theta_4 \end{bmatrix} \geqslant 0$。令

$$u = \begin{bmatrix} \mathbb{v} \\ \theta \end{bmatrix}$$

代入式 (2.7) 和式 (2.8) 得到目标函数为

$$c_{\mathbb{v}}^{\mathrm{T}} \mathbb{v} = c^{\mathrm{T}} u \tag{2.9}$$

其中，$c = \begin{bmatrix} c_{\mathbb{v}} \\ 0 \end{bmatrix}$。约束组为

$$\begin{cases} u \geqslant 0 \\ Au = b \end{cases}, \text{即} \begin{bmatrix} A_1' \\ A_2' \\ A_3' \\ A_4' \end{bmatrix} \mathbb{v} + \begin{bmatrix} 0 \\ \theta_2 \\ -\theta_3 \\ \theta_4 \end{bmatrix} = \begin{bmatrix} b_1' \\ b_2' \\ b_3' \\ b_4 \end{bmatrix} \tag{2.10}$$

2.1.3　标准化处理

(1) 最小化问题。

如果是最小化 $c^{\mathrm{T}}u$，则改为最大化 $-c^{\mathrm{T}}u$。

(2) $b_i < 0$ 的处理。

用 $-\sum\limits_{j=1}^{n} a_{ij} u_j = -b_i$ 替换，并更新 A 和 b。

经过以上预处理，线性规划问题的数学模型已化为式(2.1)和式(2.2)的形式。

(3) 引入 n 个人工变量 $u_{\rm av}$ 和一个很大的正数 M，这样式(2.2)变为如下形式：

$$\max_{\tilde{u}} J = \tilde{c}^{\rm T}\tilde{u} \quad \text{s.t.} \quad \tilde{A}\tilde{u} = b, \quad \tilde{u} \geqslant 0 \tag{2.11}$$

其中

$$\tilde{u} = \begin{bmatrix} u \\ u_{\rm av} \end{bmatrix}, \quad \tilde{c}^{\rm T} = \begin{bmatrix} c^{\rm T} & [\,-M \quad -M \quad \cdots \quad -M\,] \end{bmatrix}, \quad \tilde{A} = [\,A \quad I\,] = [\,a_1 \quad a_2 \quad \cdots \quad a_{n+m}\,] \tag{2.12}$$

注意，式(2.11)的一个可行解是 $u=0$，$u_{\rm av}=b$，尽管式(2.2)未必有可行解。通过求解式(2.11) 判断式 (2.2)是否可行，要看 $u_{\rm av}$ 是否被正确处理。

2.1.4 单纯形算法

下面算法的每个迭代步骤，均采用如下的标准记法：

$$\tilde{u} = \begin{bmatrix} u_N \\ u_B \end{bmatrix}, \quad \tilde{c} = \begin{bmatrix} c_N \\ c_B \end{bmatrix} = \begin{bmatrix} c_1 \\ c_2 \\ \vdots \\ c_{n+m} \end{bmatrix}, \quad \tilde{A} = [\,N \quad B\,] = [\,a_1 \quad a_2 \quad \cdots \quad a_{n+m}\,] \tag{2.13}$$

其中，$u_B \in \mathbb{R}^n$ 为基变量；$u_N \in \mathbb{R}^m$ 为非基变量。但注意式(2.13)中的各个参数都是随着迭代的进行所变化的，仅在迭代开始时式(2.13)等于式(2.12)。

显然，有

$$\tilde{A}\tilde{u} = Nu_N + Bu_B \tag{2.14}$$

下面的算法保证 B 可逆，因此 LP 的等式约束可表示为

$$u_B = B^{-1}b - B^{-1}Nu_N \tag{2.15}$$

将式(2.15)代入目标函数，得

$$J = \tilde{c}^{\rm T}\tilde{u} = c_N^{\rm T}u_N + c_B^{\rm T}u_B = c_B^{\rm T}B^{-1}b + \left(c_N^{\rm T} - c_B^{\rm T}B^{-1}N\right)u_N \tag{2.16}$$

因此目标函数是 u_N 的函数，而 $u_N \geqslant 0$ 可任意取，只要保证 $u_B \geqslant 0$ 即可。

以下算法的每一次迭代都取 $B=I$、$u_B=b$ 和 $u_N=0$，并判断这个是不是最优解。若已是最优解或无有限最优解，则停止迭代；否则从 u_N 中剔出一个 u_l（进基变量）加入 u_B，从 u_B 中剔出一个 u_{m+f}（退基变量）加入 u_N，重新判别。

为了找到合适的 u_l 和 u_{m+f}，将式(2.16)重写为

$$J = c_B^{\rm T}B^{-1}b + \sum_{i=1}^{m}\sigma_i u_i \tag{2.17}$$

其中，$\sigma_i = \left(c_N^{\rm T} - c_B^{\rm T}B^{-1}N\right)_i$。因为 J 要被最大化，若某个 $\sigma_i > 0$，则该 u_i 取 0 可能不是最优的，要把最大的 σ_j 对应的 u_j 变到 u_B 中。已知 u_l 为进基变量后，将要对 $[N \;\; I \;\; b]$ 进行初等变换，得到 $[N' \;\; B' \;\; b']$，其中 N' 的第 l 列，即 a_l，变成 e_f，而 e_f 是 n 阶单位矩阵的第 f 列。由于

$$b_i' = \begin{cases} \dfrac{b_f}{a_{fl}}, & i = f \\ b_i - a_{il}\dfrac{b_f}{a_{fl}}, & i \neq f \end{cases}$$

所以 f 的选择应使得所有 b_i' 非负，即在 $a_{fl}>0$ 的同时 $b_i - a_{il}\dfrac{b_f}{a_{fl}} \geqslant 0$。

具体的算法步骤如下：

取 $M=10000$ 和下标向量 $O=[\begin{matrix}1 & 2 & \cdots & n+m\end{matrix}]^{\mathrm{T}}$。按照如下步骤进行迭代计算。

(1) $B=I$ 总是成立。令 $u_B=B^{-1}b=b$ 和 $u_N=0$，计算目标函数值 $J=c_B^{\mathrm{T}}b$。

(2) 对于非基变量，计算判别数 $\sigma_j=c_j-c_B^{\mathrm{T}}a_j$，$j=1,2,\cdots,m$。若所有判别数 $\sigma_j\leqslant 0$，则运算结束，且

① 若存在 $O(h)>m$ $(m<h\leqslant m+n)$，且 $b_{h-m}>0$，则无法判别解的性质（人工变量非零，尝试增大 M）；

② 否则

(A) 若存在 $\sigma_j=0$ 的 j $(0<j\leqslant m)$，使 $O(j)\leqslant m$，则有无穷多解；

(B) 否则，有唯一最优解，含如下两种情况：

(a) 所有 $\sigma_j<0$；

(b) 对所有 $\sigma_j=0$ 的 j $(0<j\leqslant m)$，有 $O(j)>m$。

(3) 找到所有使得判别数 $\sigma_j>0$ 的 j。若有其中一个 $a_j\leqslant 0$，则停止计算。有如下两种情况：

① 若 $O(j)\leqslant m$，则问题不存在有限最优解；

② 若 $O(j)>m$，则无法判别解的性质（人工变量非零，尝试增大 M）。

(4) 找到 $\sigma_l=\max_{1\leqslant j\leqslant m}\{\sigma_j\}$，则 u_l 为进基变量。固定 l，记

$$a_l=\begin{bmatrix}a_{1l}\\a_{2l}\\\vdots\\a_{nl}\end{bmatrix}$$

确定退基变量下标 f，使 $\dfrac{b_f}{a_{fl}}=\min_i\left\{\dfrac{b_i}{a_{il}}\middle| a_{il}>0,\ 1\leqslant i\leqslant n\right\}$，得到退基变量 u_{m+f}。

(5) 显然，此时

$$[N|B|b]=\left[\begin{array}{cccc|c|c}a_{11} & a_{12} & \cdots & a_{1m} & & b_1\\a_{21} & a_{22} & \cdots & a_{2m} & & b_2\\\vdots & \vdots & & \vdots & I & \vdots\\a_{n1} & a_{n2} & \cdots & a_{nm} & & b_n\end{array}\right]$$

对矩阵 $[N|B|b]$ 的每一行 i，做如下变换：

① 考虑第 f 行，该行除以 a_{fl}；

② 考虑 $i\neq f$，则第 i 行减去“第 f 行 $\times a_{il}$”。

(6) 对变换后的 $[N|B|b]$，交换第 l 列和第 $m+f$ 列，得到新的 $[N|B|b]$；对应地，$\{\tilde{u},\ O,\ \tilde{c}\}$ 交换第 l 个和第 $m+f$ 个元素；返回步骤 (1)。

LP 有一个特点，就是最优解在可行域边界上，唯一解在可行域顶点上（或者说在可行域的某个角上）。

注解 2.1　在步骤 (3) 中，$a_j\leqslant 0$ 时，u_j 可取任意大，都满足 $u_B\geqslant 0$（根据式(2.15)），而 u_j 改取任意大对应于无有限最优解。

下面给出 LP 的一种算法的 C# 程序代码，目录和命名为 GlpkWrapperCS-master/GlpkWrapperCS/GlpkLP.cs，其中 glpk_4_61.dll 采用的是开源库。

```
using System;
using System.Collections.Generic;
```

```
using System.Linq;
using System.Text;
using System.Threading.Tasks;
using org.gnu.glpk;

namespace GlpkWrapperCS
{
    public class GlpkLp
    {
        //调用LP的方法,
        //problem.SetRowBounds(i, BoundsType.Fixed ...)中,
        //Fixed用于等式约束, 改为Double适合于不等式约束
        //但是同时具有等式和不等式约束的情况, 需要重新考虑
        public static double[] LP_SSTC(ObjectDirection Dir, double[] lBounds, double[]
            uBounds, double[] ObjectCoef, double[,] LinConMat)
        {
            int Rows = LinConMat.GetLength(0);  int Columns = LinConMat.GetLength(1);
            double[] RowlBounds = new double[Rows];
            for (int i = 0; i < Rows; i++)
            {
                RowlBounds[i] = lBounds[i];
            }
            double[] ColumnlBounds = new double[Columns];
            for (int i = Rows; i < lBounds.Length; i++)
            {
                ColumnlBounds[i - Rows] = lBounds[i];
            }
            double[] RowuBounds = new double[Rows];
            for (int i = 0; i < Rows; i++)
            {
                RowuBounds[i] = uBounds[i];
            }
            double[] ColumnuBounds = new double[Columns];
            for (int i = Rows; i < uBounds.Length; i++)
            {
                ColumnuBounds[i - Rows] = uBounds[i];
            }
            double[] res = new double[Columns];
            using (var problem = new MipProblem())
            {
                // 优化问题名称
                problem.Name = "sample";
                // 最优化方向
                problem.ObjDir = Dir;
                // 约束表达式的数量/名称/范围
                problem.AddRows(Rows);
                for (int i = 0; i < Rows; i++)
                {
                    problem.SetRowBounds(i, BoundsType.Fixed, RowlBounds[i],
                        RowuBounds[i]);
                }
```

```
            // 变量的数量/名称/范围
            problem.AddColumns(Columns);
            for (int i = 0; i < Columns; i++)
            {
                problem.SetColumnBounds(i, BoundsType.Double, ColumnlBounds[i],
                    ColumnuBounds[i]);
            }
            // 目标函数系数
            for (int i = 0; i < ObjectCoef.Length; i++)
            {
                problem.ObjCoef[i] = ObjectCoef[i];
            }
            // 约束表达式系数
            int a1 = LinConMat.GetLength(0); int a2 = LinConMat.GetLength(1);
            //行索引
            int[] ia = new int[a1 * a2]; int a3 = 0;
            for (int i = 0; i < a1 * a2; i++)
            {
                if (i % a2 == 0 && i != 0)
                {
                    a3++;
                }
                ia[i] = a3;
            }
            //列索引
            int[] ja = new int[a1 * a2];  int a4 = 0;
            for (int i = 0; i < a1 * a2; i++)
            {
                if (i % a2 == 0 && i != 0)
                {
                    a4 = 0;
                }
                ja[i] = a4;  a4++;
            }
            double[] ar = new double[a1 * a2];  int n = 0;
            for (int i = 0; i < a1; i++)
            {
                for (int j = 0; j < a2; j++)
                {
                    ar[n++] = LinConMat[i, j];
                }
            }
            problem.LoadMatrix(ia, ja, ar);
            // 最优化
            var result = problem.Simplex();  Console.WriteLine(result);
            for (int i = 0; i < problem.ColumnsCount; i++)
            {
                res[i] = problem.LpColumnValue[i];
            }
        }
        return res;
```

```
}
//调用MIP的方法,
//problem.SetRowBounds(i, BoundsType.Double ...)中,
//Double适合于不等式约束, 改为Fixed用于等式约束
//但是同时具有等式和不等式约束的情况, 需要重新考虑
static double[] Mip(ObjectDirection Dir, double[] lBounds, double[] uBounds,
    double[] ObjectCoef, double[,] LinConMat)
{
    int Rows = LinConMat.GetLength(0);  int Columns = LinConMat.GetLength(1);
    double[] RowlBounds = new double[Rows];
    for (int i = 0; i < Rows; i++)
    {
        RowlBounds[i] = lBounds[i];
    }
    double[] ColumnlBounds = new double[Columns];
    for (int i = Rows; i < lBounds.Length; i++)
    {
        ColumnlBounds[i - Rows] = lBounds[i];
    }
    double[] RowuBounds = new double[Rows];
    for (int i = 0; i < Rows; i++)
    {
        RowuBounds[i] = uBounds[i];
    }
    double[] ColumnuBounds = new double[Columns];
    for (int i = Rows; i < uBounds.Length; i++)
    {
        ColumnuBounds[i - Rows] = uBounds[i];
    }
    double[] res = new double[Columns];
    using (var problem = new MipProblem())
    {
        Console.WriteLine("xxxxxxxxxxxxxxxxxxxxxxxxxxxxxxxxxxxxxxxxx");
        // 优化问题名称
        problem.Name = "sample";
        // 最优化方向
        problem.ObjDir = Dir;
        // 约束表达式的数量/名称/范围
        problem.AddRows(Rows);
        for (int i = 0; i < Rows; i++)
        {
            problem.SetRowBounds(i, BoundsType.Double, RowlBounds[i],
                RowuBounds[i]);
        }
        // 变量的数量/名称/范围
        problem.AddColumns(Columns);
        for (int i = 0; i < Columns; i++)
        {
            problem.SetColumnBounds(i, BoundsType.Double, ColumnlBounds[i],
                ColumnuBounds[i]);
        }
```

```
// 目标函数系数
for (int i = 0; i < ObjectCoef.Length; i++)
{
    problem.ObjCoef[i] = ObjectCoef[i];
}
// 约束表达式系数
int a1 = LinConMat.GetLength(0);   int a2 = LinConMat.GetLength(1);
//行索引
int[] ia = new int[a1 * a2];   int a3 = 0;
for (int i = 0; i < a1 * a2; i++)
{
    if (i % a2 == 0 && i != 0)
    {
        a3++;
    }
    ia[i] = a3;
}
//列索引
int[] ja = new int[a1 * a2];   int a4 = 0;
for (int i = 0; i < a1 * a2; i++)
{
    if (i % a2 == 0 && i != 0)
    {
        a4 = 0;
    }
    ja[i] = a4;   a4++;
}
double[] ar = new double[a1 * a2];  int n = 0;
for (int i = 0; i < a1; i++)
{
    for (int j = 0; j < a2; j++)
    {
        ar[n++] = LinConMat[i, j];
    }
}
problem.LoadMatrix(ia, ja, ar);
// 变量条件
for (int i = 0; i < Columns; i++)
{
    problem.ColumnKind[i] = VariableKind.Integer;
}
// 最优化
var result = problem.BranchAndCut(true);Console.WriteLine(result);
// 结果表示
Console.WriteLine("");
Console.Write($"z = {problem.MipObjValue}");
for (int i = 0; i < problem.ColumnsCount; ++i)
{
    Console.Write($" {problem.ColumnName[i]} =
        {problem.MipColumnValue[i]}");
}
```

```
                Console.WriteLine("\n\n【LP】"); Console.WriteLine(problem.ToLpString());
                for (int i = 0; i < problem.ColumnsCount; i++)
                {
                    res[i] = problem.MipColumnValue[i];
                }
            }
            return res;
        }
    }
}
```

2.2 基于线性规划的控制器

本节给出基于线性规划的控制器。

例题 2.1 考虑 LTI 状态空间模型：

$$x_{k+1} = Ax_k + Bu_k$$

其中，$x \in \mathbb{R}^n$；$u \in \mathbb{R}^m$；x_0 已知。

求解如下优化问题：

$$\min \left\{ \sum_{i=1}^{N} \alpha_i^{\mathrm{T}} |x_i| + \sum_{j=0}^{N-1} \beta_j^{\mathrm{T}} |u_j| \right\} \tag{2.18}$$

$$\text{s.t.} \ \ x_{i+1} = Ax_i + Bu_i, \quad i = 0, 1, 2, \cdots, N-1 \tag{2.19}$$

其中，$|x_i|$ 表示 x_i 的绝对值；$|u_j|$ 表示 u_j 的绝对值。

定义 $x_i^+ \geqslant 0$ 和 $x_i^- \geqslant 0$，且

$$x_i = x_i^+ - x_i^-, \quad |x_i| = x_i^+ + x_i^-$$

同理，定义 $u_j^+ \geqslant 0$ 和 $u_j^- \geqslant 0$，且

$$u_j = u_j^+ - u_j^-, \quad |u_j| = u_j^+ + u_j^-$$

则式(2.18)的目标函数转换为 $c^{\mathrm{T}} v$，其中

$$c = \begin{bmatrix} \tilde{\alpha} \\ \tilde{\beta} \end{bmatrix}, \quad \tilde{\alpha} = \begin{bmatrix} \alpha \\ \alpha \end{bmatrix}, \quad \tilde{\beta} = \begin{bmatrix} \beta \\ \beta \end{bmatrix}, \quad v = \begin{bmatrix} \tilde{x}_{1:N} \\ \tilde{u}_{0:N-1} \end{bmatrix}, \quad \tilde{x}_{1:N} = \begin{bmatrix} \tilde{x}^+ \\ \tilde{x}^- \end{bmatrix}, \quad \tilde{u}_{0:N-1} = \begin{bmatrix} \tilde{u}^+ \\ \tilde{u}^- \end{bmatrix}$$

$$\alpha = \begin{bmatrix} \alpha_1 \\ \alpha_2 \\ \vdots \\ \alpha_N \end{bmatrix}, \quad \beta = \begin{bmatrix} \beta_0 \\ \beta_1 \\ \vdots \\ \beta_{N-1} \end{bmatrix}, \quad \tilde{x}^+ = \begin{bmatrix} x_1^+ \\ x_2^+ \\ \vdots \\ x_N^+ \end{bmatrix}, \quad \tilde{x}^- = \begin{bmatrix} x_1^- \\ x_2^- \\ \vdots \\ x_N^- \end{bmatrix}, \quad \tilde{u}^+ = \begin{bmatrix} u_0^+ \\ u_1^+ \\ \vdots \\ u_{N-1}^+ \end{bmatrix}, \quad \tilde{u}^- = \begin{bmatrix} u_0^- \\ u_1^- \\ \vdots \\ u_{N-1}^- \end{bmatrix}$$

$$x_i^+ = \begin{bmatrix} x_{1,i}^+ \\ x_{2,i}^+ \\ \vdots \\ x_{n,i}^+ \end{bmatrix}, \quad x_i^- = \begin{bmatrix} x_{1,i}^- \\ x_{2,i}^- \\ \vdots \\ x_{n,i}^- \end{bmatrix}, \quad u_j^+ = \begin{bmatrix} u_{1,j}^+ \\ u_{2,j}^+ \\ \vdots \\ u_{m,j}^+ \end{bmatrix}, \quad u_j^- = \begin{bmatrix} u_{1,j}^- \\ u_{2,j}^- \\ \vdots \\ u_{m,j}^- \end{bmatrix}$$

其中，$\tilde{x}_{1:N} \in \mathbb{R}^{2nN}$；$\tilde{u}_{0:N-1} \in \mathbb{R}^{2mN}$；$v \in \mathbb{R}^{2(n+m)N}$；$\tilde{\alpha} \in \mathbb{R}^{2nN}$；$\tilde{\beta} \in \mathbb{R}^{2mN}$；$c \in \mathbb{R}^{2(m+n)N}$。

等式约束(2.19)等价于

$$\begin{cases} x_{i+1}^+ - x_{i+1}^- = Ax_i^+ - Ax_i^- + Bu_i^+ - Bu_i^-, & i=1,2,\cdots,N-1 \\ x_1^+ - x_1^- = Ax_0 + Bu_0^+ - Bu_0^- \end{cases}$$

写成简单的形式，即

$$A_N\tilde{x}^+ - A_N\tilde{x}^- - B_N\tilde{u}^+ + B_N\tilde{u}^- = d_0$$

其中，$\{A_N, B_N, d_0\}$ 同式(1.5)后的定义。

式(2.18)转化为

$$\min c^{\mathrm{T}}v \quad \text{s.t.} \quad [\ A_N \quad -A_N \quad -B_N \quad B_N\ ]v = d_0,\quad v \geqslant 0$$

注意要化为标准型 LP，还需要处理 min 和 d_0 的负值。

例题 2.2　考虑 LTI 状态空间模型：

$$x_{k+1} = Ax_k + Bu_k$$

其中，$x \in \mathbb{R}^n$；$u \in \mathbb{R}^m$；x_0 给定。

采用如下控制器设计方法：

$$\min\left\{\sum_{i=1}^{N-1}\|x_i\|_p + \sum_{j=0}^{N-1}\|u_j\|_p\right\} \tag{2.20}$$

$$\text{s.t.}\begin{cases} x_{i+1} = Ax_i + Bu_i, & i=0,1,2,\cdots,N-1 \\ \underline{u} \leqslant u_j \leqslant \bar{u}, & j=0,1,2,\cdots,N-1 \\ \underline{\varphi} \leqslant \Phi x_i \leqslant \bar{\varphi}, & i=1,2,\cdots,N-1 \\ x_N = 0 \end{cases} \tag{2.21}$$

其中，$\Phi \in \mathbb{R}^{q\times n}$；$\underline{\varphi} \in \mathbb{R}^q$；$\bar{\varphi} \in \mathbb{R}^q$；$\underline{u} \in \mathbb{R}^m$；$\bar{u} \in \mathbb{R}^m$；$p = 1,\ \infty$。

引入 $\begin{bmatrix} x_i^+ \\ x_i^- \\ u_j^+ \\ u_j^- \end{bmatrix} \geqslant 0$，对 $p=1$，有

$$\|x_i\|_1 = \sum_{l=1}^{n}\left(x_{l,i}^+ + x_{l,i}^-\right),\quad \|u_j\|_1 = \sum_{l=1}^{m}\left(u_{l,j}^+ + u_{l,j}^-\right)$$

对 $p=\infty$，引入 $\varepsilon_{x,i}$ 且 $\|x_i\|_\infty \leqslant \varepsilon_{x,i}$ 等价于

$$x_{l,i}^+ + x_{l,i}^- \leqslant \varepsilon_{x,i},\quad l=1,2,\cdots,n \tag{2.22}$$

引入 $\varepsilon_{u,j}$ 且 $\|u_j\|_\infty \leqslant \varepsilon_{u,j}$ 等价于

$$u_{l,j}^+ + u_{l,j}^- \leqslant \varepsilon_{u,j},\quad l=1,2,\cdots,m \tag{2.23}$$

式(2.21)中方程约束 $(x_{i+1} = Ax_i + Bu_i,\ i=0,1,2,\cdots,N-1)$ 变为

$$\begin{cases} x_1^+ - x_1^- = Ax_0 + Bu_0^+ - Bu_0^- \\ x_{i+1}^+ - x_{i+1}^- = Ax_i^+ - Ax_i^- + Bu_i^+ - Bu_i^-, & i=1,2,\cdots,N-2 \\ x_N = Ax_{N-1}^+ - Ax_{N-1}^- + Bu_{N-1}^+ - Bu_{N-1}^- \end{cases} \tag{2.24}$$

对 $p=1$ 和 $p=\infty$，定义

$$v=\begin{bmatrix}\bar{x}^+\\ \bar{x}^-\\ \tilde{u}^+\\ \tilde{u}^-\end{bmatrix},\quad \bar{x}^+=\begin{bmatrix}x_1^+\\ x_2^+\\ \vdots\\ x_{N-1}^+\end{bmatrix},\quad \bar{x}^-=\begin{bmatrix}x_1^-\\ x_2^-\\ \vdots\\ x_{N-1}^-\end{bmatrix},\quad \tilde{u}^+=\begin{bmatrix}u_0^+\\ u_1^+\\ \vdots\\ u_{N-1}^+\end{bmatrix},\quad \tilde{u}^-=\begin{bmatrix}u_0^-\\ u_1^-\\ \vdots\\ u_{N-1}^-\end{bmatrix}$$

其中，$\bar{x}^+\in\mathbb{R}^{(N-1)n}$；$\bar{x}^-\in\mathbb{R}^{(N-1)n}$；$\tilde{u}^+\in\mathbb{R}^{Nm}$；$\tilde{u}^-\in\mathbb{R}^{Nm}$；$v\in\mathbb{R}^{2n(N-1)+2mN}$。

对 $p=1$，优化问题(2.20)变为

$$\min\left\{\sum_{i=1}^{N-1}\sum_{l=1}^{n}(x_{l,i}^++x_{l,i}^-)+\sum_{j=0}^{N-1}\sum_{l=1}^{m}(u_{l,j}^++u_{l,j}^-)\right\}\quad \text{s.t.}\quad \begin{cases}\text{式(2.24)},\quad x_N=0\\ \underline{u}\leqslant u_j^+-u_j^-\leqslant\bar{u}, & j=0,1,2,\cdots,N-1\\ \underline{\varphi}\leqslant\Phi x_i^+-\Phi x_i^-\leqslant\bar{\varphi}, & i=1,2,\cdots,N-1\\ v\geqslant 0\end{cases}\tag{2.25}$$

对 $p=\infty$，优化问题(2.20)变为

$$\min\left\{\sum_{i=1}^{N-1}\varepsilon_{x,i}+\sum_{j=0}^{N-1}\varepsilon_{u,j}\right\}\quad \text{s.t.}\quad \begin{cases}\text{式(2.24)},\quad x_N=0,\quad \text{式(2.22)},\quad \text{式(2.23)}\\ \quad\underline{u}\leqslant u_j^+-u_j^-\leqslant\bar{u}, & j=0,1,2,\cdots,N-1\\ \quad\underline{\varphi}\leqslant\Phi x_i^+-\Phi x_i^-\leqslant\bar{\varphi}, & i=1,2,\cdots,N-1\\ \quad v\geqslant 0\\ \varepsilon_{x,i}\geqslant 0, & i=1,2,\cdots,N-1\\ \varepsilon_{u,j}\geqslant 0, & j=0,1,2,\cdots,N-1\end{cases}\tag{2.26}$$

对 $p=\infty$，引入

$$\varepsilon=\begin{bmatrix}\varepsilon_x\\ \varepsilon_u\end{bmatrix},\quad \varepsilon_x=\begin{bmatrix}\varepsilon_{x,1}\\ \varepsilon_{x,2}\\ \vdots\\ \varepsilon_{x,N-1}\end{bmatrix},\quad \varepsilon_u=\begin{bmatrix}\varepsilon_{u,0}\\ \varepsilon_{u,1}\\ \vdots\\ \varepsilon_{u,N-1}\end{bmatrix},\quad \theta=\begin{bmatrix}\tilde{\theta}_x\\ \tilde{\theta}_u\\ \theta_\varphi^-\\ \theta_\varphi^+\\ \theta^-\\ \theta^+\end{bmatrix}$$

$$\tilde{\theta}_x=\begin{bmatrix}\tilde{\theta}_{x,1}\\ \tilde{\theta}_{x,2}\\ \vdots\\ \tilde{\theta}_{x,N-1}\end{bmatrix},\quad \tilde{\theta}_u=\begin{bmatrix}\tilde{\theta}_{u,0}\\ \tilde{\theta}_{u,1}\\ \vdots\\ \tilde{\theta}_{u,N-1}\end{bmatrix},\quad \tilde{\theta}_{x,i}=\begin{bmatrix}\theta_{x,1,i}\\ \theta_{x,2,i}\\ \vdots\\ \theta_{x,n,i}\end{bmatrix},\quad \tilde{\theta}_{u,j}=\begin{bmatrix}\theta_{u,1,j}\\ \theta_{u,2,j}\\ \vdots\\ \theta_{u,m,j}\end{bmatrix}$$

$$\theta_\varphi^-=\begin{bmatrix}\theta_{\varphi,1}^-\\ \theta_{\varphi,2}^-\\ \vdots\\ \theta_{\varphi,N-1}^-\end{bmatrix},\quad \theta_\varphi^+=\begin{bmatrix}\theta_{\varphi,1}^+\\ \theta_{\varphi,2}^+\\ \vdots\\ \theta_{\varphi,N-1}^+\end{bmatrix},\quad \theta^-=\begin{bmatrix}\theta_0^-\\ \theta_1^-\\ \vdots\\ \theta_{N-1}^-\end{bmatrix},\quad \theta^+=\begin{bmatrix}\theta_0^+\\ \theta_1^+\\ \vdots\\ \theta_{N-1}^+\end{bmatrix}$$

定义

$$\mathbb{v} = \begin{bmatrix} \varepsilon \\ v \\ \theta \end{bmatrix}, \quad c_{\mathbb{v}} = [\overbrace{1 \ 1 \ \cdots \ 1}^{2N-1} \ 0 \ 0 \cdots \ 0]^{\mathrm{T}}$$

把优化问题(2.26)化为

$$\min c_{\mathbb{v}}^{\mathrm{T}}\mathbb{v} \quad \text{s.t.} \begin{cases} 式(2.24), \quad x_N = 0 \\ x_i^+ - x_i^- + \tilde{\theta}_{x,i} = \tilde{\varepsilon}_{x,i}, & i = 1, 2, \cdots, N-1 \\ u_j^+ - u_j^- + \tilde{\theta}_{u,j} = \tilde{\varepsilon}_{u,j}, & j = 0, 1, 2, \cdots, N-1 \\ \underline{u} + \theta_j^- = u_j^+ - u_j^-, & j = 0, 1, 2, \cdots, N-1 \\ u_j^+ - u_j^- + \theta_j^+ = \bar{u}, & j = 0, 1, 2, \cdots, N-1 \\ \underline{\varphi} + \theta_{\varphi,i}^- = \Phi x_i^+ - \Phi x_i^-, & i = 1, 2, \cdots, N-1 \\ \Phi x_i^+ - \Phi x_i^- + \theta_{\varphi,i}^+ = \bar{\varphi}, & i = 1, 2, \cdots, N-1 \\ \mathbb{v} \geqslant 0 \end{cases} \tag{2.27}$$

其中

$$\tilde{\varepsilon}_{x,i} = \varepsilon_{x,i}\mathbf{1}, \quad \tilde{\varepsilon}_{u,j} = \varepsilon_{u,j}\mathbf{1}, \quad \mathbf{1} = \begin{bmatrix} 1 \\ 1 \\ \vdots \\ 1 \end{bmatrix}$$

优化问题(2.27)可简写为

$$\min c_{\mathbb{v}}^{\mathrm{T}}\mathbb{v} \quad \text{s.t.} \begin{cases} A_{N,0}\bar{x}^+ - A_{N,0}\bar{x}^- - B_N\tilde{u}^+ + B_N\tilde{u}^- = d_0 \\ \bar{x}^+ - \bar{x}^- + \tilde{\theta}_x = \tilde{\varepsilon}_x \\ \tilde{u}^+ - \tilde{u}^- + \tilde{\theta}_u = \tilde{\varepsilon}_u \\ \underline{u}^{\mathrm{s}} + \theta^- = \tilde{u}^+ - \tilde{u}^- \\ \tilde{u}^+ - \tilde{u}^- + \theta^+ = \bar{u}^{\mathrm{s}} \\ \underline{\varphi}^{\mathrm{s}} + \theta_{\varphi}^- = \Phi^{\mathrm{d}}\bar{x}^+ - \Phi^{\mathrm{d}}\bar{x}^- \\ \Phi^{\mathrm{d}}\bar{x}^+ - \Phi^{\mathrm{d}}\bar{x}^- + \theta_{\varphi}^+ = \bar{\varphi}^{\mathrm{s}} \\ \mathbb{v} \geqslant 0 \end{cases} \tag{2.28}$$

并进一步简写为

$$\min c_{\mathbb{v}}^{\mathrm{T}}\mathbb{v} \quad \text{s.t.} \quad C\mathbb{v} = \begin{bmatrix} d_0 \\ d \end{bmatrix}, \quad \mathbb{v} \geqslant 0$$

其中

$\Phi^{\mathrm{d}} = \mathrm{diag}\{\Phi, \quad \Phi, \quad \cdots, \quad \Phi\}$

$$\underline{\varphi}^{\rm s}=\begin{bmatrix}\underline{\varphi}\\ \underline{\varphi}\\ \vdots\\ \underline{\varphi}\end{bmatrix},\quad \bar{\varphi}^{\rm s}=\begin{bmatrix}\bar{\varphi}\\ \bar{\varphi}\\ \vdots\\ \bar{\varphi}\end{bmatrix},\quad \underline{u}^{\rm s}=\begin{bmatrix}\underline{u}\\ \underline{u}\\ \vdots\\ \underline{u}\end{bmatrix},\quad \bar{u}^{\rm s}=\begin{bmatrix}\bar{u}\\ \bar{u}\\ \vdots\\ \bar{u}\end{bmatrix},\quad d=\begin{bmatrix}0\\ 0\\ -\underline{u}^{\rm s}\\ \bar{u}^{\rm s}\\ -\underline{\varphi}^{\rm s}\\ \bar{\varphi}^{\rm s}\end{bmatrix}$$

$$C=\begin{bmatrix}0&0&A_{N,0}&-A_{N,0}&-B_N&B_N&0&0&0&0&0&0\\ -\mathbf{1}&0&I&-I&0&0&I&0&0&0&0&0\\ 0&-\mathbf{1}&0&0&I&-I&0&I&0&0&0&0\\ 0&0&0&0&-I&I&0&0&0&0&I&0\\ 0&0&0&0&I&-I&0&0&0&0&0&I\\ 0&0&-\Phi^{\rm d}&\Phi^{\rm d}&0&0&0&0&I&0&0&0\\ 0&0&\Phi^{\rm d}&-\Phi^{\rm d}&0&0&0&0&0&I&0&0\end{bmatrix},\quad A_{N,0}=\begin{bmatrix}I&&&&\\ -A&I&&&\\ &\ddots&\ddots&&\\ &&-A&I&\\ &&&-A\end{bmatrix}$$

$$\mathbf{1}=\mathrm{diag}\{1\ \ 1\ \ \cdots\ \ 1\}$$

B_N、d_0 同式(1.5)后的定义。

对 $p=1$，情况与 $p=\infty$ 类似，但少了 ε 和 $\begin{bmatrix}\tilde{\theta}_x\\ \tilde{\theta}_u\end{bmatrix}$，即 $\mathbb{v}=\begin{bmatrix}\bar{x}^+\\ \bar{x}^-\\ \tilde{u}^+\\ \tilde{u}^-\\ \theta\end{bmatrix}$，其中 $\theta=\begin{bmatrix}\theta_\varphi^-\\ \theta_\varphi^+\\ \theta^-\\ \theta^+\end{bmatrix}$。

令 $c_{\mathbb{v}}=[\overbrace{1\ \ 1\ \ \cdots\ \ 1}^{2n(N-1)+2mN}\ \ 0\ \ 0\ \ \cdots\ \ 0]^{\rm T}$，把优化问题(2.25)化为

$$\min c_{\mathbb{v}}^{\rm T}\mathbb{v}\ \ \text{s.t.}\ \begin{cases}\text{式(2.24)},\ \ x_N=0\\ \underline{u}+\theta_j^-=u_j^+-u_j^-,\ \ j=0,1,2,\cdots,N-1\\ u_j^+-u_j^-+\theta_j^+=\bar{u},\ \ j=0,1,2,\cdots,N-1\\ \underline{\varphi}+\theta_{\varphi,i}^-=\Phi x_i^+-\Phi x_i^-,\ \ i=1,2,\cdots,N-1\\ \Phi x_i^+-\Phi x_i^-+\theta_{\varphi,i}^+=\bar{\varphi},\ \ i=1,2,\cdots,N-1\\ \mathbb{v}\geqslant 0\end{cases}\tag{2.29}$$

优化问题(2.29)可简写为

$$\min c_{\mathbb{v}}^{\rm T}\mathbb{v}\ \ \text{s.t.}\ \begin{cases}A_{N,0}\bar{x}^+-A_{N,0}\bar{x}^--B_N\tilde{u}^++B_N\tilde{u}^-=d_0\\ \underline{u}^{\rm s}+\theta^-=\tilde{u}^+-\tilde{u}^-\\ \tilde{u}^+-\tilde{u}^-+\theta^+=\bar{u}^{\rm s}\\ \underline{\varphi}^{\rm s}+\theta_\varphi^-=\Phi^{\rm d}\bar{x}^+-\Phi^{\rm d}\bar{x}^-\\ \Phi^{\rm d}\bar{x}^+-\Phi^{\rm d}\bar{x}^-+\theta_\varphi^+=\bar{\varphi}^{\rm s}\\ \mathbb{v}\geqslant 0\end{cases}\tag{2.30}$$

进一步简写为

$$\min c_{\mathbb{v}}^{\rm T}\mathbb{v}\ \ \text{s.t.}\ \ C\mathbb{v}=\begin{bmatrix}d_0\\ d\end{bmatrix},\quad \mathbb{v}\geqslant 0$$

其中

$$C=\begin{bmatrix} A_{N,0} & -A_{N,0} & -B_N & B_N & 0 & 0 & 0 & 0 \\ 0 & 0 & -I & I & 0 & 0 & I & 0 \\ 0 & 0 & I & -I & 0 & 0 & 0 & I \\ -\Phi^{\mathrm{d}} & \Phi^{\mathrm{d}} & 0 & 0 & I & 0 & 0 & 0 \\ \Phi^{\mathrm{d}} & -\Phi^{\mathrm{d}} & 0 & 0 & 0 & I & 0 & 0 \end{bmatrix},\quad d=\begin{bmatrix} -\underline{u}^{\mathrm{s}} \\ \bar{u}^{\mathrm{s}} \\ -\underline{\varphi}^{\mathrm{s}} \\ \bar{\varphi}^{\mathrm{s}} \end{bmatrix}$$

下面的 C# 程序代码中，有些不是本例题的，但后面会用到。下面的程序代码的目录和命名为 ControlLib/Model/Constraints。

```
namespace ControlLib
{
    //这个类主要用于记录控制器约束
    public class Constraints : Model
    {
        // 与输入有关的约束
        static private double[] uBar_elements = new double[] { 20 };
        static private double[] uUnderline_elements = new double[] { -20 };
        // 与状态或输出有关的约束
        static private double[] psiBar_elements = new double[] { 10 };
        static private double[] psiUnderline_elements = new double[] { -10 };
        static private double[] gBar_elements = new double[] { 8 };
        static private double[] gUnderline_elements = new double[] { -8 };
        // 这里给出的上下界都是一维变量的界
        static public Matrix uBar = new Matrix(nu, 1, uBar_elements);
        static public Matrix uUnderline = new Matrix(nu, 1, uUnderline_elements);
        // 状态或输出约束变换矩阵
        static public Matrix Phi = Model.C;
        // 终端约束集还没有详细设计
        static public Matrix G = Model.C; static public int p = Phi.Rows;
        static public int q = G.Rows;
        static public Matrix psiBar = new Matrix(p, 1, psiBar_elements);
        static public Matrix psiUnderline = new Matrix(p, 1, psiUnderline_elements);
        static public Matrix gBar = new Matrix(q, 1, gBar_elements);
        static public Matrix gUnderline = new Matrix(q, 1, gUnderline_elements);
    }
}
```

下面的程序代码的目录和命名为 ControlLib/BasicControl/FHLRKeyMatrix.cs。

```
using System;
namespace ControlLib
{
    public class FHLRKeyMatrix : Constraints
    {
        static public Matrix A_N; static public Matrix A_eqN;
        static public Matrix A_1to1N;
        static public Matrix A_atN; static public Matrix B_N;
        static public Matrix B_1to1N;
        static public Matrix B_atN;
        static public Matrix D_1to1N; static public Matrix D_atN;
```

```
// 等式（方程）约束的右边
static public Matrix d_eqN;
// 不等式约束的右边, 1 -> N-1, 不含终端约束
static public Matrix d_C; static public int N;
static public Matrix uUbs;
static public Matrix uLbs; static public Matrix psiUbs;
static public Matrix psiLbs;
static public Matrix PhiDiag; static public void LinearRInit()
{
    LQRPar.N = 12;
    N = LQRPar.N;
}
static public void Get_uBs()
{
    uUbs = new Matrix(nu * N, 1);  uLbs = new Matrix(nu * N, 1);
    for (int i = 0; i < nu; i++)
    {
        for (int j = 0; j < N; j++)
        {
            uUbs[j * nu + i, 0] = Constraints.uBar[i, 0];
            uLbs[j * nu + i, 0] = Constraints.uUnderline[i, 0];
        }
    }
}
static public void Get_psiBsPhis()
{
    psiUbs = new Matrix(p * (N - 1), 1);  psiLbs = new Matrix(p * (N - 1), 1);
    for (int i = 0; i < p; i++)
    {
        for (int j = 0; j < N - 1; j++)
        {
            psiUbs[j * nu + i, 0] = Constraints.psiBar[i, 0];
            psiLbs[j * nu + i, 0] = Constraints.psiUnderline[i, 0];
        }
    }
    PhiDiag = new Matrix(p * (N - 1), nx * (N - 1));
    for (int j = 0; j < N - 1; j++)
    {
        for (int i = 0; i < p; i++)
        {
            for (int k = 0; k < nx; k++)
            {
                PhiDiag[j * p + i, j * nx + k] = Constraints.Phi[i, k];
            }
        }
    }
}
// 不等式约束 >= 的右边, 1 -> N-1, 不含终端约束
static public void Get_dC()
{
    //为d赋值
```

```
        d_C = new Matrix(2 * uLbs.Rows + 2 * psiUbs.Rows, 1);
        for (int i = 0; i < uLbs.Rows; i++)
        {
            d_C[i, 0] = -uLbs[i, 0];
        }
        for (int i = 0; i < uUbs.Rows; i++)
        {
            d_C[uLbs.Rows + i, 0] = uUbs[i, 0];
        }
        for (int i = 0; i < psiLbs.Rows; i++)
        {
            d_C[uLbs.Rows + uUbs.Rows + i, 0] = -psiLbs[i, 0];
        }
        for (int i = 0; i < psiUbs.Rows; i++)
        {
            d_C[uLbs.Rows + uUbs.Rows + psiLbs.Rows + i, 0] = psiUbs[i, 0];
        }
    }
    // 等式（方程）约束的左边；控制器无终端零约束
    static public void GetA_N()
    {
        A_N = new Matrix(nx * N, nx * N);
        for (int i = 0; i < nx; i++)
        {
            for (int n = 0; n < N - 1; n++)
            {
                A_N[n * nx + i, n * nx + i] = 1;
                for (int j = 0; j < nx; j++)
                {
                    A_N[(n + 1) * nx + i, n * nx + j] = -Model.A[i, j];
                }
            }
            A_N[(N - 1) * nx + i, (N - 1) * nx + i] = 1;
        }
    }
    // 等式（方程）约束的左边；控制器有终端零约束
    static public void GetA_eqN()
    {
        A_eqN = new Matrix(nx * N, nx * (N - 1));
        for (int i = 0; i < nx; i++)
        {
            for (int n = 0; n < N - 1; n++)
            {
                A_eqN[n * nx + i, n * nx + i] = 1;
                for (int j = 0; j < nx; j++)
                {
                    A_eqN[(n + 1) * nx + i, n * nx + j] = -Model.A[i, j];
                }
            }
        }
    }
```

```
static public void GetA_1to1N()
{
    A_1to1N = new Matrix(nx * (N - 1), nx);  Matrix Atemp = Model.A;
    for (int l = 0; l < N - 1; l++)
    {
        for (int i = 0; i < nx; i++)
        {
            for (int j = 0; j < nx; j++)
            {
                A_1to1N[l * nx + i, j] = Atemp[i, j];
            }
        }
        Atemp = Atemp * Model.A;
    }
    A_atN = Atemp;
}
static public void GetB_N()
{
    B_N = new Matrix(nx * N, nu * N);
    for (int n = 0; n < N; n++)
    {
        for (int i = 0; i < nx; i++)
        {
            for (int j = 0; j < nu; j++)
            {
                B_N[n * nx + i, n * nu + j] = Model.B[i, j];
            }
        }
    }
}
static public void GetB_1to1N()
{
    B_1to1N = new Matrix(nx * (N - 1), nu * N); Matrix Btemp = Model.B;
    //依对角线的顺序写入
    for (int l = 0; l < N - 1; l++)
    {
        for (int k = 0; k < N - 1 - l; k++)
        {
            for (int i = 0; i < nx; i++)
            {
                for (int j = 0; j < nu; j++)
                {
                    B_1to1N[(l + k) * nx + i, k * nu + j] = Btemp[i, j];
                }
            }
        }
        Btemp = Model.A * Btemp;
    }
    B_atN = new Matrix(nx, nu * N);
    for (int i = 0; i < nx; i++)
    {
```

```
                for (int j = 0; j < nu; j++)
                {
                    B_atN[i, j] = Btemp[i, j];
                }
                for (int j = 0; j < nu * (N - 1); j++)
                {
                    B_atN[i, j + nu] = B_1to1N[nx * (N - 2) + i, j];
                }
            }
        }
        static public void GetD_1to1N()
        {
            D_1to1N = new Matrix(nx * (N - 1), nx * N);
            Matrix Dtemp = Matrix.MakeUnitMatrix(nx);
            Matrix SumDtemp = Dtemp;
            //依对角线的顺序写入
            for (int l = 0; l < N - 1; l++)
            {
                for (int i = 0; i < nx; i++)
                {
                    for (int j = 0; j < nx; j++)
                    {
                        D_1to1N[l * nx + i, j] = SumDtemp[i, j];
                    }
                }
                Dtemp = Model.A * Dtemp;   SumDtemp = SumDtemp + Dtemp;
            }
            D_atN = SumDtemp;
        }
        static public void Get_deqN(Matrix x)
        {
            Matrix d = Model.A * x; d_eqN = new Matrix(nx * N, 1);
            for (int i = 0; i < nx; i++)
            {
                d_eqN[i, 0] = d[i, 0];
            }
        }
    }
}
```

下面的程序代码的目录和命名为 ControlLib/BasicControl/eqFHxuL1R.cs。

```
using GlpkWrapperCS;using System;
namespace ControlLib{
    //基于LP的，DLTI、有限时域、约束单目标、x和u的1范数指标、终端零状态控制器
    public class eqFHxuL1R : FHLRKeyMatrix
    {
        static private Matrix Cl1r_eq; static private Matrix dl1r_eq;
        static private void Get_C_d_eqConstrainedFHxuL1R()
        {
            LinearRInit(); Get_uBs(); Get_psiBsPhis(); GetA_eqN(); GetB_N();
            //所有约束（均化成等式）的左边
```

```
        Cl1r_eq = GetCl1r_eq();
        //所有约束（均化成等式）的右边
        dl1r_eq = Get_dl1r_eq();
    }
    static public Matrix GetCl1r_eq()
    {
        Matrix _C = new Matrix(A_eqN.Rows + 2 * B_N.Columns + 2 * PhiDiag.Rows,
            2 * A_eqN.Columns + 4 * B_N.Columns + 2 * PhiDiag.Rows);
        for (int i = 0; i < A_eqN.Rows; i++)
        {
            for (int j = 0; j < A_eqN.Columns; j++)
            {
                _C[i, j] = A_eqN[i, j];    _C[i, A_eqN.Columns + j] = -A_eqN[i, j];
            }
            for (int j = 0; j < B_N.Columns; j++)
            {
                _C[i, 2 * A_eqN.Columns + j] = -B_N[i, j];
                _C[i, 2 * A_eqN.Columns + B_N.Columns + j] = B_N[i, j];
            }
        }
        for (int j = 0; j < B_N.Columns; j++)
        {
            _C[A_eqN.Rows + j, 2 * A_eqN.Columns + j] = -1;
            _C[A_eqN.Rows + j, 2 * A_eqN.Columns + B_N.Columns + j] = 1;
            _C[A_eqN.Rows + j,
                2 * A_eqN.Columns + 2 * B_N.Columns + 2 * PhiDiag.Rows + j] = 1;
            _C[A_eqN.Rows + B_N.Columns + j, 2 * A_eqN.Columns + j] = 1;
            _C[A_eqN.Rows + B_N.Columns + j,
                2 * A_eqN.Columns + B_N.Columns + j] = -1;
            _C[A_eqN.Rows + B_N.Columns + j,
                2 * A_eqN.Columns + 3 * B_N.Columns + 2 * PhiDiag.Rows + j] = 1;
        }
        for (int i = 0; i < PhiDiag.Rows; i++)
        {
            _C[A_eqN.Rows + 2 * B_N.Columns + i,
                2 * A_eqN.Columns + 2 * B_N.Columns + i] = 1;
            _C[A_eqN.Rows + 2 * B_N.Columns + PhiDiag.Rows + i,
                2 * A_eqN.Columns + 2 * B_N.Columns + PhiDiag.Rows + i] = 1;
            for (int j = 0; j < PhiDiag.Columns; j++)
            {
                _C[A_eqN.Rows + 2 * B_N.Columns + i, j] = -PhiDiag[i, j];
                _C[A_eqN.Rows + 2 * B_N.Columns + i, PhiDiag.Columns + j] =
                    PhiDiag[i, j];
                _C[A_eqN.Rows + 2 * B_N.Columns + PhiDiag.Rows + i, j] =
                    PhiDiag[i, j];
                _C[A_eqN.Rows + 2 * B_N.Columns + PhiDiag.Rows + i,
                    PhiDiag.Columns + j] = -PhiDiag[i, j];
            }
        }
        return _C;
    }
```

```
        static public Matrix Get_dl1r_eq()
        {
            //不等式约束化成等式约束后的右边
            Get_dC();
            Model.SimulInit();
            //等式约束的右边
            Get_deqN(Model.xtrue_k);
            //所有约束（均化成等式）的右边
            Matrix _d = new Matrix(d_eqN.Rows + d_C.Rows, 1);
            for (int i = 0; i < nx; i++)
            {
                _d[i, 0] = d_eqN[i, 0];
            }
            for (int i = 0; i < d_C.Rows; i++)
            {
                _d[d_eqN.Rows + i, 0] = d_C[i, 0];
            }
            return _d;
        }
        static public void eqConstrainedFHxuL1R()
        {
            Get_C_d_eqConstrainedFHxuL1R();
            double[] c_w = new double[Cl1r_eq.Columns];
            for (int i = 0; i < 2 * nx * (N - 1) + 2 * nu * N; i++)
            {
                c_w[i] = 1.0;
            }
            double[] lb = new double[dl1r_eq.Rows + c_w.Length];
            double[] ub = new double[dl1r_eq.Rows + c_w.Length];
            for (int i = 0; i < dl1r_eq.Rows; i++)
            {
                lb[i] = dl1r_eq[i, 0];  ub[i] = dl1r_eq[i, 0];
            }
            for (int i = dl1r_eq.Rows; i < dl1r_eq.Rows + c_w.Length; i++)
            {
                lb[i] = 0;  ub[i] = double.PositiveInfinity;
            }
            double[] result = GlpkLp.LP_SSTC(ObjectDirection.Minimize, lb, ub, c_w,
                Matrix.to2dDouble(Cl1r_eq));
            for (int i = 0; i < nx * (N-1); i++)
            {
                Console.WriteLine("x_{0}({1})={2}", i % nx, i / nx,
                    result[i] - result[nx * (N - 1) + i]);
            }
            for (int i = 0; i < nu * N; i++)
            {
                Console.WriteLine("u({0})={1}", i, result[2 * nx * (N - 1) + i]
                    - result[2 * nx * (N - 1) + nu * N + i]);
            }
        }
    }
```

```
}
```

下面的程序代码的目录和命名为 ControlLib/BasicControl/eqFHxuLIR.cs。

```
using ControlLib; using GlpkWrapperCS; using System; namespace ControlLib
{
    //基于LP的，DLTI、有限时域、约束单目标、x和u的无穷范数指标、终端零状态控制器
    public class eqFHxuLIR : FHLRKeyMatrix
    {
        static public Matrix Clir_eq;  static public Matrix dlir_eq;
        //俱有epsilon_x和epsilon_u的d
        static private Matrix d_Cepsilon;
        static public void Get_C_d_eqConstrainedFHxuLIR()
        {
            LinearRInit();  Get_uBs();  Get_psiBsPhis();  GetA_eqN();  GetB_N();
            //所有约束（均化成等式）的左边
            Clir_eq = GetClir_eq();
            //不等式约束（化成等式）的右边
            dlir_eq = Get_dlir_eq();
        }
        //所有约束（均化成等式）的左边
        static private Matrix GetClir_eq()
        {
            Matrix _C = new Matrix(A_eqN.Rows + A_eqN.Columns + 3 * B_N.Columns + 2 *
                PhiDiag.Rows, 2 * N - 1 + 3 * A_eqN.Columns + 5 * B_N.Columns + 2 *
                PhiDiag.Rows);
            for (int i = 0; i < A_eqN.Rows; i++)
            {
                for (int j = 0; j < A_eqN.Columns; j++)
                {
                    _C[i, 2 * N - 1 + j] = A_eqN[i, j];
                    _C[i, 2 * N - 1 + A_eqN.Columns + j] = -A_eqN[i, j];
                }
                for (int j = 0; j < B_N.Columns; j++)
                {
                    _C[i, 2 * N - 1 + 2 * A_eqN.Columns + j] = -B_N[i, j];
                    _C[i, 2 * N - 1 + 2 * A_eqN.Columns + B_N.Columns + j] = B_N[i, j];
                }
            }
            for (int i = 0; i < N - 1; i++)
            {
                for (int j = 0; j < nx; j++)
                {
                    _C[A_eqN.Rows + i * nx + j, i] = -1;
                }
            }
            for (int j = 0; j < A_eqN.Columns; j++)
            {
                _C[A_eqN.Rows + j, 2 * N - 1 + j] = 1;
                _C[A_eqN.Rows + j, 2 * N - 1 + A_eqN.Columns + j] = -1;
                _C[A_eqN.Rows + j,
                    2 * N - 1 + 2 * A_eqN.Columns + 2 * B_N.Columns + j] = 1;
```

```
}
for (int i = 0; i < N; i++)
{
    for (int j = 0; j < nu; j++)
    {
        _C[A_eqN.Rows + A_eqN.Columns + i * nu + j, N - 1 + i] = -1;
    }
}
for (int j = 0; j < B_N.Columns; j++)
{
    _C[A_eqN.Rows + A_eqN.Columns + j,
        2 * N - 1 + 2 * A_eqN.Columns + j] = 1;
    _C[A_eqN.Rows + A_eqN.Columns + j,
        2 * N - 1 + 2 * A_eqN.Columns + B_N.Columns + j] = -1;
    _C[A_eqN.Rows + A_eqN.Columns + j,
        2 * N - 1 + 3 * A_eqN.Columns + 2 * B_N.Columns + j] = 1;
    _C[A_eqN.Rows + A_eqN.Columns + B_N.Columns + j,
        2 * N - 1 + 2 * A_eqN.Columns + j] = -1;
    _C[A_eqN.Rows + A_eqN.Columns + B_N.Columns + j,
        2 * N - 1 + 2 * A_eqN.Columns + B_N.Columns + j] = 1;
    _C[A_eqN.Rows + A_eqN.Columns + B_N.Columns + j,
        2 * N - 1 + 3 * A_eqN.Columns +
        3 * B_N.Columns + 2 * PhiDiag.Rows + j] = 1;
    _C[A_eqN.Rows + A_eqN.Columns + 2 * B_N.Columns + j,
        2 * N - 1 + 2 * A_eqN.Columns + j] = 1;
    _C[A_eqN.Rows + A_eqN.Columns + 2 * B_N.Columns + j,
        2 * N - 1 + 2 * A_eqN.Columns + B_N.Columns + j] = -1;
    _C[A_eqN.Rows + A_eqN.Columns + 2 * B_N.Columns + j,
        2 * N - 1 + 3 * A_eqN.Columns + 4 * B_N.Columns
        + 2 * PhiDiag.Rows + j] = 1;
}
for (int i = 0; i < PhiDiag.Rows; i++)
{
    for (int j = 0; j < PhiDiag.Columns; j++)
    {
        _C[A_eqN.Rows + A_eqN.Columns + 3 * B_N.Columns + i,
            2 * N - 1 + +j] = -PhiDiag[i, j];
        _C[A_eqN.Rows + A_eqN.Columns + 3 * B_N.Columns + i, 2 * N - 1 + +
            PhiDiag.Columns + j] = PhiDiag[i, j];
        _C[A_eqN.Rows + A_eqN.Columns + 3 * B_N.Columns + PhiDiag.Rows + i,
            2 * N - 1 + +j] = PhiDiag[i, j];
        _C[A_eqN.Rows + A_eqN.Columns + 3 * B_N.Columns + PhiDiag.Rows + i,
            2 * N - 1 + +PhiDiag.Columns + j] = -PhiDiag[i, j];
    }
    _C[A_eqN.Rows + A_eqN.Columns + 3 * B_N.Columns + i,
        2 * N - 1 + 3 * A_eqN.Columns + 3 * B_N.Columns + i] = 1;
    _C[A_eqN.Rows + A_eqN.Columns + 3 * B_N.Columns + PhiDiag.Rows + i,
        2 * N - 1 + 3 * A_eqN.Columns +
        3 * B_N.Columns + PhiDiag.Rows + i] = 1;
}
return _C;
```

```
}
//所有约束（均化成等式）的右边
static private Matrix Get_dlir_eq()
{
    //不等式约束（化成等式）的右边
    d_Cepsilon = Get_dCepsilon();  Model.SimulInit();
    //等式约束的右边
    Get_deqN(Model.xtrue_k);
    //所有约束（均化成等式）的右边
    Matrix _d = new Matrix(d_eqN.Rows + d_Cepsilon.Rows, 1);
    for (int i = 0; i < nx; i++)
    {
        _d[i, 0] = d_eqN[i, 0];
    }
    for (int i = 0; i < d_Cepsilon.Rows; i++)
    {
        _d[nx * N + i, 0] = d_Cepsilon[i, 0];
    }
    return _d;
}
//不等式约束（化成等式）的右边
static private Matrix Get_dCepsilon()
{
    Get_dC();
    Matrix _d = new Matrix(A_eqN.Columns + B_N.Columns + d_C.Rows, 1);
    for (int i = 0; i < d_C.Rows; i++)
    {
        _d[A_eqN.Columns + B_N.Columns + i, 0] = d_C[i, 0];
    }
    return _d;
}
static public void eqConstrainedFHxuLIR()
{
    Get_C_d_eqConstrainedFHxuLIR();
    double[] c_w = new double[Clir_eq.Columns];
    for (int i = 0; i < 2 * N - 1; i++)
    {
        c_w[i] = 1.0;
    }
    double[] lb = new double[dlir_eq.Rows + c_w.Length];
    double[] ub = new double[dlir_eq.Rows + c_w.Length];
    for (int i = 0; i < dlir_eq.Rows; i++)
    {
        lb[i] = dlir_eq[i, 0];   ub[i] = dlir_eq[i, 0];
    }
    for (int i = dlir_eq.Rows; i < dlir_eq.Rows + c_w.Length; i++)
    {
        lb[i] = 0;  ub[i] = double.PositiveInfinity;
    }
    double[] result = GlpkLp.LP_SSTC(ObjectDirection.Minimize, lb, ub, c_w,
        Matrix.to2dDouble(Clir_eq));
```

```
            for (int i = 0; i < nx * (N - 1); i++)
            {
                Console.WriteLine("x_{0}({1})={2}", i % nx, i / nx,
                    result[2 * N - 1 + i] - result[2 * N - 1 + nx * (N - 1) + i]);
            }
            for (int i = 0; i < nu * N; i++)
            {
                Console.WriteLine("u({0})={1}", i,
                    result[2 * N - 1 + 2 * nx * (N - 1) + i] -
                    result[2 * N - 1 + 2 * nx * (N - 1) + nu * N + i]);
            }
        }
    }
}
```

2.3　基于字典序线性规划的控制器

本节给出基于字典序线性规划的控制器。

例题 2.3　考虑 LTI 状态空间模型：

$$x_{k+1} = Ax_k + Bu_k \tag{2.31}$$

其中，$x \in \mathbb{R}^n$；$u \in \mathbb{R}^m$；x_0 给定。

采用如下多目标控制器设计方法：

$$\min \left\{ \sum_{i=1}^{N-1} \|x_i\|_\infty,\quad \sum_{j=0}^{N-1} \|u_j\|_\infty \right\} \tag{2.32}$$

$$\text{s.t.} \begin{cases} x_{i+1} = Ax_i + Bu_i, & i = 0,1,2,\cdots,N-1 \\ \underline{u} \leqslant u_j \leqslant \bar{u}, & j = 0,1,2,\cdots,N-1 \\ \underline{\varphi} \leqslant \varPhi x_i \leqslant \bar{\varphi}, & i = 1,2,\cdots,N-1 \\ x_N = 0 \end{cases} \tag{2.33}$$

其中，$\varPhi \in \mathbb{R}^{p\times n}$；$\underline{\varphi} \in \mathbb{R}^p$；$\bar{\varphi} \in \mathbb{R}^p$；$\underline{u} \in \mathbb{R}^m$；$\bar{u} \in \mathbb{R}^m$。$J_1 = \sum\limits_{i=1}^{N-1} \|x_i\|_\infty$ 比 $J_2 = \sum\limits_{j=0}^{N-1} \|u_j\|_\infty$ 优先。

对 J_1 的优化，取

$$\mathbb{v} = \begin{bmatrix} \varepsilon_x \\ \bar{x}^+ \\ \bar{x}^- \\ \tilde{u}^+ \\ \tilde{u}^- \\ \theta_x \\ \theta_\varphi^- \\ \theta_\varphi^+ \\ \theta^- \\ \theta^+ \end{bmatrix},\quad C = \begin{bmatrix} 0 & A_{N,0} & -A_{N,0} & -B_N & B_N & 0 & 0 & 0 & 0 & 0 \\ -\mathbf{1} & I & -I & 0 & 0 & I & 0 & 0 & 0 & 0 \\ 0 & 0 & 0 & -I & I & 0 & 0 & 0 & I & 0 \\ 0 & 0 & 0 & I & -I & 0 & 0 & 0 & 0 & I \\ 0 & -\varPhi^{\mathrm{d}} & \varPhi^{\mathrm{d}} & 0 & 0 & 0 & I & 0 & 0 & 0 \\ 0 & \varPhi^{\mathrm{d}} & -\varPhi^{\mathrm{d}} & 0 & 0 & 0 & 0 & I & 0 & 0 \end{bmatrix}$$

$$c_{\mathrm{v}}=[\overbrace{1\ 1\ \cdots\ 1}^{N-1}\ 0\ 0\ \cdots\ 0]^{\mathrm{T}},\quad d_1=\begin{bmatrix}0\\-\underline{u}^{\mathrm{s}}\\\bar{u}^{\mathrm{s}}\\-\underline{\varphi}^{\mathrm{s}}\\\bar{\varphi}^{\mathrm{s}}\end{bmatrix},\quad d_0=\begin{bmatrix}Ax_0\\0\\\vdots\\0\end{bmatrix}$$

$A_{N,0}$ 和 B_N 同例题 2.2，$\mathbb{v}$ 的分量同例题 2.2，得到优化问题：

$$\min c_{\mathrm{v}}^{\mathrm{T}}\mathbb{v}\quad \text{s.t.}\quad C\mathbb{v}=\begin{bmatrix}d_0\\d_1\end{bmatrix},\quad \mathbb{v}\geqslant 0$$

对 J_2 的优化，取

$$\mathbb{v}=\begin{bmatrix}\varepsilon_x\\\varepsilon_u\\\bar{x}^+\\\bar{x}^-\\\tilde{u}^+\\\tilde{u}^-\\\theta_x\\\theta_u\\\theta_\varphi^-\\\theta_\varphi^+\\\theta^-\\\theta^+\end{bmatrix},\quad d=\begin{bmatrix}0\\0\\-\underline{u}^{\mathrm{s}}\\\bar{u}^{\mathrm{s}}\\-\underline{\varphi}^{\mathrm{s}}\\\bar{\varphi}^{\mathrm{s}}\end{bmatrix},\quad d_0=\begin{bmatrix}Ax_0\\0\\\vdots\\0\end{bmatrix}$$

$$C=\begin{bmatrix}0&0&A_{N,0}&-A_{N,0}&-B_N&B_N&0&0&0&0&0&0\\\mathbf{-1}&0&I&-I&0&0&I&0&0&0&0&0\\0&\mathbf{-1}&0&0&I&-I&0&I&0&0&0&0\\0&0&0&0&-I&I&0&0&0&0&I&0\\0&0&0&0&I&-I&0&0&0&0&0&I\\0&0&-\Phi^{\mathrm{d}}&\Phi^{\mathrm{d}}&0&0&0&0&I&0&0&0\\0&0&\Phi^{\mathrm{d}}&-\Phi^{\mathrm{d}}&0&0&0&0&0&I&0&0\end{bmatrix}$$

$$c_{\mathrm{v},1}=[\overbrace{1\ 1\ \cdots\ 1}^{N-1}\ 0\ 0\ \cdots\ 0]^{\mathrm{T}},\quad c_{\mathrm{v}}=[\overbrace{1\ 1\ \cdots\ 1}^{2N-1}\ 0\ 0\ \cdots\ 0]^{\mathrm{T}}$$

其中，$\mathbb{v}$ 的分量同例题 2.2，得到优化问题：

$$\min c_{\mathrm{v}}^{\mathrm{T}}\mathbb{v}\quad \text{s.t.}\quad \begin{bmatrix}C\\c_{\mathrm{v},1}^{\mathrm{T}}\end{bmatrix}\mathbb{v}=\begin{bmatrix}\begin{bmatrix}d\\d_0\end{bmatrix}\\\sum\limits_{l=1}^{N-1}\varepsilon_{x,l}^*\end{bmatrix},\quad \mathbb{v}\geqslant 0$$

$\varepsilon_{x,l}^*$ 是 J_1 的优化结果。

下面的程序代码的目录和命名为 ControlLib/BasicControl/eqFHxLIR.cs。

```
using ControlLib;
using GlpkWrapperCS;
using System;
namespace ControlLib
{
    //基于LP的, DLTI、有限时域、约束单目标、x的无穷范数指标、终端零状态控制器
    public class eqFHxLIR : FHLRKeyMatrix
    {
        static public Matrix Clirx_eq;  static public Matrix dlirx_eq;
        //具有epsilon_x的d
        static private Matrix d_Cepsilonx;
        static public void Get_C_d_eqConstrainedFHxLIR()
        {
            LinearRInit();  Get_uBs();  Get_psiBsPhis();  GetA_eqN();  GetB_N();
            //需要利用同时考虑u的无穷范数时的共性
            Clirx_eq = GetClirx_eq();
            //需要利用同时考虑u的无穷范数时的共性
            dlirx_eq = Get_dlirx_eq();
        }
        static private Matrix GetClirx_eq()
        {
            Matrix _C = new Matrix(A_eqN.Rows + A_eqN.Columns + 2 * B_N.Columns
                 + 2 * PhiDiag.Rows, N - 1 + 3 * A_eqN.Columns
                 + 4 * B_N.Columns + 2 * PhiDiag.Rows);
            for (int i = 0; i < A_eqN.Rows; i++)
            {
                for (int j = 0; j < A_eqN.Columns; j++)
                {
                    _C[i, N - 1 + j] = A_eqN[i, j];
                    _C[i, N - 1 + A_eqN.Columns + j] = -A_eqN[i, j];
                }
                for (int j = 0; j < B_N.Columns; j++)
                {
                    _C[i, N - 1 + 2 * A_eqN.Columns + j] = -B_N[i, j];
                    _C[i, N - 1 + 2 * A_eqN.Columns + B_N.Columns + j] = B_N[i, j];
                }
            }
            for (int i = 0; i < N - 1; i++)
            {
                for (int j = 0; j < nx; j++)
                {
                    _C[A_eqN.Rows + i * nx + j, i] = -1;
                }
            }
            for (int j = 0; j < A_eqN.Columns; j++)
            {
                _C[A_eqN.Rows + j, N - 1 + j] = 1;
                _C[A_eqN.Rows + j, N - 1 + A_eqN.Columns + j] = -1;
                _C[A_eqN.Rows + j, N - 1 + 2 * A_eqN.Columns + 2 * B_N.Columns + j] = 1;
            }
            for (int j = 0; j < B_N.Columns; j++)
```

```
        {
            _C[A_eqN.Rows + A_eqN.Columns + j, N - 1 + 2 * A_eqN.Columns + j] = -1;
            _C[A_eqN.Rows + A_eqN.Columns + j,
                N - 1 + 2 * A_eqN.Columns + B_N.Columns + j] = 1;
            _C[A_eqN.Rows + A_eqN.Columns + j, N - 1
                + 3 * A_eqN.Columns + 2 * B_N.Columns + 2 * PhiDiag.Rows + j] = 1;
            _C[A_eqN.Rows + A_eqN.Columns + B_N.Columns + j,
                N - 1 + 2 * A_eqN.Columns + j] = 1;
            _C[A_eqN.Rows + A_eqN.Columns + B_N.Columns + j,
                N - 1 + 2 * A_eqN.Columns + B_N.Columns + j] = -1;
            _C[A_eqN.Rows + A_eqN.Columns + B_N.Columns + j,
                N - 1 + 3 * A_eqN.Columns +
                3 * B_N.Columns + 2 * PhiDiag.Rows + j] = 1;
        }
        for (int i = 0; i < PhiDiag.Rows; i++)
        {
            for (int j = 0; j < PhiDiag.Columns; j++)
            {
                _C[A_eqN.Rows + A_eqN.Columns + 2 * B_N.Columns + i,
                    N - 1 + j] = -PhiDiag[i, j];
                _C[A_eqN.Rows + A_eqN.Columns + 2 * B_N.Columns + i,
                    N - 1 + PhiDiag.Columns + j] = PhiDiag[i, j];
                _C[A_eqN.Rows + A_eqN.Columns + 2 * B_N.Columns + PhiDiag.Rows + i,
                    N - 1 + j] = PhiDiag[i, j];
                _C[A_eqN.Rows + A_eqN.Columns + 2 * B_N.Columns + PhiDiag.Rows + i,
                    N - 1 + PhiDiag.Columns + j] = -PhiDiag[i, j];
            }
            _C[A_eqN.Rows + A_eqN.Columns + 2 * B_N.Columns + i,
                N - 1 + 3 * A_eqN.Columns + 2 * B_N.Columns + i] = 1;
            _C[A_eqN.Rows + A_eqN.Columns + 2 * B_N.Columns + PhiDiag.Rows + i,
                N - 1 + 3 * A_eqN.Columns + 2 * B_N.Columns + PhiDiag.Rows + i]
                = 1;
        }
        return _C;
    }
    static private Matrix Get_dlirx_eq()
    {
     d_Cepsilonx = Get_d_Cepsilonx(); Model.SimulInit(); Get_deqN(Model.xtrue_k);
        Matrix _d = new Matrix(d_eqN.Rows + d_Cepsilonx.Rows, 1);
        for (int i = 0; i < nx; i++)
        {
            _d[i, 0] = d_eqN[i, 0];
        }
        for (int i = 0; i < d_Cepsilonx.Rows; i++)
        {
            _d[nx * N + i, 0] = d_Cepsilonx[i, 0];
        }
        return _d;
    }
    static private Matrix Get_d_Cepsilonx()
    {
```

```
            Get_dC();
            Matrix _dx = new Matrix(A_eqN.Columns + d_C.Rows, 1);
            for (int i = 0; i < d_C.Rows; i++)
            {
                _dx[A_eqN.Columns + i, 0] = d_C[i, 0];
            }
            return _dx;
        }
        static public void eqConstrainedFHxLIR()
        {
            Get_C_d_eqConstrainedFHxLIR();  double[] c_w = new double[Clirx_eq.Columns];
            for (int i = 0; i < N - 1; i++)
            {
                c_w[i] = 1.0;
            }
            double[] lb = new double[dlirx_eq.Rows + c_w.Length];
            double[] ub = new double[dlirx_eq.Rows + c_w.Length];
            for (int i = 0; i < dlirx_eq.Rows; i++)
            {
                lb[i] = dlirx_eq[i, 0];   ub[i] = dlirx_eq[i, 0];
            }
            for (int i = dlirx_eq.Rows; i < dlirx_eq.Rows + c_w.Length; i++)
            {
                lb[i] = 0;   ub[i] = double.PositiveInfinity;
            }
            double[] result = GlpkLp.LP_SSTC(ObjectDirection.Minimize, lb, ub, c_w,
                Matrix.to2dDouble(Clirx_eq));
            for (int i = 0; i < nx * (N - 1); i++)
            {
                Console.WriteLine("x_{0}({1})={2}", i % nx, i / nx,
                    result[N - 1 + i] - result[N - 1 + nx * (N - 1) + i]);
            }
            for (int i = 0; i < nu * N; i++)
            {
                Console.WriteLine("u({0})={1}", i,
                    result[N - 1 + 2 * nx * (N - 1) + i] -
                    result[N - 1 + 2 * nx * (N - 1) + nu * N + i]);
            }
        }
    }
}
```

下面的程序代码的目录和命名为 ScheduleLib/LexicControl/eqFHx_2_uLIR.cs。

```
using ControlLib; using GlpkWrapperCS; using System;
namespace ScheduleLib
{
    //基于LP的，DLTI、有限时域、约束、终端零状态控制器
    //先x的无穷范数指标，后u的无穷范数指标
    public class eqFHx_2_uLIR:FHLRKeyMatrix
    {
        //所有约束（均化成等式）的左边
```

```
static private Matrix Clir_x2u_eq;
//所有约束（均化成等式）的右边
static private Matrix dlir_x2u_eq;
//第一优先级的加权
static private double[] c_w1;
//第一优先级的决策变量结果
static private double[] result1;
//需要直接利用eqFHxLIR的方法
static private void eqFHxLIRas1st()
{
    eqFHxLIR.Get_C_d_eqConstrainedFHxLIR();
    c_w1 = new double[eqFHxLIR.Clirx_eq.Columns];
    for (int i = 0; i < N - 1; i++)
    {
        c_w1[i] = 1.0;
    }
    double[] lb1 = new double[eqFHxLIR.dlirx_eq.Rows + c_w1.Length];
    double[] ub1 = new double[eqFHxLIR.dlirx_eq.Rows + c_w1.Length];
    for (int i = 0; i < eqFHxLIR.dlirx_eq.Rows; i++)
    {
        lb1[i] = eqFHxLIR.dlirx_eq[i, 0];  ub1[i] = eqFHxLIR.dlirx_eq[i, 0];
    }
    for (int i = eqFHxLIR.dlirx_eq.Rows;
        i < eqFHxLIR.dlirx_eq.Rows + c_w1.Length; i++)
    {
        lb1[i] = 0;   ub1[i] = double.PositiveInfinity;
    }
    result1 = GlpkLp.LP_SSTC(ObjectDirection.Minimize, lb1, ub1, c_w1, Matrix.
        to2dDouble(eqFHxLIR.Clirx_eq));
    for (int i = 0; i < nx * (N - 1); i++)
    {
        Console.WriteLine("x_{0}({1})={2}", i % nx, i / nx,
            result1[N - 1 + i] - result1[N - 1 + nx * (N - 1) + i]);
    }
    for (int i = 0; i < nu * N; i++)
    {
        Console.WriteLine("u({0})={1}", i,
            result1[N - 1 + 2 * nx * (N - 1) + i] -
            result1[N - 1 + 2 * nx * (N - 1) + nu * N + i]);
    }
}
static public void eqConstrainedFHx_2_uLIR()
{
    //先x的无穷范数指标
    eqFHxLIRas1st();
    //为字典序优化的要求做准备
    double sum_epsilon_x = 0.0;
    for (int i = 0; i < N - 1; i++)
    {
        sum_epsilon_x += c_w1[i] * result1[i];
    }
```

```
//后x和u的无穷范数指标
//不考虑字典序优化时的矩阵
eqFHxuLIR.Get_C_d_eqConstrainedFHxuLIR();
//考虑字典序优化后的矩阵
Clir_x2u_eq = new Matrix(eqFHxuLIR.Clir_eq.Rows + 1, eqFHxuLIR.Clir_eq.
    Columns);
for (int j = 0; j < eqFHxuLIR.Clir_eq.Columns; j++)
{
    for (int i = 0; i < eqFHxuLIR.Clir_eq.Rows; i++)
    {
        Clir_x2u_eq[i, j] = eqFHxuLIR.Clir_eq[i, j];
    }
}
for (int j = 0; j < N - 1; j++)
{
    Clir_x2u_eq[eqFHxuLIR.Clir_eq.Rows, j] = c_w1[j];
}
dlir_x2u_eq = new Matrix(eqFHxuLIR.dlir_eq.Rows + 1, 1);
for (int i = 0; i < eqFHxuLIR.dlir_eq.Rows; i++)
{
    dlir_x2u_eq[i, 0] = eqFHxuLIR.dlir_eq[i, 0];
}
dlir_x2u_eq[eqFHxuLIR.dlir_eq.Rows, 0] = sum_epsilon_x;
double[] c_w2 = new double[eqFHxuLIR.Clir_eq.Columns];
for (int i = 0; i < 2 * N - 1; i++)
{
    c_w2[i] = 1.0;
}
//考虑字典序后的优化
double[] lb2 = new double[dlir_x2u_eq.Rows + c_w2.Length];
double[] ub2 = new double[dlir_x2u_eq.Rows + c_w2.Length];
for (int i = 0; i < dlir_x2u_eq.Rows; i++)
{
    lb2[i] = dlir_x2u_eq[i, 0];   ub2[i] = dlir_x2u_eq[i, 0];
}
for (int i = dlir_x2u_eq.Rows;
    i < Matrix.to1dDouble(dlir_x2u_eq).Length + c_w2.Length; i++)
{
    lb2[i] = 0;   ub2[i] = double.PositiveInfinity;
}
double[] result = GlpkLp.LP_SSTC(ObjectDirection.Minimize, lb2, ub2, c_w2,
    Matrix.to2dDouble(Clir_x2u_eq));
for (int i = 0; i < nx * (N - 1); i++)
{
    Console.WriteLine("x_{0}({1})={2}", i % nx, i / nx, result[2 * N - 1 + i]
        -
        result[2 * N - 1 + nx * (N - 1) + i]);
}
for (int i = 0; i < nu * N; i++)
{
    Console.WriteLine("u({0})={1}", i,
```

```
                    result[2 * N - 1 + 2 * nx * (N - 1) + i] -
                    result[2 * N - 1 + 2 * nx * (N - 1) + nu * N + i]);
            }
        }
    }
}
```

例题 2.4 考虑 LTI 状态空间模型：

$$x_{k+1} = Ax_k + Bu_k$$

其中，$x \in \mathbb{R}^n$；$u \in \mathbb{R}^m$；x_0 已知。基于如下优化问题设计控制器：

$$\min \left\{ \sum_{i=0}^{N-1} \|x_i\|_\infty, \sum_{j=0}^{N-1} \|u_j\|_\infty \right\} \quad \text{s.t.} \ \underline{h} \leqslant H_1 x_i + H_2 u_i \leqslant \bar{h}, \quad i = 0,1,2,\cdots,N-1, \quad x_N = 0 \tag{2.34}$$

目标中，更看重 $\sum\limits_{i=0}^{N-1} \|x_i\|_\infty$。

优化问题 1：

$$\min \sum_{i=1}^{N-1} \gamma_i \quad \text{s.t.} \quad \begin{cases} |x_{j,i}| \leqslant \gamma_i, \quad i = 0,1,2,\cdots,N-1, j = 1,2,\cdots,n \\ \underline{h} \leqslant H_1 x_i + H_2 u_i \leqslant \bar{h}, \quad i = 0,1,2,\cdots,N-1 \\ x_N = 0 \end{cases}$$

优化问题 2：

$$\min \sum_{i=0}^{N-1} \beta_i \quad \text{s.t.} \quad \begin{cases} |x_{j,i}| \leqslant \gamma_i^*, \quad i = 0,1,2,\cdots,N-1, j = 1,2,\cdots,n \\ |u_{j,i}| \leqslant \beta_i, \quad i = 0,1,2,\cdots,N-1, \quad j = 1,2,\cdots,m \\ \underline{h} \leqslant H_1 x_i + H_2 u_i \leqslant \bar{h}, \quad i = 0,1,2,\cdots,N-1 \\ x_N = 0 \end{cases}$$

其中，γ_i^* 是优化问题 1 的结果。

2.4 序列线性规划的基本原理

考虑如下优化问题：

$$\max_u J(u) \quad \text{s.t.} \quad H(u) = h \tag{2.35}$$

其中

$$u = \begin{bmatrix} u_1 \\ u_2 \\ \vdots \\ u_m \end{bmatrix} \in \mathbb{R}^m, \quad H = \begin{bmatrix} H_1 \\ H_2 \\ \vdots \\ H_n \end{bmatrix}, \quad h = \begin{bmatrix} h_1 \\ h_2 \\ \vdots \\ h_n \end{bmatrix} \in \mathbb{R}^n$$

$J(u) \in \mathbb{R}$；$H_i(u) \in \mathbb{R}$，$i = 1,2,\cdots,n$。

假设

$$J(u) \approx J(u_{\text{eq}}) + \left(\left. \frac{\partial J}{\partial u} \right|_{u=u_{\text{eq}}} \right)^{\text{T}} v, \quad H(u) \approx H(u_{\text{eq}}) + \left(\left. \frac{\partial H}{\partial u} \right|_{u=u_{\text{eq}}} \right)^{\text{T}} v$$

其中，$v = u - u_{\text{eq}}$；

$$\frac{\partial J}{\partial u} = \begin{bmatrix} \dfrac{\partial J}{\partial u_1} \\ \dfrac{\partial J}{\partial u_2} \\ \vdots \\ \dfrac{\partial J}{\partial u_m} \end{bmatrix}, \quad \frac{\partial H}{\partial u} = \begin{bmatrix} \dfrac{\partial H_1}{\partial u_1} & \dfrac{\partial H_2}{\partial u_1} & \cdots & \dfrac{\partial H_n}{\partial u_1} \\ \dfrac{\partial H_1}{\partial u_2} & \dfrac{\partial H_2}{\partial u_2} & \cdots & \dfrac{\partial H_n}{\partial u_2} \\ \vdots & \vdots & & \vdots \\ \dfrac{\partial H_1}{\partial u_m} & \dfrac{\partial H_2}{\partial u_m} & \cdots & \dfrac{\partial H_n}{\partial u_m} \end{bmatrix}$$

在 u_{eq} 附近，式(2.35)可以近似为

$$\max_v \left(\left.\frac{\partial J}{\partial u}\right|_{u=u_{\text{eq}}} \right)^{\text{T}} v \quad \text{s.t.} \quad \left(\left.\frac{\partial H}{\partial u}\right|_{u=u_{\text{eq}}} \right)^{\text{T}} v = h - H(u_{\text{eq}}) \tag{2.36}$$

式(2.36)是 LP。求出 v 后，$u = u_{\text{eq}} + v$；然后 $u_{\text{eq}} + v \to u_{\text{eq}}$，重复式(2.36)；如此迭代，直到 $\|v\| < \varepsilon = 10^{-6}$。本方法称为式(2.35)的序列线性规划 (sequential LP, SLP) 法。

记 $\mathcal{F} = \{u | H(u) = h\}$。当 $\mathcal{F}$ 为凸且 J 为凸时，一般 SLP 是成功的。

例题 2.5　考虑如下优化问题：

$$\min_u J(u) \quad \text{s.t.} \quad h(u) = 0, \quad u \geqslant 0 \tag{2.37}$$

其中，$u \in \mathbb{R}^m$；$h(u) \in \mathbb{R}$；$J(u) \in \mathbb{R}$。

假设

$$J(u) \approx J(u_{\text{eq}}) + \left(\begin{bmatrix} \dfrac{\partial J}{\partial u_1} \\ \dfrac{\partial J}{\partial u_2} \\ \vdots \\ \dfrac{\partial J}{\partial u_m} \end{bmatrix}_{u=u_{\text{eq}}} \right)^{\text{T}} v, \quad h(u) \approx h(u_{\text{eq}}) + \left(\begin{bmatrix} \dfrac{\partial h}{\partial u_1} \\ \dfrac{\partial h}{\partial u_2} \\ \vdots \\ \dfrac{\partial h}{\partial u_m} \end{bmatrix}_{u=u_{\text{eq}}} \right)^{\text{T}} v$$

其中，$v = u - u_{\text{eq}}$。

式(2.37)近似为

$$\max_v \left(\begin{bmatrix} \dfrac{\partial J}{\partial u_1} \\ \dfrac{\partial J}{\partial u_2} \\ \vdots \\ \dfrac{\partial J}{\partial u_m} \end{bmatrix}_{u=u_{\text{eq}}} \right)^{\text{T}} v \quad \text{s.t.} \quad \left(\begin{bmatrix} \dfrac{\partial h}{\partial u_1} \\ \dfrac{\partial h}{\partial u_2} \\ \vdots \\ \dfrac{\partial h}{\partial u_m} \end{bmatrix}_{u=u_{\text{eq}}} \right)^{\text{T}} v = -h(u_{\text{eq}}), \quad v + u_{\text{eq}} \geqslant 0 \tag{2.38}$$

通过求解 LP 问题(2.38)，得到 $u^* = v^* + u_{\text{eq}}$；令 $u_{\text{eq}} = u^*$，重复式(2.38)；如此迭代，直到 $\|u^* - u_{\text{eq}}\| < \varepsilon = 10^{-6}$。

例题 2.6 考虑如下优化问题：

$$\min_u \{J_i(u)\} \quad \text{s.t.} \quad A_1(u) = b_1, \quad A_2(u) \geqslant b_2 \tag{2.39}$$

其中，$i = 1, 2, \cdots, r$；$J_{i-1}(u)$ 总比 $J_i(u)$ 优先；

$$J_i(u) \approx J_i(u_{\text{eq}}) + \left(\left.\frac{\partial J_i}{\partial u}\right|_{u=u_{\text{eq}}}\right)^{\text{T}} (u - u_{\text{eq}}), \quad i = 1, 2, \cdots, r$$

$$A_i(u) \approx A_i(u_{\text{eq}}) + \left(\left.\frac{\partial A_i}{\partial u}\right|_{u=u_{\text{eq}}}\right)^{\text{T}} (u - u_{\text{eq}}), \quad i = 1, 2$$

定义 $\mathcal{J}_i = \left.\frac{\partial J_i}{\partial u}\right|_{u=u_{\text{eq}}}$ 和 $\mathcal{A}_i = \left.\frac{\partial A_i}{\partial u}\right|_{u=u_{\text{eq}}}$。因此，式(2.39)可以通过字典序和序列化方法进行处理。

方法 1：字典序序列线性规划 (lexicographic ordered sequential LP, LO-SLP)，先变成字典序非线性优化，然后对每个非线性优化采用序列 LP。

外循环：对 $i = 1, 2, \cdots, r$，分别求解：

$$\min_u \{J_i(u)\} \quad \text{s.t.} \quad A_1(u) = b_1, \ A_2(u) \geqslant b_2, \quad J_j(u) \leqslant J_j^*(u), \quad 1 \leqslant j < i \tag{2.40}$$

内循环：SLP 求解式(2.40)，对每次迭代，求解：

$$\min\{\mathcal{J}_i v\} \quad \text{s.t.} \quad \mathcal{A}_1 v = b_1 - A_1(u_{\text{eq}}), \quad \mathcal{A}_2 v \geqslant b_2 - A_2(u_{\text{eq}}), \quad \mathcal{J}_j v \leqslant J_j^*(u) - J_j(u_{\text{eq}}), \quad 1 \leqslant j < i$$

对下次迭代，$u_{\text{eq}} = u^*$，u^* 为本次迭代解。

内循环：当 $\|u^* - u_{\text{eq}}\| < \varepsilon = 10^{-6}$ 时结束。

外循环：当 $i > r$ 时结束。

方法 2：序列字典序线性规划 (sequential lexicographic ordered LP, S-LO-LP)，先变成多目标 LP，然后采用字典序 LP。

外循环：把式 (2.39) 变成：

$$\min\{\mathcal{J}_i v\} \quad \text{s.t.} \quad \mathcal{A}_1 v = b_1 - A_1(u_{\text{eq}}), \ \mathcal{A}_2 v \geqslant b_2 - A_2(u_{\text{eq}}) \tag{2.41}$$

内循环：对 $i = 1, 2, \cdots, r$，求解：

$$\min\{\mathcal{J}_i v\} \quad \text{s.t.} \quad \mathcal{A}_1 v = b_1 - A_1(u_{\text{eq}}), \quad \mathcal{A}_2 v \geqslant b_2 - A_2(u_{\text{eq}}), \quad \mathcal{J}_j v = (\mathcal{J}_j v)^*, \quad 1 \leqslant j < i$$

其中，$(\mathcal{J}_j v)^*$ 表示第 j 个线性指标的最优解。

内循环：当 $i > r$ 时结束。

外循环：对下次迭代，$u_{\text{eq}} = u^*$，u^* 为本次迭代解。当 $\|u^* - u_{\text{eq}}\| < \varepsilon = 10^{-6}$ 时结束。

2.5 基于序列线性规划的控制器

本节给出基于序列线性规划的控制器。

例题 2.7 考虑如下的非线性状态空间模型：

$$\begin{cases} x_{1,k+1} = x_{1,k} x_{2,k}^2 + 2x_{1,k} u_k \\ x_{2,k+1} = x_{2,k} + u_k \end{cases}$$

其中，$x_0=\begin{bmatrix}1\\1\end{bmatrix}$，采用如下优化问题：

$$\min\left\{\sum_{i=1}^{N-1}\|x_i\|_\infty+\sum_{j=0}^{N-1}\|u_j\|_1+2\|x_N\|_\infty\right\}$$

取 $N=2$，采用序列线性规划方法，求解 $\{u_0,u_1\}$。迭代两次即可。

解：对非线性状态空间方程线性化，得到：

$$\begin{cases}x_{1,k+1}=x_{1,k,\mathrm{eq}}x_{2,k,\mathrm{eq}}^2+2x_{1,k,\mathrm{eq}}u_{k,\mathrm{eq}}+(x_{2,k,\mathrm{eq}}^2+2u_{k,\mathrm{eq}})(x_{1,k}-x_{1,k,\mathrm{eq}})\\ \qquad\qquad +2x_{1,k,\mathrm{eq}}x_{2,k,\mathrm{eq}}(x_{2,k}-x_{2,k,\mathrm{eq}})+2x_{1,k,\mathrm{eq}}(u_k-u_{k,\mathrm{eq}})\\ x_{2,k+1}=x_{2,k}+u_k\end{cases}\tag{2.42}$$

取 $x_{0,\mathrm{eq}}=x_0=\begin{bmatrix}1\\1\end{bmatrix}$，$x_{1,\mathrm{eq}}=\begin{bmatrix}0\\0\end{bmatrix}$，$u_{0,\mathrm{eq}}=0$，$u_{1,\mathrm{eq}}=0$（其中后三个数值是猜测的）。对 $k=0$ 和 $k=1$，由式(2.42)分别得到：

$$\begin{cases}x_{1,1}=1+2u_0\\ x_{2,1}=1+u_0\end{cases}\tag{2.43}$$

$$\begin{cases}x_{1,2}=0\\ x_{2,2}=1+u_0+u_1\end{cases}$$

代入目标函数得到：

$$J=\max\{|1+2u_0|,|1+u_0|\}+|u_0|+|u_1|+2|1+u_0+u_1|$$

因此，$u_0^*=-\dfrac{2}{3}$，$u_1^*=-\dfrac{1}{3}$。

由式(2.43)得到：

$$\begin{cases}x_{1,1}^*=-\dfrac{1}{3}\\ x_{2,1}^*=\dfrac{1}{3}\end{cases}$$

取 $x_{0,\mathrm{eq}}=x_0=\begin{bmatrix}1\\1\end{bmatrix}$，$x_{1,\mathrm{eq}}=\begin{bmatrix}x_{1,1}^*\\x_{2,1}^*\end{bmatrix}=\begin{bmatrix}-\dfrac{1}{3}\\\dfrac{1}{3}\end{bmatrix}$，$u_{0,\mathrm{eq}}=u_0^*=-\dfrac{2}{3}$，$u_{1,\mathrm{eq}}=u_1^*=-\dfrac{1}{3}$。由式(2.42)得到：

$$\begin{cases}x_{1,1}=1+2u_0\\ x_{2,1}=1+u_0\end{cases},\quad\begin{cases}x_{1,2}=-\dfrac{1}{27}(25+36u_0+18u_1)\\ x_{2,2}=1+u_0+u_1\end{cases}$$

代入目标函数得到：

$$J=\max\{|1+2u_0|,|1+u_0|\}+|u_0|+|u_1|+2\max\left\{\left|\frac{1}{27}(25+36u_0+18u_1)\right|,|1+u_0+u_1|\right\}$$

由此得到 $u_0^*=-\dfrac{2}{3}$，$u_1^*=-\dfrac{2}{9}$。

例题 2.8 考虑非线性状态空间模型：

$$x_{k+1} = f(x_k, u_k)$$

其中，$x \in \mathbb{R}^n$；$u \in \mathbb{R}^m$；x_0 已知。

采用如下优化问题：

$$\min J = \sum_{i=1}^{N-1} \|x_i\|_\infty + \sum_{j=0}^{N-1} \|u_i\|_\infty \quad \text{s.t.} \begin{cases} x_{i+1} = f(x_i, u_i), & i = 0, 1, 2, \cdots, N-1 \\ \underline{u} \leqslant u_j \leqslant \bar{u}, & j = 0, 1, 2, \cdots, N-1 \\ \underline{\varphi} \leqslant \varPhi x_i \leqslant \bar{\varphi}, & i = 1, 2, \cdots, N-1 \\ x_N = 0 \end{cases} \tag{2.44}$$

其中，$\varPhi \in \mathbb{R}^{p\times n}$；$\underline{\varphi} \in \mathbb{R}^p$；$\bar{\varphi} \in \mathbb{R}^p$；$\underline{u} \in \mathbb{R}^m$；$\bar{u} \in \mathbb{R}^m$。

根据

$$f(x, u) \approx f(x_\mathrm{s}, u_\mathrm{s}) + \left.\frac{\partial f}{\partial x}\right|_{x=x_\mathrm{s}} (x - x_\mathrm{s}) + \left.\frac{\partial f}{\partial u}\right|_{u=u_\mathrm{s}} (u - u_\mathrm{s}) = f(x_\mathrm{s}, u_\mathrm{s}) + A_\mathrm{s} z + B_\mathrm{s} v$$

优化变为

$$\min \left\{ \sum_{i=1}^{N-1} \varepsilon_{z,i} + \sum_{j=0}^{N-1} \varepsilon_{v,j} \right\} \quad \text{s.t.} \begin{cases} |x_{l,i,\mathrm{eq}} + z_{l,i}| \leqslant \varepsilon_{z,i}, \quad l = 1, 2, \cdots, n, \quad i = 1, 2, \cdots, N-1 \\ |u_{l,i,\mathrm{eq}} + v_{l,i}| \leqslant \varepsilon_{v,i}, \quad l = 1, 2, \cdots, m, \quad i = 0, 1, 2, \cdots, N-1 \\ z_{i+1} = A_{\mathrm{eq},i} z_i + B_{\mathrm{eq},i} v_i + \ell_{\mathrm{eq},i} \\ \underline{u} \leqslant u_{j,\mathrm{eq}} + v_j \leqslant \bar{u}, \quad j = 0, 1, 2, \cdots, N-1 \\ \underline{\varphi} \leqslant \varPhi x_{i,\mathrm{eq}} + \varPhi z_i \leqslant \bar{\varphi}, \quad i = 1, 2, \cdots, N-1 \\ x_{N,\mathrm{eq}} + z_N = 0 \end{cases} \tag{2.45}$$

其中，$A_{\mathrm{eq},i} = \left.\dfrac{\partial f}{\partial x_i}\right|_{x_i = x_{i,\mathrm{eq}}}$；$B_{\mathrm{eq},i} = \left.\dfrac{\partial f}{\partial u_i}\right|_{u_i = u_{i,\mathrm{eq}}}$；$\ell_{\mathrm{eq},i} = f(x_{i,\mathrm{eq}}, u_{i,\mathrm{eq}}) - x_{i+1,\mathrm{eq}}$；$x_{N,\mathrm{eq}} = 0$；$x_{0,\mathrm{eq}} = x_0$。

用式(2.45)求出 $x_i^* = z_i^* + x_{i,\mathrm{eq}}$ 和 $u_i^* = v_i^* + u_{i,\mathrm{eq}}$ 后，令 $u_{i,\mathrm{eq}} = u_i^*$ 和 $x_{i,\mathrm{eq}} = x_i^*$，得到更新的式(2.45)；这样迭代，直到对所有 $i = 0, 1, 2, \cdots, N-1$，$\|x_i^* - x_{i,\mathrm{eq}}\|$ 和 $\|u_i^* - u_{i,\mathrm{eq}}\|$ 足够小。

例题 2.9 考虑如下非线性状态空间方程：

$$x_{k+1} = f\left(x_k, u_k\right)$$

其中，$x \in \mathbb{R}^n$；$u \in \mathbb{R}^m$；x_0 已知。求解如下优化问题得到控制器：

$$\min \left\{ \sum_{i=0}^{N-1} \|x_i\|_\infty + \sum_{j=0}^{N-1} \|u_j\|_\infty + \|\varPsi x_N\|_\infty \right\} \tag{2.46}$$

$$\text{s.t.} \begin{cases} x_{i+1} = f\left(x_i, u_i\right), \quad i = 0, 1, 2, \cdots, N-1 \\ \varPhi x_i \leqslant \mathbf{1}, \quad i = 1, 2, \cdots, N \\ H u_j \leqslant h, \quad j = 0, 1, 2, \cdots, N-1 \end{cases} \tag{2.47}$$

其中，$\mathbf{1} = \begin{bmatrix} 1 \\ 1 \\ \vdots \\ 1 \end{bmatrix}$；$\varPhi \in \mathbb{R}^{p\times n}$；$H \in \mathbb{R}^{q\times m}$；$h \in \mathbb{R}^q$。

式(2.47)中第一个等式可变为

$$z_{i+1}=A_{\mathrm{eq},i}z_i+B_{\mathrm{eq},i}v_i+\ell_{\mathrm{eq},i}$$

式(2.47)中第二个式子（不等式）可变为 $\Phi z_i+\theta_{x,i}=\mathbf{1}-\Phi x_{i,\mathrm{eq}}$，第三个式子（不等式）可变为 $Hv_j+\theta_{u,j}=h-Hu_{j,\mathrm{eq}}$。因此，式(2.46)和式(2.47)变为

$$\min\left\{\sum_{i=1}^{N-1}\|z_i+x_{i,\mathrm{eq}}\|_\infty+\sum_{j=0}^{N-1}\|v_j+u_{j,\mathrm{eq}}\|_\infty+\|\Psi(z_N+x_{N,\mathrm{eq}})\|_\infty\right\} \tag{2.48}$$

$$\text{s.t.}\ \begin{cases}z_{i+1}=A_{\mathrm{eq},i}z_i+B_{\mathrm{eq},i}v_i+\ell_{\mathrm{eq},i}, & i=0,1,2,\cdots,N-1\\ \Phi z_i+\theta_{x,i}=\mathbf{1}-\Phi x_{i,\mathrm{eq}}, & i=1,2,\cdots,N\\ Hv_j+\theta_{u,j}=h-Hu_{j,\mathrm{eq}}, & j=0,1,2,\cdots,N-1\end{cases} \tag{2.49}$$

2.6 习 题 2

1. 考虑 LTI 状态空间模型：

$$x_{k+1}=Ax_k+Bu_k$$

其中，x_0 已知。采用如下的控制器设计方法：

$$\min\left\{\sum_{i=1}^{N}\|x_i\|_\infty,\sum_{j=0}^{N-1}\|u_j\|_\infty\right\}\quad \text{s.t.}\ \underline{h}\leqslant H_1x_{i+1}+H_2u_i\leqslant\bar{h},\quad i=0,1,2,\cdots,N-1$$

其中，更看重 $\sum\limits_{i=1}^{N}\|x_i\|_\infty$；$\underline{h}$、$H_1$、$H_2$、$\bar{h}$ 为给定的向量和矩阵。将优化问题化为如下的形式：

$$\min c^{\mathrm{T}}v\quad \text{s.t.}\ \Phi v=\phi,\quad v\geqslant 0$$

请写出向量 c、变量 v、矩阵 Φ 和向量 ϕ 的具体表达式。

2. 式(2.34)中的不等式约束与式(2.33)中的不等式约束相比，是更一般的表达。为什么？

3. 编写单纯形法 LP 程序。分两种情况：

(1) 假设优化问题已经化为标准型；

(2) 假设优化问题具有如下形式：

$$\min c^{\mathrm{T}}x\quad \text{s.t.}\ \begin{cases}A_1x=b_1\\ A_2x\geqslant b_2\\ A_3x\leqslant b_3\\ \underline{x}_a\leqslant x_a\leqslant\bar{x}_a\\ x_b\geqslant\underline{x}_b\end{cases}$$

其中，$x=\begin{bmatrix}x_a\\x_b\\x_c\end{bmatrix}$；$a,b,c$ 对应 x 的三个部分；对 x_c 没有约束。要求对情况 (1) 和情况 (2) 都选择用大 M 法，且情况 (2) 以情况 (1) 为基础。

4. 针对 LTI 状态空间模型的有限时域、有约束、多目标、无穷范数性能指标（常称控制器优化用目标函数为性能指标、代价函数）、零终端约束的线性调节器，完善字典序线性规划编程。该控制器简称

为 FHLIR-0 (finite horizon constrained multi-objective linear infinite-norm regulator with zero terminal state)。给定式(2.31)，其中 x_0 给定。采用控制器设计式(2.32)和式(2.33)，有如下三种做法：

(1) 变成 LP 标准型，其中 $\{x_1, x_2, \cdots, x_N; u_0, u_1, \cdots, u_{N-1}\}$ 是决策变量；

(2) 直接把各种参数传给非标准形式的 LP，其中 $\{x_1, x_2, \cdots, x_N; u_0, u_1, \cdots, u_{N-1}\}$ 是决策变量；

(3) 将 $\{x_1, x_2, \cdots, x_N\}$ 用 $\{u_0, u_1, \cdots, u_{n-1}\}$ 表示，从而消去 $\{x_1, x_2, \cdots, x_N\}$。

编写通用代码，要求 (1) 和 (2) 采用一个优化程序。该习题可看作在 LP 的基础上添加一些接口程序。

5. 在字典序优化求解的实际控制问题中，通常不像例题 2.3 那样两个优化问题有相同的可行域。经常地，前面的优化问题有更多的决策变量和/或更大的可行域，后面的优化问题有更少的决策变量和/或更小的可行域。为什么？

6. 针对非线性状态空间模型 $x_{k+1} = f(x_k, u_k)$，假设在可以线性化的情况下，编写有限时域、约束、无穷范数性能指标、零终端约束的非线性调节器。该问题简称为 FHNLIR-0 (finite horizon constrained nonlinear infinite-norm regulator with zero terminal state)。x_0 已知，f 手动输入即可。优化问题的形式为

$$\min \sum_{i=0}^{N-1} L(x_i, u_i) \quad \text{s.t.} \begin{cases} H(x_i, u_i) \leqslant h, & i = 0, 1, 2, \cdots, N-1 \\ x_N = 0 \end{cases}$$

该问题可变成序列 LP。线性化公式如下：

$$f(x_i, u_i) = f(x_{i,\text{eq}}, u_{i,\text{eq}}) + A_{\text{eq},i}(x_i - x_{i,\text{eq}}) + B_{\text{eq},i}(u_i - u_{i,\text{eq}})$$

$$L(x_i, u_i) = L(x_{i,\text{eq}}, u_{i,\text{eq}}) + c_{\text{eq},i}^{\text{T}} \begin{bmatrix} x_i - x_{i,\text{eq}} \\ u_i - u_{i,\text{eq}} \end{bmatrix}$$

$$H(x_i, u_i) = H(x_{i,\text{eq}}, u_{i,\text{eq}}) + G_{\text{eq},i}^{\text{T}} \begin{bmatrix} x_i - x_{i,\text{eq}} \\ u_i - u_{i,\text{eq}} \end{bmatrix}$$

每次迭代的优化问题如下：

$$\min \sum_{i=0}^{N-1} c_{\text{eq},i}^{\text{T}} \begin{bmatrix} z_i \\ v_i \end{bmatrix}$$

$$\text{s.t.} \begin{cases} z_{i+1} = A_{\text{eq},i} z_i + B_{\text{eq},i} v_i + \ell_{\text{eq},i}, & i = 0, 1, 2, \cdots, N-1 \\ G_{\text{eq},i}^{\text{T}} \begin{bmatrix} z_i \\ v_i \end{bmatrix} \leqslant h - H(x_{i,\text{eq}}, u_{i,\text{eq}}), & i = 0, 1, 2, \cdots, N-1 \\ z_N = -x_{N,\text{eq}} \end{cases}$$

其中，$z_i = x_i - x_{i,\text{eq}}$；$v_i = u_i - u_{i,\text{eq}}$。

下面分两种情况：

(1) 人工线性化，对已知 $\{f, H, L, h\}$ 给出公式；

(2) 编程实现线性化，对任意的 $\{f, H, L, h\}$ 给出通用算法。

与前面的习题相比，该 FHNLIR-0 就是在 FHLIR-0 的基础上，添加 SLP 的接口程序。

第 3 章　二次规划和控制器设计

3.1　二次规划的一些基本处理方法

要通过式(1.27)求解式(1.26)，需解决以下两个问题：

(1) 式(1.27)如何解？

(2) 如何找 $\mathcal{A}(u^*)$?

3.1.1　Lagrange 乘子法

首先考虑问题 (1)。考虑以下优化问题：

$$\min_u \left\{\frac{1}{2}u^{\mathrm{T}}Hu + c^{\mathrm{T}}u\right\} \quad \text{s.t.} \quad A(u^l)u = b(u^l) \tag{3.1}$$

其中，u^l $(l = 1, 2, \cdots)$ 是第 l 次迭代的解（可行解）；$A(u^l) = b(u^l)$ 为 $u = u^l$ 时，$\mathcal{A}(u^l)$ 对应的等式。构造如下拉格朗日 (Lagrange) 函数：

$$L(u, \lambda) = \frac{1}{2}u^{\mathrm{T}}Hu + c^{\mathrm{T}}u - \lambda^{\mathrm{T}}\left(A(u^l)u - b(u^l)\right) \tag{3.2}$$

对 Lagrange 函数求偏导并置 0，即

$$\frac{\partial L}{\partial u} = 0, \quad \frac{\partial L}{\partial \lambda} = 0$$

得到：

$$\begin{cases} Hu + c - A(u^l)^{\mathrm{T}}\lambda = 0 \\ A(u^l)u - b(u^l) = 0 \end{cases}$$

或

$$\begin{bmatrix} H & -A(u^l)^{\mathrm{T}} \\ -A(u^l) & 0 \end{bmatrix} \begin{bmatrix} u \\ \lambda \end{bmatrix} = -\begin{bmatrix} c \\ b(u^l) \end{bmatrix}$$

求解该方程得到：

$$\begin{bmatrix} u \\ \lambda \end{bmatrix} = \begin{bmatrix} -Dc + B^{\mathrm{T}}b(u^l) \\ Bc - Cb(u^l) \end{bmatrix}$$

其中（省略了 (u^l)）

$$\begin{cases} C = -(A^{\mathrm{T}}H^{-1}A)^{-1} \\ B = (A^{\mathrm{T}}H^{-1}A)^{-1}A^{\mathrm{T}}H^{-1} \\ D = H^{-1} - H^{-1}A(A^{\mathrm{T}}H^{-1}A)^{-1}A^{\mathrm{T}}H^{-1} \end{cases}$$

再考虑问题 (2)。令 $u = u^l + \delta^l$，则

$$\frac{1}{2}u^{\mathrm{T}}Hu + c^{\mathrm{T}}u = \frac{1}{2}(\delta^l)^{\mathrm{T}}H\delta^l + \left((u^l)^{\mathrm{T}}H + c^{\mathrm{T}}\right)\delta^l + \mathrm{const} \tag{3.3}$$

则式(3.1)变为

$$\min_{\delta^l}\left\{\frac{1}{2}(\delta^l)^{\mathrm{T}}H\delta^l + (c^l)^{\mathrm{T}}\delta^l\right\} \quad \text{s.t.} \quad A(u^l)\delta^l = 0 \tag{3.4}$$

其中，$c^l = c + Hu^l$。当 l 从 1 开始增加时，如果搜索方法得当，那么会在有限次内找到 $\mathcal{A}(u^*) = \mathcal{A}(u^l)$。在积极集法的 QP 中，最优解和 $\mathcal{A}(u^*)$ 的判断主要基于如下结论。

结论：对式(1.26)，最优解 u^* 存在的充要条件是存在 $\lambda^* \in \mathbb{R}^n$ 使得

$$\begin{cases} Hu^* + c - \sum\limits_{i\in\mathbb{E}}\lambda_i^* a_i - \sum\limits_{i\in\mathbb{I}}\lambda_i^* a_i = 0 \\ a_i^{\mathrm{T}}u^* - b_i = 0, \quad i \in \mathbb{E} \\ a_i^{\mathrm{T}}u^* - b_i \geqslant 0, \quad i \in \mathbb{I} \\ \lambda_i^* \geqslant 0, \quad i \in \mathbb{I}_1(u^*) \\ \lambda_i = 0, \quad i \in \mathbb{I}\setminus\mathbb{I}_1(u^*) \end{cases}$$

其中，$\mathbb{I}_1(u^*)$ 为积极集中不属于 $\mathbb{E}$（属于 $\mathbb{I}$）的部分。

求解式(3.4)，如果 $\delta^l = 0$，则判断 $\mathcal{A}(u^l)$ 是不是满足以上结论的 $\mathcal{A}(u^*)$；如果 $\delta^l \neq 0$，则取 $u^{l+1} = u^l + \alpha^l\delta^l$，其中 $\alpha^l \in (0,1]$ 的选择总是朝着 u^{l+1} 能够使得所有被 u^l 违反的约束变得可行的方向进行。

3.1.2 近似迭代最小二乘法

记 $\mathcal{A}_1(u^l)$ 是除 $\mathcal{A}(u^l)$ 以外新增的那些使 $a_i^{\mathrm{T}}u^l < b_i$ 的 i 的集合；取 $\mathcal{A}(u^{l+1}) = \mathcal{A}(u^l)\bigcup\mathcal{A}_1(u^l)$，则由 Lagrange 方程求偏导并置零得到：

$$\begin{cases} Hu + c - A(u^{l+1})^{\mathrm{T}}\lambda = 0 \\ A(u^{l+1})u - b(u^{l+1}) = 0 \end{cases} \tag{3.5}$$

式(3.5)存在解析解（D 和 B 中省略 (u^{l+1})）：

$$u^{l+1} = -Dc + B^{\mathrm{T}}b(u^{l+1})$$

令 $l = 0, 1, 2, \cdots$，如此迭代，直到不增加新的 $a_i^{\mathrm{T}}u^l < b_i$。这是一种启发式算法，称为近似最小二乘法；但该解不够严格：$\mathcal{A}(u^l)$ 可能不是单调的，而该算法中强制 $\mathcal{A}(u^l)$ 单调，即 i 进入 $\mathcal{A}(u^l)$ 就再也不出来了。

在原 QP 的 J 上加入：

$$\|Au - b\|_Q^2 = (Au - b)^{\mathrm{T}}Q(Au - b)$$

在 l 次迭代时，J 成为

$$\begin{aligned} &\frac{1}{2}u^{\mathrm{T}}Hu + c^{\mathrm{T}}u + \left(A(u^l)u - b(u^l)\right)^{\mathrm{T}}Q\left(A(u^l)u - b(u^l)\right) \\ =&\frac{1}{2}u^{\mathrm{T}}\left(H + 2A(u^l)^{\mathrm{T}}QA(u^l)\right)u + \left(c^{\mathrm{T}} - 2b(u^l)^{\mathrm{T}}QA(u^l)\right)u + \mathrm{const} \end{aligned}$$

对该目标函数求偏导并置 0，得到（A 和 b 中省略 (u^l)）：

$$\left(H + 2A^{\mathrm{T}}QA\right)u = -c + 2A^{\mathrm{T}}Qb$$

上式简记为

$$Gu = g$$

则解为

$$u^{l+1} = G^{-1}g$$

令 $l = 0, 1, 2, \cdots$，如此迭代，直到 $\mathcal{A}(u^l)$ 不再变化。这个方法得到的解也不是严格的：约束可能被违反。以上是近似加权最小二乘法，仅得到了原 QP 的近似解。

下面的程序代码的目录和命名为 ControlLib/ApproxLS.cs。

```
using System;
namespace ControlLib
{
    public class ALS
    {
        //通过调用LeastSquare形成近似最小二乘法
        public ALS()
        {
        }
        // violatList记录违反的不等式约束
        static private bool[] violatList;
        // 每次处理一个违反的不等式约束
        static private Matrix voilatL; static private Matrix voilatR;
        static private Matrix u_M_kk;  static private Matrix P;
        static private Matrix g; static private double rho_eq;
        static private Matrix I_rho;
        // 迭代最小二乘近似解
        public static Matrix ApproxLS(Matrix _eqL, Matrix _neqL, Matrix _eqR, Matrix
            _neqR, Matrix _hessian, Matrix _feed)
        {
            violatList = new bool[_neqL.Rows];
            // 每次处理一个违反的约束
            voilatL = new Matrix(1, _neqL.Columns);  voilatR = new Matrix(1, 1);
            u_M_kk = new Matrix(_neqL.Columns, 1);
            P = new Matrix(_neqL.Columns, _neqL.Columns);
            g = new Matrix(_neqL.Columns, 1); P = _hessian;
            g = _feed.Negative(); u_M_kk = P * g;
            rho_eq = 100000;  I_rho = new Matrix(1, 1);  I_rho[0, 0] = rho_eq;
            // 加入所有的等式约束
            for (int i = 0; i < _eqL.Rows; i++)
            {
                for (int j = 0; j < _eqL.Columns; j++)
                {
                    voilatL[0, j] = _eqL[i, j];
                }
                voilatR[0, 0] = _eqR[i, 0];
                RefreshPg();
            }
            // tempL算出不等式左边
            Matrix tempL = new Matrix(_neqL.Rows, 1);
            while (true)
```

```
            {
                tempL = _neqL * u_M_kk;  bool OkayLa = true;
                for (int i = 0; i < _neqL.Rows; i++)
                {
                    // 如果左边小于右边
                    // 违反的约束只进不出
                    if (tempL[i, 0] < _neqR[i, 0] && violatList[i] == false)
                    {
                        violatList[i] = true;
                        for (int j = 0; j < _neqL.Columns; j++)
                        {
                            voilatL[0, j] = _neqL[i, j];
                        }
                        voilatR[0, 0] = _neqR[i, 0]; OkayLa = false;
                        //只要有一行新违反约束就退出
                        break;
                    }
                }
                if (OkayLa)
                {
                    break;
                }
                RefreshPg();
            }

            return u_M_kk;
        }
        static private void RefreshPg()
        {
            Matrix P0 = Matrix.Athwart(voilatL * P * voilatL.Transpose()
                + Matrix.Athwart(I_rho));
            P -= P * voilatL.Transpose() * P0 * voilatL * P;
            if (rho_eq != double.PositiveInfinity)
            {
                g += voilatL.Transpose() * I_rho * voilatR;  u_M_kk = P * g;
            }
            else
            {
                u_M_kk = u_M_kk -
                    P * voilatL.Transpose() * P0 * (voilatL * u_M_kk - voilatR);
            }
        }
    }
}
```

3.1.3 积极集法

该方法要求给出初始可行解。取 $d_i = \operatorname{sgn}(b_i)$，$i$ 从 $\mathbb{E} = \{1, 2, \cdots, \tau\}$ 中取值。求解如下线性规划：

$$\min_{u,z} e^{\mathrm{T}} z \quad \text{s.t.} \quad \begin{cases} a_i^{\mathrm{T}} u + d_i z_i - b_i = 0, & i \in \mathbb{E} = \{1, 2, \cdots, \tau\} \\ a_i^{\mathrm{T}} u + z_i - b_i \geqslant 0, & i \in \mathbb{I} = \{\tau + 1, \cdots, n\} \\ z_i \geqslant 0, & i = 1, 2, \cdots, n \end{cases} \tag{3.6}$$

其中，$e=[\ 1\ \ 1\ \ \cdots\ \ 1\ ]^{\mathrm{T}}$，得到 u 的初始可行解 u^0。

第 0 步： $l=0$，确定积极集，包含使得 $a_iu^0=b_i$ 的那些 i，当然一定包括 $\mathbb{E}$。

第 1 步： $l>0$，求解优化问题：

$$\min_{\delta^l}\left\{\frac{1}{2}(\delta^l)^{\mathrm{T}}H\delta^l+(c^l)^{\mathrm{T}}\delta^l\right\}\quad \text{s.t.}\quad a_i^{\mathrm{T}}\delta^l=0,\quad i\in\mathcal{A}(u^l) \tag{3.7}$$

其中，$\mathcal{A}(u^l)$ 为积极集；$c^l=c+Hu^l$。把式(3.7)的等式约束写成 $A(u^l)\delta^l=0$ 的形式，则式(3.7)的最优解为 $\delta^l=-Dc^l$。如果 $\delta^l=0$，那么转第 2 步。否则进行以下计算。

第 1.1 步： 计算

$$\alpha^l=\min\left\{1,\min_{i\notin\mathcal{A}(u^l),a_i^{\mathrm{T}}\delta^l<0}\frac{b_i-a_i^{\mathrm{T}}u^l}{a_i^{\mathrm{T}}\delta^l}\right\} \tag{3.8}$$

且 $u^{l+1}=u^l+\alpha^l\delta^l$。

第 1.2 步： 如果 $\alpha^l=1$，那么积极集不更新。如果 $\alpha^l<1$，那么取使 $\alpha^l=\dfrac{b_q-a_q^{\mathrm{T}}u^l}{a_q^{\mathrm{T}}\delta^l}$ 的 q（见式(3.8)）。令积极集中加入 $\{q\}$。

第 1.3 步： 转第 3 步。

第 2 步： 计算乘子 $\lambda^l=Bc^l$；这是一个向量，维数等于积极集的元素个数。取 $\lambda_q=\min_{i\in\mathbb{I}_1(u^l)}\lambda_i$，如果 $\lambda_q\geqslant 0$，则 u^l 已经是最优解，转第 4 步。如果 $\lambda_q<0$，则积极集中去掉 $\{q\}$，且 $u^{l+1}=u^l$。

第 3 步： 转第 1 步，开始下次迭代，即 $l\to l+1$。

第 4 步： 停止。

下面的程序代码的目录和命名为 ControlLib/QuadraticProgramming.cs。

```
using System; using System.Runtime.InteropServices;
namespace ControlLib
{
    public class QuadraticProgramming
    {
        //加入等式约束
        private static IntPtr[] ptrs = new IntPtr[7];
        private static int[] sizes = new int[7];
        private static void AllocBuffer(ref IntPtr ptr, ref int sizeold, double[] arr)
        {
            int sizenew = arr == null ? 0 : sizeof(double) * arr.Length;
            if (sizenew != sizeold)
            {
                if (sizeold > 0)
                {
                    Marshal.FreeHGlobal(ptr);
                }
                if (sizenew > 0)
                {
                    ptr = Marshal.AllocHGlobal(sizenew);
                }
                else
                {
                    ptr = IntPtr.Zero;
                }
                sizeold = sizenew;
```

```
            }
            if (sizenew > 0)
            {
                Marshal.Copy(arr, 0, ptr, arr.Length);
            }
        }
        //加入等式约束
        public static double Calc2(int n, double[] G, double[] g0, int m, double[] CE,
            double[] ce0, int p, double[] CI, double[] ci0, double[] x)
        {
          AllocBuffer(ref ptrs[0], ref sizes[0], G);
          AllocBuffer(ref ptrs[1], ref sizes[1], g0);
          AllocBuffer(ref ptrs[2], ref sizes[2], CE);
          AllocBuffer(ref ptrs[3], ref sizes[3], ce0);
          AllocBuffer(ref ptrs[4], ref sizes[4], CI);
          AllocBuffer(ref ptrs[5], ref sizes[5], ci0);
          AllocBuffer(ref ptrs[6], ref sizes[6], x);
          double obj=UnsafeNativeMethods.Calc2(n, ptrs[0], ptrs[1], m, ptrs[2], ptrs[3],
              p, ptrs[4], ptrs[5], ptrs[6]); Marshal.Copy(ptrs[6], x, 0, x.Length);
          return obj;
        }
    }
    internal static partial class UnsafeNativeMethods
    {
        private const string DllName = "QPLibrary.dll";
        // 需要把QPLibrary.dll放在适当目录下，即...\x86\Debug\QPLibrary.dll
        [DllImport(...\x86\Debug\QPLibrary.dll", EntryPoint = "Calc2", CallingConvention
            = CallingConvention.Cdecl)]
        //加入等式约束
        internal extern static double Calc2(int n, IntPtr G, IntPtr g0, int m, IntPtr CE,
             IntPtr ce0, int p, IntPtr CI, IntPtr ci0, IntPtr x);
    }
}
```

3.2 基于二次规划的控制器

本节给出基于二次规划的控制器。

考虑线性时不变 (LTI) 状态空间模型：

$$x_{k+1} = Ax_k + Bu_k$$

其中，x_0 已知。求解优化问题：

$$\min J = \sum_{i=0}^{N} \|x_i\|_{Qi}^2 + \sum_{j=0}^{N-1} \|u_j\|_{R_j}^2 \tag{3.9}$$

得到 $\begin{bmatrix} u_0 \\ u_1 \\ \vdots \\ u_{N-1} \end{bmatrix}$，这个称为有限时间线性二次型调节器问题。如果 $N \to \infty$，那么就是著名的离散时间线性二次型调节器 (linear quadratic regulator, LQR)。式(3.9)可以推广为

$$\min\left\{\sum_{i=0}^{N}\|x_i - x_{ss}\|_{Q_i}^2 + \sum_{j=0}^{N-1}\|u_j - u_{ss}\|_{R_j}^2\right\} \tag{3.10}$$

已知 $x_{ss} = Ax_{ss} + Bu_{ss}$，状态方程变为 $z_{k+1} = Az_k + Bv_k$，其中 $z = x - x_{ss}$，$v = u - u_{ss}$。对式(3.10)，文献中有两种叫法：

(1) 线性二次型跟踪器 (linear quadratic track, LQT)；

(2) 线性二次型调节器，因为式(3.10)等价于

$$\min\left\{\sum_{i=0}^{N}\|z_i\|_{Q_i}^2 + \sum_{j=0}^{N-1}\|v_j\|_{R_j}^2\right\}$$

其中，决策变量为 $\begin{bmatrix} v_0 \\ v_1 \\ \vdots \\ v_{N-1} \end{bmatrix}$。

问题(3.9)的解为

$$u_j = -\left(R_j + B^{\mathrm{T}}P_{j+1}B\right)^{-1}B^{\mathrm{T}}P_{j+1}Ax_j \tag{3.11}$$

其中

$$P_j = Q_j + A^{\mathrm{T}}P_{j+1}A - A^{\mathrm{T}}P_{j+1}B\left(B^{\mathrm{T}}P_{j+1}B + R_j\right)^{-1}B^{\mathrm{T}}P_{j+1}A,\ j = N-1, N-2, \cdots, 2, 1, 0 \tag{3.12}$$

带初值：

$$P_N = Q_N$$

注意，i 从 N 逐渐减小。例如，$N = 1$ 时，有

$$\begin{aligned} P_1 &= Q_1 \\ P_0 &= Q_0 + A^{\mathrm{T}}P_1A - A^{\mathrm{T}}P_1B\left(B^{\mathrm{T}}P_1B + R_0\right)^{-1}B^{\mathrm{T}}P_1A \\ u_0 &= -(R_0 + B^{\mathrm{T}}P_1B)^{-1}B^{\mathrm{T}}P_1Ax_0 \end{aligned}$$

取 $Q_i = Q$ 和 $R_j = R$，如果 $N \to \infty$ 时 P_j 收敛到一个固定的 P，即

$$P = Q + A^{\mathrm{T}}PA - A^{\mathrm{T}}PB\left(B^{\mathrm{T}}PB + R\right)^{-1}B^{\mathrm{T}}PA \tag{3.13}$$

则无穷时域 LQR 具有收敛解。一般要求 $Q \geqslant 0$，$(A, Q^{1/2})$ 是可观的，R 只要保证 $R + B^{\mathrm{T}}PB$ 可逆，则收敛性成立。

下面的 C# 程序代码包括了第 4 章的 LQG。

下面的程序代码的目录和命名为 ControlLib/Model/LQRPar.cs。

```
using System;
using System.Collections.Generic;
using System.Linq;
using System.Text;
using System.Threading.Tasks;
namespace ControlLib
{
```

```
    //这个类是对时域N，尤其是LQR的参数{Q, R, Qtrml}的设置
    public class LQRPar : Model
    {
        public LQRPar()
        {
        }
        // 控制时域
        static public int N = 200;
        // LQR的加权
        static public double[] Qelements = new double[] { 1, 0, 0, 0, 1, 0, 0, 0, 1 };
        static public double[] Relements = new double[] { 1 };
        static public double[] Qtrmlelements
            = new double[] { 2, 0, 0, 0, 2, 0, 0, 0, 2 };
        static public Matrix Qweight = new Matrix(nx, nx, Qelements);
        static public Matrix Rweight = new Matrix(nu, nu, Relements);
        static public Matrix Qtrmlweight = new Matrix(nx, nx, Qtrmlelements);
    }
}
```

下面的程序代码的目录和命名为 ControlLib/BasicControl/LQR.cs。

```
using System;
using System.Collections.Generic;
using System.Text;
namespace ControlLib
{
    // 主要是实现无约束情况下的二次型性能指标的控制律计算
    public class LQR
    {
        static private Matrix Klqr;
        //LQR算法
        static public Matrix uLQR(Matrix _xhat_kk, Matrix _Klqr)
        {
            Matrix u;
            u = _Klqr * _xhat_kk;
            return u;
        }
        //Riccati迭代
        static private Matrix Riccati_P()
        {
            Matrix P;  P = LQRPar.Qtrmlweight;
            for (int i = LQRPar.N - 1; i > 0; i--)
            {
                P = LQRPar.Qweight + Model.A.Transpose() * P * Model.A
                    - Model.A.Transpose() * P * Model.B
                    * Matrix.Athwart(Model.B.Transpose() * P * Model.B + LQRPar.Rweight)
                    * Model.B.Transpose() * P * Model.A;
            }
            return P;
        }
        //LQR增益
        static private Matrix LQR_K(Matrix _P)
```

```
        {
            Klqr = Matrix.Athwart(LQRPar.Rweight + Model.B.Transpose() * _P * Model.B) *
                Model.B.Transpose() * _P * Model.A;
            Klqr = Klqr.Negative();
            Matrix A_c = Model.A + Model.B * Klqr;
            return Klqr;
        }
        //LQG案例
        static public void LQGtest()
        {
         Matrix P=Riccati_P(); Matrix K = LQR_K(P); Noise.NoisySimulInit(); KF.KFInit();
         for (int i = 0; i < 200; i++)
            {
                Console.WriteLine("{0}; {1}; {2}",
                    Model.xtrue_k[0, 0], Model.xtrue_k[1, 0], Model.xtrue_k[2, 0]);
                Model.umeas_1k = uLQR(KF.x_k, K);
                Noise.NoisySimulator(Model.umeas_1k); KF.KF_x(Model.y_k);
            }
        }
    }
}
```

例题 3.1　正定加权矩阵情况下对式(3.11)和式(3.12)的简单证明，即考虑如下优化问题：

$$\min J \quad \text{s.t.} \begin{cases} x_1 = Ax_0 + Bu_0 \\ x_2 = Ax_1 + Bu_1 \\ \quad\vdots \\ x_N = Ax_{N-1} + Bu_{N-1} \end{cases} \tag{3.14}$$

决策变量为

$$v = \begin{bmatrix} \tilde{x} \\ \tilde{u} \end{bmatrix} \in \mathbb{R}^{(n+m)N}, \quad \tilde{x} = \begin{bmatrix} x_1 \\ x_2 \\ \vdots \\ x_N \end{bmatrix}, \quad \tilde{u} = \begin{bmatrix} u_0 \\ u_1 \\ \vdots \\ u_{N-1} \end{bmatrix}$$

如果把约束写成：

$$C_0 v = d_0 \tag{3.15}$$

的形式，则

$$C_0 = \begin{bmatrix} A_N & -B_N \end{bmatrix}$$

A_N、B_N、d_0 如第 1 章所示。另外，取

$$H = 2\text{diag}\{Q_1,\ Q_2,\ \cdots,\ Q_{N-1},\ P,\ R_0,\ R_1,\ \cdots,\ R_{N-1}\}$$

$c = 0$，$J = \dfrac{1}{2}v^{\mathrm{T}}Hv + c^{\mathrm{T}}v$。问题(3.14)变成：

$$\min J \quad \text{s.t.} \quad C_0 v = d_0 \tag{3.16}$$

利用 Lagrange 乘子方法,可得式(3.16)的解是式(3.11),其中 P_i 采用里卡蒂 (Riccati) 迭代式(3.12)得到。对式(3.16),也可采用最小二乘法。式(3.14)中的约束为式(3.15)的形式,由此可知

$$A_N\tilde{x} = B_N\tilde{u} + d_0$$

由此得到 $\tilde{x} = A_N^{-1}B_N\tilde{u} + A_N^{-1}d_0$ 并代入 J,约束就消失了,即

$$J = \frac{1}{2}\tilde{u}^{\mathrm{T}}H_u\tilde{u} + c_u^{\mathrm{T}}\tilde{u} + \text{const} \tag{3.17}$$

其中

$$H_u = B_N^{\mathrm{T}}A_N^{-\mathrm{T}}\tilde{Q}A_N^{-1}B_N + \tilde{R},\quad c_u = d_0^{\mathrm{T}}A_N^{-\mathrm{T}}\tilde{Q}A_N^{-1}B_N$$

$$\tilde{R} = \text{diag}\{R_0,\ R_1,\ \cdots,\ R_{N-1}\},\quad \tilde{Q} = \text{diag}\{Q_1,\ Q_2,\ \cdots,\ Q_{N-1},P\}$$

式(3.17)的最优解为

$$\tilde{u} = -H_u^{-1}c_u \tag{3.18}$$

式(3.18)与式(3.11)一致。

例题 3.2 考虑 LTI 状态空间模型:

$$x_{k+1} = Ax_k + Bu_k$$

其中,$x \in \mathbb{R}^n$;$u \in \mathbb{R}^m$;x_0 已知。求解如下优化问题:

$$\min J = \sum_{i=0}^{N-1}\left\{\|x_i\|_Q^2 + \|u_i\|_R^2\right\} + \|x_N\|_P^2 \quad \text{s.t.} \begin{cases} x_{i+1} = Ax_i + Bu_i, & i = 0,1,2,\cdots,N-1 \\ \underline{u} \leqslant u_j \leqslant \bar{u}, & j = 0,1,2,\cdots,N-1 \\ \underline{\varphi} \leqslant \Phi x_i \leqslant \bar{\varphi}, & i = 1,2,\cdots,N-1 \\ \underline{g} \leqslant Gx_N \leqslant \bar{g} \end{cases} \tag{3.19}$$

其中,$\Phi \in \mathbb{R}^{p\times n}$;$\underline{\varphi} \in \mathbb{R}^p$;$\bar{\varphi} \in \mathbb{R}^p$;$\underline{u} \in \mathbb{R}^m$;$\bar{u} \in \mathbb{R}^m$;$G \in \mathbb{R}^{q\times n}$;$\underline{g} \in \mathbb{R}^q$;$\bar{g} \in \mathbb{R}^q$。如果要使 N 有限时的优化逼近 $N \to \infty$ 时的结果,通常要对 G 进行精心设计,而 q 通常较大。

取优化问题的决策变量为

$$v = \begin{bmatrix} \tilde{x} \\ \tilde{u} \end{bmatrix},\quad \tilde{x} = \begin{bmatrix} x_1 \\ x_2 \\ \vdots \\ x_N \end{bmatrix},\quad \tilde{u} = \begin{bmatrix} u_0 \\ u_1 \\ \vdots \\ u_{N-1} \end{bmatrix}$$

在式(3.19)中的等式约束表示为 $C_0v = d_0$,如例题 3.1 所示。在式(3.19)中不等式约束表示为

$$Cv \geqslant d$$

其中

$$C = \begin{bmatrix} 0 & 0 & \tilde{I} \\ \tilde{\Phi} & 0 & 0 \\ 0 & \tilde{G} & 0 \end{bmatrix},\quad \tilde{I} = \begin{bmatrix} I \\ -I \end{bmatrix},\quad \tilde{\Phi} = \begin{bmatrix} \Phi^{\mathrm{d}} \\ -\Phi^{\mathrm{d}} \end{bmatrix},\quad \tilde{G} = \begin{bmatrix} G \\ -G \end{bmatrix},\quad d = \begin{bmatrix} \underline{u}^{\mathrm{s}} \\ -\bar{u}^{\mathrm{s}} \\ \underline{\varphi}^{\mathrm{s}} \\ -\bar{\varphi}^{\mathrm{s}} \\ \tilde{g} \end{bmatrix},\quad \tilde{g} = \begin{bmatrix} \underline{g} \\ -\bar{g} \end{bmatrix}$$

$\tilde{I} \in \mathbb{R}^{2mN \times mN}$；$\tilde{\Phi} \in \mathbb{R}^{2p(N-1) \times n(N-1)}$；$\tilde{G} \in \mathbb{R}^{2q \times n}$；$\tilde{g} \in \mathbb{R}^{2q}$。这样式(3.19)化为如下优化问题：

$$\min\left\{\frac{1}{2}v^{\mathrm{T}}Hv + c^{\mathrm{T}}v\right\} \quad \text{s.t.} \quad C_0 v = d_0, \quad Cv \geqslant d \tag{3.20}$$

其中

$$H = 2\mathrm{diag}\{\overbrace{Q,\ \cdots,\ Q}^{N-1},\ P\ ,\overbrace{R,\ R,\ \cdots,\ R}^{N}\},\quad c = 0$$

问题(3.20)可以采用近似加权最小二乘法求解，或采用严格 QP 解。

下面的程序代码的目录和命名为 ControlLib/BasicControl/ineqFHxuLQR.cs。

```
using GlpkWrapperCS; using System;
namespace ControlLib
{
    //基于QP的，DLTI、有限时域、约束单目标、x和u的2范数指标、终端状态约束控制器
    public class ineqFHxuLQR : FHLRKeyMatrix
    {
        static private Matrix C0lqr_ineq;
        static private Matrix C1lqr_ineq;
        static private Matrix d1lqr_ineq;
        static private void Get_C_d_ineqConstrainedFHxuLQR()
        {
            LinearRInit(); Get_uBs(); Get_psiBsPhis(); GetA_N(); GetB_N();
            //等式约束的左边
            GetC0lqr_ineq();
            //等式约束的右边
            Model.SimulInit(); Get_deqN(Model.xtrue_k);
            //不等式约束的左边
            GetC1lqr_ineq();
            //不等式约束的右边挪到左边
            Get_dC();  d1lqr_ineq = new Matrix(d_C.Rows + 2 * q, 1);
            for (int i = 0; i < d_C.Rows; i++)
            {
                d1lqr_ineq[i, 0] = d_C[i, 0];
            }
            for (int i = 0; i < q; i++)
            {
                d1lqr_ineq[d_C.Rows + i, 0] = -Constraints.gUnderline[i, 0];
                d1lqr_ineq[d_C.Rows + q + i, 0] = Constraints.gBar[i, 0];
            }
        }
        static private void GetC0lqr_ineq()
        {
            C0lqr_ineq = new Matrix(A_N.Rows, A_N.Columns + B_N.Columns);
            for (int i = 0; i < A_N.Rows; i++)
            {
                for (int j = 0; j < A_N.Columns; j++)
                {
                    C0lqr_ineq[i, j] = A_N[i, j];
                }
                for (int j = 0; j < B_N.Columns; j++)
```

```
            {
                C0lqr_ineq[i, A_N.Columns + j] = -B_N[i, j];
            }
        }
    }
    static private void GetC1lqr_ineq()
    {
        C1lqr_ineq = new Matrix(2 * nu * N + 2 * p * (N - 1) + 2 * q, (nx + nu) * N);
        for (int i = 0; i < nu * N; i++)
        {
            C1lqr_ineq[i, nx * N + i] = 1;  C1lqr_ineq[nu * N + i, nx * N + i] = -1;
        }
        for (int i = 0; i < PhiDiag.Rows; i++)
        {
            for (int j = 0; j < PhiDiag.Columns; j++)
            {
                C1lqr_ineq[2 * nu * N + i, j] = PhiDiag[i, j];
                C1lqr_ineq[2 * nu * N + PhiDiag.Rows + i, j] = -PhiDiag[i, j];
            }
        }
        for (int i = 0; i < q; i++)
        {
            for (int j = 0; j < nx; j++)
            {
                C1lqr_ineq[2 * nu * N + 2 * p * (N - 1) + i, nx * (N - 1) + j]
                    = Constraints.G[i, j];
                C1lqr_ineq[2 * nu * N + 2 * p * (N - 1) + q + i, nx * (N - 1) + j]
                    = - Constraints.G[i, j];
            }
        }
    }
    static public void ineqConstrainedFHxuLQR()
    {
        Get_C_d_ineqConstrainedFHxuLQR();
        Matrix H = new Matrix((nx + nu) * N, (nx + nu) * N);
        for (int i = 0; i < nx; i++)
        {
            for (int j = 0; j < nx; j++)
            {
                for (int l = 0; l < N - 1; l++)
                {
                    H[l * nx + i, l * nx + j] = 2 * LQRPar.Qweight[i, j];
                }
                H[(N - 1) * nx + i, (N - 1) * nx + j] = 2 * LQRPar.Qtrmlweight[i, j];
            }
        }
        for (int i = 0; i < nu; i++)
        {
            for (int j = 0; j < nu; j++)
            {
                for (int l = 0; l < N; l++)
```

```
                {
                    H[N * nx + l * nu + i, N * nx + l * nu + j]
                        = 2 * LQRPar.Rweight[i, j];
                }
            }
        }
        double[] c = new double[(nx + nu) * N]; double[] result
            = new double[(nx + nu) * N];
        //把{H, c, CE, ce0, CI, ci0}传给二次规划 ......
        //格式: The problem is in the form:
        //格式: min 0.5 * x H x +c x
        //格式: s.t.
        //格式:   CE ^ T x + ce0 = 0
        //格式:   CI ^ T x + ci0 >= 0
        //格式: The matrix and vectors dimensions are as follows:
        //格式:   G: n* n
        //格式:      g0: n
        //格式:      CE: n* p
        //格式:   ce0: p
        //格式:    CI: n* m
        //格式: ci0: m
        //格式:   x: n
        //格式: Calc2(int n, double[] G, double[] g0, int m, double[] CE, double[]
            ce0, int p, double[] CI, double[] ci0, double[] x)
        QuadraticProgramming.Calc2(H.Rows, H.GetArrayInCols(), c,
            C0lqr_ineq.Rows, C0lqr_ineq.GetArrayInCols(), d_eqN.Negative(),
            C1lqr_ineq.Rows, C1lqr_ineq.GetArrayInCols(), d1lqr_ineq, result);
        for (int i = 0; i < nx * N; i++)
        {
            Console.WriteLine("x_{0}({1})={2}", i % nx, i / nx, result[i]);
        }
        for (int i = 0; i < nu * N; i++)
        {
            Console.WriteLine("u({0})={1}", i, result[nx * N + i]);
        }
        Matrix cM = new Matrix((nx + nu) * N, 1);
        Matrix resultM = ALS.ApproxLS(C0lqr_ineq, C1lqr_ineq, d_eqN, d1lqr_ineq.
            Negative(), H, cM);
        for (int i = 0; i < nx * N; i++)
        {
            Console.WriteLine("x_{0}({1})={2}", i % nx, i / nx, resultM[i, 0]);
        }
        for (int i = 0; i < nu * N; i++)
        {
            Console.WriteLine("u({0})={1}", i, resultM[nx * N + i, 0]);
        }
    }
  }
}
```

3.3 序列二次规划的基本原理

考虑如下优化问题：

$$\min_{u} J(u) \quad \text{s.t.} \quad H_1(u)=0,\ H_2(u)\geqslant 0 \tag{3.21}$$

假设 3.1 $J(u)$ 能通过如下公式近似：

$$J(u) \approx J(u_{\text{eq}}) + \left(\left.\frac{\partial J}{\partial u}\right|_{u=u_{\text{eq}}}\right)^{\mathrm{T}} (u-u_{\text{eq}}) + \frac{1}{2}(u-u_{\text{eq}})^{\mathrm{T}}\, \text{Hessian}\big|_{u=u_{\text{eq}}} (u-u_{\text{eq}})$$

其中，$\dfrac{\partial J}{\partial u}$ 是梯度向量；

$$\text{Hessian} = \frac{\partial^2 J}{\partial u^2} = \begin{bmatrix} \dfrac{\partial^2 J}{\partial u_1 \partial u_1} & \dfrac{\partial^2 J}{\partial u_1 \partial u_2} & \cdots & \dfrac{\partial^2 J}{\partial u_1 \partial u_m} \\ \dfrac{\partial^2 J}{\partial u_2 \partial u_1} & \dfrac{\partial^2 J}{\partial u_2 \partial u_2} & \cdots & \dfrac{\partial^2 J}{\partial u_2 \partial u_m} \\ \vdots & \vdots & & \vdots \\ \dfrac{\partial^2 J}{\partial u_m \partial u_1} & \dfrac{\partial^2 J}{\partial u_m \partial u_2} & \cdots & \dfrac{\partial^2 J}{\partial u_m \partial u_m} \end{bmatrix}$$

是黑塞 (Hessian) 矩阵。

假设 3.2 $H_i(u)\ (i=1,2)$ 能通过如下公式近似：

$$H_i(u) \approx H_i(u_{\text{eq}}) + \left(\left.\frac{\partial H_i}{\partial u}\right|_{u=u_{\text{eq}}}\right)^{\mathrm{T}} (u-u_{\text{eq}})$$

定义 $v=u-u_{\text{eq}}$，$c=\left.\dfrac{\partial J}{\partial u}\right|_{u=u_{\text{eq}}}$，$H=\text{Hessian}\big|_{u=u_{\text{eq}}}$，$C_i=\left.\dfrac{\partial H_i}{\partial u}\right|_{u=u_{\text{eq}}}$，则式(3.21)化成 QP 问题，即式(3.22)：

$$\min_{v}\left\{\frac{1}{2}v^{\mathrm{T}}Hv + c^{\mathrm{T}}v\right\} \quad \text{s.t.} \quad \begin{cases} C_1 v = -H_1(u_{\text{eq}}) \\ C_2 v \geqslant -H_2(u_{\text{eq}}) \end{cases} \tag{3.22}$$

第 l 次迭代，用式(3.22)求出的 $u^l=u^*=v+u_{\text{eq}}$ 当作 u_{eq}，再利用式(3.22)近似式(3.21)；如此迭代，直到 $\left\|u^l-u_{\text{eq}}\right\|<\varepsilon$，其中 ε 是一个很小的数，如 10^{-6}。

下面的程序代码的目录和命名为 ControlLib/Model/Hessian.cs。

```
using System; using System.Collections.Generic; using System.Text;
namespace ControlLib
{
    //这个类先根据具体的非线性目标函数，手工算出Hessian矩阵，然后把Hessian矩阵表示出来
    public class Hessian : LQRPar
    {
        //原始非线性目标函数
        //J_k = 2 * x1(k) * x1(k) + 2 * x2(k) * x2(k) + 2 * x3(k) * x3(k) + u(k) * u(k)
        //计算Hessian矩阵
        static public void QA()
        {
            LQRPar par=new LQRPar(); LQRPar.Qelements[0]=2;
```

```
            LQRPar.Qelements[1]=0; LQRPar.Qelements[2]=0;
            LQRPar.Qelements[3]=0; LQRPar.Qelements[4]=2;
            LQRPar.Qelements[5]=0; LQRPar.Qelements[6]=0;
            LQRPar.Qelements[7]=0; LQRPar.Qelements[8]=2;
            LQRPar.Relements[0]=1;
            // 要更新{Q,R,Qtrml}，使Hessian赋值生效
            LQRPar.Qweight = new Matrix(nx, nx, Qelements);
            LQRPar.Rweight = new Matrix(nu, nu, Relements);
        }
        //测试二次化
        static public void QAtest()
        {
            Console.WriteLine(LQRPar.Qweight[0, 0]);  QA();
            Console.WriteLine(LQRPar.Qweight[0, 0]);
        }
    }
}
```

3.4 基于序列二次规划的控制器

本节给出基于序列二次规划的控制器。

例题 3.3 考虑非线性状态空间模型：

$$\begin{cases} x_{1,k+1} = x_{1,k}^2 + 2x_{2,k}u_k \\ x_{2,k+1} = x_{2,k}^3 + u_k \end{cases}$$

其中，$x_0 = \begin{bmatrix} 1 \\ 1 \end{bmatrix}$。采用如下优化问题：

$$\min \left\{ \sum_{i=1}^{N-1} \|x_i\|^2 + \sum_{j=0}^{N-1} \|u_j\|^2 + 2\|x_N\|^2 \right\}$$

其中，$\|x\|^2 = x^{\mathrm{T}}x$。取 $N = 2$，采用序列二次规划方法，求解 $\{u_0, u_1\}$。迭代两次即可。

解：对状态空间模型线性化得到：

$$\begin{cases} x_{1,k+1} = x_{1,k,\mathrm{eq}}^2 + 2x_{2,k,\mathrm{eq}}u_{k,\mathrm{eq}} + 2x_{1,k,\mathrm{eq}}(x_{1,k} - x_{1,k,\mathrm{eq}}) \\ \qquad\qquad + 2u_{\mathrm{eq}}(x_{2,k} - x_{2,k,\mathrm{eq}}) + 2x_{2,\mathrm{eq}}(u_k - u_{k,\mathrm{eq}}) \\ x_{2,k+1} = x_{2,k,\mathrm{eq}}^3 + u_{k,\mathrm{eq}} + 3x_{2,k,\mathrm{eq}}^2(x_{2,k} - x_{2,k,\mathrm{eq}}) + (u_k - u_{k,\mathrm{eq}}) \end{cases} \tag{3.23}$$

取 $x_{0,\mathrm{eq}} = x_0 = \begin{bmatrix} 1 \\ 1 \end{bmatrix}$，$x_{1,\mathrm{eq}} = \begin{bmatrix} 0 \\ 0 \end{bmatrix}$，$u_{0,\mathrm{eq}} = -\dfrac{1}{2}$，$u_{1,\mathrm{eq}} = 0$（其中后三者的取值都是猜测值）。对 $k = 0$ 和 $k = 1$，由式(3.23)分别得到：

$$\begin{cases} x_{1,1} = 1 + 2u_0 \\ x_{2,1} = 1 + u_0 \end{cases} \tag{3.24}$$

$$\begin{cases} x_{1,2} = 0 \\ x_{2,2} = u_1 \end{cases} \tag{3.25}$$

因此，性能指标为

$$J=x_{1,1}^2+x_{2,1}^2+u_0^2+u_1^2+2x_{1,2}^2+2x_{2,2}^2=(1+2u_0)^2+(1+u_0)^2+u_0^2+u_1^2+2u_1^2$$

为求 J 的极值，令

$$\begin{cases}\dfrac{\partial J}{\partial u_0}=6+12u_0=0\\ \dfrac{\partial J}{\partial u_1}=6u_1=0\end{cases}$$

得到 $u_0^*=-\dfrac{1}{2}$,$u_1^*=0$。由式(3.24)和式(3.25)得到 $x_1^*=\begin{bmatrix}0\\ \dfrac{1}{2}\end{bmatrix}$。取 $x_{0,\mathrm{eq}}=x_0=\begin{bmatrix}1\\1\end{bmatrix}$,$x_{1,\mathrm{eq}}=x_1^*=\begin{bmatrix}0\\ \dfrac{1}{2}\end{bmatrix}$，$u_{0,\mathrm{eq}}=u_0^*=-\dfrac{1}{2}$，$u_{1,\mathrm{eq}}=u_1^*=0$，则由式(3.23)得到：

$$\begin{cases}x_{1,1}=1+2u_0\\ x_{2,1}=1+u_0\end{cases},\quad \begin{cases}x_{1,2}=u_1\\ x_{2,2}=\dfrac{1}{2}+\dfrac{3}{4}u_0+u_1\end{cases}$$

因此，性能指标变为

$$\begin{aligned}J&=x_{1,1}^2+x_{2,1}^2+u_0^2+u_1^2+2x_{1,2}^2+2x_{2,2}^2\\&=(1+2u_0)^2+(1+u_0)^2+u_0^2+u_1^2+2u_1^2+2\left(\frac{1}{2}+\frac{3}{4}u_0+u_1\right)^2\end{aligned}$$

为求 J 的极值，令

$$\begin{cases}\dfrac{\partial J}{\partial u_0}=\dfrac{15}{2}+\dfrac{57}{4}u_0+3u_1=0\\ \dfrac{\partial J}{\partial u_1}=2+3u_0+10u_1=0\end{cases}$$

得到 $u_0^*=-\dfrac{46}{89}$，$u_1^*=-\dfrac{4}{89}$。

例题 3.4 考虑非线性状态空间模型：

$$x_{k+1}=f(x_k,u_k)$$

其中，$x\in\mathbb{R}^n$；$u\in\mathbb{R}^m$；x_0 已知。采用如下多目标优化设计方法：

$$\min\sum_{i=1}^{N-1}\sum_{l=1}^{n}|x_{l,i}| \tag{3.26}$$

$$\text{s.t.}\begin{cases}x_{i+1}=f(x_i,u_i),\quad i=0,1,2,\cdots,N-1\\ \underline{u}\leqslant u_j\leqslant\bar{u},\quad j=0,1,2,\cdots,N-1\\ \underline{\varphi}\leqslant\Phi x_i\leqslant\bar{\varphi},\quad i=1,2,\cdots,N-1\\ x_N=0\end{cases} \tag{3.27}$$

$$\min\sum_{j=0}^{N-1}\|u_j\|_R^2\quad \text{s.t. 式(3.27)},\left|\sum_{i=1}^{N-1}\sum_{l=1}^{n}x_{l,i}\right|\leqslant J_1^* \tag{3.28}$$

其中，$\Phi \in \mathbb{R}^{p\times n}$；$\underline{\varphi} \in \mathbb{R}^p$；$\bar{\varphi} \in \mathbb{R}^p$；$\underline{u} \in \mathbb{R}^m$；$\bar{u} \in \mathbb{R}^m$；$J_1^*$ 是式(3.26)目标函数的最优值。在第一个问题式(3.26)和式(3.27)中不考虑线性化后的误差，在第二个问题(3.28)中考虑线性化后的误差。根据

$$f(x,u) \approx f(x_{\rm s},u_{\rm s}) + \left.\frac{\partial f}{\partial x}\right|_{x=x_{\rm s}}(x-x_{\rm s}) + \left.\frac{\partial f}{\partial u}\right|_{u=u_{\rm s}}(u-u_{\rm s}) = f(x_{\rm s},u_{\rm s}) + A_{\rm s}(x-x_{\rm s}) + B_{\rm s}(u-u_{\rm s})$$

优化问题变为

$$\min \sum_{i=1}^{N-1}\sum_{l=1}^{n}|x_{l,i}| \tag{3.29}$$

$$\text{s.t.}\ \begin{cases} x_{i+1} = A_{{\rm eq},i}x_i + B_{{\rm eq},i}u_i, \quad i=0,1,2,\cdots,N-1 \\ \underline{u} \leqslant u_j \leqslant \bar{u}, \quad j=0,1,2,\cdots,N-1 \\ \underline{\varphi} \leqslant \Phi x_i \leqslant \bar{\varphi}, \quad i=1,2,\cdots,N-1 \\ x_N = 0 \end{cases} \tag{3.30}$$

$$\min \sum_{j=0}^{N-1}\|u_j\|_R^2 \ \ \text{s.t. 式(3.32)}, \ \left|\sum_{i=1}^{N-1}\sum_{l=1}^{n}x_{l,i}\right| \leqslant J_1^* \tag{3.31}$$

$$\begin{cases} x_{i+1} = f(x_{i,{\rm eq}},u_{i,{\rm eq}}) + A_{{\rm eq},i}(x_i - x_{i,{\rm eq}}) + B_{{\rm eq},i}(u_i - u_{i,{\rm eq}}), \\ \qquad i=0,1,2,\cdots,N-1 \\ \underline{u} \leqslant u_j \leqslant \bar{u}, \quad j=0,1,2,\cdots,N-1 \\ \underline{\varphi} \leqslant \Phi x_i \leqslant \bar{\varphi}, \quad i=1,2,\cdots,N-1 \\ x_N = 0 \end{cases} \tag{3.32}$$

求出 x_i^* 和 u_i^*，令 $x_{i,{\rm eq}} = x_i^*$ 和 $u_{i,{\rm eq}} = u_i^*$，再利用式(3.29)~ 式(3.32)近似式(3.26)~ 式(3.28)；如此迭代优化，直到对所有的 $i=0,1,2,\cdots,N-1$，$\|u_i - u_{i,{\rm eq}}\|^2$ 和 $\|x_i - x_{i,{\rm eq}}\|^2$ 足够小。

对 $\sum\limits_{i=1}^{N-1}\sum\limits_{l=1}^{n}|x_{l,i}|$ 的优化，取

$$v = \begin{bmatrix} \bar{x}^+ \\ \bar{x}^- \\ \tilde{u}^+ \\ \tilde{u}^- \\ \theta_\varphi^- \\ \theta_\varphi^+ \\ \theta^- \\ \theta^+ \end{bmatrix}, \quad \bar{x}^+ = \begin{bmatrix} x_1^+ \\ x_2^+ \\ \vdots \\ x_{N-1}^+ \end{bmatrix}, \quad \bar{x}^- = \begin{bmatrix} x_1^- \\ x_2^- \\ \vdots \\ x_{N-1}^- \end{bmatrix}, \quad \tilde{u}^+ = \begin{bmatrix} u_0^+ \\ u_1^+ \\ \vdots \\ u_{N-1}^+ \end{bmatrix}, \quad \tilde{u}^- = \begin{bmatrix} u_0^- \\ u_1^- \\ \vdots \\ u_{N-1}^- \end{bmatrix}$$

$$\theta_\varphi^- = \begin{bmatrix} \theta_{\varphi,1}^- \\ \theta_{\varphi,2}^- \\ \vdots \\ \theta_{\varphi,N-1}^- \end{bmatrix}, \quad \theta_\varphi^+ = \begin{bmatrix} \theta_{\varphi,1}^+ \\ \theta_{\varphi,2}^+ \\ \vdots \\ \theta_{\varphi,N-1}^+ \end{bmatrix}, \quad \theta^- = \begin{bmatrix} \theta_0^- \\ \theta_1^- \\ \vdots \\ \theta_{N-1}^- \end{bmatrix}, \quad \theta^+ = \begin{bmatrix} \theta_0^+ \\ \theta_1^+ \\ \vdots \\ \theta_{N-1}^+ \end{bmatrix}$$

$$C=\begin{bmatrix} A_{N,0,\mathrm{eq}} & -A_{N,0,\mathrm{eq}} & -B_{N,\mathrm{eq}} & B_{N,\mathrm{eq}} & 0 & 0 & 0 & 0 \\ 0 & 0 & -I & I & 0 & 0 & I & 0 \\ 0 & 0 & I & -I & 0 & 0 & 0 & I \\ -\varPhi^{\mathrm{d}} & \varPhi^{\mathrm{d}} & 0 & 0 & I & 0 & 0 & 0 \\ \varPhi^{\mathrm{d}} & -\varPhi^{\mathrm{d}} & 0 & 0 & 0 & I & 0 & 0 \end{bmatrix}$$

$$A_{N,0,\mathrm{eq}}=\begin{bmatrix} I & & & \\ -A_{\mathrm{eq},0} & I & & \\ & -A_{\mathrm{eq},1} & \ddots & \\ & & \ddots & I \\ & & & -A_{\mathrm{eq},N-1} \end{bmatrix},\quad d=\begin{bmatrix} 0 \\ -\underline{u}^{\mathrm{s}} \\ \bar{u}^{\mathrm{s}} \\ -\underline{\varphi}^{\mathrm{s}} \\ \bar{\varphi}^{\mathrm{s}} \end{bmatrix},\quad d_0=\begin{bmatrix} A_{\mathrm{eq},0}x_0+\ell_{\mathrm{eq},0} \\ \ell_{\mathrm{eq},1} \\ \vdots \\ \ell_{\mathrm{eq},N-1} \end{bmatrix}$$

$$B_{N,\mathrm{eq}}=\mathrm{diag}\left\{B_{\mathrm{eq},0},\quad B_{\mathrm{eq},1}\quad ,\cdots,\quad B_{\mathrm{eq},N-1}\right\}$$

$$\ell_{\mathrm{eq},i}=f(x_{i,\mathrm{eq}},u_{i,\mathrm{eq}})-A_{\mathrm{eq},i}x_{i,\mathrm{eq}}-B_{\mathrm{eq},i}u_{i,\mathrm{eq}},\quad \varPhi^{\mathrm{d}}=\mathrm{diag}\{\varPhi,\quad \varPhi,\quad \cdots,\quad \varPhi\}$$

$$\underline{\varphi}^{\mathrm{s}}=\begin{bmatrix} \underline{\varphi} \\ \underline{\varphi} \\ \vdots \\ \underline{\varphi} \end{bmatrix},\quad \bar{\varphi}^{\mathrm{s}}=\begin{bmatrix} \bar{\varphi} \\ \bar{\varphi} \\ \vdots \\ \bar{\varphi} \end{bmatrix},\quad \underline{u}^{\mathrm{s}}=\begin{bmatrix} \underline{u} \\ \underline{u} \\ \vdots \\ \underline{u} \end{bmatrix},\quad \bar{u}^{\mathrm{s}}=\begin{bmatrix} \bar{u} \\ \bar{u} \\ \vdots \\ \bar{u} \end{bmatrix},\quad c_v=[\overbrace{1\ 1\ \cdots\ 1}^{2n(N-1)}\ 0\ 0\ \cdots\ 0]^{\mathrm{T}}$$

得到优化问题 (LP)：

$$\min_{v} c_v^{\mathrm{T}}v \quad \text{s.t.}\quad Cv=\begin{bmatrix} d_0 \\ d \end{bmatrix},\quad v\geqslant 0$$

对 $\sum\limits_{j=0}^{N-1}\|u_j\|_R^2$ 的优化，取

$$\bar{x}=\begin{bmatrix} x_1 \\ x_2 \\ \vdots \\ x_{N-1} \end{bmatrix},\quad \tilde{u}=\begin{bmatrix} u_0 \\ u_1 \\ \vdots \\ u_{N-1} \end{bmatrix},\quad C_0=\mathcal{B}_{N,\mathrm{eq}}$$

$$\mathcal{B}_{N,\mathrm{eq}}=\begin{bmatrix} \prod\limits_{i=1}^{N-1}A_{\mathrm{eq},N-i}B_{\mathrm{eq},0} & \cdots & A_{\mathrm{eq},N-1}B_{\mathrm{eq},N-2} & B_{\mathrm{eq},N-1} \end{bmatrix}$$

$$\mathcal{A}_{N,\mathrm{eq}}=\prod_{i=0}^{N-1}A_{\mathrm{eq},N-1-i},\quad d_0=-\mathcal{A}_{N,\mathrm{eq}}x_0-\mathcal{D}_{N,\mathrm{eq}}\tilde{\ell}_{\mathrm{eq}}$$

$$\mathcal{D}_{N,\mathrm{eq}}=\begin{bmatrix} \prod\limits_{i=1}^{N-1}A_{\mathrm{eq},N-i} & \prod\limits_{i=1}^{N-2}A_{\mathrm{eq},N-i} & \cdots & A_{\mathrm{eq},N-1} & I \end{bmatrix}$$

$$\tilde{\ell}_{\mathrm{eq}}=\begin{bmatrix} \ell_{\mathrm{eq},0} \\ \ell_{\mathrm{eq},1} \\ \vdots \\ \ell_{\mathrm{eq},N-1} \end{bmatrix},\quad C_1=\begin{bmatrix} \tilde{I} \\ \bar{\varPhi} \end{bmatrix},\quad \tilde{I}=\begin{bmatrix} I \\ -I \end{bmatrix},\quad \bar{\varPhi}=\begin{bmatrix} \varPhi^{\mathrm{d}}\mathcal{B}_{1\to N-1,\mathrm{eq}} \\ -\varPhi^{\mathrm{d}}\mathcal{B}_{1\to N-1,\mathrm{eq}} \end{bmatrix}$$

$$d_1 = \begin{bmatrix} \underline{u}^{\mathrm{s}} \\ -\bar{u}^{\mathrm{s}} \\ \underline{\varphi}^{\mathrm{s}} \\ -\bar{\varphi}^{\mathrm{s}} \end{bmatrix} - \begin{bmatrix} 0 \\ 0 \\ \Phi^{\mathrm{d}}\left(\mathcal{A}_{1\to N-1,\mathrm{eq}}x_0 + \mathcal{D}_{1\to N-1,\mathrm{eq}}\tilde{\ell}_{\mathrm{eq}}\right) \\ -\Phi^{\mathrm{d}}\left(\mathcal{A}_{1\to N-1,\mathrm{eq}}x_0 + \mathcal{D}_{1\to N-1,\mathrm{eq}}\tilde{\ell}_{\mathrm{eq}}\right) \end{bmatrix}$$

$$\mathcal{B}_{1\to N-1,\mathrm{eq}} = \begin{bmatrix} B_{\mathrm{eq},0} & 0 & \cdots & 0 & 0 \\ A_{\mathrm{eq},1}B_{\mathrm{eq},0} & B_{\mathrm{eq},1} & \ddots & \vdots & \vdots \\ \vdots & \ddots & \ddots & 0 & 0 \\ \prod_{i=1}^{N-2} A_{\mathrm{eq},N-1-i}B_{\mathrm{eq},0} & \cdots & A_{\mathrm{eq},N-2}B_{\mathrm{eq},N-3} & B_{\mathrm{eq},N-2} & 0 \end{bmatrix}$$

$$\mathcal{A}_{1\to N-1,\mathrm{eq}} = \begin{bmatrix} A_{\mathrm{eq},0} \\ A_{\mathrm{eq},1}A_{\mathrm{eq},0} \\ \vdots \\ \prod_{i=1}^{N-1} A_{\mathrm{eq},N-1-i} \end{bmatrix}, \quad C_2 = \begin{bmatrix} \mathbf{1}^{\mathrm{T}}\mathcal{B}_{1\to N-1,\mathrm{eq}} \\ -\mathbf{1}^{\mathrm{T}}\mathcal{B}_{1\to N-1,\mathrm{eq}} \end{bmatrix}, \ \mathbf{1} = \begin{bmatrix} 1 \\ 1 \\ \vdots \\ 1 \end{bmatrix}$$

$$\mathcal{D}_{1\to N-1,\mathrm{eq}} = \begin{bmatrix} I & 0 & \cdots & 0 & 0 \\ A_{\mathrm{eq},1} & I & \ddots & \vdots & \vdots \\ \vdots & \ddots & \ddots & 0 & 0 \\ \prod_{i=1}^{N-2} A_{\mathrm{eq},N-1-i} & \cdots & A_{\mathrm{eq},N-2} & I & 0 \end{bmatrix}$$

$$d_2 = \begin{bmatrix} -J_1^* - \mathbf{1}^{\mathrm{T}}\left(\mathcal{A}_{1\to N-1,\mathrm{eq}}x_0 + \mathcal{D}_{1\to N-1,\mathrm{eq}}\tilde{\ell}_{\mathrm{eq}}\right) \\ -J_1^* - \mathbf{1}^{\mathrm{T}}\left(\mathcal{A}_{1\to N-1,\mathrm{eq}}x_0 + \mathcal{D}_{1\to N-1,\mathrm{eq}}\tilde{\ell}_{\mathrm{eq}}\right) \end{bmatrix}$$

则得到优化问题 (QP)：

$$\min_{\tilde{u}} \sum_{j=0}^{N-1} \|u_j\|_R^2 \quad \text{s.t.} \quad \begin{cases} C_0\tilde{u} = d_0 \\ \begin{bmatrix} C_1 \\ C_2 \end{bmatrix}\tilde{u} \geqslant \begin{bmatrix} d_1 \\ d_2 \end{bmatrix} \end{cases}$$

注意，$C_2\tilde{u} \geqslant d_2$ 是对约束 $\left|\sum\limits_{i=1}^{N-1}\sum\limits_{l=1}^{n} x_{l,i}\right| \leqslant J_1^*$ 的处理结果。

3.5　习　题　3

1. 编写积极集方法求解二次规划的程序，要求严格求解，包括：

(1) 标准型 QP；

(2) 将非标准型的 QP 化为标准型 QP。

其中 (2) 作为应用 (1) 的接口。

2. 证明式(3.16)的解是式(3.11)。

3. 证明式(3.18)与式(3.11)一致。

4. 考虑 LTI 状态空间模型：

$$x_{k+1} = Ax_k + Bu_k$$

求解如下优化问题：

$$\min J=\sum_{i=0}^{N-1}\left\{\|x_i\|_Q^2+\|u_i\|_R^2\right\}+\|x_N\|_P^2 \quad \text{s.t.} \quad \begin{cases} x_{i+1}=Ax_i+Bu_i, & i=0,1,2,\cdots,N-1 \\ \underline{u}\leqslant u_j\leqslant \bar{u}, & j=0,1,2,\cdots,N-1 \\ \underline{\varphi}\leqslant \Phi x_i\leqslant \bar{\varphi}, & i=1,2,\cdots,N-1 \\ x_N=0 \end{cases}$$

并编写通用代码。

5. 编写 LTI 状态空间模型的有限时域、约束、多目标、零终端约束的线性二次型调节器。该控制器简称为 FHLQR-0 (finite horizon constrained multi-objective linear quadratic regulator with zero terminal state)。采用模型：

$$x_{k+1}=Ax_k+Bu_k$$

其中，x_0 已知。求解如下优化问题：

$$\min\left\{\sum_{i=0}^{N-1}\|x_i\|_1,\ \sum_{j=0}^{N-1}\|u_j\|_R^2\right\} \quad \text{s.t.} \quad \begin{cases} x_{i+1}=Ax_i+Bu_i, & i=0,1,2,\cdots,N-1 \\ \underline{u}\leqslant u_j\leqslant \bar{u}, & j=0,1,2,\cdots,N-1 \\ \underline{\varphi}\leqslant \Phi x_i\leqslant \bar{\varphi}, & i=1,2,\cdots,N-1 \\ x_N=0 \end{cases}$$

其中，第二个目标的优化加入约束 $\left|\sum_{i=0}^{N-1}\sum_{l=1}^{n}x_{l,i}\right|\leqslant J_1^*$，而 J_1^* 是第一个最优目标。把这个问题变成标准型 QP，其中

$$\{x_1,x_2,\cdots,x_N;u_0,u_1,\cdots,u_{N-1}\}$$

都是决策变量。采用近似最小二乘法和近似加权最小二乘法，可以将 $\{x_1,x_2,\cdots,x_N\}$ 用 $\{u_0,u_1,\cdots,u_{N-1}\}$ 表示，消去 $\tilde{x}$，并编写通用代码。

与第 2 章习题的 FHLIR-0 相比，就是将 LP 替换为 QP，其他方面（零终端状态、有限时域、约束、多目标）相同。

6. 针对非线性状态空间模型：

$$x_{k+1}=f(x_k,u_k)$$

其中，x_0 已知，考虑有限时域、约束、含终端零约束的非线性二次型调节器问题。该控制器简称为 FHNLQR-0R (finite horizon constrained nonlinear quadratic regulator with zero terminal state)。编写实现程序，优化问题为

$$\min\sum_{i=0}^{N-1}L_i(x_i,u_i) \quad \text{s.t.} \quad H(x_i,u_i)\leqslant h,\quad i=0,1,2,\cdots,N-1,\quad x_N=0$$

把该问题变成序列二次规划，步骤如下：

(1) $f(x_i,u_i)=f(x_{i,\text{eq}},u_{i,\text{eq}})+A_{\text{eq},i}z_i+B_{\text{eq},i}v_i$

$$L_i(x_i,u_i)=L_i(x_{i,\text{eq}},u_{i,\text{eq}})+c_{\text{eq},i}^{\mathrm{T}}\begin{bmatrix} z_i \\ v_i \end{bmatrix}+\frac{1}{2}\begin{bmatrix} z_i \\ v_i \end{bmatrix}^{\mathrm{T}}Q_{\text{eq},i}\begin{bmatrix} z_i \\ v_i \end{bmatrix}$$

$$H(x_i,u_i)=H(x_{i,\text{eq}},u_{i,\text{eq}})+G_{\text{eq},i}^{\mathrm{T}}\begin{bmatrix} z_i \\ v_i \end{bmatrix}$$

(2) 第 l 次迭代优化：

$$\min \sum_{i=0}^{N-1} \left\{ \frac{1}{2} \begin{bmatrix} z_i \\ v_i \end{bmatrix}^{\mathrm{T}} Q_{\mathrm{eq},i} \begin{bmatrix} z_i \\ v_i \end{bmatrix} + c_{\mathrm{eq},i}^{\mathrm{T}} \begin{bmatrix} z_i \\ v_i \end{bmatrix} \right\}$$

$$\text{s.t.} \quad \begin{cases} z_{i+1} = A_{\mathrm{eq},i} z_i + B_{\mathrm{eq},i} v_i + \ell_{\mathrm{eq},i}, \quad i = 0, 1, 2, \cdots, N-1 \\ G_{\mathrm{eq},i}^{\mathrm{T}} \begin{bmatrix} z_i \\ v_i \end{bmatrix} \leqslant h - H(x_{i,\mathrm{eq}}, u_{i,\mathrm{eq}}), \quad i = 0, 1, 2, \cdots, N-1 \\ z_N = -x_{N,\mathrm{eq}} \end{cases}$$

其中，$z_i = x_i - x_{i,\mathrm{eq}}$；$v_i = u_i - u_{i,\mathrm{eq}}$。

对非线性的具体处理按如下两种方式：

① 手算梯度和 Hessian 矩阵，已知 $\{f, H, L, h\}$ 给出具体公式；

② 编程实现梯度和 Hessian 矩阵自动计算。

以上控制器是在前面习题 FHLQR-0 的基础上增加 SQP 的调度程序，而与第 2 章习题 FHNLIR-0 的区别是将 LP 替换为 QP。

第 4 章 状态空间模型的状态与参数估计

4.1 最优 Kalman 滤波

考虑式(1.8)，即具有系统和量测噪声的状态方程，重写如下（符号有更换）：

$$\begin{cases} x_{k+1} = A_k x_k + B_k u_k + D_k \xi_k \\ y_k = C_k x_k + \eta_k \end{cases} \tag{4.1}$$

假设 4.1 对所有 $k \geqslant 0$, $E[\xi_k] = 0$, $E[\eta_k] = 0$, $E\left[\xi_k \xi_j^{\mathrm{T}}\right] = W_k \kappa_{kj}$, $E\left[\eta_k \eta_j^{\mathrm{T}}\right] = V_k \kappa_{kj}$, $E[\xi_k \eta_j^{\mathrm{T}}] = 0$。当 $k = j$ 时，$\kappa_{kj} = 1$；当 $k \neq j$ 时，$\kappa_{kj} = 0$。

假设 4.2 $E[x_0] = \mu_0$，$E[(x_0 - \mu_0)(x_0 - \mu_0)^{\mathrm{T}}] = \mathit{\Gamma}_0$。

假设 4.3 $\{u_k\}$ 是既定（确定性）的时间序列。

令 $\hat{x}_{l|p}$ 表示利用 p 时刻为止的量测信息，估计 l 时刻 x 的值（$l = p$、$l < p$ 或 $l > p$）。针对式(4.1)，LQR 进化为 LQG，即

$$u_j = -\left(R_j + B_j^{\mathrm{T}} P_{j+1} B_j\right)^{-1} B_j^{\mathrm{T}} P_{j+1} A_j \hat{x}_{j|j} \tag{4.2}$$

当 $k = 0$ 时，有

$$\begin{cases} \hat{x}_{0|0} &= \mu_0 \\ X_{0|0} &= \mathit{\Gamma}_0 \end{cases}$$

当 $k > 0$ 时 [卡尔曼 (Kalman) 滤波器]，有

$$\begin{cases} \hat{x}_{k|k-1} = A_{k-1} \hat{x}_{k-1|k-1} + B_{k-1} u_{k-1} \\ X_{k|k-1} = A_{k-1} X_{k-1|k-1} A_{k-1}^{\mathrm{T}} + D_{k-1} W_{k-1} D_{k-1}^{\mathrm{T}} \\ L_k = X_{k|k-1} C_k^{\mathrm{T}} (V_k + C_k X_{k|k-1} C_k^{\mathrm{T}})^{-1} \\ e_k = y_k - C \hat{x}_{k|k-1} \\ \hat{x}_{k|k} = \hat{x}_{k|k-1} + L_k e_k \\ X_{k|k} = (I - L_k C_k) X_{k|k-1} (I - L_k C_k)^{\mathrm{T}} + L_k V_k L_k^{\mathrm{T}} \end{cases} \tag{4.3}$$

由上面的递推公式得到：

$$\begin{aligned} \hat{x}_{k+1|k} &= A_k \hat{x}_{k|k} + B_k u_k = A_k (\hat{x}_{k|k-1} + L_k y_k - L_k C_k \hat{x}_{k|k-1}) + B_k u_k \\ &= A_k (I - L_k C_k) \hat{x}_{k|k-1} + B_k u_k + A_k L_k y_k = (A_k - L_{p,k} C_k) \hat{x}_{k|k-1} + B_k u_k + L_{p,k} y_k \end{aligned}$$

其中，$L_{p,k} = A_k L_k$。这个其实就是 Luenberger 观测器：

$$\hat{x}_{k+1} = A_k \hat{x}_k + B_k u_k + L_{p,k}(y_k - C_k \hat{x}_k) = (A_k - L_{p,k} C_k) \hat{x}_k + B_k u_k + L_{p,k} y_k \tag{4.4}$$

下面给出的 KF 的 C# 程序代码包括后面的稳态 KF。

下面的程序代码的目录和命名为 ControlLib/BasicControl/KF.cs。

```
using System;
namespace ControlLib
{
    //LTI模型的卡尔曼滤波，包括最优Kalman滤波和稳态Kalman滤波
    public class KF
    {
        //由于要进行矩阵运算，行数为1、列数为1的情况，也都写成二维数组
        //状态一步预报x(k|k - 1)
        static public Matrix x_1stepk;
        //当前状态估计x(k|k)
        static public Matrix x_k;
        //状态一步预报方差X(k|k - 1)
        static public Matrix X_1stepk;
        //当前状态估计方差X(k|k)
        static public Matrix X_k;
        //当前状态估计增益矩阵L(k)
        static public Matrix L_k;
        //新息e(k)
        static public Matrix inno_k; static private Matrix eye; static private int nx;

        public KF()
        {
        }
        //最优Kalman滤波初值
        //给x(0|0), X(0|0)赋初值
        static public void KFInit()
        {
            nx = Noise.nx;
            //单位矩阵
            eye = Matrix.MakeUnitMatrix(nx);
            //输入初始估计x(0|0)和X(0|0)
            double[] mu0 = new double[] { 0, 0, 0 };
            double[] Gamma0 = new double[] { 1, 0, 0, 0, 1, 0, 0, 0, 1 };
            //初始估计
            x_k = new Matrix(nx, 1, mu0);
            //初始方差
            X_k = new Matrix(nx, nx, Gamma0);
            //Console.WriteLine(Model.umeas_1k);
            Model.umeas_1k[0, 0] = 2.71828;
            //Console.WriteLine(Model.umeas_1k);
        }
        //Kalman滤波算法
        static public void KF_x(Matrix _y_k)
        {
            //一步预报
            x_1stepk = Model.A * x_k + Model.B * Model.umeas_1k;
            //一步预报方差
            X_1stepk = Model.A * X_k * Model.A.Transpose()
                + Noise.D * Noise.W * Noise.D.Transpose();
            //滤波增益
            L_k = X_1stepk * Model.C.Transpose() * Matrix.Athwart(Model.C * X_1stepk *
```

```
            Model.C.Transpose() + Noise.V);
        //新息
        inno_k = _y_k - Model.C * x_1stepk;
        //当前状态估计
        x_k = x_1stepk + L_k * inno_k;
        //当前估计方差
        X_k = (eye - L_k * Model.C) * X_1stepk * (eye - L_k * Model.C).Transpose() +
            L_k * Noise.V * L_k.Transpose();
    }
    //Kalman滤波算法，重载用于信息融合
    static public void KF_x(Matrix _xk, Matrix _yk, Matrix _Xk, Matrix _C, Matrix _V)
    {
        //一步预报
        x_1stepk = Model.A * _xk + Model.B * Model.umeas_1k;
        //一步预报方差
        X_1stepk = Model.A * _Xk * Model.A.Transpose() + Noise.D * Noise.W * Noise.D.
            Transpose();
        //滤波增益
        L_k = X_1stepk * _C.Transpose() * Matrix.Athwart(_C * X_1stepk * _C.Transpose
            () + _V);
        //新息
        inno_k = _yk - _C * x_1stepk;
        //当前状态估计
        x_k = x_1stepk + L_k * inno_k;
        //当前估计方差
        X_k = (eye - L_k * _C) * X_1stepk * (eye - L_k * _C).Transpose() + L_k * _V *
             L_k.Transpose();
    }
    //稳态Kalman滤波算法，其中L_k别处计算
    static public void SSKF_x(Matrix _y_k, Matrix _umeas_1k)
    {
        //一步预报
        x_1stepk = Model.A * x_k + Model.B * _umeas_1k;
        //新息
        inno_k = _y_k - Model.C * x_1stepk;
        //当前状态估计
        x_k = x_1stepk + L_k * inno_k;
    }
    //稳态Kalman滤波中方差阵和增益阵的计算
    static private void Riccati_SSKF()
    {
        for (int i = 0; i < 200; i++)
        {
            X_1stepk = Model.A * X_k * Model.A.Transpose()
                + Noise.D * Noise.W * Noise.D.Transpose();
            L_k = X_1stepk * Model.C.Transpose() * Matrix.Athwart(Model.C * X_1stepk
                * Model.C.Transpose() + Noise.V);
            X_k = (eye - L_k * Model.C) * X_1stepk * (eye - L_k * Model.C).Transpose
                () + L_k * Noise.V * L_k.Transpose();
        }
    }
```

```
        //最优Kalman滤波案例
        static public void KFtest()
        {
            KFInit(); Noise.NoisySimulInit();
            for (int i = 0; i < 200; i++)
            {
                KF_x(Model.y_k);
                //检验估计误差是否收敛，
                //实际上是看e(k)是不是变成均值为零、方差有界的白噪声
                Console.WriteLine(inno_k[0, 0]);
                //仿真出下一步的y_k
                Noise.NoisySimulator(Model.umeas_1k);
            }
        }
        //稳态Kalman滤波案例
        static public void SSKFtest()
        {
            KFInit(); Noise.NoisySimulInit(); Riccati_SSKF();
            for (int i = 0; i < 200; i++)
            {
              SSKF_x(Model.y_k, Model.umeas_1k);
              //检验估计误差是否收敛，实际上是看e(k)是不是变成均值为零、方差有界的白噪声
              Console.WriteLine(inno_k[0, 0]);
              Noise.NoisySimulator(Model.umeas_1k);
            }
        }
    }
}
```

由式(4.3)得到：

$$X_{k+1|k} = D_k W_k D_k^{\mathrm{T}} + A_k X_{k|k-1} A_k^{\mathrm{T}} - A_k X_{k|k-1} C_k^{\mathrm{T}} \left(C_k X_{k|k-1} C_k^{\mathrm{T}} + V_k\right)^{-1} C_k X_{k|k-1} A_k^{\mathrm{T}}$$

这个式子与式(3.12)具有对偶性，而 Luenberger 观测器增益：

$$L_{p,k} = A_k X_{k|k-1} C_k^{\mathrm{T}} \left(V_k + C_k X_{k|k-1} C_k^{\mathrm{T}}\right)^{-1}$$

与式(4.2)中的控制器增益具有对偶性。

考虑式(1.11)中的非线性状态空间方程，重写如下（符号有更换）：

$$\begin{cases} x_{k+1} = f(x_k, u_k) + D\xi_k \\ y_k = Cx_k + \eta_k \end{cases}$$

满足前面的假设 4.1～假设 4.3。假设可以线性化为

$$z_{k+1} = A_k z_k + B_k v_k + \ell_{\mathrm{eq},k} + D\xi_k, \quad \zeta_k = C_k z_k + \eta_k$$

其中，$A_k = \left.\dfrac{\partial f}{\partial x_k}\right|_{x_k = x_{k,\mathrm{eq}}}$；$z_k = x_k - x_{k,\mathrm{eq}}$；$B_k = \left.\dfrac{\partial f}{\partial u_k}\right|_{u_k = u_{k,\mathrm{eq}}}$；$v_k = u_k - u_{k,\mathrm{eq}}$；$\zeta_k = y_k - C_k x_{k,\mathrm{eq}}$；$\ell_{\mathrm{eq},k} = f(x_{k,\mathrm{eq}}, u_{k,\mathrm{eq}}) - x_{k,\mathrm{eq}}$。对该模型可以采用前面的 Kalman 滤波估计状态，其中 $\ell_{\mathrm{eq},k}$ 和 $B_k v_k$ 一并考虑。

下面的程序代码的目录和命名为 ScheduleLib/ExtendedKF.cs。

```
using ControlLib; using System;
namespace ScheduleLib
{
    //非线性模型的扩展Kalman滤波算法,
    //目前通过调用KF和Linearization形成扩展卡尔曼滤波
    public class ExtendedKF
    {
        //扩展Kalman滤波初值
        static private void ExtKFInit()
        {
            KF.KFInit();
        }
        //扩展Kalman滤波算法
        static private void ExtKF_x(Matrix y_k)
        {
            //更新线性模型
            Linearization.LA(KF.x_k, Model.umeas_1k);
            KF.KF_x(y_k);
        }
        //扩展Kalman滤波案例
        static public void ExtKFtest()
        {
            ExtKFInit();
            for (int i = 0; i < 10; i++)
            {
                //这里应该直接基于非线性模型进行仿真
                Noise.NoisySimulator(Model.umeas_1k);
                ExtKF_x(Model.y_k);
                //检验估计误差是否收敛
                Console.WriteLine(KF.inno_k[0, 0]);
            }
        }
    }
}
```

例题 4.1 考虑如下的线性时不变状态空间模型：

$$x_{k+1} = \begin{bmatrix} 1 & 0.1 \\ 0 & 1 \end{bmatrix} x_k + \begin{bmatrix} 0 \\ 1 \end{bmatrix} u_k + \xi_k, \quad y_k = [\ 1 \quad 0\ ] x_k + \eta_k$$

其中：

(1) 对所有 $k \geqslant 0$ 和 $j \geqslant 0$, ξ_k 是均值为 0、方差为 $(1-\sin k)\begin{bmatrix} 1 & 0 \\ 0 & 1 \end{bmatrix}$ 的白噪声，η_k 是均值为 0、方差为 $1-\cos k$ 的白噪声，ξ_k 和 η_j 不相关；

(2) x_0 的均值是 $\begin{bmatrix} 0 \\ 0 \end{bmatrix}$，方差是 $\begin{bmatrix} 1 & 0 \\ 0 & 1 \end{bmatrix}$；

(3) 对所有 $k \geqslant 0$，$u_k = 1$ 是恒值。

计算最优 Kalman 滤波估计 $\{\hat{x}_{1|1}, \hat{x}_{2|2}, \hat{x}_{3|3}\}$，其中噪声实际取值为 0，$x_0 = \begin{bmatrix} 1 \\ 1 \end{bmatrix}$。

解：真实状态和输出如下：

$$x_1 = Ax_0 + Bu_0 + \xi_0 = \begin{bmatrix} 1 & 0.1 \\ 0 & 1 \end{bmatrix}\begin{bmatrix} 1 \\ 1 \end{bmatrix} + \begin{bmatrix} 0 \\ 1 \end{bmatrix}1 + \begin{bmatrix} 0 \\ 0 \end{bmatrix} = \begin{bmatrix} 1.1 \\ 2 \end{bmatrix}$$

$$y_1 = Cx_1 + \eta_1 = \begin{bmatrix} 1 & 0 \end{bmatrix}\begin{bmatrix} 1.1 \\ 2 \end{bmatrix} + 0 = 1.1$$

$$x_2 = Ax_1 + Bu_1 + \xi_1 = \begin{bmatrix} 1 & 0.1 \\ 0 & 1 \end{bmatrix}\begin{bmatrix} 1.1 \\ 2 \end{bmatrix} + \begin{bmatrix} 0 \\ 1 \end{bmatrix}1 + \begin{bmatrix} 0 \\ 0 \end{bmatrix} = \begin{bmatrix} 1.3 \\ 3 \end{bmatrix}$$

$$y_2 = Cx_2 + \eta_2 = \begin{bmatrix} 1 & 0 \end{bmatrix}\begin{bmatrix} 1.3 \\ 3 \end{bmatrix} + 0 = 1.3$$

$$x_3 = Ax_2 + Bu_2 + \xi_2 = \begin{bmatrix} 1 & 0.1 \\ 0 & 1 \end{bmatrix}\begin{bmatrix} 1.3 \\ 3 \end{bmatrix} + \begin{bmatrix} 0 \\ 1 \end{bmatrix}1 + \begin{bmatrix} 0 \\ 0 \end{bmatrix} = \begin{bmatrix} 1.6 \\ 4.0 \end{bmatrix}$$

$$y_3 = Cx_3 + \eta_3 = \begin{bmatrix} 1 & 0 \end{bmatrix}\begin{bmatrix} 1.6 \\ 4.0 \end{bmatrix} + 0 = 1.6$$

当 $k=0$ 时，初始估计如下：

$$\hat{x}_{0|0} = \begin{bmatrix} 0 \\ 0 \end{bmatrix}, \quad X_{0|0} = \begin{bmatrix} 1 & 0 \\ 0 & 1 \end{bmatrix}$$

当 $k=1$ 时，估计如下：

$$\hat{x}_{1|0} = A\hat{x}_{0|0} + Bu_0 = \begin{bmatrix} 1 & 0.1 \\ 0 & 1 \end{bmatrix}\begin{bmatrix} 0 \\ 0 \end{bmatrix} + \begin{bmatrix} 0 \\ 1 \end{bmatrix}1 = \begin{bmatrix} 0 \\ 1 \end{bmatrix}$$

$$X_{1|0} = AX_{0|0}A^{\mathrm{T}} + W_0 = \begin{bmatrix} 1 & 0.1 \\ 0 & 1 \end{bmatrix}\begin{bmatrix} 1 & 0 \\ 0 & 1 \end{bmatrix}\begin{bmatrix} 1 & 0 \\ 0.1 & 1 \end{bmatrix} + \begin{bmatrix} 1 & 0 \\ 0 & 1 \end{bmatrix} = \begin{bmatrix} 2.01 & 0.1 \\ 0.1 & 2 \end{bmatrix}$$

$$\begin{aligned} L_1 &= X_{1|0}C^{\mathrm{T}}(V_1 + CX_{1|0}C^{\mathrm{T}})^{-1} \\ &= \begin{bmatrix} 2.01 & 0.1 \\ 0.1 & 2 \end{bmatrix}\begin{bmatrix} 1 \\ 0 \end{bmatrix}\left(1 - \cos 1 + \begin{bmatrix} 1 & 0 \end{bmatrix}\begin{bmatrix} 2.01 & 0.1 \\ 0.1 & 2 \end{bmatrix}\begin{bmatrix} 1 \\ 0 \end{bmatrix}\right)^{-1} = \begin{bmatrix} 0.81 \\ 0.04 \end{bmatrix} \end{aligned}$$

$$e_1 = y_1 - C\hat{x}_{1|0} = 1.1 - \begin{bmatrix} 1 & 0 \end{bmatrix}\begin{bmatrix} 0 \\ 1 \end{bmatrix} = 1.1$$

$$\hat{x}_{1|1} = \hat{x}_{1|0} + L_1 e_1 = \begin{bmatrix} 0 \\ 1 \end{bmatrix} + \begin{bmatrix} 0.81 \\ 0.04 \end{bmatrix}1.1 = \begin{bmatrix} 0.89 \\ 1.04 \end{bmatrix}$$

$$\begin{aligned} X_{1|1} &= (I - L_1 C)X_{1|0}(I - L_1 C)^{\mathrm{T}} + L_1 V_1 L_1^{\mathrm{T}} \\ &= \left(\begin{bmatrix} 1 & 0 \\ 0 & 1 \end{bmatrix} - \begin{bmatrix} 0.81 \\ 0.04 \end{bmatrix}\begin{bmatrix} 1 & 0 \end{bmatrix}\right)\begin{bmatrix} 2.01 & 0.1 \\ 0.1 & 2 \end{bmatrix}\left(\begin{bmatrix} 1 & 0 \\ 0 & 1 \end{bmatrix} - \begin{bmatrix} 0.81 \\ 0.04 \end{bmatrix}\begin{bmatrix} 1 & 0 \end{bmatrix}\right)^{\mathrm{T}} \\ &\quad + \begin{bmatrix} 0.81 \\ 0.04 \end{bmatrix}(1 - \cos 1)\begin{bmatrix} 0.81 & 0.04 \end{bmatrix} \\ &= \begin{bmatrix} 0.37 & 0.02 \\ 0.02 & 2 \end{bmatrix} \end{aligned}$$

当 $k=2$ 时，估计如下：

$$\hat{x}_{2|1}=A\hat{x}_{1|1}+Bu_1=\begin{bmatrix}1&0.1\\0&1\end{bmatrix}\begin{bmatrix}0.89\\1.04\end{bmatrix}+\begin{bmatrix}0\\1\end{bmatrix}1=\begin{bmatrix}0.99\\2.04\end{bmatrix}$$

$$X_{2|1}=AX_{1|1}A^{\mathrm{T}}+W_1=\begin{bmatrix}1&0.1\\0&1\end{bmatrix}\begin{bmatrix}0.37&0.02\\0.02&2\end{bmatrix}\begin{bmatrix}1&0\\0.1&1\end{bmatrix}+\begin{bmatrix}1-\sin 1&0\\0&1-\sin 1\end{bmatrix}$$

$$=\begin{bmatrix}0.55&0.22\\0.22&2.16\end{bmatrix}$$

$$L_2=X_{2|1}C^{\mathrm{T}}\left(V_2+CX_{2|1}C^{\mathrm{T}}\right)^{-1}$$

$$=\begin{bmatrix}0.55&0.22\\0.22&2.16\end{bmatrix}\begin{bmatrix}1\\0\end{bmatrix}\left(1-\cos 2+\begin{bmatrix}1&0\end{bmatrix}\begin{bmatrix}0.55&0.22\\0.22&2.16\end{bmatrix}\begin{bmatrix}1\\0\end{bmatrix}\right)^{-1}=\begin{bmatrix}0.28\\0.11\end{bmatrix}$$

$$e_2=y_2-C\hat{x}_{2|1}=1.3-\begin{bmatrix}1&0\end{bmatrix}\begin{bmatrix}0.99\\2.04\end{bmatrix}=0.31$$

$$\hat{x}_{2|2}=\hat{x}_{2|1}+L_2e_2=\begin{bmatrix}0.99\\2.04\end{bmatrix}+\begin{bmatrix}0.28\\0.11\end{bmatrix}0.31=\begin{bmatrix}1.09\\2.08\end{bmatrix}$$

$$X_{2|2}=(I-L_2C)X_{2|1}(I-L_2C)^{\mathrm{T}}+L_2V_2L_2^{\mathrm{T}}$$

$$=\left(\begin{bmatrix}1&0\\0&1\end{bmatrix}-\begin{bmatrix}0.28\\0.11\end{bmatrix}\begin{bmatrix}1&0\end{bmatrix}\right)\begin{bmatrix}0.55&0.22\\0.22&2.16\end{bmatrix}\left(\begin{bmatrix}1&0\\0&1\end{bmatrix}-\begin{bmatrix}0.28\\0.11\end{bmatrix}\begin{bmatrix}1&0\end{bmatrix}\right)^{\mathrm{T}}$$

$$+\begin{bmatrix}0.28\\0.11\end{bmatrix}(1-\cos 2)\begin{bmatrix}0.28&0.11\end{bmatrix}$$

$$=\begin{bmatrix}0.40&0.16\\0.16&2.14\end{bmatrix}$$

当 $k=3$ 时，估计如下：

$$\hat{x}_{3|2}=A\hat{x}_{2|2}+Bu_2=\begin{bmatrix}1&0.1\\0&1\end{bmatrix}\begin{bmatrix}1.09\\2.08\end{bmatrix}+\begin{bmatrix}0\\1\end{bmatrix}1=\begin{bmatrix}1.3\\3.08\end{bmatrix}$$

$$X_{3|2}=AX_{2|2}A^{\mathrm{T}}+W_2$$

$$=\begin{bmatrix}1&0.1\\0&1\end{bmatrix}\begin{bmatrix}0.40&0.16\\0.16&2.14\end{bmatrix}\begin{bmatrix}1&0\\0.1&1\end{bmatrix}+\begin{bmatrix}1-\sin 2&0\\0&1-\sin 2\end{bmatrix}=\begin{bmatrix}0.54&0.37\\0.37&2.23\end{bmatrix}$$

$$L_3=X_{3|2}C^{\mathrm{T}}\left(V_3+CX_{3|2}C^{\mathrm{T}}\right)^{-1}$$

$$=\begin{bmatrix}0.54&0.37\\0.37&2.23\end{bmatrix}\begin{bmatrix}1\\0\end{bmatrix}\left(1-\cos 3+\begin{bmatrix}1&0\end{bmatrix}\begin{bmatrix}0.54&0.37\\0.37&2.23\end{bmatrix}\begin{bmatrix}1\\0\end{bmatrix}\right)^{-1}=\begin{bmatrix}0.21\\0.15\end{bmatrix}$$

$$e_3=y_3-C\hat{x}_{3|2}=1.6-\begin{bmatrix}1&0\end{bmatrix}\begin{bmatrix}1.3\\3.08\end{bmatrix}=0.3$$

$$\hat{x}_{3|3}=\hat{x}_{3|2}+L_3e_3=\begin{bmatrix}1.3\\3.08\end{bmatrix}+\begin{bmatrix}0.21\\0.15\end{bmatrix}0.3=\begin{bmatrix}1.36\\3.13\end{bmatrix}$$

4.2　稳态 Kalman 滤波

在式(4.1)中，如果 $\{A_k, B_k, C_k, D_k, W_k, V_k\}$ 都是时不变的，并且 (A, D) 是可控的，(A, C) 是可观的，则 $\{X_{k|k},\ X_{k|k-1},\ L_k\}$ 都会收敛，即 Kalman 滤波变成稳态 Kalman 滤波；设 $X_{k|k-1}$ 收敛到 X，L_k 收敛到 L，则稳态 Kalman 滤波的公式如下：

$$\begin{cases} X = A\hat{X}A^{\mathrm{T}} + DWD^{\mathrm{T}} \\ \hat{X} = (I - LC)X(I - LC)^{\mathrm{T}} + LVL^{\mathrm{T}} \\ L = XC^{\mathrm{T}}(V + CXC^{\mathrm{T}})^{-1} \\ \hat{x}_{k|k-1} = A\hat{x}_{k-1|k-1} + Bu_{k-1} \\ \hat{x}_{k|k} = \hat{x}_{k|k-1} + L(y_k - C\hat{x}_{k|k-1}) \end{cases} \tag{4.5}$$

带初值 $\hat{x}_{0|0} = \mu_0$。稳态一步预报公式如下：

$$\begin{aligned} \hat{x}_{k+1|k} &= A\hat{x}_{k|k} + Bu_k = A\left(\hat{x}_{k|k-1} + L(y_k - C\hat{x}_{k|k-1})\right) + Bu_k \\ &= A(I - LC)\hat{x}_{k|k-1} + Bu_k + ALy_k = (A - L_pC)\hat{x}_{k|k-1} + Bu_k + L_py_k \end{aligned}$$

其中，$L_p = AL$。这个公式其实就是 Luenberger 观测器：

$$\hat{x}_{k+1} = (A - L_pC)\hat{x}_k + Bu_k + L_py_k$$

由式(4.5)得到：

$$X = DWD^{\mathrm{T}} + AXA^{\mathrm{T}} - AXC^{\mathrm{T}}\left(CXC^{\mathrm{T}} + V\right)^{-1}CXA^{\mathrm{T}}$$

该公式与式(3.13)具有对偶性，而 Luenberger 观测器增益：

$$L_p = AXC^{\mathrm{T}}(V + CXC^{\mathrm{T}})^{-1}$$

与控制器增益：

$$K = -(R + B^{\mathrm{T}}PB)^{-1}B^{\mathrm{T}}PA$$

具有对偶性。

第 3 章的程序代码 ControlLib/BasicControl/LQR.cs 包括 LQG，此处不再重复。

稳态滤波器的形式和稳态一步预报器不同，前者为

$$\begin{aligned} \hat{x}_{k|k} &= \hat{x}_{k|k-1} + L(y_k - C\hat{x}_{k|k-1}) = (I - LC)\hat{x}_{k|k-1} + L_ky_k \\ &= (I - LC)A\hat{x}_{k-1|k-1} + (I - LC)Bu_{k-1} + Ly_k \end{aligned}$$

例题 4.2　考虑如下的线性时不变状态空间模型：

$$x_{k+1} = \begin{bmatrix} 0.5 & 0.1 \\ 10 & 4 \end{bmatrix} x_k + \begin{bmatrix} 0 \\ 1 \end{bmatrix} u_k + \xi_k$$

$$y_k = [\ 1 \quad 1\ ]x_k + \eta_k$$

其中：

(1) 对所有 $k \geqslant 0$ 和 $j \geqslant 0$, ξ_k 是均值为 0、方差为 1 的白噪声，η_k 是均值为 0、方差为 1 的白噪声，ξ_k 和 η_j 不相关；

(2) x_0 的均值是 $\begin{bmatrix} 0 \\ 0 \end{bmatrix}$，方差是 $\begin{bmatrix} 1 & 0 \\ 0 & 1 \end{bmatrix}$；

(3) 对所有 $k \geqslant 0$，$u_k = 0$ 是恒值。

计算估计 $\{\hat{x}_{1|0}, \hat{x}_{2|1}, \hat{x}_{3|2}\}$，其中噪声实际取值为 0，$x_0 = \begin{bmatrix} 1 \\ 1 \end{bmatrix}$。要求采用稳态 Kalman 滤波。

解：求解如下关于 X 的方程：

$$X = W + AXA^{\mathrm{T}} - AXC^{\mathrm{T}}(CXC^{\mathrm{T}} + V)^{-1}CXA^{\mathrm{T}}$$

具体地，有

$$\begin{bmatrix} X_{11} & X_{12} \\ X_{12} & X_{22} \end{bmatrix} = \begin{bmatrix} 1 & 0 \\ 0 & 1 \end{bmatrix} + \begin{bmatrix} 0.5 & 0.1 \\ 10 & 4 \end{bmatrix} \begin{bmatrix} X_{11} & X_{12} \\ X_{12} & X_{22} \end{bmatrix} \begin{bmatrix} 0.5 & 10 \\ 0.1 & 4 \end{bmatrix} - \begin{bmatrix} 0.5 & 0.1 \\ 10 & 4 \end{bmatrix} \begin{bmatrix} X_{11} & X_{12} \\ X_{12} & X_{22} \end{bmatrix}$$
$$\times \begin{bmatrix} 1 \\ 1 \end{bmatrix} \left(\begin{bmatrix} 1 & 1 \end{bmatrix} \begin{bmatrix} X_{11} & X_{12} \\ X_{12} & X_{22} \end{bmatrix} \begin{bmatrix} 1 \\ 1 \end{bmatrix} + 1 \right)^{-1} \begin{bmatrix} 1 & 1 \end{bmatrix} \begin{bmatrix} X_{11} & X_{12} \\ X_{12} & X_{22} \end{bmatrix} \begin{bmatrix} 0.5 & 10 \\ 0.1 & 4 \end{bmatrix}$$

人工推导比较难。可以取 $X^0 = \begin{bmatrix} 1 & 0 \\ 0 & 1 \end{bmatrix}$，并采用下式迭代：

$$X^{l+1} = W + AX^lA^{\mathrm{T}} - AX^lC^{\mathrm{T}}(CX^lC^{\mathrm{T}} + V)^{-1}CX^lA^{\mathrm{T}}, \quad l = 0, 1, 2, \cdots$$

例如：

$$X^1 = \begin{bmatrix} 1 & 0 \\ 0 & 1 \end{bmatrix} + \begin{bmatrix} 0.5 & 0.1 \\ 10 & 4 \end{bmatrix} \begin{bmatrix} 1 & 0 \\ 0 & 1 \end{bmatrix} \begin{bmatrix} 0.5 & 10 \\ 0.1 & 4 \end{bmatrix} - \begin{bmatrix} 0.5 & 0.1 \\ 10 & 4 \end{bmatrix} \begin{bmatrix} 1 & 0 \\ 0 & 1 \end{bmatrix} \begin{bmatrix} 1 \\ 1 \end{bmatrix}$$
$$\times \left(\begin{bmatrix} 1 & 1 \end{bmatrix} \begin{bmatrix} 1 & 0 \\ 0 & 1 \end{bmatrix} \begin{bmatrix} 1 \\ 1 \end{bmatrix} + 1 \right)^{-1} \begin{bmatrix} 1 & 1 \end{bmatrix} \begin{bmatrix} 1 & 0 \\ 0 & 1 \end{bmatrix} \begin{bmatrix} 0.5 & 10 \\ 0.1 & 4 \end{bmatrix} = \begin{bmatrix} 1.14 & 2.60 \\ 2.60 & 51.67 \end{bmatrix}$$

直到 $\|X^{l+1} - X^l\|$ 足够小，最后得到：

$$X \approx X^5 = \begin{bmatrix} 1.16 & 2.72 \\ 2.72 & 52.61 \end{bmatrix}, \quad L = XC^{\mathrm{T}} \left(V + CXC^{\mathrm{T}} \right)^{-1} = \begin{bmatrix} 0.06 \\ 0.92 \end{bmatrix}$$

$$\hat{x}_{0|0} = \begin{bmatrix} 0 \\ 0 \end{bmatrix}, \quad \hat{x}_{1|0} = A\hat{x}_{0|0} + Bu_0 = \begin{bmatrix} 0 \\ 0 \end{bmatrix}$$

$$x_1 = Ax_0 + Bu_0 + \xi_0 = \begin{bmatrix} 0.60 \\ 14 \end{bmatrix}, \quad y_1 = Cx_1 + \eta_1 = 14.6$$

$$\hat{x}_{1|1} = \hat{x}_{1|0} + L(y_1 - C\hat{x}_{1|0}) = \begin{bmatrix} 0.94 \\ 13.42 \end{bmatrix}, \quad \hat{x}_{2|1} = A\hat{x}_{1|1} + Bu_1 = \begin{bmatrix} 0.94 \\ 13.42 \end{bmatrix}$$

$$x_2 = Ax_1 + Bu_1 + \xi_1 = \begin{bmatrix} 1.70 \\ 62.00 \end{bmatrix}, \quad y_2 = Cx_2 + \eta_2 = 63.70$$

$$\hat{x}_{2|2} = \hat{x}_{2|1} + L(y_2 - C\hat{x}_{2|1}) = \begin{bmatrix} 4.12 \\ 58.76 \end{bmatrix}, \quad \hat{x}_{3|2} = A\hat{x}_{2|2} + Bu_2 = \begin{bmatrix} 7.94 \\ 276.25 \end{bmatrix}$$

4.3　信息融合 Kalman 滤波的基本原理

考虑如下由 p 个量测方程组成的状态空间模型：

$$\begin{cases} x_{k+1} = Ax_k + Bu_k + D\xi_k \\ y_{i,k} = C_i x_k + \eta_{i,k}, \quad i = 1, 2, \cdots, p \end{cases} \tag{4.6}$$

针对每组量测 i 的假设同前面的 Kalman 滤波公式，进一步假设 $i \neq j$ 时 $E[\eta_{i,k}\eta_{j,k}^{\mathrm{T}}] = 0$。针对每组量测 i，分别得到 Kalman 滤波值 $\hat{x}_{i,k|k}$，具体如下：

$$\begin{cases} \hat{x}_{i,k|k-1} = A\hat{x}_{i,k-1|k-1} + Bu_{k-1} \\ X_{i,k|k-1} = AX_{i,k-1|k-1}A^{\mathrm{T}} + DWD^{\mathrm{T}} \\ L_{i,k} = X_{i,k|k-1}C_i^{\mathrm{T}}\left(V_i + C_i X_{i,k|k-1}C_i^{\mathrm{T}}\right)^{-1} \\ e_{i,k} = y_{i,k} - C_i\hat{x}_{i,k|k-1} \\ \hat{x}_{i,k|k} = \hat{x}_{i,k|k-1} + L_{i,k}e_{i,k} \\ X_{i,k|k} = (I - L_{i,k}C_i)\, X_{i,k|k-1}(I - L_{i,k}C_i)^{\mathrm{T}} + L_{i,k}V_i L_{i,k}^{\mathrm{T}} \end{cases}$$

其中，采用下式初始化：

$$\hat{x}_{i,0|0} = u_0, \quad X_{i,0|0} = \varGamma_0$$

然后得到融合估计，具体公式为

$$\hat{x}_{0,k|k} = \sum_{i=1}^{p} F_{i,k}\hat{x}_{i,k|k}, \quad \sum_{i=1}^{p} F_{i,k} = I$$

其中，$F_{i,k}$ 的计算如下：

$$\begin{bmatrix} F_{1,k} & F_{2,k} & \cdots & F_{p,k} \end{bmatrix} = \left(\varXi^{\mathrm{T}} X_{k|k}^{-1}\varXi\right)^{-1}\varXi^{\mathrm{T}} X_{k|k}^{-1}$$

其中，$\varXi = \begin{bmatrix} I & I & \cdots & I \end{bmatrix}^{\mathrm{T}}$；$X_{k|k}$ 的第 i 个块行和第 j 个块列上的矩阵为 $X_{ij,k|k}$，且 $X_{ii,k|k} = X_{i,k|k}$，

$$X_{ij,k|k-1} = AX_{ij,k-1|k-1}A^{\mathrm{T}} + DWD^{\mathrm{T}}, \quad X_{ij,k|k} = (I - L_{i,k}C_i)X_{ij,k|k-1}(I - L_{j,k}C_j)^{\mathrm{T}}$$

带初值 $X_{ij,0|0} = \varGamma_0$。$X_{0,k|k} = \left(\varXi^{\mathrm{T}} X_{k|k}^{-1}\varXi\right)^{-1}$ 是 $\hat{x}_{0,k|k}$ 的方差。

定理 4.1　$X_{0,k|k} \leqslant X_{i,k|k}$，任意 $i = 1, 2, \cdots, p$。

下面的程序代码的目录和命名为 ControlLib/Model/MultiSensorModel.cs。

```
using System; using System.Collections.Generic; using System.Linq;
using System.Text; using System.Threading.Tasks;
namespace ControlLib
{
    //这个类主要是多个量测方程的参数设置，用于分布式Kalman滤波融合估计
    public class MultiSensorModel : Noise
    {
        public MultiSensorModel()
        {
        }
        Random rnd = new Random();
        //sensor的个数
```

```
static public int numSensors = 5;
//y的总数
static public int nyTotal = 5;
//信息融合参数
//Cs就是所有的C,Vs就是所有的V
static private double[] Cs_elements = new double[]
    { 1, 0, 0, 0.5, 0.5, 0, 0.25, 0.25, 0.5, 0.1, 0.1, 0.8, 0.1, 0, 0.9 };
static private double[] Vs_elements = new double[]
    { 1.0 / 3.0, 0, 0, 0, 0, 0, 4.0 / 3.0, 0, 0, 0, 0, 0, 1.0 / 3.0, 0,
    0, 0, 0, 0, 4.0 / 3.0, 0, 0, 0, 0, 0, 1.0 / 3.0 };
public Matrix Cs = new Matrix(nyTotal, nx, Cs_elements);
public Matrix Vs = new Matrix(nyTotal, nyTotal, Vs_elements);
//每个sensor的y的个数
static public int[] nys = new int[] { 1, 1, 1, 1, 1 };
//前面的所有sensor的y的总数
static public int[] nytotals = new int[] { 0, 1, 2, 3, 4 };
//ys就是所有的y
public Matrix ys_k = new Matrix(nyTotal, 1);
private Matrix etas = new Matrix(nyTotal, 1);
// multi-sensor仿真的初始化
// 给x(0), ys(0), etas(0), xi(0)赋予初值
public void FusorSimulInit()
{
    for (int i = 0; i < nx; i++)
    {
        xtrue_k[i, 0] = 5.0;
    }
    //将用控制器计算
    for (int i = 0; i < nu; i++)
    {
        umeas_1k[i, 0] = 0.1;
    }
    for (int i = 0; i < nyTotal; i++)
    {
        // [-2, 2]区间上的随机数，其方差为4/3
        if (i == 1 || i == 3)
        {
            etas[i, 0] = 2 * (2 * rnd.NextDouble() - 1);
        }
        else
        {
            etas[i, 0] = 2 * rnd.NextDouble() - 1;
        }
    }
    ys_k = Cs * xtrue_k + etas;
}
// 由给定的输入仿真multi-sensor输出
// x(k) = A * x(k - 1) + B * u(k - 1) + D * xi(k - 1)
// ys(k) = Cs * x(k) + etas(k)
public Matrix FusorSimulator(Matrix _umeas_1k)
{
```

```
            // [-1, 1]区间上的随机数，其方差为1/3
            for (int i = 0; i < nx; i++)
            {
                xi[i, 0] = 2 * rnd.NextDouble() - 1;
            }
            for (int i = 0; i < nyTotal; i++)
            {
                if (i == 1 || i == 3)
                {
                    etas[i, 0] = 2 * (2 * rnd.NextDouble() - 1);
                }
                else
                {
                    etas[i, 0] = 2 * rnd.NextDouble() - 1;
                }
            }
            //时间移位
            xtrue_1k = xtrue_k;  xtrue_k = A * xtrue_1k + B * _umeas_1k + D * xi;
            ys_k = Cs * xtrue_k + etas;
            return ys_k;
        }
    }
}
```

下面的程序代码的目录和命名为 ScheduleLib/Fusor.cs。

```
using ControlLib; using System; namespace ScheduleLib
{
    //调用分布式KF，形成信息融合KF
    public class Fusor
    {
        //所有分布式一步向前估计
        static private Matrix xs_1stepk;
        //融合估计
        static private Matrix xf_1stepk;
        //所有分布式当前估计
        static private Matrix xs_k;
        //融合估计
        static private Matrix xf_k;
        //估计方差大阵
        static private Matrix XX_1stepk;
        static private Matrix XX_k;
        //状态融合矩阵
        static private Matrix Fusors_1stepk;  static private Matrix Fusors_k;
        //滤波增益矩阵
        //所有分布式滤波增益
        static private Matrix Ls_k; static private MultiSensorModel mdl;
        static private Matrix eye;
        static private Matrix Xi; static private int nx; static private int nSensors;
        static private int nyTotal;
        public Fusor()
        {
```

```
}
//融合估计初值
static private void FusorKFInit()
{
    mdl = new MultiSensorModel(); nx = Model.nx;
    nSensors = MultiSensorModel.numSensors;
    nyTotal = MultiSensorModel.nyTotal;
    eye = Matrix.MakeUnitMatrix(nx);  KF.KFInit();
    xs_1stepk = new Matrix(nx * nSensors, 1);  xf_1stepk = new Matrix(nx, 1);
    xs_k = new Matrix(nx * nSensors, 1);  xf_k = new Matrix(nx, 1);
    XX_1stepk = new Matrix(nx * nSensors, nx * nSensors);
    XX_k = new Matrix(nx * nSensors, nx * nSensors);
    Fusors_1stepk = new Matrix(nx, nx * nSensors);
    Fusors_k = new Matrix(nx, nx * nSensors);  Ls_k = new Matrix(nx, nyTotal);
    for (int p = 0; p < nSensors; p++)
    {
        for (int i = 0; i < nx; i++)
        {
            xs_k[p + nx + i, 0] = KF.x_k[i, 0];
            for (int q = 0; q < nSensors; q++)
            {
                for (int j = 0; j < nx; j++)
                {
                    XX_k[p * nx + i, q * nx + j] = KF.X_k[i, j];
                }
            }
        }
    }
    Xi = new Matrix(nx, nx * nSensors);
    for (int i = 0; i < nSensors; i++)
    {
        for (int j = 0; j < nx; j++)
        {
            Xi[j, i * nx + j] = 1;
        }
    }
}
//信息融合滤波
static private void FusorKF_x()
{
    Matrix x_k = new Matrix(nx, 1);  Matrix X_k = new Matrix(nx, nx);
    Matrix X_another_1stepk = new Matrix(nx, nx);
    Matrix X_another_k = new Matrix(nx, nx);
    for (int p = 0; p < nSensors; p++)
    {
        Matrix y_k = new Matrix(MultiSensorModel.nys[p], 1);
        Matrix V = new Matrix(MultiSensorModel.nys[p], MultiSensorModel.nys[p]);
        Matrix C = new Matrix(MultiSensorModel.nys[p], nx);
        Matrix L_k = new Matrix(nx, MultiSensorModel.nys[p]);
        // 调用Kalman滤波
        for (int i = 0; i < MultiSensorModel.nys[p]; i++)
```

```
{
    y_k[i, 0] = mdl.ys_k[MultiSensorModel.nytotals[p] + i, 0];
    for (int j = 0; j < MultiSensorModel.nys[p]; j++)
    {
        V[i, j] = mdl.Vs[MultiSensorModel.nytotals[p] + i,
            MultiSensorModel.nytotals[p] + j];
    }
    for (int j = 0; j < nx; j++)
    {
        C[i, j] = mdl.Cs[MultiSensorModel.nytotals[p] + i, j];
    }
}
for (int i = 0; i < nx; i++)
{
    x_k[i, 0] = xs_k[p * nx + i, 0];
    for (int j = 0; j < nx; j++)
    {
        X_k[i, j] = XX_k[p * nx + i, p * nx + j];
    }
}
KF.KF_x(x_k, y_k, X_k, C, V);
// 记录Kalman滤波结果
for (int i = 0; i < nx; i++)
{
    xs_1stepk[p * nx + i, 0] = KF.x_1stepk[i, 0];
    xs_k[p * nx + i, 0] = KF.x_k[i, 0];
    //方差大阵的对角分块
    for (int j = 0; j < nx; j++)
    {
        XX_k[p * nx + i, p * nx + j] = KF.X_k[i, j];
        XX_1stepk[p * nx + i, p * nx + j] = KF.X_1stepk[i, j];
    }
    for (int j = 0; j < MultiSensorModel.nys[p]; j++)
    {
        L_k[i, j] = KF.L_k[i, j];
        Ls_k[i, MultiSensorModel.nytotals[p] + j] = KF.L_k[i, j];
    }
}
//计算协方差矩阵, 即方差大阵的非对角分块
for (int q = 0; q < p; q++)
{
    Matrix C_another = new Matrix(MultiSensorModel.nys[q], nx);
    Matrix L_another_k = new Matrix(nx, MultiSensorModel.nys[q]);
    for (int j = 0; j < nx; j++)
    {
        for (int i = 0; i < MultiSensorModel.nys[q]; i++)
        {
            C_another[i, j]
                = mdl.Cs[MultiSensorModel.nytotals[q] + i, j];
            L_another_k[j, i]
                = Ls_k[j, MultiSensorModel.nytotals[q] + i];
```

```
                }
                for (int i = 0; i < nx; i++)
                {
                    X_another_k[i, j] = XX_k[q * nx + i, p * nx + j];
                }
            }
            X_another_1stepk = XX_Co_1stepk(X_another_k);
            X_another_k = XX_Co_k(X_another_1stepk, C, C_another, L_k,
                L_another_k);
            for (int i = 0; i < nx; i++)
            {
                for (int j = 0; j < nx; j++)
                {
                    XX_1stepk[q * nx + i, p * nx + j] = X_another_1stepk[i, j];
                    XX_1stepk[p * nx + j, q * nx + i] = X_another_1stepk[i, j];
                    XX_k[q * nx + i, p * nx + j] = X_another_k[i, j];
                    XX_k[p * nx + j, q * nx + i] = X_another_k[i, j];
                }
            }
        }
    }
    //融合矩阵
    Fusors_k = Matrix.Athwart(Xi * Matrix.Athwart(XX_k) * Xi.Transpose()) * Xi *
        Matrix.Athwart(XX_k);
    Fusors_1stepk = Matrix.Athwart(Xi * Matrix.Athwart(XX_1stepk) * Xi.Transpose
        ()) * Xi * Matrix.Athwart(XX_1stepk);
    //融合估计
    xf_k = Fusors_k * xs_k;
    xf_1stepk = Fusors_1stepk * xs_1stepk;
}
static private Matrix XX_Co_1stepk(Matrix X)
{
    return Model.A * X * Model.A.Transpose() + Noise.D * Noise.W * Noise.D.
        Transpose();
}
static private Matrix XX_Co_k(Matrix X, Matrix C, Matrix C_another, Matrix L_k,
    Matrix L_another_k)
{
    //注意这里与KF的区别
    return (eye - L_another_k * C_another) * X * (eye - L_k * C).Transpose();
}
//Kalman滤波案例
static public void Fusortest()
{
    FusorKFInit();  mdl.FusorSimulInit();
    for (int i = 0; i < 500; i++)
    {
        FusorKF_x();
        //检验估计误差是否收敛
        Console.WriteLine("xf_1stepk - mdl.x_true:");
        for (int l = 0; l < nx; l++)
```

```
                {
                    Console.Write("{0,10} ", xf_1stepk[1, 0] - Model.xtrue_k[1, 0]);
                }
                Console.WriteLine(";"); mdl.FusorSimulator(Model.umeas_1k);
            }
        }
    }
}
```

例题 4.3　考虑如下的线性时不变状态空间模型：

$$\begin{cases} x_{k+1} = Ax_k + Bu_k + \xi_k \\ y_k = Cx_k + Du_k + \eta_k \end{cases}$$

其中，$x_0 = \begin{bmatrix} 0 \\ 0 \end{bmatrix}$；$A = \frac{1}{5}\begin{bmatrix} 4 & 1 \\ 1 & 4 \end{bmatrix}$；$B = \begin{bmatrix} 1 \\ 0 \end{bmatrix}$；$C = \begin{bmatrix} 1 & 0 \\ 0 & 1 \end{bmatrix}$；$D = \frac{1}{10}\begin{bmatrix} 1 \\ 1 \end{bmatrix}$；$\xi_0 = -\frac{1}{10}\begin{bmatrix} 0 \\ 1 \end{bmatrix}$；$\xi_1 = \frac{1}{10}\begin{bmatrix} 9 \\ 0 \end{bmatrix}$；$\eta_1 = \frac{1}{10}\begin{bmatrix} -1 \\ 1 \end{bmatrix}$；$\eta_2 = \frac{1}{10}\begin{bmatrix} 9 \\ -9 \end{bmatrix}$。

另外，有：

(1) 对所有 $k \geqslant 0$ 和 $j \geqslant 0$, ξ_k 是均值为 0、方差为 $\begin{bmatrix} 1 & 0 \\ 0 & 1 \end{bmatrix}$ 的白噪声，$\eta_{1,k}$ 是均值为 0、方差为 1 的白噪声，$\eta_{2,k}$ 是均值为 0、方差为 1 的白噪声，$\{\xi_k, \eta_{1,j}, \eta_{2,i}\}$ 两两不相关；

(2) x_0 的均值是 $\begin{bmatrix} 0 \\ 0 \end{bmatrix}$，方差是 $\begin{bmatrix} 1 & 0 \\ 0 & 1 \end{bmatrix}$；

(3) 对所有 $k \geqslant 0$，$u_k = 1$ 是恒值。

要求分别基于 $y_{1,k}$ 和 $y_{2,k}$，得到 Kalman 滤波估计值 $\hat{x}_{1,2|2} = \begin{bmatrix} \hat{x}_{1,1,2|2} \\ \hat{x}_{2,1,2|2} \end{bmatrix}$ 和 $\hat{x}_{2,2|2} = \begin{bmatrix} \hat{x}_{1,2,2|2} \\ \hat{x}_{2,2,2|2} \end{bmatrix}$，并给出融合估计 $\hat{x}_{0,2|2} = \begin{bmatrix} \hat{x}_{1,0,2|2} \\ \hat{x}_{2,0,2|2} \end{bmatrix}$。

解：记

$$C_1 = [\ 1 \quad 0\ ], \quad C_2 = [\ 0 \quad 1\ ], \quad D_1 = D_2 = \frac{1}{10}$$

真实状态和输出如下：

$$x_1 = Ax_0 + Bu_0 + \xi_0 = \begin{bmatrix} 1 \\ -0.10 \end{bmatrix}$$

$$y_{1,1} = C_1x_1 + D_1u_1 + \eta_{1,1} = 1, \quad y_{2,1} = C_2x_1 + D_2u_1 + \eta_{2,1} = 0.90$$

$$x_2 = Ax_1 + Bu_1 + \xi_1 = \begin{bmatrix} 2.68 \\ 0.12 \end{bmatrix}$$

$$y_{1,2} = C_1x_2 + D_1u_2 + \eta_{1,2} = 2.88, \quad y_{2,2} = C_2x_2 + D_2u_2 + \eta_{2,2} = -0.68$$

当 $k = 0$ 时的初始估计如下：

$$\hat{x}_{1,0|0} = \hat{x}_{2,0|0} = \begin{bmatrix} 0 \\ 0 \end{bmatrix}, \quad X_{1,0|0} = X_{2,0|0} = X_{12,0|0} = X_{21,0|0} = \begin{bmatrix} 1 & 0 \\ 0 & 1 \end{bmatrix}$$

当 $k=1$ 时的分布式估计如下：

$$\hat{x}_{1,1|0}=A\hat{x}_{1,0|0}+Bu_0=\begin{bmatrix}1\\0\end{bmatrix},\quad \hat{x}_{2,1|0}=A\hat{x}_{2,0|0}+Bu_0=\begin{bmatrix}1\\0\end{bmatrix}$$

$$X_{1,1|0}=AX_{1,0|0}A^{\mathrm{T}}+W=\begin{bmatrix}1.68&0.32\\0.32&1.68\end{bmatrix}$$

$$X_{2,1|0}=X_{12,1|0}=X_{21,1|0}=\begin{bmatrix}1.68&0.32\\0.32&1.68\end{bmatrix}$$

$$L_{1,1}=X_{1,1|0}C_1^{\mathrm{T}}\left(V+C_1X_{1,1|0}C_1^{\mathrm{T}}\right)^{-1}=\begin{bmatrix}0.63\\0.12\end{bmatrix}$$

$$L_{2,1}=X_{2,1|0}C_2^{\mathrm{T}}\left(V+C_2X_{2,1|0}C_2^{\mathrm{T}}\right)^{-1}=\begin{bmatrix}0.86\\4.50\end{bmatrix}$$

$$e_{1,1}=y_{1,1}-C_1\hat{x}_{1,1|0}=0,\quad e_{2,1}=y_{2,1}-C_2\hat{x}_{2,1|0}=0.90$$

$$\hat{x}_{1,1|1}=\hat{x}_{1,1|0}+L_{1,1}e_{1,1}=\begin{bmatrix}1.00\\0\end{bmatrix},\quad \hat{x}_{2,1|1}=\hat{x}_{2,1|0}+L_{2,1}e_{2,1}=\begin{bmatrix}1.77\\4.05\end{bmatrix}$$

$$X_{1,1|1}=\left(I-L_{1,1}C_1\right)X_{1,1|0}\left(I-L_{1,1}C_1\right)^{\mathrm{T}}+L_{1,1}VL_{1,1}^{\mathrm{T}}=\begin{bmatrix}0.63&0.12\\0.12&1.64\end{bmatrix}$$

$$X_{2,1|1}=\left(I-L_{2,1}C_2\right)X_{2,1|0}\left(I-L_{2,1}C_2\right)^{\mathrm{T}}+L_{2,1}VL_{2,1}^{\mathrm{T}}=\begin{bmatrix}3.10&7.79\\7.79&40.88\end{bmatrix}$$

$$X_{12,1|1}^{\mathrm{T}}=X_{21,1|1}=\left(I-L_{2,1}C_2\right)X_{21,1|0}\left(I-L_{1,1}C_1\right)^{\mathrm{T}}=\begin{bmatrix}0.52&-1.29\\-0.42&-5.75\end{bmatrix}$$

当 $k=2$ 时的分布式估计如下：

$$\hat{x}_{1,2|1}=A\hat{x}_{1,1|1}+Bu_1=\begin{bmatrix}1.80\\0.20\end{bmatrix},\quad \hat{x}_{2,2|1}=A\hat{x}_{2,1|1}+Bu_1=\begin{bmatrix}3.23\\3.60\end{bmatrix}$$

$$X_{1,2|1}=AX_{1,1|1}A^{\mathrm{T}}+W=\begin{bmatrix}1.51&0.44\\0.44&2.11\end{bmatrix}$$

$$X_{2,2|1}=AX_{2,1|1}A^{\mathrm{T}}+W=\begin{bmatrix}7.11&12.33\\12.33&29.78\end{bmatrix}$$

$$X_{12,2|1}^{\mathrm{T}}=X_{21,2|1}=AX_{21,1|1}A^{\mathrm{T}}+W=\begin{bmatrix}0.83&-1.68\\-1.16&-2.93\end{bmatrix}$$

$$L_{1,2}=X_{1,2|1}C_1^{\mathrm{T}}\left(V+C_1X_{1,2|1}C_1^{\mathrm{T}}\right)^{-1}=\begin{bmatrix}0.60\\0.18\end{bmatrix}$$

$$L_{2,2}=X_{2,2|1}C_2^{\mathrm{T}}\left(V+C_2X_{2,2|1}C_2^{\mathrm{T}}\right)^{-1}=\begin{bmatrix}0.40\\0.97\end{bmatrix}$$

$$e_{1,2}=y_{1,2}-C_1\hat{x}_{1,2|1}=1.08,\quad e_{2,2}=y_{2,2}-C_2\hat{x}_{2,2|1}=-4.28$$

$$\hat{x}_{1,2|2}=\hat{x}_{1,2|1}+L_{1,2}e_{1,2}=\begin{bmatrix}2.45\\0.39\end{bmatrix},\quad \hat{x}_{2,2|2}=\hat{x}_{2,2|1}+L_{2,2}e_{2,2}=\begin{bmatrix}1.51\\-0.54\end{bmatrix}$$

$$X_{1,2|2}=(I-L_{1,2}C_1)X_{1,2|1}(I-L_{1,2}C_1)^{\mathrm{T}}+L_{1,2}VL_{1,2}^{\mathrm{T}}=\begin{bmatrix}0.60&0.18\\0.18&2.04\end{bmatrix}$$

$$X_{2,2|2}=(I-L_{2,2}C_2)X_{2,2|1}(I-L_{2,2}C_2)^{\mathrm{T}}+L_{2,2}VL_{2,2}^{\mathrm{T}}=\begin{bmatrix}2.17&0.40\\0.40&0.97\end{bmatrix}$$

$$X_{12,2|2}^{\mathrm{T}}=X_{21,2|2}=(I-L_{2,2}C_2)X_{21,2|1}(I-L_{1,2}C_1)^{\mathrm{T}}=\begin{bmatrix}0.52&-0.73\\-0.01&-0.09\end{bmatrix}$$

当 $k=2$ 时的融合估计如下：

$$X_{2|2}=\begin{bmatrix}X_{1,2|2}&X_{12,2|2}\\X_{21,2|2}&X_{2,2|2}\end{bmatrix},\quad \varXi=\begin{bmatrix}1&0&1&0\\0&1&0&1\end{bmatrix}$$

$$\begin{bmatrix}F_{1,2}&F_{2,2}\end{bmatrix}=\left(\varXi X_{2|2}^{-1}\varXi^{\mathrm{T}}\right)^{-1}\varXi X_{2|2}^{-1}=\begin{bmatrix}1.00&-0.06&0.00&0.06\\-0.02&0.34&0.02&0.66\end{bmatrix}$$

$$\hat{x}_{0,2|2}=F_{1,2}\hat{x}_{1,2|2}+F_{2,2}\hat{x}_{2,2|2}=\begin{bmatrix}2.39\\-0.24\end{bmatrix}$$

4.4　基于子空间方法的模型参数估计

考虑式(1.9)给出的 LTI 状态空间模型，重写如下（符号有更换）：

$$\begin{cases}x_{k+1}=Ax_k+Bu_k+\xi_k\\ y_k=Cx_k+Du_k+\eta_k\end{cases}\tag{4.7}$$

其中，$x\in\mathbb{R}^n$；$y\in\mathbb{R}^p$；$u\in\mathbb{R}^m$。

对式(4.7)，根据 Kalman 一步预测，得到：

$$\begin{cases}\hat{x}_{k+1|k}=A\hat{x}_{k|k-1}+Bu_k+Ke_k\\ y_k=C\hat{x}_{k|k-1}+Du_k+e_k\end{cases}\tag{4.8}$$

其中，$e_k=y_k-C\hat{x}_{k|k-1}-Du_k$ 为新息。

对式(4.8)进行整理得到：

$$\begin{cases}\hat{x}_{k+1|k}=A_K\hat{x}_{k|k-1}+B_Ku_k+Ky_k\\ y_k=C\hat{x}_{k|k-1}+Du_k+e_k\end{cases}\tag{4.9}$$

其中，$A_K=A-KC$；$B_K=B-KD$。

以上三种形式就优化控制问题而言，往往是等价的。下面介绍三类估计参数 $\{A,B,C,D\}$ 的方法，这些方法可同时得到状态的估计。

将式(4.8)简化为 $(k=i)$

$$\begin{cases}\hat{x}_{i+1}=A\hat{x}_i+Bu_i+Ke_i\\ y_i=C\hat{x}_i+Du_i+e_i\end{cases}\tag{4.10}$$

利用式(4.10)得到：

$$\begin{aligned} y_{i+1} &= C\hat{x}_{i+1} + Du_{i+1} + e_{i+1} \\ &= CA\hat{x}_i + CBu_i + CKe_i + Du_{i+1} + e_{i+1} \\ &= CA\hat{x}_i + \begin{bmatrix} CB & D \end{bmatrix} \begin{bmatrix} u_i \\ u_{i+1} \end{bmatrix} + \begin{bmatrix} CK & I \end{bmatrix} \begin{bmatrix} e_i \\ e_{i+1} \end{bmatrix} \end{aligned}$$

进一步推广为

$$y_{i+l} = CA^l\hat{x}_i + \begin{bmatrix} CA^{l-1}B & \cdots & CB & D \end{bmatrix} \begin{bmatrix} u_i \\ u_{i+1} \\ \vdots \\ u_{i+l} \end{bmatrix} + \begin{bmatrix} CA^{l-1}K & \cdots & CK & I \end{bmatrix} \begin{bmatrix} e_i \\ e_{i+1} \\ \vdots \\ e_{i+l} \end{bmatrix},$$

$$l = 0, 1, 2, \cdots, i-1$$

再推广为

$$y_{i+l+h} = CA^l\hat{x}_{i+h} + \begin{bmatrix} CA^{l-1}B & \cdots & CB & D \end{bmatrix} \begin{bmatrix} u_{i+h} \\ u_{i+h+1} \\ \vdots \\ u_{i+h+l} \end{bmatrix} + \begin{bmatrix} CA^{l-1}K & \cdots & CK & I \end{bmatrix} \begin{bmatrix} e_{i+h} \\ e_{i+h+1} \\ \vdots \\ e_{i+h+l} \end{bmatrix},$$

$$l = 0, 1, 2, \cdots, i-1, \quad h = 0, 1, 2, \cdots, j-1$$

将上式关于所有 l 和所有 h 的结果写在一起，得到：

$$\begin{aligned} &\begin{bmatrix} y_i & y_{i+1} & y_{i+2} & \cdots & y_{i+j-1} \\ y_{i+1} & y_{i+2} & y_{i+3} & \cdots & y_{i+j} \\ y_{i+2} & y_{i+3} & y_{i+4} & \cdots & y_{i+j+1} \\ \vdots & \vdots & \vdots & \ddots & \vdots \\ y_{2i-1} & y_{2i} & y_{2i+1} & \cdots & y_{2i+j-2} \end{bmatrix} = \begin{bmatrix} C \\ CA \\ \vdots \\ CA^{i-1} \end{bmatrix} \begin{bmatrix} \hat{x}_i & \hat{x}_{i+1} & \cdots & \hat{x}_{i+j-1} \end{bmatrix} \\ &+ \begin{bmatrix} D & 0 & 0 & \cdots & 0 \\ CB & D & 0 & \cdots & 0 \\ CAB & CB & D & \cdots & 0 \\ \vdots & \vdots & \ddots & \ddots & 0 \\ CA^{i-2}B & CA^{i-3}B & \cdots & CB & D \end{bmatrix} \begin{bmatrix} u_i & u_{i+1} & u_{i+2} & \cdots & u_{i+j-1} \\ u_{i+1} & u_{i+2} & u_{i+3} & \cdots & u_{i+j} \\ u_{i+2} & u_{i+3} & u_{i+4} & \cdots & u_{i+j+1} \\ \vdots & \vdots & \vdots & & \vdots \\ u_{2i-1} & u_{2i} & u_{2i+1} & \cdots & u_{2i+j-2} \end{bmatrix} \\ &+ \begin{bmatrix} I & 0 & 0 & \cdots & 0 \\ CK & I & 0 & \cdots & 0 \\ CAK & CK & I & \cdots & 0 \\ \vdots & \vdots & \ddots & \ddots & 0 \\ CA^{i-2}K & CA^{i-3}K & \cdots & CK & I \end{bmatrix} \begin{bmatrix} e_i & e_{i+1} & e_{i+2} & \cdots & e_{i+j-1} \\ e_{i+1} & e_{i+2} & e_{i+3} & \cdots & e_{i+j} \\ e_{i+2} & e_{i+3} & e_{i+4} & \cdots & e_{i+j+1} \\ \vdots & \vdots & \vdots & & \vdots \\ e_{2i-1} & e_{2i} & e_{2i+1} & \cdots & e_{2i+j-2} \end{bmatrix} \end{aligned}$$

并简记为

$$Y_{\mathrm{f}} = O\hat{X}_{\mathrm{f}} + H_{\mathrm{d}}U_{\mathrm{f}} + H_{\mathrm{s}}E_{\mathrm{f}} \tag{4.11}$$

显然 $\{Y_{\mathrm{f}}, U_{\mathrm{f}}\}$ 都是由量测的数据构成的。需要的 $\{C, A\}$ 在 O 中，$\{B, D\}$ 在 H_{d} 中。如果得到 O 和 H_{d} 的估计值，那么就能进一步算出 $\{A, B, C, D\}$ 的值。$\hat{X}_{\mathrm{f}}$ 是 Kalman 滤波的结果；对 x 没有直接的量测数据，所以也是用 $\{u_k, y_k\}$ 的数据来计算 $\hat{X}_{\mathrm{f}}$。

4.4.1 开环辨识的线性回归分析法

回归分析法 (regression analysis approach，RAA) 原算法可参见文献 [8]。改用式(4.9)推导，得到：

$$\begin{aligned}\hat{x}_i =& A_K\hat{x}_{i-1} + B_K u_{i-1} + K y_{i-1}\\ =& A_K^i\hat{x}_0 + \begin{bmatrix} A_K^{i-1}B_K & A_K^{i-2}B_K & \cdots & B_K \end{bmatrix}\begin{bmatrix} u_0 \\ u_1 \\ \vdots \\ u_{i-1}\end{bmatrix} + \begin{bmatrix} A_K^{i-1}K & A_K^{i-2}K & \cdots & K \end{bmatrix}\begin{bmatrix} y_0 \\ y_1 \\ \vdots \\ y_{i-1}\end{bmatrix}\end{aligned}$$

进一步推广为

$$\begin{aligned}\hat{x}_{i+h} =& A_K^i\hat{x}_h + \begin{bmatrix} A_K^{i-1}B_K & A_K^{i-2}B_K & \cdots & B_K \end{bmatrix}\begin{bmatrix} u_h \\ u_{1+h} \\ \vdots \\ u_{i-1+h}\end{bmatrix} + \begin{bmatrix} A_K^{i-1}K & A_K^{i-2}K & \cdots & K \end{bmatrix}\begin{bmatrix} y_h \\ y_{1+h} \\ \vdots \\ y_{i-1+h}\end{bmatrix},\\ & h = 0, 1, 2, \cdots, j-1\end{aligned}$$

将上式所有关于 h 的结果写在一起，得到：

$$\hat{X}_{\mathrm{f}} = A_K^i\hat{X}_p + \varPhi_u U_p + \varPhi_y Y_p \tag{4.12}$$

其中

$$\hat{X}_p = \begin{bmatrix} \hat{x}_0 & \hat{x}_1 & \cdots & \hat{x}_{i+j-1} \end{bmatrix},\ \varPhi_u = \begin{bmatrix} A_K^{i-1}B_K & A_K^{i-2}B_K & \cdots & B_K \end{bmatrix},\ \varPhi_y = \begin{bmatrix} A_K^{i-1}K & A_K^{i-2}K & \cdots & K \end{bmatrix}$$

$$U_p = \begin{bmatrix} u_0 & u_1 & \cdots & u_{j-1} \\ u_1 & u_2 & \cdots & u_j \\ \vdots & \vdots & & \vdots \\ u_{i-1} & u_i & \cdots & u_{i+j-2} \end{bmatrix},\quad Y_p = \begin{bmatrix} y_0 & y_1 & \cdots & y_{j-1} \\ y_1 & y_2 & \cdots & y_j \\ \vdots & \vdots & & \vdots \\ y_{i-1} & y_i & \cdots & y_{i+j-2} \end{bmatrix}$$

通常 i 很大，当作 $i \to \infty$，则 $A_k^i \to 0$，也就是说式(4.12)成为

$$\hat{X}_{\mathrm{f}} = \varPhi_u U_p + \varPhi_y Y_p \tag{4.13}$$

把式(4.13)代入式(4.11)得

$$Y_{\mathrm{f}} = O\varPhi_u U_p + O\varPhi_y Y_p + H_{\mathrm{d}}U_{\mathrm{f}} + H_{\mathrm{s}}E_{\mathrm{f}} \tag{4.14}$$

在式(4.14)中，$\{O, \varPhi_u, \varPhi_y, H_{\mathrm{d}}\}$ 是待估的，由最小二乘法得到：

$$\begin{bmatrix} O\hat{\varPhi}_u & O\hat{\varPhi}_y & \hat{H}_{\mathrm{d}} \end{bmatrix} = Y_{\mathrm{f}}\begin{bmatrix} U_p \\ Y_p \\ U_{\mathrm{f}} \end{bmatrix}^{\mathrm{T}}\left(\begin{bmatrix} U_p \\ Y_p \\ U_{\mathrm{f}} \end{bmatrix}\begin{bmatrix} U_p \\ Y_p \\ U_{\mathrm{f}} \end{bmatrix}^{\mathrm{T}}\right)^{-1}$$

处理后，记式(4.14)为

$$Y_{\mathrm{f}} = L_z Z_p + H_{\mathrm{d}} U_{\mathrm{f}} + H_{\mathrm{s}} E_{\mathrm{f}} \tag{4.15}$$

其中

$$L_z = OL_p,\quad L_p = \begin{bmatrix} \varPhi_y & \varPhi_u \end{bmatrix},\quad Z_p = \begin{bmatrix} Y_p \\ U_p \end{bmatrix}$$

做如下估计：

$$\begin{bmatrix} \hat{L}_z & \hat{H}_{\mathrm{d}} \end{bmatrix} = Y_{\mathrm{f}} \begin{bmatrix} Z_p \\ U_{\mathrm{f}} \end{bmatrix}^{\mathrm{T}} \left(\begin{bmatrix} Z_p \\ U_{\mathrm{f}} \end{bmatrix} \begin{bmatrix} Z_p \\ U_{\mathrm{f}} \end{bmatrix}^{\mathrm{T}} \right)^{-1}$$

对照式(4.15)和式(4.11)可知：

$$L_z Z_p = O\hat{X}_{\mathrm{f}},\quad \hat{L}_z Z_p = \hat{O}\hat{X}_{\mathrm{f}}$$

可以将 $\hat{L}_z Z_p$ 分成两半，左边当作 $\hat{O}$，右边当作 $\hat{X}_{\mathrm{f}}$。

定义 4.1 一个矩阵 M 的 SVD 分解即 $M = Q\varLambda R$，其中 Q 和 R 是正交矩阵，$\varLambda$ 是对角矩阵，$\varLambda$ 的对角线上为 M 的奇异值且从左上到右下逐渐减小。

对 $\hat{L}_z Z_p$ 进行 SVD 分解：

$$\hat{L}_z Z_p = \varSigma\varLambda V^{\mathrm{T}} = \begin{bmatrix} \varSigma_1 & \varSigma_2 \end{bmatrix} \begin{bmatrix} \varLambda_1 & 0 \\ 0 & \varLambda_2 \end{bmatrix} \begin{bmatrix} V_1^{\mathrm{T}} \\ V_2^{\mathrm{T}} \end{bmatrix} \approx \varSigma_1 \varLambda_1 V_1^{\mathrm{T}}$$

其中，$\varLambda_1$ 的维数为状态 x 的维数，把数值较小的 $\varLambda_2$ 忽略了。

现分析各个矩阵的维数：$Z_p \in \mathbb{R}^{(p+m)i\times j}$，$\hat{L}_z \in \mathbb{R}^{pi\times(p+m)i}$，$\hat{L}_z Z_p \in \mathbb{R}^{pi\times j}$，可见省略 $\varLambda_2$ 对降低维数的好处。

现取 $\hat{O} = \varSigma_1 \varLambda_1^{\frac{1}{2}}$，$\hat{X}_{\mathrm{f}} = \varLambda_1^{\frac{1}{2}} V_1^{\mathrm{T}}$。注意：

$$\hat{O} = \begin{bmatrix} C \\ CA \\ \vdots \\ CA^{i-1} \end{bmatrix}$$

故可取 C 为 $\hat{O}$ 的前 n_y 行，表示为 $C = \hat{O}(1:n_y,\cdot)$。令

$$\overline{O} = \begin{bmatrix} CA \\ CA^2 \\ \vdots \\ CA^{i-1} \end{bmatrix},\quad \underline{O} = \begin{bmatrix} C \\ CA \\ \vdots \\ CA^{i-2} \end{bmatrix}$$

则有 $\underline{O}A = \overline{O}$，据此得到 A 的最小二乘估计为

$$A = \underline{O}^{\dagger}\overline{O} = \left(\underline{O}^{\mathrm{T}}\underline{O}\right)^{-1}\underline{O}^{\mathrm{T}}\overline{O}$$

定义 4.2 对于矩阵 M，M 行满秩，$M^{\dagger} = M^{\mathrm{T}}(MM^{\mathrm{T}})^{-1}$；$M$ 列满秩，$M^{\dagger} = (M^{\mathrm{T}}M)^{-1}M^{\mathrm{T}}$。

注解 4.1　对于矩阵 M，$(M^{\perp})^{\mathrm{T}}M=0$，$M^{\mathrm{T}}M^{\perp}=0$。

对式(4.15)左乘 $(O^{\perp})^{\mathrm{T}}$，右乘 $U_{\mathrm{f}}^{\dagger}$：

$$(O^{\perp})^{\mathrm{T}}Y_{\mathrm{f}}U_{\mathrm{f}}^{\dagger}=(O^{\perp})^{\mathrm{T}}L_zZ_pU_{\mathrm{f}}^{\dagger}+(O^{\perp})^{\mathrm{T}}H_{\mathrm{d}}U_{\mathrm{f}}U_{\mathrm{f}}^{\dagger}+(O^{\perp})^{\mathrm{T}}H_{\mathrm{s}}E_{\mathrm{f}}U_{\mathrm{f}}^{\dagger}$$

得

$$(\hat{O}^{\perp})^{\mathrm{T}}Y_{\mathrm{f}}U_{\mathrm{f}}^{\dagger}=(\hat{O}^{\perp})^{\mathrm{T}}\hat{H}_{\mathrm{d}} \tag{4.16}$$

可以选 $\hat{O}^{\perp}=\Sigma_2$。由于 $(\hat{O}^{\perp})^{\mathrm{T}}Y_{\mathrm{f}}U_{\mathrm{f}}^{\dagger}$ 的列数是 i 的整数倍，可以把式(4.16)的左边分解为

$$(\hat{O}^{\perp})^{\mathrm{T}}Y_{\mathrm{f}}U_{\mathrm{f}}^{\dagger}=\begin{bmatrix} M_1 & M_2 & \cdots & M_i \end{bmatrix}$$

同理，式(4.16)的右边分解为

$$(\hat{O}^{\perp})^{\mathrm{T}}=\begin{bmatrix} N_1 & N_2 & \cdots & N_i \end{bmatrix}$$

所以，式(4.16)变成

$$\begin{bmatrix} M_1 & M_2 & \cdots & M_i \end{bmatrix}=\begin{bmatrix} N_1 & N_2 & \cdots & N_i \end{bmatrix}\begin{bmatrix} D & 0 & 0 & \cdots & 0 \\ CB & D & 0 & \cdots & 0 \\ CAB & CB & D & \cdots & 0 \\ \vdots & \vdots & \vdots & \ddots & 0 \\ CA^{i-2}B & CA^{i-3}B & \cdots & CB & D \end{bmatrix}$$

对上式整理可得

$$\begin{bmatrix} M_1 \\ M_2 \\ \vdots \\ M_i \end{bmatrix}=\begin{bmatrix} N_1D+N_2CB+N_3CAB+\cdots+N_iCA^{i-2}B \\ N_2D+N_3CB+\cdots+N_iCA^{i-3}B \\ \vdots \\ N_iD \end{bmatrix}$$

$$=\begin{bmatrix} N_1 & N_2 & \cdots & N_i \\ N_2 & \cdots & N_i & 0 \\ \vdots & \cdot^{\cdot^{\cdot}} & \cdot^{\cdot^{\cdot}} & \vdots \\ N_i & 0 & \cdots & 0 \end{bmatrix}\begin{bmatrix} D \\ CB \\ \vdots \\ CA^{i-2}B \end{bmatrix}=\begin{bmatrix} N_1 & N_2 & \cdots & N_i \\ N_2 & \cdots & N_i & 0 \\ \vdots & \cdot^{\cdot^{\cdot}} & \cdot^{\cdot^{\cdot}} & \vdots \\ N_i & 0 & \cdots & 0 \end{bmatrix}\begin{bmatrix} I & 0 \\ 0 & \underline{O} \end{bmatrix}\begin{bmatrix} D \\ B \end{bmatrix}$$

上式简记为

$$M'=N'\begin{bmatrix} D \\ B \end{bmatrix}$$

利用最小二乘法得到：

$$\begin{bmatrix} D \\ B \end{bmatrix}=(N')^{\dagger}M'$$

4.4.2 开环辨识的 PO-MOESP 法

PO-MOESP (the ordinary MOESP scheme with instrumental variables constructed from past input and output measurements) 原算法可参考文献 [9] ~ 文献 [11]。MOESP (multivariable output-error state space) 有多种形式。

基于式(4.11)中 e_i 和 u_j 不相关的事实，由式(4.11)得到：

$$\hat{Y}_{\rm f} = \hat{O}\hat{X}_{\rm f} + \hat{H}_{\rm d}\hat{U}_{\rm f} \tag{4.17}$$

定义 4.3 （QR 分解）：对于矩阵 M，有 $M = QR$，$M^{\rm T} = R^{\rm T}Q^{\rm T}$，其中 Q 是正交矩阵，R 是上三角矩阵。

求 QR 分解如下：

$$\begin{bmatrix} U_{\rm f} \\ \begin{bmatrix} U_p \\ Y_p \end{bmatrix} \\ Y_{\rm f} \end{bmatrix} = \begin{bmatrix} R_{11} & 0 & 0 \\ R_{21} & R_{22} & 0 \\ R_{31} & R_{32} & R_{33} \end{bmatrix} \begin{bmatrix} Q_1^{\rm T} \\ Q_2^{\rm T} \\ Q_3^{\rm T} \end{bmatrix}$$

得到：

$$\begin{cases} \hat{U}_{\rm f} = R_{11}Q_1^{\rm T} \\ \hat{Y}_{\rm f} = R_{31}Q_1^{\rm T} + R_{32}Q_2^{\rm T} + R_{33}Q_3^{\rm T} \end{cases} \tag{4.18}$$

将式(4.17)与式(4.18)联系，得到：

$$R_{31}Q_1^{\rm T} + R_{32}Q_2^{\rm T} + R_{33}Q_3^{\rm T} = \hat{O}\hat{X}_{\rm f} + \hat{H}_{\rm d}\hat{U}_{\rm f} \tag{4.19}$$

利用 $\hat{U}_{\rm f} = R_{11}Q_1^{\rm T}$，式(4.19)两边右乘 Q_2 得

$$R_{32} = \hat{O}\hat{X}_{\rm f}Q_2$$

其中，R_{32} 已知；$\hat{O}$ 和 $\hat{X}_{\rm f}$ 未知。

对 R_{32} 进行 SVD 分解，即

$$R_{32} = \Sigma \Lambda R^{\rm T} = \begin{bmatrix} \Sigma_1 & \Sigma_2 \end{bmatrix} \begin{bmatrix} \Lambda_1 & 0 \\ 0 & \Lambda_2 \end{bmatrix} \begin{bmatrix} R_1^{\rm T} \\ R_2^{\rm T} \end{bmatrix} \approx \Sigma_1\Lambda_1R_1^{\rm T}$$

即 $\hat{O}\hat{X}_{\rm f}Q_2 = \Sigma_1\Lambda_1R_1^{\rm T}$。取

$$\hat{O} = \Sigma_1\Lambda_1^{1/2}, \quad \hat{X}_{\rm f}Q_2 = \Lambda_1^{1/2}R_1^{\rm T}$$

则 $\hat{O}$ 的前 n_y 行就是 C，即 $C = \hat{O}(1:n_y,\cdot)$。

另外，定义

$$\bar{O} = \begin{bmatrix} CA \\ CA^2 \\ \vdots \\ CA^{i-1} \end{bmatrix}, \quad \underline{O} = \begin{bmatrix} C \\ CA \\ \vdots \\ CA^{i-2} \end{bmatrix}$$

则

$$\bar{O} = \underline{O}A$$

根据最小二乘法，$A = \underline{O}^{\dagger}\bar{O}$。对式(4.19)左乘 $(\hat{O}^{\perp})^{\mathrm{T}}$，右乘 Q_1，得

$$(\hat{O}^{\perp})^{\mathrm{T}} R_{31} = (\hat{O}^{\perp})^{\mathrm{T}} \hat{H}_{\mathrm{d}} \hat{U}_{\mathrm{f}} Q_1 = (\hat{O}^{\perp})^{\mathrm{T}} \hat{H}_{\mathrm{d}} R_{11} \tag{4.20}$$

其中，$\hat{O}^{\perp} = \Sigma_2$。

由式(4.20)可得

$$\Sigma_2^{\mathrm{T}} R_{31} = \Sigma_2^{\mathrm{T}} \hat{H}_{\mathrm{d}} R_{11}$$

或者

$$\Sigma_2^{\mathrm{T}} R_{31} R_{11}^{-1} = \Sigma_2^{\mathrm{T}} \hat{H}_{\mathrm{d}}$$

其中，$\Sigma_2^{\mathrm{T}} R_{31} R_{11}^{-1}$ 的列数为 im，可以分为 $[\ M_1 \quad M_2 \quad \cdots \quad M_i\ ]$；$\Sigma_2^{\mathrm{T}}$ 的列数为 pi，可以分为 $[N_1 \quad N_2 \quad \cdots \quad N_i]$。根据 4.4.1 节类似的方法可求出 $\{B, D\}$。

4.4.3　闭环辨识的 2ORT 法

该方法采用了 2 步 QR 分解，由于 QR 分解是一种正交分解 (orthogonal decomposition)，故该方法被命名为 2ORT 法 (2-stage ORT method)，原算法参考文献 [12]。

考虑由 LTI 状态空间模型描述的系统：

$$\begin{cases} x_{k+1} = Ax_k + Bu_k \\ y_k = Cx_k + Du_k \end{cases}$$

采用控制器：

$$\begin{cases} x_{c,k+1} = A_c x_{c,k} + B_c(y_{\mathrm{ss},k} - y_k) \\ u_k = C_c x_{c,k} + u_{\mathrm{ss},k} \end{cases}$$

记

$$r_k = \begin{bmatrix} y_{\mathrm{ss},k} \\ u_{\mathrm{ss},k} \end{bmatrix}, \quad R_p = \begin{bmatrix} r_0 & r_1 & \cdots & r_{j-1} \\ r_1 & r_2 & \cdots & r_j \\ \vdots & \vdots & & \vdots \\ r_{i-1} & r_i & \cdots & r_{i+j-2} \end{bmatrix}, \quad R_{\mathrm{f}} = \begin{bmatrix} r_i & r_{i+1} & \cdots & r_{i+j-1} \\ r_{i+1} & r_{i+2} & \cdots & r_{i+j} \\ \vdots & \vdots & & \vdots \\ r_{2i-1} & r_{2i} & \cdots & r_{2i+j-2} \end{bmatrix}$$

同理可定义 $\{U_p,\ U_{\mathrm{f}}\}$ 和 $\{Y_p,\ Y_{\mathrm{f}}\}$。

下面说明如何基于数据 $\{r_k,\ u_k,\ y_k\ \ |k = 0, 1, 2, \cdots, 2i+j-2\}$，估计 $\{A,\ B,\ C,\ D\}$。一般分以下四步。

(1) 取 $R = \begin{bmatrix} R_p \\ R_{\mathrm{f}} \end{bmatrix}$，$Y = \begin{bmatrix} Y_p \\ Y_{\mathrm{f}} \end{bmatrix}$，$U = \begin{bmatrix} U_{\mathrm{f}} \\ U_p \end{bmatrix}$，进行 QR 分解：

$$\begin{bmatrix} R \\ U \\ Y \end{bmatrix} \begin{bmatrix} R_{11} & 0 & 0 \\ R_{21} & R_{22} & 0 \\ R_{31} & R_{32} & R_{33} \end{bmatrix} \begin{bmatrix} Q_1^{\mathrm{T}} \\ Q_2^{\mathrm{T}} \\ Q_3^{\mathrm{T}} \end{bmatrix}$$

因此基于 R 对 $\begin{bmatrix} U \\ Y \end{bmatrix}$ 的一个估计为[2]

$$\begin{bmatrix} \hat{U} \\ \hat{Y} \end{bmatrix} = \begin{bmatrix} \hat{U}_{\mathrm{f}} \\ \hat{U}_p \\ \hat{Y}_p \\ \hat{Y}_{\mathrm{f}} \end{bmatrix} = \begin{bmatrix} R_{21} \\ R_{31} \end{bmatrix} Q_1^{\mathrm{T}}$$

(2) 对 $\begin{bmatrix} R_{21} \\ R_{31} \end{bmatrix}$ 进行 QR 分解后，再乘 Q_1^{T}，得

$$\begin{bmatrix} \hat{U}_{\mathrm{f}} \\ \hat{U}_p \\ \hat{Y}_p \\ \hat{Y}_{\mathrm{f}} \end{bmatrix} = \begin{bmatrix} L_{11} & 0 & 0 & 0 \\ L_{21} & L_{22} & 0 & 0 \\ L_{31} & L_{32} & L_{33} & 0 \\ L_{41} & L_{42} & L_{43} & L_{44} \end{bmatrix} \begin{bmatrix} S_1^{\mathrm{T}} \\ S_2^{\mathrm{T}} \\ S_3^{\mathrm{T}} \\ S_4^{\mathrm{T}} \end{bmatrix} \tag{4.21}$$

(3) 将式(4.17)代入式(4.21)，得

$$\hat{O}\hat{X}_{\mathrm{f}} + \hat{H}_{\mathrm{d}} L_{11} S_1^{\mathrm{T}} = L_{41} S_1^{\mathrm{T}} + L_{42} S_2^{\mathrm{T}} + L_{43} S_3^{\mathrm{T}} + L_{44} S_4^{\mathrm{T}} \tag{4.22}$$

对式(4.22)两端右乘 S_2，得

$$\hat{O}\hat{X}_{\mathrm{f}} S_2 = L_{42}$$

对 L_{42} 进行 SVD 分解：

$$L_{42} = \begin{bmatrix} \Sigma_1 & \Sigma_2 \end{bmatrix} \begin{bmatrix} \Lambda_1 & 0 \\ 0 & \Lambda_2 \end{bmatrix} \begin{bmatrix} V_1^{\mathrm{T}} \\ V_2^{\mathrm{T}} \end{bmatrix} \approx \Sigma_1 \Lambda_1 V_1^{\mathrm{T}}$$

故 $O = \Sigma_1 \Lambda_1^{\frac{1}{2}}$，由此得到 $\{A,\ C\}$ 同前。

(4) 对式(4.22)左乘 Σ_2^{T} 和右乘 S_1，有

$$\Sigma_2^{\mathrm{T}} L_{41} L_{11}^{-1} = \Sigma_2^{\mathrm{T}} \hat{H}_{\mathrm{d}}$$

写成 $M' = N' \begin{bmatrix} B \\ D \end{bmatrix}$ 的形式，求解同 4.4.1 节和 4.4.2 节。

例题 4.4[2] Shell 重油分馏塔的连续时间传递函数矩阵模型为

$$G^u(s) = \begin{bmatrix} \dfrac{4.05\mathrm{e}^{-27s}}{50s+1} & \dfrac{1.77\mathrm{e}^{-28s}}{60s+1} & \dfrac{5.88\mathrm{e}^{-27s}}{50s+1} \\ \dfrac{5.39\mathrm{e}^{-18s}}{50s+1} & \dfrac{5.72\mathrm{e}^{-14s}}{60s+1} & \dfrac{6.90\mathrm{e}^{-15s}}{40s+1} \\ \dfrac{4.38\mathrm{e}^{-20s}}{33s+1} & \dfrac{4.42\mathrm{e}^{-22s}}{44s+1} & \dfrac{7.20}{19s+1} \end{bmatrix},\ G^f(s) = \begin{bmatrix} \dfrac{1.20\mathrm{e}^{-27s}}{45s+1} & \dfrac{1.44\mathrm{e}^{-27s}}{40s+1} \\ \dfrac{1.52\mathrm{e}^{-15s}}{25s+1} & \dfrac{1.83\mathrm{e}^{-15s}}{20s+1} \\ \dfrac{1.14}{27s+1} & \dfrac{1.26}{32s+1} \end{bmatrix}$$

通过 Matlab 的 Simulink 工具箱产生输入输出数据。采样周期 $T_{\mathrm{s}} = 4$。采用多通道测试技术，对 5 个输入通道同时施加幅值为 1 的互不相关的 GBN 信号。取 $T_{\min} = T_{\mathrm{s}}$ 和 $p_{\mathrm{sw}} = 1/10$，故平均转换时间为 40。最终得到 $L = 2500$ 组输入输出数据，其中前 2000 组用于辨识，后 500 组用于预测。

采用 4.4.1 节和 4.4.2 节的开环子空间辨识算法，其中行数 $i = 20$。由于是多变量系统且存在纯滞后环节，需要选取较高的阶次 n_x 才能较准确地描述真实系统。选择系统阶数 $n_x = 20$。观察基于模型的 y 预测值与真实值的对比情况。在使用下面的程序代码时，先创建 Matlab crude_plant.mdl。

以下程序代码的命名为 Crude_SubID.m。

```
%分馏塔辨识
clear all;clc; close all;
%% 一、 创建系统模型
N=90; L=2500; Nid=2000;
Npre=500; Tsw=10; Ts=4; Nu=5;Ny=3; Nd=2;
%产生5路测试输入GBN信号
for i=1:Nu
    Ugbn(:,i)=gbngen(L,Tsw);
    %产生长度为L=3000，平均转换时间Tsw=10的GBN输入信号。一共产生3列（i=1:3）
end
%送给crude_plant.mdl作为输入，Ts*L表示时间间隔（仿真开始和结束的时间）
for i=1:L
    for j=1:Nu
        Uest((i-1)*Ts+1:i*Ts,j)=Ugbn(i,j)*ones(Ts,1);%所产生的Uest为Ts*Nu行，10列的矩阵
    end
end
U1=[ [0:Ts*L-1]'    Uest(:,1) ];%U1，U2，U3，U4都是Ts*Nu行，2列的矩阵
U2=[ [0:Ts*L-1]'    Uest(:,2)]; U3=[ [0:Ts*L-1]'    Uest(:,3)];
d1=[ [0:Ts*L-1]'    Uest(:,4)]; d2=[ [0:Ts*L-1]'    Uest(:,5)];
% d1=[ [0:Ts*L-1]'    0.25*randn(Ts*L,1)]; % d2=[ [0:Ts*L-1]'    0.25*randn(Ts*L,1)];
sim('crude_plant',Ts*L-1);
%% 二、 产生真实系统的阶跃响应模型（以便于与辨识得到的模型进行对比）
Gdelay=[27 28 27 27 27;18 14 15 15 15;20 22 0 0 0];
G(1,1)= tf(4.05,[50 1],'inputdelay',Gdelay(1,1));
G(1,2)= tf(1.77,[60 1],'inputdelay',Gdelay(1,2));
G(1,3)= tf(5.88,[50 1],'inputdelay',Gdelay(1,3));
G(1,4)= tf(1.20,[45 1],'inputdelay',Gdelay(1,4));
G(1,5)= tf(1.44,[40 1],'inputdelay',Gdelay(1,5));
G(2,1)= tf(5.39,[50 1],'inputdelay',Gdelay(2,1));
G(2,2)= tf(5.72,[60 1],'inputdelay',Gdelay(2,2));
G(2,3)= tf(6.90,[40 1],'inputdelay',Gdelay(2,3));
G(2,4)= tf(1.52,[25 1],'inputdelay',Gdelay(2,4));
G(2,5)= tf(1.83,[20 1],'inputdelay',Gdelay(2,5));
G(3,1)= tf(4.38,[33 1],'inputdelay',Gdelay(3,1));
G(3,2)= tf(4.42,[44 1],'inputdelay',Gdelay(3,2));
G(3,3)= tf(7.20,[19 1],'inputdelay',Gdelay(3,3));
G(3,4)= tf(1.14,[27 1],'inputdelay',Gdelay(3,4));
G(3,5)= tf(1.26,[32 1],'inputdelay',Gdelay(3,5));

Gdnum=cell(size(Gdelay)); Gdden=cell(size(Gdelay)); Step_real=cell(size(Gdelay));
for i=1:Ny
    for j=1:Nu
        Gd(i,j)=c2d(G(i,j),Ts,'zoh');%将连续时间系统离散化，Ts为采样时间
        %Gd(i,j)表示每一个离散化后的传递函数
        t=1:Ts:Ts*N;        Step_real{i,j}=step(Gd(i,j),t);
    end
```

```
end
%% 三、用三种子空间方法辨识
%%前2000组数据用于辨识，后500组数据用于预测
% Ugbn1=Ugbn(1:Nid,1:Nu) U_id=Ugbn(1:Nid,:); Y_id=Yout(1:Nid,:);
U_esti=Ugbn(Nid+1:Nid+Npre,:); Y_esti=Yout(Nid+1:Nid+Npre,:);
I=20;%Hankel矩阵块数
%数据改为增量形式
U_id_delta=zeros(Nid-1,Nu); Y_id_delta=zeros(Nid-1,Ny);
for i=1:Nid-1
    U_id_delta(i,:)=U_id(i+1,:)-U_id(i,:);Y_id_delta(i,:)=Y_id(i+1,:)-Y_id(i,:);
end
[A_MOESP,B_MOESP,C_MOESP,D_MOESP,n]=MOESP(U_id_delta,Y_id_delta,I);
[A_RAA,B_RAA,C_RAA,D_RAA,n]=RAA(U_id_delta,Y_id_delta,I);
%% 绘制当输入为原始数据时，真实输出与仿真输出的曲线
y_pre_MOESP=dlsim(A_MOESP,B_MOESP,C_MOESP,D_MOESP,U_esti)';
y_pre_RAA=dlsim(A_RAA,B_RAA,C_RAA,D_RAA,U_esti)';
figure
for k=1:Ny
    subplot(Ny,1,k);
    plot(1:Npre,Y_esti(:,k)','-k',1:Npre,y_pre_MOESP(k,:),'--k',1:Npre,y_pre_RAA(k,:),'-.
        k')
    if k==1
        ylabel('$y_1$','Interpreter','latex','FontSize',16);
    end
    if k==2
        ylabel('$y_2$','Interpreter','latex','FontSize',16);
    end
    if k==3
        ylabel('$y_3$','Interpreter','latex','FontSize',16);
    end
end
xlabel('$k$','Interpreter','latex','FontSize',16); ORIENTATION='vertical';
legend('real','MOESP','RAA','Orientation',ORIENTATION,4)
%% 单位阶跃输入到状态空间模型，计算阶跃响应曲线仿真并与真实值比较
Step_MOESP=PlotStepCurve(A_MOESP,B_MOESP,C_MOESP,D_MOESP,N);
Step_RAA=PlotStepCurve(A_RAA,B_RAA,C_RAA,D_RAA,N);
Step_MOESP=Step_MOESP'; Step_RAA=Step_RAA';
figure
for i=1:Ny
    for j=1:Nu
        subplot(Ny,Nu,(i-1)*Nu+j);
        plot(1:N,(Step_real{i,j})','-k',1:N,Step_MOESP{i,j},'--k',1:N,Step_RAA{i,j},'-.k
            ');
        grid on
        if (i==1)&&(j==1)
            title('$u_1$','Interpreter','latex','FontSize',16);
        end
        if (i==1)&&(j==2)
            title('$u_2$','Interpreter','latex','FontSize',16);
        end
        if (i==1)&&(j==3)
```

```
            title('$u_3$','Interpreter','latex','FontSize',16);
        end
        if i==1&&j==4
            title('$d_1$','Interpreter','latex','FontSize',16);
        end
        if i==1&&j==5
            title('$d_2$','Interpreter','latex','FontSize',16);
        end
        if j==1&&i==1
            ylabel('$y_1$','Interpreter','latex','FontSize',16);
        end
        if j==1&&i==2
            ylabel('$y_2$','Interpreter','latex','FontSize',16);
        end
        if j==1&&i==3
            ylabel('$y_3$','Interpreter','latex','FontSize',16);
        end
        if i==Ny&&j==1
            xlabel('$k$','Interpreter','latex','FontSize',16);
        end
        if i==Ny&&j==2
            xlabel('$k$','Interpreter','latex','FontSize',16);
        end
        if i==Ny&&j==3
            xlabel('$k$','Interpreter','latex','FontSize',16);
        end
        if i==Ny&&j==4
            xlabel('$k$','Interpreter','latex','FontSize',16);
        end
        if i==Ny&&j==5
            xlabel('$k$','Interpreter','latex','FontSize',16);
        end
    end
end
ORIENTATION='vertical';
legend('real','MOESP','RAA','Orientation',ORIENTATION,4)
```

以下程序代码的命名为 gbngen.m。

```
%形成GBN信号的m文件，该函数产生GBN输入信号，N表示采样个数，
%Tsw表示平均转换时间，Seeds表示随机数种子
function  U=gbngen(N,Tsw,Seeds)
if nargin<2  %nargin获取输入参数的个数
    error('Not enough')
end
psw=1/Tsw;
if nargin>2
    rand('seed',Seeds);
end;
R=rand(N,1);
%定初值
if R(1)>0.5  P_M=1;
```

```
else   P_M=-1;
end
%产生GBN信号
U=zeros(N,1);
for k=1:N
    if(R(k)<psw)%如果转换概率psw大于随机数R(k), 就转换, 否则不转换
        P_M=-P_M;
    end;
    U(k)=P_M;
end
```

以下程序代码的命名为 MOESP.m。

```
%%开环子空间辨识MOESP函数
%U为输入数据, Y为输出数据, I表示Hankel块矩阵的行数
%得到系统矩阵A,B,C,D及模型阶次n
function [A,B,C,D,n]=MOESP(U,Y,I)
%% 将数据统一为行表示输入输出维数, 列表示数据个数的形式
if (size(U,1)>size(U,2))
    U=U';
end
[Nu,L]=size(U)
if (size(Y,1)>size(Y,2))
    Y=Y';
end
[Ny,L]=size(Y)
%% STEP 1: 构造输入输出数据Hankel矩阵块
J=L-2*I+1; Up=[];Yp=[];Uf=[];Yf=[];
for i=1:I
    Up=[Up;U(:,i:J+i-1)];%Up, Uf为Nu*I行, J列; Yp, Yf为Ny*I行, J列
    Uf=[Uf;U(:,I+i:J+I+i-1)]; Yp=[Yp;Y(:,i:J+i-1)]; Yf=[Yf;Y(:,I+i:J+I+i-1)];
end
%% STEP 2: QR分解
%采用QR分解计算斜向投影
YuW=[Uf;Up;Yp;Yf];
[yu_q,yu_r]=qr(YuW',0);%Matlab中QR分解是分解成一个正交矩阵和“上”三角矩阵的乘积
R= yu_r';%对上面得到的上三角矩阵取转置, 就得到了算法中的下三角矩阵
R11=R(1:I*Nu,1:Nu*I); R31=R(I*Ny+2*I*Nu+1:2*I*(Nu+Ny),1:Nu*I) ;
R32=R(I*Ny+2*I*Nu+1:2*I*(Nu+Ny),Nu*I+1:I*(2*Nu+Ny)) ;%R32是l*Ny行, l*(Nu+Ny)列
%% STEP 3: SVD分解, 选择系统状态阶数
[Uu,S,V] = svd(R32,'econ');%Uu: l*pXl*Ny;S是l*Ny行, l*(Nu+Ny)列;V是l*(Nu+Ny)Xl*(Nu+Ny)
ss = diag(S)';%提取奇异值
lnss=log(ss);
figure
h = bar(1:I*Ny,lnss,'b');%绘制条状直方图
xlabel('奇异值序号');ylabel('奇异值大小(自然对数)');
legend('MOESP')
n = input('  System order ? ');%选择系统阶数

%% STEP 4: 由Gam利用其移不变性计算C和A
U1=Uu(:,1:n); U2=Uu(:,n+1:size(Uu,2));
r=sqrt(S(1:n,1:n)); Gam=U1*r; C_h=Gam(1:Ny,:);
```

```
A_h=pinv(Gam(1:Ny*(I-1),1:n))*Gam(Ny+1:Ny*I,1:n);
%% STEP 5: 计算B和D: 对于M=L*X*[B;D]采用LS计算B,D
Ls=U2'; Ms=U2'*R31*pinv(R11);
for k=1:I
    M((I*Ny-n)*(k-1)+1:(I*Ny-n)*k,:)=Ms(:,Nu*(k-1)+1:Nu*k);%构造M的列块矩阵 %mimo
    L((I*Ny-n)*(k-1)+1:(I*Ny-n)*k,1:I*Ny)
        =[Ls(:,Ny*(k-1)+1:Ny*I),zeros(Ny*I-n,Ny*(k-1))];%构造L的块方阵 %mimo
end
IG=[eye(Ny),zeros(Ny,n);zeros(Ny*(I-1),Ny),Gam(1:(I-1)*Ny,:)];%构造[I,0;0,gamma]矩阵
% 求最小二乘解
sol_bd=pinv((L*IG)'*(L*IG))*(L*IG)'*M;
D_h=sol_bd(1:Ny,:);B_h = sol_bd(Ny+1:Ny+n,:);
A=A_h;B=B_h;C=C_h;D=D_h;
```

以下程序代码的命名为 RAA.m。

```
%%开环子空间辨识RAA函数
%U为输入数据, Y为输出数据, I表示Hankel块矩阵的行数
%得到系统矩阵A,B,C,D及模型阶次n
function [A,B,C,D,n]=RAA(U,Y,I)
%% 将数据统一为行表示输入输出维数, 列表示数据个数的形式
if (size(U,1)>size(U,2));
    U=U';
end
[Nu,L]=size(U);
if (size(Y,1)>size(Y,2));
    Y=Y';
end
[Ny,L]=size(Y);
%% STEP 1: 构造输入输出数据Hankel矩阵块% HklU=blkhank(U,I,J );
J=L-2*I+1; Up=[];Yp=[];Uf=[];Yf=[];
for i=1:I
    Up=[Up;U(:,i:J+i-1)];%Up, Uf为m*I行, J列; Yp, Yf为Ny*I行, J列
    Uf=[Uf;U(:,I+i:J+I+i-1)]; Yp=[Yp;Y(:,i:J+i-1)];  Yf=[Yf;Y(:,I+i:J+I+i-1)];
end
%% STEP 2: 计算L_w
%采用QR分解计算斜向投影
Wp=[Yp;Up]; P_Uf_comp=eye(J)-Uf'*pinv(Uf*Uf')*Uf;
L_w=Yf*P_Uf_comp*Wp'*pinv(Wp*P_Uf_comp*Wp');
%% STEP 3: SVD分解, 选择系统状态阶数
[Uu,S,V] = svd(L_w*Wp,'econ');
%Uu: l*NyXl*Ny;S是l*Ny行, l*(Nu+Ny)列;V是l*(Nu+Ny)Xl*(Nu+Ny)
ss = diag(S)'; %提取奇异值, 一共60个
lnss=log(ss);
figure
h = bar(1:I*Ny,lnss,'b'); %绘制条状直方图
xlabel('奇异值个数');ylabel('奇异值大小(自然对数)'); legend('RAA')
n = input('  System order ? '); %选择系统阶数
%% STEP 4: 由Gam利用其移不变性计算C和A
U1=Uu(:,1:n);U2=Uu(:,n+1:size(Uu,2)); %size(Uu,2)表示返回Uu的列数
r=sqrt(S(1:n,1:n)); %对矩阵开方是对矩阵的每一个元素开方
Gam=U1*r; C_h=Gam(1:Ny,:); A_h=pinv(Gam(1:Ny*(I-1),1:n))*Gam(Ny+1:Ny*I,1:n);
```

```
%% STEP 5: 计算B和D: 对于M=L*X*[B;D]采用LS计算B,D
Ls=U2'; Ms=U2'*Yf*pinv(Uf);
for k=1:I
    M((I*Ny-n)*(k-1)+1:(I*Ny-n)*k,:)=Ms(:,Nu*(k-1)+1:Nu*k);%构造M的列块矩阵 %mimo
    L((I*Ny-n)*(k-1)+1:(I*Ny-n)*k,1:I*Ny)
        =[Ls(:,Ny*(k-1)+1:Ny*I),zeros(Ny*I-n,Ny*(k-1))];%构造L的块方阵 %mimo
end
IG=[eye(Ny),zeros(Ny,n);zeros(Ny*(I-1),Ny),Gam(1:(I-1)*Ny,:)];%构造【I,0;0,gamma】矩阵
%求最小二乘解
sol_bd=pinv(L*IG)*(pinv(M))'*pinv(pinv(M)*(pinv(M))');
D_h=sol_bd(1:Ny,:);B_h = sol_bd(Ny+1:Ny+n,:); A=A_h;B=B_h;C=C_h;D=D_h;
```

以下程序代码的命名为 PlotStepCurve.m。

```
%%画状态空间模型的阶跃响应曲线函数
%A,B,C,D为系统矩阵, N为要画多少步阶跃响应(步长)
%Step为Nu行Ny列的元胞数组, 第i行第j列的元胞存放第i个输入第j个输出的阶跃响应系数
function [Step]=PlotStepCurve(A,B,C,D,N)
Nu=size(B,2); Ny=size(C,1); n=size(B,1);
Ustp=diag(ones(Nu,1)); Step=cell(Nu,Ny); Ytemp=zeros(Ny,1);
for i=1:Nu  %计算辨识系统的阶跃响应系数, 保存在Ystp中
    xstp_k=zeros(n,1);
    for k=1:N
        Ytemp=C*xstp_k+D*Ustp(:,i);
        %Ystp(:,k,i)是三维矩阵, 表示第i个输入在k时刻对3个输出的影响
        for j=1:Ny
            Step{i,j}(k)=Ytemp(j);
        end
        xstp_k=A*xstp_k+B*Ustp(:,i);
    end
end
```

注解 4.2 广义二进制噪声 (generalized binary noise，GBN) 是面向模型辨识的一种实验信号。GBN 信号取值为 $-a$ 与 a，信号保持不变的最短时间间隔为 $T_{\min}$，在每个转换时刻 l，按照下式的规则进行转换：

$$\begin{cases} P\{u_l = -u_{l-1}\} = p_{\text{sw}} \\ P\{u_l = u_{l-1}\} = 1 - p_{\text{sw}} \end{cases} \tag{4.23}$$

其中，$l \geqslant 0$，单位为 $T_{\min}$；p_{sw} 为转换概率。称 $T_{\min}$ 为最小转换时间，可取为控制周期或其整数倍。定义转换时间 T_{sw} 为采样时两次转换的间隙时间，则 GBN 信号的平均转换时间为

$$E[T_{\text{sw}}] = \frac{T_{\min}}{p_{\text{sw}}} \tag{4.24}$$

例题 4.5 [2] 采用增量数据进行辨识。燃料电池是一种基于电化学原理的发电装置。采用氢气、氧气作为原料的固体氧化物燃料电池的概念模型如图 4.1 所示 [13]。这是一种特殊的非线性模型：动态部分是线性的，但输出端有一个静态非线性环节（能斯特方程）。在工作点附近，能斯特方程呈现弱非线性，故概念模型可以用线性模型近似代替。燃料电池的相关参数见表 4.1。该系统的 u 是氢气流量 $q_{\text{H}_2}^{\text{in}}$，满足约束 0.00002498mol/s$\leqslant q_{\text{H}_2}^{\text{in}} \leqslant$ 0.00162498mol/s（因此限值了测试信号的幅值），干扰 f 是燃料电池负荷 I_{r}，y 为输出端电压 V。

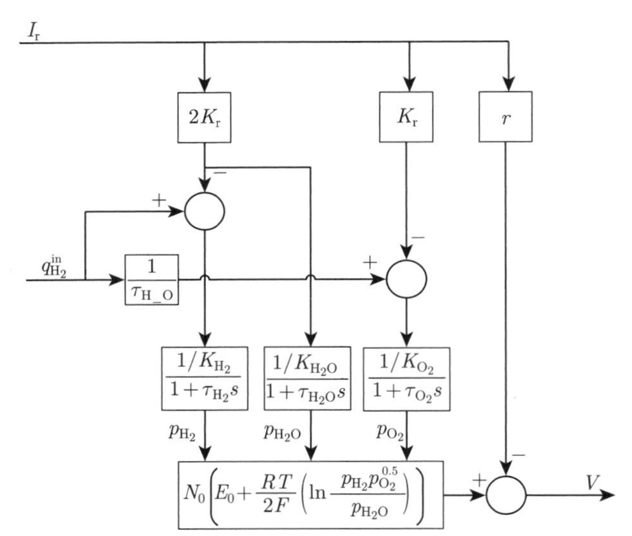

图 4.1　燃料电池系统的概念模型

表 4.1　燃料电池系统参数表

参数	数值	参数	数值
T	1273K	E_0	1.18V
F	96487C/mol	N_0	384
R	8314J/(kmol·K)	r	0.126Ω
K_r	0.996×10^{-6} kmol/(s·A)	τ_{H_O}	1.145
K_{H_2}	8.43×10^{-4} kmol/(s·atm)	τ_{H_2}	26.1s
K_{H_2O}	2.81×10^{-4} kmol/(s·atm)	τ_{H_2O}	78.3s
K_{O_2}	2.52×10^{-3} kmol/(s·atm)	τ_{O_2}	2.91s

注: 1atm=101325Pa。

用 Matlab 的 Simulink 工具箱搭建仿真平台，采集输入输出数据。采样周期 $T_s=1$s。采用多通道测试技术，对 2 个输入通道施加互不相关的 GBN 信号，其中 f 通道的测试信号是幅值为 5 的序列，并且序列中的每个值都加上 350，而 u 通道的测试信号是幅值为 0.0008 的序列，并且序列中的每个值都加上 0.00082498。取 $T_{\min}=T_s$ 和 $p_{sw}=0.5$。采样得到 2500 组输入输出数据，其中前 2000 组用于辨识，后 500 组用于预测。

采用 4.4.1 节和 4.4.2 节的子空间辨识算法，其中行数 $i=20$。根据系统模型的特点，选择系统阶数 $n_x=3$。通过观察基于模型的 y 增量预测值与真实值的对比情况，可知对于非线性系统，采用线性模型描述是存在误差的。在使用下面的程序代码时，先创建 Matlab fuelcell.mdl；gbngen.m、MOESP.m 和 RAA.m 同例题 4.5。

以下程序代码的命名为 fuel_cell.m。

```
%%燃料电池三种子空间辨识方法辨识
clear all;clc; close all;
%% 一、 创建系统模型
N=90; L=2520; Nid=2000; Npre=500;
Tsw=2; Ts=1; Nu=2; Ny=1;
%产生2路测试输入GBN信号
for i=1:Nu
    if i==1
        Ugbn(:,i)=0.0008*gbngen(L,Tsw)+0.0008249;
        %产生长度为L=3000, 平均转换时间Tsw=10的GBN输入信号。一共产生3列 (i=1:3)
    else Ugbn(:,i)=5*gbngen(L,Tsw)+350;
    end
```

```
end
%送给fuelcell.mdl作为输入，Ts*L表示时间间隔（仿真开始和结束的时间）
for i=1:L
    for j=1:Nu
        Uest((i-1)*Ts+1:i*Ts,j)=Ugbn(i,j)*ones(Ts,1);%所产生的Uest为Ts*Nu行
    end
end
U1=[ [0:Ts*L-1]'    Uest(:,1) ];%U1, U2, U3, U4都是Ts*Nu行, 2列的矩阵
U2=[ [0:Ts*L-1]'    Uest(:,2)];
sim('fuelcell.mdl',Ts*L-1)
N0=384; E0=1.18; T=1273; F=96485; after_ln=zeros(L-20,1);
%剔除前20组数据
for i=21:L
    after_ln(i-20,1)=N0*(E0+((8.314*T)/(2*F))*log((Ph2(i,1)*sqrt(Po2(i,1)))/Ph2o(i,1)));
    V(i-20,:)=after_ln(i-20,:)-after_r(i,:);
end
for i=1:L-20
    Yout(i,1)=V(i,1);
end
Ugbn=Ugbn(21:L,:);
%% 二、用三种子空间方法辨识
%前2000组数据用于辨识，后500组数据用于预测
U_id=Ugbn(1:Nid,:); Y_id=Yout(1:Nid,:);
U_esti=Ugbn(Nid+1:Nid+Npre,:); Y_esti=Yout(Nid+1:Nid+Npre,:);
I=20;%Hankel矩阵块数
%数据改为增量形式
U_id_delta=zeros(Nid-1,Nu); Y_id_delta=zeros(Nid-1,Ny);
for i=1:Nid-3
    U_id_delta(i,:)=U_id(i+3,:)-U_id(i+2,:);
    Y_id_delta(i,:)=Y_id(i+3,:)-Y_id(i+2,:);
end
U=U_id_delta; Y=Y_id_delta;
[A_MOESP,B_MOESP,C_MOESP,D_MOESP,n]=MOESP(U_id_delta,Y_id_delta,I);
[A_RAA,B_RAA,C_RAA,D_RAA,n]=RAA(U_id_delta,Y_id_delta,I);
%绘制当输入为原始数据时，真实输出与仿真输出的曲线
%预测数据改为增量形式
U_esti_delta=zeros(Npre-1,Nu); Y_esti_delta=zeros(Npre-1,Ny);
for i=1:Npre-1
 U_esti_delta(i,:)=U_esti(i+1,:)-U_esti(i,:); Y_esti_delta(i,:)=Y_esti(i+1,:)-Y_esti(i,:)
     ;
end
% 绘制当输入为原始数据时，真实输出与仿真输出的曲线
y_pre_MOESP_delta=dlsim(A_MOESP,B_MOESP,C_MOESP,D_MOESP,U_esti_delta);
y_pre_RAA_delta=dlsim(A_RAA,B_RAA,C_RAA,D_RAA,U_esti_delta);
y_pre_MOESP=zeros(Npre,Ny); y_pre_RAA=zeros(Npre,Ny);
for i=1:Npre
    if i==1
        y_pre_MOESP(i,:)=Y_esti(1,:);   y_pre_RAA(i,:)=Y_esti(1,:);
    end
    if i>1
        y_pre_MOESP(i,:)=y_pre_MOESP(i-1,:)+y_pre_MOESP_delta(i-1,:);
```

```
        y_pre_RAA(i,:)=y_pre_RAA(i-1,:)+y_pre_RAA_delta(i-1,:);
    end
end
for k=1:Ny
    subplot(3,1,1);  plot(1:Npre-1,y_pre_MOESP_delta(1:Npre-1,k),'--b')
    ylabel('$\Delta y$','Interpreter','latex','FontSize',16);
    xlabel('$k$','Interpreter','latex','FontSize',16);
    ORIENTATION='horizontal'; legend('MOESP','Orientation',ORIENTATION,4)
    subplot(3,1,2);
    plot(1:Npre-1,y_pre_RAA_delta(1:Npre-1,k),'--g')
    ylabel('$\Delta y$','Interpreter','latex','FontSize',16);
    xlabel('$k$','Interpreter','latex','FontSize',16);
    ORIENTATION='horizontal'; legend('RAA','Orientation',ORIENTATION,4)
    subplot(3,1,3);
    plot(1:Npre-1,Y_esti_delta(1:Npre-1,k)','-k')
    ylabel('$\Delta y$','Interpreter','latex','FontSize',16);
    xlabel('$k$','Interpreter','latex','FontSize',16);
    ORIENTATION='horizontal';  legend('real','Orientation',ORIENTATION,4)
end
```

例题 4.6 [2]　考虑如下系统：

$$x_{k+1}=\begin{bmatrix}0.67 & 0.67 & 0 & 0\\ -0.67 & 0.67 & 0 & 0\\ 0 & 0 & -0.67 & -0.67\\ 0 & 0 & 0.67 & -0.67\end{bmatrix}x_k+\begin{bmatrix}0.6598 & -0.5256\\ 1.9698 & 0.4845\\ 4.3171 & -0.4879\\ -2.6436 & -0.3416\end{bmatrix}u_k+\begin{bmatrix}-0.6968 & -0.1474\\ 0.1722 & 0.5646\\ 0.6484 & -0.4660\\ 0.9400 & 0.1032\end{bmatrix}e_k$$

$$y_k=\begin{bmatrix}-0.3749 & 0.0751 & -0.5225 & 0.5830\\ -0.8977 & 0.7543 & 0.1159 & 0.0982\end{bmatrix}x_k+e_k$$

控制器模型为

$$u_k=u_{\mathrm{ss},k}+\begin{bmatrix}-0.25 & 0\\ 0 & 0.25\end{bmatrix}y_k$$

其中，参考输入 r_k 是转换概率为 $\dfrac{1}{8}$、$T_{\min}=T_{\mathrm{s}}$ 的 GBN 测试信号，产生 3000 组输入输出数据，行数 $i=8$。采用 2ORT 法进行辨识。观察基于辨识模型的输出预测值与真实系统的输出值。

程序提醒：新息 e_k 是白噪声，K 不辨识，r_k 即 $u_{\mathrm{ss},k}$。在使用下面的程序代码时，先创建 Matlab model.mdl；gbngen.m 和 PlotStepCurve.m 同例题 4.5。

以下程序代码的命名为 two_ORT_simulation.m。

```
%%闭环两部正交分解子空间辨识方法
%数据个数N=3000; R为参考输入, U为真实系统输入, Y为系统输出
clear all;clc;close all;
%%设置系统参数
Nu=2;  Ny=2;
A=[0.67 0.67 0 0;-0.67 0.67 0 0;0 0 -0.67 -0.67;0 0 0.67 -0.67];
B=[0.6598 -0.5256;1.9698 0.4845;4.3171 -0.4879;-2.6436 -0.3416];
C=[-0.3749 0.0751 -0.5225 0.5830;-0.8977 0.7543 0.1159 0.0982];
D=zeros(2,2);
K=[0.6968 -0.1474;0.1722 0.5646;0.6484 -0.4660;-0.9400 0.1032];
```

```
K1=[-0.25 0;0 0.25]; L=3000;Step=10;L_id=2500;Lpre=500; N=90; n=4; I=8;
J=L-2*I+1; num_SIM=zeros(2*Nu*Step,10); den_SIM=zeros(Nu*Step,10);
%%进行10次蒙特卡罗仿真
A_SIMall=[];B_SIMall=[];C_SIMall=[];D_SIMall=[];num_SIM=[];den_SIM=[];Bode_SIMall=[];
Tsw=8;
for i=1:Ny
    R1(:,i)=gbngen(L,Tsw);
    %产生长度为L=3000，平均转换时间Tsw=10的GBN输入信号。一共产生3列（i=1:3）
end
R1=R1'; R_id=R1(:,1:L_id); t=[0:L-1]'; r=[t,R1']; w=pi*[1:L]/L;
for k=1:Step
    %产生噪声和参考输入R
    e=randn(L,2);%新息白噪声
    e=[t,e];%要导入mdl文件的数据必须有时间序列
    %产生输入输出数据
    sim('model',t);
    %调用two_ORT_method函数，该函数用两步正交分解法辨识系统矩阵
    U_m=u.signals.values';Y_m=y.signals.values';
    U_id=U_m(:,1:L_id);Y_id=Y_m(:,1:L_id);
    U_esti=U_m(:,L_id+1:L);Y_esti=Y_m(:,L_id+1:L);
    [A_SIM,B_SIM,C_SIM,D_SIM]=two_ORT_method(U_id,Y_id,R_id,I,n);
    %数据改为增量形式
    U_id_delta=zeros(Nu,L_id-1); Y_id_delta=zeros(Ny,L_id-1);
    R_id_delta=zeros(Ny,L_id-1);
    for i=1:L_id-1
        U_id_delta(:,i)=U_id(:,i+1)-U_id(:,i);
        Y_id_delta(:,i)=Y_id(:,i+1)-Y_id(:,i);
        R_id_delta(:,i)=R_id(:,i+1)-R_id(:,i);
    end
    [A_SIM,B_SIM,C_SIM,D_SIM]=two_ORT_method(U_id_delta,Y_id_delta,R_id,I,n);
    %%求每次辨识系统的极点
    pole_SIM(:,k)=eig(A_SIM);
    %%将每次辨识到的系统矩阵保存在all中
    A_SIMall=[A_SIMall;A_SIM];     B_SIMall=[B_SIMall;B_SIM];
    C_SIMall=[C_SIMall;C_SIM];     D_SIMall=[D_SIMall;D_SIM];
end
%%绘制极点分布图
pole_Plant=eig(A);
figure
for i=1:n
    plot(real(pole_Plant(i)),imag(pole_Plant(i)),'+r');     hold on
    for j=1:Step
        plot(real(pole_SIM(i,j)),imag(pole_SIM(i,j)),'xb');
    end
end
alpha=0:pi/100:2*pi;%角度[0,2*pi]
R=1;%半径
x=R*cos(alpha);y=R*sin(alpha);plot(x,y,'-k')
grid on;hold off;
axis([-1,1.5 -1 1]); title('系统极点分布'); xlabel('实部'); ylabel('虚部');
legend('真实系统极点','辨识系统极点',4);
```

```
%% 绘制当输入为原始数据时，真实输出与仿真输出的曲线
y_pre=dlsim(A_SIM,B_SIM,C_SIM,D_SIM,U_esti)';
figure
for k=1:Ny
    subplot(Ny,1,k);    plot(1:Lpre,Y_esti(k,:),'-r',1:Lpre,y_pre(k,:),'--b')
    if k==1
        ylabel('$y_1$','Interpreter','latex','FontSize',16);
    end
    if k==2
        ylabel('$y_2$','Interpreter','latex','FontSize',16)
    end
end
xlabel('$k$','Interpreter','latex','FontSize',16); legend('real','2ORT')
%% 单位阶跃输入到状态空间模型，计算阶跃响应曲线仿真并与真实值比较
Step_2ORT=PlotStepCurve(A_SIM,B_SIM,C_SIM,D_SIM,N);Step_real=PlotStepCurve(A,B,C,D,N);
figure
for i=1:Nu
    for j=1:Ny
        subplot(Nu,Ny,(i-1)*Ny+j);
        plot(1:N,Step_real{i,j},'-r',1:N,Step_2ORT{i,j},'--b');
        grid on
        if (i==1)&&j==1
            title('$u_1$','Interpreter','latex','FontSize',16);
        end
        if (i==1)&&j==2
            title('$u_2$','Interpreter','latex','FontSize',16);
        end
        if j==1&&i==1
            ylabel('$y_2$','Interpreter','latex','FontSize',16);
        end
        if j==1&&i==2
            ylabel('$y_2$','Interpreter','latex','FontSize',16);
        end
        if i==Ny
            xlabel('$k$','Interpreter','latex','FontSize',16);
        end
    end
end
legend('real','2ORT')
```

以下程序代码的命名为 two_ORT_method.m。

```
%%两步正交分解法闭环辨识
function [A_SIM,B_SIM,C_SIM,D_SIM]=two_ORT_method(U_m,Y_m,R_m,I,n)
%%设置初值
%输入输出数据的行表示输入输出的维数，列表示一共有多少组输入输出数据2x3000;
Nu=min(size(U_m)); N1=max(size(U_m)); Ny=min(size(Y_m));
N2=max(size(Y_m)); L=min(N1,N2); J=L-2*I+1;
%%构建Hankel矩阵
Up=[];Uf=[];Yp=[];Yf=[];Rp=[];Rf=[];
for i=1:I
    Up=[Up;U_m(:,i:J+i-1)];     Uf=[Uf;U_m(:,I+i:I+J+i-1)];
```

```
    Yp=[Yp;Y_m(:,i:J+i-1)];      Yf=[Yf;Y_m(:,I+i:I+J+i-1)];
    Rp=[Rp;R_m(:,i:J+i-1)];      Rf=[Rf;R_m(:,I+i:I+J+i-1)];
end
%%第一步正交分解
RUY=[Rp;Rf;Uf;Up;Yp;Yf]; [QRUY,RRUY]=qr(RUY',0); RRUY=RRUY';
R_21R_31=RRUY(size([Rp;Rf],1)+1:size(RUY,1),1:size([Rp;Rf],1));

%%第二步正交分解
[QR_21R_31,LR_21R_31]=qr(R_21R_31'); LR_21R_31=LR_21R_31';
L42=LR_21R_31((2*Nu+Ny)*I+1:2*(Nu+Ny)*I,Nu*I+1:2*Nu*I);
L41=LR_21R_31((2*Nu+Ny)*I+1:2*(Nu+Ny)*I,1:Nu*I); L11=LR_21R_31(1:Nu*I,1:Nu*I);
%对L42进行SVD分解
[Uu,S,Vv]=svd(L42);
%%计算A,C
U1=Uu(:,1:n);S1=S(1:n,1:n);U2=Uu(:,n+1:Ny*I); GAMA=U1*sqrt(S1); C_SIM=GAMA(1:Ny,:);
GAMA_Ny=GAMA(Ny+1:Ny*I,:);  %GAMA移去前Ny行
GAMANy_=GAMA(1:Ny*(I-1),:);  %GAMA移去后Ny行
A_SIM=pinv(GAMANy_)*GAMA_Ny;
%%计算B,D
Ms=U2'*L41*pinv(L11); Ls=U2';
for i=1:I
    M((i-1)*(I*Ny-n)+1:i*(I*Ny-n),:)=Ms(:,(i-1)*Nu+1:i*Nu);
    Lr((i-1)*(I*Ny-n)+1:i*(I*Ny-n),:)=[Ls(:,(i-1)*Ny+1:I*Ny),zeros(I*Ny-n,(i-1)*Ny)];
end
IG=[eye(Ny),zeros(Ny,n);zeros(Ny*(I-1),Ny),GAMANy_]; DB=(Lr*IG)\M;
D_SIM=DB(1:Ny,:); B_SIM=DB(Ny+1:Ny+n,:);
```

4.5 习 题 4

1. 当系统噪声和量测噪声相关即 $E[\xi_k\eta_j^{\mathrm{T}}]\neq 0$ 时，其稳态 Kalman 滤波如何设计？可查找文献 [2]。

2. 考虑非线性状态空间模型：

$$\begin{cases} x_{k+1}=f(x_k)+h(x_k)u_k+g(x_k)\xi_k \\ y_k=\hbar(x_k)+\eta_k \end{cases}$$

假设 $\left.\dfrac{\partial f}{\partial x}\right|_{x_k=x_{k,\mathrm{eq}}}=A_k$，$\left.\dfrac{\partial h}{\partial x}\right|_{x_k=x_{k,\mathrm{eq}}}=B_k$，$\left.\dfrac{\partial \hbar}{\partial x}\right|_{x_k=x_{k,\mathrm{eq}}}=C_k$，$\left.\dfrac{\partial g}{\partial x}\right|_{x_k=x_{k,\mathrm{eq}}}=D_k$，满足假设 4.1～假设 4.3。编写扩展 Kalman 滤波程序。

3. 信息融合 Kalman 滤波的程序，实际上是 p 次调用 LTI 模型的 Kalman 滤波，可看作利用 Kalman 滤波的一个接口程序。前面的 ScheduleLib/Fusor.cs，不仅包括 Kalman 滤波，而且包括 Kalman 一步预报，请根据程序写出对应的迭代公式。

4. 完善实现三种子空间辨识方法的程序，其中 SVD、QR、$\{A,C\}$、$\{B,D\}$ 求解等四个环节采用统一的处理。

5. 采用增量数据进行辨识。两种不同的化学物质在连续搅拌釜式反应器 (continuous stirred tank reactor，CSTR) 中搅拌，反应生成一种浓度为 C_{a} 的化合物。反应温度为 T，因为是放热反应，所以采用流量为 Q_{c} 的冷却剂来取走多余的热量。CSTR 用非线性微分方程组可表示为

$$\frac{\mathrm{d}C_{\mathrm{a}}}{\mathrm{d}t}=\frac{q}{V}(C_{\mathrm{af}}-C_{\mathrm{a}})-k_0C_{\mathrm{a}}\exp\left(-\frac{E}{RT}\right)$$

$$\frac{\mathrm{d}T}{\mathrm{d}t} = \frac{q}{V}(T_\mathrm{f} - T) + \frac{(-\Delta H)k_0 C_\mathrm{a}}{\rho C_\mathrm{p}} \exp\left(-\frac{E}{RT}\right) + \frac{\rho_\mathrm{c} C_\mathrm{pc}}{\rho C_\mathrm{p} V} Q_\mathrm{c} \left[1 - \exp\left(\frac{-hA}{Q_\mathrm{c}\rho_\mathrm{c} C_\mathrm{pc}}\right)\right](T_\mathrm{cf} - T)$$

其中，u 包括冷却剂流量 Q_c，y 包括产品浓度 C_a、反应温度 T。系统其余参数如表 4.2 所示。

表 4.2　CSTR 模型参数表

参数	数值	参数	数值
q	100L/min	V	100L
k_0	7.2×10^{10}/min	T_f	350K
E/R	1×10^4K	T_cf	350K
ΔH	-2×10^5cal/mol	$C_\mathrm{p}, C_\mathrm{pc}$	1cal/(g·K)
ρ, ρ_c	1000g/L	C_af	1mol/L
hA	7×10^5cal/(min·K)		

采样周期 $T_\mathrm{s} = 6\mathrm{s}$。产生高斯白噪声序列，方差为 16，然后序列中所有数加上 100，作为测试信号。一共产生 2500 组输入输出数据，其中前 2000 组用于辨识，后 500 组用于预测。采用 4.4.1 节和 4.4.2 节的子空间辨识方法，其中行数为 $i = 15$。选择系统阶次为 $n_x = 4$，得到的模型是在平衡点 $Q_{\mathrm{c,eq}} = 100$ 附近的线性模型。观察 y 增量预测值与真实值的对比。该题参见文献 [2]。

第 5 章　双层结构预测控制

双层控制，就是先用 LP/QP 求稳态目标，再用 LP/QP 跟踪稳态目标；求稳态目标为上层，跟踪稳态目标为下层，因此总称双层控制。考虑到实际问题涉及的多种要求以及影响因素，在稳态目标优化的时候应该要多方面考虑。预测控制，就是每个控制周期计算一个控制作用序列，但只执行序列中的第一个值（即当前时刻对应的控制量）；下个控制周期重复同样的行为。

5.1　线性模型的双层结构预测控制

考虑式(1.7)所示的 LTI 状态空间模型，重写如下（符号有更换）：

$$\begin{cases} x_{k+1} = Ax_k + Bu_k + Ff_k \\ y_k = Cx_k \end{cases} \tag{5.1}$$

其中，f_k 是可测干扰。式(5.1)的稳态模型如下：

$$\begin{bmatrix} I-A & -B & 0 \\ -C & 0 & I \end{bmatrix} \chi_{\rm ss} = \begin{bmatrix} Ff_k \\ 0 \end{bmatrix} \tag{5.2}$$

简记式(5.2)为 $H_0\chi_{\rm ss} = h_0$，其中 $\chi = \begin{bmatrix} x \\ u \\ y \end{bmatrix}$。

注解 5.1　如果是式(1.6)中的 LTI 状态空间模型（重写如下）：

$$\begin{cases} x_{k+1} = Ax_k + Bu_k \\ y_k = Cx_k \end{cases}$$

且 $I-A$ 可逆，则由 $u_{\rm ss}$ 得到 $x_{\rm ss} = (I-A)^{-1}Bu_{\rm ss}$ 和 $y_{\rm ss} = C(I-A)^{-1}Bu_{\rm ss}$。

下面给出基于上述模型的双层结构预测控制。

5.1.1　上层优化

在上层，考虑优化问题：

$$\min\left\{\varepsilon, c^{\rm T}\chi_{\rm ss}\right\} \tag{5.3}$$

$$\text{s.t.} \begin{cases} H_0\chi_{\rm ss} = h_0 \\ H_1\chi_{\rm ss} \leqslant h_1 \\ H_2\chi_{\rm ss} \leqslant h_2 + \varepsilon, \quad \varepsilon \geqslant 0 \end{cases} \tag{5.4}$$

其中，$\{H_1, H_2\}$ 是常值矩阵；$\{h_1, h_2\}$ 是常值向量。式(5.3)的 ε 仅用于不等式约束；显然可以推广到等式约束，但在等式约束中不需要 $\varepsilon \geqslant 0$ 的限制。首先需要找到变量 ε 使得

$$\mathcal{F} = \{\chi\,|H_0\chi_{\rm ss} = h_0,\ H_1\chi \leqslant h_1,\ H_2\chi \leqslant h_2 + \varepsilon,\ \varepsilon \geqslant 0\}$$

为非空集合，这个称为可行性阶段；然后固定 ε，求解：

$$\min c^{\mathrm{T}}\chi_{\mathrm{ss}} \quad \text{s.t.} \quad \chi_{\mathrm{ss}} \in \mathcal{F} \tag{5.5}$$

这个称为经济优化阶段。一般来说，可以把 ε 分为

$$\varepsilon = \begin{bmatrix} \varepsilon_1 \\ \varepsilon_2 \\ \vdots \\ \varepsilon_r \end{bmatrix}, \quad \varepsilon_i = \begin{bmatrix} \varepsilon_{i1} \\ \varepsilon_{i2} \\ \vdots \\ \varepsilon_{in_i} \end{bmatrix}$$

ε_i 中的 n_i 个元素同等重要。考虑可行性阶段：

$$\min \varepsilon \text{ s.t. } \chi_{\mathrm{ss}} \in \mathcal{F} \tag{5.6}$$

把式(5.6)化成 LP $(i = 1, 2, \cdots, r)$, 即

$$\min d_i^{\mathrm{T}} \varepsilon_i \quad \text{s.t.} \quad H_0\chi_{\mathrm{ss}} = h_0, \quad H_1\chi_{\mathrm{ss}} \leqslant h_1, \quad H_2^{(i)}\chi_{\mathrm{ss}} \leqslant h_2^{(i)} + \varepsilon^{(i)}, \quad \varepsilon_i \geqslant 0 \tag{5.7}$$

其中，$H_2^{(i)}$ 是 H_2 的前 $\sum\limits_{l=1}^{i} n_l$ 行；$h_2^{(i)}$ 是 h_2 的前 $\sum\limits_{l=1}^{i} n_l$ 个元素；

$$\varepsilon_j^{(i)} = \begin{cases} \varepsilon_j^{(i)^*}, & j < i \\ \varepsilon_j, & j = i \end{cases}, \quad d_i = \begin{bmatrix} d_{i1} \\ d_{i2} \\ \vdots \\ d_{in_i} \end{bmatrix}$$

上面的加权 d_i 可用如下优化计算：

$$d_{il} = \max \varepsilon_{il} \quad \text{s.t.} \quad H_0\chi_{\mathrm{ss}} = h_0, \quad H_1\chi_{\mathrm{ss}} \leqslant h_1, \quad H_{2,il}\chi_{\mathrm{ss}} \leqslant h_{2,il} + \varepsilon_{il}, \quad \varepsilon_{il} \geqslant 0 \tag{5.8}$$

其中，$H_{2,il}$ 和 $h_{2,il}$ 是与 ε_{il} 对应的行和元素。

具体的稳态目标计算步骤总结如下。

第一步：求 $\sum\limits_{l=1}^{r} n_l$ 个 d_{il}，可用优化问题(5.8)；

第二步：求解 r 个优化问题(5.7)，得到 ε；

第三步：求解优化问题(5.5)，得到 u_{ss}。

5.1.2　下层优化

下层优化问题可具有多种形式，决策变量是

$$\tilde{u}_{N,k|k} \stackrel{\text{def}}{=} \begin{bmatrix} u_{k|k} \\ u_{k+1|k} \\ \vdots \\ u_{k+N-1|k} \end{bmatrix} \text{或者} \Delta\tilde{u}_{N,k|k} = \begin{bmatrix} \Delta u_{k|k} \\ \Delta u_{k+1|k} \\ \vdots \\ \Delta u_{k+N-1|k} \end{bmatrix}$$

其中，$\Delta u_{k+j|k} = u_{k+j|k} - u_{k+j-1|k}$。

如果惩罚 u 跟踪稳态目标的偏差、处理 x 的组合约束，则在下层可求解：

$$\min \left\{ \sum_{i=0}^{N-1} \left\| y_{k+i|k} - y_{\mathrm{ss}} \right\|_Q^2 + \sum_{j=0}^{N-1} \left\| u_{k+j|k} - u_{\mathrm{ss}} \right\|_R^2 \right\}$$

$$\text{s.t.}\begin{cases} y_{k+i|k}=Cx_{k+i|k}, & i=1,2,\cdots,N \\ x_{k+i+1|k}=Ax_{k+i|k}+Bu_{k+i|k}+Ff_k, & i=0,1,2,\cdots,N-1 \\ x_{k|k}=\hat{x}_{k|k} \\ \underline{u}\leqslant u_{k+j|k}\leqslant \bar{u}, & j=0,1,2,\cdots,N-1 \\ \underline{\varphi}\leqslant \Phi x_{k+i|k}\leqslant \bar{\varphi}, & i=1,2,\cdots,N \\ y_{k+N|k}=y_{\rm ss} \end{cases} \tag{5.9}$$

其中，y_k 总是可测量的；$\hat{x}_{0|0}=\mu_0$，$\hat{x}_{k|k}$ 按稳态 Kalman 滤波计算。

如果惩罚 u 的增量值、处理 y 的幅值约束，则在下层可求解：

$$\min\left\{\sum_{i=1}^{N}\left\|y_{k+i|k}-y_{\rm ss}\right\|_Q^2+\sum_{j=0}^{N-1}\left\|\Delta u_{k+j|k}\right\|_R^2\right\}$$

$$\text{s.t.}\begin{cases} y_{k+i|k}=Cx_{k+i|k}, & i=1,2,\cdots,N \\ x_{k+i+1|k}=Ax_{k+i|k}+Bu_{k+i|k}+Ff_k, & i=0,1,2,\cdots,N-1 \\ x_{k|k}=\hat{x}_{k|k} \\ \underline{u}\leqslant u_{k+j|k}\leqslant \bar{u}, & j=0,1,2,\cdots,N-1 \\ \underline{y}\leqslant y_{k+i|k}\leqslant \bar{y}, & i=1,2,\cdots,N \\ u_{k+N-1|k}=u_{\rm ss} \end{cases} \tag{5.10}$$

总之，双层预测控制在每个时刻 $k\geqslant 0$,

(1) 求解式(5.3)和式(5.4)得到 $\chi_{\rm ss}$；

(2) 求解式(5.9)或式(5.10)得到 $u_k=u_{k|k}$，其中采用 Kalman 滤波估计 $\hat{x}_{k|k}$。

例题 5.1 式(5.10)中的 $y_{k+i|k}$ 可用如下公式代替：

$$\begin{aligned}\begin{bmatrix} y_{k+1|k} \\ y_{k+2|k} \\ \vdots \\ y_{k+N|k}\end{bmatrix}&=\begin{bmatrix} y_{\rm ss} \\ y_{\rm ss} \\ \vdots \\ y_{\rm ss}\end{bmatrix}+\breve{C}\begin{bmatrix} z_{k+1|k} \\ z_{k+2|k} \\ \vdots \\ z_{k+N|k}\end{bmatrix}=\begin{bmatrix} y_{\rm ss} \\ y_{\rm ss} \\ \vdots \\ y_{\rm ss}\end{bmatrix}+\breve{C}\begin{bmatrix} Az_{k|k}+B(u_{k|k}-u_{\rm ss}) \\ Az_{k+1|k}+B(u_{k+1|k}-u_{\rm ss}) \\ \vdots \\ Az_{k+N-1|k}+B(u_{k+N-1|k}-u_{\rm ss})\end{bmatrix} \\ &=\begin{bmatrix} y_{\rm ss} \\ y_{\rm ss} \\ \vdots \\ y_{\rm ss}\end{bmatrix}+\breve{C}\begin{bmatrix} Az_{k|k}+B(u_{k|k}-u_{\rm ss}) \\ A^2z_{k|k}+AB(u_{k|k}-u_{\rm ss})+B(u_{k+1|k}-u_{\rm ss}) \\ \vdots \\ A^Nz_{k|k}+A^{N-1}B(u_{k|k}-u_{\rm ss})+\cdots+B(u_{k+N-1|k}-u_{\rm ss})\end{bmatrix}\end{aligned}$$

其中，$\breve{C}=\mathrm{diag}\{C,C,\cdots,C\}$；$z=x-x_{\rm ss}$；$z_{k|k}=\hat{x}_{k|k}-x_{\rm ss}$。注意到：

$$\begin{bmatrix} u_{k|k} \\ u_{k+1|k} \\ \vdots \\ u_{k+N-1|k}\end{bmatrix}=\begin{bmatrix} u_{k-1} \\ u_{k-1} \\ \vdots \\ u_{k-1}\end{bmatrix}+\begin{bmatrix} I & 0 & \cdots & 0 \\ I & I & \ddots & \vdots \\ \vdots & \ddots & \ddots & 0 \\ I & \cdots & I & I\end{bmatrix}\begin{bmatrix} \Delta u_{k|k} \\ \Delta u_{k+1|k} \\ \vdots \\ \Delta u_{k+N-1|k}\end{bmatrix}$$

在 Kalman 滤波阶段，$\Delta\tilde{u}_{N,k|k}$ 是未知量。当 $\Delta\tilde{u}_{N,k|k}=0$ 时关于 y 的预测如下：

$$\begin{bmatrix} y_{k+1|k}^{\mathrm{fr}} \\ y_{k+2|k}^{\mathrm{fr}} \\ \vdots \\ y_{k+N|k}^{\mathrm{fr}} \end{bmatrix} = \begin{bmatrix} y_{\mathrm{ss}} \\ y_{\mathrm{ss}} \\ \vdots \\ y_{\mathrm{ss}} \end{bmatrix} + \begin{bmatrix} CA \\ CA^2 \\ \vdots \\ CA^N \end{bmatrix} z_{k|k} + \begin{bmatrix} CB & 0 & \cdots & 0 \\ CAB & CB & \ddots & 0 \\ \vdots & \ddots & \ddots & \vdots \\ CA^{N-1}B & \cdots & CAB & CB \end{bmatrix} \begin{bmatrix} u_{k-1}-u_{\mathrm{ss}} \\ u_{k-1}-u_{\mathrm{ss}} \\ \vdots \\ u_{k-1}-u_{\mathrm{ss}} \end{bmatrix}$$

例题 5.2 考虑 LTI 状态空间模型：

$$\begin{cases} x_{k+1} = Ax_k + Bu_k + Ff_k \\ y_k = Cx_k + Gf_k \end{cases}$$

其中，$x \in \mathbb{R}^n$ 为状态；$y \in \mathbb{R}^p$ 为输出；$u \in \mathbb{R}^m$ 为可控输入；$f \in \mathbb{R}^q$ 为干扰。采用双层结构控制算法，上层求解一个多目标 LP 问题，下层求解一个多目标混合 LP/QP 问题。

上层优化问题如下：

$$\min \left\{\varepsilon_i, c^{\mathrm{T}}\chi_{\mathrm{ss}}\right\} \tag{5.11}$$

$$\text{s.t.} \quad \begin{cases} H_0\chi_{\mathrm{ss}} = h_0 \\ H_1\chi_{\mathrm{ss}} \leqslant h_1 \\ H_{2i}\chi_{\mathrm{ss}} \leqslant h_{2i} + \varepsilon_i, \ \varepsilon_i \geqslant 0, \ i = 1, 2, \cdots, r \end{cases} \tag{5.12}$$

其中，$\varepsilon_i = \begin{bmatrix} \varepsilon_{i,1} \\ \varepsilon_{i,2} \\ \vdots \\ \varepsilon_{i,n_i} \end{bmatrix} \in \mathbb{R}^{n_i}$。

将式(5.11)～ 式(5.12)变成 $r+1$ 个 LP，即

$$\min d_i^{\mathrm{T}}\varepsilon_i \quad \text{s.t.} \quad \begin{cases} H_0\chi_{\mathrm{ss}} = h_0 \\ H_1\chi_{\mathrm{ss}} \leqslant h_1 \\ H_{2j}\chi_{\mathrm{ss}} \leqslant h_{2j} + \varepsilon_j', \quad j = 1, 2, \cdots, i \end{cases}$$

其中，$i = 1, 2, \cdots, r$；$\varepsilon_j' = \begin{cases} \varepsilon_j^*, & j < i \\ \varepsilon_i, & j = i \end{cases}$；$d_i$ 是由 $\varepsilon_{i,j}$ 的最大可能值组成的向量，以及

$$\min c^{\mathrm{T}}\chi_{\mathrm{ss}} \quad \text{s.t.} \quad \begin{cases} H_0\chi_{\mathrm{ss}} = h_0 \\ H_1\chi_{\mathrm{ss}} \leqslant h_1 \\ H_{2i}\chi_{\mathrm{ss}} \leqslant h_{2i} + \varepsilon_i^*, \quad i = 1, 2, \cdots, r \end{cases}$$

设上层约束为如下形式：

$$\begin{cases} \underline{u} \leqslant u_{\mathrm{ss}} \leqslant \bar{u} \\ -\varepsilon_{\varphi,i}^- + \underline{\varphi}_i \leqslant \Phi_i x_{\mathrm{ss}} \leqslant \bar{\varphi}_i + \varepsilon_{\varphi,i}^+, \quad i = 1, 2, \cdots, r \\ -\varepsilon_{g,i}^- + \underline{g}_i \leqslant G_i y_{\mathrm{ss}} \leqslant \bar{g}_i + \varepsilon_{g,i}^+, \quad i = 1, 2, \cdots, r \\ x_{\mathrm{ss}} = Ax_{\mathrm{ss}} + Bu_{\mathrm{ss}} + Ff_k \\ y_{\mathrm{ss}} = Cx_{\mathrm{ss}} + Gf_k \end{cases}$$

则很容易表示为式(5.12)的形式。

下层优化问题如下：

$$\min\left\{\sum_{i=1}^{N}\|y_{k+i|k}-y_{\mathrm{ss}}\|_1+\|\eta\|_1,\quad \sum_{j=0}^{N-1}\|u_{k+j|k}-u_{\mathrm{ss}}\|_R^2+\|\eta\|_\Lambda^2\right\} \tag{5.13}$$

$$\text{s.t.}\quad\begin{cases} x_{k+i+1|k}=Ax_{k+i|k}+Bu_{k+i|k}+Ff_k, & i=0,1,2,\cdots,N-1\\ y_{k+i|k}=Cx_{k+i|k}+Gf_k, & i=1,2,\cdots,N\\ \underline{u}\leqslant u_{k+j|k}\leqslant\bar{u}, & j=0,1,2,\cdots,N-1\\ -\eta_\varphi^-+\underline{\varphi}^{\mathrm{s}}\leqslant\Phi^{\mathrm{s}}x_{k+i|k}\leqslant\bar{\varphi}^{\mathrm{s}}+\eta_\varphi^+, & i=1,2,\cdots,N\\ -\eta_g^-+\underline{g}^{\mathrm{s}}\leqslant G^{\mathrm{s}}y_{k+i|k}\leqslant\bar{g}^{\mathrm{s}}+\eta_g^+, & i=1,2,\cdots,N \end{cases} \tag{5.14}$$

其中，$\{R,\Lambda\}$ 为已知加权矩阵；

$$\Phi^{\mathrm{s}}=\mathrm{diag}\{\Phi_1,\Phi_2,\cdots,\Phi_r\},\quad G^{\mathrm{s}}=\mathrm{diag}\{G_1,G_2,\cdots,G_r\}$$

$$\underline{\varphi}^{\mathrm{s}}=\begin{bmatrix}\underline{\varphi}\\ \underline{\varphi}\\ \vdots\\ \underline{\varphi}\end{bmatrix},\quad \bar{\varphi}^{\mathrm{s}}=\begin{bmatrix}\bar{\varphi}\\ \bar{\varphi}\\ \vdots\\ \bar{\varphi}\end{bmatrix},\quad \underline{g}^{\mathrm{s}}=\begin{bmatrix}\underline{g}\\ \underline{g}\\ \vdots\\ \underline{g}\end{bmatrix},\quad \bar{g}^{\mathrm{s}}=\begin{bmatrix}\bar{g}\\ \bar{g}\\ \vdots\\ \bar{g}\end{bmatrix},\quad \eta=\begin{bmatrix}\eta_\varphi^-\\ \eta_\varphi^+\\ \eta_g^-\\ \eta_g^+\end{bmatrix}$$

$$\eta_\varphi^-=\begin{bmatrix}\eta_{\varphi,1}^-\\ \eta_{\varphi,2}^-\\ \vdots\end{bmatrix},\quad \eta_\varphi^+=\begin{bmatrix}\eta_{\varphi,1}^+\\ \eta_{\varphi,2}^+\\ \vdots\end{bmatrix},\quad \eta_g^-=\begin{bmatrix}\eta_{g,1}^-\\ \eta_{g,2}^-\\ \vdots\end{bmatrix},\quad \eta_g^+=\begin{bmatrix}\eta_{g,1}^+\\ \eta_{g,2}^+\\ \vdots\end{bmatrix}.$$

将式(5.13)化成两个优化问题，即

$$\min J_1=\sum_{i=1}^{N}\|y_{k+i|k}-y_{\mathrm{ss}}\|_1+\|\eta\|_1\quad\text{s.t.}\quad 式(5.14) \tag{5.15}$$

$$\min\sum_{j=0}^{N-1}\|u_{k+j|k}-u_{\mathrm{ss}}\|_R^2+\|\eta\|_\Lambda^2\quad\text{s.t.}\quad\begin{cases}式(5.14)\\ \displaystyle\sum_{i=1}^{N}\|y_{k+i|k}-y_{\mathrm{ss}}\|_1+\|\eta\|_1\leqslant J_1^*\end{cases} \tag{5.16}$$

先求 LP 问题(5.15)，再求 QP 问题(5.16)；QP 的决策变量也是 LP 的决策变量。

$x_{k|k}=\hat{x}_{k|k}$，$\hat{x}_{k|k}$ 的估计采用如下稳态 Kalman 滤波。

(1) 初值为 $\hat{x}_{0|0}=\mu_0$。

(2) $k>0$ 时的值为

$$\begin{cases}\hat{x}_{k|k-1}=A\hat{x}_{k-1|k-1}+Bu_{k-1}+Ff_{k-1}\\ \hat{x}_{k|k}=\hat{x}_{k|k-1}+L\left(y_k-Gf_k-C\hat{x}_{k|k-1}\right)\\ L=XC^{\mathrm{T}}\left(CXC^{\mathrm{T}}+V\right)^{-1}\\ X=W+AXA^{\mathrm{T}}-AXC^{\mathrm{T}}\left(CXC^{\mathrm{T}}+V\right)^{-1}CXA^{\mathrm{T}}\end{cases}$$

5.2 双层结构预测控制的一个完整例子

双层结构预测控制算法在文献 [2] 的基础上进行了修改。考虑如下的状态空间模型：

$$\begin{cases}\tilde{x}_{k+1}=\tilde{A}\tilde{x}_k+\tilde{B}(u_k-u_{\mathrm{eq}})+\tilde{F}(f_k-f_{\mathrm{eq}})\\ y_k=y_{\mathrm{eq}}+\tilde{C}\tilde{x}_k\end{cases} \tag{5.17}$$

其中，状态变量和系统矩阵为

$$\tilde{x}_k=\begin{bmatrix}x_k\\d_k\\p_k\end{bmatrix},\ \tilde{A}=\begin{bmatrix}A&G_d&0\\0&I&0\\0&0&I\end{bmatrix},\tilde{B}=\begin{bmatrix}B\\0\\0\end{bmatrix},\ \tilde{F}=\begin{bmatrix}F\\0\\0\end{bmatrix},\ \tilde{C}=\begin{bmatrix}C&0&G_p\end{bmatrix} \tag{5.18}$$

设 $x\in\mathbb{R}^{n_x}$，$p\in\mathbb{R}^{n_p}$，$d\in\mathbb{R}^{n_d}$，$y\in\mathbb{R}^{n_y}$，$u\in\mathbb{R}^{n_u}$，$f\in\mathbb{R}^{n_f}$。

5.2.1 开环预测模块

对式(5.17)和式(5.18)，采用稳态 Kalman 滤波得到状态估计如下（见第 4 章习题 1）：

$$\begin{bmatrix}\hat{x}'_{k|k-1}\\\hat{d}_{k|k-1}\\\hat{p}_{k|k-1}\end{bmatrix}=\tilde{A}\begin{bmatrix}\hat{x}_{k-1|k-1}\\\hat{d}_{k-1|k-1}\\\hat{p}_{k-1|k-1}\end{bmatrix}+R_{12}R_2^{-1}\left(y_{k-1}-y_{\rm eq}-\tilde{C}\begin{bmatrix}\hat{x}_{k-1|k-1}\\\hat{d}_{k-1|k-1}\\\hat{p}_{k-1|k-1}\end{bmatrix}\right)+\tilde{B}(u_{k-1}-u_{\rm eq})+\tilde{F}(f_{k-1}-f_{\rm eq})$$

$$\begin{bmatrix}\hat{x}_{k|k}\\\hat{d}_{k|k}\\\hat{p}_{k|k}\end{bmatrix}=\begin{bmatrix}\hat{x}'_{k|k-1}\\\hat{d}_{k|k-1}\\\hat{p}_{k|k-1}\end{bmatrix}+\begin{bmatrix}L_x\\L_d\\L_p\end{bmatrix}\left(y_k-y_{\rm eq}-\tilde{C}\begin{bmatrix}\hat{x}'_{k|k-1}\\\hat{d}_{k|k-1}\\\hat{p}_{k|k-1}\end{bmatrix}\right) \tag{5.19}$$

初值为 $\begin{bmatrix}\hat{x}_{0|0}^{\rm T}&\hat{d}_{0|0}^{\rm T}&\hat{p}_{0|0}^{\rm T}\end{bmatrix}^{\rm T}$。求解如下代数 Riccati 方程（见第 4 章习题 1）：

$$\Sigma=\tilde{A}\Sigma\tilde{A}^{\rm T}-(\tilde{A}\Sigma\tilde{C}^{\rm T}+R_{12})(\tilde{C}\Sigma\tilde{C}^{\rm T}+R_2)^{-1}(\tilde{A}\Sigma\tilde{C}^{\rm T}+R_{12})^{\rm T}+R_1$$

得到解 Σ，从而可计算稳态 Kalman 滤波增益：

$$L=\Sigma\tilde{C}^{\rm T}(\tilde{C}\Sigma\tilde{C}^{\rm T}+R_2)^{-1} \tag{5.20}$$

其中，$R_1\in\mathbb{R}^{(n_x+n_d+n_p)\times(n_x+n_d+n_p)}$，$R_{12}=\begin{bmatrix}R_{12}^x\\R_{12}^d\\R_{12}^p\end{bmatrix}\in\mathbb{R}^{(n_x+n_d+n_p)\times n_y}$，$R_2\in\mathbb{R}^{n_y\times n_y}$ 为可调参数，满足 $\begin{bmatrix}R_1&R_{12}\\R_{12}^{\rm T}&R_2\end{bmatrix}\geqslant 0$。注意，这里使用了 $\hat{x}'_{k|k-1}$ 而不是 $\hat{x}_{k|k-1}$，因为

$$\begin{aligned}\hat{x}_{k|k-1}=&A\hat{x}_{k-1|k-1}+B(u_{k-1|k-1}-u_{\rm eq})+F(f_{k-1}-f_{\rm eq})+G_d\hat{d}_{k-1|k-1}\\&+R_{12}^xR_2^{-1}(y_{k-1}-y_{\rm eq}-C\hat{x}_{k-1|k-1}-G_p\hat{p}_{k-1|k-1})\end{aligned}$$

其中，可能 $u_{k-1|k-1}\neq u_{k-1}$。

定义闭环控制作用为

$$u_{k+i|k}=u_{\rm eq}+K\hat{x}_{k+i|k}+v_{k+i|k},\quad i\geqslant 0 \tag{5.21}$$

其中，K 为控制器增益矩阵，使得 $A_c=A+BK$ 是渐近稳定的；v 为控制作用摄动项。定义 $u_{k+i|k}^{\rm ol}=u_{\rm eq}+K\hat{x}_{k+i|k}^{\rm ol}+v_{k-1}$ 为开环控制作用，上角标“ol”表示开环。开环预测值，就是在开环控制作用下的未来值的估计。基于超前 $i\geqslant 1$ 步稳态 Kalman 预报方法 [2]，未来状态估计的开环预测值如下：

$$\hat{x}_{k+1|k}^{\rm ol}=A_c\hat{x}_{k|k}^{\rm ol}+Bv_{k-1}+F(f_k-f_{\rm eq})+G_d\hat{d}_{k|k}+R_{12}^xR_2^{-1}(y_k-y_{\rm eq}-C\hat{x}_{k|k}-G_p\hat{p}_{k|k}) \tag{5.22}$$

$$d_{k+1|k}=d_{k|k}+R_{12}^dR_2^{-1}(y_k-y_{\rm eq}-C\hat{x}_{k|k}-G_p\hat{p}_{k|k}) \tag{5.23}$$

$$p_{k+1|k}=p_{k|k}+R_{12}^pR_2^{-1}(y_k-y_{\rm eq}-C\hat{x}_{k|k}-G_p\hat{p}_{k|k}) \tag{5.24}$$

$$\hat{x}^{\mathrm{ol}}_{k+i+1|k} = A_c\hat{x}^{\mathrm{ol}}_{k+i|k} + Bv_{k-1} + \mu_k, \quad i \geqslant 1 \tag{5.25}$$

其中，$\mu_k = F(f_k - f_{\mathrm{eq}}) + G_d\hat{d}_{k+1|k}$，预测初值 $\hat{x}^{\mathrm{ol}}_{k|k} = \hat{x}_{k|k}$。基于式(5.25)，未来输出的开环预测值如下：

$$y^{\mathrm{ol}}_{k+i|k} = y_{\mathrm{eq}} + C\hat{x}^{\mathrm{ol}}_{k+i|k} + G_p\hat{p}_{k+1|k}, \quad i \geqslant 1 \tag{5.26}$$

式(5.22)～ 式(5.26)为开环动态预测方程。

基于式(5.22)～式(5.26)，得到开环稳态方程如下：

$$\hat{x}^{\mathrm{ol}}_{\mathrm{ss},k} = (I - A_c)^{-1}Bv_{k-1} + (I - A_c)^{-1}\mu_k \tag{5.27}$$

$$u^{\mathrm{ol}}_{\mathrm{ss},k} = u_{\mathrm{eq}} + K_c v_{k-1} + K(I - A_c)^{-1}\mu_k \tag{5.28}$$

$$y^{\mathrm{ol}}_{\mathrm{ss},k} = y_{\mathrm{eq}} + G_c v_{k-1} + C(I - A_c)^{-1}\mu_k + G_p\hat{p}_{k+1|k} \tag{5.29}$$

其中，$K_c = K(I - A_c)^{-1}B + I$ 和 $G_c = C(I - A_c)^{-1}B$ 为稳态增益矩阵。

5.2.2 稳态目标计算模块

根据式(5.27)～ 式(5.29)，在稳态目标计算 (steady-state target calculation, SSTC) 中，要得到 $\{\hat{x}_{\mathrm{ss}}, u_{\mathrm{ss}}, y_{\mathrm{ss}}\}_k$，满足

$$\hat{x}_{\mathrm{ss},k} = (I - A_c)^{-1}Bv_{\mathrm{ss},k} + (I - A_c)^{-1}\mu_k \tag{5.30}$$

$$u_{\mathrm{ss},k} = u_{\mathrm{eq}} + K_c v_{\mathrm{ss},k} + K(I - A_c)^{-1}\mu_k \tag{5.31}$$

$$y_{\mathrm{ss},k} = y_{\mathrm{eq}} + G_c v_{\mathrm{ss},k} + C(I - A_c)^{-1}\mu_k + G_p\hat{p}_{k+1|k} \tag{5.32}$$

注意，$v_{\mathrm{ss},k} = v_{k-1} + \delta v_{\mathrm{ss},k}$，由式(5.31)减去式(5.28)得

$$u_{\mathrm{ss},k} = K_c\delta v_{\mathrm{ss},k} + u^{\mathrm{ol}}_{\mathrm{ss},k} \tag{5.33}$$

注意，$u_{\mathrm{ss},k} = u^{\mathrm{ol}}_{\mathrm{ss},k} + \delta u_{\mathrm{ss},k}$，故 $\delta u_{\mathrm{ss},k} = K_c\delta v_{\mathrm{ss},k}$。由式(5.32)减去式(5.29) 得

$$y_{\mathrm{ss},k} = G_c\delta v_{\mathrm{ss},k} + y^{\mathrm{ol}}_{\mathrm{ss},k} \tag{5.34}$$

注意，$y_{\mathrm{ss},k} = y^{\mathrm{ol}}_{\mathrm{ss},k} + \delta y_{\mathrm{ss},k}$，故 $\delta y_{\mathrm{ss},k} = G_c\delta v_{\mathrm{ss},k}$。

注解 5.2 在文献 [2] 中，定义 $u_{\mathrm{ss},k} = u_{k-1} + \delta u_{\mathrm{ss},k}$，故 $\delta u_{\mathrm{ss},k} = K_c\delta v_{\mathrm{ss},k} + u^{\mathrm{ol}}_{\mathrm{ss},k} - u_{k-1}$，也是可以的。

针对 u_{ss} 和 y_{ss} 的约束包括：

$$\underline{u} \leqslant u_{\mathrm{ss},k} \leqslant \bar{u} \tag{5.35}$$

$$|\delta u_{\mathrm{ss},k}| \leqslant N_c\Delta\bar{u} \tag{5.36}$$

$$|\delta u_{\mathrm{ss},k}| \leqslant \delta\bar{u}_{\mathrm{ss}} \tag{5.37}$$

$$\underline{y}_{0,\mathrm{h}} \leqslant y_{\mathrm{ss},k} \leqslant \bar{y}_{0,\mathrm{h}} \tag{5.38}$$

$$\underline{y}_0 - \varepsilon_{\underline{y}} \leqslant y_{\mathrm{ss},k} \leqslant \bar{y}_0 + \varepsilon_{\bar{y}} \tag{5.39}$$

$$|\delta y_{\mathrm{ss},k}| \leqslant \delta\bar{y}_{\mathrm{ss}} \tag{5.40}$$

$$-\varepsilon^-_{u,i,t} - \frac{1}{2}u_{i,\mathrm{ss,range}} \leqslant u_{i,\mathrm{ss},k} - u_{i,t,k} \leqslant \frac{1}{2}u_{i,\mathrm{ss,range}} + \varepsilon^+_{u,i,t} \tag{5.41}$$

$$u_{i,\mathrm{ss},k} - u_{i,t,k} = \varepsilon^+_{u,i,t} - \varepsilon^-_{u,i,t}, \quad i \in \mathcal{I}_t \tag{5.42}$$

$$-\varepsilon_{y,j,t}^{-}-\frac{1}{2}y_{j,\mathrm{ss,range}}\leqslant y_{j,\mathrm{ss},k}-y_{j,t,k}\leqslant\frac{1}{2}y_{j,\mathrm{ss,range}}+\varepsilon_{y,j,t}^{+} \tag{5.43}$$

$$y_{j,\mathrm{ss},k}-y_{j,t,k}=\varepsilon_{y,j,t}^{+}-\varepsilon_{y,j,t}^{-},\quad j\in\mathcal{J}_t \tag{5.44}$$

其中，所有 $\varepsilon\geqslant 0$，$u_{i,t,k}$ $(y_{j,t,k})$ 为 $u_{i,\mathrm{ss},k}$ $(y_{j,\mathrm{ss},k})$ 的理想值 [称外部目标 (external target，ET)]，而 $u_{i,\mathrm{ss,range}}(y_{j,\mathrm{ss,range}})$ 为偏离理想值的期望允许范围。

1. 将约束统一表达为关于控制摄动稳态增量的形式

根据式(5.33)，约束式(5.35)~ 式(5.37)合并为

$$K_c\delta v_{\mathrm{ss},k}\leqslant\bar{u}_k' \tag{5.45}$$

$$K_c\delta v_{\mathrm{ss},k}\geqslant\underline{u}_k' \tag{5.46}$$

其中，$\bar{u}_k'=\min\{\bar{u}-u_{\mathrm{ss},k}^{\mathrm{ol}},N_c\Delta\bar{u},\delta\bar{u}_{\mathrm{ss}}\}$；$\underline{u}_k'=\max\{\underline{u}-u_{\mathrm{ss},k}^{\mathrm{ol}},-N_c\Delta\bar{u},-\delta\bar{u}_{\mathrm{ss}}\}$。

根据式(5.34)，约束式(5.38)和式(5.40)合并为

$$G_c\delta v_{\mathrm{ss},k}\leqslant\bar{y}_{\mathrm{h},k} \tag{5.47}$$

$$G_c\delta v_{\mathrm{ss},k}\geqslant\underline{y}_{\mathrm{h},k} \tag{5.48}$$

其中，$\bar{y}_{\mathrm{h},k}=\min\{\bar{y}_{0,\mathrm{h}}-y_{\mathrm{ss},k}^{\mathrm{ol}},\delta\bar{y}_{\mathrm{ss}}\}$；$\underline{y}_{\mathrm{h},k}=\max\{\underline{y}_{0,\mathrm{h}}-y_{\mathrm{ss},k}^{\mathrm{ol}},-\delta\bar{y}_{\mathrm{ss}}\}$。

考虑满足式(5.47)和式(5.48)，约束式(5.39)变为

$$G_c\delta v_{\mathrm{ss},k}\leqslant\bar{y}_k+\varepsilon_{\bar{y}} \tag{5.49}$$

$$G_c\delta v_{\mathrm{ss},k}\geqslant\underline{y}_k-\varepsilon_{\underline{y}} \tag{5.50}$$

其中，$\bar{y}_k=\max\{\min\{\bar{y}_0-y_{\mathrm{ss},k}^{\mathrm{ol}},\bar{y}_{\mathrm{h},k}\},\underline{y}_{\mathrm{h},k}\}$；$\underline{y}_k=\min\{\max\{\underline{y}_0-y_{\mathrm{ss},k}^{\mathrm{ol}},\underline{y}_{\mathrm{h},k}\},\bar{y}_{\mathrm{h},k}\}$。

考虑满足式(5.45)和式(5.46)，取

$$\bar{u}_{i,\mathrm{ss},k}=\max\left\{\min\left\{u_{i,t,k}+\frac{1}{2}u_{i,\mathrm{ss,range}}-u_{i,\mathrm{ss},k}^{\mathrm{ol}},\bar{u}_{i,k}'\right\},\underline{u}_{i,k}'\right\},\quad i\in\mathcal{I}_t$$

$$\underline{u}_{i,\mathrm{ss},k}=\min\left\{\max\left\{u_{i,t,k}-\frac{1}{2}u_{i,\mathrm{ss,range}}-u_{i,\mathrm{ss},k}^{\mathrm{ol}},\underline{u}_{i,k}'\right\},\bar{u}_{i,k}'\right\},\quad i\in\mathcal{I}_t$$

则约束式(5.41)变为

$$K_{c,i}\delta v_{\mathrm{ss},k}\leqslant\bar{u}_{i,\mathrm{ss},k}+\varepsilon_{\bar{u},i,\mathrm{ss}},\quad i\in\mathcal{I}_t \tag{5.51}$$

$$K_{c,i}\delta v_{\mathrm{ss},k}\geqslant\underline{u}_{i,\mathrm{ss},k}-\varepsilon_{\underline{u},i,\mathrm{ss}},\quad i\in\mathcal{I}_t \tag{5.52}$$

其中，$K_{c,i}$ 是 K_c 的第 i 行。

考虑满足式(5.47)和式(5.48)，取

$$\bar{y}_{j,\mathrm{ss},k}=\max\left\{\min\left\{y_{j,t,k}+\frac{1}{2}y_{j,\mathrm{ss,range}}-y_{j,\mathrm{ss},k}^{\mathrm{ol}},\bar{y}_{j,\mathrm{h},k}\right\},\underline{y}_{j,\mathrm{h},k}\right\},\quad j\in\mathcal{J}_t$$

$$\underline{y}_{j,\mathrm{ss},k}=\min\left\{\max\left\{y_{j,t,k}-\frac{1}{2}y_{j,\mathrm{ss,range}}-y_{j,\mathrm{ss},k}^{\mathrm{ol}},\underline{y}_{j,\mathrm{h},k}\right\},\bar{y}_{j,\mathrm{h},k}\right\},\quad j\in\mathcal{J}_t$$

则约束式(5.43)变为

$$G_{c,j}\delta v_{\mathrm{ss},k}\leqslant\bar{y}_{j,\mathrm{ss},k}+\varepsilon_{\bar{y},j,\mathrm{ss}},\quad j\in\mathcal{J}_t \tag{5.53}$$

$$G_{c,j}\delta v_{\mathrm{ss},k}\geqslant\underline{y}_{j,\mathrm{ss},k}-\varepsilon_{\underline{y},j,\mathrm{ss}},\quad j\in\mathcal{J}_t \tag{5.54}$$

其中，$G_{c,j}$ 为 G_c 的第 j 行。

另外，约束式(5.42)变为

$$K_{c,i}\delta v_{\mathrm{ss},k} = u_{i,t,k} - u^{\mathrm{ol}}_{i,\mathrm{ss},k} + \varepsilon^{+}_{u,i,t} - \varepsilon^{-}_{u,i,t}, \quad i \in \mathcal{I}_t \tag{5.55}$$

约束式(5.44)变为

$$G_{c,j}\delta v_{\mathrm{ss},k} = y_{j,t,k} - y^{\mathrm{ol}}_{j,\mathrm{ss},k} + \varepsilon^{+}_{y,j,t} - \varepsilon^{-}_{y,j,t}, \quad j \in \mathcal{J}_t \tag{5.56}$$

2. 稳态目标计算的可行性阶段

对每一个 ε，记其加权系数为 ε^{-1}；ε 按照优先顺序分为 r_0 个级别。在每个优先级的优化问题中，都要满足非 ε 约束

$$\begin{bmatrix} K_c \\ -K_c \\ G_c \\ -G_c \end{bmatrix} \delta v_{\mathrm{ss},k} \leqslant \begin{bmatrix} \bar{u}'_k \\ -\underline{u}'_k \\ \bar{y}_{\mathrm{h},k} \\ -\underline{y}_{\mathrm{h},k} \end{bmatrix} \tag{5.57}$$

是由式(5.45)～式(5.48)组成的。考虑优先级 r（r 越小越优先）。记通过第 r 个优先级的 ε 的求解，得到的从第 1 级到第 r 级 ε 的处理结果为

$$\begin{cases} C^{(r)}\delta v_{\mathrm{ss},k} \leqslant c^{(r)}_k \\ C^{(r)}_{\mathrm{eq}}\delta v_{\mathrm{ss},k} = c^{(r)}_{\mathrm{eq},k} \end{cases} \tag{5.58}$$

式(5.58)是由如下一些约束组成的：

$$G_{c,j}\delta v_{\mathrm{ss},k} \leqslant \bar{y}'_{j,k}, \quad j \in \mathscr{J}^{(r)}_u \tag{5.59}$$

$$-G_{c,j}\delta v_{\mathrm{ss},k} \leqslant -\underline{y}'_{j,k}, \quad j \in \mathscr{J}^{(r)}_l \tag{5.60}$$

$$K_{c,i}\delta v_{\mathrm{ss},k} \leqslant \bar{u}'_{i,\mathrm{ss},k}, \quad i \in \mathbb{I}^{(r)}_u \tag{5.61}$$

$$-K_{c,i}\delta v_{\mathrm{ss},k} \leqslant -\underline{u}'_{i,\mathrm{ss},k}, \quad i \in \mathbb{I}^{(r)}_l \tag{5.62}$$

$$G_{c,j}\delta v_{\mathrm{ss},k} \leqslant \bar{y}'_{j,\mathrm{ss},k}, \quad j \in \mathbb{J}^{(r)}_u \tag{5.63}$$

$$-G_{c,j}\delta v_{\mathrm{ss},k} \leqslant -\underline{y}'_{j,\mathrm{ss},k}, \quad j \in \mathbb{J}^{(r)}_l \tag{5.64}$$

$$K_{c,i}\delta v_{\mathrm{ss},k} = u_{i,\mathrm{ss},k} - u^{\mathrm{ol}}_{i,\mathrm{ss},k}, \quad i \in \mathbb{I}^{(r)}_e \tag{5.65}$$

$$G_{c,j}\delta v_{\mathrm{ss},k} = y_{j,\mathrm{ss},k} - y^{\mathrm{ol}}_{j,\mathrm{ss},k}, \quad j \in \mathbb{J}^{(r)}_e \tag{5.66}$$

其中，$\left\{\mathscr{J}^{(r)}_u, \mathscr{J}^{(r)}_l\right\} \in \mathbb{N}_y := \{1,2,\cdots,n_y\}$；$\left\{\mathbb{I}^{(r)}_u, \mathbb{I}^{(r)}_l, \mathbb{I}^{(r)}_e\right\} \subseteq \mathcal{I}_t$；$\left\{\mathbb{J}^{(r)}_u, \mathbb{J}^{(r)}_l, \mathbb{J}^{(r)}_e\right\} \subseteq \mathcal{J}_t$；$\bar{y}'_{j,k} \geqslant \bar{y}_{j,k}$，$\underline{y}'_{j,k} \leqslant \underline{y}_{j,k}$；$\bar{u}'_{i,\mathrm{ss},k} \geqslant \bar{u}_{i,\mathrm{ss},k}$，$\underline{u}'_{i,\mathrm{ss},k} \leqslant \underline{u}_{i,\mathrm{ss},k}$；$\bar{y}'_{j,\mathrm{ss},k} \geqslant \bar{y}_{j,\mathrm{ss},k}$，$\underline{y}'_{j,\mathrm{ss},k} \leqslant \underline{y}_{j,\mathrm{ss},k}$。式(5.59)～式(5.66)分别是式(5.49)～式(5.56)优化后的结果。在式(5.59)～式(5.66)的作用下，式(5.57)简化为

$$K_{c,i}\delta v_{\mathrm{ss},k} \leqslant \bar{u}'_{i,k}, \quad i \notin \mathbb{I}^{(r)}_e \bigcup \mathbb{I}^{(r)}_u \tag{5.67}$$

$$-K_{c,i}\delta v_{\mathrm{ss},k} \leqslant -\underline{u}'_{i,k}, \quad i \notin \mathbb{I}^{(r)}_e \bigcup \mathbb{I}^{(r)}_l \tag{5.68}$$

$$G_{c,j}\delta v_{\mathrm{ss},k} \leqslant \bar{y}_{j,\mathrm{h},k}, \quad j \notin \mathbb{J}^{(r)}_e \bigcup \mathbb{J}^{(r)}_u \bigcup \mathscr{J}^{(r)}_u \tag{5.69}$$

$$-G_{c,j}\delta v_{\mathrm{ss},k} \leqslant -\underline{y}_{j,\mathrm{h},k}, \quad j \notin \mathbb{J}^{(r)}_e \bigcup \mathbb{J}^{(r)}_l \bigcup \mathscr{J}^{(r)}_l \tag{5.70}$$

因此，在求解第 $r+1$ 个优先级的优化问题时，式(5.57)可以由式(5.67)~ 式(5.70)代替。

考虑第 $r+1$ 个优先级，约束为式(5.67)~ 式(5.70)和

$$\begin{cases} \begin{bmatrix} C^{(r)} \\ \tilde{C}^{(r+1)} \end{bmatrix} \delta v_{i,k} \leqslant \begin{bmatrix} c_k^{(r)} \\ \tilde{c}_k^{(r+1)} + \varepsilon_k^{(r+1)} \end{bmatrix} \\ \begin{bmatrix} C_{\mathrm{eq}}^{(r)} \\ \tilde{C}_{\mathrm{eq}}^{(r+1)} \end{bmatrix} \delta v_{i,k} = \begin{bmatrix} c_{\mathrm{eq},k}^{(r)} \\ \tilde{c}_{\mathrm{eq},k}^{(r+1)} + \varepsilon_{\mathrm{eq},+,k}^{(r+1)} - \varepsilon_{\mathrm{eq},-,k}^{(r+1)} \end{bmatrix} \end{cases} \tag{5.71}$$

下面分两种情况进行讨论。

(1) 线性规划。求解：

$$\min_{\varepsilon_{\mathrm{eq},+,k}^{(r+1)},\varepsilon_{\mathrm{eq},-,k}^{(r+1)},\varepsilon_k^{(r+1)},\delta v_{\mathrm{ss},k}} \times \left[\sum_{\tau=1}^{d_{\mathrm{eq}}^{(r+1)}} \left(\bar{\varepsilon}_{\mathrm{eq},\tau}^{(r+1)}\right)^{-1} \left(\varepsilon_{\mathrm{eq},+,\tau,k}^{(r+1)} + \varepsilon_{\mathrm{eq},-,\tau,k}^{(r+1)}\right) + \sum_{\ell=1}^{d^{(r+1)}} \left(\bar{\varepsilon}_{\ell}^{(r+1)}\right)^{-1} \varepsilon_{\ell,k}^{(r+1)}\right]$$

$$\text{s.t.}\quad \text{式(5.67)} \sim \text{式(5.71)}$$

其中，下角标 τ 表示对应于 $\varepsilon_{\mathrm{eq},k}^{(r+1)}$ 的第 τ 个元素，而 $d_{\mathrm{eq}}^{(r+1)}$ 表示 $\varepsilon_{\mathrm{eq},k}^{(r+1)}$ 的维数；下角标 ℓ 表示对应于 $\varepsilon_k^{(r+1)}$ 的第 ℓ 个元素，而 $d^{(r+1)}$ 表示 $\varepsilon^{(r+1)}$ 的维数。

(2) 二次规划。求解：

$$\min_{\varepsilon_{\mathrm{eq},k}^{(r+1)},\varepsilon_k^{(r+1)},\delta v_{\mathrm{ss},k}} \left[\sum_{\tau=1}^{d_{\mathrm{eq}}^{(r+1)}} \left(\bar{\varepsilon}_{\mathrm{eq},\tau}^{(r+1)}\right)^{-2} \left(\varepsilon_{\mathrm{eq},\tau,k}^{(r+1)}\right)^2 + \sum_{\ell=1}^{d^{(r+1)}} \left(\bar{\varepsilon}_{\ell}^{(r+1)}\right)^{-2} \left(\varepsilon_{\ell,k}^{(r+1)}\right)^2\right] \quad \text{s.t.}\quad \text{式(5.67)} \sim \text{式(5.71)}$$

其中，$\varepsilon_{\mathrm{eq},\tau,k}^{(r+1)} = \varepsilon_{\mathrm{eq},+,\tau,k}^{(r+1)} + \varepsilon_{\mathrm{eq},-,\tau,k}^{(r+1)}$。

当第 $r+1$ 个优先级的优化完成后，式(5.71)则被表达为式(5.58)（r 变 $r+1$）。

3. 稳态目标计算的经济优化阶段

SSTC 经济优化阶段分为两种情况。一种情况是经济优化比所有的 ε 的优先级都低。另一种情况是经济优化和最低优先级别的 ε 一块处理。下面仅考虑第一种情况。

经过 SSTC 的可行性阶段，所有的约束可合并为

$$K_{c,i}\delta v_{\mathrm{ss},k} \leqslant \bar{u}'_{i,k}, \quad i \notin \mathcal{I}_t \tag{5.72}$$

$$-K_{c,i}\delta v_{\mathrm{ss},k} \leqslant -\underline{u}'_{i,k}, \quad i \notin \mathcal{I}_t \tag{5.73}$$

$$G_{c,j}\delta v_{\mathrm{ss},k} \leqslant \bar{y}'_{j,k}, \quad j \notin \mathcal{J}_t \tag{5.74}$$

$$-G_{c,j}\delta v_{\mathrm{ss},k} \leqslant -\underline{y}'_{j,k}, \quad j \notin \mathcal{J}_t \tag{5.75}$$

$$K_{c,i}\delta v_{\mathrm{ss},k} = u_{i,\mathrm{ss},k} - u_{i,\mathrm{ss},k}^{\mathrm{ol}}, \quad i \in \mathcal{I}_t \tag{5.76}$$

$$G_{c,j}\delta v_{\mathrm{ss},k} = y_{j,\mathrm{ss},k} - y_{j,\mathrm{ss},k}^{\mathrm{ol}}, \quad j \in \mathcal{J}_t \tag{5.77}$$

SSTC 的经济优化问题，即为寻找满足式(5.72)~ 式(5.77)的 $\delta v_{\mathrm{ss},k}$ 的问题。记最小动作 (minimum move) u 的集合为 $\mathcal{I}_{\mathrm{mm}}$。最小化 $|\delta u_{i,\mathrm{ss},k}|$ 等价于最小化 $\Delta U_{i,k}$ 并满足

$$-\Delta U_{i,k} \leqslant K_{c,i}\delta v_{\mathrm{ss},k} \leqslant \Delta U_{i,k} \tag{5.78}$$

若采用线性规划，经济优化问题如下所示：

$$\min_{\delta v_{\mathrm{ss},k},\Delta U_{i,k}} J=\sum_{i\in\mathcal{I}_{\mathrm{mm}}} h_i\Delta U_{i,k}+\sum_{i\notin\mathcal{I}_{\mathrm{mm}}\bigcup\mathcal{I}_t} h_iK_{c,i}\delta v_{\mathrm{ss},k},\quad \text{s.t. 式(5.72)} \sim \text{式(5.77); 式(5.78)}, i\in\mathcal{I}_{\mathrm{mm}}$$

其中，h_i 为经济加权系数。

若采用二次规划，经济优化问题如下所示：

$$\min_{\delta v_{\mathrm{ss},k},\Delta U_{i,k}} J=\sum_{i\in\mathcal{I}_{\mathrm{mm}}} h_i^2\Delta U_{i,k}^2+\left(\sum_{i\notin\mathcal{I}_{\mathrm{mm}}\bigcup\mathcal{I}_t} h_iK_{c,i}\delta v_{\mathrm{ss},k}-J_{\min}\right)^2$$

$$\text{s.t. 式(5.72)} \sim \text{式(5.77); 式(5.78)}, i\in\mathcal{I}_{\mathrm{mm}}$$

其中，$J_{\min}$ 不大于 $\sum_{i\notin\mathcal{I}_{\mathrm{mm}}\bigcup\mathcal{I}_t} h_iK_{c,i}\delta v_{\mathrm{ss},k}$ 的最小值。

5.2.3 动态控制模块

取控制时域为 N_c。对所有 $i\geqslant N_c$，$\Delta v_{k+i|k}=0$。在动态控制中，假设要达到 3 个目的：① 未来的输出尽量接近 $y_{\mathrm{ss},k}$；② 抑制闭环控制作用相对于开环控制作用的剧烈变化；③ 尽量满足输出操作约束。选择最小化如下的目标函数：

$$J_k=\sum_{i=1}^{N}\|y_{k+i|k}-y_{\mathrm{ss},k}\|_Q^2+\sum_{j=0}^{N_c-1}\|\Delta v_{k+j|k}\|_R^2$$

$$J_k'=\sum_{i=1}^{N}\|y_{k+i|k}-y_{\mathrm{ss},k}\|_Q^2+\sum_{j=0}^{N_c-1}\|\Delta v_{k+j|k}\|_R^2+\|\underline{\varepsilon}_{\mathrm{dc},k}\|_{\underline{\Omega}}^2+\|\bar{\varepsilon}_{\mathrm{dc},k}\|_{\bar{\Omega}}^2$$

其中，加权常取为 $Q=\mathrm{diag}\{q_1^2,q_2^2,\cdots,q_{n_y}^2\}$；$R=\mathrm{diag}\{r_1^2,r_2^2,\cdots,r_{n_u}^2\}$；$\underline{\Omega}=\mathrm{diag}\{\underline{\omega}_1^2,\underline{\omega}_2^2,\cdots,\underline{\omega}_{n_y}^2\}$；$\bar{\Omega}=\mathrm{diag}\{\bar{\omega}_1^2,\bar{\omega}_2^2,\cdots,\bar{\omega}_{n_y}^2\}$；$\underline{\omega}_j=(\underline{y}_{j,0}-\underline{y}_{j,0,\mathrm{h}})^{-1}\rho$；$\bar{\omega}_j=(\bar{y}_{j,0,\mathrm{h}}-\bar{y}_{j,0})^{-1}\rho$。$\{\rho;r_1,r_2,\cdots,r_{n_u};q_1,q_2,\cdots,q_{n_y}\}$ 为控制器可调参数。

在动态控制中，考虑如下一些不等式约束（u 变化速率约束、u 幅值约束、y 幅值约束）：

$$|\Delta u_{k+i|k}|\leqslant\Delta\bar{u},\quad 0\leqslant i\leqslant N_c-1 \tag{5.79}$$

$$\underline{u}\leqslant u_{k+i|k}\leqslant\bar{u},\quad 0\leqslant i\leqslant N_c-1 \tag{5.80}$$

$$\underline{y}_{0,k}'\leqslant y_{k+i|k}\leqslant\bar{y}_{0,k}',\quad 1\leqslant i\leqslant N \tag{5.81}$$

$$\underline{y}_{0,k}'-\underline{\varepsilon}_{\mathrm{dc},k}\leqslant y_{k+i|k}\leqslant\bar{y}_{0,k}'+\bar{\varepsilon}_{\mathrm{dc},k},\quad 1\leqslant i\leqslant N \tag{5.82}$$

$$\underline{\varepsilon}_{\mathrm{dc},k}\leqslant\underline{y}_{0,k}'-\underline{y}_{0,\mathrm{h}},\quad 1\leqslant i\leqslant N \tag{5.83}$$

$$\bar{\varepsilon}_{\mathrm{dc},k}\leqslant\bar{y}_{0,\mathrm{h}}-\bar{y}_{0,k}',\quad 1\leqslant i\leqslant N \tag{5.84}$$

其中，$\bar{y}_{0,k}'=\max\{\bar{y}_0,y_{\mathrm{ss},k}\}$；$\underline{y}_{0,k}'=\min\{\underline{y}_0,y_{\mathrm{ss},k}\}$。定义

$$\Delta\tilde{v}_{k|k}=\begin{bmatrix}\Delta v_{k|k}\\ \Delta v_{k+1|k}\\ \vdots\\ \Delta v_{k+N_c-1|k}\end{bmatrix}$$

不同于对 $y_{\mathrm{ss},k}$ 的跟踪，对 $\delta v_{\mathrm{ss},k}$ 的跟踪通过在动态控制优化问题中加入如下的约束来实现：

$$L\Delta\tilde{v}_{k|k}=\delta v_{\mathrm{ss},k} \tag{5.85}$$

其中，$L=[I\ \ I\ \ \cdots\ \ I]$。总之，在每个时刻 k，首先求解优化问题：

$$\min_{\Delta\tilde{v}_{k|k}} J_k \quad \text{s.t. 式(5.79)} \sim \text{式(5.81), 式(5.85)} \tag{5.86}$$

如果式(5.86)不可行，则进一步求解：

$$\min_{\underline{\varepsilon}_{\mathrm{dc},k},\bar{\varepsilon}_{\mathrm{dc},k},\Delta\tilde{v}_{k|k}} J'_k \quad \text{s.t. 式(5.79), 式(5.80), 式(5.82)} \sim \text{式(5.84), 式(5.85)} \tag{5.87}$$

由所得的解 $\Delta\tilde{v}_{k|k}$，将 $u_{k|k}=u_{\mathrm{eq}}+K\hat{x}_{k|k}+v_{k-1}+\Delta v_{k|k}$ 送入实际被控系统。当然，由于执行结构的不准确性等，可能 $u_k\neq u_{k|k}$。

需要把约束式(5.79)～式(5.82)统一表示为关于 $\Delta\tilde{v}_{k|k}$ 的约束。基于 Kalman 预报方法 [2]，在当前和未来控制作用的影响下，闭环预测值如下：

$$\hat{x}_{k+i|k}=\hat{x}^{\mathrm{ol}}_{k+i|k}+\sum_{j=0}^{\min\{i-1,N_c-1\}}\left(\sum_{l=0}^{i-1-j}A_c^lB\right)\Delta v_{k+j|k},\quad i=1,2,\cdots,N \tag{5.88}$$

$$y_{k+i|k}=y^{\mathrm{ol}}_{k+i|k}+\sum_{j=0}^{\min\{i-1,N_c-1\}}\left(\sum_{l=0}^{i-1-j}CA_c^lB\right)\Delta v_{k+j|k},\quad i=1,2,\cdots,N \tag{5.89}$$

式(5.89)为闭环预测方程。由式(5.21)得到：

$$\Delta u_{k|k}=-u_{k-1}+u_{\mathrm{eq}}+K\hat{x}_{k|k}+v_{k-1}+\Delta v_{k|k}=K\Delta\hat{x}_{k|k}+\Delta v_{k|k} \tag{5.90}$$

其中，后一个等式用到了 $\Delta\hat{x}_{k|k}=\hat{x}_{k|k}-\hat{x}_{k-1|k-1}$ 和

$$u_{k-1}=u_{\mathrm{eq}}+K\hat{x}_{k-1|k-1}+v_{k-1} \tag{5.91}$$

注意，并不存在信号 $\hat{x}_{-1|-1}$ 和 v_{-1}，但为了利用式(5.91)，取 $K\hat{x}_{-1|-1}=u_{-1}$ 和 $v_{-1}=0$ 是有效的。将式(5.88)代入式(5.21)，并结合式(5.90)得到：

$$\Delta u_{k+i|k}=K\Delta\hat{x}^{\mathrm{ol}}_{k+i|k}+K\sum_{l=0}^{i-1}A_c^{i-1-l}B\Delta v_{k+l|k}+\Delta v_{k+i|k},\ i=0,1,2,\cdots,N_c-1 \tag{5.92}$$

利用式(5.92)得到：

$$\begin{aligned}u_{k+i|k}=&u_{k-1}+\sum_{j=0}^{i}\Delta u_{k+j|k}=u_{k-1}+\sum_{j=0}^{i}K\Delta\hat{x}^{\mathrm{ol}}_{k+i|k}+\sum_{j=0}^{i}\left(K\sum_{l=0}^{j-1}A_c^{j-1-l}B\Delta v_{k+l|k}+\Delta v_{k+j|k}\right)\\=&u_{k-1}+\sum_{j=0}^{i}K\Delta\hat{x}^{\mathrm{ol}}_{k+i|k}+\sum_{j=0}^{i-1}\left(I+\sum_{l=0}^{i-1-j}KA_c^lB\right)\Delta v_{k+j|k}+\Delta v_{k+i|k},\\&i=0,1,2,\cdots,N_c-1\end{aligned} \tag{5.93}$$

在求解优化问题(5.86)和(5.87)时，将式(5.92)、式(5.93)、式(5.89)代入式(5.79)～式(5.82)。这样，优化问题(5.86)和(5.87)都可以采用标准的二次规划求解工具求解。

例题 5.3 [2]　采用重油分馏塔模型，在平衡点附近，其连续时间传递函数矩阵如下：

$$G^u(s)=\begin{bmatrix}\dfrac{4.05\mathrm{e}^{-27s}}{50s+1} & \dfrac{1.77\mathrm{e}^{-28s}}{60s+1} & \dfrac{5.88\mathrm{e}^{-27s}}{50s+1}\\ \dfrac{5.39\mathrm{e}^{-18s}}{50s+1} & \dfrac{5.72\mathrm{e}^{-14s}}{60s+1} & \dfrac{6.90\mathrm{e}^{-15s}}{40s+1}\\ \dfrac{4.38\mathrm{e}^{-20s}}{33s+1} & \dfrac{4.42\mathrm{e}^{-22s}}{44s+1} & \dfrac{7.20}{19s+1}\end{bmatrix},\quad G^f(s)=\begin{bmatrix}\dfrac{1.20\mathrm{e}^{-27s}}{45s+1} & \dfrac{1.44\mathrm{e}^{-27s}}{40s+1}\\ \dfrac{1.52\mathrm{e}^{-15s}}{25s+1} & \dfrac{1.83\mathrm{e}^{-15s}}{20s+1}\\ \dfrac{1.14}{27s+1} & \dfrac{1.26}{32s+1}\end{bmatrix}$$

采样周期为 4。采用第 4 章的开环子空间辨识方法得到状态空间模型，$n_x = 20$。取 $y_{\text{eq}} = 0$、$u_{\text{eq}} = 0$ 和 $f_{\text{eq}} = 0$。I_n 表示 n 阶单位矩阵。

取 $\underline{u} = u_{\text{eq}} + [-0.5; -0.5; -0.5]$，$\bar{u} = u_{\text{eq}} + [0.5; 0.5; 0.5]$，$\Delta\bar{u}_i = \delta\bar{u}_{i,\text{ss}} = 0.1$; $\underline{y}_{0,\text{h}} = y_{\text{eq}} + [-0.7; -0.7; -0.7]$，$\bar{y}_{0,\text{h}} = y_{\text{eq}} + [0.7; 0.7; 0.7]$，$\underline{y}_0 = y_{\text{eq}} + [-0.5; -0.5; -0.5]$，$\bar{y}_0 = y_{\text{eq}} + [0.5; 0.5; 0.5]$，$\delta\bar{y}_{1,\text{ss}} = 0.2$，$\delta\bar{y}_{2,\text{ss}} = 0.2$，$\delta\bar{y}_{3,\text{ss}} = 0.3$，其中 $y_{1,\text{ss}}, y_{2,\text{ss}}, u_{3,\text{ss}}$ 具有 ET 且其偏离 ET 的期望允许范围均为 0.5。取 $R_1 = I_{23}$，R_{12} 的所有元素为 0.1，$R_2 = 3I_3$，由式(5.20) 得到 L。取 $Q_{\text{LQR}} = I_{20}$，$R_{\text{LQR}} = I_3$，求解离散 Riccati 方程：

$$P_{\text{LQR}} = Q_{\text{LQR}} + A^{\text{T}} P_{\text{LQR}} A - A^{\text{T}} P_{\text{LQR}} B (R_{\text{LQR}} + B^{\text{T}} P_{\text{LQR}} B)^{-1} B^{\text{T}} P_{\text{LQR}} A$$

并计算 $K = -(R_{\text{LQR}} + B^{\text{T}} P_{\text{LQR}} B)^{-1} B^{\text{T}} P_{\text{LQR}} A$。$G_d = [I_2, 0]^{\text{T}}$ 和 $G_p = [1, 0, 0]^{\text{T}}$。

SSTC 可行性阶段的相关参数设置见表 5.1。取 $h = [-2; -1; 2]$，无最小动作变量，$J_{\min} = -0.4$。在 $k \in [62, 76]$ 时，出现值为 $f_{\text{eq}} + [0.2; -0.1]$ 的干扰；$k \geqslant 120$ 时，出现值为 $f_{\text{eq}} + [1; -1]$ 的干扰；其他时段内干扰为 f_{eq}。$Y^{\text{ol}}_{N,0|0} = [y_{\text{eq}}; \cdots; y_{\text{eq}}]$。$\hat{x}_{0|0} = 0$，$u_{-1} = u_{\text{eq}}$，$y_0 = y_{\text{eq}}$。动态控制器的各参数选择如下：$N = 15$，$N_c = 8$，$Q = \text{diag}\{0.5, 1, 1\}$，$R = \text{diag}\{3, 5, 3\}$，$\rho = 0.2$。假设 $u_k = u_{k|k}$。真实被控对象为 $A_{\text{r}} = 0.9A$，$B_{\text{r}} = 0.9B$，$C_{\text{r}} = 0.9C$，$F_{\text{r}} = 0.9F$。

表 5.1 多优先级 SSTC 参数选取

优先级	ε 约束类型	变量	理想值或上、下界	ε 加权的倒数
1	不等式	$y_{2,\text{ss}}$	y 下界	0.20
1	不等式	$y_{3,\text{ss}}$	y 上界	0.20
1	不等式	$u_{3,\text{ss}}$	ET 上界	0.25
2	等式	$y_{2,\text{ss}}$	$y_{2,\text{eq}} - 0.3$	0.25
3	不等式	$u_{3,\text{ss}}$	ET 下界	0.25
3	不等式	$y_{1,\text{ss}}$	ET 下界	0.25
3	不等式	$y_{2,\text{ss}}$	ET 上界	0.25
4	不等式	$y_{1,\text{ss}}$	ET 上界	0.25
4	不等式	$y_{2,\text{ss}}$	y 上界	0.20
4	不等式	$y_{3,\text{ss}}$	y 下界	0.20
5	等式	$u_{3,\text{ss}}$	$u_{3,\text{eq}} + 0.2$	0.25
5	等式	$y_{1,\text{ss}}$	$y_{1,\text{eq}} + 0.7$	0.25
6	不等式	$y_{1,\text{ss}}$	y 上、下界	0.20
6	不等式	$y_{2,\text{ss}}$	ET 下界	0.25

注意，在本算例中，取任意其他合适的平衡点（不需要满足 $(I - A)x_{\text{eq}} = Bu_{\text{eq}} + Ff_{\text{eq}}$ 和 $y_{\text{eq}} = Cx_{\text{eq}}$）时，算法仍然可用。如果没有模型失配且满足 $(I - A)x_{\text{eq}} = Bu_{\text{eq}} + Ff_{\text{eq}}$ 和 $y_{\text{eq}} = Cx_{\text{eq}}$，则平衡点的任意移动仅影响仿真中各变量的绝对数值、不影响相对值（曲线形状）。这些结果已经得到仿真验证。另外，在本例中，如果将 A 替换为 $1.15A$（即模型开环不稳定，有单位圆外特征值）而真实对象与模型一致，则适当调整参数后，系统仍可以镇定。

下面的程序代码的命名为 A_main.m。

```
%%=====y: CV, 被控变量; u: MV, 操纵变量=====%%
clc; clear all; close all;
load Amod.txt; load Bmod.txt; load Cmod.txt; load F_dist.txt
%%=====可调参数=====%%
ProgType=1;      %可行性阶段的优化类型: 1, 线性规划; 2, 二次规划
EconomicType=2; %经济优化阶段的优化类型: 1, 线性规划; 2, 二次规划
if ProgType == 2
    options = optimset('Algorithm','active-set');
end
```

```
EconomicRank=0; %是否采用最低优先级软约束: 0, 不; 1, 是
%被控对象稳态模型
SSteady=[4.05, 1.77, 5.88; 5.39, 5.72, 6.90; 4.38, 4.42, 7.20]; %给定稳态增益矩阵
[p, m]=size(SSteady); %p被控变量维数, m操纵变量维数
%人工干扰扩展状态矩阵
Gdexp=zeros(20,2); Gdexp(1:2,:)=eye(2); Gpexp=[1,0,0]';
%Gdexp=rand(20,2); %Gpexp=rand(3,1);
tildeA=[Amod, Gdexp, zeros(size(Amod,1),size(Gpexp,2));
    zeros(size(Gdexp,2),size(Amod,2)), eye(size(Gdexp,2)),
    zeros(size(Gdexp,2),size(Gpexp,2));
    zeros(size(Gpexp,2),size(Amod,2)), zeros(size(Gpexp,2),
    size(Gdexp,2)), eye(size(Gpexp,2))];
tildeB=[Bmod; zeros(size(tildeA,1)-size(Bmod,1),size(Bmod,2))];
tildeF=[F_dist; zeros(size(tildeA,1)-size(F_dist,1),size(F_dist,2))];
tildeC=[Cmod, zeros(size(Cmod,1),size(Gdexp,2)), Gpexp];
Steps=801; %Simulation steps or number of control steps
ECE=[2.0 0.5 2.0; 2.0 1.0 2.0; 2.5 1.0 4]; %控制器可调参数
for m1=1:m
    UWeigh(m1,m1)=3; %操纵变量增量加权r取值
end
UWeigh(2,2)=5;
relax_punish=0.2; %对松弛变量的惩罚系数
%可测干扰; k=0对应这里为第i=1步
f_dist=zeros(2,Steps);  f_dist(1,63:77)=0.2;   f_dist(2,63:77)=-0.1;
f_dist(1,121:Steps)=1; f_dist(2,121:Steps)=-1;
%设置双层MPC的参数、变量类型
UengineerU=[0.5, 0.5, 0.5];          %操纵变量上界
UengineerL=[-0.5, -0.5, -0.5];       %操纵变量下界
MvMaxStep=[0.1 0.1 0.1];             %操纵变量最大动态变化值
SSMvMaxStep=[0.1 0.1 0.1];           %操纵变量最大稳态变化值
UCost=[-2 -1 2];                     %U作为经济变量或者最小动作变量的Cost
Ucriterion=[0 0 0];                  %0, 经济变量; 1, 最小动作变量

YoperaterU=[0.5,0.5,0.5];            %被控变量操作上界
YoperaterL=[-0.5,-0.5,-0.5];         %被控变量操作下界
YengineerU=[0.7,0.7,0.7];            %被控变量工程上界
YengineerL=[-0.7,-0.7,-0.7];         %被控变量工程下界
SCvMaxStep=[0.2, 0.2, 0.3];          %被控变量最大稳态变化量
for j=1:p
    SYoperaterU(1,j)=YoperaterU(1,j);     SYengineerU(1,j)=YengineerU(1,j);
    SYoperaterL(1,j)=YoperaterL(1,j);     SYengineerL(1,j)=YengineerL(1,j);
    SSCvMaxStep(1,j)=SCvMaxStep(1,j);
end
%SSTC参数表
Rank_Matrix=...
    [1, 2, 1, 3,  0, 1,   0,  0.7-0.5;
    1, 2, 2, 3,  1, 1,  0.2,  0.5;
    1, 2, 1, 2,  0, 2, -0.3, -0.5-(-0.7);
    2, 1, 1, 2,  1, 0, -0.3,  0.5;
    3, 2, 2, 3,  1, 2,  0.2,  0.5;
    3, 2, 1, 1,  1, 2,  0.3,  0.5;
```

```
    3,  2,  1,  2,   1,  1, -0.3,  0.5;
    4,  2,  1,  2,   0,  1, -0.3,  0.7-0.5;
    4,  2,  1,  3,   0,  2,    0,  -0.5-(-0.7);
    4,  2,  1,  1,   1,  1,  0.3,  0.5;
    5,  1,  2,  3,   1,  0,  0.2,  0.5;
    5,  1,  1,  1,   1,  0,  0.7,  0.5;
    6,  2,  1,  1,   0,  1,  0.3,  0.7-0.5;
    6,  2,  1,  1,   0,  2,  0.3,  -0.5-(-0.7);
    6,  2,  1,  2,   1,  2, -0.3,  0.5];
P=15; M=8;  %P, 预测时域N; M, 控制时域Nc
%采用LQR求解反馈增益K
Q_LQR1=eye(size(Amod,1));  R_LQR1=eye(size(Bmod,2));
Kfeedback=-dlqr(Amod,Bmod,Q_LQR1,R_LQR1);
%Kfeedback=zeros(3,20);
%求Ac=A+BK和Kc、Gc
AmodC=Amod+Bmod*Kfeedback;
KfeedbackC=Kfeedback*inv(eye(size(Amod,1))-AmodC)*Bmod+eye(size(Kfeedback,1));
GainC=Cmod*inv(eye(size(AmodC,1))-AmodC)*Bmod;  CalSteady=GainC;
%计算稳态Kalman Filter增益L
R1_riccati=eye(size(tildeA,1));R12_riccati=ones(size(tildeA,1),size(tildeC,1))*0.1;
R2_riccati=3*eye(size(Cmod,1));P_riccati=eye(size(tildeA,1));
[Ker,Serr,Eerr]=dlqr(tildeA',tildeC',R1_riccati,R2_riccati,R12_riccati);
Kerr=Serr*tildeC'*inv(tildeC*Serr*tildeC'+R2_riccati); %L
%开环预测变量定义
Y_reals=zeros(p,1);            %被控变量真实初值
Xhat=zeros(size(Amod,1),1);    %估计状态初值
Xreal=zeros(size(Amod,1),1);   %真实状态初值
%SSTC变量定义
Us(:,1)=zeros(m,1);            %MV稳态目标初值
Ys(:,1)=zeros(p,1);            %CV稳态目标初值
%动态控制变量定义
U=zeros(m,Steps);                      %MV的动态值定义
V=zeros(m,Steps);                      %摄动量的动态值定义
d_dist=zeros(size(Gdexp,2),Steps);     %人为干扰d的动态值定义
p_dist=zeros(size(Gpexp,2),Steps);     %人为干扰p的动态值定义
Y_real(:,1)=zeros(p,1);                %CV测量值初值
Delta_U(:,1)=zeros(m,1);               %MV增量值初值
%取R12 中关于x,d,p 的分量
R12_riccati_x=R12_riccati(1:size(Amod,1),:);
R12_riccati_d=R12_riccati(size(Amod,1)+1:size(Amod,1)+size(d_dist,1),:);
R12_riccati_p=R12_riccati(size(Amod,1)+size(d_dist,1)+1:end,:);
X(:,1)=[Xhat(:,1);d_dist(:,1);p_dist(:,1)];
%%=====主程序=====%%
for i=2:Steps %实际系统是从k=0开始
    %开环预测开始; Kalman滤波
    L{i}=Kerr;
    X_1step=tildeA*X(:,i-1)+tildeB*U(:,i-1)+tildeF*f_dist(:,i-1)
        +R12_riccati*inv(R2_riccati)*[Y_real(:,i-1)-tildeC*X(:,i-1)];
    if i==2
        X(:,i)=X_1step+L{i}*(0-tildeC*X_1step);
    else
```

```
    X(:,i)=X_1step+L{i}*(Y_real(:,i)-tildeC*X_1step);
end
%取分状态
Xhat(:,i)=X(1:size(Amod,1),i);
d_dist(:,i)=X(size(Amod,1)+1:size(Amod,1)+size(d_dist(:,i-1),1),i);
p_dist(:,i)=X(size(Amod,1)+size(d_dist(:,i),1)+1:end,i);
if i==2
    Y_real(:,i)=0;
end
%求d,p的一步预报值
d_dist(:,i+1)=d_dist(:,i)
    +R12_riccati_d*inv(R2_riccati)*(Y_real(:,i)-Cmod*Xhat(:,i)-Gpexp*p_dist(:,i));
p_dist(:,i+1)=p_dist(:,i)
    +R12_riccati_p*inv(R2_riccati)*(Y_real(:,i)-Cmod*Xhat(:,i)-Gpexp*p_dist(:,i));
%未来状态、CV的开环预测值
Xols{1}=AmodC*Xhat(:,i)+Gdexp*d_dist(:,i)+Bmod*V(:,i-1)+F_dist*f_dist(:,i)
    +R12_riccati_x*inv(R2_riccati)*(Y_real(:,i)-Cmod*Xhat(:,i)-Gpexp*p_dist(:,i));
YDMCol{1}=Cmod*Xols{1}+Gpexp*p_dist(:,i+1);
for horizon=2:P
    Xols{horizon}=AmodC*Xols{horizon-1}+Gdexp*d_dist(:,i+1)
        +Bmod*V(:,i-1)+F_dist*f_dist(:,i);
    YDMCol{horizon}=Cmod*Xols{horizon}+Gpexp*p_dist(:,i);
end
%开环稳态预测
Xolsss=pinv(eye(size(AmodC,1))-AmodC)*Bmod*V(:,i-1)
    +pinv(eye(size(AmodC,1))-AmodC)*(Gdexp*d_dist(:,i+1)+F_dist*f_dist(:,i));
Uolsss=KfeedbackC*V(:,i-1)+Kfeedback*pinv(eye(size(AmodC,1))-AmodC)
    *(Gdexp*d_dist(:,i+1)+F_dist*f_dist(:,i));
Yolsss=GainC*V(:,i-1)+Cmod*inv(eye(size(AmodC,1))-AmodC)
    *(Gdexp*d_dist(:,i+1)+F_dist*f_dist(:,i))+Gpexp*p_dist(:,i+1);
Yss_record(:,i)=Yolsss; %为了显示开环预测值
%%=====进行优先级个数的确定=====%%
Rank_N=5;
for j=1:Rank_N                  %该循环用于获得各个优先级含有的目标个数
    Obj_n=0;
    for k=1:size(Rank_Matrix,1)
        if Rank_Matrix(k,1)==j
            Obj_n=Obj_n+1;  %该优先级中的待处理的约束个数
            Obj(j,Obj_n)=k; %存储第j个优先级中待处理约束在Rank_Matrix的行次
        end
    end
    Obj_NS(j)=Obj_n;
end
neindex=0;    ETConstraints=[];
%%=====进行不等式及等式的初始化=====%%
%MV稳态临时上下界
Delta_Uust(:,1)=min([UengineerU',M*MvMaxStep'+U(:,i-1),SSMvMaxStep'+U(:,i-1)],[],2)
    -Uolsss;
Delta_Ulst(:,1)=max([UengineerL',-M*MvMaxStep'+U(:,i-1),-SSMvMaxStep'+U(:,i-1)],[],2)
    -Uolsss;
%CV稳态临时上下界
```

```
Yuhs=min([SYengineerU'-Yolsss,SSCvMaxStep'],[],2);
Ylhs=max([SYengineerL'-Yolsss,-SSCvMaxStep'],[],2);
%硬约束矩阵
Mieq=[KfeedbackC;-KfeedbackC;GainC;-GainC];
mieq=[Delta_Uust;-Delta_Ulst;Yuhs;-Ylhs]; %初始化不等式约束矩阵，即表示出硬约束
Meq=[];    meq=[];    %初始化等式约束矩阵，此时尚未得到任何稳态目标
NumofSoft=0; %CV软约束的个数
%%=====多优先级稳态目标计算的主程序=====%%
for j=1:Rank_N
    clear V_dic; clear Mmieq, clear mmieq; clear Mmeq; clear mmeq;
    if j==Rank_N+1&&EconomicRank==1
        break;
    end
    switch Rank_Matrix(Obj(j,1),2)
        case 1 %等式型软约束
            Sub1_tracking_ET;
            for k=1:Obj_NS(j)
                switch  Rank_Matrix(Obj(j,k),3)  %求取中间矩阵（分被控变量1和操纵变量
                    2）
                    case 1   %被控变量
                        Meq=[Meq;  CalSteady(Rank_Matrix(Obj(j,k),4),:)];
                        meq=[meq;  Rank_Matrix(Obj(j,k),7)
                            -Yolsss(Rank_Matrix(Obj(j,k),4),1)+V_dic(k)];
                    case 2   %操纵变量
                    S_mid=KfeedbackC(Rank_Matrix(Obj(j,k),4),:); Meq=[Meq; S_mid];
                        meq=[meq; Rank_Matrix(Obj(j,k),7)
                            -Uolsss(Rank_Matrix(Obj(j,k),4),1)+V_dic(k)];
                            %增加delta_Us的约束
                        clear S_mid;
                end
            end
        case 2 %不等式型软约束
            Sub2_soften_bound;
            %将约束重新分配，作为下一次计算的硬约束
            Num=1;
            for k=1:Obj_NS(j)
                switch Rank_Matrix(Obj(j,k),5)
                    case 1 %ET期望上下界软约束
                        switch Rank_Matrix(Obj(j,k),3)
                            case 1 %被控变量
                                switch Rank_Matrix(Obj(j,k),6)
                                    case 1 %CV上界
                                        SL_mid(Num,:)
                                            =[CalSteady(Rank_Matrix(Obj(j,k),4),:)];
                                        SR_mid1=min([Rank_Matrix(Obj(j,k),7)
                                            +0.5*Rank_Matrix(Obj(j,k),8)
                                            -Yolsss(Rank_Matrix(Obj(j,k),4),1)
                                            +V_dic(Num),
                                            Yuhs(Rank_Matrix(Obj(j,k),4),1)]);
                                        SR_mid(Num,:)=max(SR_mid1,
                                            Ylhs(Rank_Matrix(Obj(j,k),4),1));
```

```
                        Num=Num+1;
                    case 2 %CV下界
                        SL_mid(Num,:)=
                            [-CalSteady(Rank_Matrix(Obj(j,k),4),:)];
                        SR_mid1=max([Rank_Matrix(Obj(j,k),7)
                            -0.5*Rank_Matrix(Obj(j,k),8)
                            -Yolsss(Rank_Matrix(Obj(j,k),4),1)
                            -V_dic(Num),
                            Ylhs(Rank_Matrix(Obj(j,k),4),1)]);
                        SR_mid(Num,:)=-min(SR_mid1,Yuhs(Rank_Matrix(
                            Obj(j,k),4),1));
                        Num=Num+1;
                end
            case 2 %操纵变量
                switch Rank_Matrix(Obj(j,k),6)
                    case 1 %MV上界
                        SL_mid(Num,:)=
                            KfeedbackC(Rank_Matrix(Obj(j,k),4),:);
                        SR_mid1=min([Rank_Matrix(Obj(j,k),7)
                            +0.5*Rank_Matrix(Obj(j,k),8)
                            -Uolsss(Rank_Matrix(Obj(j,k),4),1)
                            +V_dic(Num),
                            Delta_Uust(Rank_Matrix(Obj(j,k),4),1)]);
                        SR_mid(Num,:)=max(SR_mid1,
                            Delta_Ulst(Rank_Matrix(Obj(j,k),4),1));
                        Num=Num+1;
                    case 2 %MV下界
                        SL_mid(Num,:)=
                            -KfeedbackC(Rank_Matrix(Obj(j,k),4),:);
                        SR_mid1=max([Rank_Matrix(Obj(j,k),7)
                            -0.5*Rank_Matrix(Obj(j,k),8)
                            -Uolsss(Rank_Matrix(Obj(j,k),4),1)-
                            V_dic(Num)-V_dic(Num),
                            Delta_Ulst(Rank_Matrix(Obj(j,k),4),1)]);
                        SR_mid(Num,:)=-min(SR_mid1,
                            Delta_Uust(Rank_Matrix(Obj(j,k),4),1));
                        Num=Num+1;
                end
        end
    case 0  %CV操作约束
        NumofSoft=NumofSoft+1;
        switch Rank_Matrix(Obj(j,k),6)
            case 1 %上界
                SL_mid(Num,:)=[CalSteady(Rank_Matrix(Obj(j,k),4),:)];
                SR_mid1=min(YoperaterU(Rank_Matrix(Obj(j,k),4))
                    -Yolsss(Rank_Matrix(Obj(j,k),4),1)
                    +V_dic(Num),Yuhs(Rank_Matrix(Obj(j,k),4),1));
                SR_mid(Num,:)=
                    max(SR_mid1,Ylhs(Rank_Matrix(Obj(j,k),4),1));
                Num=Num+1;
            case 2 %下界
```

```
                    SL_mid(Num,:)=
                        [-CalSteady(Rank_Matrix(Obj(j,k),4),:)];
                    SR_mid1=max(YoperaterL(Rank_Matrix(Obj(j,k),4))
                        -Yolsss(Rank_Matrix(Obj(j,k),4),1)-
                        V_dic(Num),Ylhs(Rank_Matrix(Obj(j,k),4),1));
                    SR_mid(Num,:)=
                        -min(SR_mid1,Yuhs(Rank_Matrix(Obj(j,k),4),1));
                    Num=Num+1;
                end
                switch Rank_Matrix(Obj(j,k),6)
                    case 1  %上界
                        RedofSoft(NumofSoft,:)=[Rank_Matrix(Obj(j,k),4),
                            Rank_Matrix(Obj(j,k),6),SR_mid(Num-1,1)
                            +Yolsss(Rank_Matrix(Obj(j,k),4),1)];
                    case 2  %下界
                        RedofSoft(NumofSoft,:)=[Rank_Matrix(Obj(j,k),4),
                        Rank_Matrix(Obj(j,k),6),SR_mid(Num-1,1)
                        -Yolsss(Rank_Matrix(Obj(j,k),4),1)];
                end
            end
        end
        Mieq=[Mieq; SL_mid];   mieq=[mieq; SR_mid];
        clear SR_mid;   clear SL_mid;
    end
end
ETConstraints=[];
%%=====进行经济优化阶段; MV分为最小动作变量和最小代价变量=====%%
mmnum=0; %最小动作变量个数初始化
mcnum=0; %最小代价变量个数初始化
for ind=1:m
    if Ucriterion(ind)==1
        mmnum=mmnum+1;    Mindex(mmnum,1)=ind;
    else
        mcnum=mcnum+1;
    end
end
clear H;
if EconomicRank==0  %不含最低软约束的情况
    Lb=[];  Ub=[];
    switch EconomicType
        case 2  %二次规划
            Jmax=-0.4; %Jmin, 给了一个数
            H=zeros(m+mmnum,m+mmnum); f1=zeros(m+mmnum,1);
            for k1=1:m
                for j1=1:m
                    if Ucriterion(k1)==0&&Ucriterion(j1)==0
                        H(k1+mmnum,j1+mmnum)=2*KfeedbackC(k1,:)*UCost(k1)*UCost(j1)*
                            KfeedbackC(j1,:)';
                    end
                end
            end
```

```
        if mmnum>0  %包含最小动作变量
            Lb=[zeros(mmnum,1);Lb];  Ub=[inf*ones(mmnum,1);Ub]; uind=0;
            AddPartL=zeros(2*mmnum,size(Mieq,2)+mmnum);
            for ind=1:m
                if Ucriterion(ind)==1
                    uind=uind+1; H(uind,uind)=2*UCost(ind)*UCost(ind);
                    AddPartL(2*uind-1,uind)=-1;AddPartL(2*uind-1,ind+mmnum)=1;
                    AddPartL(2*uind,uind)=-1;AddPartL(2*uind,ind+mmnum)=-1;
                    f1(uind,1)=0;
                else
                    f1(mmnum+1:mmnum+m)=
                        f1(mmnum+1:mmnum+m)-2*UCost(ind)*Jmax*KfeedbackC(ind,:)';
                end
            end
            AddPartR=zeros(2*mmnum,1);
        else  %不含最小动作变量
            AddPartL=[];  AddPartR=[];
            for index=1:m
                f1(mmnum+1:mmnum+m)=
                    f1(mmnum+1:mmnum+m)-2*UCost(index)*KfeedbackC(index,:)'*Jmax;
            end
        end
        options1 =optimset('Algorithm','active-set');
        Mieq=[AddPartL;zeros(size(Mieq,1),mmnum),Mieq];
        mieq=[AddPartR;mieq]; Meq=[zeros(size(Meq,1),mmnum),Meq];
        %计算 delta_Us
        [Delta_Result1(:,1),fval,exitflag]=quadprog(H,f1,Mieq,mieq,Meq,meq,Lb,Ub
            ,[],options1);
    case 1  %线性规划
        f1=zeros(m+mmnum,1);
        if mmnum>0  %包含最小动作变量
            Lb=[zeros(mmnum,1);Lb];  Ub=[inf*ones(mmnum,1);Ub];
            uind=0;
            AddPartL=zeros(2*mmnum,size(Mieq,2)+mmnum);
            for ind=1:m
                if Ucriterion(ind)==1
                    uind=uind+1;  AddPartL(2*uind-1,uind)=-1;
                    AddPartL(2*uind-1,ind+mmnum)=1;AddPartL(2*uind,uind)=-1;
                    AddPartL(2*uind,ind+mmnum)=-1;f1(uind,1)=UCost(1,ind);
                else
                    f1(mmnum+1:end)=
                        f1(mmnum+1:end)+UCost(ind)*KfeedbackC(ind,:)';
                end
            end
            AddPartR=zeros(2*mmnum,1);
        else  %不含最小动作变量
            AddPartL=[];  AddPartR=[];
            for index=1:m
                f1(mmnum+1:end)=
                    f1(mmnum+1:end)+UCost(index)*KfeedbackC(index,:)';
            end
```

```
            end
            Mieq=[AddPartL;zeros(size(Mieq,1),mmnum),Mieq];
            mieq=[AddPartR;mieq];
            Meq=[zeros(size(Meq,1),mmnum),Meq];
            options1=optimset('Diagnostics','off','Display','final','LargeScale','off
                ','MaxIter',[],'Simplex','on','TolFun',[]);
            [Delta_Result1,fval,exitflag]
                =linprog(f1,Mieq,mieq,Meq,meq,Lb,Ub,[],options1);
        end
        Delta_Result(:,1)=Delta_Result1(mmnum+1:mmnum+m,1);
else %含最低软约束的情况
        j=Rank_N;
        switch Rank_Matrix(Obj(j,1),2)
            case 1 %最低优先级约束为等式型
                Sub1_Economic_optimization;
            case 2 %最低优先级约束为不等式型
                Sub2_Economic_optimization;
        end
end
Delta_Vs(:,i)=Delta_Result(1:m,1);
%%=====经济优化阶段结束=====%%
delta_Us(:,i)=KfeedbackC*Delta_Vs(:,i)+Uolsss-U(:,i-1);
Us(:,i)=U(:,i-1)+delta_Us(:,i);     Ysstemp=GainC*Delta_Vs(:,i)+Yolsss;
%合并稳态目标值
spointer=0;
for b=1:p
    spointer=spointer+1;  Ys(b,i)= Ysstemp(spointer,:);
end
%%=====动态控制的求解=====%%
%取上下过渡区域
TransZoneL=[-0.4 -0.4 -0.4];      TransZoneU=[0.4  0.4   0.4];
%给出MV增量加权
for m1=1:M
    rr{m1}=UWeigh;
end
R=blkdiag(rr{1:M});
%确定Yss和操作上下界的大小关系，用于动态控制
YrelaxU=zeros(p,1);     YrelaxL=zeros(p,1);
YrelaxU=max([YoperaterU',Ys(:,i)],[],2);YrelaxL=min([YoperaterL',Ys(:,i)],[],2);
%确定Yaverage
Yaverage=zeros(p,1);
for y_search=1:p
    for y_horizon=1:P
        Yaveragre(y_search,1)=Yaverage(y_search,1)+YDMCol{y_horizon}(y_search,:);
    end
    Yaverage(y_search,1)=Yaverage(y_search,1)+Y_reals(y_search,1);
    Yaverage(y_search,1)=Yaverage(y_search,1)/(P+1);
end
%确定Yaverage和操作上下界的大小关系，用于确定CV加权
YrelaxRefU=zeros(p,1);     YrelaxRefL=zeros(p,1);
YrelaxRefU=max([YoperaterU', Yaverage],[],2);
```

```
YrelaxRefL=min([YoperaterL', Yaverage],[],2);
Y_to_compare=zeros(p,1);
for i2=1:p
    if Yaverage(i2,1)>YrelaxU(i2,1)|Yaverage(i2,1)<YrelaxL(i2,1)
        Y_to_compare(i2,1)=Yaverage(i2,1);
    else if Ys(i2,i)>=YrelaxRefU(i2,1)
            Y_to_compare(i2,1)=TransZoneU(1,i2);
        else if Ys(i2,i)<=YrelaxRefL(i2,1)
                Y_to_compare(i2,1)=TransZoneL(1,i2);
            else
                Y_to_compare(i2,1)=(Yaverage(i2,1)+Ys(i2,i))/2;
            end
        end
    end
end
%对每个CV进行加权
for i1=1:p
    a1=(ECE(i1,1)-ECE(i1,2))/(YoperaterL(1,i1)-TransZoneL(1,i1));
    b1=YoperaterL(1,i1)*ECE(i1,2)-TransZoneL(1,i1)*ECE(i1,1);
    b1=b1/(YoperaterL(1,i1)-TransZoneL(1,i1));
    a2=(ECE(i1,3)-ECE(i1,2))/(YoperaterU(1,i1)-TransZoneU(1,i1));
    b2=YoperaterU(1,i1)*ECE(i1,2)-TransZoneU(1,i1)*ECE(i1,3);
    b2=b2/(YoperaterU(1,i1)-TransZoneU(1,i1));
    if  Y_to_compare(i1,1)<=YoperaterL(1,i1)
        qq(i1,i1)=ECE(i1,1)^2;
    else if  Y_to_compare(i1,1)>=YoperaterL(1,i1)
        &&Y_to_compare(i1,1)<=TransZoneL(1,i1)
            qq(i1,i1)=(a1*Y_to_compare(i1,1)+b1)^2;
        else if  Y_to_compare(i1,1)>=TransZoneL(1,i1)
            &&Y_to_compare(i1,1)<=TransZoneU(1,i1)
                qq(i1,i1)=ECE(i1,2)^2;
            else if  Y_to_compare(i1,1)>=TransZoneU(1,i1)
                && Y_to_compare(i1,1)<=YoperaterU(1,i1)
                    qq(i1,i1)=(a2*Y_to_compare(i1,1)+b2)^2;
                else if  Y_to_compare(i1,1)>=YoperaterU(1,i1)
                        qq(i1,i1)=ECE(i1,3)^2;
                    end
                end
            end
        end
    end
end
for i2=1:P
    Q_part{i2}=qq;
end
Q=blkdiag(Q_part{1:P});
%%=====进行优化问题的构造=====%%
%首先构造In，即动态控制中CV幅值约束的矩阵
iM2=zeros(p,m);
for row=1:P
    row_num=row-1;
```

```
        for col=1:M
            if col<=row
                In_part{row,col}=iM2;
                if M-1>row_num
                    for col_num=0:min(M-1,row_num)
                        In_part{row,col}=In_part{row,col}+Cmod*(AmodC^col_num)*Bmod;
                    end
                    row_num=row_num-1;
                else
                    for col_num=0:(row-col)
                        In_part{row,col}=In_part{row,col}+Cmod*(AmodC^col_num)*Bmod;
                    end
                end
            else
                In_part{row,col}=iM2;
            end
        end
    end
    In=cell2mat(In_part);
    %求取不带松弛变量的优化问题中的H
    Umulti=In;
    HDMC=(In'*Q*In+R)+(In'*Q*In+R)';
    %求取带松弛变量的优化问题的H
    relax_weigh_up=zeros(p,p);     relax_weigh_down=zeros(p,p);
    %上界的松弛变量的系数
    for r_index=1:p
        relax_weigh_up(r_index,r_index)
            =relax_punish/(YengineerU(1,r_index)-YoperaterU(1,r_index));
        relax_weigh_up(r_index,r_index)=relax_weigh_up(r_index,r_index)^2;
    end
    for i2=1:P
        RelaxWeighTempU{i2}=relax_weigh_up;
    end
    RelaxWeighUp=blkdiag(RelaxWeighTempU{1:P});
    %下界的松弛变量的系数
    for r_index=1:p
        relax_weigh_down(r_index,r_index)
            =relax_punish/(YoperaterL(1,r_index)-YengineerL(1,r_index));
        relax_weigh_down(r_index,r_index)=relax_weigh_down(r_index,r_index)^2;
    end
    for i2=1:P
        RelaxWeighTempD{i2}=relax_weigh_down;
    end
    RelaxWeighDown=blkdiag(RelaxWeighTempD{1:P});
    %构造最终的系数矩阵
    HDMC_relax=[2*RelaxWeighUp,zeros(p*P,p*P),zeros(p*P,size(HDMC,2));
        zeros(p*P,p*P),2*RelaxWeighDown,zeros(p*P,size(HDMC,2));
        zeros(size(HDMC,1),p*P),zeros(size(HDMC,1),p*P),HDMC  ];
    %求取优化问题中不带松弛变量的f
    for findex=1:P
        ff{findex}=Ys(:,i)'*Q_part{findex};
```

```
end
fDMCt=cat(2,ff{1:P});     ff2=cat(1,YDMCol{1:P});
fDMC=2*[ff2'*Q*Umulti-fDMCt*Umulti]';
%求取带松弛变量的f
fDMC_relax=[zeros(2*p*P,1);fDMC];
%处理约束
%第一个等式
for eqind1=1:M
    G11{eqind1}=eye(m);
end
G1=cell2mat(G11);     g1=Delta_Vs(:,i);
%处理不等式约束
%=====MV变化速率约束，添加负号对应不等式的右半边=====%%
for row=1:M
    rowtemp=row;
    for col=1:M
        if  col==row
            G22{row,col}=eye(m);
        else if col<row
          G22{row,col}=Kfeedback*(AmodC^(rowtemp-2))*Bmod; rowtemp=row-1;
            else
                G22{row,col}=zeros(m,m);
            end
        end
    end
end
G2=cell2mat(G22);
%对应的不等式右边的项求解
g21R{1}=MvMaxStep'-Kfeedback*(Xhat(:,i)-Xhat(:,i-1));
g21R{2}=MvMaxStep'-Kfeedback*(Xols{1}-Xhat(:,i));
for neind1=3:M
    g21R{neind1}=MvMaxStep'-Kfeedback*(Xols{neind1-1}-Xols{neind1-2});
end
g2R=cat(1,g21R{1:M}); %按列连接
%对应的不等式左边的项求解
g21L{1}=MvMaxStep'+Kfeedback*(Xhat(:,i)-Xhat(:,i-1));
g21L{2}=MvMaxStep'+Kfeedback*(Xols{1}-Xhat(:,i));
for neind1=3:M
    g21L{neind1}=MvMaxStep'+Kfeedback*(Xols{neind1-1}-Xols{neind1-2});
end
g2L=cat(1,g21L{1:M});
%%=====MV幅值约束，添加负号对应不等式的右半边=====%%
iM3=zeros(m,m);%用来赋值特定的全0
for row=1:M
    for col=1:M
        if  col==row
            G33{row,col}=eye(m);
        else if col<row
                G33{row,col}=iM3;
                for col_num=0:(row-col-1)
                    G33{row,col}=G33{row,col}+Kfeedback*(AmodC^col_num)*Bmod;
```

```
                end
                G33{row,col}=G33{row,col}+eye(m);
            else
                G33{row,col}=zeros(m,m);
            end
        end
    end
end
G3=cell2mat(G33);
%对应的不等式右边项的求解
g31U{1}=UengineerU'-Kfeedback*Xhat(:,i)-V(:,i-1);
for neind3=2:M
    g31U{neind3}=UengineerU'-Kfeedback*Xols{neind3-1}-V(:,i-1);
end
g3U=cat(1,g31U{1:M});
%对应的不等式右边项的求解
g31L{1}=-UengineerL'+Kfeedback*Xhat(:,i)+V(:,i-1);
for neind3=2:M
    g31L{neind3}=-UengineerL'+Kfeedback*Xols{neind3-1}+V(:,i-1);
end
g3L=cat(1,g31L{1:M});
%%=====CV幅值约束，添加负号对应不等式的右半边=====%%
G4=Umulti;
%不带松弛变量的不等式右边
for  neind4=1:P
    g44{neind4}=YrelaxU-YDMCol{neind4};
end
g4U=cat(1,g44{1:P});
%不带松弛变量的不等式左边
for  neind4=1:P
    g44{neind4}=-YrelaxL+YDMCol{neind4};
end
g4L=cat(1,g44{1:P});
%带松弛变量的约束束右边
for  neind4=1:P
    g44_relax{neind4}=YrelaxU-YDMCol{neind4};
end
g4U_relax=cat(1,g44_relax{1:P});
%带松弛变量的约束束左边
for  neind4=1:P
    g44_relax{neind4}=-YrelaxL+YDMCol{neind4};
end
g4L_relax=cat(1,g44_relax{1:P});
%%=====优化问题所需要的参数=====%%
%不等式参数
DMCMieq=[G2;-G2;G3;-G3;G4;-G4]; DMCmieq=[g2R;g2L;g3U;g3L;g4U;g4L];
RelaxPart=[zeros(2*m*M+2*m*M,2*p*P);-eye(2*p*P)];
DMCMieq_relax=[RelaxPart,DMCMieq];
DMCmieq_relax=[g2R;g2L;g3U;g3L;g4U_relax;g4L_relax];
DMCMeq=[];     DMCmeq=[];
DMCMeq=[G1];     DMCmeq=[g1];
```

```
    DMCMeq_relax=[zeros(size(DMCMeq,1),2*p*P),DMCMeq];
    %%=====优化求解问题=====%%
    %不存在松弛变量，上下界确定
    V_up_limit=inf*ones(m,1);     V_down_limit=-inf*ones(m,1);
    for Conid=1:M
        LLB{Conid}=V_down_limit;     UUB{Conid}=V_up_limit;
    end
    LB=cat(1,LLB{1:M});     UB=cat(1,UUB{1:M});
    %存在松弛变量，上下界确定
    for Conid=1:M+2*P
        if Conid<=P
            LLB_relax{Conid}=zeros(p,1); UUB_relax{Conid}=YengineerU'-YrelaxU;
        else if Conid>P&&Conid<=2*P
                LLB_relax{Conid}=zeros(p,1);UUB_relax{Conid}=YrelaxL-YengineerL';
            else if Conid>=2*P&&Conid<=2*P+M
                    LLB_relax{Conid}=V_down_limit;UUB_relax{Conid}=V_up_limit;
                end
            end
        end
    end
    LB_relax=cat(1,LLB_relax{1:M+2*P});     UB_relax=cat(1,UUB_relax{1:M+2*P});
    %%=====动态控制优化问题求解=====%%
    options11= optimset('Algorithm','active-set');
    [Result,fval,exitflag,output,lambda]=quadprog(HDMC,fDMC,DMCMieq,DMCmieq,DMCMeq,DMCmeq
        ,LB,UB,[],options11);
    Delta_V(:,i)=Result(1:m);     Result_report(:,i)=Result;
    if exitflag~=1
        [Result1,fval,exitflag,output,lambda]=quadprog(HDMC_relax,fDMC_relax,
            DMCMieq_relax,DMCmieq_relax,DMCMeq_relax,DMCmeq,LB_relax,UB_relax,[],
            options11);
        aaa(:,i)=exitflag;   Delta_V(:,i)=Result1(2*p*P+1:2*p*P+m);
        Result_report(:,i)=Result1(2*p*P+1:2*p*P+M*m);
    end
    a_dynamic(:,i)=exitflag;
    if exitflag~=1
        fprintf('==dynamic');  break;
    end
    V(:,i)=V(:,i-1)+Delta_V(:,i);
    clear HDMC fDMC DMCMieq DMCmieq DMCMeq DMCmeq LB UB;
    U(:,i)=Kfeedback*Xhat(:,i)+V(:,i-1)+Delta_V(:,i);
    %%=====求取实际CV=====%%
    Xreal=0.90*(Amod*Xreal+Bmod*U(:,i)+F_dist*f_dist(:,i));
    Y_real(:,i+1)=0.90*Cmod*Xreal;     Y_reals=Y_real(:,i+1);
    fprintf('==========the %d step control has ended ==========\n',i-1);
    clear RedofSoft;
end
close all;
figure; %CV
subplot(3,1,1);
plot(0:Steps-1,Y_real(1,1:Steps),'-b',0:Steps-2,Ys(1,1:Steps-1),'--k', 0:Steps-1,
    YengineerL(1,1)*ones(1,Steps),'-.r', 0:Steps-1,YengineerU(1,1)*ones(1,Steps),'-.r');
```

```
set(findall(gcf,'type','line'),'linewidth',1.5);
axis([0, Steps-1,YengineerL(1,1)-0.1,YengineerU(1,1)+0.1]);
h2=legend('$y_1$','$y_{1,ss}$','$\underline{y}_{1,0,h}$','$\bar{y}_{1,0,h}$');%
set(h2,'Interpreter','latex','Orientation','Horizontal','FontSize',12);
ylabel('$y_1$','Interpreter','latex','FontSize',16);
subplot(3,1,2);
plot(0:Steps-1,Y_real(2,1:Steps),'-b',0:Steps-2,Ys(2,1:Steps-1),'--k', 0:Steps-1,
    YengineerL(1,2)*ones(1,Steps),'-.r', 0:Steps-1,YengineerU(1,2)*ones(1,Steps),'-.r');
set(findall(gcf,'type','line'),'linewidth',1.5);
axis([0, Steps-1,YengineerL(1,2)-0.1,YengineerU(1,2)+0.1]);
h2=legend('$y_2$','$y_{2,ss}$','$\underline{y}_{2,0,h}$','$\bar{y}_{2,0,h}$');
set(h2,'Interpreter','latex','Orientation','Horizontal','FontSize',12);
ylabel('$y_2$','Interpreter','latex','FontSize',16);
subplot(3,1,3);
plot(0:Steps-1,Y_real(3,1:Steps),'-b',0:Steps-2,Ys(3,1:Steps-1),'--k', 0:Steps-1,
    YengineerL(1,3)*ones(1,Steps),'-.r', 0:Steps-1,YengineerU(1,3)*ones(1,Steps),'-.r');
set(findall(gcf,'type','line'),'linewidth',1.5);
axis([0, Steps-1,YengineerL(1,3)-0.1,YengineerU(1,3)+0.1]);
h2=legend('$y_3$','$y_{3,ss}$','$\underline{y}_{3,0,h}$','$\bar{y}_{3,0,h}$');
set(h2,'Interpreter','latex','Orientation','Horizontal','FontSize',12);
ylabel('$y_3$','Interpreter','latex','FontSize',16);
xlabel('$k$','Interpreter','latex','FontSize',16);
figure; %MV
subplot(3,1,1);
plot(-1:Steps-2,U(1,1:Steps),'-b',0:Steps-2,Us(1,1:Steps-1),'--k', -1:Steps-2,UengineerL
    (1,1)*ones(1,Steps),'-.r', -1:Steps-2,UengineerU(1,1)*ones(1,Steps),'-.r');
set(findall(gcf,'type','line'),'linewidth',1.5);
set(gca,'xtick',-1:50:Steps-2);
axis([-1, Steps-2,UengineerL(1,1)-0.1, UengineerU(1,1)+0.1]);
h2=legend('$u_1$','$u_{1,ss}$','$\underline{u}_1$','$\bar{u}_1$');
set(h2,'Interpreter','latex','Orientation','Horizontal','FontSize',12);
ylabel('$u_1$','Interpreter','latex','FontSize',16);
subplot(3,1,2);
plot(-1:Steps-2,U(2,1:Steps),'-b',0:Steps-2,Us(2,1:Steps-1),'--k', -1:Steps-2,UengineerL
    (1,2)*ones(1,Steps),'-.r', -1:Steps-2,UengineerU(1,2)*ones(1,Steps),'-.r');
set(findall(gcf,'type','line'),'linewidth',1.5);
set(gca,'xtick',-1:50:Steps-2);
axis([-1, Steps-2,UengineerL(1,2)-0.1, UengineerU(1,2)+0.1]);
h2=legend('$u_2$','$u_{2,ss}$','$\underline{u}_2$','$\bar{u}_2$');
set(h2,'Interpreter','latex','Orientation','Horizontal','FontSize',12);
ylabel('$u_2$','Interpreter','latex','FontSize',16);
subplot(3,1,3);
plot(-1:Steps-2,U(3,1:Steps),'-b',0:Steps-2,Us(3,1:Steps-1),'--k', -1:Steps-2,UengineerL
    (1,3)*ones(1,Steps),'-.r', -1:Steps-2,UengineerU(1,3)*ones(1,Steps),'-.r');
set(findall(gcf,'type','line'),'linewidth',1.5);
set(gca,'xtick',-1:50:Steps-2);
axis([-1, Steps-2,UengineerL(1,3)-0.1, UengineerU(1,3)+0.1]);
h2=legend('$u_3$','$u_{3,ss}$','$\underline{u}_{3}$','$\bar{u}_{3}$');
set(h2,'Interpreter','latex','Orientation','Horizontal','FontSize',12);
xlabel('$k$','Interpreter','latex','FontSize',16);ylabel('$u_3$','Interpreter','latex','
    FontSize',16);
```

```
figure;
plot(0:Steps-1,p_dist(1,1:Steps),'-b',0:Steps-1,d_dist(1,1:Steps),'--k',0:Steps-1,d_dist
    (2,1:Steps),'-.r');
set(findall(gcf,'type','line'),'linewidth',1.5);
axis([0, Steps-1,-1,0.1]);
h2=legend('$p$','$d_1$','$d_2$');
set(h2,'Interpreter','latex','Orientation','Horizontal','FontSize',12);
xlabel('$k$','Interpreter','latex','FontSize',16);ylabel('$p,d_1,d_2$','Interpreter','
    latex','FontSize',16);
```

文件 Amod.txt 此处略，Amod 为 20 行 20 列的矩阵。

文件 Bmod.txt 此处略。Bmod 为 20 行 3 列的矩阵。

文件 Cmod.txt 此处略。Cmod 为 3 行 20 列的矩阵。

文件 Fdist.txt 此处略。Fdist 为 20 行 2 列的矩阵。

下面的程序代码的命名为 Sub1_Economic_optimization.m。

```
%不同的优化类型对应了不同的决策变量个数和约束形式
switch EconomicType
    case 1 %线性规划
        Ub=inf*ones(2*Obj_NS(j)+m,1);  Lb=-inf*ones(2*Obj_NS(j)+m,1);
        Lb(1:2*Obj_NS(j),1)=zeros(2*Obj_NS(j),1);
        Num=1;
        for k=1:Obj_NS(j)
            switch  Rank_Matrix(Obj(j,k),3)  %求取中间矩阵（分被控变量1和操纵变量2）
                case 1  %被控变量
                    I_unit=zeros(1,2*Obj_NS(j));                    %构造松弛变量适维矩阵
                    I_unit(1,Num:Num+1)=[-1, 1];      Num=Num+2;
                    Iu_unit=CalSteady(Rank_Matrix(Obj(j,k),4),:); %构造适维矩阵
                    New_L(k,:)=[I_unit,  Iu_unit];
                    New_R(k,:)=Rank_Matrix(Obj(j,k),7)-YolN(Rank_Matrix(Obj(j,k),4),1);
                    clear I_uint; clear Iu_unit;
                case 2  %操纵变量
                    I_unit=zeros(1,2*Obj_NS(j));                       %构造松弛变量适维矩阵
                    I_unit(1,Num:Num+1)=[-1, 1];    Num=Num+2;
                    Iu_unit=KfeedbackC(Rank_Matrix(Obj(j,k),4),:);  %构造MV适维矩阵
                    New_L(k,:)=[I_unit,  Iu_unit];
                    New_R(k,:)=Rank_Matrix(Obj(j,k),7)-Uolsss(Rank_Matrix(Obj(j,k),4),1);
                    clear I_uint; clear Iu_unit;
            end
            if size(ETConstraints,1)>0
                for ind=1:size(ETConstraints,1)
                    if Rank_Matrix(Obj(j,k),3)==ETConstraints(ind,1)
                        &&Rank_Matrix(Obj(j,k),4)==ETConstraints(ind,2)
                        Mieq(ETConstraints(ind,3),:)=[];mieq(ETConstraints(ind,3),:)=[];
                        ETConstraints(ind+1:end,3)=ETConstraints(ind+1:end,3)-1;
                    end
                end
            end
        end
        if size(Meq,1)==0
            Mmeq=New_L;
        else
```

```
            Mmeq=[zeros(size(Meq,1),2*Obj_NS(j)), Meq; New_L];
        end
        mmeq=[meq;New_R];Mmieq=[zeros(size(Mieq,1),2*Obj_NS(j)),Mieq];mmieq=mieq;
        clear New_R;   clear New_L;
        f1=zeros(2*Obj_NS(j)+m+mmnum,1);
        Num=1;
        for k=1:Obj_NS(j)
            f1(mmnum+Num,1)=Rank_Matrix(Obj(j,k),8)^(-1);
            f1(mmnum+Num+1,1)=Rank_Matrix(Obj(j,k),8)^(-1); Num=Num+2;
        end
        if mmnum>0  %包含最小动作变量
            Lb=[zeros(mmnum,1);Lb];  Ub=[inf*ones(mmnum,1);Ub]; uind=0;
            AddPartL=zeros(2*mmnum,size(Mieq,2)+mmnum);
            for ind=1:m
                if Ucriterion(ind)==1
                    uind=uind+1;
                    AddPartL(2*uind-1,uind)=-1;
                    AddPartL(2*uind-1,ind+mmnum)=1;
                    AddPartL(2*uind,uind)=-1;
                    AddPartL(2*uind,ind+mmnum)=-1;
                    f1(uind,1)=UCost(1,ind);
                else
                    f1(2*Obj_NS(j)+mmnum+1:end)
                        =f1(2*Obj_NS(j)+mmnum+1:end)
                        +UCost(ind)*KfeedbackC(ind,:)';
                end
            end
            AddPartR=zeros(2*mmnum,1);
        else %不含最小动作变量
            AddPartL=[]; AddPartR=[];
            for index=1:m
                f1(mmnum+2*Obj_NS(j)+1:end)
                    =f1(mmnum+2*Obj_NS(j)+1:end)+UCost(index)*KfeedbackC(index,:)';
            end
        end
        Mmieq=[AddPartL(:,1),zeros(2*mmnum,2*Obj_NS(j)),AddPartL(:,mmnum+1:mmnum+m);zeros
            (size(Mmieq,1),mmnum),Mmieq];
        mmieq=[AddPartR;mmieq];  Mmeq=[zeros(size(Mmeq,1),mmnum),Mmeq];
        options=optimset( 'Diagnostics','off','Display','final','LargeScale','off','
            MaxIter',[],'Simplex','on','TolFun',[]);
        [V1_dic,fval,exitflag,output,lambda]=linprog(f1,Mmieq,mmieq,Mmeq,mmeq,Lb,Ub,[],
            options);
        clear Lb; clear Ub;
        Delta_Result(:,1)=V1_dic(2*Obj_NS(j)+mmnum+1:2*Obj_NS(j)+mmnum+m,1);
    case 2 %二次规划
        Ub=inf*ones(Obj_NS(j)+m,1); Ub(Obj_NS(j)+1:end,1)=Delta_Uust;
        Lb=-inf*ones(Obj_NS(j)+m,1); Lb(1:Obj_NS(j),1)=zeros(Obj_NS(j),1);
        Lb(Obj_NS(j)+1:end,1)=Delta_Ulst;
        for k=1:Obj_NS(j)
            switch  Rank_Matrix(Obj(j,k),3)   %求取中间矩阵（分被控变量1和操纵变量2）
                case 1  %被控变量
```

```
                New_LL=zeros(1,Obj_NS(j)); New_LL(1,k)=-1;
                New_L(k,:)=[New_LL,CalSteady(Rank_Matrix(Obj(j,k),4),:)];
                New_R(k,:)=Rank_Matrix(Obj(j,k),7)-YolN(Rank_Matrix(Obj(j,k),4),1);
            case 2  %操纵变量
                New_L(k,:)=zeros(1,Obj_NS(j)+m); New_L(k,k)=-1;
                New_L(k,Obj_NS(j)+Rank_Matrix(Obj(j,k),4))=1;
                New_R(k,:)=Rank_Matrix(Obj(j,k),7)-U(Rank_Matrix(Obj(j,k),4),i-1);
        end
        if size(ETConstraints,1)>0
            for ind=1:size(ETConstraints,1)
                if Rank_Matrix(Obj(j,k),3)==ETConstraints(ind,1)
                    &&Rank_Matrix(Obj(j,k),4)==ETConstraints(ind,2)
                    Mieq(ETConstraints(ind,3),:)=[];mieq(ETConstraints(ind,3),:)=[];
                    ETConstraints(ind+1:end,3)=ETConstraints(ind+1:end,3)-1;
                end
            end
        end
    end
    if size(Meq,1)==0
        Mmeq=[New_L];
    else
        Mmeq=[zeros(size(Meq,1),Obj_NS(j)),Meq; New_L];
    end
    mmeq=[meq;  New_R];
    Mmieq=[zeros(size(Mieq,1),Obj_NS(j)),Mieq];  mmieq=mieq;
    clear New_R;   clear New_L;
    H=zeros(Obj_NS(j)+m+mmnum,Obj_NS(j)+m+mmnum);
    Jmax=-0.4; %Jmin, 给了个值
    for k=1:Obj_NS(j)
        H(k+mmnum,k+mmnum)=2*Rank_Matrix(Obj(j,k),8)^(-2);
    end
    f1=zeros(Obj_NS(j)+m+mmnum,1);
    for k1=1:m
        for j1=1:m
            if Ucriterion(k1)==0&&Ucriterion(j1)==0
                H(k1+Obj_NS(j)+mmnum,Obj_NS(j)+j1+mmnum)
                    =2*KfeedbackC(k1,:)*UCost(k1)*UCost(j1)*KfeedbackC(j1,:)';
            end
        end
    end
    if mmnum>0  %包含最小动作变量
        Lb=[zeros(mmnum,1);Lb]; Ub=[inf*ones(mmnum,1);Ub]; uind=0;
        AddPartL=zeros(2*mmnum,size(Mieq,2)+mmnum);
        for ind=1:m
          if Ucriterion(ind)==1
            uind=uind+1; H(uind,uind)=2*UCost(ind)*UCost(ind);
            AddPartL(2*uind-1,uind)=-1;AddPartL(2*uind-1,ind+mmnum)=1;
            AddPartL(2*uind,uind)=-1;AddPartL(2*uind,ind+mmnum)=-1;f1(uind,1)=0;
            else
                f1(Obj_NS(j)+mmnum+1:Obj_NS(j)+mmnum+m)
                    =f1(Obj_NS(j)+mmnum+1:Obj_NS(j)+mmnum+m)
```

```
                    -2*UCost(ind)*Jmax*KfeedbackC(ind,:)';
                end
            end
            AddPartR=zeros(2*mmnum,1);
        else
            AddPartL=[]; AddPartR=[];
            for index=1:m
                f1(Obj_NS(j)+mmnum+1:Obj_NS(j)+mmnum+m)
                    =f1(Obj_NS(j)+mmnum+1:Obj_NS(j)+mmnum+m)
                    -2*UCost(index)*KfeedbackC(index,:)'*Jmax;
            end
        end
        Mmieq=[AddPartL(:,1),zeros(2*mmnum,Obj_NS(j)),AddPartL(:,mmnum+1:mmnum+m);zeros(
            size(Mmieq,1),mmnum),Mmieq];
        mmieq=[AddPartR;mmieq]; Mmeq=[zeros(size(Mmeq,1),mmnum),Mmeq];
        options1 =optimset('Algorithm','active-set');
        %计算 Delta_Us
        [Delta_Result1(:,1),fval,exitflag]=quadprog(H,f1,Mmieq,mmieq,Mmeq,mmeq,Lb,Ub,[],
            options1);
        clear Lb; clear Ub;
        Delta_Result(:,1)=Delta_Result1(Obj_NS(j)+mmnum+1:Obj_NS(j)+mmnum+m,1);
end
```

下面的程序代码的命名为 Sub1_Tracking_ET.m。

```
%不同的优化类型对应了不同的决策变量个数和约束形式
switch ProgType
    case 1 %线性规划
        Ub=inf*ones(2*Obj_NS(j)+m,1); Lb=-inf*ones(2*Obj_NS(j)+m,1);
        Lb(1:2*Obj_NS(j),1)=zeros(2*Obj_NS(j),1); Num=1;
        for k=1:Obj_NS(j)
            switch  Rank_Matrix(Obj(j,k),3) %求取中间矩阵（分被控变量1和操纵变量2）
                case 1  %被控变量
                    I_unit=zeros(1,2*Obj_NS(j));                   %构造松弛变量适维矩阵
                    I_unit(1,Num:Num+1)=[-1, 1];   Num=Num+2;
                    Iu_unit=CalSteady(Rank_Matrix(Obj(j,k),4),:); %构造适维矩阵
                    New_L(k,:)=[I_unit,  Iu_unit];
                    New_R(k,:)=Rank_Matrix(Obj(j,k),7)-Yolsss(Rank_Matrix(Obj(j,k),4),1);
                    clear I_uint; clear Iu_unit;
                case 2  %操纵变量
                    I_unit=zeros(1,2*Obj_NS(j));                    %构造松弛变量适维矩阵
                    I_unit(1,Num:Num+1)=[-1, 1]; Num=Num+2;
                    Iu_unit=KfeedbackC(Rank_Matrix(Obj(j,k),4),:); %构造适维矩阵
                    New_L(k,:)=[I_unit,  Iu_unit];
                    New_R(k,:)=Rank_Matrix(Obj(j,k),7)-Uolsss(Rank_Matrix(Obj(j,k),4),1);
                    clear I_uint; clear Iu_unit;
            end
            if size(ETConstraints,1)>0
                for ind=1:size(ETConstraints,1)
                    if Rank_Matrix(Obj(j,k),3)==ETConstraints(ind,1)
                        &&Rank_Matrix(Obj(j,k),4)==ETConstraints(ind,2)
                        Mieq(ETConstraints(ind,3),:)=[];mieq(ETConstraints(ind,3),:)=[];
```

```
                    ETConstraints(ind+1:end,3)=ETConstraints(ind+1:end,3)-1;
                end
            end
        end
    end
    if size(Meq,1)==0
        Mmeq=New_L;
    else
        Mmeq=[zeros(size(Meq,1),2*Obj_NS(j)),Meq; New_L];
    end
    mmeq=[meq;New_R];Mmieq=[zeros(size(Mieq,1),2*Obj_NS(j)),Mieq];mmieq=mieq;
    clear New_R;   clear New_L;
    f=zeros(2*Obj_NS(j)+m,1);
    Num=1;
    for k=1:Obj_NS(j)
        f(Num,1)=Rank_Matrix(Obj(j,k),8)^(-1);
        f(Num+1,1)=Rank_Matrix(Obj(j,k),8)^(-1);Num=Num+2;
    end
    options=optimset( 'Diagnostics','off','Display','final','LargeScale','off','
        MaxIter',[],'Simplex','on','TolFun',[]);
    [V1_dic,fval,exitflag,output,lambda]=linprog(f,Mmieq,mmieq,Mmeq,mmeq,Lb,Ub,[],
        options);
    Num=1;
    for k=1:Obj_NS(j)
        V_dic(k,1)=V1_dic(Num,1)-V1_dic(Num+1,1);Num=Num+2;
    end
    V_dic(Obj_NS(j)+1:Obj_NS(j)+m,1)=V1_dic(2*Obj_NS(j)+1:end,1);
    clear Lb; clear Ub;
case 2 %二次规划
    Ub=inf*ones(Obj_NS(j)+m,1); Lb=-inf*ones(Obj_NS(j)+m,1);
    Lb(1:Obj_NS(j),1)=zeros(Obj_NS(j),1);
    for k=1:Obj_NS(j)
        switch  Rank_Matrix(Obj(j,k),3) %求取中间矩阵（分被控变量1和操纵变量2）
            case 1 %被控变量
                New_LL=zeros(1,Obj_NS(j)); New_LL(1,k)=-1;
                New_L(k,:)=[New_LL,CalSteady(Rank_Matrix(Obj(j,k),4),:)];
                New_R(k,:)=Rank_Matrix(Obj(j,k),7)-YolN(Rank_Matrix(Obj(j,k),4),1);
            case 2 %操纵变量
                New_L(k,:)=zeros(1,Obj_NS(j)+m); New_L(k,k)=-1;
                New_L(k,Obj_NS(j)+1:Obj_NS(j)+m)
                    =KfeedbackC(Rank_Matrix(Obj(j,k),4),:);
                New_R(k,:)=Rank_Matrix(Obj(j,k),7)-Uolsss(Rank_Matrix(Obj(j,k),4),1);
        end
        if size(ETConstraints,1)>0
            for ind=1:size(ETConstraints,1)
                if Rank_Matrix(Obj(j,k),3)==ETConstraints(ind,1)
                    &&Rank_Matrix(Obj(j,k),4)==ETConstraints(ind,2)
                    Mieq(ETConstraints(ind,3),:)=[];mieq(ETConstraints(ind,3),:)=[];
                    ETConstraints(ind+1:end,3)=ETConstraints(ind+1:end,3)-1;
                end
            end
```

```
            end
        end
        if size(Meq,1)==0
            Mmeq=[New_L];
        else
            Mmeq=[zeros(size(Meq,1),Obj_NS(j)),Meq; New_L];
        end
        mmeq=[meq;  New_R];
        Mmieq=[zeros(size(Mieq,1),Obj_NS(j)),Mieq]; mmieq=mieq;
        clear New_R;   clear New_L;
        H=zeros(Obj_NS(j)+m,Obj_NS(j)+m);
        for k=1:Obj_NS(j)
            H(k,k)=2*Rank_Matrix(Obj(j,k),8)^(-2);
        end
        f=zeros(Obj_NS(j)+m,1);
        [V_dic,fval,exitflag]=quadprog(H,f,Mmieq,mmieq,Mmeq,mmeq,Lb,Ub,[],options);
end
```

下面的程序代码的命名为 Sub2_Economic_optimization.m。

```
Num=1;
Ub=inf*ones(Obj_NS(j)+m,1);             %确定松弛变量的部分上界
%没有按照min{max}和max{min}处理上下界
for k=1:1:Obj_NS(j)
    if Rank_Matrix(Obj(j,k),5)==0
        switch Rank_Matrix(Obj(j,k),6)
            case 1
                Ub(k,1)=YengineerU(1,Rank_Matrix(Obj(j,k),4))
                    -YoperaterU(1,Rank_Matrix(Obj(j,k),4));
            case 2
                Ub(k,1)=YoperaterL(1,Rank_Matrix(Obj(j,k),4))
                    -YengineerL(1,Rank_Matrix(Obj(j,k),4));
        end
    end
end
Lb=-inf*ones(Obj_NS(j)+m,1);Lb(1:Obj_NS(j),1)=zeros(Obj_NS(j),1);  %确定松弛变量的下界
for k=1:Obj_NS(j)
    switch Rank_Matrix(Obj(j,k),5)
        case 1 %ET期望上下界
            neindex=neindex+1;
            ETConstraints(neindex,:)
                =[Rank_Matrix(Obj(j,k),3),Rank_Matrix(Obj(j,k),4),size(Mieq,1)+k];
            switch Rank_Matrix(Obj(j,k),3)
                case 1  %被控变量
                    switch Rank_Matrix(Obj(j,k),6)
                        case 1  %被控变量的上界
                            I_unit=zeros(1,Obj_NS(j));  %构造松弛变量适维矩阵
                            Iu_unit=zeros(1,m);         %构造适维矩阵
                            I_unit(1,k)=-1;Iu_unit=CalSteady(Rank_Matrix(Obj(j,k),4),:);
                            New_L(Num,:)=[I_unit,Iu_unit];
                            New_R(Num,:)=Rank_Matrix(Obj(j,k),7)
                                +0.5*Rank_Matrix(Obj(j,k),8)
```

```
                        -YolN(Rank_Matrix(Obj(j,k),4),1);
                    Num=Num+1;
                case 2  %被控变量的下界
                    I_unit=zeros(1,Obj_NS(j));  %构造松弛变量适维矩阵
                    Iu_unit=zeros(1,m);         %构造适维矩阵
                    I_unit(1,k)=-1;Iu_unit=-CalSteady(Rank_Matrix(Obj(j,k),4),:);
                    New_L(Num,:)=[I_unit,Iu_unit];
                    New_R(Num,:)=-Rank_Matrix(Obj(j,k),7)
                        +0.5*Rank_Matrix(Obj(j,k),8)
                        +YolN(Rank_Matrix(Obj(j,k),4),1);
                    Num=Num+1;
            end
            clear I_unit; clear Iu_unit;
        case 2  %操纵变量
            switch Rank_Matrix(Obj(j,k),6)
                case 1  %MV上界
                    I_unit=zeros(1,Obj_NS(j));   %构造松弛变量适维矩阵
                    Iu_unit=KfeedbackC(Rank_Matrix(Obj(j,k),4),:);  %构造适维矩阵
                    I_unit(1,k)=-1; New_L(Num,:)=[I_unit,Iu_unit];
                    New_R(Num,:)=Rank_Matrix(Obj(j,k),7)+0.5*Rank_Matrix(Obj(j,k)
                        ,8)-Uolsss(Rank_Matrix(Obj(j,k),4),1);
                    Num=Num+1;
                case 2  %MV下界
                    I_unit=zeros(1,Obj_NS(j));  %构造松弛变量适维矩阵
                    Iu_unit=-KfeedbackC(Rank_Matrix(Obj(j,k),4),:); %构造适维矩阵
                    I_unit(1,k)=-1;  New_L(Num,:)=[I_unit,Iu_unit];
                    New_R(Num,:)=-Rank_Matrix(Obj(j,k),7)
                        +0.5*Rank_Matrix(Obj(j,k),8)
                        +Uolsss(Rank_Matrix(Obj(j,k),4),1);
                    Num=Num+1;
            end
            clear I_unit; clear Iu_unit;
        end
    case 0  %CV的操作约束
        I_unit=zeros(1,Obj_NS(j));  %定义适维矩阵，用于构造不等式矩阵
        I_unit(1,k)=-1;
        switch Rank_Matrix(Obj(j,k),6)
            case 1  %上界
                New_L(Num,:)=[I_unit, CalSteady(Rank_Matrix(Obj(j,k),4),:)];
                New_R(Num,:)=[YoperaterU(Rank_Matrix(Obj(j,k),4))
                    -YolN(Rank_Matrix(Obj(j,k),4),1)];
                Num=Num+1;
            case 2  %下界
                New_L(Num,:)=[I_unit,  -CalSteady(Rank_Matrix(Obj(j,k),4),:)];
                New_R(Num,:)=[-YoperaterL(Rank_Matrix(Obj(j,k),4))
                    +YolN(Rank_Matrix(Obj(j,k),4),1)];
                Num=Num+1;
        end
    end
end
Mmieq=[zeros(size(Mieq,1),Obj_NS(j)), Mieq; New_L]; mmieq=[mieq;  New_R];
```

```
if size(Meq,1)==0
    Mmeq=[];     mmeq=[];
else
    Mmeq=[zeros(size(Meq,1),Obj_NS(j)), Meq];     mmeq=meq;
end
clear New_R;  clear New_L;  clear SM_mid;
%%=====开始求解优化阶段=====%%
switch EconomicType
    case 1  %线性规划
        f1=zeros(Obj_NS(j)+m+mmnum,1);
        for k=1:Obj_NS(j)
            f1(k+mmnum,1)=Rank_Matrix(Obj(j,k),8)^(-1);
        end
        if mmnum>0  %包含最小动作变量
            Lb=[zeros(mmnum,1);Lb]; Ub=[inf*ones(mmnum,1);Ub];  uind=0;
            AddPartL=zeros(2*mmnum,size(Mieq,2)+mmnum);
            for ind=1:m
              if Ucriterion(ind)==1
                uind=uind+1;  AddPartL(2*uind-1,uind)=-1;AddPartL(2*uind-1,ind+mmnum)=1;
                AddPartL(2*uind,uind)=-1; AddPartL(2*uind,ind+mmnum)=-1;
                f1(uind,1)=UCost(1,ind);
                else
                    f1(Obj_NS(j)+mmnum+1:Obj_NS(j)+mmnum+m,1)
                        =f1(Obj_NS(j)+mmnum+1:Obj_NS(j)+mmnum+m,1)
                        +UCost(ind)*KfeedbackC(ind,:)';
                end
            end
            AddPartR=zeros(2*mmnum,1);
        else  %不含最小动作变量
            AddPartL=[];AddPartR=[];
            for index=1:m
                f1(mmnum+1:end)=f1(mmnum+1:end)+UCost(index)*KfeedbackC(index,:)';
            end
        end
        Mmieq=[AddPartL(:,1),zeros(2*mmnum,Obj_NS(j)),AddPartL(:,mmnum+1:mmnum+m);zeros(
            size(Mmieq,1),mmnum),Mmieq];
        mmieq=[AddPartR;mmieq];          Mmeq=[zeros(size(Mmeq,1),mmnum),Mmeq];
        [Delta_Result1,fval,exitflag]=linprog(f1,Mmieq,mmieq,Mmeq,mmeq,Lb,Ub);
        for k=1:Obj_NS(j)
            if Rank_Matrix(Obj(j,k),5)==0
                NumofSoft=NumofSoft+1;
                switch Rank_Matrix(Obj(j,k),6)
                    case 1
                        RedofSoft(NumofSoft,:)=[Rank_Matrix(Obj(j,k),4),
                            Rank_Matrix(Obj(j,k),6),YoperaterU(Rank_Matrix(Obj(j,k),4))
                            +Delta_Result1(mmnum+k,1)];
                    case 2
                        RedofSoft(NumofSoft,:)=[Rank_Matrix(Obj(j,k),4),
                            Rank_Matrix(Obj(j,k),6),-YoperaterL(Rank_Matrix(Obj(j,k),4))
                            +Delta_Result1(mmnum+k,1)];
                end
```

```
            end
        end
        Delta_Result(:,1)=Delta_Result1(Obj_NS(j)+mmnum+1:Obj_NS(j)+mmnum+m,1);
        clear Lb; clear Ub;
    case 2  %二次规划
        H=zeros(Obj_NS(j)+m+mmnum,Obj_NS(j)+m+mmnum);
        Jmax=-0.4; %Jmin, 给了个值
        for k=1:Obj_NS(j)
            H(k+mmnum,k+mmnum)=2*Rank_Matrix(Obj(j,k),8)^(-2);
        end
        f1=zeros(Obj_NS(j)+m+mmnum,1);
        for k1=1:m
            for j1=1:m
                if Ucriterion(k1)==0&&Ucriterion(j1)==0
                    H(k1+Obj_NS(j)+mmnum,j1+Obj_NS(j)+mmnum)
                        =2*KfeedbackC(k1,:)*UCost(k1)*UCost(j1)*KfeedbackC(j1,:)';
                end
            end
        end
        if mmnum>0  %若包含最小动作变量
            Lb=[zeros(mmnum,1);Lb];  Ub=[inf*ones(mmnum,1);Ub];  uind=0;
            AddPartL=zeros(2*mmnum,size(Mieq,2)+mmnum);
            for ind=1:m
                if Ucriterion(ind)==1
                    uind=uind+1;  H(uind,uind)=2*UCost(ind)*UCost(ind);
                    AddPartL(2*uind-1,uind)=-1;AddPartL(2*uind-1,ind+mmnum)=1;
                    AddPartL(2*uind,uind)=-1; AddPartL(2*uind,ind+mmnum)=-1;
                    f1(uind,1)=0;
                else
                    f1(mmnum+Obj_NS(j)+1:mmnum+Obj_NS(j)+m)
                        =f1(mmnum+Obj_NS(j)+1:mmnum+Obj_NS(j)+m)
                        -2*UCost(ind)*Jmax*KfeedbackC(ind,:)';
                end
            end
            AddPartR=zeros(2*mmnum,1);
        else
            AddPartL=[]; AddPartR=[];
            for index=1:m
                f1(mmnum+Obj_NS(j)+1:mmnum+Obj_NS(j)+m)
                    =f1(mmnum+Obj_NS(j)+1:mmnum+Obj_NS(j)+m)
                    -2*UCost(index)*KfeedbackC(index,:)'*Jmax;
            end
        end
        options1 =optimset('Algorithm','active-set');
        Mmieq=[AddPartL(:,1),zeros(2*mmnum,Obj_NS(j)),AddPartL(:,mmnum+1:mmnum+m);zeros(
            size(Mmieq,1),mmnum),Mmieq];
        mmieq=[AddPartR;mmieq]; Mmeq=[zeros(size(Mmeq,1),mmnum),Mmeq];
        %计算 Delta_Us
        [Delta_Result1(:,1),fval,exitflag]
            =quadprog(H,f1,Mmieq,mmieq,Mmeq,mmeq,Lb,Ub,[],options1);
        clear Lb; clear Ub;
```

```
        for k=1:Obj_NS(j)
            if Rank_Matrix(Obj(j,k),5)==0
                NumofSoft=NumofSoft+1;
                switch Rank_Matrix(Obj(j,k),6)
                    case 1
                        RedofSoft(NumofSoft,:)=[Rank_Matrix(Obj(j,k),4),
                            Rank_Matrix(Obj(j,k),6),YoperaterU(Rank_Matrix(Obj(j,k),4))
                            +Delta_Result1(mmnum+k,1)];
                    case 2
                        RedofSoft(NumofSoft,:)=[Rank_Matrix(Obj(j,k),4),
                            Rank_Matrix(Obj(j,k),6),-YoperaterL(Rank_Matrix(Obj(j,k),4))
                            +Delta_Result1(mmnum+k,1)];
                end
            end
        end
        Delta_Result(:,1)=Delta_Result1(Obj_NS(j)+mmnum+1:Obj_NS(j)+mmnum+m,1);
end
```

下面的程序代码的命名为 Sub2_soften_bound.m。

```
Num=1; Ub=inf*ones(Obj_NS(j)+m,1);   %确定松弛变量上界
%没有按照min{max}和max{min}处理上下界
for k=1:1:Obj_NS(j)
    if Rank_Matrix(Obj(j,k),5)==0
        switch Rank_Matrix(Obj(j,k),6)
            case 1
                Ub(k,1)=YengineerU(1,Rank_Matrix(Obj(j,k),4))
                    -YoperaterU(1,Rank_Matrix(Obj(j,k),4));
            case 2
                Ub(k,1)=YoperaterL(1,Rank_Matrix(Obj(j,k),4))
                    -YengineerL(1,Rank_Matrix(Obj(j,k),4));
        end
    end
end
Lb=-inf*ones(Obj_NS(j)+m,1);  %确定松弛变量下界
Lb(1:Obj_NS(j),1)=zeros(Obj_NS(j),1);
for k=1:Obj_NS(j)
    switch Rank_Matrix(Obj(j,k),5)
        case 1  %ET期望上下界
            neindex=neindex+1;
            ETConstraints(neindex,:)
                =[Rank_Matrix(Obj(j,k),3),Rank_Matrix(Obj(j,k),4),size(Mieq,1)+k];
            switch Rank_Matrix(Obj(j,k),3)
                case 1 %针对被控变量
                    switch Rank_Matrix(Obj(j,k),6)
                        case 1  %CV的上界
                            I_unit=zeros(1,Obj_NS(j));  %构造松弛变量适维矩阵
                            Iu_unit=zeros(1,m);          %构造适维矩阵
                            I_unit(1,k)=-1;Iu_unit=CalSteady(Rank_Matrix(Obj(j,k),4),:);
                            New_L(Num,:)=[I_unit,Iu_unit];
                            New_R(Num,:)=Rank_Matrix(Obj(j,k),7)
                                +0.5*Rank_Matrix(Obj(j,k),8)
```

```
                                -Yolsss(Rank_Matrix(Obj(j,k),4),1);
                            Num=Num+1;
                        case 2  %CV的下界
                            I_unit=zeros(1,Obj_NS(j));  %构造松弛变量适维矩阵
                            Iu_unit=zeros(1,m);         %构造适维矩阵
                            I_unit(1,k)=-1;Iu_unit=-CalSteady(Rank_Matrix(Obj(j,k),4),:);
                            New_L(Num,:)=[I_unit,Iu_unit];
                            New_R(Num,:)=-Rank_Matrix(Obj(j,k),7)
                                +0.5*Rank_Matrix(Obj(j,k),8)
                                +Yolsss(Rank_Matrix(Obj(j,k),4),1);
                            Num=Num+1;
                    end
                    clear I_unit; clear Iu_unit;
                case 2  %针对操纵变量
                    switch Rank_Matrix(Obj(j,k),6)
                        case 1  %MV的上界
                            I_unit=zeros(1,Obj_NS(j));     %构造松弛变量适维矩阵
                            Iu_unit=KfeedbackC(Rank_Matrix(Obj(j,k),4),:); %构造适维矩阵
                            I_unit(1,k)=-1; New_L(Num,:)=[I_unit,Iu_unit];
                            New_R(Num,:)=Rank_Matrix(Obj(j,k),7)
                                +0.5*Rank_Matrix(Obj(j,k),8)
                                -Uolsss(Rank_Matrix(Obj(j,k),4),1);
                            Num=Num+1;
                        case 2  %MV下界
                            I_unit=zeros(1,Obj_NS(j));     %构造松弛变量适维矩阵
                            Iu_unit=-KfeedbackC(Rank_Matrix(Obj(j,k),4),:); %构造适维矩阵
                            I_unit(1,k)=-1; New_L(Num,:)=[I_unit,Iu_unit];
                            New_R(Num,:)=-Rank_Matrix(Obj(j,k),7)
                                +0.5*Rank_Matrix(Obj(j,k),8)
                                +Uolsss(Rank_Matrix(Obj(j,k),4),1);
                            Num=Num+1;
                    end
                    clear I_unit; clear Iu_unit;
            end
        case 0  %CV的操作约束
            I_unit=zeros(1,Obj_NS(j));  %定义适维矩阵，用于构造不等式矩阵
            I_unit(1,k)=-1;
            switch Rank_Matrix(Obj(j,k),6)
                case 1  %上界
                    New_L(Num,:)=[I_unit, CalSteady(Rank_Matrix(Obj(j,k),4),:)];
                    New_R(Num,:)=[YoperaterU(Rank_Matrix(Obj(j,k),4))
                        -Yolsss(Rank_Matrix(Obj(j,k),4),1)];Num=Num+1;
                case 2  %下界
                    New_L(Num,:)=[I_unit,  -CalSteady(Rank_Matrix(Obj(j,k),4),:)];
                    New_R(Num,:)=[-YoperaterL(Rank_Matrix(Obj(j,k),4))
                        +Yolsss(Rank_Matrix(Obj(j,k),4),1)];Num=Num+1;
            end
    end
end
Mmieq=[zeros(size(Mieq,1),Obj_NS(j)), Mieq; New_L]; mmieq=[mieq;  New_R];
if size(Meq,1)==0
```

```
    Mmeq=[]; mmeq=[];
else
    Mmeq=[zeros(size(Meq,1),Obj_NS(j)), Meq]; mmeq=meq;
end
clear New_R;   clear New_L;clear SM_mid;
%%=====求解优化阶段=====%%
switch ProgType
    case 1 %线性规划
        f=zeros(1,Obj_NS(j)+m);
        for k=1:Obj_NS(j)
            f(1,k)=Rank_Matrix(Obj(j,k),8)^(-1);
        end
        [V_dic,fval,exitflag,output,lambda]=linprog(f,Mmieq,mmieq,Mmeq,mmeq,Lb,Ub);
        clear Lb; clear Ub;
    case 2 %二次规划
        H=zeros(Obj_NS(j)+m,Obj_NS(j)+m);
        for k=1:Obj_NS(j)
            H(k,k)=2*Rank_Matrix(Obj(j,k),8)^(-2);
        end
        f=zeros(1,Obj_NS(j)+m);
        [V_dic,fval,exitflag]=quadprog(H,f,Mmieq,mmieq,Mmeq,mmeq,Lb,Ub,[],options);
end
```

5.3 非线性模型的双层结构预测控制

非线性双层控制，就是先用 SLP/SQP 求稳态目标，再用 LP/QP 跟踪目标。求稳态目标为上层，跟踪稳态目标为下层。

考虑式(1.12)中的状态空间模型，重写如下（符号有更换）：

$$\begin{cases} x_{k+1} = \psi(x_k, u_k, \xi_k) \\ y_k = \hbar(x_k, \eta_k) \end{cases} \tag{5.94}$$

设计一个优化控制器：

$$\sum_{i=0}^{\infty} J(x_i, u_i, y_i) \ \ \text{s.t.} \begin{cases} \underline{u} \leqslant u_i \leqslant \bar{u}, & i \geqslant 0 \\ \underline{\varphi} \leqslant \varPhi x_i \leqslant \bar{\varphi}, & i \geqslant 0 \\ \underline{g} \leqslant G y_i \leqslant \bar{g}, & i \geqslant 0 \end{cases}$$

其中，$\{\psi, \hbar, J, \underline{u}, \bar{u}, \underline{\varphi}, \bar{\varphi}, \varPhi, \underline{g}, \bar{g}, G\}$ 已知。下面给出一个近似的解决方案。

假设：

(1) $E[\xi_k] = 0$，$E[\eta_k] = 0$，$E[\xi_k \xi_j^{\mathrm{T}}] = W\kappa_{kj}$，$\kappa_{kj} = \begin{cases} 1, & k = j \\ 0, & k \neq j \end{cases}$，$E[\eta_k \eta_j^{\mathrm{T}}] = V\kappa_{kj}$，$E[\xi_k \eta_j^{\mathrm{T}}] = 0$；$\{W,\ V\}$ 已知；

(2) $E[x_0] = \mu_0$，$E[(x - x_0)(x_0 - \mu_0)^{\mathrm{T}}] = \varGamma_0$；$\{\varGamma_0,\ \mu_0\}$ 已知；

(3) $\{u_k\}$ 是一个确定性的序列；

(4) 存在无穷个 $\{x_{\mathrm{s}}, u_{\mathrm{s}}\}$，使得

$$\psi(x,u,0)\approx\psi(x_{\rm s},u_{\rm s},0)+A_{\rm s}z+B_{\rm s}v+D_{\rm s}\xi$$
$$\hbar(x,\eta)\approx\hbar(x_{\rm s},0)+C_{\rm s}z+E_{\rm s}\eta$$

其中

$$z=x-x_{\rm s},\quad v=u-u_{\rm s}$$
$$A_{\rm s}=\left.\frac{\partial\psi}{\partial x}\right|_{x=x_{\rm s},u=u_{\rm s},\xi=0},\quad B_{\rm s}=\left.\frac{\partial\psi}{\partial u}\right|_{x=x_{\rm s},u=u_{\rm s},\xi=0},\quad D_{\rm s}=\left.\frac{\partial\psi}{\partial\xi}\right|_{x=x_{\rm s},u=u_{\rm s},\xi=0}$$
$$C_{\rm s}=\left.\frac{\partial\hbar}{\partial x}\right|_{x=x_{\rm s},\eta=0},\quad E_{\rm s}=\left.\frac{\partial\hbar}{\partial\eta}\right|_{x=x_{\rm s},\eta=0}$$

(5) 存在无穷个 $\{x_{\rm s},u_{\rm s},y_{\rm s}\}$ 使得

$$J(x,u,y)\approx J(x_{\rm s},u_{\rm s},y_{\rm s})+c_{\rm s}^{\rm T}\begin{bmatrix}z\\v\\\zeta\end{bmatrix}+\frac{1}{2}\begin{bmatrix}z\\v\\\zeta\end{bmatrix}^{\rm T}H_{\rm s}\begin{bmatrix}z\\v\\\zeta\end{bmatrix}$$

其中，$\zeta=y-y_{\rm s}$，

$$c_{\rm s}=\begin{bmatrix}\dfrac{\partial J}{\partial x}\\\dfrac{\partial J}{\partial u}\\\dfrac{\partial J}{\partial y}\end{bmatrix}^{\rm T}_{x=x_{\rm s},u=u_{\rm s},y=y_{\rm s}},\quad H_{\rm s}=2\left.\frac{\partial^2 J}{\partial\chi^2}\right|_{x=x_{\rm s},u=u_{\rm s},y=y_{\rm s}}=2\begin{bmatrix}J_{xx}&J_{xu}&J_{xy}\\J_{ux}&J_{uu}&J_{uy}\\J_{yx}&J_{yu}&J_{yy}\end{bmatrix}_{x=x_{\rm s},u=u_{\rm s},y=y_{\rm s}},\quad\chi=\begin{bmatrix}x\\u\\y\end{bmatrix}$$

双层结构预测控制具体如下。

阶段 1：稳态目标优化，即

$$\min J(x_{{\rm ss},k},u_{{\rm ss},k},y_{{\rm ss},k})\ \ {\rm s.t.}\ \begin{cases}\underline{u}\leqslant u_{{\rm ss},k}\leqslant\bar{u}\\\underline{\varphi}\leqslant\varPhi x_{{\rm ss},k}\leqslant\bar{\varphi}\\\underline{g}\leqslant Gy_{{\rm ss},k}\leqslant\bar{g}\end{cases}\tag{5.95}$$

每个 $k\geqslant0$ 求解；基于假设 (4) 和假设 (5)，可能用 SLP 或 SQP，但 SQP 的要求更高。

阶段 2：Kalman 滤波估计状态，即

$$\begin{cases}\hat{x}_{0|0}=\mu_0\\X_{0|0}=\varGamma_0\\\hat{x}_{k|k-1}=A_{{\rm ss},k-1}\hat{x}_{k-1|k-1}+B_{{\rm ss},k-1}u_{k-1}+\ell_{{\rm ss},k-1}\\X_{k|k-1}=A_{{\rm ss},k-1}X_{k-1|k-1}A_{{\rm ss},k-1}^{\rm T}+D_{{\rm ss},k-1}WD_{{\rm ss},k-1}^{\rm T}\\L_k=X_{k|k-1}C_{{\rm ss},k}\left(C_{{\rm ss},k}X_{k|k-1}C_{{\rm ss},k}^{\rm T}+E_{{\rm ss},k}VE_{{\rm ss},k}^{\rm T}\right)^{-1}\\\hat{x}_{k|k}=\hat{x}_{k|k-1}+L_k\left(y_k-C_{{\rm ss},k}\hat{x}_{k|k-1}\right)\\X_{k|k}=(I-L_kC_{{\rm ss},k})X_{k|k-1}(I-L_kC_{{\rm ss},k})^{\rm T}+L_kE_{{\rm ss},k}VE_{{\rm ss},k}^{\rm T}L_k^{\rm T}\end{cases}$$

其中，$\ell_{{\rm ss},k}=\psi(x_{{\rm ss},k},u_{{\rm ss},k},0)-x_{{\rm ss},k}$。

阶段 3：稳态目标跟踪：

$$\min\left\{\sum_{i=0}^{N-1}||z_i||_Q^2+\sum_{j=0}^{N-1}||v_j||_R^2+||z_N||_P^2\right\} \text{ s.t. } \left\{\begin{array}{l} z_{i+1}=A_{\mathrm{ss},k}z_i+B_{\mathrm{ss},k}v_i+\ell_{\mathrm{ss},k}, \quad i=0,1,2,\cdots,N-1 \\ z_0=\hat{x}_{k|k}-x_{\mathrm{ss},k} \\ \underline{u}\leqslant v_i+u_{\mathrm{ss},k}\leqslant \bar{u}, \quad i=0,1,2,\cdots,N-1 \\ \underline{\varphi}\leqslant \Phi z_i+\Phi x_{\mathrm{ss},k}\leqslant \bar{\varphi}, \quad i=1,2,\cdots,N \\ \underline{g}\leqslant G\zeta_i+Gy_{\mathrm{ss},k}\leqslant \bar{g}, \quad i=1,2,\cdots,N \end{array}\right. \tag{5.96}$$

式(5.96)是 QP。

注解 5.3 以下两点：

(1) 如果令

$$Q=\left.\frac{\partial^2 J}{\partial x^2}\right|_{(x_{\mathrm{ss},k},u_{\mathrm{ss},k},0)}, \quad R=\left.\frac{\partial^2 J}{\partial u^2}\right|_{(x_{\mathrm{ss},k},u_{\mathrm{ss},k},0)}$$

则当 Q 不是半正定或 R 不是半正定时，QP 可能会失败。

(2) 如果选 $\{Q^{1/2},A_{\mathrm{ss},k}\}$ 可观，或 $Q>0$，则 $\{Q,R\}$ 可以作为可调参数。因此，可以选择 $\{Q=I,R=\rho I\}$。建议取

$$P=Q+A^{\mathrm{T}}PA-A^{\mathrm{T}}PB(B^{\mathrm{T}}PB+R)^{-1}B^{\mathrm{T}}PA$$

在 $k=0$ 时一次求解。

在以上阶段 1~ 阶段 3 中，做了三种优化，即

(1) 基于目标 $J(x_{\mathrm{ss},k},u_{\mathrm{ss},k},y_{\mathrm{ss},k})$，稳态优化得到 $\{x_{\mathrm{ss},k},u_{\mathrm{ss},k},y_{\mathrm{ss},k}\}$；

(2) 求解 $\min\operatorname{trace}\left\{\left(x_k-\hat{x}_{k|k}\right)\left(x_k-\hat{x}_{k|k}\right)^{\mathrm{T}}\right\}$ 得到 $\hat{x}_{k|k}$；

(3) 求解 $\min\left\{\sum_{i=0}^{N-1}\|z_i\|_Q^2+\sum_{j=0}^{N-1}\|v_j\|_R^2+\|z_N\|_P^2\right\}$，得到 v_0，而 $u_k=v_0+u_{\mathrm{ss},k}$。

例题 5.4 上层优化问题为

$$\min\{\varepsilon,J(u_{\mathrm{ss}})\} \text{ s.t. } G_1(u_{\mathrm{ss}})\leqslant 0, \quad G_2(u_{\mathrm{ss}})\leqslant\varepsilon \tag{5.97}$$

其中，$J(u_{\mathrm{ss}})$ 可以保留一次项（采用 SLP 的情况）或二次项（采用 SQP 的情况）；$G_i(u_{\mathrm{ss}})$ 保留零次项和一次项。$G_1(u_{\mathrm{ss}})\leqslant 0$ 替换为

$$\left(\left.\frac{\partial G_1}{\partial u_{\mathrm{ss}}}\right|_{u_{\mathrm{ss}}=u_{\mathrm{eq}}}\right)(u_{\mathrm{ss}}-u_{\mathrm{eq}})\leqslant -G_1(u_{\mathrm{eq}})$$

而 $G_2(u_{\mathrm{ss}})\leqslant\varepsilon$ 替换为

$$\left(\left.\frac{\partial G_2}{\partial u_{\mathrm{ss}}}\right|_{u_{\mathrm{ss}}=u_{\mathrm{eq}}}\right)(u_{\mathrm{ss}}-u_{\mathrm{eq}})\leqslant -G_2(u_{\mathrm{eq}})+\varepsilon$$

上面两个结果分别对应于线性双层控制中的 $H_1u_{\mathrm{ss}}\leqslant h_1$ 和 $H_2u_{\mathrm{ss}}\leqslant h_2+\varepsilon$，因此线性化后可采用线性双层控制。

所以，这里非线性双层控制的上层与线性双层控制的上层相比，就是多了计算梯度向量和 Hessian 矩阵的接口。

例题 5.5　考虑如下非线性状态空间模型：

$$\begin{cases} x_{k+1} = \psi(x_k, u_k, f_k) \\ y_k = \hbar(x_k, u_k, f_k) \end{cases}$$

其中，$x_k \in \mathbb{R}^n$ 为状态；$y_k \in \mathbb{R}^p$ 为输出；$u_k \in \mathbb{R}^m$ 为可控输入；$f_k \in \mathbb{R}^q$ 为干扰。稳态性能指标为 $J(x_{\mathrm{ss},k}, u_{\mathrm{ss},k}, y_{\mathrm{ss},k})$。

采用双层结构控制算法，上层的不等式约束为

$$\begin{cases} H_0(x_{\mathrm{ss},k}, u_{\mathrm{ss},k}, y_{\mathrm{ss},k}) = 0 \\ H_1(x_{\mathrm{ss},k}, u_{\mathrm{ss},k}, y_{\mathrm{ss},k}) \leqslant 0, \quad H_{2i}(x_{\mathrm{ss},k}, u_{\mathrm{ss},k}, y_{\mathrm{ss},k}) \leqslant \varepsilon_i, \quad i = 1, 2, \cdots, r \end{cases} \tag{5.98}$$

其中，H_1 为向量函数；H_{2i} 为向量函数，

$$\varepsilon_i = \begin{bmatrix} \varepsilon_{i,1} \\ \varepsilon_{i,2} \\ \vdots \\ \varepsilon_{i,n_i} \end{bmatrix} \in \mathbb{R}^{n_i}$$

因此，上层优化问题为

$$\min\{\varepsilon_i, J\} \quad \text{s.t.} \quad 式(5.98) \tag{5.99}$$

注解 5.4　设上层约束为如下形式：

$$\begin{cases} \underline{u} \leqslant u_{\mathrm{ss},k} \leqslant \bar{u} \\ -\varepsilon_{\varphi,i}^- + \underline{\varphi}_i \leqslant \Phi_i x_{\mathrm{ss},k} \leqslant \bar{\varphi}_i + \varepsilon_{\varphi,i}^+, \quad i = 1, 2, \cdots, r \\ -\varepsilon_{g,i}^- + \underline{g}_i \leqslant G_i y_{\mathrm{ss},k} \leqslant \bar{g}_i + \varepsilon_{g,i}^+, \quad i = 1, 2, \cdots, r \\ x_{\mathrm{ss},k} = \psi(x_{\mathrm{ss},k}, u_{\mathrm{ss},k}, f_k) \\ y_{\mathrm{ss},k} = \hbar(x_{\mathrm{ss},k}, u_{\mathrm{ss},k}, f_k) \end{cases}$$

则可表示为式(5.98)的形式。

注解 5.5　若能用 $u_{\mathrm{ss},k}$ 表示 $y_{\mathrm{ss},k}$ 和 $x_{\mathrm{ss},k}$，例如

$$y_{\mathrm{ss},k} = y(u_{\mathrm{ss},k}, f_k), \quad x_{\mathrm{ss},k} = x(u_{\mathrm{ss},k}, f_k)$$

则 $\{J,\ H_1,\ H_{2i}\}$ 可表示为 $\{u_{\mathrm{ss},k}, f_k\}$ 的函数。

假设

$$\begin{aligned} J(x_{\mathrm{ss},k}, u_{\mathrm{ss},k}, y_{\mathrm{ss},k}) =& J(x_{\mathrm{eq}}, u_{\mathrm{eq}}, y_{\mathrm{eq}}) + \left(\left. \frac{\partial J}{\partial x_{\mathrm{ss},k}} \right|_{x_{\mathrm{ss},k} = x_{\mathrm{eq}}} \right)^{\mathrm{T}} (x_{\mathrm{ss},k} - x_{\mathrm{eq}}) \\ &+ \left(\left. \frac{\partial J}{\partial u_{\mathrm{ss},k}} \right|_{u_{\mathrm{ss},k} = u_{\mathrm{eq}}} \right)^{\mathrm{T}} (u_{\mathrm{ss},k} - u_{\mathrm{eq}}) + \left(\left. \frac{\partial J}{\partial y_{\mathrm{ss},k}} \right|_{y_{\mathrm{ss},k} = y_{\mathrm{eq}}} \right)^{\mathrm{T}} (y_{\mathrm{ss},k} - y_{\mathrm{eq}}) \\ =& J_{\mathrm{eq}} + \mathcal{J}_{x,\mathrm{eq}}^{\mathrm{T}} (x_{\mathrm{ss},k} - x_{\mathrm{eq}}) + \mathcal{J}_{u,\mathrm{eq}}^{\mathrm{T}} (u_{\mathrm{ss},k} - u_{\mathrm{eq}}) + \mathcal{J}_{y,\mathrm{eq}}^{\mathrm{T}} (y_{\mathrm{ss},k} - y_{\mathrm{eq}}) \end{aligned}$$

同理，有

$$H_i(x_{\mathrm{ss},k}, u_{\mathrm{ss},k}, y_{\mathrm{ss},k}) = H_{i,\mathrm{eq}} + \mathcal{H}_{i,x,\mathrm{eq}}^{\mathrm{T}} (x_{\mathrm{ss},k} - x_{\mathrm{eq}}) + \mathcal{H}_{i,u,\mathrm{eq}}^{\mathrm{T}} (u_{\mathrm{ss},k} - u_{\mathrm{eq}}) + \mathcal{H}_{i,y,\mathrm{eq}}^{\mathrm{T}} (y_{\mathrm{ss},k} - y_{\mathrm{eq}}), \quad i = 0, 1$$

$$H_{2i}(x_{\mathrm{ss},k},u_{\mathrm{ss},k},y_{\mathrm{ss},k})=H_{2i,\mathrm{eq}}+\mathcal{H}_{2i,x,\mathrm{eq}}^{\mathrm{T}}(x_{\mathrm{ss},k}-x_{\mathrm{eq}})+\mathcal{H}_{2i,u,\mathrm{eq}}^{\mathrm{T}}(u_{\mathrm{ss},k}-u_{\mathrm{eq}})+\mathcal{H}_{2i,y,\mathrm{eq}}^{\mathrm{T}}(y_{\mathrm{ss},k}-y_{\mathrm{eq}})$$

则优化问题(5.99)被近似为

$$\min\{\varepsilon_i,J'\}\quad \text{s.t.}\quad \begin{cases}\begin{bmatrix}\mathcal{H}_{0,x,\mathrm{eq}}^{\mathrm{T}} & \mathcal{H}_{0,u,\mathrm{eq}}^{\mathrm{T}} & \mathcal{H}_{0,y,\mathrm{eq}}^{\mathrm{T}}\end{bmatrix}(\chi_{\mathrm{ss},k}-\chi_{\mathrm{eq}})=-H_{0,\mathrm{eq}}\\ \begin{bmatrix}\mathcal{H}_{1,x,\mathrm{eq}}^{\mathrm{T}} & \mathcal{H}_{1,u,\mathrm{eq}}^{\mathrm{T}} & \mathcal{H}_{1,y,\mathrm{eq}}^{\mathrm{T}}\end{bmatrix}(\chi_{\mathrm{ss},k}-\chi_{\mathrm{eq}})\leqslant -H_{1,\mathrm{eq}}\\ \begin{bmatrix}\mathcal{H}_{2i,x,\mathrm{eq}}^{\mathrm{T}} & \mathcal{H}_{2i,u,\mathrm{eq}}^{\mathrm{T}} & \mathcal{H}_{2i,y,\mathrm{eq}}^{\mathrm{T}}\end{bmatrix}(\chi_{\mathrm{ss},k}-\chi_{\mathrm{eq}})\leqslant -H_{2i,\mathrm{eq}}+\varepsilon_i,\quad i=1,2,\cdots,r\end{cases}\tag{5.100}$$

其中，

$$\chi=\begin{bmatrix}x\\u\\y\end{bmatrix},\quad J'=\begin{bmatrix}\mathcal{J}_{x,\mathrm{eq}}^{\mathrm{T}} & \mathcal{J}_{u,\mathrm{eq}}^{\mathrm{T}} & \mathcal{J}_{y,\mathrm{eq}}^{\mathrm{T}}\end{bmatrix}\chi_{\mathrm{ss},k}$$

求解式(5.99)有两种方法，具体如下。

(1) LO-SLP 方法：把式(5.99)写成字典序非线性优化，然后对每个单目标非线性优化采用序列线性化。

(2) S-LO-LP 方法：把式(5.99)写成式(5.100)，采用字典序 LP 求解式(5.100)后，以式(5.100) 的解 $\{x_{\mathrm{ss},k},u_{\mathrm{ss},k},y_{\mathrm{ss},k}\}$ 作为 $\{x_{\mathrm{eq}},u_{\mathrm{eq}},y_{\mathrm{eq}}\}$，再把式(5.99)化成式(5.100)，如此迭代。

下面采用 S-LO-LP 方法，式(5.100)变成 $r+1$ 个 LP，即

$$\min d_i^{\mathrm{T}}\varepsilon_i\quad \text{s.t.}\quad \begin{cases}\begin{bmatrix}\mathcal{H}_{0,x,\mathrm{eq}}^{\mathrm{T}} & \mathcal{H}_{0,u,\mathrm{eq}}^{\mathrm{T}} & \mathcal{H}_{0,y,\mathrm{eq}}^{\mathrm{T}}\end{bmatrix}(\chi_{\mathrm{ss},k}-\chi_{\mathrm{eq}})=-H_{0,\mathrm{eq}}\\ \begin{bmatrix}\mathcal{H}_{1,x,\mathrm{eq}}^{\mathrm{T}} & \mathcal{H}_{1,u,\mathrm{eq}}^{\mathrm{T}} & \mathcal{H}_{1,y,\mathrm{eq}}^{\mathrm{T}}\end{bmatrix}(\chi_{\mathrm{ss},k}-\chi_{\mathrm{eq}})\leqslant -H_{1,\mathrm{eq}}\\ \begin{bmatrix}\mathcal{H}_{2j,x,\mathrm{eq}}^{\mathrm{T}} & \mathcal{H}_{2j,u,\mathrm{eq}}^{\mathrm{T}} & \mathcal{H}_{2j,y,\mathrm{eq}}^{\mathrm{T}}\end{bmatrix}(\chi_{\mathrm{ss},k}-\chi_{\mathrm{eq}})\leqslant -H_{2j,\mathrm{eq}}+\varepsilon_j',\quad j\leqslant i\end{cases}$$

其中，$i=1,2,\cdots,r$；$\varepsilon_j'=\begin{cases}\varepsilon_j^*, & j<i\\ \varepsilon_i, & j=i\end{cases}$；$d_i$ 是由 $\varepsilon_{i,j}$ 的最大可能值组成的向量 (见第 1 章)，和

$$\min J'\quad \text{s.t.}\quad \begin{cases}\begin{bmatrix}\mathcal{H}_{0,x,\mathrm{eq}}^{\mathrm{T}} & \mathcal{H}_{0,u,\mathrm{eq}}^{\mathrm{T}} & \mathcal{H}_{0,y,\mathrm{eq}}^{\mathrm{T}}\end{bmatrix}(\chi_{\mathrm{ss},k}-\chi_{\mathrm{eq}})=-H_{0,\mathrm{eq}}\\ \begin{bmatrix}\mathcal{H}_{1,x,\mathrm{eq}}^{\mathrm{T}} & \mathcal{H}_{1,u,\mathrm{eq}}^{\mathrm{T}} & \mathcal{H}_{1,y,\mathrm{eq}}^{\mathrm{T}}\end{bmatrix}(\chi_{\mathrm{ss},k}-\chi_{\mathrm{eq}})\leqslant -H_{1,\mathrm{eq}}\\ \begin{bmatrix}\mathcal{H}_{2i,x,\mathrm{eq}}^{\mathrm{T}} & \mathcal{H}_{2i,u,\mathrm{eq}}^{\mathrm{T}} & \mathcal{H}_{2i,y,\mathrm{eq}}^{\mathrm{T}}\end{bmatrix}(\chi_{\mathrm{ss},k}-\chi_{\mathrm{eq}})\leqslant -H_{2i,\mathrm{eq}}+\varepsilon_i^*,\quad i=1,2,\cdots,r\end{cases}$$

对下层的控制，采用一个 QP。假设

$$\psi(x_k,u_k,f_k)=\psi(x_{\mathrm{eq}},u_{\mathrm{eq}},f_k)+A_{\mathrm{ss},k}(x_k-x_{\mathrm{eq}})+B_{\mathrm{ss},k}(u_k-u_{\mathrm{eq}})=\psi(x_{\mathrm{eq}},u_{\mathrm{eq}},f_k)+A_{\mathrm{ss},k}z_k+B_{\mathrm{ss},k}v_k$$

同理，有

$$\hbar(x_k,u_k,f_k)=\hbar(x_{\mathrm{eq}},u_{\mathrm{eq}},f_k)+C_{\mathrm{ss},k}z_k+D_{\mathrm{ss},k}v_k$$

得到下层的近似优化问题如下：

$$\min\left\{\sum_{i=1}^{N-1}\|\zeta_{k+i|k}\|_Q^2+\|v_{k+j|k}\|_R^2+\|z_{k+N|k}\|_P^2\right\}$$

$$\text{s.t.}\quad \begin{cases}\zeta_{k+i|k}=C_{\mathrm{ss},k}z_{k+i|k}+D_{\mathrm{ss},k}v_{k+i|k}+\wp_{\mathrm{ss},k},\quad i=1,2,\cdots,N-1\\ z_{k+i+1|k}=A_{\mathrm{ss},k}z_{k+i|k}+B_{\mathrm{ss},k}v_{k+i|k}+\ell_{\mathrm{ss},k},\quad i=0,1,2,\cdots,N-1\\ z_{k|k}=\hat{x}_{k|k}-x_{\mathrm{ss},k}\\ \underline{u}\leqslant u_{k+j|k}\leqslant \bar{u},\quad j=0,1,2,\cdots,N-1\\ \underline{\varphi}_l\leqslant \Phi_l x_{k+i|k}\leqslant \bar{\varphi}_l,\quad l=1,2,\cdots,r,\quad i=1,2,\cdots,N\\ \underline{g}_l\leqslant G_l y_{k+i|k}\leqslant \bar{g}_l,\quad l=1,2,\cdots,r,\quad i=1,2,\cdots,N\end{cases}$$

其中，$\ell_{\mathrm{ss},k}=\psi(x_{\mathrm{eq}},u_{\mathrm{eq}},f_k)-x_{\mathrm{eq}}$；$\wp_{\mathrm{ss},k}=\hbar(x_{\mathrm{eq}},u_{\mathrm{eq}},f_k)-y_{\mathrm{eq}}$；$\hat{x}_{k|k}$ 的递推估计如下：

$$\begin{cases}\hat{x}_{k|k-1}=\psi(\hat{x}_{k-1|k-1},u_{k-1},f_{k-1})\\ e_k=y_k-\hbar(\hat{x}_{k|k-1},u_{\mathrm{ss},k},f_k)\\ \hat{x}_{k|k}=\hat{x}_{k|k-1}+Le_k\\ L=XC_{\mathrm{ss},k}^{\mathrm{T}}\left(C_{\mathrm{ss},k}XC_{\mathrm{ss},k}^{\mathrm{T}}+V\right)^{-1}\\ X=W+A_{\mathrm{ss},k}XA_{\mathrm{ss},k}^{\mathrm{T}}-A_{\mathrm{ss},k}XC_{\mathrm{ss},k}^{\mathrm{T}}\left(C_{\mathrm{ss},k}XC_{\mathrm{ss},k}^{\mathrm{T}}+V\right)^{-1}C_{\mathrm{ss},k}XA_{\mathrm{ss},k}^{\mathrm{T}}\end{cases}$$

其中，$\{W,V\}$ 为可调参数。

5.4　习　题　5

1. 考虑 LTI 状态空间模型：

$$x_{k+1}=Ax_k+Bu_k$$

其中，x_0 已知。采用双层结构控制，上层处理的约束为

$$\begin{cases}|u_{\mathrm{ss}}|\leqslant\bar{u}\\ |Gx_{\mathrm{ss}}|\leqslant\bar{g}+\varepsilon\end{cases}$$

其中，$\varepsilon=\begin{bmatrix}\varepsilon_1\\ \varepsilon_2\end{bmatrix}$。上层的优化问题（约束未写）为

$$\min\left\{\varepsilon_1,\varepsilon_2,c^{\mathrm{T}}u_{\mathrm{ss}}\right\}$$

上层的决策变量为 $\{\varepsilon_1,\varepsilon_2,u_{\mathrm{ss}},x_{\mathrm{ss}}\}$。下层要处理的约束为

$$\begin{cases}|u_j|\leqslant\bar{u},\quad j=0,1,2,\cdots,N-1\\ |Gx_i|\leqslant\bar{g}+\varepsilon^*,\quad i=1,2,\cdots,N\end{cases}$$

其中，ε^* 为上层对 ε 的优化结果。下层的性能指标为

$$\min\left\{\sum_{i=1}^{N-1}\|x_i-x_{\mathrm{ss}}\|_1+\sum_{j=0}^{N-1}\|u_j-u_{\mathrm{ss}}\|^2+\rho\|x_N-x_{\mathrm{ss}}\|_1\right\}$$

其中，ρ 为给定的正数。试写出上层、下层的优化问题，保持 Hessian 矩阵正定。

2. 针对 LTI 状态空间模型：

$$x_{k+1}=Ax_k+Bu_k$$

编写双层预测控制程序，具体如下。

- 上层优化问题为

$$\min_{\varepsilon,u_{\mathrm{ss},k}}\left\{\varepsilon,c^{\mathrm{T}}u_{\mathrm{ss},k}\right\}\quad\text{s.t.}\ \ H_1u_{\mathrm{ss},k}\leqslant h_1,\quad H_2u_{\mathrm{ss},k}\leqslant h_2+\varepsilon,\quad\varepsilon\geqslant 0$$

其中，$\{c,H_1,h_1,H_2,h_2\}$ 给定。

- 下层优化问题为

$$\min\left\{\sum_{i=1}^{N}\left\|y_{k+i|k}-y_{\mathrm{ss},k}\right\|_Q^2+\sum_{j=0}^{N-1}\left\|u_{k+j|k}-u_{\mathrm{ss},k}\right\|_R^2\right\}$$

$$\text{s.t.}\ \begin{cases} y_{k+i|k}=Cx_{k+i|k}, \quad i=1,2,\cdots,N \\ x_{k|k}=\hat{x}_{k|k} \\ \underline{u}\leqslant u_{k+j|k}\leqslant \bar{u}, \quad j=0,1,2,\cdots,N-1 \\ \underline{\varphi}\leqslant \Phi y_{k+i|k}\leqslant \bar{\varphi}, \quad i=1,2,\cdots,N \end{cases}$$

对 $\hat{x}_{k|k}$ 和 $x_{k+i|k}$，采用 Kalman 滤波、一步预报和多步预报 [2]。

3. 考虑 LTI 状态空间模型：

$$x_{k+1}=Ax_k+Bu_k$$

其中，x_0 已知。采用双层结构控制，上层处理的约束为

$$\begin{cases} \underline{u}\leqslant u_{\mathrm{ss}}\leqslant \bar{u} \\ \underline{g}-\varepsilon\leqslant Gx_{\mathrm{ss}}\leqslant \bar{g}+\varepsilon \end{cases}$$

其中，$\varepsilon=\begin{bmatrix}\varepsilon_1\\ \varepsilon_2\end{bmatrix}$。上层的优化问题（约束未写）为

$$\min\left\{\varepsilon_1,\varepsilon_2,c^{\mathrm{T}}u_{\mathrm{ss}}\right\}$$

上层的决策变量为 $\{\varepsilon_1,\varepsilon_2,u_{\mathrm{ss}},x_{\mathrm{ss}}\}$。下层要处理的约束为

$$\begin{cases} \underline{u}\leqslant u_j\leqslant \bar{u}, & j=0,1,2,\cdots,N-1 \\ \underline{g}-\varepsilon^*\leqslant Gx_i\leqslant \bar{g}+\varepsilon^*, & i=1,2,\cdots,N \end{cases}$$

其中，ε^* 为上层对 ε 的优化结果。下层的性能指标为

$$\min\left\{\sum_{i=1}^{N-1}\|x_i-x_{\mathrm{ss}}\|^2+\sum_{j=0}^{N-1}\|u_j-u_{\mathrm{ss}}\|^2+\rho\|x_N-x_{\mathrm{ss}}\|^2\right\}$$

其中，ρ 为给定的数。

(1) 试写出上层、下层的优化问题。

(2) 说明如果编程实现，需要程序具备的功能。

(3) 把上下层放在一起，表达为多目标优化的形式。

4. 对 5.2 节的算法，将普通的稳态 Kalman 滤波替换成信息融合稳态 Kalman 滤波，给出完整的算法细节。

5. 对例题 5.3 中的程序代码，阐述 Rank_Matrix 各行各列的含义。

6. 对例题 5.3 中的程序代码，阐述动态控制模块中加权矩阵的取法，给出相应的公式。

7. 考虑非线性状态空间模型：

$$x_{k+1}=\psi(x_k,u_k)$$

编写非线性双层预测控制程序，具体如下。

- 上层：采用 SLP 求解，即

$$\min\{\varepsilon, g(u_{\text{ss},k})\} \quad \text{s.t.} \quad H_1(u_{\text{ss},k}) = 0, \quad H_2(u_{\text{ss},k}) = \varepsilon$$

假设

$$H_i(u_{\text{ss}}) \approx H_i(u_{\text{eq}}) + \left.\frac{\partial H_i}{\partial u_{\text{ss}}}\right|_{u_{\text{ss}}=u_{\text{eq}}} (u_{\text{ss}} - u_{\text{eq}}), \quad i = 1, 2, \quad g(u_{\text{ss}}) \approx g(u_{\text{eq}}) + \left.\frac{\partial g}{\partial u_{\text{ss}}}\right|_{u_{\text{ss}}=u_{\text{eq}}} (u_{\text{ss}} - u_{\text{eq}})$$

因此，可通过在之前基于 LP 的字典序优化的基础上，添加执行 SLP 的调度接口。

- 下层：采用 QP。其中

$$x_{k+1} = \psi(x_k, u_k) = \psi(x_{\text{ss},k}, u_{\text{ss},k}) + A_{\text{ss},k}(x_k - x_{\text{ss},k}) + B_{\text{ss},k}(u_k - u_{\text{ss},k})$$

下层控制优化算法同前面习题 2，但需要 SQP 接口，完成迭代求解。

该习题是前面习题 2 的序列化扩展版。

8. 双层预测控制中，上层和下层可以按照字典序优化统一处理。试阐述其中的原理。

9. 例题 5.3 已经考虑了注解 5.2，体现为对 $\{u_{\text{ss},k}, \delta u_{\text{ss},k}\}$、$\{\bar{u}'_k, \underline{u}'_k\}$、式(5.78)的修改，试结合程序代码说明。

第 6 章　线性多胞模型的启发式预测控制

考虑式 (1.13) 和式 (1.14) 中的 LPV 模型，重写如下：

$$x_{k+1} = A_k x_k + B_k u_k,\ [A_k|B_k] \in \Omega \tag{6.1}$$

本章将介绍两类设计方法，它们都可以用二次规划进行求解，但提供的程序代码为 LMI 的形式。

6.1　基于开环优化的启发式方法

通常，假定 $\omega_{l,k}$ 值未知，不可测并且不能直接计算。假定状态 x_k 可测，即 x_k 值在每个 k 时刻被准确测量。通常针对输入和状态考虑如下约束：

$$-\underline{u} \leqslant u_k \leqslant \bar{u}, \quad -\underline{\psi} \leqslant \Psi x_{k+1} \leqslant \bar{\psi}, \quad \forall k \geqslant 0 \tag{6.2}$$

上述约束表示控制输入、状态的线性变换不超出给定的范围。其中，定义 $\underline{u} := [\underline{u}_1, \underline{u}_2, \cdots, \underline{u}_m]$，$\bar{u} := [\bar{u}_1, \bar{u}_2, \cdots, \bar{u}_m]$；$\underline{\psi} := [\underline{\psi}_1, \underline{\psi}_2, \cdots, \underline{\psi}_q]$，$\bar{\psi} := [\bar{\psi}_1, \bar{\psi}_2, \cdots, \bar{\psi}_q]$；$\underline{u}_i > 0$，$\bar{u}_i > 0$，$i \in \{1, 2, \cdots, m\}$；$\underline{\psi}_j > 0$，$\bar{\psi}_j > 0$，$j \in \{1, 2, \cdots, q\}$；$\Psi \in \mathbb{R}^{q\times n}$。

定义顶点控制输入（vertex control move）[14]：

$$u_{k|k}, u_{k+1|k}^{l_0}, \cdots, u_{k+N-1|k}^{l_{N-2}\cdots l_0}, \quad l_j \in \{1, 2, \cdots, L\},\ j \in \{0, 1, 2, \cdots, N-2\}$$

其中，N 为控制时域。因此，可以获得

$$\begin{aligned}
x_{k+1|k}^{l_0} =& A_{l_0} x_k + B_{l_0} u_{k|k} \\
x_{k+i+1|k}^{l_i\cdots l_0} =& A_{l_i} x_{k+i|k}^{l_{i-1}\cdots l_0} + B_{l_i} u_{k+i|k}^{l_{i-1}\cdots l_0},\ \ i \in \{1, 2, \cdots, N-1\},\ l_j \in \{1, 2, \cdots, L\},\ j \in \{0, 1, 2, \cdots, N-1\}
\end{aligned}$$

称 $x_{k+i|k}^{l_{i-1}\cdots l_0}$，$i \in \{1, 2, \cdots, N\}$ 为顶点状态预测。定义：

$$u_{k+i|k} = \sum_{l_0\cdots l_{i-1}=1}^{L} \left[\left(\prod_{h=0}^{i-1} \omega_{l_h,k+h} \right) u_{k+i|k}^{l_{i-1}\cdots l_0} \right], \ \sum_{l_0\cdots l_{i-1}=1}^{L} \left(\prod_{h=0}^{i-1} \omega_{l_h,k+h} \right) = 1, \quad i \in \{1, 2, \cdots, N-1\} \tag{6.3}$$

因此，上述定义的控制输入 $u_{k+i|k}$ 属于多胞。换言之，上述定义的 $u_{k+i|k}$ 为参数依赖形式，即依赖于参数 $\prod_{h=0}^{i-1} \omega_{l_h,k+h}$。根据式(6.1)和式(6.3)，未来状态预测值为

$$\begin{aligned}
x_{k+1|k} &= A_k x_{k|k} + B_k u_{k|k} = \sum_{l_0=1}^{L} \omega_{l_0,k} \Big(A_{l_0} x_k + B_{l_0} u_{k|k} \Big) = \sum_{l_0=1}^{L} \omega_{l_0,k} x_{k+1|k}^{l_0} \\
x_{k+2|k} &= A_{k+1} x_{k+1|k} + B_{k+1} u_{k+1|k} = \sum_{l_1=1}^{L} \omega_{l_1,k+1} \Big(A_{l_1} x_{k+1|k} + B_{l_1} u_{k+1|k} \Big) \\
&= \sum_{l_1=1}^{L} \omega_{l_1,k+1} \left(A_{l_1} \sum_{l_0=1}^{L} \omega_{l_0,k} x_{k+1|k}^{l_0} + B_{l_1} \sum_{l_0=1}^{L} \omega_{l_0,k} u_{k+1|k}^{l_0} \right)
\end{aligned}$$

$$= \sum_{l_1=1}^{L}\sum_{l_0=1}^{L}\omega_{l_1,k+1}\omega_{l_0,k}x_{k+2|k}^{l_1l_0}$$

$$\vdots$$

因此，$x_{k+i|k}$ 属于多胞。将其写为向量形式，得

$$\begin{bmatrix} x_{k+1|k} \\ x_{k+2|k} \\ \vdots \\ x_{k+N|k} \end{bmatrix} = \sum_{l_0\cdots l_{N-1}=1}^{L}\left(\prod_{h=0}^{N-1}\omega_{l_h,k+h}\begin{bmatrix} x_{k+1|k}^{l_0} \\ x_{k+2|k}^{l_1l_0} \\ \vdots \\ x_{k+N|k}^{l_{N-1}\cdots l_1l_0} \end{bmatrix}\right),\quad \sum_{l_0\cdots l_{i-1}=1}^{L}\left(\prod_{h=0}^{i-1}\omega_{l_h,k+h}\right)=1,$$

$$i\in\{1,2,\cdots,N\} \tag{6.4}$$

$$\begin{bmatrix} x_{k+1|k}^{l_0} \\ x_{k+2|k}^{l_1l_0} \\ \vdots \\ x_{k+N|k}^{l_{N-1}\cdots l_1l_0} \end{bmatrix} = \begin{bmatrix} A_{l_0} \\ A_{l_1}A_{l_0} \\ \vdots \\ \prod_{i=0}^{N-1}A_{l_{N-1-i}} \end{bmatrix}x_k + \begin{bmatrix} B_{l_0} & 0 & \cdots & 0 \\ A_{l_1}B_{l_0} & B_{l_1} & \ddots & \vdots \\ \vdots & \vdots & \ddots & 0 \\ \prod_{i=0}^{N-2}A_{l_{N-1-i}}B_{l_0} & \prod_{i=0}^{N-3}A_{l_{N-1-i}}B_{l_1} & \cdots & B_{l_{N-1}} \end{bmatrix}\begin{bmatrix} u_{k|k} \\ u_{k+1|k}^{l_0} \\ \vdots \\ u_{k+N-1|k}^{l_{N-2}\cdots l_1l_0} \end{bmatrix} \tag{6.5}$$

现在，定义关于顶点

$$\begin{bmatrix} x_{k+1|k}^{l_0} \\ x_{k+2|k}^{l_1l_0} \\ \vdots \\ x_{k+N|k}^{l_{N-1}\cdots l_1l_0} \end{bmatrix},\quad \begin{bmatrix} u_{k|k} \\ u_{k+1|k}^{l_0} \\ \vdots \\ u_{k+N-1|k}^{l_{N-2}\cdots l_1l_0} \end{bmatrix}$$

的二次正定函数为

$$\begin{aligned}\hat{J}_{0,k}^{N} =& \sum_{l_0=1}^{L}\|Cx_{k+1|k}^{l_0}-y_{\rm ss}\|_{\mathscr{Q}_{1,l_0}}^2+\|u_{k|k}-u_{\rm ss}\|_{\mathscr{R}_0}^2+\sum_{l_1=1}^{L}\sum_{l_0=1}^{L}\|Cx_{k+2|k}^{l_1l_0}-y_{\rm ss}\|_{\mathscr{Q}_{2,l_1,l_0}}^2 \\ &+\|u_{k+1|k}^{l_0}-u_{\rm ss}\|_{\mathscr{R}_{1,l_0}}^2+\cdots \\ &+\sum_{l_{N-1}=1}^{L}\cdots\sum_{l_1=1}^{L}\sum_{l_0=1}^{L}\|Cx_{k+N|k}^{l_{N-1}\cdots l_1l_0}-y_{\rm ss}\|_{\mathscr{Q}_{N,l_{N-1}\cdots l_1l_0}}^2 \\ &+\sum_{l_{N-2}=1}^{L}\cdots\sum_{l_1=1}^{L}\sum_{l_0=1}^{L}\|u_{k+N-1|k}^{l_{N-2}\cdots l_1l_0}-u_{\rm ss}\|_{\mathscr{R}_{N-1,l_{N-2}\cdots l_1l_0}}^2\end{aligned}$$

其中，$\mathscr{Q}_{1,l_0}$, $\mathscr{R}_0$, $\mathscr{Q}_{2,l_1,l_0}$, $\mathscr{R}_{1,l_0}$, $\cdots$, $\mathscr{Q}_{N,l_{N-1}\cdots l_1l_0}$, $\mathscr{R}_{N-1,l_{N-2}\cdots l_1l_0}$ 为非负加权矩阵；$y_{\rm ss}$ 为 $y=Cx$ 的稳态目标（设定值）；$u_{\rm ss}$ 为 u 的稳态目标（设定值）。注意，稳态目标未必为平衡点。

在每一时刻，选取

$$\begin{bmatrix} x_{k+1|k}^{l_0} \\ x_{k+2|k}^{l_1l_0} \\ \vdots \\ x_{k+N|k}^{l_{N-1}\cdots l_1l_0} \end{bmatrix},\quad \begin{bmatrix} u_{k|k} \\ u_{k+1|k}^{l_0} \\ \vdots \\ u_{k+N-1|k}^{l_{N-2}\cdots l_1l_0} \end{bmatrix}$$

为决策变量，并且求解如下的二次规划：

$$\min \hat{J}_{0,k}^N \text{ s.t. 式(6.5), 式(6.7), 式(6.8)} \tag{6.6}$$

$$-\underline{u} \leqslant u_{k|k} \leqslant \bar{u},\ -\underline{u} \leqslant u_{k+i|k}^{l_{i-1}\cdots l_1 l_0} \leqslant \bar{u},\quad i\in\{1,2,\cdots,N-1\},\ l_{i-1}\in\{1,2,\cdots,L\} \tag{6.7}$$

$$-\underline{\psi}^{\mathrm{s}} \leqslant \Psi^{\mathrm{d}} \begin{bmatrix} x_{k+1|k}^{l_0} \\ x_{k+2|k}^{l_1 l_0} \\ \vdots \\ x_{k+N|k}^{l_{N-1}\cdots l_1 l_0} \end{bmatrix} \leqslant \bar{\psi}^{\mathrm{s}},\quad l_j\in\{1,2,\cdots,L\},\ j\in\{0,1,2,\cdots,N-1\} \tag{6.8}$$

然后施加控制输入 $u_{k|k}$ 到实际系统。Ψ^{d} 是对角上为 Ψ 的分块对角矩阵。我们称基于优化控制问题(6.6)的方法为启发式开环预测控制。选取顶点控制输入、顶点状态预测以及上述性能指标 $\hat{J}_{0,k}^N$（对状态和控制输入的每个顶点采用二次函数）的方法已经在文献 [15] 中进行了研究。

启发式开环预测控制具有如下特点：

(1) 相比于具有稳定性要素的预测控制，其计算成本较低；

(2) 其稳定性没有从理论上进行证明；

(3) 假定所有的加权矩阵 $\mathscr{Q}_\bullet$ 和 $\mathscr{R}_\bullet$ 为正定，当 $y_{\mathrm{ss}}\neq 0$ 和 $u_{\mathrm{ss}}\neq 0$ 时, 即使闭环系统为渐近稳定的，也难以实现 $\hat{J}_{0,\infty}^N=0$，即难以确保无静差（offset-free）特性。

即使系统达到稳态，也难以满足 $Cx_{\infty|\infty}^{l_{i-1}\cdots l_1 l_0}=y_{\mathrm{ss}}\neq 0$ 对所有 $i\in\{1,2,\cdots,N\}$ 和所有 $l_{i-1}\cdots l_1 l_0$ 成立。如果存在某些 $Cx_{k+i|k}^{l_{i-1}\cdots l_1 l_0}\neq y_{\mathrm{ss}}$ 的情况，则 $\hat{J}_{0,k}^N$ 的优化结果是针对其所有二次型项的折中。因此，$\hat{J}_{0,\infty}^N\neq 0$ 导致 $Cx_{\mathrm{ss}}\neq y_{\mathrm{ss}}$，即引入静差。

当我们讨论消除静差时，会关注一个问题：y_{ss} 和 u_{ss} 如何获得？显而易见，y_{ss} 和 u_{ss} 有关。因为我们难以知道参数 $[A_k|B_k]$ 的精确值，通常不能通过下述条件确定 y_{ss} 和 u_{ss}：

$$\begin{cases} x_{\mathrm{ss}} & = A_{\mathrm{ss}}x_{\mathrm{ss}}+B_{\mathrm{ss}}u_{\mathrm{ss}} \\ y_{\mathrm{ss}} & = Cx_{\mathrm{ss}} \end{cases} \tag{6.9}$$

但是一种例外情况确实存在：当 $k\to\infty$ 时, $[A_k|B_k]$ 收敛到固定值 $[A_{\mathrm{ss}}|B_{\mathrm{ss}}]$。针对该例外情况，在式(6.6)中，$y_{\mathrm{ss}}$ 和 u_{ss} 必须满足式(6.9)。通常比较获得认可和接受的一般观点是 $\{y_{\mathrm{ss}}, u_{\mathrm{ss}}, x_{\mathrm{ss}}\}$ 满足某种稳态非线性方程：

$$f(x_{\mathrm{ss}}+x_{\mathrm{eq}}, u_{\mathrm{ss}}+u_{\mathrm{eq}})=0 \tag{6.10}$$

$$g(y_{\mathrm{ss}}+y_{\mathrm{eq}}, u_{\mathrm{ss}}+u_{\mathrm{eq}})=0 \tag{6.11}$$

如果式(6.10)和式(6.11)正确，则存在可以消除静差的策略。通过式(6.10)获得 x_{ss} 和 u_{ss}，然后计算：

$$\begin{bmatrix} x_{\mathrm{ss}}^{l_0} \\ x_{\mathrm{ss}}^{l_1 l_0} \\ \vdots \\ x_{\mathrm{ss}}^{l_{N-1}\cdots l_1 l_0} \end{bmatrix} = \begin{bmatrix} A_{l_0} \\ A_{l_1}A_{l_0} \\ \vdots \\ \prod_{i=0}^{N-1} A_{l_{N-1-i}} \end{bmatrix} x_{\mathrm{ss}} + \begin{bmatrix} B_{l_0} & 0 & \cdots & 0 \\ A_{l_1}B_{l_0} & B_{l_1} & \ddots & \vdots \\ \vdots & \vdots & \ddots & 0 \\ \prod_{i=0}^{N-2} A_{l_{N-1-i}}B_{l_0} & \prod_{i=0}^{N-3} A_{l_{N-1-i}}B_{l_1} & \cdots & B_{l_{N-1}} \end{bmatrix} \begin{bmatrix} u_{\mathrm{ss}} \\ u_{\mathrm{ss}} \\ \vdots \\ u_{\mathrm{ss}} \end{bmatrix} \tag{6.12}$$

为了消除静差，可以改变性能指标为

$$\begin{aligned}\tilde{J}_{0,k}^{N}=&\sum_{l_0=1}^{L}\|x_{k+1|k}^{l_0}-x_{\rm ss}^{l_0}\|_{\mathscr{Q}_{1,l_0}}^2+\|u_{k|k}-u_{\rm ss}\|_{\mathscr{R}_0}^2+\sum_{l_1=1}^{L}\sum_{l_0=1}^{L}\|x_{k+2|k}^{l_1l_0}-x_{\rm ss}^{l_1l_0}\|_{\mathscr{Q}_{2,l_1,l_0}}^2\\&+\|u_{k+1|k}^{l_0}-u_{\rm ss}\|_{\mathscr{R}_{1,l_0}}^2+\cdots\\&+\sum_{l_{N-1}=1}^{L}\cdots\sum_{l_1=1}^{L}\sum_{l_0=1}^{L}\|x_{k+N|k}^{l_{N-1}\cdots l_1l_0}-x_{\rm ss}^{l_{N-1}\cdots l_1l_0}\|_{\mathscr{Q}_{N,l_{N-1}\cdots l_1l_0}}^2\\&+\sum_{l_{N-2}=1}^{L}\cdots\sum_{l_1=1}^{L}\sum_{l_0=1}^{L}\|u_{k+N-1|k}^{l_{N-2}\cdots l_1l_0}-u_{\rm ss}\|_{\mathscr{R}_{N-1,l_{N-2}\cdots l_1l_0}}^2\end{aligned}$$

如果输入和状态需要满足某些约束，则 $\{u_{\rm ss},x_{\rm ss}^{l_0},x_{\rm ss}^{l_1l_0},\cdots,x_{\rm ss}^{l_{N-1}\cdots l_1l_0}\}$ 需要满足同样的约束。

在文献 [15] 中，如果采取 $\hat{J}_{0,k}^{N}$，则静差仍然可以被消除。其原因为文献 [15] 中采取了更为巧妙的方法来计算 $x_{\rm ss}$ 和 $u_{\rm ss}$。如果不采取“更为巧妙的方法”，则文献 [15] 中“定理 5.2”的必要条件为选取 $\tilde{J}_{0,k}^{N}$。

注解 6.1　*方程(6.10)和方程(6.11)中 f 和 g 是什么呢？被控系统的非线性通过 f 和 g 表示，至少稳态上可以由 f 和 g 描述。式(6.1)为平衡点 $y_{\rm eq}$ 和 $u_{\rm eq}$ 附近的动态方程。*

例题 6.1　采用连续搅拌釜式反应器（CSTR）模型。CSTR 中体积恒定，并且进行着放热且不可逆反应 A → B，可通过如下方程描述：

$$\begin{aligned}\dot{C}_{\rm A}&=\frac{q}{V}(C_{\rm Af}-C_{\rm A})-k_0\exp\left(-\frac{E/R}{T}\right)C_{\rm A}\\\dot{T}&=\frac{q}{V}(T_{\rm f}-T)+\frac{-\Delta H}{\rho C_{\rm p}}k_0\exp\left(-\frac{E/R}{T}\right)C_{\rm A}+\frac{\rm UA}{V\rho C_{\rm p}}(T_{\rm c}-T)\end{aligned}\tag{6.13}$$

其中，$C_{\rm A}$ 为反应器中物料 A 的浓度；$C_{\rm Af}$ 为进料中物料 A 的浓度；T 为反应器的温度；$T_{\rm f}$ 为进料温度；$T_{\rm c}$ 为冷却剂的温度；V 和 UA 分别为反应器的体积和热输入速率；k_0、E、ΔH 分别表示指数前因子、激活能量、反应焓；$C_{\rm p}$ 和 ρ 分别表示反应器中流体的比热容和密度。目标是通过操纵 $T_{\rm c}$，满足 $328\ {\rm K}\leqslant T_{\rm c}\leqslant 348{\rm K}$，来调节 T。

非零平衡点表示为 $\{C_{\rm A}^{\rm eq},T^{\rm eq},T_{\rm c}^{\rm eq}\}$，选择 $C_{\rm A}^{\rm eq}=0.5{\rm mol/L}$，$T^{\rm eq}=350{\rm K}$，$T_{\rm c}^{\rm eq}=338{\rm K}$，$340{\rm K}\leqslant T\leqslant 360{\rm K}$，$0\leqslant C_{\rm A}\leqslant 1{\rm mol/L}$，$q=100{\rm L/min}$，$C_{\rm Af}=0.9{\rm mol/L}$，$T_{\rm f}=350{\rm K}$，$V=100{\rm L}$，$\rho=1000{\rm g/L}$，$C_{\rm p}=0.239{\rm J/(g\cdot K)}$，$\Delta H=-2.5\times10^4{\rm J/mol}$, $E/R=8750{\rm K}$，$k_0=3.456\times10^{10}/{\rm min}$，${\rm UA}=5\times10^4{\rm J/(min\cdot K)}$。

定义 $x=\left[\begin{array}{cc}C_{\rm A}-C_{\rm A}^{\rm eq}, & T-T^{\rm eq}\end{array}\right]^{\rm T}$，$u=T_{\rm c}-T_{\rm c}^{\rm eq}$。$u$ 和 x 的约束表示为：$\underline{u}\leqslant u\leqslant\bar{u}$（$-10\leqslant u\leqslant 10$），$\underline{x}_1\leqslant x_1\leqslant\bar{x}_1$（$-0.5\leqslant x_1\leqslant 0.5$），$\underline{x}_2\leqslant x_2\leqslant\bar{x}_2$（$-10\leqslant x_2\leqslant 10$）。

定义

$$\begin{aligned}&\varphi_1(x_2)=k_0\exp\left(-\frac{E/R}{x_2+T^{\rm eq}}\right),\quad \varphi_2(x_2)=k_0\left[\exp\left(-\frac{E/R}{x_2+T^{\rm eq}}\right)-\exp\left(-\frac{E/R}{T^{\rm eq}}\right)\right]C_{\rm A}^{\rm eq}\frac{1}{x_2}\\&\varphi_1^0=[\varphi_1(\underline{x}_2)+\varphi_1(\bar{x}_2)]/2,\quad \varphi_2^0=[\varphi_2(\underline{x}_2)+\varphi_2(\bar{x}_2)]/2\\&\omega_1=\frac{1}{2}\frac{g_1(x_2)-g_1(\underline{x}_2)}{g_1(\bar{x}_2)-g_1(\underline{x}_2)},\quad \omega_2=\frac{1}{2}\frac{g_1(\bar{x}_2)-g_1(x_2)}{g_1(\bar{x}_2)-g_1(\underline{x}_2)},\quad g_1(x_2)=\varphi_1(x_2)-\varphi_1^0\\&\omega_3=\frac{1}{2}\frac{g_2(x_2)-g_2(\underline{x}_2)}{g_2(\bar{x}_2)-g_2(\underline{x}_2)},\quad \omega_4=\frac{1}{2}\frac{g_2(\bar{x}_2)-g_2(x_2)}{g_2(\bar{x}_2)-g_2(\underline{x}_2)},\quad g_2(x_2)=\varphi_2(x_2)-\varphi_2^0\end{aligned}$$

则式(6.13)可以精确地表示为

$$\dot{x}(t)=\tilde{A}(t)x(t)+\tilde{B}(t)u(t),\quad \tilde{A}(t)=\sum_{l=1}^{4}\omega_l(t)\tilde{A}_l,\quad \tilde{B}(t)=\sum_{l=1}^{4}\omega_l(t)\tilde{B}_l\tag{6.14}$$

其中

$$\tilde{A}_1 = \begin{bmatrix} -\frac{q}{V} - \varphi_1^0 - 2g_1(\bar{x}_2) & -\varphi_2^0 \\ \frac{-\Delta H}{\rho C_{\mathrm{p}}}\varphi_1^0 + 2\frac{-\Delta H}{\rho C_{\mathrm{p}}}g_1(\bar{x}_2) & -\frac{q}{V} - \frac{\mathrm{UA}}{V\rho C_{\mathrm{p}}} + \frac{-\Delta H}{\rho C_{\mathrm{p}}}\varphi_2^0 \end{bmatrix}$$

$$\tilde{A}_2 = \begin{bmatrix} -\frac{q}{V} - \varphi_1^0 - 2g_1(\underline{x}_2) & -\varphi_2^0 \\ \frac{-\Delta H}{\rho C_{\mathrm{p}}}\varphi_1^0 + 2\frac{-\Delta H}{\rho C_{\mathrm{p}}}g_1(\underline{x}_2) & -\frac{q}{V} - \frac{\mathrm{UA}}{V\rho C_{\mathrm{p}}} + \frac{-\Delta H}{\rho C_{\mathrm{p}}}\varphi_2^0 \end{bmatrix}$$

$$\tilde{A}_3 = \begin{bmatrix} -\frac{q}{V} - \varphi_1^0 & -\varphi_2^0 - 2g_2(\bar{x}_2) \\ \frac{-\Delta H}{\rho C_{\mathrm{p}}}\varphi_1^0 & -\frac{q}{V} - \frac{\mathrm{UA}}{V\rho C_{\mathrm{p}}} + \frac{-\Delta H}{\rho C_{\mathrm{p}}}\varphi_2^0 + 2\frac{-\Delta H}{\rho C_{\mathrm{p}}}g_2(\bar{x}_2) \end{bmatrix}$$

$$\tilde{A}_4 = \begin{bmatrix} -\frac{q}{V} - \varphi_1^0 & -\varphi_2^0 - 2g_2(\underline{x}_2) \\ \frac{-\Delta H}{\rho C_{\mathrm{p}}}\varphi_1^0 & -\frac{q}{V} - \frac{\mathrm{UA}}{V\rho C_{\mathrm{p}}} + \frac{-\Delta H}{\rho C_{\mathrm{p}}}\varphi_2^0 + 2\frac{-\Delta H}{\rho C_{\mathrm{p}}}g_2(\underline{x}_2) \end{bmatrix}$$

$$\tilde{B}_1 = \tilde{B}_2 = \tilde{B}_3 = \tilde{B}_4 = \begin{bmatrix} 0 \\ \frac{\mathrm{UA}}{V\rho C_{\mathrm{p}}} \end{bmatrix}$$

通过对四个连续时间 LTI 模型进行离散化（采样周期 $T_{\mathrm{s}} = 0.05\mathrm{min}$），得到离散时间 LPV 模型。根据式(6.13)，令 $\dot{C}_{\mathrm{A}} = 0$（mol/L）/min 和 $\dot{T} = 0\mathrm{K/min}$，可得到式(6.13)的稳态模型 $f(x_{\mathrm{ss}}, u_{\mathrm{ss}}) = 0$。选择输入稳态目标为 $T_{\mathrm{c,ss}} = 330\mathrm{K}$，找到满足式(6.10)的 $C_{\mathrm{A,ss}}$ 和 T_{ss}，即 $C_{\mathrm{A,ss}} = 0.693\mathrm{mol/K}$，$T_{\mathrm{ss}} = 343.465\mathrm{K}$。因此，可得 $x_{\mathrm{ss}} = [0.193\mathrm{mol/K}; -6.535\mathrm{K}]$，$u_{\mathrm{ss}} = -8\mathrm{K}$。选择初始状态为 $x_0 = [0.3\mathrm{mol/L}; 3\mathrm{K}]$，$N = 5$。采用控制策略(6.6)，其中 $\hat{J}_{0,k}^N$ 替换为 $\tilde{J}_{0,k}^N$。通过观察仿真结果，可知输入值和状态值最终收敛于稳态目标，而且实际稳态值和稳态目标之间的偏差为零，达到了无静差。

该算例的程序代码如下。

```
close all;clear all clc
q=100;V=100;caf=0.9;k0=3.456*10^10;er=8750;tf=350;
deltah=-2.5*10^4;rho=1000;cp=0.239;ua=5*10^4;
tmin=340;tmax=360;tcmin=328;tcmax=348;cmin=0;cmax=1;ceq=0.5;teq=350;tceq=338;deltat=0.05;
x1_min=cmin-ceq;x1_max=cmax-ceq;x2_min=tmin-teq;
x2_max=tmax-teq;u_min=tcmin-tceq;u_max=tcmax-tceq;
varphi1=1/2*(k0*exp(-er/tmin)+k0*exp(-er/tmax));
varphi2=1/2*(k0*(exp(-er/tmin)-exp(-er/teq))*ceq*(1/x2_min)
    +k0*(exp(-er/tmax)-exp(-er/teq))*ceq*(1/x2_max));
g1_min=1/2*(k0*exp(-er/tmin)-k0*exp(-er/tmax));
g1_max=1/2*(k0*exp(-er/tmax)-k0*exp(-er/tmin));
g2_min=1/2*(k0*(exp(-er/tmin)-exp(-er/teq))*ceq*(1/x2_min)
    -k0*(exp(-er/tmax)-exp(-er/teq))*ceq*(1/x2_max));
g2_max=1/2*(k0*(exp(-er/tmax)-exp(-er/teq))*ceq*(1/x2_max)
    -k0*(exp(-er/tmin)-exp(-er/teq))*ceq*(1/x2_min));
A_c1=[-q/V-varphi1-2*g1_max, -varphi2;
    -deltah/(rho*cp)*varphi1-2*deltah/(rho*cp)*g1_max,
    -q/V-ua/(V*rho*cp)-deltah/(rho*cp)*varphi2];
A_c2=[-q/V-varphi1-2*g1_min, -varphi2;
```

```
    -deltah/(rho*cp)*varphi1-2*deltah/(rho*cp)*g1_min,
    -q/V-ua/(V*rho*cp)-deltah/(rho*cp)*varphi2];
A_c3=[-q/V-varphi1, -varphi2-2*g2_max;
    -deltah/(rho*cp)*varphi1,
    -q/V-ua/(V*rho*cp)-deltah/(rho*cp)*varphi2-2*deltah/(rho*cp)*g2_max];
A_c4=[-q/V-varphi1, -varphi2-2*g2_min;
    -deltah/(rho*cp)*varphi1,
    -q/V-ua/(V*rho*cp)-deltah/(rho*cp)*varphi2-2*deltah/(rho*cp)*g2_min];
B_c=[0;ua/(V*rho*cp)];

A1=(eye(2)+deltat*A_c1);A2=(eye(2)+deltat*A_c2);
A3=(eye(2)+deltat*A_c3);A4=(eye(2)+deltat*A_c4);
B1=deltat*B_c;B2=deltat*B_c;B3=deltat*B_c;B4=deltat*B_c;
xs=[0.193;-6.535];us=-8;
xk=[0.3;3];N=4;n=2;i=N;j=N;l=4;
while(i>=1)
    Y={};[Y{i:-1:1}] = ndgrid(1:l);Y = reshape(cat(i+1,Y{:}),[],i);
    for k=1:length(Y)
        s=['A',num2str(Y(k,1))];
        for m=2:size(Y,2);
            s=[s,'*',['A',num2str(Y(k,m))]];
        end
        A{k,i}=eval(s);
    end
    i=i-1;
end
while(j>=1)
    Y={};[Y{j:-1:1}] = ndgrid(1:l);Y = reshape(cat(j+1,Y{:}),[],j);
    for k=1:length(Y)
        s=['B',num2str(Y(k,end))];
        for m=1:size(Y,2)-1;
            s=[['A',num2str(Y(k,m))],'*',s];
        end
        B{k,j}=-eval(s);
    end
    j=j-1;
end
j=N;k=0;p=1;s=0;
while(j>=1)
    bb={};bb=B(~cellfun(@isempty,B(:,1:j)));
    cc=cellfun(@(x) kron(eye(l^k),x),bb, 'UniformOutput', false);
    if k>0
        Aeq2(:,p:p+l^k-1)=[zeros(n*s,l^k);cell2mat(cc(:,1))];
    else
        Aeq2(:,p:p+l^k-1)=cell2mat(cc(:,1));
    end
    p=p+l^k;
    k=k+1;
    s=s+l^k;
    j=j-1;
end
```

```
v=size(Aeq2,2);r=size(Aeq2,1);Aeq1=eye(r);Aeq=cat(2,Aeq1,Aeq2);
Q=eye(r);R=eye(v);H=2*blkdiag(Q,R);aa=A(~cellfun(@isempty,A));
xs=blkdiag(aa{:})*repmat(xs,s,1)-Aeq2*repmat(us,v,1);f1=Q*xs;
f2=R*repmat(us,v,1);f=-2*cat(1,f1,f2);
lb1=repmat([x1_min;x2_min],s,1);lb2=repmat(u_min,v,1);
lb=cat(1,lb1,lb2);ub1=repmat([x1_max;x2_max],s,1);
ub2=repmat(u_max,v,1);ub=cat(1,ub1,ub2);
tic;
for k=1:1:81
    xv1(k)=xk(1)+ceq;xv2(k)=xk(2)+teq;
    beq=blkdiag(aa{:})*repmat(xk,s,1);
    [x,fval,exitflag]=quadprog(H,f,[],[],Aeq,beq,lb,ub,[]);
    if exitflag~=1
        k break;
    end
    uk=x(n*s+1);uv(k)=uk+tceq;xt=xk;
    xk(1)= deltat*((q/V)*(caf-xt(1)-ceq)-k0*exp(-er/(xt(2)+teq))*(xt(1)+ceq))+xt(1);
    xk(2)= deltat*((q/V)*(tf-xt(2)-teq)
        +(-deltah/(rho*cp))*k0*exp(-er/(xt(2)+teq))*(xt(1)+ceq)
        +(ua/(V*rho*cp))*(tceq+uk-xt(2)-teq))+xt(2);
end
toc;
t=1:k;
figure(1)
subplot(2,1,1);plot(t-1,xv1(1:end));
xlabel('k','FontSize', 10);ylabel('Ca','FontSize', 10);grid on;hold;
subplot(2,1,2);plot(t-1,xv2(1:end));
xlabel('k','FontSize', 10);ylabel('T','FontSize', 10);grid on;
figure(2)plot(t-1,uv(1:end));
xlabel('k','FontSize', 10);ylabel('Tc','FontSize', 10);grid on;
```

6.2 状态不可测时的开环优化预测控制

考虑式 (1.15) 和式 (1.16) 中的模型，重写如下：

$$x_{k+1} = A_k x_k + B_k u_k,\ y_k = C_k x_k, \quad [A_k|B_k|C_k] \in \Omega \tag{6.15}$$

假设 x_k 是不可测（不是所有 x 都可测）的，y 是可测的，即在每个时刻 k 都准确地测量出 y_k 的值。经常考虑如下关于输入和状态的约束：

$$-\underline{u} \leqslant u_k \leqslant \bar{u},\ -\underline{\psi} \leqslant \Psi x_{k+1} \leqslant \bar{\psi},\ \forall k \geqslant 0 \tag{6.16}$$

$\Psi \in \mathbb{R}^{q\times n}$。取 $\Psi = [C_1^{\mathrm{T}}, C_2^{\mathrm{T}}, \cdots, C_L^{\mathrm{T}}]^{\mathrm{T}}$ 并适当地取 $\{\underline{\psi}, \bar{\psi}\}$，则 $-\underline{\psi} \leqslant \Psi x_{k+1} \leqslant \bar{\psi}$ 表达了输出约束。

由于状态是不能测量的，所以采用如下的观测器估计状态的实时值：

$$\hat{x}_{k+1} = A_{\mathrm{o}} \hat{x}_k + B_{\mathrm{o}} u_k + L_{\mathrm{o}} y_k \tag{6.17}$$

其中，$\hat{x} \in \mathbb{R}^n$ 为状态估计值；$\{A_{\mathrm{o}}, B_{\mathrm{o}}, L_{\mathrm{o}}\}$ 为观测器参数矩阵。当然，如果 $\omega_{l,k}$ 的实时值准确知道，则式(6.17)可以被替换成如下形式：

$$\hat{x}_{k+1} = A_k \hat{x}_k + B_k u_k + L_{\mathrm{o}}(y_k - C_k \hat{x}_k) \tag{6.18}$$

定义像 6.1节那样的顶点控制作用和控制时域 N，可得

$$\hat{x}^{l_0}_{k+1|k} = A_{l_0}\hat{x}_{k|k} + B_{l_0}u_{k|k},\ \ \hat{x}^{l_i\cdots l_0}_{k+i+1|k} = A_{l_i}\hat{x}^{l_{i-1}\cdots l_0}_{k+i|k} + B_{l_i}u^{l_{i-1}\cdots l_0}_{k+i|k},$$
$$i\in\{1,2,\cdots,N-1\},\ l_j\in\{1,2,\cdots,L\},\ j\in\{0,1,2,\cdots,N-1\}$$

称 $\hat{x}^{l_{i-1}\cdots l_0}_{k+i|k}$，$i\in\{1,2,\cdots,N\}$ 为顶点状态预测值。基于式(6.15)对未来状态做预报，可得

$$\hat{x}_{k+1|k} = A_k\hat{x}_{k|k} + B_ku_{k|k} = \sum_{l_0=1}^{L}\omega_{l_0,k}\left(A_{l_0}\hat{x}_{k|k} + B_{l_0}u_{k|k}\right) = \sum_{l_0=1}^{L}\omega_{l_0,k}\hat{x}^{l_0}_{k+1|k}$$

$$\begin{aligned}\hat{x}_{k+2|k} &= A_{k+1}\hat{x}_{k+1|k} + B_{k+1}u_{k+1|k} = \sum_{l_1=1}^{L}\omega_{l_1,k+1}\left(A_{l_1}\hat{x}_{k+1|k} + B_{l_1}u_{k+1|k}\right)\\ &= \sum_{l_1=1}^{L}\omega_{l_1,k+1}\left(A_{l_1}\sum_{l_0=1}^{L}\omega_{l_0,k}\hat{x}^{l_0}_{k+1|k} + B_{l_1}\sum_{l_0=1}^{L}\omega_{l_0,k}u^{l_0}_{k+1|k}\right)\\ &= \sum_{l_1=1}^{L}\sum_{l_0=1}^{L}\omega_{l_1,k+1}\omega_{l_0,k}\hat{x}^{l_1l_0}_{k+2|k}\\ &\ \ \vdots\end{aligned}$$

故这些 $\hat{x}_{k+i|k}$ 属于多胞，写成向量的形式为

$$\begin{bmatrix}\hat{x}_{k+1|k}\\ \hat{x}_{k+2|k}\\ \vdots\\ \hat{x}_{k+N|k}\end{bmatrix} = \sum_{l_0\cdots l_{N-1}=1}^{L}\left(\prod_{h=0}^{N-1}\omega_{l_h,k+h}\begin{bmatrix}\hat{x}^{l_0}_{k+1|k}\\ \hat{x}^{l_1l_0}_{k+2|k}\\ \vdots\\ \hat{x}^{l_{N-1}\cdots l_1l_0}_{k+N|k}\end{bmatrix}\right),\ \sum_{l_0\cdots l_{i-1}=1}^{L}\left(\prod_{h=0}^{i-1}\omega_{l_h,k+h}\right) = 1,\ i\in\{1,2,\cdots,N\} \tag{6.19}$$

$$\begin{bmatrix}\hat{x}^{l_0}_{k+1|k}\\ \hat{x}^{l_1l_0}_{k+2|k}\\ \vdots\\ \hat{x}^{l_{N-1}\cdots l_1l_0}_{k+N|k}\end{bmatrix} = \begin{bmatrix}A_{l_0}\\ A_{l_1}A_{l_0}\\ \vdots\\ \prod_{i=0}^{N-1}A_{l_{N-1-i}}\end{bmatrix}\hat{x}_{k|k} + \begin{bmatrix}B_{l_0} & 0 & \cdots & 0\\ A_{l_1}B_{l_0} & B_{l_1} & \ddots & \vdots\\ \vdots & \vdots & \ddots & 0\\ \prod_{i=0}^{N-2}A_{l_{N-1-i}}B_{l_0} & \prod_{i=0}^{N-3}A_{l_{N-1-i}}B_{l_1} & \cdots & B_{l_{N-1}}\end{bmatrix}\begin{bmatrix}u_{k|k}\\ u^{l_0}_{k+1|k}\\ \vdots\\ u^{l_{N-2}\cdots l_1l_0}_{k+N-1|k}\end{bmatrix} \tag{6.20}$$

现在，定义顶点

$$\begin{bmatrix}\hat{x}^{l_0}_{k+1|k}\\ \hat{x}^{l_1l_0}_{k+2|k}\\ \vdots\\ \hat{x}^{l_{N-1}\cdots l_1l_0}_{k+N|k}\end{bmatrix},\quad \begin{bmatrix}u_{k|k}\\ u^{l_0}_{k+1|k}\\ \vdots\\ u^{l_{N-2}\cdots l_1l_0}_{k+N-1|k}\end{bmatrix}$$

的二次型正定函数如下：

$$\tilde{J}^{N}_{0,k} = \sum_{l_0=1}^{L}\|\hat{x}^{l_0}_{k+1|k} - \hat{x}^{l_0}_{\mathrm{ss}}\|^2_{\mathscr{Q}_{1,l_0}} + \|u_{k|k} - u_{\mathrm{ss}}\|^2_{\mathscr{R}_0} + \sum_{l_1=1}^{L}\sum_{l_0=1}^{L}\|\hat{x}^{l_1l_0}_{k+2|k} - \hat{x}^{l_1l_0}_{\mathrm{ss}}\|^2_{\mathscr{Q}_{2,l_1,l_0}} + \|u^{l_0}_{k+1|k} - u_{\mathrm{ss}}\|^2_{\mathscr{R}_{1,l_0}}$$

$$+\cdots$$
$$+\sum_{l_{N-1}=1}^{L}\cdots\sum_{l_1=1}^{L}\sum_{l_0=1}^{L}\|\hat{x}_{k+N|k}^{l_{N-1}\cdots l_1 l_0}-\hat{x}_{\rm ss}^{l_{N-1}\cdots l_1 l_0}\|^2_{\mathscr{Q}_{N,l_{N-1}\cdots l_1 l_0}}$$
$$+\sum_{l_{N-2}=1}^{L}\cdots\sum_{l_1=1}^{L}\sum_{l_0=1}^{L}\|u_{k+N-1|k}^{l_{N-2}\cdots l_1 l_0}-u_{\rm ss}\|^2_{\mathscr{R}_{N-1,l_{N-2}\cdots l_1 l_0}}$$

其中，$\mathscr{Q}_{1,l_0}$，$\mathscr{R}_0$，$\mathscr{Q}_{2,l_1,l_0}$，$\mathscr{R}_{1,l_0}$，$\cdots$，$\mathscr{Q}_{N,l_{N-1}\cdots l_1 l_0}$，$\mathscr{R}_{N-1,l_{N-2}\cdots l_1 l_0}$ 都是非负的加权矩阵；$u_{\rm ss}$ 是 u 的稳态目标值，而

$$\begin{bmatrix}\hat{x}_{\rm ss}^{l_0}\\ \hat{x}_{\rm ss}^{l_1 l_0}\\ \vdots\\ \hat{x}_{\rm ss}^{l_{N-1}\cdots l_1 l_0}\end{bmatrix}=\begin{bmatrix}A_{l_0}\\ A_{l_1}A_{l_0}\\ \vdots\\ \prod_{i=0}^{N-1}A_{l_{N-1-i}}\end{bmatrix}\hat{x}_{\rm ss}+\begin{bmatrix}B_{l_0} & 0 & \cdots & 0\\ A_{l_1}B_{l_0} & B_{l_1} & \ddots & \vdots\\ \vdots & \vdots & \ddots & 0\\ \prod_{i=0}^{N-2}A_{l_{N-1-i}}B_{l_0} & \prod_{i=0}^{N-3}A_{l_{N-1-i}}B_{l_1} & \cdots & B_{l_{N-1}}\end{bmatrix}\begin{bmatrix}u_{\rm ss}\\ u_{\rm ss}\\ \vdots\\ u_{\rm ss}\end{bmatrix}\tag{6.21}$$

每个时刻，以

$$\begin{bmatrix}\hat{x}_{k+1|k}^{l_0}\\ \hat{x}_{k+2|k}^{l_1 l_0}\\ \vdots\\ \hat{x}_{k+N|k}^{l_{N-1}\cdots l_1 l_0}\end{bmatrix},\quad\begin{bmatrix}u_{k|k}\\ u_{k+1|k}^{l_0}\\ \vdots\\ u_{k+N-1|k}^{l_{N-2}\cdots l_1 l_0}\end{bmatrix}$$

作为决策变量，求解如下二次规划问题：

$$\min \tilde{J}_{0,k}^{N}\ \text{s.t.}\ \text{式(6.20), 式(6.21), 式(6.23), 式(6.24)}\tag{6.22}$$

$$-\underline{u}\leqslant u_{k|k}\leqslant\bar{u},\ -\underline{u}\leqslant u_{k+i|k}^{l_{i-1}\cdots l_1 l_0}\leqslant\bar{u},\ \ i\in\{1,2,\cdots,N-1\},\ l_{i-1}\in\{1,2,\cdots,L\}\tag{6.23}$$

$$-\underline{\psi}^{\rm s}\leqslant\Psi^{\rm d}\begin{bmatrix}\hat{x}_{k+1|k}^{l_0}\\ \hat{x}_{k+2|k}^{l_1 l_0}\\ \vdots\\ \hat{x}_{k+N|k}^{l_{N-1}\cdots l_1 l_0}\end{bmatrix}\leqslant\bar{\psi}^{\rm s},\ \ l_j\in\{1,2,\cdots,L\},\ j\in\{0,1,2,\cdots,N-1\}\tag{6.24}$$

并将 $u_{k|k}$ 送入实际系统，其中 $\Psi^{\rm d}$ 是以 Ψ 为对角分块的分块对角矩阵。

称采用式(6.22)的方法为启发式开环输出反馈预测控制，它将 6.1节的启发式开环预测控制中的 x 替换为 $\hat{x}$。该启发式开环输出反馈预测控制有如下特性：

(1) 比采用稳定性综合要素的输出反馈预测控制方法计算量少；

(2) 不能从理论上证明或保证稳定性；

(3) 一个可以圆通的说法是 $\hat{x}_{\rm ss}$ 和 $u_{\rm ss}$ 满足某个稳态非线性方程 $g(\hat{x}_{\rm ss}+x_{\rm eq},u_{\rm ss}+u_{\rm eq})=0$，或满足 $\hat{x}_{\rm ss}=A_{\rm o}\hat{x}_{\rm ss}+B_{\rm o}u_{\rm ss}+L_{\rm o}y_{\rm ss}$。

针对第 (3) 点，其实还有可以改进的地方，在 6.1节中没有讲。文献 [15] 给出了采用多胞模型时如何做稳态目标计算的思路。采用文献 [15] 的思路，可求解满足如下约束的 $\{x_{\rm ss},u_{\rm ss},d_l\}_k$：

$$x_{{\rm ss},k}=A_l x_{{\rm ss},k}+B_l u_{{\rm ss},k}+d_{l,k},\ \ l\in\{1,2,\cdots,L\}\tag{6.25}$$

$$-\underline{u} \leqslant u_{\mathrm{ss},k} \leqslant \bar{u} \tag{6.26}$$

$$-\underline{\psi} \leqslant \Psi x_{\mathrm{ss},k} \leqslant \bar{\psi} \tag{6.27}$$

可以在求解 $\{x_{\mathrm{ss}}, u_{\mathrm{ss}}, d_l\}_k$ 的性能指标中加入 $\sum_{l=1}^{L}\|d_{l,k}\|^2$，使 $d_{l,k}$ 的幅值得到某种程度的最小化。为达到无静差控制，关于状态的动态预测与其稳态预测必须具有一致性，因此既然采用式(6.25)～ 式(6.27)，应该将式(6.15)改写为

$$\begin{aligned} &x_{k+1} = A_k x_k + B_k u_k + d_k,\quad d_{l,k+1} = d_{l,k},\ l \in \{1, 2, \cdots, L\} \\ &y_k = C_k x_k,\quad [A_k|B_k|C_k] \in \Omega \end{aligned} \tag{6.28}$$

其中，$d_k = \sum_{l=1}^{L}\omega_{l,k}d_{l,k}$。显然式(6.25)～ 式(6.28)不依赖于状态是否可测。

基于式(6.28)，状态预测方程(6.20)应该改写为

$$\begin{aligned} \begin{bmatrix} \hat{x}_{k+1|k}^{l_0} \\ \hat{x}_{k+2|k}^{l_1l_0} \\ \vdots \\ \hat{x}_{k+N|k}^{l_{N-1}\cdots l_1l_0} \end{bmatrix} &= \begin{bmatrix} A_{l_0} \\ A_{l_1}A_{l_0} \\ \vdots \\ \prod_{i=0}^{N-1} A_{l_{N-1-i}} \end{bmatrix} \hat{x}_{k|k} + \begin{bmatrix} B_{l_0} & 0 & \cdots & 0 \\ A_{l_1}B_{l_0} & B_{l_1} & \ddots & \vdots \\ \vdots & \vdots & \ddots & 0 \\ \prod_{i=0}^{N-2} A_{l_{N-1-i}}B_{l_0} & \prod_{i=0}^{N-3} A_{l_{N-1-i}}B_{l_1} & \cdots & B_{l_{N-1}} \end{bmatrix} \begin{bmatrix} u_{k|k} \\ u_{k+1|k}^{l_0} \\ \vdots \\ u_{k+N-1|k}^{l_{N-2}\cdots l_1l_0} \end{bmatrix} \\ &+ \begin{bmatrix} I & 0 & \cdots & 0 \\ A_{l_1} & I & \ddots & \vdots \\ \vdots & \vdots & \ddots & 0 \\ \prod_{i=0}^{N-2} A_{l_{N-1-i}} & \prod_{i=0}^{N-3} A_{l_{N-1-i}} & \cdots & I \end{bmatrix} \begin{bmatrix} d_{l_0,k} \\ d_{l_1,k} \\ \vdots \\ d_{l_{N-1},k} \end{bmatrix} \end{aligned} \tag{6.29}$$

实时状态预测值仍采用式(6.17)。

重新定义顶点

$$\begin{bmatrix} \hat{x}_{k+1|k}^{l_0} \\ \hat{x}_{k+2|k}^{l_1l_0} \\ \vdots \\ \hat{x}_{k+N|k}^{l_{N-1}\cdots l_1l_0} \end{bmatrix}, \quad \begin{bmatrix} u_{k|k} \\ u_{k+1|k}^{l_0} \\ \vdots \\ u_{k+N-1|k}^{l_{N-2}\cdots l_1l_0} \end{bmatrix}$$

的二次型正定函数如下：

$$\begin{aligned} \check{J}_{0,k}^N = &\sum_{l_0=1}^{L} \|\hat{x}_{k+1|k}^{l_0} - \check{x}_{\mathrm{ss},k}\|_{\mathscr{Q}_{1,l_0}}^2 + \|u_{k|k} - u_{\mathrm{ss}}\|_{\mathscr{R}_0}^2 \\ &+ \sum_{l_1=1}^{L}\sum_{l_0=1}^{L} \|\hat{x}_{k+2|k}^{l_1l_0} - \check{x}_{\mathrm{ss},k}\|_{\mathscr{Q}_{2,l_1,l_0}}^2 + \|u_{k+1|k}^{l_0} - u_{\mathrm{ss}}\|_{\mathscr{R}_{1,l_0}}^2 \\ &+ \cdots \\ &+ \sum_{l_{N-1}=1}^{L} \cdots \sum_{l_1=1}^{L}\sum_{l_0=1}^{L} \|\hat{x}_{k+N|k}^{l_{N-1}\cdots l_1l_0} - \check{x}_{\mathrm{ss},k}\|_{\mathscr{Q}_{N,l_{N-1}\cdots l_1l_0}}^2 \end{aligned}$$

$$+\sum_{l_{N-2}=1}^{L}\cdots\sum_{l_1=1}^{L}\sum_{l_0=1}^{L}\|u_{k+N-1|k}^{l_{N-2}\cdots l_1 l_0}-u_{\rm ss}\|_{\mathscr{R}_{N-1,l_{N-2}\cdots l_1 l_0}}^2$$

其中，$\hat{x}_{\rm ss}$ 正好满足（与式(6.25)一致）

$$\begin{bmatrix}\check{x}_{{\rm ss},k}\\ \check{x}_{{\rm ss},k}\\ \vdots\\ \check{x}_{{\rm ss},k}\end{bmatrix}=\begin{bmatrix}A_{l_0}\\ A_{l_1}A_{l_0}\\ \vdots\\ \prod_{i=0}^{N-1}A_{l_{N-1-i}}\end{bmatrix}\check{x}_{{\rm ss},k}+\begin{bmatrix}B_{l_0} & 0 & \cdots & 0\\ A_{l_1}B_{l_0} & B_{l_1} & \ddots & \vdots\\ \vdots & \vdots & \ddots & 0\\ \prod_{i=0}^{N-2}A_{l_{N-1-i}}B_{l_0} & \prod_{i=0}^{N-3}A_{l_{N-1-i}}B_{l_1} & \cdots & B_{l_{N-1}}\end{bmatrix}\begin{bmatrix}u_{{\rm ss},k}\\ u_{{\rm ss},k}\\ \vdots\\ u_{{\rm ss},k}\end{bmatrix}$$

$$+\begin{bmatrix}I & 0 & \cdots & 0\\ A_{l_1} & I & \ddots & \vdots\\ \vdots & \vdots & \ddots & 0\\ \prod_{i=0}^{N-2}A_{l_{N-1-i}} & \prod_{i=0}^{N-3}A_{l_{N-1-i}} & \cdots & I\end{bmatrix}\begin{bmatrix}d_{l_0,k}\\ d_{l_1,k}\\ \vdots\\ d_{l_{N-1},k}\end{bmatrix}$$

每个时刻，不求解式(6.22)，而是求解二次规划问题：

$$\min \check{J}_{0,k}^N \quad \text{s.t. 式(6.20), 式(6.29), 式(6.23), 式(6.24)} \tag{6.30}$$

并将 $u_{k|k}$ 送入实际系统。

问：式(6.22)和式(6.30)哪一个更好？没有哪一个更好，前者适合于 $x_{\rm ss}$ 和 $u_{\rm ss}$ 满足某个稳态非线性方程 $g(x_{\rm ss}+x_{\rm eq},u_{\rm ss}+u_{\rm eq})=0$，后者适合于 $x_{\rm ss}$ 和 $u_{\rm ss}$ 满足式(6.25)。

注意，式(6.28)中出现的 $d_{l,k}$，改变了线性多胞模型 $x_{k+1}=A_kx_k+B_ku_k$ 这个事实，说明线性多胞模型 $x_{k+1}=A_kx_k+B_ku_k$ 并不严格适合于跟踪控制中消除余差的问题。就需要消除余差而言，它更适合于调节问题。定义 $\bar{x}=x-x_{\rm ss}$ 和 $\bar{u}=u-u_{\rm ss}$，用于式(6.28)（不是用于式(6.15)）得

$$\bar{x}_{k+1}=A_k\bar{x}_k+B_k\bar{u}_k,\quad y_k=C_k\bar{x}_k+C_kx_{{\rm ss},k},\quad [A_k|B_k|C_k]\in\Omega \tag{6.31}$$

在式(6.31)中，$d_{l,k}$ 是不必出现的。y_k 的表达式中的一项 $C_kx_{{\rm ss},k}$，如果 $C_k=C$ 为时不变的，可以去掉，即表示为 $\bar{y}_k=C\bar{x}_k$。但如 6.1节所说，如果 $x_{{\rm ss},k}$ 是时变的——就像工业双层结构预测控制那样，则关于 $\bar{x}$ 和 $\bar{u}$ 的约束界就得随时变。

例题 6.2 [16] 考虑 CSTR 模型：

$$\begin{aligned}\dot{x_1}=&-x_1-\left[3.6\times10^{10}\exp\left(-\frac{8750}{x_2+350}\right)\right](2x_1+1)+0.5\\ \dot{x_2}=&10^{10}\exp\left(-\frac{8750}{x_2+350}\right)(361.506x_1+180.753)-3.0921x_2-25.103+2.0921u\end{aligned} \tag{6.32}$$

得到线性多胞模型，参数为

$$A_1=\begin{bmatrix}0.8227 & -0.0017\\ 6.1234 & 0.9367\end{bmatrix},\ A_2=\begin{bmatrix}0.9654 & -0.0018\\ -0.6759 & 0.9433\end{bmatrix},\ A_3=\begin{bmatrix}0.8895 & -0.0029\\ 2.9447 & 0.9968\end{bmatrix},\ A_4=\begin{bmatrix}0.8930 & -0.0006\\ 2.7738 & 0.8864\end{bmatrix}$$

$$B_1=\begin{bmatrix}-0.0001 & 0.1014\end{bmatrix}^{\rm T},\ B_2=\begin{bmatrix}-0.0001 & 0.1016\end{bmatrix}^{\rm T},\ B_3=\begin{bmatrix}-0.0002 & 0.1045\end{bmatrix}^{\rm T},\ B_4=\begin{bmatrix}-0.000034 & 0.0986\end{bmatrix}^{\rm T}$$

$$C_1=C_2=C_3=C_4=\begin{bmatrix}0 & 1\end{bmatrix}$$

系数 $\omega_1=\dfrac{1}{2}\dfrac{\varphi_1(x_2)-\varphi_1(-\bar{x}_2)}{\varphi_1(\bar{x}_2)-\varphi_1(-\bar{x}_2)}$，$\omega_2=\dfrac{1}{2}\dfrac{\varphi_1(\bar{x}_2)-\varphi_1(x_2)}{\varphi_1(\bar{x}_2)-\varphi_1(-\bar{x}_2)}$，$\omega_3=\dfrac{1}{2}\dfrac{\varphi_2(x_2)-\varphi_2(-\bar{x}_2)}{\varphi_2(\bar{x}_2)-\varphi_2(-\bar{x}_2)}$，$\omega_4=\dfrac{1}{2}\dfrac{\varphi_2(\bar{x}_2)-\varphi_2(x_2)}{\varphi_2(\bar{x}_2)-\varphi_2(-\bar{x}_2)}$，其中，$\varphi_1(x_2)=7.2\times10^{10}\exp\left(-\dfrac{8750}{x_2+350}\right)$，$\varphi_2(x_2)=3.6\times10^{10}\left[\exp\left(-\dfrac{8750}{x_2+350}\right)-\exp\left(-\dfrac{8750}{350}\right)\right]\dfrac{1}{x_2}$。输入约束与输出约束分别为 $|u|\leqslant10$ 和 $|y|\leqslant10$，状态约束 $|x_1|\leqslant0.5$。

取初始状态 $x_0=\begin{bmatrix}0.2 & -8\end{bmatrix}^{\mathrm{T}}$，$y_0=3.3$，目标理想值 $u_t=2.5$，$x_t=\begin{bmatrix}-0.04 & 2.37\end{bmatrix}^{\mathrm{T}}$，$L_0=\begin{bmatrix}1 & 1\end{bmatrix}^{\mathrm{T}}$，$N=3$，$\mathscr{Q}=10$，$\mathscr{R}=1$。采用算法(6.22)，在 SSTC 层采用稳态非线性模型。控制作用和系统状态很好地跟踪了可达目标理想值，上下层的模型一致性保证了无静差。

采用算法(6.30)，引入 $d_{l,k}$，在 SSTC 层采用线性模型，控制作用和系统状态跟踪上层稳态目标值，同样保证了无静差。

以下程序代码的命名为 HeuristicRMPCJTilde.m。

```
%%开环输出反馈预测控制
clear;
L=4;N=50; P=2; Q=10;R=1;
A_1=[0.8227 -0.0017;6.1234 0.9367]; A_2=[0.9654 -0.0018;-0.6759 0.9433];
A_3=[0.8895 -0.0029;2.9447 0.9968]; A_4=[0.8930 -0.0006;2.7738 0.8864];
B_1=[-0.0001;0.1014]; B_2=[-0.0001;0.1016];B_3=[-0.0002;0.1045]; B_4=[-0.000034;0.0986];
u_t=2.5;L_0=[0;1];
[C_1,C_2,C_3,C_4]=deal([0 1]);[u_c,y_c,x_1c]=deal(10,10,0.5);
x{1}=[0.2;-8];x_r{1}=x{1};y{1}=[0 1]*x{1};
i=2;
A_ss=[A_1;A_2;A_3;A_4]; %初始化
A_basic=[A_1;A_2;A_3;A_4];B_basic=[B_1;B_2;B_3;B_4];
jj{1}=0;jj{2}=size(B_basic,1);
[Bc{1},Bc{2},Bc{3},Bc{4},Ac{1},Ac{2},Ac{3},Ac{4}]=deal(B_1,B_2,B_3,B_4,A_1,A_2,A_3,A_4);
%% 得到顶点预测方程的A和B矩阵
while i<=P
    jj{i+1}=size(B_basic,1);
    A_basic=[(A_basic'*kron(eye(size(A_basic,1)/2),A_1'))';
        (A_basic'*kron(eye(size(A_basic,1)/2),A_2'))';
        (A_basic'*kron(eye(size(A_basic,1)/2),A_3'))';
        (A_basic'*kron(eye(size(A_basic,1)/2),A_4'))'];
    A_ss=[A_ss;A_basic];
    B_basicT=[B_basic zeros(size(B_basic,1),4^(i-1))];B_aff=zeros(2*4^i,1);
    for ii=2:i
        B_affi=kron(eye(4^(ii-1)),B_basic([1,2],(ii-1)));
        for j=(1+jj{i-1}+2*4^(ii-2)):2*4^(ii-2):size(B_basic,1)
            B_affi=[B_affi;kron(eye(4^(ii-1)),B_basic([j,j+1],(ii-1)))];
        end
        B_aff=[B_aff B_affi]; %辅助矩阵
    end
    B_aff(:,1)=[];B_basicut=B_basic;
    if i>2
        B_basicut(1:(2*4^(i-2)),:)=[];  %切除部分
    end
    B_basicL=[(B_basicut(:,1)'*kron(eye(size(B_basicut,1)/2),A_1'))';
        (B_basicut(:,1)'*kron(eye(size(B_basicut,1)/2),A_2'))';
```

```
        (B_basicut(:,1)'*kron(eye(size(B_basicut,1)/2),A_3'))';
        (B_basicut(:,1)'*kron(eye(size(B_basicut,1)/2),A_4'))'];
        %大矩阵B的左半边
    B_basicB=[B_basicL B_aff];B_basic=[B_basicT;B_basicB];
    i=i+1;
end
B_ss=B_basic;
%% 主循环
k=1;
while k<=N
    syms x_1t x_2t;
    SS=solve(0==-x_1t-(3.6*10^10*exp(-8750/(x_2t+350)))*(2*x_1t+1)+0.5,
        0==10^10*exp(-8750/(x_2t+350))*(361.5063*x_1t+180.7532)-3.0921*x_2t
        -25.1029+2.0921*u_t);        %可达稳态目标计算
    x_ss=eval([SS.x_1t;SS.x_2t]);  %可达目标理想值即为稳态值
    u_ss=u_t;
    u_ssol=ones(size(B_ss,2),1)*u_ss;x_ssol=A_ss*x_ss+B_ss*u_ssol;
    A_opt=[B_ss;-B_ss];  %不等式约束, 主要是状态约束
    B_opt=[kron(ones(size(A_ss,1)/2,1),[x_1c;y_c])-A_ss*x{k};
        kron(ones(size(A_ss,1)/2,1),[x_1c;y_c])+A_ss*x{k}];
    lb=-ones(size(B_ss,2),1)*u_c;ub=ones(size(B_ss,2),1)*u_c;
    Q_opt=eye(size(B_ss,1))*Q;R_opt=eye(size(B_ss,2))*R;
    H=2*B_ss'*Q_opt*B_ss+2*R_opt;  %优化目标转化为二次型形式
    f=2*B_ss'*Q_opt'*A_ss*x{k}-2*R_opt'*u_ssol-2*B_ss'*Q_opt'*x_ssol;
    opts=optimoptions('quadprog','Algorithm','interior-point-convex','Display','off');
        %求解二次规划问题
    [u_opt,fval,exitflag,output,lambda]=quadprog(H,f,A_opt,B_opt,[],[],lb,ub,[],opts);
    u{k}=u_opt(1,:);  %实施第一步控制作用
    [w_1,w_2,w_3,w_4]=parameter([0 1]*x{k},y_c);  %用真实状态计算参数
    x_r{k+1}=[(-[1 0]*x_r{k}-(3.6*10^10*exp(-8750/([0 1]*x_r{k}+350)))
        *(2*[1 0]*x_r{k}+1)+0.5)*0.05+[1 0]*x_r{k};
        (10^10*exp(-8750/([0 1]*x_r{k}+350))*(361.5063*[1 0]*x_r{k}+180.7532)
        -3.0921*[0 1]*x_r{k}-25.1029+2.0921*u{k})*0.05+[0 1]*x_r{k}];
        %真实状态
    y{k+1}=[0 1]*x_r{k+1};  %真实输出结果
    x{k+1}=(w_1*A_1+w_2*A_2+w_3*A_3+w_4*A_4)*x{k}
        +(w_1*B_1+w_2*B_2+w_3*B_3+w_4*B_4)*u{k}+L_0*(y{k}-[0 1]*x{k});
    k=k+1;
end
x{k}=[];plotu=cell2mat(u); plotx=cell2mat(x);
plotx1=plotx(1,:); plotx2=plotx(2,:);plotuss=u_ss*ones(1,N);
plotx1ss=x_ss(1,:)*ones(1,N);plotx2ss=x_ss(2,:)*ones(1,N);
ii=1:N;
figure;
plot1=plot(ii,plotu,ii,plotuss,'--');set(gca,'FontSize',16);
legend({'$u$','$u_{ss}$'},'Interpreter','latex','FontSize',18);
axis([1, N,-2, 11]);xlabel({'$k$'},'Interpreter','latex','FontSize',16);
ylabel({'$u$,$u_{ss}$'},'Interpreter','latex','FontSize',16);
title({'Control input signal'},'Interpreter','latex','FontSize',16);
figure;
plot2=plot(ii,plotx1,ii,plotx1ss,'--');set(gca,'FontSize',16);
```

```
legend({'$x_1$','$x_{1,ss}$'},'Interpreter','latex','FontSize',18);
axis([1, N,-x_1c, x_1c]);
xlabel({'$k$'},'Interpreter','latex','FontSize',16);
ylabel({'$x_1$, $x_{1,ss}$'},'Interpreter','latex','FontSize',16);
title({'The state $x_1$ response'},'Interpreter','latex','FontSize',16);
figure;
plot3=plot(ii,plotx2,ii,plotx2ss,'--');set(gca,'FontSize',16);
legend({'$x_2$','$x_{2,ss}$'},'Interpreter','latex','FontSize',18);
axis([1, N,-8, 4]);xlabel({'$k$'},'Interpreter','latex','FontSize',16);
ylabel({'$x_2$,$x_{2,ss}$'},'Interpreter','latex','FontSize',16);
title({'The state $x_2$ response'},'Interpreter','latex','FontSize',16);
```

以下程序代码的命名为 HeuristicRMPCJCheck.m。

```
%%基于人工干扰的开环输出反馈预测控制
clear;
L=4; N=50; P=2; Q=10; R=1;
A_1=[0.8227 -0.0017;6.1234 0.9367]; A_2=[0.9654 -0.0018;-0.6759 0.9433];
A_3=[0.8895 -0.0029;2.9447 0.9968]; A_4=[0.8930 -0.0006;2.7738 0.8864];
B_1=[-0.0001;0.1014]; B_2=[-0.0001;0.1016]; B_3=[-0.0002;0.1045]; B_4=[-0.000034;0.0986];
u_t=2.5; L_0=[0;1];[C_1,C_2,C_3,C_4]=deal([0 1]);
[u_c,y_c,x_1c]=deal(10,10,0.5);x{1}=[0.2;-8]; x_r{1}=x{1}; y{1}=[0 1]*x{1};
%% 采用含人工干扰的方程求解得到稳态目标
Hss=2*eye(9);fss=[-2*u_t;0;0;0;0;0;0;0;0];oneu=[1 0 0 0 0 0 0 0 0];
one1=[0 1 0 0 0 0 0 0 0;0 0 1 0 0 0 0 0 0];
one2=[0 0 0 1 0 0 0 0 0;0 0 0 0 1 0 0 0 0];
one3=[0 0 0 0 0 1 0 0 0;0 0 0 0 0 0 1 0 0];
one4=[0 0 0 0 0 0 0 1 0;0 0 0 0 0 0 0 0 1];
A_optss=[oneu;-oneu;inv(eye(2)-A_1)*(B_1*oneu+one1);-inv(eye(2)-A_1)*(B_1*oneu+one1)];
B_optss=[u_c;u_c;[x_1c;y_c];[x_1c;y_c]];
A_eqss=[inv(eye(2)-A_1)*(B_1*oneu+one1)-inv(eye(2)-A_2)*(B_2*oneu+one2);
    inv(eye(2)-A_2)*(B_2*oneu+one2)-inv(eye(2)-A_3)*(B_3*oneu+one3);
    inv(eye(2)-A_3)*(B_3*oneu+one3)-inv(eye(2)-A_4)*(B_4*oneu+one4)];
B_eqss=[[0;0];[0;0];[0;0]];
optss=optimoptions('quadprog','Algorithm','interior-point-convex','Display','off');
[u_ssopt,fssval,exitssflag,outputss,lambdass]
    =quadprog(Hss,fss,A_optss,B_optss,A_eqss,B_eqss,[],[],[],optss);
u_ss=u_ssopt(1,:);D_1=u_ssopt([2 3],:); D_2=u_ssopt([4 5],:);
D_3=u_ssopt([6 7],:); D_4=u_ssopt([8 9],:);x_ss=inv(eye(2)-A_1)*(B_1*u_ss+D_1);i=2;
A_ss=[A_1;A_2;A_3;A_4];%初始化
A_basic=[A_1;A_2;A_3;A_4];B_basic=[B_1;B_2;B_3;B_4];D_basic=[D_1;D_2;D_3;D_4];
jj{1}=0;jj{2}=size(B_basic,1);
[Bc{1},Bc{2},Bc{3},Bc{4},Ac{1},Ac{2},Ac{3},Ac{4}]=deal(B_1,B_2,B_3,B_4,A_1,A_2,A_3,A_4);
%% 得到顶点预测方程的A、B和D矩阵
while i<=P
    jj{i+1}=size(B_basic,1);
    A_basic=[(A_basic'*kron(eye(size(A_basic,1)/2),A_1'))';
        (A_basic'*kron(eye(size(A_basic,1)/2),A_2'))';
        (A_basic'*kron(eye(size(A_basic,1)/2),A_3'))';
        (A_basic'*kron(eye(size(A_basic,1)/2),A_4'))'];A_ss=[A_ss;A_basic];
    B_basicT=[B_basic zeros(size(B_basic,1),4^(i-1))];
    D_basicT=[D_basic zeros(size(D_basic,1),4^(i-1))];
```

```
    B_aff=zeros(2*4^i,1);
    D_aff=zeros(2*4^i,1);
    for ii=2:i
        B_affi=kron(eye(4^(ii-1)),B_basic([1,2],(ii-1)));
        D_affi=kron(eye(4^(ii-1)),D_basic([1,2],(ii-1)));
        for j=(1+jj{i-1}+2*4^(ii-2)):2*4^(ii-2):size(B_basic,1)
            B_affi=[B_affi;kron(eye(4^(ii-1)),B_basic([j,j+1],(ii-1)))];
            D_affi=[D_affi;kron(eye(4^(ii-1)),D_basic([j,j+1],(ii-1)))];
        end
        B_aff=[B_aff B_affi];D_aff=[D_aff D_affi];
    end
    B_aff(:,1)=[];B_basicut=B_basic;
    D_aff(:,1)=[];D_basicut=D_basic;
    if i>2
        B_basicut(1:(2*4^(i-2)),:)=[];D_basicut(1:(2*4^(i-2)),:)=[];
    end
    B_basicL=[(B_basicut(:,1)'*kron(eye(size(B_basicut,1)/2),A_1'))';
        (B_basicut(:,1)'*kron(eye(size(B_basicut,1)/2),A_2'))';
        (B_basicut(:,1)'*kron(eye(size(B_basicut,1)/2),A_3'))';
        (B_basicut(:,1)'*kron(eye(size(B_basicut,1)/2),A_4'))'];
    B_basicB=[B_basicL B_aff];
    D_basicL=[(D_basicut(:,1)'*kron(eye(size(D_basicut,1)/2),A_1'))';
        (D_basicut(:,1)'*kron(eye(size(D_basicut,1)/2),A_2'))';
        (D_basicut(:,1)'*kron(eye(size(D_basicut,1)/2),A_3'))';
        (D_basicut(:,1)'*kron(eye(size(D_basicut,1)/2),A_4'))'];
    D_basicB=[D_basicL D_aff];
    B_basic=[B_basicT;B_basicB];D_basic=[D_basicT;D_basicB];
    i=i+1;
end
B_ss=B_basic;D_ss=D_basic;k=1;
while k<=N
    u_ssol=ones(size(B_ss,2),1)*u_ss;d_ssol=ones(size(B_ss,2),1)*1;
    x_ssol=A_ss*x_ss+B_ss*u_ssol;A_opt=[B_ss;-B_ss];
    B_opt=[kron(ones(size(A_ss,1)/2,1),[x_1c;y_c])-A_ss*x{k}-D_ss*ones(size(D_ss,2),1);
        kron(ones(size(A_ss,1)/2,1),[x_1c;y_c])+A_ss*x{k}+D_ss*ones(size(D_ss,2),1)];
    lb=-ones(size(B_ss,2),1)*u_c;ub=ones(size(B_ss,2),1)*u_c;
    Q_opt=eye(size(B_ss,1))*Q;R_opt=eye(size(B_ss,2))*R;H=2*B_ss'*Q_opt*B_ss+2*R_opt;
    f=2*B_ss'*Q_opt'*A_ss*x{k}-2*R_opt'*u_ssol-2*B_ss'*Q_opt'*x_ssol;
    opts=optimoptions('quadprog','Algorithm','interior-point-convex','Display','off');
    [u_opt,fval,exitflag,output,lambda]=quadprog(H,f,A_opt,B_opt,[],[],lb,ub,[],opts);
    u{k}=u_opt(1,:);
    [w_1,w_2,w_3,w_4]=parameter([0 1]*x{k},y_c);  %用真实状态计算参数
    x{k+1}=((w_1*A_1+w_2*A_2+w_3*A_3+w_4*A_4)
        -L_0*(w_1*C_1+w_2*C_2+w_3*C_3+w_4*C_4))*x{k}
        +(w_1*B_1+w_2*B_2+w_3*B_3+w_4*B_4)*u{k}+L_0*[0 1]*x{k}
        +(w_1*D_1+w_2*D_2+w_3*D_3+w_4*D_4);
    k=k+1;
end
x{k}=[];plotu=cell2mat(u); plotx=cell2mat(x);plotx1=plotx(1,:); plotx2=plotx(2,:);
plotuss=u_ss*ones(1,N);plotx1ss=x_ss(1,:)*ones(1,N);plotx2ss=x_ss(2,:)*ones(1,N);
syms x_1t x_2t;
```

```
SS=solve(0==-x_1t-(3.6*10^10*exp(-8750/(x_2t+350)))*(2*x_1t+1)+0.5,
    0==10^10*exp(-8750/(x_2t+350))*(361.5063*x_1t+180.7532)-3.0921*x_2t-25.1029+2.0921*
        u_t);
    %可达稳态目标计算
x_ssold=eval([SS.x_1t;SS.x_2t]);  %可达目标理想值即为稳态值
plotx1ssold=x_ssold(1,:)*ones(1,N);plotx2ssold=x_ssold(2,:)*ones(1,N);
ii=1:N;
figure;
plot1=plot(ii,plotu,ii,plotuss,'--');set(gca,'FontSize',16);
legend({'$u$','$u_{ss}$'},'Interpreter','latex','FontSize',18);
axis([1, N,-2, 11]);xlabel({'$k$'},'Interpreter','latex','FontSize',16);
ylabel({'$u$, $u_{ss}$'},'Interpreter','latex','FontSize',16);
title({'Control input signal'},'Interpreter','latex','FontSize',16);
figure;
plot2=plot(ii,plotx1,ii,plotx1ss,'--');set(gca,'FontSize',14);
legend({'$x_1$','$x_{1,ss}$'},'Interpreter','latex','FontSize',18);
axis([1, N,-x_1c, x_1c]);xlabel({'$k$'},'Interpreter','latex','FontSize',16);
ylabel({'$x_1$, $x_{1,ss}$'},'Interpreter','latex','FontSize',16);
title({'The state $x_1$ response'},'Interpreter','latex','FontSize',16);
figure;
plot3=plot(ii,plotx2,ii,plotx2ss,'--');set(gca,'FontSize',16);
legend({'$x_2$','$x_{2,ss}$'},'Interpreter','latex','FontSize',18);
axis([1, N,-8, 4]);xlabel({'$k$'},'Interpreter','latex','FontSize',16);
ylabel({'$x_2$, $x_{2,ss}$'},'Interpreter','latex','FontSize',16);
title({'The state $x_2$ response'},'Interpreter','latex','FontSize',16);
```

以下程序代码的命名为 parameter.m。

```
function [w_1,w_2,w_3,w_4 ] = parameter( x_2,x_2c )
w_1=1/2*(7.2*10^10*exp(-8750/(x_2+350))
    -7.2*10^10*exp(-8750/(-x_2c+350)))/(7.2*10^10*exp(-8750/(x_2c+350))
    -7.2*10^10*exp(-8750/(-x_2c+350)));
w_2=1/2*(7.2*10^10*exp(-8750/(x_2c+350))
    -7.2*10^10*exp(-8750/(x_2+350)))/(7.2*10^10*exp(-8750/(x_2c+350))
    -7.2*10^10*exp(-8750/(-x_2c+350)));
w_3=1/2*(3.6*10^10*(exp(-8750/(x_2+350))-exp(-8750/350))*(1/x_2)
    -3.6*10^10*(exp(-8750/(-x_2c+350))
    -exp(-8750/350))*(-1/x_2c))/(3.6*10^10*(exp(-8750/(x_2c+350))
    -exp(-8750/350))*(1/x_2c)-3.6*10^10*(exp(-8750/(-x_2c+350))
    -exp(-8750/350))*(-1/x_2c));
w_4=1/2*(3.6*10^10*(exp(-8750/(x_2c+350))-exp(-8750/350))*(1/x_2c)
    -3.6*10^10*(exp(-8750/(x_2+350))
    -exp(-8750/350))*(1/x_2))/(3.6*10^10*(exp(-8750/(x_2c+350))
    -exp(-8750/350))*(1/x_2c)-3.6*10^10*(exp(-8750/(-x_2c+350))
    -exp(-8750/350))*(-1/x_2c));
end
```

6.3 习　题　6

1. 采用 C#/C++ 语言方法实现本章的主要算法。
2. 例题 6.2，根据程序代码写出公式：如何计算 $\hat{x}_{\mathrm{ss},k}$ 和 $\check{x}_{\mathrm{ss},k}$，如何估计状态，如何计算 $d_{l,k}$？

第 7 章　线性多胞模型的鲁棒预测控制

7.1　重要基础方法

1996 年，Kothare 等提出了一种鲁棒 MPC 方法，并给出了具有重要意义的“KBM 公式”。

7.1.1　KBM 公式

定义 KBM (Kothare-Balakrishnan-Morari) 公式为

$$\begin{bmatrix} 1 & x_{k|k}^{\mathrm{T}} \\ x_{k|k} & Q_k \end{bmatrix} \geqslant 0 \tag{7.1}$$

$$\begin{bmatrix} Q_k & \star & \star & \star \\ A_l Q_k + B_l Y_k & Q_k & \star & \star \\ \mathscr{Q}^{1/2} Q_k & 0 & \gamma_k I & \star \\ \mathscr{R}^{1/2} Y_k & 0 & 0 & \gamma_k I \end{bmatrix} \geqslant 0,\ l \in \{1, 2, \cdots, L\} \tag{7.2}$$

$$\begin{bmatrix} Q_k & Y_{j,k}^{\mathrm{T}} \\ Y_{j,k} & \bar{u}_j^2 \end{bmatrix} \geqslant 0,\ j \in \{1, 2, \cdots, m\} \tag{7.3}$$

$$\begin{bmatrix} Q_k & \star \\ \Psi_s (A_l Q_k + B_l Y_k) & \bar{\psi}_s^2 \end{bmatrix} \geqslant 0,\ l \in \{1, 2, \cdots, L\},\ s \in \{1, 2, \cdots, q\} \tag{7.4}$$

其中，$\{\gamma_k, Q_k, Y_k\}$ 为未知变量；$\star$ 为方阵中对称位置的简化表示。式(7.1)$\sim$ 式(7.4)为线性矩阵不等式（linear matrix inequalities, LMIs）。

对 KBM 公式的符号及其内涵解释如下。

(1) $x_{k|k}$ 为 k 时刻对 x_k 的认知。通过假设状态是可测的，则直接得出 $x_{k|k} = x_k$。式(7.1)表示 $x_{k|k}^{\mathrm{T}} Q_k^{-1} x_{k|k} \leqslant 1$。由于 Q_k 是正定矩阵，式(7.1) 意味着 $x_{k|k}$ 位于 Q_k 确定的椭圆内，该椭圆记为 $\mathscr{E}_{Q_k^{-1}}$。Q_k 的某些特征值可否为零？根据式(7.1)$\sim$ 式(7.4)，这种情况可能存在，但在实际应用和仿真中很难遇到。

(2) 采用式(7.1)的初衷是二次型性能指标 $J_{0,k}^{\infty} = \sum_{i=0}^{\infty} [\|x_{k+i|k}\|_{\mathscr{Q}}^2 + \|u_{k+i|k}\|_{\mathscr{R}}^2]$。该二次型性能指标类似于 LQR。因此，定义二次函数为 $V(x) = x^{\mathrm{T}} P_k x,\ P_k > 0$。类似于 LQR 方法，通过适当处理，得到 $J_{0,k}^{\infty} \leqslant V(x_{k|k})$，即无穷时域二次型性能代价的上界为 $V(x_{k|k})$。对于标称 LTI 模型 $x_{k+1} = Ax_k + Bu_k$，上述结果不如 $J_{0,k}^{\infty} = V(x_{k|k})$ 准确。令 $V(x_{k|k}) \leqslant \gamma_k$ 和 $P_k = \gamma_k Q_k^{-1}$，得到 $x_{k|k} \in \mathscr{E}_{Q_k^{-1}}$。

(3) 式 (7.2)确保

$$V(x_{k+i+1|k}) - V(x_{k+i|k}) \leqslant -[\|x_{k+i|k}\|_{\mathscr{Q}}^2 + \|u_{k+i|k}\|_{\mathscr{R}}^2] \tag{7.5}$$

对于标称 LTI 模型，式(7.2)等价于式(7.5)。当然，对于标称 LTI 模型，不需要采用式(7.2)；式(7.2)是基于处理 Lyapuonv 不等式的结果；对于标称 LTI 模型，采用 Lyapunov 方程（等式形式）。保证式(7.5)成立具有双重意义，即保证稳定性和处理最优性。用这种方法处理最优性是巧妙的，但具有保守和鲁棒性。基于式(7.5)，可知 $J_{0,k}^{\infty} \leqslant x_{k|k}^{\mathrm{T}} P_k x_{k|k}$ 对于所有模型不确定性成立。

(4) 由于上述最优性处理和定义 $P_k = \gamma_k Q_k^{-1}$，γ_k（体现性能指标的关键变量，需要被优化以及成为 Lyapunov 函数）在式(7.1)中不出现，而在式(7.2)中出现；这是极好的转移。

(5) 由于上述转移，$\mathscr{E}_{Q_k^{-1}}$ 成为 $x_{k+i|k}$（$i \geqslant 0$）的不变集。也就是说，式(7.1)和式(7.2)使得 $x_{k+i|k}$（$i \geqslant 0$）被限制在 $\mathscr{E}_{Q_k^{-1}}$ 的内部。由于 $x_{k+i|k}$ 的范围受到限制，所以对于 $x_{k+i|k}$ 的约束处理将会更有可能。KBM 公式保证了无穷时域的约束（相比之下，6.1节仅仅对时域 N 中的约束进行处理）。式(7.3)和式(7.4)保证当 $u_{j,k+i|k} = F_{j,k}x_{k+i|k}$（$i \geqslant 0$）和 $F_j = Y_jQ^{-1}$ （$j \in \{1, 2, \cdots, m\}$）时，有

$$-\bar{u} \leqslant u_{k+i|k} \leqslant \bar{u}, \quad -\bar{\psi} \leqslant \Psi x_{k+i+1|k} \leqslant \bar{\psi}, \quad \forall i \geqslant 0 \tag{7.6}$$

F_j 是 F 的第 j 行，Y_j 是 Y 的第 j 行，Ψ_s 是 Ψ 的第 s 行。式(7.6)中约束的上下界具有相同的绝对值，否则 KBM 公式变为不恰当。

(6) 如果没有上述转移，KBM 公式变为

$$\begin{bmatrix} \beta_k & \beta_k x_{k|k}^{\mathrm{T}} \\ \beta_k x_{k|k} & X_k \end{bmatrix} \geqslant 0 \tag{7.7}$$

$$\begin{bmatrix} X_k & \star & \star & \star \\ A_l X_k + B_l Y_k & X_k & \star & \star \\ \mathscr{Q}^{1/2} X_k & 0 & I & \star \\ \mathscr{R}^{1/2} Y_k & 0 & 0 & I \end{bmatrix} \geqslant 0, \ l \in \{1, 2, \cdots, L\} \tag{7.8}$$

$$\begin{bmatrix} X_k & Y_{j,k}^{\mathrm{T}} \\ Y_{j,k} & \beta_k \bar{u}_j^2 \end{bmatrix} \geqslant 0, \ j \in \{1, 2, \cdots, m\} \tag{7.9}$$

$$\begin{bmatrix} X_k & \star \\ \Psi_s(A_l X_k + B_l Y_k) & \beta_k \bar{\psi}_s^2 \end{bmatrix} \geqslant 0, \quad l \in \{1, 2, \cdots, L\}, \ s \in \{1, 2, \cdots, q\} \tag{7.10}$$

其中，$X = P^{-1}$；$\beta = \gamma^{-1}$；$F = YX^{-1}$。$\begin{bmatrix} \gamma_k & \star \\ x_{k|k} & X_k \end{bmatrix} \geqslant 0$ 已经变为式(7.7)。似乎式(7.7)~ 式(7.10)比式(7.1)~ 式(7.4)更直观。为什么我们需要式(7.1)~ 式(7.4)呢？原因在于，在文献中式(7.3)和式(7.4) 通常会变为

$$\begin{bmatrix} Q_k & Y_k^{\mathrm{T}} \\ Y_k & Z_k \end{bmatrix} \geqslant 0, \quad Z_{jj,k} \leqslant \bar{u}_j^2, \quad j \in \{1, 2, \cdots, m\} \tag{7.11}$$

$$\begin{bmatrix} Q_k & \star \\ \Psi(A_l Q_k + B_l Y_k) & \Gamma_k \end{bmatrix} \geqslant 0, \quad \Gamma_{ss,k} \leqslant \bar{\psi}_s^2, \quad l \in \{1, 2, \cdots, L\}, \ s \in \{1, 2, \cdots, q\} \tag{7.12}$$

其中，Z_k 和 Γ_k 是额外的未知变量；Z_{jj} 和 Γ_{ss} 分别表示 Z 和 Γ 的第 j 个和第 s 个的对角元素。通常，式(7.11)和式(7.12)涉及的计算量小于式(7.3)和式(7.4)（如 m 和 q 相对较大时），但是式(7.3)和式(7.4)的保守性（至少理论上）小于式(7.11)和式(7.12)。同时包含 Z 和 Γ 时，需要将式(7.9)和式(7.10)转换为

$$\begin{bmatrix} X_k & Y_k^{\mathrm{T}} \\ Y_k & \beta_k Z_k \end{bmatrix} \geqslant 0, \quad Z_{jj,k} \leqslant \bar{u}_j^2, \quad j \in \{1, 2, \cdots, m\} \tag{7.13}$$

$$\begin{bmatrix} X_k & \star \\ \Psi(A_l X_k + B_l Y_k) & \beta_k \Gamma_k \end{bmatrix} \geqslant 0, \quad \Gamma_{ss,k} \leqslant \bar{\psi}_s^2, \quad l \in \{1, 2, \cdots, L\}, \ s \in \{1, 2, \cdots, q\} \tag{7.14}$$

这样，$\{\beta, Z, \Gamma\}_k$ 在式(7.13)和式(7.14)中不是线性出现的。

(7) β_k 在式(7.7)~ 式(7.10) 中多次出现，然而 γ_k 在式(7.1)~ 式(7.4)中只出现一次。因此，转移带来的非直观性是值得的。

7.1.2 KBM 控制器

这里给出 KBM 控制器。

KBM 优化:

$$\min_{\{\gamma,Y,Q\}_k} \gamma_k, \text{ s.t. 式(7.1)} \sim \text{式(7.4)}$$

KBM 控制器:

$$u_k = Y_k Q_k^{-1} x_k$$

在文献 [17] 中，采用滚动优化的方法实现 KBM 控制器，并且证明了闭环系统的稳定性。需要注意如下细节。

(1) 针对 LPV 模型的鲁棒预测控制，如果在线求解控制器优化问题，则通常采用最小-最大优化。采用这种优化方式的基本原因是模型的不确定，因此 $x_{k+i|k}$ 和 $J_{0,k}^{\infty} = \sum_{i=0}^{\infty}[\|x_{k+i|k}\|_{\mathscr{Q}}^2 + \|u_{k+i|k}\|_{\mathscr{R}}^2]$ 的计算也同样不确定。此外，为了避免进入“死胡同”，控制作用和约束都是“无穷时域”，因此最小化 $J_{0,k}^{\infty}$ 是一个无穷维的优化问题。最小-最大优化是最小化 $J_{0,k}^{\infty}$ 的最大值。对于所有的不确定性实现，γ_k 是 $J_{0,k}^{\infty}$ 的上界，因此最小化 γ_k 近似了最小-最大优化。由于 γ_k 是最小化的，因此建议采用 γ_k 的最优值，即 γ_k^*，作为 Lyapunov 函数。

(2) 如果不采用 γ_k^*，而采用 $x_k^{\mathrm{T}} P_k^* x_k$ 作为 Lyapunov 函数呢？$P_k^* = \gamma_k^* Q_k^{*-1}$。尽管 $x_k^{\mathrm{T}} P_k^* x_k \leqslant \gamma_k^*$，但 $x_k^{\mathrm{T}} P_k^* x_k = \gamma_k^*$ 是否成立呢？如果 $\gamma_k^* = x_k^{\mathrm{T}} P_k^* x_k$ 不能成立，那么 $x_k^{\mathrm{T}} P_k^* x_k$ 是真的被最小化了吗？

(3) 记证明鲁棒预测控制稳定性的 Lyapunov 函数为 $\mathscr{L}_k^*$，通常的方法是先证 $\mathscr{L}_{k+1} \leqslant \mathscr{L}_k^*$（其中等号仅在达到稳态时才成立)，然后根据最优性总有 $\mathscr{L}_{k+1}^* \leqslant \mathscr{L}_{k+1}$（被最小化了的值一定不大于一个尚未最小化的值)，综合得到 $\mathscr{L}_{k+1}^* \leqslant \mathscr{L}_k^*$。容易忽略后一点，即忽略对 $\mathscr{L}_{k+1}^* \leqslant \mathscr{L}_{k+1}$ 的考察。如果根本没有最小化 $\mathscr{L}_{k+1}$，那么有什么根据说后一点成立呢？

(4) 避免进入“死胡同”这个类比表示要处理无穷时域的约束才真正放心，否则搞不清 k 为多大时约束就不再满足了。

(5) $\mathscr{L}_{k+1}$ 是怎样得到的？这个不是优化的结果，而是通过适当地构造满足所有优化问题约束的决策变量值而得到的结果。放在 KBM 控制器这件事上，就是要构造满足四个 KBM 公式的解。

(6) 能够在初始时刻（控制器启动）及以后都能找到满足优化问题所有约束的决策变量值的性质，称为递推可行性。

鉴于以上的分析甚至深刻牵涉到预测控制稳定性研究的各个问题（不限于本章和本书)，这里提出如下建议:

(1) 什么被最小化，就采用什么作为 Lyapunov 函数（也许还要加入一些不受优化影响的项)，例如，鲁棒控制常用 γ_k^* 作为 Lyapunov 函数。

(2) 在递推可行性的证明中，要构造“满足优化问题所有约束”的决策变量值，例如，对基于 LMI 的鲁棒控制其构造的决策变量值要满足相应的 LMI。

7.1.3 一个推广到网络控制的例子

考虑图 7.1中 LTI 状态空间模型表示的系统，通过传感器-控制器链路、控制器-执行器链路传输数据，数据以单个数据包的形式传输，其中 $\breve{u} \in \mathbb{R}^m$ 和 $\breve{x} \in \mathbb{R}^n$ 分别为控制器的输出和输入。传感器是时钟驱动，而控制器和执行器是事件驱动。传感器和控制器只在每个 $k \geqslant 0$ 时刻发送数据。如果执行器在 $k > 0$ 时刻没有收到新数据，则实施在 $k-1$ 时刻的控制作用（零阶保持器)。

令 $\{0,1,2,\cdots\}$ 的子序列 $\mathscr{J} := \{j_1, j_2, \cdots\}$ 表示在传感器-控制器链路中成功数据传输的采样时刻序列；$\{0,1,2,\cdots\}$ 的子序列 $\mathscr{I} := \{i_1, i_2, \cdots\}$ 表示在控制器-执行器链路中成功数据传输的采样时刻序列；令 $d_1 := \max_{j_l \in \mathscr{J}}(j_{l+1} - j_l)$ 和 $d_2 := \max_{i_l \in \mathscr{I}}(i_{l+1} - i_l)$ 为最大传输间隔。

定义 7.1　丢包过程定义为 $\{\eta_{j_l}=j_{l+1}-j_l|j_l\in\mathscr{J}\}$, $\{\rho_{i_l}=i_{l+1}-i_l|i_l\in\mathscr{I}\}$，其中 η_{j_l} 和 ρ_{i_l} 分别取有限集合 $\mathscr{D}_1:=\{1,2,\cdots,d_1\}$ 和 $\mathscr{D}_2:=\{1,2,\cdots,d_2\}$ 中的值。

定义 7.2　定义 7.1中的丢包过程为任意丢包，如果 η_{j_l} 和 ρ_{i_l} 分别在 $\mathscr{D}_1$ 和 $\mathscr{D}_2$ 中任意取值。

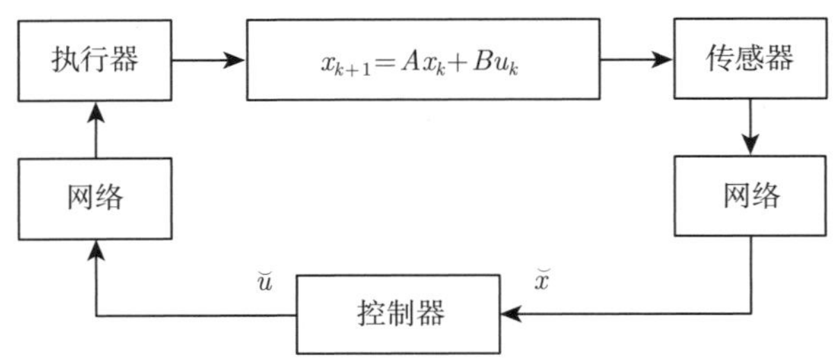

图 7.1　具有双边网络的控制系统

1. 双边任意有界丢包下的闭环模型

只有一部分的成功数据传输会对闭环系统产生影响。

定义 7.3　运算 ord$\{\cdot\}$ 表示排序。对整数序列 $\{m_1,m_2,\cdots,m_r,\cdots\}$, ord$\{m_1,m_2,\cdots,m_r,\cdots\}$=$\{\bar{m}_1,\bar{m}_2,\cdots,\bar{m}_r,\cdots\}$ 是 $\{m_1,m_2,\cdots,m_r,\cdots\}$ 的重排，其中未删除和添加任何元素，使得 $\bar{m}_1\leqslant\bar{m}_2\leqslant\cdots\leqslant\bar{m}_r\leqslant\cdots$。$\{\bar{m}_1,\bar{m}_2,\cdots,\bar{m}_r,\cdots\}$ 称为有序序列。

令 $\mathscr{S}=\text{ord}\{\mathscr{J}\bigcup\mathscr{I}\}$，其中对两个自然数 l_1 和 l_2，如果满足 $i_{l_2}=j_{l_1}$，则在 $\mathscr{S}$ 中 j_{l_1} 在 i_{l_2} 之前。有且仅有一个有序序列 $\mathbb{S}=\{\mathbb{j}_1,\mathbb{i}_1,\mathbb{j}_2,\mathbb{i}_2,\cdots\}\subseteq\mathscr{S}$，使得：① $\{\mathbb{j}_1,\mathbb{j}_2,\cdots\}\subseteq\mathscr{J}$；② $\{\mathbb{i}_1,\mathbb{i}_2,\cdots\}\subseteq\mathscr{I}$；③ 对任何 $j_{l_1}\leqslant i_{l_2}$，如果 j_{l_1} 和 i_{l_2} 在 $\mathscr{S}$ 中是相邻的，则 $\{j_{l_1},i_{l_2}\}\subset\mathbb{S}$。

定理 7.1　针对定义 7.1和定义 7.2的丢包过程，必有 $\mathbb{i}_r-\mathbb{j}_r+1\in\mathscr{D}_2$ 和 $\mathbb{i}_{r+1}-\mathbb{j}_r\in\mathscr{D}$ 成立，其中 $\mathscr{D}:=\{1,2,\cdots,d_1+d_2-1\}$。

假设控制器为 $\breve{u}=K\breve{x}$。对于每个 j_l，计算 $\breve{u}_{j_l}=K\breve{x}_{j_l}=Kx_{j_l}$。对于所有满足条件 $j_l\leqslant k<j_{l+1}$ 的 k，将 $\breve{u}_k=\breve{u}_{j_l}$ 发送给执行器。$\breve{u}_k$ 可能会到达执行器，也可能不会到达执行器，但是控制器预先不知道是否到达。根据 $\mathbb{S}$ 的定义，对于所有的 $k\geqslant\mathbb{i}_1$，闭环系统为

$$x_{k+1}=A^{k-\mathbb{i}_r+1}x_{\mathbb{i}_r}+B_{k-\mathbb{i}_r+1}Kx_{\mathbb{j}_r},\quad \mathbb{i}_r\leqslant k<\mathbb{i}_{r+1},\ r\geqslant 1 \tag{7.15}$$

其中，$B_j=\sum\limits_{s=0}^{j-1}A^sB$，$j>0$ 为任意整数。

为了分析式(7.15)的稳定性，定义 $z_k=\left[x_k^{\mathrm{T}},x_{k-1}^{\mathrm{T}},\cdots,x_{k-d_2+1}^{\mathrm{T}}\right]^{\mathrm{T}}$ 和具有扩展状态 $z_{\mathbb{i}_r}$ 的下述系统：

$$z_{\mathbb{i}_{r+1}}=\Phi_{\mathbb{i}_r}z_{\mathbb{i}_r},\quad \Phi_{\mathbb{i}_r}=\sum_{t\in\mathscr{D}_2}\sum_{l\in\mathscr{D}(t)}\varpi_{t,\mathbb{i}_r}\omega_{l,\mathbb{i}_r}\Phi_{lt}$$

$$\varpi_{t,\mathbb{i}_r}=\begin{cases}1, & \mathbb{i}_r-\mathbb{j}_r+1=t\\ 0, & \text{其他}\end{cases},\quad \omega_{l,\mathbb{i}_r}=\begin{cases}1, & \mathbb{i}_{r+1}-\mathbb{i}_r=l\\ 0, & \text{其他}\end{cases} \tag{7.16}$$

其中，$\mathscr{D}(t):=\{1,2,\cdots,d_1+d_2-t\}$；$\Phi_{lt}\in\mathbb{R}^{(d_2n)\times(d_2n)}$，$\Phi_{lt}=\begin{bmatrix}\Psi_{lt}\\ \begin{bmatrix}I & 0\end{bmatrix}\end{bmatrix}$，$\Psi_{lt}\in\mathbb{R}^{(\min\{l,d_2\}n)\times(d_2n)}$，

$\Psi_{lt}=\begin{bmatrix}\Psi_{lt}^1 & \Psi_{lt}^2 & \cdots & \Psi_{lt}^{d_2}\end{bmatrix}$，$\Psi_{lt}^s\in\mathbb{R}^{(\min\{l,d_2\}n)\times n}$, $s\in\mathscr{D}_2$；$\Psi_{l1}^s=0$（$s\neq 1$），

$$\Psi_{l1}^1=\begin{bmatrix}A^l+B_lK\\ A^{l-1}+B_{l-1}K\\ \vdots\\ A^{\max\{1,l-d_2+1\}}+B_{\max\{1,l-d_2+1\}}K\end{bmatrix}$$；当 $t\neq 1$ 时, $\Psi_{lt}^s=0$（$s\notin\{1,t\}$），

$$\left[\begin{array}{cc}\Psi_{lt}^{1} & \Psi_{lt}^{t}\end{array}\right]=\left[\begin{array}{cc}A^{l} & B_{l}K \\ A^{l-1} & B_{l-1}K \\ \vdots & \vdots \\ A^{\max\{1,l-d_2+1\}} & B_{\max\{1,l-d_2+1\}}K\end{array}\right]。$$

根据定理 7.1，式(7.16)的稳定性等价于式(7.15)的稳定性。

2. *双边丢包预测控制问题*

考虑如下输入和状态约束：

$$-\underline{u}\leqslant u_{\mathbb{i}_1+p}\leqslant \bar{u},\quad -\underline{\psi}\leqslant \Psi x_{\mathbb{i}_1+p+1}\leqslant \bar{\psi},\quad p\geqslant 0 \tag{7.17}$$

其中，$\Psi\in\mathbb{R}^{q\times n}$。定义 $m:=\{1,2,\cdots,m\}$ 和 $q:=\{1,2,\cdots,q\}$。在预测控制中, 对于每个 j_l 求解一个优化问题。控制器不能预先知道是否当前 j_l 将等于 $\mathbb{j}_r$（$r\geqslant 1$）。然而，控制器预测（假设）$j_l=\mathbb{j}_{s_l}$，其中 $s_l\geqslant 1$（不需要精确的 s_l），并且优化 $\{\breve{u}_{j_l},\breve{u}_{\mathbb{j}_{s_l+1}|j_l},\breve{u}_{\mathbb{j}_{s_l+2}|j_l},\cdots\}$。在 k 满足 $j_l\leqslant k<j_{l+1}$ 时，$\breve{u}_k=\breve{u}_{j_l}$ 发送到执行器。$\breve{u}_{j_l}$ 可能到达执行器，也可能不能到达执行器。在 j_{l+1} 时刻，优化求解得到 $\{\breve{u}_{j_{l+1}},\breve{u}_{\mathbb{j}_{s_{l+1}+1}|j_{l+1}},\breve{u}_{\mathbb{j}_{s_{l+1}+2}|j_{l+1}},\cdots\}$。类似 KBM 控制器，将利用状态反馈控制律 $\breve{u}=F\breve{x}$，其中 F 需要优化。

假设 7.1 *对每个 j_l，控制器知道执行器是否已接受到以前发送的数据。*

控制器预先不知道发送的数据是否被执行器接收。在每个时刻 k，传感器发送 $S_{\text{act}}=[s_{\text{act},k-1},s_{\text{act},k-2},\cdots,s_{\text{act},k-d_1}]$（与 x_k 一起）到控制器。在 $k-i$ 时刻（$i\in\mathscr{D}_1$），根据执行器是否从控制器接收到新数据，取 $s_{\text{act},k-i}=1$ 或 $s_{\text{act},k-i}=0$。

在网络化 MPC 中，利用式(7.15)作为预测模型。采用 KBM 控制器，其输出为 $\breve{u}_{k|j_l}=\breve{u}_{j_{l+\tau}|j_l}=F_{j_l}\breve{x}_{j_{l+\tau}|j_l}=F_{j_l}x_{j_{l+\tau}|j_l}$，$j_{l+\tau}\leqslant k<j_{l+\tau+1}$，$\tau\geqslant 0$；在被控对象侧，预测的控制输入为

$$u_{k|j_l}=u_{\mathbb{i}_{s_l+\tau}|j_l}=\breve{u}_{\mathbb{j}_{s_l+\tau}|j_l}=F_{j_l}x_{\mathbb{j}_{s_l+\tau}|j_l},\quad \mathbb{i}_{s_l+\tau}\leqslant k<\mathbb{i}_{s_l+\tau+1} \tag{7.18}$$

其中，$\tau\geqslant 0$，假定（预测）$j_l=\mathbb{j}_{s_l}$。因此，闭环状态预测变为

$$x_{k+1|j_l}=A^{k-\mathbb{i}_{s_l+\tau}+1}x_{\mathbb{i}_{s_l+\tau}|j_l}+B_{k-\mathbb{i}_{s_l+\tau}+1}F_{j_l}x_{\mathbb{j}_{s_l+\tau}|j_l},\quad \mathbb{i}_{s_l+\tau}\leqslant k<\mathbb{i}_{s_l+\tau+1} \tag{7.19}$$

其中，$\tau\geqslant 0$，

$$x_{\mathbb{j}_{s_l}|j_l}=x_{j_l|j_l}=x_{j_l},\quad x_{\mathbb{i}_{s_l}|j_l}=A^{\mathbb{i}_{s_l}-j_l}x_{j_l}+B_{\mathbb{i}_{s_l}-j_l}u_{j_l|j_l} \tag{7.20}$$

对每一个 j_l 求解：

$$\min_{F_{j_l}}\max_{\bigstar} J_{j_l}=\sum_{\tau=0}^{\infty}\left[\|x_{\mathbb{i}_{s_l+\tau}|j_l}\|_{\mathscr{Q}}^2+\|u_{\mathbb{i}_{s_l+\tau}|j_l}\|_{\mathscr{R}}^2\right] \tag{7.21}$$

$$\text{s.t. }-\underline{u}\leqslant u_{k|j_l}\leqslant \bar{u},\ -\underline{\psi}\leqslant \Psi x_{k+1|j_l}\leqslant \bar{\psi},\quad k\geqslant \mathbb{i}_{s_l}, \tag{7.22}$$

$$\text{式(7.18), 式(7.19), 式(7.20)},\quad \tau\geqslant 0 \tag{7.23}$$

其中，$\bigstar=\{\mathbb{i}_{s_l+\tau}-\mathbb{j}_{s_l+\tau}+1\in\mathscr{D}_2,\ \mathbb{i}_{s_l+\tau+1}-\mathbb{j}_{s_l+\tau}\in\mathscr{D},\ \tau\geqslant 0\}$；$\mathscr{Q}$ 和 $\mathscr{R}$ 为对称正定加权矩阵。

3. *双边丢包预测控制的求解*

为了获得 $\max_{\bigstar}J_{j_l}$ 的上界，施加稳定性约束：

$$V(z_{\mathbb{i}_{s_l+\tau+1}|j_l})-V(z_{\mathbb{i}_{s_l+\tau}|j_l})\leqslant -\|x_{\mathbb{i}_{s_l+\tau}|j_l}\|_{\mathscr{Q}}^2-\|u_{\mathbb{i}_{s_l+\tau}|j_l}\|_{\mathscr{R}}^2,\quad \tau\geqslant 0 \tag{7.24}$$

其中

$$V(z_{\mathbb{i}_{s_l+\tau}|j_l}) = \|z_{\mathbb{i}_{s_l+\tau}|j_l}\|^2_{P_{\mathbb{i}_{s_l+\tau}|j_l}}, \quad P_{\mathbb{i}_{s_l+\tau}|j_l} = \sum_{t\in\mathscr{D}_2}\sum_{r\in\mathscr{D}(t)} \varpi_{t,\mathbb{i}_{s_l+\tau}}\omega_{r,\mathbb{i}_{s_l+\tau}}P_{rt}$$

$$\varpi_{t,\mathbb{i}_{s_l+\tau}} = \begin{cases} 1, & \mathbb{i}_{s_l+\tau} - \mathbb{j}_{s_l+\tau} + 1 = t \\ 0, & \text{其他} \end{cases}, \quad \omega_{r,\mathbb{i}_{s_l+\tau}} = \begin{cases} 1, & \mathbb{i}_{s_l+\tau+1} - \mathbb{i}_{s_l+\tau} = r \\ 0, & \text{其他} \end{cases}$$

定义 $F := YG^{-1}$ 和 $Q_{rt} := \gamma P_{rt}^{-1}$，其中 γ 是标量。定义

$$Q_{rt} = \begin{bmatrix} Q_{rt}^{11} & (Q_{rt}^{12})^{\mathrm{T}} & \cdots & (Q_{rt}^{1,d_2})^{\mathrm{T}} \\ Q_{rt}^{12} & Q_{rt}^{22} & \ddots & \vdots \\ \vdots & \ddots & \ddots & (Q_{rt}^{d_2-1,d_2})^{\mathrm{T}} \\ Q_{rt}^{1,d_2} & \cdots & Q_{rt}^{d_2-1,d_2} & Q_{rt}^{d_2,d_2} \end{bmatrix}, \quad G_{rt} = \begin{bmatrix} G_{rt}^{11} & G_{rt}^{12} & \cdots & G_{rt}^{1,d_2} \\ G_{rt}^{21} & G_{rt}^{22} & \ddots & \vdots \\ \vdots & \ddots & \ddots & G_{rt}^{d_2-1,d_2} \\ G_{rt}^{d_2,1} & \cdots & G_{rt}^{d_2,d_2-1} & G_{rt}^{d_2,d_2} \end{bmatrix},$$

$$G_{rt}^{ts} = G, \quad s \in \mathscr{D}_2$$

块矩阵 Q_{rt} 和 G_{rt} 中的所有块具有相同维数。

式(7.24)通过式 (7.25) 来保证：

$$\begin{bmatrix} G_{rt}^{\mathrm{T}} + G_{rt} - Q_{rt} & \star & \star & \star \\ \varPhi_{rt}G_{rt} & Q_{hp} & \star & \star \\ \mathscr{Q}^{1/2}G_{rt}^1 & 0 & \gamma I & \star \\ \mathscr{R}^{1/2}\mathcal{Y} & 0 & 0 & \gamma I \end{bmatrix} \geqslant 0, \quad t,p \in \mathscr{D}_2,\ r \in \mathscr{D}(t),\ h \in \mathscr{D}(p) \tag{7.25}$$

其中，$G_{rt}^1 = \begin{bmatrix} G_{rt}^{11} & G_{rt}^{12} & \cdots & G_{rt}^{1,d_2} \end{bmatrix}$ 和 $\mathcal{Y} = \begin{bmatrix} Y & Y & \cdots & Y \end{bmatrix}$。$\varPhi_{rt}$ 见式(7.16)，其中 K 替换为 F。注意到在 $\varPhi_{rt}G_{rt}$ 中，每个 F 与 G 相乘，变为 Y。

针对稳定闭环系统，$\lim_{\tau\to\infty} V(z_{\mathbb{i}_{s_l+\tau}|j_l}) = 0$ 成立。将式(7.24)从 $\tau = 0$ 到 $\tau = \infty$ 进行加和，得到 $J_{j_l} \leqslant V(z_{\mathbb{i}_{s_l}|j_l})$，其中

$$z_{\mathbb{i}_{s_l}|j_l} = \begin{bmatrix} x_{\mathbb{i}_{s_l}|j_l}^{\mathrm{T}} & \cdots & x_{j_l+1|j_l}^{\mathrm{T}} & x_{j_l|j_l}^{\mathrm{T}} & x_{j_l-1|j_l}^{\mathrm{T}} & \cdots & x_{\mathbb{i}_{s_l}-d_2+1|j_l}^{\mathrm{T}} \end{bmatrix}^{\mathrm{T}}$$

通过最小化 γ 且满足约束 $V(z_{\mathbb{i}_{s_l}|j_l}) \leqslant \gamma$，则性能指标的上界被最小化。如果 $\mathbb{i}_{s_l} - j_l + 1 = t$，则记 $z_{t,\mathbb{i}_{s_l}|j_l} := z_{j_l+t-1|j_l}$。注意到 $z_{\mathbb{i}_{s_l}|j_l} = \sum_{t\in\mathscr{D}_2} \varpi_t(\mathbb{i}_{s_l}) z_{t,\mathbb{i}_{s_l}|j_l}$，易知 $V(z_{\mathbb{i}_{s_l}|j_l}) \leqslant \gamma$ 通过式 (7.26) 保证：

$$\begin{bmatrix} 1 & \star \\ z_{t,\mathbb{i}_{s_l}|j_l} & Q_{rt} \end{bmatrix} \geqslant 0, \quad t \in \mathscr{D}_2,\ r \in \mathscr{D}(t) \tag{7.26}$$

由假设 7.1可知，控制器可以从已知信息 $\{u_{j_{l-1}-d_2+1|j_{l-1}}, \cdots, u_{j_{l-1}-2|j_{l-1}}, u_{j_{l-1}-1|j_{l-1}}\}$ 和 $\{\breve{u}_{j_{l-1}-d_2+1}, \cdots, \breve{u}_{j_{l-1}-2}, \breve{u}_{j_{l-1}-1}, \breve{u}_{j_{l-1}}\}$ 中获得 $\{u_{j_l-d_2+1|j_l}, \cdots, u_{j_l-2|j_l}, u_{j_l-1|j_l}\}$ 的值，即

$$u_{j_l-i|j_l} = \begin{cases} \breve{u}_{j_l-i}, & s_{\mathrm{act},j_l-i} = 1 \\ u_{j_l-i-1|j_{l-1}}, & s_{\mathrm{act},j_l-i} = 0 \end{cases}, \quad i \in \{1, 2, \cdots, d_2-1\}$$

由于 $u_{\mathbb{i}_{s_l}-1|j_l} = u_{\mathbb{i}_{s_l}-2|j_l} = \cdots = u_{j_l+1|j_l} = u_{j_l|j_l}$（当 $t > 1$ 时，$u_{j_l|j_l} = u_{j_l-1|j_l}$），容易准确计算式(7.26)中的 $z_{t,\mathbb{i}_{s_l}|j_l}$。

引理 7.1 假设存在标量 γ，对称矩阵 $\{Z,\varGamma,Q_{rt}\}$，以及任意矩阵 $\{G_{rt},Y\}$，使得式(7.25)、式(7.26)和如下条件满足：

$$\begin{bmatrix} G^{\mathrm{T}}+G-Q_{rt}^{tt} & \star \\ Y & Z \end{bmatrix} \geqslant 0, \quad t\in\mathscr{D}_2,\ r\in\mathscr{D}(t) \tag{7.27}$$

$$\begin{bmatrix} G^{\mathrm{T}}+G-Q_{r1}^{11} & \star \\ \varPsi(A^rG+B_rY) & \varGamma \end{bmatrix} \geqslant 0, \quad r\in\mathscr{D} \tag{7.28}$$

$$\begin{bmatrix} (G_{rt}^{11})^{\mathrm{T}}+G_{rt}^{11}-Q_{rt}^{11} & \star & \star \\ (G_{rt}^{1t})^{\mathrm{T}}+G-Q_{rt}^{1t} & G^{\mathrm{T}}+G-Q_{rt}^{tt} & \star \\ \varPsi(A^rG_{rt}^{11}+B_rY) & \varPsi(A^rG_{rt}^{1t}+B_rY) & \varGamma \end{bmatrix} \geqslant 0, \quad t\in\{2,3,\cdots,d_2\},\ r\in\mathscr{D}(t) \tag{7.29}$$

$$Z_{ss}\leqslant u_{s,\inf}^2, \quad s\in m, \quad \varGamma_{ss}\leqslant \psi_{s,\inf}^2, \quad s\in q \tag{7.30}$$

其中，$u_{s,\inf}=\min\{\underline{u}_s,\bar{u}_s\}$；$\psi_{s,\inf}=\min\{\underline{\psi}_s,\bar{\psi}_s\}$；$Z_{ss}$ ($\varGamma_{ss}$) 为 Z ($\varGamma$) 的第 s 个对角元素，则式(7.22)满足。

综上所述，问题(7.21)~(7.23)近似为如下 LMI 优化问题：

$$\min_{\gamma,Q_{rt},G_{rt},Y,Z,\varGamma}\gamma \quad \text{s.t.} \quad 式(7.25)\sim式(7.30) \tag{7.31}$$

定理 7.2 假设在 $j_{\bar{n}}$ ($\bar{n}\geqslant 1$) 时，式(7.31)可行 (在 $j_1,j_2,\cdots,j_{\bar{n}-1}$ 时，式(7.31)可能不可行) 并且 $\breve{u}_{j_{\bar{n}}}$ 是执行器首次接收到的控制输入。因此，在 $j_{\bar{n}+\tau},\tau>0$ 时，式(7.31)可行，且滚动发送的 $\breve{u}_k=Y_{j_l}G_{j_l}^{-1}x_{j_l}$ ($j_l\leqslant k<j_{l+1}$，$l\geqslant 1$) 确保约束式(7.17)满足和闭环系统指数稳定。

证明 记 $\ell:=l+1$。假设在 $\mathbb{j}_{s_\ell-1}$ ($\mathbb{j}_{s_\ell-1}=j_l$ 当且仅当执行器已经接收到 $\breve{u}_{j_l}$) 时，式(7.31)可行。在 j_ℓ 时，由于假设 7.1，预测值 $z_{p,\mathbb{i}_{s_\ell}|j_\ell}$ ($p=\mathbb{i}_{s_\ell}-j_\ell+1\in\mathscr{D}_2$) 不包含不确定因素。然而在 $\mathbb{j}_{s_\ell-1}$ 时，预测值 $z_{j_\ell+p-1|\mathbb{j}_{s_\ell-1}}^*$ ($p=\mathbb{i}_{s_\ell}-j_\ell+1\in\mathscr{D}_2$) 存在不确定性，这是因为控制器只能精确预测 $z_{t,\mathbb{i}_{s_\ell-1}|\mathbb{j}_{s_\ell-1}}^*$ ($t=\mathbb{i}_{s_\ell-1}-\mathbb{j}_{s_\ell-1}+1\in\mathscr{D}_2$)。因此，所有可能的 $z_{p,\mathbb{i}_{s_\ell}|j_\ell}$ ($p=\mathbb{i}_{s_\ell}-j_\ell+1\in\mathscr{D}_2$) 都包括在 $z_{j_\ell+p-1|\mathbb{j}_{s_\ell-1}}^*$ 的实现中。

利用式(7.24)，可得

$$\begin{aligned} &\|z_{j_\ell+p-1|\mathbb{j}_{s_\ell-1}}^*\|_{P_{hp,\mathbb{j}_{s_\ell-1}}^*}^2-\|z_{\mathbb{j}_{s_\ell-1}+t-1|\mathbb{j}_{s_\ell-1}}\|_{P_{rt,\mathbb{j}_{s_\ell-1}}^*}^2\leqslant-\|x_{\mathbb{j}_{s_\ell-1}+t-1|\mathbb{j}_{s_\ell-1}}\|_{\mathscr{Q}}^2-\|\breve{u}_{\mathbb{j}_{s_\ell-1}}^*\|_{\mathscr{R}}^2, \\ &t,p\in\mathscr{D}_2,\ r\in\mathscr{D}(t),\ h\in\mathscr{D}(p) \end{aligned} \tag{7.32}$$

由于所有可能的 $z_{j_\ell+p-1|j_\ell}$ 都包括在 $z_{j_\ell+p-1|\mathbb{j}_{s_\ell-1}}^*$ 的实现中，式(7.32)确保式 (7.33) 成立：

$$\begin{aligned} &\|z_{j_\ell+p-1|j_\ell}\|_{P_{hp,\mathbb{j}_{s_\ell-1}}^*}^2-\|z_{\mathbb{j}_{s_\ell-1}+t-1|\mathbb{j}_{s_\ell-1}}\|_{P_{rt,\mathbb{j}_{s_\ell-1}}^*}^2\leqslant-\|x_{\mathbb{j}_{s_\ell-1}+t-1|\mathbb{j}_{s_\ell-1}}\|_{\mathscr{Q}}^2-\|\breve{u}_{\mathbb{j}_{s_\ell-1}}^*\|_{\mathscr{R}}^2, \\ &t,p\in\mathscr{D}_2,\ r\in\mathscr{D}(t),\ h\in\mathscr{D}(p) \end{aligned} \tag{7.33}$$

注意到：

$$\|z_{\mathbb{j}_{s_\ell-1}+t-1|\mathbb{j}_{s_\ell-1}}\|_{P_{rt,\mathbb{j}_{s_\ell-1}}^*}^2\leqslant\gamma_{\mathbb{j}_{s_\ell-1}}^*, \quad \|z_{j_\ell+p-1|j_\ell}\|_{P_{hp,j_\ell}}^2\leqslant\gamma_{j_\ell} \tag{7.34}$$

根据式(7.33)和式(7.34)，可以选取

$$\gamma_{j_\ell}=\gamma_{\mathbb{j}_{s_\ell-1}}^*-\max_{t\in\mathscr{D}_2}\left\{\|x_{\mathbb{j}_{s_\ell-1}+t-1|\mathbb{j}_{s_\ell-1}}\|_{\mathscr{Q}}^2\right\}-\|\breve{u}_{\mathbb{j}_{s_\ell-1}}^*\|_{\mathscr{R}}^2 \quad \{Q_{rt},G_{rt},Y,Z,\varGamma\}_{j_\ell}=\frac{\gamma_{j_\ell}}{\gamma_{\mathbb{j}_{s_\ell-1}}^*}\{Q_{rt},G_{rt},Y,Z,\varGamma\}_{\mathbb{j}_{s_\ell-1}}^*$$

满足式(7.31)中的所有 LMI。这说明，式(7.31)在 $\mathbb{j}_{s_\ell-1}$ 时可行意味着其在 j_ℓ 时也可行。递推地，式(7.31)在 $j_{\bar{n}}$ 时可行意味着其在任意 $j_{\bar{n}+\tau}$（$\tau>0$）时可行。

通过在 j_ℓ 时刻重新求解式(7.31)，得到 $\gamma^*_{j_\ell}\leqslant\gamma_{j_\ell}$。因此，有

$$\gamma^*_{j_\ell}-\gamma^*_{\mathbb{j}_{s_\ell-1}}\leqslant-\max_{t\in\mathscr{D}_2}\left\{\|x_{\mathbb{j}_{s_\ell-1}+t-1|\mathbb{j}_{s_\ell-1}}\|^2_{\mathscr{Q}}\right\}-\|\breve{u}^*_{\mathbb{j}_{s_\ell-1}}\|^2_{\mathscr{R}}\leqslant-\lambda_{\min}(\mathscr{Q})\max_{t\in\mathscr{D}_2}\left\{\|x_{\mathbb{j}_{s_\ell-1}+t-1|\mathbb{j}_{s_\ell-1}}\|^2\right\}\tag{7.35}$$

其中，$\lambda_{\min}(\mathscr{Q})$ 是 $\mathscr{Q}$ 的最小特征值。注意，$\max_{t\in\mathscr{D}_2}\left\{\|x_{\mathbb{j}_{s_\ell-1}+t-1|\mathbb{j}_{s_\ell-1}}\|^2\right\}\neq0$（任意 $z_{\mathbb{i}_{s_\ell-1}|\mathbb{j}_{s_\ell-1}}\neq0$），式(7.35)表明 $\gamma^*_{\mathbb{j}_l}$（$l\geqslant1$）为证明闭环系统指数稳定性的 Lyapunov 函数。注意到 $j_{\bar{n}}=\mathbb{j}_1$，参考引理 7.1，可证明输入和状态约束满足。

7.2　不变集陷阱

在文献 [17] 中，定义了二次型函数 $V(x)=x^{\mathrm{T}}P_kx$, $P_k>0$，通过适当的技术手段使得 $\mathscr{E}_{Q_k^{-1}}$（$Q_k=\gamma_kP_k^{-1}$）成为不变集。这样，如果 k 时刻优化问题可行，则在 $k+1$ 时刻 KBM 公式之一，即

$$\begin{bmatrix}1 & \star\\ x_{k+1|k+1} & Q_{k+1}\end{bmatrix}\geqslant0$$

在取 $Q_{k+1}=Q_k$ 的情况下可行。

可喜的是，目前文献中对二次型函数（多数情况下作为 Lyapunov 函数）的改进已经非常多了。像文献 [17] 的 $V(x)=x^{\mathrm{T}}P_kx$ 这样的、取单一的正定矩阵 P_k（对预测控制而言，是指在每个时刻 k 取单一的正定矩阵 P_k，不同时刻的 P_k 可以不同）的做法容易被认为过于简单。实际上，在预测控制之外，可以这样取 Lyapunov 函数：

$$V(x)=\sum_{l_1=1}^{L}\omega_{l_1}\left\{\sum_{l_2=1}^{L}\omega_{l_2}\left[\cdots\left(\sum_{l_p=1}^{L}\omega_{l_p}P_{l_1l_2\cdots l_p}\right)\right]\right\}\tag{7.36}$$

还可以这样取：

$$V(x)=\left(\sum_{l_1=1}^{L}\omega_{l_1}\left\{\sum_{l_2=1}^{L}\omega_{l_2}\left[\cdots\left(\sum_{l_p=1}^{L}\omega_{l_p}Q_{l_1l_2\cdots l_p}\right)\right]\right\}\right)^{-1}\tag{7.37}$$

还有很多其他取法。像式(7.36)和式(7.37)这样的取法 [18]，如果 ω 是 x 的函数（随着 x 改变），我们不好再称其为 x 的二次型函数，可以称其为多参数依赖正定函数。注意，只要运用得当，不是每个矩阵 $P_{l_1l_2\cdots l_p}/Q_{l_1l_2\cdots l_p}$ 都被要求必须正定。实际上，为了计算和使用上的经济性，可将式(7.36)和式(7.37)改写为 [19,20]

$$V(x)=\sum_{l_1=1}^{L}\omega_{l_1}\left\{\sum_{l_2=l_1}^{L}\omega_{l_2}\left[\cdots\left(\sum_{l_p=l_{p-1}}^{L}\omega_{l_p}\bar{P}_{l_1l_2\cdots l_p}\right)\right]\right\}\tag{7.38}$$

$$V(x)=\left(\sum_{l_1=1}^{L}\omega_{l_1}\left\{\sum_{l_2=l_1}^{L}\omega_{l_2}\left[\cdots\left(\sum_{l_p=l_{p-1}}^{L}\omega_{l_p}\bar{Q}_{l_1l_2\cdots l_p}\right)\right]\right\}\right)^{-1}\tag{7.39}$$

称其为齐次多项式型参数依赖正定函数。只要运用得当，式(7.36)等价于式(7.38)，而式(7.37)等价于式(7.39)。相比于式(7.36)和式(7.37)，式(7.38)和式(7.39)有明显的优势。

以式(7.38)为例，$\bar{P}_{l_1 l_2 \cdots l_p}$ 是所有的 $P_{l'_1 l'_2 \cdots l'_p}$ 的和，其中 $\{l'_1, l'_2, \cdots, l'_p\} \in \mathcal{P}\{l_1, l_2, \cdots, l_p\}$，而 $\mathcal{P}$ 为排列运算。实际上，对每个 $\bar{P}_{l_1 l_2 \cdots l_p}$，设它对应的参数为 $\omega_1^{r_1}\omega_2^{r_2}\cdots\omega_L^{r_L}$（$r_1+r_2+\cdots+r_L=p$），则 $\{l'_1, l'_2, \cdots, l'_p\}$ 的个数为 $\mathcal{C}(l_1, l_2, \cdots, l_p) = \dfrac{p!}{r_1!r_2!\cdots r_L!}$。因此，通常可以将式(7.38)和式(7.39)改写为

$$V(x) = \sum_{l_1=1}^{L} \omega_{l_1} \left\{ \sum_{l_2=l_1}^{L} \omega_{l_2} \left[\cdots \left(\sum_{l_p=l_{p-1}}^{L} \omega_{l_p} \mathcal{C}(l_1, l_2, \cdots, l_p) P_{l_1 l_2 \cdots l_p} \right) \right] \right\} \tag{7.40}$$

$$V(x) = \left(\sum_{l_1=1}^{L} \omega_{l_1} \left\{ \sum_{l_2=l_1}^{L} \omega_{l_2} \left[\cdots \left(\sum_{l_p=l_{p-1}}^{L} \omega_{l_p} \mathcal{C}(l_1, l_2, \cdots, l_p) Q_{l_1 l_2 \cdots l_p} \right) \right] \right\} \right)^{-1} \tag{7.41}$$

根据文献 [19] 和 [20] 的结论，当 p 不断增大时，式(7.36)∼ 式(7.41)中的 Lyapunov 矩阵可逼近任何关于 ω 连续的正定矩阵，ω 是 $\{\omega_1, \omega_2, \cdots, \omega_L\}$ 的简记。

注意以下区别：类似 $x^{\mathrm{T}}Px$ 和式(7.36)∼ 式(7.41)的正定函数用于保证不变性；类似 γ 的被最小化的量用于证明闭环稳定性。

文献 [21] 针对多胞的第 l 个顶点模型，采用 $V(x) = x^{\mathrm{T}}P_l x$, $F_k = Y_k G_k^{-1}$，根据其可将 KBM 公式改写为

$$\begin{bmatrix} 1 & x_{k|k}^{\mathrm{T}} \\ x_{k|k} & Q_{l,k} \end{bmatrix} \geqslant 0, \quad l \in \{1, 2, \cdots, L\} \tag{7.42}$$

$$\begin{bmatrix} G_k^{\mathrm{T}} + G_k - Q_{l,k} & \star & \star & \star \\ A_l G_k + B_l Y_k & Q_{l,k} & \star & \star \\ \mathscr{Q}^{1/2} G_k & 0 & \gamma_k I & \star \\ \mathscr{R}^{1/2} Y_k & 0 & 0 & \gamma_k I \end{bmatrix} \geqslant 0, \quad l \in \{1, 2, \cdots, L\} \tag{7.43}$$

$$\begin{bmatrix} G_k^{\mathrm{T}} + G_k - Q_{l,k} & Y_{j,k}^{\mathrm{T}} \\ Y_{j,k} & \bar{u}_j^2 \end{bmatrix} \geqslant 0, \quad l \in \{1, 2, \cdots, L\},\ j \in \{1, 2, \cdots, m\} \tag{7.44}$$

$$\begin{bmatrix} G_k^{\mathrm{T}} + G_k - Q_{l,k} & \star \\ \Psi_s(A_l G_k + B_l Y_k) & \bar{\psi}_s^2 \end{bmatrix} \geqslant 0, \quad l \in \{1, 2, \cdots, L\},\ s \in \{1, 2, \cdots, q\} \tag{7.45}$$

这个做法掉入了不变集陷阱，不能证明递推可行性。考虑式(7.43)左上角的 2×2 分块，得

$$\begin{bmatrix} G_k^{\mathrm{T}} + G_k - Q_{l,k} & \star \\ A_l G_k + B_l Y_k & Q_{l,k} \end{bmatrix} \geqslant 0 \Rightarrow \begin{bmatrix} G_k^{\mathrm{T}} Q_{l,k}^{-1} G_k & \star \\ A_l G_k + B_l Y_k & Q_{l,k} \end{bmatrix} \geqslant 0 \Rightarrow \begin{bmatrix} Q_{l,k}^{-1} & \star \\ A_l + B_l F_k & Q_{l,k} \end{bmatrix} \geqslant 0$$

$$\Rightarrow \begin{bmatrix} P_{l,k} & \star \\ A_l + B_l F_k & P_{l,k}^{-1} \end{bmatrix} \geqslant 0 \Rightarrow \begin{bmatrix} P_{l,k} & \star \\ P_{l,k}(A_l + B_l F_k) & P_{l,k} \end{bmatrix} \geqslant 0$$

除 $\omega_{l,k} = \omega_{l,k+1} \in \{0, 1\}$（即时不变的切换系统）以外，还有

$$\begin{bmatrix} P_{l,k} & \star \\ P_{l,k}(A_l + B_l F_k) & P_{l,k} \end{bmatrix} \geqslant 0 \nRightarrow \sum_{l=1}^{L} \omega_{l,k} \sum_{j=1}^{L} \omega_{j,k+1} \begin{bmatrix} P_{l,k} & \star \\ P_{j,k}(A_l + B_l F_k) & P_{j,k} \end{bmatrix} \geqslant 0$$

$$\Rightarrow x_{k+1}^{\mathrm{T}} \sum_{l=1}^{L} \omega_{l,k+1} Q_{l,k}^{-1} x_{k+1} \leqslant x_k^{\mathrm{T}} \sum_{l=1}^{L} \omega_{l,k} Q_{l,k}^{-1} x_k \leqslant 1$$

当 $\omega_{l,k}=\omega_{l,k+1}\in\{0,1\}$ 时，以上的 $\nRightarrow$ 变为 $\Rightarrow$，进而式(7.42)当 $k\to k+1$ 时可行；对其他的 $\omega_{l,k}$ 和 $\omega_{l,k+1}$，不能推出式(7.42)当 $k\to k+1$ 时可行。这表明，即使对于 $\omega_{l,k}$ 不随 k 变化的情况，文献 [21] 的结果也会陷入不变集陷阱。

文献 [22] 改正了文献 [21] 的不足，做法是将式(7.43)改写为

$$\begin{bmatrix} G_k^{\mathrm{T}}+G_k-Q_{l,k} & \star & \star & \star \\ A_lG_k+B_lY_k & Q_{j,k} & \star & \star \\ \mathscr{Q}^{1/2}G_k & 0 & \gamma_k I & \star \\ \mathscr{R}^{1/2}Y_k & 0 & 0 & \gamma_k I \end{bmatrix}\geqslant 0,\quad j,l\in\{1,2,\cdots,L\} \tag{7.46}$$

即将 4×4 矩阵中的 $(2,2)$-分块的下角标变化一下。将式(7.42)、式(7.44)、式 (7.45)和式(7.46)打包，称为 I 型改进 KBM 公式，主要是为了和下面提到的 Ⅱ 型对比。虽然式(7.46)比式(7.43)保守很多，但是避免了不变集陷阱。考虑式(7.46) 左上角的 2×2 分块，类似得到：

$$\begin{bmatrix} G_k^{\mathrm{T}}+G_k-Q_{l,k} & \star \\ A_lG_k+B_lY_k & Q_{j,k} \end{bmatrix}\geqslant 0\Rightarrow \begin{bmatrix} P_{l,k} & \star \\ P_{j,k}[A_l+B_lF_k] & P_{j,k} \end{bmatrix}\geqslant 0$$

$$\Rightarrow \sum_{l=1}^{L}\omega_{l,k}\sum_{j=1}^{L}\omega_{j,k+1}\begin{bmatrix} P_{l,k} & \star \\ P_{j,k}[A_l+B_lF_k] & P_{j,k} \end{bmatrix}\geqslant 0\Rightarrow x_{k+1}^{\mathrm{T}}\sum_{l=1}^{L}\omega_{l,k+1}Q_{l,k}^{-1}x_{k+1}\leqslant x_k^{\mathrm{T}}\sum_{l=1}^{L}\omega_{l,k}Q_{l,k}^{-1}x_k\leqslant 1$$

故能适合于一般的时变不确定系统，当然也适合于一般时不变不确定系统。

以上的不变集陷阱主要反映一个事实：预测控制的递推可行性对不变性的要求可能高于非基于滚动优化的控制策略。例如，如果不采用滚动优化，式(7.43) 是能够作为一般的时不变不确定系统的稳定性和不变性条件的，但是该不变性却不足以保证预测控制的递推可行性。

如果改变文献 [22]，取正定函数为

$$V(x)=x^{\mathrm{T}}G^{-\mathrm{T}}\left(\sum_{j=1}^{L}\omega_lP_l\right)G^{-1}x$$

则 KBM 公式可改写成如下形式：

$$\begin{bmatrix} 1 & x_{k|k}^{\mathrm{T}} \\ x_{k|k} & G_k^{\mathrm{T}}+G_k-Q_{l,k} \end{bmatrix}\geqslant 0,\quad l\in\{1,2,\cdots,L\} \tag{7.47}$$

$$\begin{bmatrix} Q_{l,k} & \star & \star & \star \\ A_lG_k+B_lY_k & G_k^{\mathrm{T}}+G_k-Q_{j,k} & \star & \star \\ \mathscr{Q}^{1/2}G_k & 0 & \gamma_k I & \star \\ \mathscr{R}^{1/2}Y_k & 0 & 0 & \gamma_k I \end{bmatrix}\geqslant 0,\quad j,l\in\{1,2,\cdots,L\} \tag{7.48}$$

$$\begin{bmatrix} Q_{l,k} & Y_{j,k}^{\mathrm{T}} \\ Y_{j,k} & \bar{u}_j^2 \end{bmatrix}\geqslant 0,\quad l\in\{1,2,\cdots,L\},\ j\in\{1,2,\cdots,m\} \tag{7.49}$$

$$\begin{bmatrix} Q_{l,k} & \star \\ \varPsi_s(A_lG_k+B_lY_k) & \bar{\psi}_s^2 \end{bmatrix}\geqslant 0,\ l\in\{1,2,\cdots,L\},\ s\in\{1,2,\cdots,q\} \tag{7.50}$$

规律是：第一个 KBM 公式的右下角要像第二个 KBM 公式的第 $(2,2)$ 个分块，第二、三、四个 KBM 公式的左上角应该相像。将上面四个公式称为 Ⅱ 型改进 KBM 公式，名字只为对比。文献 [23] 实际上采

用了 Ⅱ 型，不过是基于更强的假设：$\omega_{l,k}$ 精确地已知，故可定义

$$u=\left(\sum_{j=1}^{L}\omega_l Y_l\right)\left(\sum_{j=1}^{L}\omega_l G_l\right)^{-1}x$$

能实时地算出来，相应地，有

$$V(x)=x^{\mathrm{T}}\left(\sum_{j=1}^{L}\omega_l G_l\right)^{-\mathrm{T}}\left(\sum_{j=1}^{L}\omega_l P_l\right)\left(\sum_{j=1}^{L}\omega_l G_l\right)^{-1}x$$

对 $\omega_{l,k}$ 精确已知的情况，文献 [24] 已经采用了 I 型改进 KBM 公式，定义了与文献 [23] 相同的控制律和

$$V(x)=x^{\mathrm{T}}\left(\sum_{j=1}^{L}\sum_{l=1}^{L}\omega_j\omega_l Q_{jl}\right)^{-1}x$$

假设 $\omega_{l,k}$ 精确已知，就像采用模糊 Takagi-Sugeno 模型一样，可以带来很多好处。例如，针对文献 [23] 和 [24]，有一点值得说明和改进。将文献 [23] 的式 (19) 改写（符号必同文献 [23]）为

$$\begin{bmatrix}1 & \star\\ \tilde{x} & \bar{G}_i^{\mathrm{T}}+\bar{G}_i-\bar{P}_i\end{bmatrix}\geqslant 0,\quad i=1,2,\cdots,l\to\begin{bmatrix}1 & \star\\ \tilde{x} & \sum_{i=1}^{l}p_i(\bar{G}_i^{\mathrm{T}}+\bar{G}_i-\bar{P}_i)\end{bmatrix}\geqslant 0$$

对应于本书常用符号为

$$\begin{bmatrix}1 & \star\\ x_k & G_{l,k}^{\mathrm{T}}+G_{l,k}-Q_{l,k}\end{bmatrix}\geqslant 0,\quad l\in\{1,2,\cdots,L\}\to\begin{bmatrix}1 & \star\\ x_k & \sum_{l=1}^{L}\omega_{l,k}(G_{l,k}^{\mathrm{T}}+G_{l,k}-Q_{l,k})\end{bmatrix}\geqslant 0$$

将文献 [24] 的式 (2a) 改写（符号必同文献 [24]）为

$$\begin{bmatrix}1 & \star\\ x_{k|k} & \hat{S}_{lj}\end{bmatrix}\geqslant 0,\quad l,j\in\mathcal{S}\to\begin{bmatrix}1 & \star\\ x_{k|k} & \sum_{l\in\mathcal{S}}h_l(\theta_k)\sum_{j\in\mathcal{S}}h_j(\theta_k)\hat{S}_{lj}\end{bmatrix}\geqslant 0$$

对应于本书常用符号为

$$\begin{bmatrix}1 & \star\\ x_{k|k} & Q_{lj,k}\end{bmatrix}\geqslant 0,\ l,j\in\{1,2,\cdots,L\}\quad\to\quad\begin{bmatrix}1 & \star\\ x_{k|k} & \sum_{l=1}^{L}\omega_{l,k}\sum_{j=1}^{L}\omega_{j,k}Q_{lj,k}\end{bmatrix}\geqslant 0$$

改后计算量少，还更不保守。

与式(7.36)～ 式(7.41)相比，文献 [22] 和 [23]（粗略地）都对应 $p=1$，而文献 [24] 对应 $p=2$。实际上，对任意的 p，直接给出一个统一的结果即可，对此可参考文献 [20]。文献 [20] 给出了任意关于 ω 连续的反馈控制增益矩阵和任意关于 ω 连续的 Lyapunov 矩阵（符号必同文献 [20]）：

$$u(t)=-Y_{p,z}S_{p,z}^{-1}x(t),\quad V(x(t))=x(t)^{\mathrm{T}}S_{p,z}^{-1}x(t),\quad X_{p,z}=\sum_{p\in\mathcal{K}(p)}h^pX_p,\quad X\in\{Y,S\}$$

以本书常用符号表示，等价地有

$$
\begin{aligned}
u_k &= -Y_{p,\omega,k}S_{p,\omega,k}^{-1}x_k \\
V(x_k) &= x_k^{\mathrm{T}}S_{p,\omega,k}^{-1}x_k \\
X_{p,\omega} &= \sum_{l_1=1}^{L}\omega_{l_1}\left\{\sum_{l_2=l_1}^{L}\omega_{l_2}\left[\cdots\left(\sum_{l_p=l_{p-1}}^{L}\omega_{l_p}X_{l_1l_2\cdots l_p}\right)\right]\right\}, \quad X\in\{Y,S\}
\end{aligned}
$$

对鲁棒预测控制而言，文献 [20] 相当于只提供了不变性条件。虽然文献 [20] 没有研究预测控制，但是结合 KBM 公式的机理，容易将文献 [20] 的不变性条件扩展为最优性条件，并且容易根据不变性条件得到输入/状态约束的 LMI。至于当前扩展状态条件，当 $\omega_{l,k}$ 已知时，应该为

$$
\begin{bmatrix} 1 & \star \\ x_{k|k} & S_{p,\omega,k} \end{bmatrix} \geqslant 0
$$

当 $\omega_{l,k}$ 未知时，应该为

$$
\begin{bmatrix} 1 & \star \\ x_{k|k} & \dfrac{S_{l_1l_2\cdots l_p}}{\mathcal{C}(l_1,l_2,\cdots,l_p)} \end{bmatrix} \geqslant 0,\ l_1\leqslant l_2\leqslant\cdots\leqslant l_p,\quad l_1,l_2,\cdots,l_p\in\{1,2,\cdots,L\}
$$

注意右下角 $\dfrac{S_{l_1l_2\cdots l_p}}{\mathcal{C}(l_1,l_2,\cdots,l_p)}$ 不应该被替换为 $S_{l_1l_2\cdots l_p}$，因为

$$
\sum_{l_1=1}^{L}\omega_{l_1}\sum_{l_2=l_1}^{L}\omega_{l_2}\cdots\sum_{l_p=l_{p-1}}^{L}\omega_{l_p}=1
$$

并不成立，只有

$$
\sum_{l_1=1}^{L}\omega_{l_1}\sum_{l_2=1}^{L}\omega_{l_2}\cdots\sum_{l_p=1}^{L}\omega_{l_p}=1
$$

才成立。

例题 7.1　当采用式(7.39)这样的 Lyapunov 矩阵时，可以进一步采用 Polya 定理引入参数 $\{d,d_+\}$，给出保守性更低的条件 [20]。考虑非线性系统：

$$
\begin{aligned}
x_{1,k+1} &= x_{1,k}-x_{1,k}x_{2,k}+(5+x_{1,k})u_k \\
x_{2,k+1} &= -x_{1,k}-0.5x_{2,k}+2x_{1,k}u_k
\end{aligned}
$$

定义 $F_1^1(x_{1,k})=(\beta+x_{1,k})/(2\beta)$，$F_1^2(x_{1,k})=(\beta-x_{1,k})/(2\beta)$，$\beta>0$。当 $x_{1,k}\in[-\beta,\beta]$ 时，$x_{1,k}=\beta F_1^1(x_{1,k})-\beta F_1^2(x_{1,k})$。采用这种方法，当 $x_{1,k}\in[-\beta,\beta]$ 时，非线性系统可由如下离散时间 2-规则 T-S 模糊模型（$\omega_{1,k}=F_1^1(x_{1,k})$，$\omega_{2,k}=F_1^2(x_{1,k})$）来准确表示。

规则 1：如果 $x_{1,k}$ 为 β，则 $x_{k+1}=\begin{bmatrix} 1 & -\beta \\ -1 & -0.5 \end{bmatrix}x_k+\begin{bmatrix} 5+\beta \\ 2\beta \end{bmatrix}u_k$

规则 2：如果 $x_{1,k}$ 为 $-\beta$，则 $x_{k+1}=\begin{bmatrix} 1 & \beta \\ -1 & -0.5 \end{bmatrix}x_k+\begin{bmatrix} 5-\beta \\ -2\beta \end{bmatrix}u_k$

每个规则相当于给出 LPV 模型的一个顶点模型。利用文献 [20] 的稳定性结果，得到表 7.1和表 7.2。

表 7.1 对 $\{p,d,d_+\}$ 的几个简单例子所找到的最大 β_0(当 $\beta\leqslant\beta_0$ 时相应的稳定性条件可行)

p	1	1	1	1	1	2	2	2
d	0	1	1	2	2	0	1	1
d_+	0	0	1	0	2	0	0	1
β_0	1.48	1.62	1.62	1.64	1.64	1.66	1.67	1.68

表 7.2 对几个 p（$d=d_+=p$）所找到的最大 β_0（当 $\beta\leqslant\beta_0$ 时相应的稳定性条件可行）

$p=d=d_+$	2	3	4	5	6	7	8	9
β_0	1.71	1.74	1.78	1.80	1.81	1.81	1.82	1.82

根据表 7.1，可以得到以下结论：

(1) 当 $p=1$、$d_+=0$ 时，$d=1$ 得到比 $d=0$ 保守性低的条件；

(2) 当 $p=1$、$d_+=0$ 时，$d=2$ 得到比 $d=1$ 保守性低的条件；

(3) 当 $p=2$、$d_+=0$ 时，$d=1$ 得到比 $d=0$ 保守性低的条件；

(4) 当 $p=2$、$d=1$ 时，$d_+=1$ 得到比 $d_+=0$ 保守性低的条件；

(5) 当 $d=1$、$d_+=0$ 时，$p=2$ 得到比 $p=1$ 保守性低的条件；

(6) 当 $d=1$、$d_+=1$ 时，$p=2$ 得到比 $p=1$ 保守性低的条件；

(7) 当 $p=1$、$d=1$ 时，$d_+=1$ 得到和 $d_+=0$ 同样保守的条件；

(8) 当 $p=1$、$d=2$ 时，$d_+=2$ 得到和 $d_+=0$ 同样保守的条件。

下面的程序代码的命名为 TSMntgnr_generalPro.m。

```
clear all; clc
p=2; d=1; d_plus=1; r=2; beta0=1.68;
tic;
[Beta,tmin,SS,YY,mat]=TSMntgnr_LMI_function(p,d,d_plus,r,beta0);
toc;
disp(['The  value of tmin is ',num2str(tmin)]);
```

下面的程序代码的命名为 TSMntgnr_K_function.m。

```
function K=K_function(p,r)
% disp('In this function, we only allow r=2 !');
r=2;                % r tuples
n=factorial(r+p-1)/factorial(p)/factorial(r-1);
% n is the number of K's elements
i=1;j=0;
while i<=n
    K{i}=[j,p-j];i=i+1;j=j+1;
end
% Obtain all possible combinations of nonnegative integers,
% such that the sum of all elements of each combination is p.
```

下面的程序代码的命名为 TSMntgnr_LMI_function.m。

```
function [Beta,tmin,SS,YY,mat]=TSMntgnr_LMI_function(p,d,d_plus,r,beta0)
disp('In this function, we only allow r=2 !');r=2;beta=beta0;
A{1}=[1,-beta;-1,-0.5];B{1}=[5+beta;2*beta];A{2}=[1,beta;-1,-0.5];B{2}=[5-beta;-2*beta];
i=TSMntgnr_K_function(p+d+1,r);j=TSMntgnr_K_function(d,r);
k=TSMntgnr_K_function(p+d_plus,r);l=TSMntgnr_K_function(d_plus,r);
```

```
% The subscripts: i, j, k, l.

[Ni,Nj]=TSMntgnr_N_function(i,j);[Oij,Sij]=TSMntgnr_Oij_function(i,j);Okl=
    TSMntgnr_Okl_function(k,l);
nij=length(Oij);nkl=length(Okl);
setlmis([])
% Define the matrix variables.
for s1=0:max(nij,nkl)-1
    for s2=0:max(nij,nkl)-1
        S{s1+1,s2+1}=lmivar(1,[2,1]);Y{s1+1,s2+1}=lmivar(2,[1,2]);
    end
end
nlmi=1;
for in=1:length(Oij)
    for kn=1:length(Okl)
        pa1=factorial(p+d_plus)/TSMntgnr_phi_function(k{kn},r);
        for jn=1:length(Nj{in})
            yy=length(Oij{in}{jn,1});
            for njj=1:yy
                pa2=factorial(d)/TSMntgnr_phi_function(j{Nj{in}(1,jn)},r);
                ijs1=Oij{in}{jn,1}{njj}(1,1)+1;ijs2=Oij{in}{jn,1}{njj}(1,2)+1;
                s=Sij{in}{jn,1}(njj);
                lmiterm([-nlmi,1,1,S{ijs1,ijs2}],pa1*pa2,1);
                lmiterm([-nlmi,2,1,S{ijs1,ijs2}],pa1*pa2*A{s},1);
                lmiterm([-nlmi,2,1,Y{ijs1,ijs2}],-pa1*pa2*B{s},1);
            end
        end
        [rowkl,volkl]=size(Okl{kn});
        for ln=1:rowkl
            pa3=factorial(p+d+1)/TSMntgnr_phi_function(i{in},r);
            pa4=factorial(d_plus)/TSMntgnr_phi_function(l{ln},r);
            kl1=Okl{kn}{ln}(1,1)+1;kl2=Okl{kn}{ln}(1,2)+1;
            lmiterm([-nlmi,2,2,S{kl1,kl2}],pa3*pa4,1);
        end
        nlmi=nlmi+1;
    end
end
lmisys=getlmis;
options=[0 100 1e9 10 1];[tmin,xfeasp]=feasp(lmisys,options);
for ss1=0:max(nij,nkl)-1
    for ss2=0:max(nij,nkl)-1
        SS{ss1+1,ss2+1}=dec2mat(lmisys,xfeasp,S{ss1+1,ss2+1});
        YY{ss1+1,ss2+1}=dec2mat(lmisys,xfeasp,Y{ss1+1,ss2+1});
    end
end
Beta=beta;
mat=matnbr(lmisys);
```

下面的程序代码的命名为 TSMntgnr_N_function.m。

```
function [Ni,Nj]=N_function(i,j)
% disp('In this function, we only allow r=2 !');
```

```
r=2;              % r tuples
ni=length(i);     % ni is the number of i's elements
nj=length(j);     % nj is the number of j's elements
Oi=[];
for li=1:ni
    Oi=[Oi,li];Oj{li}=[];
    for lj=1:nj
        if i{li}(1,1)>=j{lj}(1,1) && i{li}(1,2)>=j{lj}(1,2)
            Oj{li}=[Oj{li},lj];
        end
    end
end
Ni=Oi;  % Obtain the order of all combinations r-tuples i
Nj=Oj;  % For each combination i, obtain the order of r-tuples j
```

下面的程序代码的命名为 TSMntgnr_Oij_function.m。

```
function [Oij,Sij]=Oij_function(i,j)
% disp('In this function, we only allow r=2 !');
r=2;              % r tuples
[Ni,Nj]=TSMntgnr_N_function(i,j);
n=length(Ni);     % n is the number of Ni's elements
for k=1:n
    for ss=1:length(Nj{k})
        S{k}(ss,:)=zeros(1,r);
        z=1;
        for s=1:r
            Ksi=zeros(1,r);
            if i{k}(1,s)>j{Nj{k}(ss)}(1,s)
                Ksi(1,s)=1;P{k}{ss,1}{z}=i{k}-j{Nj{k}(ss)}-Ksi;SS{k}{ss,1}(z)=s;
                z=z+1;
            end
        end
    end
end
Oij=P;Sij=SS;
```

下面的程序代码的命名为 TSMntgnr_Okl_function.m。

```
function Okl=Okl_function(k,l)
% disp('In this function, we only allow r=2 !');
r=2;              % r tuples
[Nk,Nl]=TSMntgnr_N_function(k,l);
n=length(Nk);     % n is the number of Nk's elements
for kk=1:n
    for ss=1:length(Nl{kk})
        P{kk}{ss,1}=k{kk}-l{Nl{kk}(ss)};
    end
end
% For each combination k, obtain all (k-l) stored in P
Okl=P;  % Delete the reduplication of combinations.
```

下面的程序代码的命名为 TSMntgnr_phi_function.m。

```
function phi=phi_function(k,r)
product=1;
% disp('In this function, we only allow r=2 !');
r=2;                % r tuples
for i=1:r
    product=product*factorial(k(i));
end
phi=product;
```

7.3　时域 N 为 0 或者为 1

对基于式(6.1)的鲁棒预测控制，一个重要工作是文献 [25]。文献 [17] 对所有 $i \geqslant 0$，定义 $u_{k+i|k} = F_k x_{k+i|k}$，并优化 F_k，可称为约束鲁棒 LQR。文献 [25] 则对所有 $i \geqslant 1$，定义 $u_{k+i|k} = F_k x_{k+i|k}$，并优化 u_k 和 F_k。本章论述针对如下的公式（由文献 [25] 提出，但略有改动）:

$$\begin{bmatrix} 1 & \star & \star & \star \\ A_l x_{k|k} + B_l u_{k|k} & Q_k & \star & \star \\ \mathscr{Q}^{1/2} x_{k|k} & 0 & \gamma_k I & \star \\ \mathscr{R}^{1/2} u_{k|k} & 0 & 0 & \gamma_k I \end{bmatrix} \geqslant 0, \quad l \in \{1, 2, \cdots, L\} \tag{7.51}$$

$$\begin{bmatrix} Q_k & \star & \star & \star \\ A_l Q_k + B_l Y_k & Q_k & \star & \star \\ \mathscr{Q}^{1/2} Q_k & 0 & \gamma_k I & \star \\ \mathscr{R}^{1/2} Y_k & 0 & 0 & \gamma_k I \end{bmatrix} \geqslant 0, \quad l \in \{1, 2, \cdots, L\} \tag{7.52}$$

$$-\underline{u} \leqslant u_{k|k} \leqslant \bar{u} \tag{7.53}$$

$$\begin{bmatrix} Q_k & Y_{j,k}^{\mathrm{T}} \\ Y_{j,k} & u_{j,\inf}^2 \end{bmatrix} \geqslant 0, \quad j \in \{1, 2, \cdots, m\} \tag{7.54}$$

$$-\underline{\psi} \leqslant \Psi[A_l x_{k|k} + B_l u_{k|k}] \leqslant \bar{\psi}, \quad l \in \{1, 2, \cdots, L\} \tag{7.55}$$

$$\begin{bmatrix} Q_k & \star \\ \Psi_s (A_l Q_k + B_l Y_k) & \psi_{s,\inf}^2 \end{bmatrix} \geqslant 0, \quad l \in \{1, 2, \cdots, L\},\ s \in \{1, 2, \cdots, q\} \tag{7.56}$$

在每个时刻最小化 γ_k，满足约束式(7.51)~ 式(7.56)，称相应的控制器为 I 型 LA（Lu-Arkun）控制器。将式(7.51)改写成如下形式：

$$\begin{bmatrix} 1 & \star \\ A_l x_{k|k} + B_l u_{k|k} & Q_k \end{bmatrix} \geqslant 0, \quad l \in \{1, 2, \cdots, L\} \tag{7.57}$$

$$\begin{bmatrix} 1 & \star & \star \\ \mathscr{Q}^{1/2} x_{k|k} & \gamma_{1,k} I & \star \\ \mathscr{R}^{1/2} u_{k|k} & 0 & \gamma_{1,k} I \end{bmatrix} \geqslant 0 \tag{7.58}$$

在每个时刻最小化 $\gamma_k + \gamma_{1,k}$，满足约束 {式(7.57)、式(7.58)、式 (7.52)~ 式(7.56)}，称为 Ⅱ 型 LA 控制器。式(7.51)可行的充要条件是式 (7.57)和式(7.58)可行，但 I 型和 Ⅱ 型 LA 控制器之间会有一些数值差别。从 Ⅱ 型 LA 控制器更容易看出其对 KBM 控制器的继承，即式(7.57)、式(7.52)、式(7.54)、式(7.56) 是 KBM 公式用于预测控制综合方法的见证。

本节要澄清一个问题：对照 6.1节中的控制时域 N，文献 [17] 和 [25] 的控制时域 N 怎么算？说法有三种：$N=\infty$、$N=1$ 和 $N=0$。

基于二次型性能指标的预测控制综合方法（即具有稳定性保证的预测控制）的常规策略是：将无穷时域性能指标分解成两个部分，即

$$J_{0,k}^{\infty}=J_{0,k}^{N-1}+J_{N,k}^{\infty}$$

其中

$$J_{0,k}^{\infty}=\sum_{i=0}^{\infty}[\|x_{k+i|k}\|_{\mathscr{Q}}^2+\|u_{k+i|k}\|_{\mathscr{R}}^2],\quad J_{0,k}^{N-1}=\sum_{i=0}^{N-1}[\|x_{k+i|k}\|_{\mathscr{Q}}^2+\|u_{k+i|k}\|_{\mathscr{R}}^2],\quad J_{N,k}^{\infty}=\sum_{i=N}^{\infty}[\|x_{k+i|k}\|_{\mathscr{Q}}^2+\|u_{k+i|k}\|_{\mathscr{R}}^2]$$

对 $J_{0,k}^{N-1}$，决策变量是控制作用序列

$$\tilde{u}_{k|k}=\{u_{k|k},u_{k+1|k},\cdots,u_{k+N-1|k}\}$$

对 $J_{N,k}^{\infty}$，预测控制综合方法一般是对所有 $i\geqslant N$，定义

$$u_{k+i|k}=F_kx_{k+i|k}$$

以致类似 LQR 那样，得到

$$J_{N,k}^{\infty}\leqslant x_{k+N|k}^{\mathrm{T}}P_kx_{k+N|k}$$

$x_{k+N|k}^{\mathrm{T}}P_kx_{k+N|k}$ 被定义为终端性能指标，主要为证明 N 步以后闭环状态预测不变性的 Lyapunov 函数。因此，得到

$$J_{0,k}^{\infty}\leqslant \bar{J}_{0,k}^{N}\xlongequal{\text{def}}\sum_{i=0}^{N-1}[\|x_{k+i|k}\|_{\mathscr{Q}}^2+\|u_{k+i|k}\|_{\mathscr{R}}^2]+\|x_{k+N|k}\|_{P_k}^2$$

总之，有以下几点需要说明。

(1) 预测控制综合方法理想上希望最小化 $J_{0,k}^{\infty}$，但由于诸多客观理由，除对标称线性模型外，改为退而求其次地最小化 $\bar{J}_{0,k}^{N}$。$\bar{J}_{0,k}^{N}$ 的终端代价项 $\|x_{k+N|k}\|_{P_k}^2$ 是精心设计的。除了对标称线性模型在平衡点一定邻域内的控制以外，通常 $\bar{J}_{0,k}^{N}\neq J_{0,k}^{\infty}$。

(2) 预测控制综合方法是不是总能直接最小化 $\bar{J}_{0,k}^{N}$？对此有如下结论。对标称（包括线性和非线性）闭环模型可直接最小化 $\bar{J}_{0,k}^{N}$。对不确定（包括线性和非线性）闭环模型通常无法直接最小化 $\bar{J}_{0,k}^{N}$，而是加入约束 $\bar{J}_{0,k}^{N}\leqslant\gamma_k$，并最小化 γ_k；$\bar{J}_{0,k}^{N}=\gamma_k$ 只发生在某些特殊情形下。

(3) 对 $N=1$，以及标称（包括线性和非线性）闭环模型，可直接将

$$\tilde{u}_{k|k}=\{u_{k|k},u_{k+1|k},\cdots,u_{k+N-1|k}\}$$

作为决策变量。对不确定（包括线性和非线性）闭环模型，只要 $N>1$，若直接将 $\tilde{u}_{k|k}$ 作为决策变量，难以保证递推可行性。

由于第 (3) 点，鲁棒预测控制的发展出现多样化的特点。本节针对现已发展的多胞模型的鲁棒预测控制，将 $\tilde{u}_{k|k}$ 按照如何参数化分为以下四类。

A1. 反馈预测控制（feedback MPC, closed-loop MPC）。定义

$$u_{k+j|k}=F_{k+j|k}x_{k+j|k},\quad j\in\{0,1,2,\cdots,N-1\}$$

将 N 个控制增益 $\{F_{k|k},F_{k+1|k},\cdots,F_{k+N-1|k}\}$ 作为决策变量。对 $N\geqslant 2$，还未能化成凸优化问题。

A2. 变体反馈预测控制（variant feedback MPC, variant closed-loop MPC）。在反馈预测控制中隐式地加入约束 $x_{k+i|k}\in\mathscr{E}_{Q_i^{-1}}$, $i\in\{1,2,\cdots,N-1\}$，可以用凸优化求解，见文献 [26]～[28]。

A3. 参数依赖开环预测控制（parameter-dependent open-loop MPC）。控制作用的形式已在 6.1节介绍，将 $\{u_{k|k}, u^{l_0}_{k+1|k}, \cdots, u^{l_{N-2}\cdots l_1 l_0}_{k+N-1|k}\}$ 作为决策变量，可以用凸优化求解，见文献 [29]。

A4. 部分反馈预测控制（partial feedback MPC）。定义

$$u_{k+j|k} = F_{k+j|k}x_{k+j|k} + c_{k+j|k}, \quad j \in \{0, 1, 2, \cdots, N-1\}$$

将 N 个控制摄动项 $\{c_{k|k}, c_{k+1|k}, \cdots, c_{k+N-1|k}\}$ 作为决策变量，可以用凸优化求解。在这个方案中，$\{F_{k|k}, F_{k+1|k}, \cdots, F_{k+N-1|k}\}$ 不作为 k 时刻的决策变量，它们可能是以前时刻求解的，也可能是离线确定的。过去，部分反馈预测控制是多胞模型的鲁棒预测控制的主流形式。

由以上的分类可见，文献 [25] 的 LA 控制器确切地算作 $N=1$，它勉强属于 A3 类（没有参数依赖），但实际上文献 [25] 也是 A1 类、A2 类和 A4 类，这种“四不像”“四是”的特点正是文献 [25] 重要性的体现。既然文献 [25] 的 $N=1$，那么文献 [17] 只能算作 $N=0$。假如认为文献 [17] 的 $N=1$，那会与文献 [25] 冲突，更关键的是不符合 $J^{N-1}_{0,k}$ 的定义。记住：A1～A4 在 $N \geqslant 2$ 时才能截然分开，而在 $N \in \{0,1\}$ 时彼此等价，当然对于文献 [17] 算作 A1 类会减少误解。

有些说法认为文献 [17] 的 $N=\infty$，本来没有错误，但依此则所有基于“将 $J^{\infty}_{0,k}$ 分成两部分”的综合方法都该是 $N=\infty$，也就没有办法从 N 的角度区分了。事实上，$N=\infty$ 只是综合方法的一个人工手段，使得可以用最优控制的方法分析稳定性。实际看 N 是多少，最好还要从“被真正求解的优化问题”着手。

对预测控制综合方法，即对具有稳定性保证的预测控制，$N=0$ 仍然表示有一个 F_k，使得对所有 $i \geqslant 0$，$u_{k+i|k} = F_k x_{k+i|k}$。预测控制综合方法把无穷时域的控制作用序列分成两部分：$\tilde{u}_{k|k}$ 和 $\{u_{k+i|k} | i \geqslant N\}$。A1～A4 只是按照 $\tilde{u}_{k|k}$ 的分类，故不能完整地概括预测控制综合方法。一个更加完善的分类还依赖于对 $\{u_{k+i|k} | i \geqslant N\}$ 的处理，这就涉及预测控制综合方法的三要素和四个条件（有些文献甚至称四个条件为公理，可参考文献 [30] 和 [31]）。对线性多胞模型的鲁棒预测控制，三要素即 $\{Q_k, P_k, F_k\}$ 可完全基于 KBM 控制器构造（通常 $P=\gamma Q^{-1}$、$F=YQ^{-1}$），四个 KBM 公式可充当“公理”，不同场合具体有变化。因此，此处不对一般的预测控制三要素和四个条件再进行详述。基于二次型性能指标的预测控制综合方法可分为以下三类。

B1. 标准方法（standard method）。$\{P_k, F_k\}$ 是离线计算的，即在 $k=0$ 以前计算的，而 $\bar{J}^N_{0,k}$ 或 γ_k 是在线优化的。之所以称为标准方法，是因为这确实是预测控制综合方法中最常用的方法。尤其是非线性系统，采用标准方法更加普遍，其中一个典型范例是文献 [32]。目前，工业中采用的预测控制通常为标准方法。

B2. 在线方法（on-line method）。$\{P_k, F_k\}$ 是在线计算的，且 $\bar{J}^N_{0,k}$ 或 γ_k 是在线优化的。经典文献见文献 [33]，其考虑了线性标称系统。这个在线性多胞模型的鲁棒预测控制中非常常见。对非线性模型，由于计算量的原因，在线方法很难实现。

B3. 离线方法（off-line method）。$\{P_k, F_k\}$ 是离线计算的，且 $\bar{J}^N_{0,k}$ 或 γ_k 是离线优化的。离线方法基本不涉及在线优化问题，因此计算量很少。

举例：文献 [17] 的 KBM 控制器属于 A1B2，文献 [25] 的控制器属于 A*B2，对标称非线性模型很多情况下都属于 A*B1，一部分属于 A*B3。这里答复一个问题：目前工业预测控制属于哪个类型？表面上，目前工业预测控制不属于 A*B*，这从前面的描述也可以知道，因为工业预测控制不保证稳定性。但目前主流的工业预测控制也不妨被看作 A4B1，因为工业中通常采用底层 PID 等控制器预镇定被控过程，然后把包含 PID 在内的被控过程（过程控制中称为广义被控对象）当作预测控制的被控系统。由此看来，PID 等控制器相当于反馈，而预测控制相当于优化控制摄动量。如果反过来将 PID 看作预测控制的一部分，则将其视为 A4B1 是理所当然的。

例题 7.2 [1]　继续前面网络控制的例子。加入一个自由控制作用，并且采用 LA 控制器模式。对所有 $j_l \leqslant k < j_{l+1}$，令控制器输出 $\breve{u}_{k|j_l} = \breve{u}_{j_l}$，其中 $\breve{u}_{j_l}$ 为“自由控制输入”(即作为优化的自由度)；在控制对象侧，则

$$u_{k|j_l} = u_{\mathbb{i}_{s_l}|j_l} = \breve{u}_{j_l}, \quad \mathbb{i}_{s_l} \leqslant k < \mathbb{i}_{s_l+1} \tag{7.59}$$

其中，假设 $j_l = \mathbb{j}_{s_l}$。因此，闭环状态预测满足

$$x_{k+1|j_l} = A^{k-\mathbb{i}_{s_l}+1} x_{\mathbb{i}_{s_l}|j_l} + B_{k-\mathbb{i}_{s_l}+1} \breve{u}_{j_l}, \quad \mathbb{i}_{s_l} \leqslant k < \mathbb{i}_{s_l+1} \tag{7.60}$$

在每个 j_l 求解优化问题：

$$\min_{\breve{u}_{j_l}, F_{j_l}} \max_{\bigstar} J_{j_l}, \quad \text{s.t. 式(7.22), 式(7.59), 式(7.60), 式(7.18)} \sim \text{式(7.20)}, \quad \tau \geqslant 1 \tag{7.61}$$

其中，★ 见式(7.21)。

为了获得 $\max_{\bigstar} J_{j_l}$ 的上界，对于所有 $\tau \geqslant 1$（$\tau \neq 0$），施加稳定性约束式(7.24)。对于稳定闭环系统，从 $i=1$ 到 $i=\infty$ 对式(7.24)进行加和，可得到 $J_{j_l} \leqslant \|x_{\mathbb{i}_{s_l}|j_l}\|_{\mathscr{Q}}^2 + \|u_{\mathbb{i}_{s_l}|j_l}\|_{\mathscr{R}}^2 + V(z_{\mathbb{i}_{s_l+1}|j_l})$。令

$$V(z_{\mathbb{i}_{s_l+1}|j_l}) \leqslant \gamma \tag{7.62}$$

$$\|u_{\mathbb{i}_{s_l}|j_l}\|_{\mathscr{R}}^2 \leqslant \gamma_1 \tag{7.63}$$

其中，$\gamma_1 > 0$ 为标量。通过定义 $Q_{\mathbb{i}_{s_l+1}|j_l} := \gamma P_{\mathbb{i}_{s_l+1}|j_l}^{-1}$，并且利用式(7.59)以及 Schur 补引理，可知式(7.62)和式(7.63)等价于

$$\begin{bmatrix} 1 & \star \\ z_{\mathbb{i}_{s_l+1}|j_l} & Q_{\mathbb{i}_{s_l+1}|j_l} \end{bmatrix} \geqslant 0 \tag{7.64}$$

$$\begin{bmatrix} \gamma_1 & \star \\ \mathscr{R}^{1/2}\breve{u}_{j_l} & I \end{bmatrix} \geqslant 0 \tag{7.65}$$

利用式(7.60)，很容易得到：

$$z_{\mathbb{i}_{s_l+1}|j_l} = \sum_{t\in\mathscr{D}_2} \sum_{r\in\mathscr{D}(t)} \varpi_{t,\mathbb{i}_{s_l}} \omega_{r,\mathbb{i}_{s_l}} \left[\hat{\Phi}_r z_{rt,\mathbb{i}_{s_l}|j_l}^1 + \hat{\Gamma}_r \breve{u}_{j_l}\right]$$

其中，上标“1”表示切换时域，$t = \mathbb{i}_{s_l} - j_l + 1,\ r = \mathbb{i}_{s_l+1} - \mathbb{i}_{s_l}$，

$$\hat{\Phi}_r = \begin{bmatrix} \begin{bmatrix} \begin{bmatrix} A^r \\ A^{r-1} \\ \vdots \\ A^{\max\{1,r-d_2+1\}} \end{bmatrix} & 0 \end{bmatrix} \\ I \end{bmatrix}, \quad \hat{\Gamma}_r = \begin{bmatrix} B_r \\ B_{r-1} \\ \vdots \\ B_{\max\{1,r-d_2+1\}} \\ 0 \end{bmatrix}, z_{rt,\mathbb{i}_{s_l}|j_l}^1 = \begin{bmatrix} x_{j_l+t-1|j_l} \\ x_{j_l+t-2|j_l} \\ \vdots \\ x_{j_l+t-\max\{1,d_2-r\}|j_l} \end{bmatrix}。$$

注意到 $Q_{\mathbb{i}_{s_l+1}|j_l} = \sum\limits_{p\in\mathscr{D}_2} \sum\limits_{h\in\mathscr{D}(p)} \varpi_{p,\mathbb{i}_{s_l+1}} \omega_{h,\mathbb{i}_{s_l+1}} Q_{hp}$，因此易知式(7.64)通过式 (7.66) 得到保证：

$$\begin{bmatrix} 1 & \star \\ \hat{\Phi}_r z_{rt,\mathbb{i}_{s_l}|j_l}^1 + \hat{\Gamma}_r \breve{u}_{j_l} & Q_{hp} \end{bmatrix} \geqslant 0, \quad t,p\in\mathscr{D}_2,\ r\in\mathscr{D}(t),\ h\in\mathscr{D}(p) \tag{7.66}$$

根据假设 7.1，很容易准确计算出 $z_{rt,\mathbb{i}_{s_l}|j_l}^1$。

引理 7.2　假设存在标量 γ，向量 $\breve{u}_{j_l}$，对称矩阵 $\{Z,\ \Gamma,\ Q_{rt}\}$，以及任意矩阵 $\{G_{rt}, Y\}$，使得式(7.66)、式 (7.25)、式(7.27)～ 式(7.30)满足：

$$-\underline{u} \leqslant \breve{u}_{j_l} \leqslant \bar{u} \tag{7.67}$$

$$-\underline{\psi} \leqslant \Psi x_{\mathbb{i}_{s_l+1}|j_l} \leqslant \bar{\psi}, \quad \mathbb{i}_{s_l+1} - j_{s_l} \in \mathscr{D} \tag{7.68}$$

则式(7.22)满足。

利用式(7.60)和式(7.20)可得

$$x_{\mathbb{i}_{s_l+1}|j_l}=\sum_{t\in\mathscr{D}_2}\sum_{r\in\mathscr{D}(t)}\varpi_{t,\mathbb{i}_{s_l}}\omega_{r,\mathbb{i}_{s_l}}\left[A^{r+t-1}x_{j_l}+A^rB_{t-1}u_{j_l|j_l}+B_r\breve{u}_{j_l}\right]$$

在 $t>1$ 时，由于 $u_{j_l|j_l}$ 对控制器精确已知，式(7.68)通过式 (7.69) 和式 (7.70) 得到保证：

$$-\underline{\psi}\leqslant\Psi\left[A^rx_{j_l}+B_r\breve{u}_{j_l}\right]\leqslant\bar{\psi},\quad r\in\mathscr{D}\tag{7.69}$$

$$\begin{aligned}-\underline{\psi}\leqslant&\Psi\left[A^{r+t-1}x_{j_l}+A^rB_{t-1}u_{j_l|j_l}+B_r\breve{u}_{j_l}\right]\leqslant\bar{\psi},\\&t\in\{2,3,\cdots,d_2\},\ r\in\mathscr{D}(t)\end{aligned}\tag{7.70}$$

综上所述，式(7.61)可近似为如下 LMI 优化问题：

$$\begin{aligned}&\min_{\gamma_1,\gamma,\breve{u}(j_l),Q_{rt},G_{rt},Y,Z,\varGamma}(\gamma_1+\gamma)\\&\text{s.t. 式(7.65), 式(7.67), 式(7.69), 式(7.70), 式(7.66), 式(7.25), 式(7.27)}\sim\text{式(7.30)}\end{aligned}\tag{7.71}$$

定理 7.3　假设式(7.71)在 $j_{\bar{n}}$（$\bar{n}\geqslant1$）时可行（式(7.71)在 $j_1,j_2,\cdots,j_{\bar{n}-1}$ 时可能不可行），并且 $\breve{u}(j_{\bar{n}})$ 为执行器接收到的第一个控制作用。因此，在所有 $j_{\bar{n}+\tau}$（$\tau>0$）时，式(7.71)可行，且滚动发送的控制作用 $\breve{u}_k=\breve{u}_{j_l}$（$j_l\leqslant k<j_{l+1}$，$l\geqslant1$）保证式(7.17)的满足和闭环系统指数稳定。

证明　记 $\ell:=l+1$，并且

$$L_{j_l}:=\max_{t\in\mathscr{D}_2}\left\{\|x_{j_l+t-1|j_l}\|_{\mathscr{Q}}^2\right\}+\|\breve{u}_{j_l}\|_{\mathscr{R}}^2+\gamma_{j_l}$$

在每个 j_l，最小化 $\gamma_{1,j_l}+\gamma_{j_l}$ 等价于最小化 L_{j_l}。假设式(7.71)在 $\mathbb{j}_{s_\ell-1}$ 时可行，利用式(7.24)，可得

$$\begin{aligned}&\|z^*_{j_\ell+p+h-1|\mathbb{j}_{s_\ell-1}}\|^2_{P^*_{hp,\mathbb{j}_{s_\ell-1}}}-\|z^*_{\mathbb{j}_{s_\ell-1}+t+r-1|\mathbb{j}_{s_\ell-1}}\|^2_{P^*_{rt,\mathbb{j}_{s_\ell-1}}}\leqslant-\|x^*_{\mathbb{j}_{s_\ell-1}+t+r-1|\mathbb{j}_{s_\ell-1}}\|^2_{\mathscr{Q}}-\|\breve{u}^*_{j_\ell|\mathbb{j}_{s_\ell-1}}\|^2_{\mathscr{R}},\\&\quad t,p\in\mathscr{D}_2,\ r\in\mathscr{D}(t),\ h\in\mathscr{D}(p)\end{aligned}\tag{7.72}$$

由于所有可能的 $z_{j_\ell+p+h-1|j_\ell}$ 都包含在 $z^*_{j_\ell+p+h-1|\mathbb{j}_{s_\ell-1}}$ 的实现中（与定理 7.2类似），由式(7.72)得

$$\begin{aligned}&\|z_{j_\ell+p+h-1|j_\ell}\|^2_{P^*_{hp,\mathbb{j}_{s_\ell-1}}}-\|z^*_{\mathbb{j}_{s_\ell-1}+t+r-1|\mathbb{j}_{s_\ell-1}}\|^2_{P^*_{rt,\mathbb{j}_{s_\ell-1}}}\leqslant-\|x^*_{\mathbb{j}_{s_\ell-1}+t+r-1|\mathbb{j}_{s_\ell-1}}\|^2_{\mathscr{Q}}-\|\breve{u}^*_{j_\ell|\mathbb{j}_{s_\ell-1}}\|^2_{\mathscr{R}},\\&\quad t,p\in\mathscr{D}_2,\ r\in\mathscr{D}(t),\ h\in\mathscr{D}(p)\end{aligned}\tag{7.73}$$

注意：

$$\gamma^*_{\mathbb{j}_{s_\ell-1}}\geqslant\|z^*_{\mathbb{j}_{s_\ell-1}+t+r-1|\mathbb{j}_{s_\ell-1}}\|^2_{P^*_{rt,\mathbb{j}_{s_\ell-1}}}\tag{7.74}$$

$$\gamma_{j_\ell}\geqslant\|z_{j_\ell+p+h-1|j_\ell}\|^2_{P_{hp,j_\ell}}\tag{7.75}$$

$$J_{\mathbb{j}_{s_\ell-1}}\leqslant L^*_{\mathbb{j}_{s_\ell-1}}=\max_{t\in\mathscr{D}_2}\left\{\|x_{\mathbb{j}_{s_\ell-1}+t-1|\mathbb{j}_{s_\ell-1}}\|^2_{\mathscr{Q}}\right\}+\|\breve{u}^*_{\mathbb{j}_{s_\ell-1}}\|^2_{\mathscr{R}}+\gamma^*_{\mathbb{j}_{s_\ell-1}}\tag{7.76}$$

$$J_{j_\ell}\leqslant L_{j_\ell}=\max_{p\in\mathscr{D}_2}\left\{\|x_{j_\ell+p-1|j_\ell}\|^2_{\mathscr{Q}}\right\}+\|\breve{u}_{j_\ell}\|^2_{\mathscr{R}}+\gamma_{j_\ell}\tag{7.77}$$

由于任何可能的 $x_{\mathbb{i}_{s_\ell}|j_\ell}$ 都包括在 $x^*_{\mathbb{i}_{s_\ell}|\mathbb{j}_{s_\ell-1}}$ 的实现中（与定理 7.2类似），则式 (7.78) 成立：

$$\max_{p\in\mathscr{D}_2}\left\{\|x_{j_\ell+p-1|j_\ell}\|^2_{\mathscr{Q}}\right\}\leqslant\max_{r\in\mathscr{D}(t)}\max_{t\in\mathscr{D}_2}\left\{\|x^*_{\mathbb{j}_{s_\ell-1}+t+r-1|\mathbb{j}_{s_\ell-1}}\|^2_{\mathscr{Q}}\right\}\tag{7.78}$$

根据式(7.73)~ 式(7.78)，可以选取如下参数：

$$\begin{aligned}\breve{u}_{j_\ell} &= \breve{u}^*_{j_\ell|\mathbb{j}_{s_\ell-1}} = F^*_{\mathbb{j}_{s_\ell-1}} x_{j_\ell} \\ L_{j_\ell} &= \gamma^*_{\mathbb{j}_{s_\ell-1}} = L^*_{\mathbb{j}_{s_\ell-1}} - \max_{t\in\mathscr{D}_2}\left\{\|x_{\mathbb{j}_{s_\ell-1}+t-1|\mathbb{j}_{s_\ell-1}}\|^2_{\mathscr{Q}}\right\} - \|\breve{u}^*_{\mathbb{j}_{s_\ell-1}}\|^2_{\mathscr{R}} \\ \{Q_{rt}, G_{rt}, Y, Z, \Gamma\}_{j_\ell} &= \frac{\gamma(j_\ell)}{\gamma^*_{\mathbb{j}_{s_\ell-1}}}\{Q_{rt}, G_{rt}, Y, Z, \Gamma\}^*_{\mathbb{j}_{s_\ell-1}}\end{aligned}$$

满足式(7.71)中的所有 LMI。注意，存在 L_{j_ℓ} 等价于存在 $\gamma_{1,j_\ell}+\gamma_{j_\ell}$。显而易见，式(7.71)在 $\mathbb{j}_{s_\ell-1}$ 时可行会导致其在 j_ℓ 时可行；递推地，式(7.71)在 $j_{\bar{n}}$ 时可行意味着其在任何 $j_{\bar{n}+\tau}$（$\tau>0$）时可行。

通过在 j_ℓ 时重新优化，必然得到结果 $L^*_{j_\ell}\leqslant L_{j_\ell}$。因此，有

$$L^*_{j_\ell} - L^*_{\mathbb{j}_{s_\ell-1}} \leqslant -\max_{t\in\mathscr{D}_2}\left\{\|x_{\mathbb{j}_{s_\ell-1}+t-1|\mathbb{j}_{s_\ell-1}}\|^2_{\mathscr{Q}}\right\} - \|\breve{u}^*_{\mathbb{j}_{s_\ell-1}}\|^2_{\mathscr{R}}$$

这意味着 $L^*_{\mathbb{j}_l}$（$l\geqslant1$）可作为证明闭环系统指数稳定性的 Lyapunov 函数（类似于定理 7.2）。为证明满足输入和状态约束，注意 $j_{\bar{n}}=\mathbb{j}_1$ 并参考引理 7.2，即可。

考虑角度定位系统模型 [17]：

$$x_{k+1} = \begin{bmatrix}\theta_{k+1}\\ \dot{\theta}_{k+1}\end{bmatrix} = \begin{bmatrix}1 & 0.1\\ 0 & 1-0.1\epsilon\end{bmatrix}x_k + \begin{bmatrix}0\\ 0.0787\end{bmatrix}u_k,\quad x(0)=\varepsilon\begin{bmatrix}\dfrac{\pi}{4}\\ 0\end{bmatrix}$$

其中，θ 为天线的角度位置（rad）；$\dot{\theta}$ 为天线的角速度（rad/s）；u 为电机的输入电压（V）；ϵ 为与天线旋转部分的黏性摩擦因数成比例的系数（s^{-1}）；$\epsilon\geqslant0.1\mathrm{s}^{-1}$ 和 $\varepsilon>0$ 用来测试双边丢包预测控制可行性。约束为 $|u|\leqslant 2\mathrm{V}$ 和 $|\theta|\leqslant\pi\mathrm{rad}$。关于该被控对象的更多细节见文献 [17]。在执行器接收到任何控制动作之前，系统的实际输入为零。此外，$d_1=d_2=3$, $j_1=1$, $j_2>2$ 和 $i_1=2$。当 $\varepsilon=1$ 时，利用式(7.31)（利用式(7.71)），优化问题在 $j_1=\mathbb{j}_1$ 时对任意 $\epsilon\leqslant7.5\mathrm{s}^{-1}$ (任意 $\epsilon\leqslant7.6\mathrm{s}^{-1}$) 可行；对于 $\epsilon=5\mathrm{s}^{-1}$，利用式(7.31)（利用式(7.71)），优化问题在 $j_1=\mathbb{j}_1$ 时对任意 $\varepsilon\leqslant2.4$（任意 $\varepsilon\leqslant2.6$）可行。总之，式(7.71)相比于式(7.31)更容易可行。

为了测试算法的最优性和计算量，令 $J_{\text{true}}=\sum\limits_{k=0}^{\infty}[x_k^{\mathrm{T}}x_k+u_k^2]$。取 $\epsilon=5\mathrm{s}^{-1}$ 和 $\varepsilon=2.4$，并且随机生成 $\mathscr{J}=\{1,4,6,8,11,12,13,16,19,20,22,24,25,26,\cdots\}$，$\mathscr{I}=\{2,4,5,6,9,11,13,15,18,20,21,23,25,28,\cdots\}$。应用式(7.31)和式(7.71)计算控制量。

下面的程序代码的命名为 plmpc_Q_sndsgn_Stateconstr_APS.m。

```
clear
epsilonk=5; %7.5A=[1 0.1;0 1-0.1*epsilonk];B=[0 0.0787]';
d1=3;d2=3;augx=2.4;
xxx4=(inv(A))^4*augx*[pi/4 0]';xxx3=(inv(A))^3*augx*[pi/4 0]';
xxx2=(inv(A))^2*augx*[pi/4 0]';xxx1=(inv(A))^1*augx*[pi/4 0]';
X1v=[xxx4(1) xxx3(1) xxx2(1) xxx1(1) augx*1]';
X2v=[xxx4(2) xxx3(2) xxx2(2) xxx1(2) augx*1]';
x0=[X1v(5),X2v(5)]';
% actual state [x(j_l),x(j_l-1),x(j_l-2),x(j_l-3),x(j_l-4)]
z0_4=[X1v(5),X2v(5)]';z0_3=[X1v(4),X2v(4)]';z0_2=[X1v(3),X2v(3)]';
z0_1=[X1v(2),X2v(2)]';z0_0=[X1v(1),X2v(1)]';uactv0=[0 0 0 0 0 0]';
% controller output
% This is ONLY refreshed when the optimization is solved.
breveu0_5=0;breveu0_4=0;breveu0_3=0;breveu0_2=0;breveu0_1=0;breveu0_0=0;
u0=uactv0(6);gamaV=0;F=[0 0];InputC=4;stateC=pi^2;
```

```
% The first 3 are fake signs of successful transmission.
J=[1 2 3];
tic;
S1=[0 1 0 0 1 0 1 0 1 0 0 1 1 1 0 0 1 0 0 1 1 0 1 0 1
    1 1 0 1 0 0 1 0 1 1 1 0 0 1 0 0 1 0 1 1 0 1 1 0 1
    0 1 0 0 1 0 1 0 1 0 0 1 0 1 1 0 1 1 0 1 0 1 0 0 1
    0 1 0 1 0 0 1 0 1 0 1 0 0 1 1 1 0 0 1 0 0 1 1 0 1
    0 1 1 1 0 1 0 0 1 0 1 1 1 0 0 1 0 0 1 0 1 1 0 1 1
    0 1 0 1 0 0 1 0 1 0 1 0 0 1 0 1 1 0 1 1 0 1 0 1 0
    0 1 0 1 0 1 0 0 1 0 1 0 1 0 0 1 1 1 0 0 1 0 0 1 1
    0 1 0 1 1 1 0 1 0 0 1 0 1 1 1 0 0 1 0 0 1 0 1 1 0
    1 1 0 1 0 1 0 0 1 0 1 0 1 0 0 1 0 1 1 0 1 1 0 1 0
    1 0 0 1 0 1 0 1 0 1 1 1 0 0 1 0 0 1 0 1 1 0 1 1 0 1
    0 1 0 0 1 0 1 0 1 0 0 1 0 1 1 0 1 1 0 1 0 1 0 0 1
    0 1 0 1 0 0 1 0 1 0 1 0 0 1 1 1 0 0 1 0 0 1 1 0 1
    0 1 1 1 0 1 0 0 1 0 1 1 1 0 0 1 0 0 1 0 1 1 0 1 1
    0 1 0 1 0 0 1 0 1 0 1 0 0 1 0 1 1 0 1 1 0 1 0 1 0
    0 1 0 1 0 1 0 0 1 0 1 0 1 0 0 1 1 1 0 0 1 0 0 1 1
    0 1 0 1 1 1 0 1 0 0 1 0 1 1 1 0 0 1 0 0 1 0 1 1 0
    1 1 0 1 0 1 0 0 1 0 1 0 1 0 0 1 0 1 1 0 1 1 0 1 0 1 0 0 1 0 1];
S2=[0 1 1 1 1 1 1 1 1 1 1 1 1 1 1 1 1 1 1 1 1 1 1 1 1
    1 1 1 1 1 1 1 1 1 1 1 1 1 1 1 1 1 1 1 1 1 1 1 1 1];
S3=[0 1 0 1 0 1 0 1 0 1 0 1 0 1 0 1 0 1 0 1 0 1 0 1 0
    1 0 1 0 1 0 1 0 1 0 1 0 1 0 1 0 1 0 1 0 1 0 1 0 1];
S4=[0 1 0 0 1 0 0 1 0 0 1 0 0 1 0 0 1 0 0 1 0 0 1 0 0
    1 0 0 1 0 0 1 0 0 1 0 0 1 0 0 1 0 0 1 0 0 1 0 0 1];
T1=[0 0 1 0 1 1 1 0 0 1 0 1 0 1 0 1 0 0 1 0 1 1 0 1 0
    1 0 0 1 0 1 0 1 0 0 1 0 1 0 0 1 0 0 1 0 0 1 0 0 1
    1 1 0 1 0 0 1 1 0 0 1 0 0 1 0 0 1 0 0 1 1 1 0 1 0
    0 1 0 0 1 0 1 1 1 0 0 1 0 1 0 1 0 1 0 0 1 0 1 1 0
    1 0 1 0 0 1 0 1 0 1 0 0 1 0 1 0 0 1 0 0 1 0 0 1 0
    0 1 1 1 0 1 0 0 1 1 0 0 1 0 0 1 0 0 1 0 0 1 1 1 0
    1 0 0 1 0 0 1 0 1 1 1 0 0 1 0 1 0 1 0 1 0 0 1 0 1
    1 0 1 0 1 0 0 1 0 1 0 1 0 0 1 0 1 0 0 1 0 0 1 0 0
    1 0 0 1 1 1 0 1 0 0 1 1 0 0 1 0 0 1 0 0 1 0 0 1 1
    1 0 1 0 0 1 0 1 0 0 1 0 1 0 0 1 0 0 1 0 0 1 0 0 1
    1 1 0 1 0 0 1 1 0 0 1 0 0 1 0 0 1 0 0 1 1 1 0 1 0
    0 1 0 0 1 0 1 1 1 0 0 1 0 1 0 1 0 1 0 0 1 0 1 1 0
    1 0 1 0 0 1 0 1 0 1 0 0 1 0 1 0 0 1 0 0 1 0 0 1 0
    0 1 1 1 0 1 0 0 1 1 0 0 1 0 0 1 0 0 1 0 0 1 1 1 0
    1 0 0 1 0 0 1 0 1 1 1 0 0 1 0 1 0 1 0 1 0 0 1 0 1
    1 0 1 0 1 0 0 1 0 1 0 1 0 0 1 0 1 0 0 1 0 0 1 0 0
    1 0 0 1 1 1 0 1 0 0 1 1 0 0 1 0 0 1 0 0 1 0 0 1 1 1 0 1 0 0 1];
T2=[0 0 1 1 1 1 1 1 1 1 1 1 1 1 1 1 1 1 1 1 1 1 1 1 1
    1 1 1 1 1 1 1 1 1 1 1 1 1 1 1 1 1 1 1 1 1 1 1 1 1];
T3=[0 0 1 0 1 0 1 0 1 0 1 0 1 0 1 0 1 0 1 0 1 0 1 0 1
    0 1 0 1 0 1 0 1 0 1 0 1 0 1 0 1 0 1 0 1 0 1 0 1 0];
T4=[0 0 1 0 0 1 0 0 1 0 0 1 0 0 1 0 0 1 0 0 1 0 0 1 0
    0 1 0 0 1 0 0 1 0 0 1 0 0 1 0 0 1 0 0 1 0 0 1 0 0];
S=S1;T=T1;NTN=380;
for iii=5:NTN
```

```
if S(iii-4)==1
    brevex=x0;J=[J,iii];leng0=length(J);
    setlmis([]);
    gama=lmivar(1,[1 1]);
    Y=lmivar(2,[1 2]);G=lmivar(2,[2 2]);
    Q11=lmivar(1,[2 1]);Q12=lmivar(2,[2 2]);Q13=lmivar(2,[2 2]);
    Q22=lmivar(1,[2 1]);Q23=lmivar(2,[2 2]);Q33=lmivar(1,[2 1]);
    G11_21=lmivar(2,[2 2]);G11_22=lmivar(2,[2 2]);G11_23=lmivar(2,[2 2]);
    G11_31=lmivar(2,[2 2]);G11_32=lmivar(2,[2 2]);G11_33=lmivar(2,[2 2]);
    G21_21=lmivar(2,[2 2]);G21_22=lmivar(2,[2 2]);G21_23=lmivar(2,[2 2]);
    G21_31=lmivar(2,[2 2]);G21_32=lmivar(2,[2 2]);G21_33=lmivar(2,[2 2]);
    G31_21=lmivar(2,[2 2]);G31_22=lmivar(2,[2 2]);G31_23=lmivar(2,[2 2]);
    G31_31=lmivar(2,[2 2]);G31_32=lmivar(2,[2 2]);G31_33=lmivar(2,[2 2]);
    G41_21=lmivar(2,[2 2]);G41_22=lmivar(2,[2 2]);G41_23=lmivar(2,[2 2]);
    G41_31=lmivar(2,[2 2]);G41_32=lmivar(2,[2 2]);G41_33=lmivar(2,[2 2]);
    G51_21=lmivar(2,[2 2]);G51_22=lmivar(2,[2 2]);G51_23=lmivar(2,[2 2]);
    G51_31=lmivar(2,[2 2]);G51_32=lmivar(2,[2 2]);G51_33=lmivar(2,[2 2]);
    G12_11=lmivar(2,[2 2]);G12_12=lmivar(2,[2 2]);G12_13=lmivar(2,[2 2]);
    G12_31=lmivar(2,[2 2]);G12_32=lmivar(2,[2 2]);G12_33=lmivar(2,[2 2]);
    G22_11=lmivar(2,[2 2]);G22_12=lmivar(2,[2 2]);G22_13=lmivar(2,[2 2]);
    G22_31=lmivar(2,[2 2]);G22_32=lmivar(2,[2 2]);G22_33=lmivar(2,[2 2]);
    G32_11=lmivar(2,[2 2]);G32_12=lmivar(2,[2 2]);G32_13=lmivar(2,[2 2]);
    G32_31=lmivar(2,[2 2]);G32_32=lmivar(2,[2 2]);G32_33=lmivar(2,[2 2]);
    G42_11=lmivar(2,[2 2]);G42_12=lmivar(2,[2 2]);G42_13=lmivar(2,[2 2]);
    G42_31=lmivar(2,[2 2]);G42_32=lmivar(2,[2 2]);G42_33=lmivar(2,[2 2]);
    G13_11=lmivar(2,[2 2]);G13_12=lmivar(2,[2 2]);G13_13=lmivar(2,[2 2]);
    G13_21=lmivar(2,[2 2]);G13_22=lmivar(2,[2 2]);G13_23=lmivar(2,[2 2]);
    G23_11=lmivar(2,[2 2]);G23_12=lmivar(2,[2 2]);G23_13=lmivar(2,[2 2]);
    G23_21=lmivar(2,[2 2]);G23_22=lmivar(2,[2 2]);G23_23=lmivar(2,[2 2]);
    G33_11=lmivar(2,[2 2]);G33_12=lmivar(2,[2 2]);G33_13=lmivar(2,[2 2]);
    G33_21=lmivar(2,[2 2]);G33_22=lmivar(2,[2 2]);G33_23=lmivar(2,[2 2]);
    % for t=3, calculate z(\mathbbm i_{s_l}|j_l)
    % x(j_l+2|j_l)=A^2x(j_l)+(AB+B)u(j_l|j_l)
    % x(j_l+1|j_l)=Ax(j_l)+Bu(j_l|j_l)
    % x(j_l|j_l)=x(j_l)
    % u(j_l+1|j_l)=u(j_l|j_l)=breveu(j_l-1)
    lmiterm([-1 1 1 0],1);lmiterm([-1 2 1 0],A^2*z0_4+A*B*u0+B*u0);
    lmiterm([-1 3 1 0],A*z0_4+B*u0);lmiterm([-1 4 1 0],z0_4);
    lmiterm([-1 2 2 Q11],1,1);lmiterm([-1 3 2 Q12],1,1);
    lmiterm([-1 3 3 Q22],1,1);lmiterm([-1 4 2 Q13],1,1);
    lmiterm([-1 4 3 Q23],1,1);lmiterm([-1 4 4 Q33],1,1);
    % for t=2, calculate z(\mathbbm i_{s_l}|j_l)
    % x(j_l+1|j_l)=Ax(j_l)+Bu(j_l|j_l)
    % x(j_l|j_l)=x(j_l)
    % x(j_l-1|j_l)=x(j_{l-1}) if j_l-j_{l-1}=1
    % u(j_l|j_l)=breveu(j_l-1) or u(j_l|j_l)=breveu(j_l-2)
    lmiterm([-2 1 1 0],1);lmiterm([-2 2 1 0],A*z0_4+B*u0);lmiterm([-2 3 1 0],z0_4);
    lmiterm([-2 4 1 0],z0_3);lmiterm([-2 2 2 Q11],1,1);lmiterm([-2 3 2 Q12],1,1);
    lmiterm([-2 3 3 Q22],1,1);lmiterm([-2 4 2 Q13],1,1);
    lmiterm([-2 4 3 Q23],1,1);lmiterm([-2 4 4 Q33],1,1);
    % for t=1 calculate z(\mathbbm i_{s_l}|j_l)
```

```
% x(j_l|j_l)=x(j_l)
% x(j_l-1|j_l)=x(j_{l-1})
% x(j_l-2|j_l)=x(j_{l-2})
lmiterm([-3 1 1 0],1);lmiterm([-3 2 1 0],z0_4);lmiterm([-3 3 1 0],z0_3);
lmiterm([-3 4 1 0],z0_2);lmiterm([-3 2 2 Q11],1,1);lmiterm([-3 3 2 Q12],1,1);
lmiterm([-3 3 3 Q22],1,1);lmiterm([-3 4 2 Q13],1,1);lmiterm([-3 4 3 Q23],1,1);
lmiterm([-3 4 4 Q33],1,1);
lmiterm([-4 1 1 G],1,1,'s');lmiterm([-4 2 1 -G],1,1);
lmiterm([-4 2 1 G11_21],1,1);lmiterm([-4 2 2 G11_22],1,1,'s');
lmiterm([-4 3 1 -G],1,1);lmiterm([-4 3 1 G11_31],1,1);
lmiterm([-4 3 2 -G11_23],1,1);lmiterm([-4 3 2 G11_32],1,1);
lmiterm([-4 3 3 G11_33],1,1,'s');lmiterm([-4 4 1 G],A,1);
lmiterm([-4 4 2 G],A,1);lmiterm([-4 4 3 G],A,1);lmiterm([-4 4 1 Y],B,1);
lmiterm([-4 4 2 Y],B,1);lmiterm([-4 4 3 Y],B,1);lmiterm([-4 5 1 G],1,1);
lmiterm([-4 5 2 G],1,1);lmiterm([-4 5 3 G],1,1);lmiterm([-4 6 1 G11_21],1,1);
lmiterm([-4 6 2 G11_22],1,1);lmiterm([-4 6 3 G11_23],1,1);
lmiterm([-4 7 1 G],1,1);lmiterm([-4 7 2 G],1,1);lmiterm([-4 7 3 G],1,1);
lmiterm([-4 1 1 Q11],-1,1);lmiterm([-4 2 1 Q12],-1,1);
lmiterm([-4 2 2 Q22],-1,1);lmiterm([-4 3 1 Q13],-1,1);
lmiterm([-4 3 2 Q23],-1,1);lmiterm([-4 3 3 Q33],-1,1);
lmiterm([-4 4 4 Q11],1,1);lmiterm([-4 5 4 Q12],1,1);
lmiterm([-4 5 5 Q22],1,1);lmiterm([-4 6 4 Q13],1,1);
lmiterm([-4 6 5 Q23],1,1);lmiterm([-4 6 6 Q33],1,1);
lmiterm([-4 8 1 Y],1,1);lmiterm([-4 8 2 Y],1,1);lmiterm([-4 8 3 Y],1,1);
lmiterm([-4 7 7 gama],1,1);lmiterm([-4 8 8 gama],1,1);
lmiterm([-5 1 1 G],1,1,'s');lmiterm([-5 2 1 -G],1,1);
lmiterm([-5 2 1 G21_21],1,1);lmiterm([-5 2 2 G21_22],1,1,'s');
lmiterm([-5 3 1 G],1,1);lmiterm([-5 3 1 G21_31],1,1);
lmiterm([-5 3 2 -G21_23],1,1);lmiterm([-5 3 2 G21_32],1,1);
lmiterm([-5 3 3 G21_33],1,1,'s');lmiterm([-5 4 1 G],A^2,1);
lmiterm([-5 4 2 G],A^2,1);lmiterm([-5 4 3 G],A^2,1);
lmiterm([-5 4 1 Y],A*B+B,1);lmiterm([-5 4 2 Y],A*B+B,1);
lmiterm([-5 4 3 Y],A*B+B,1);lmiterm([-5 5 1 G],A,1);
lmiterm([-5 5 2 G],A,1);lmiterm([-5 5 3 G],A,1);lmiterm([-5 5 1 Y],B,1);
lmiterm([-5 5 2 Y],B,1);lmiterm([-5 5 3 Y],B,1);lmiterm([-5 6 1 G],1,1);
lmiterm([-5 6 2 G],1,1);lmiterm([-5 6 3 G],1,1);lmiterm([-5 7 1 G],1,1);
lmiterm([-5 7 2 G],1,1);lmiterm([-5 7 3 G],1,1);
lmiterm([-5 1 1 Q11],-1,1);lmiterm([-5 2 1 Q12],-1,1);
lmiterm([-5 2 2 Q22],-1,1);lmiterm([-5 3 1 Q13],-1,1);
lmiterm([-5 3 2 Q23],-1,1);lmiterm([-5 3 3 Q33],-1,1);
lmiterm([-5 4 4 Q11],1,1);lmiterm([-5 5 4 Q12],1,1);
lmiterm([-5 5 5 Q22],1,1);lmiterm([-5 6 4 Q13],1,1);
lmiterm([-5 6 5 Q23],1,1);lmiterm([-5 6 6 Q33],1,1);
lmiterm([-5 8 1 Y],1,1);lmiterm([-5 8 2 Y],1,1);lmiterm([-5 8 3 Y],1,1);
lmiterm([-5 7 7 gama],1,1);lmiterm([-5 8 8 gama],1,1);
lmiterm([-6 1 1 G],1,1,'s');lmiterm([-6 2 1 -G],1,1);
lmiterm([-6 2 1 G31_21],1,1);lmiterm([-6 2 2 G31_22],1,1,'s');
lmiterm([-6 3 1 -G],1,1);lmiterm([-6 3 1 G31_31],1,1);
lmiterm([-6 3 2 -G31_23],1,1);lmiterm([-6 3 2 G31_32],1,1);
lmiterm([-6 3 3 G31_33],1,1,'s');lmiterm([-6 4 1 G],A^3,1);
lmiterm([-6 4 2 G],A^3,1);lmiterm([-6 4 3 G],A^3,1);
```

```
lmiterm([-6 4 1 Y],A^2*B+A*B+B,1);lmiterm([-6 4 2 Y],A^2*B+A*B+B,1);
lmiterm([-6 4 3 Y],A^2*B+A*B+B,1);lmiterm([-6 5 1 G],A^2,1);
lmiterm([-6 5 2 G],A^2,1);lmiterm([-6 5 3 G],A^2,1);
lmiterm([-6 5 1 Y],A*B+B,1);lmiterm([-6 5 2 Y],A*B+B,1);
lmiterm([-6 5 3 Y],A*B+B,1);lmiterm([-6 6 1 G],A,1);
lmiterm([-6 6 2 G],A,1);lmiterm([-6 6 3 G],A,1);
lmiterm([-6 6 1 Y],B,1);lmiterm([-6 6 2 Y],B,1);
lmiterm([-6 6 3 Y],B,1);lmiterm([-6 7 1 G],1,1);
lmiterm([-6 7 2 G],1,1);lmiterm([-6 7 3 G],1,1);
lmiterm([-6 1 1 Q11],-1,1);lmiterm([-6 2 1 Q12],-1,1);
lmiterm([-6 2 2 Q22],-1,1);lmiterm([-6 3 1 Q13],-1,1);
lmiterm([-6 3 2 Q23],-1,1);lmiterm([-6 3 3 Q33],-1,1);
lmiterm([-6 4 4 Q11],1,1);lmiterm([-6 5 4 Q12],1,1);
lmiterm([-6 5 5 Q22],1,1);lmiterm([-6 6 4 Q13],1,1);
lmiterm([-6 6 5 Q23],1,1);lmiterm([-6 6 6 Q33],1,1);
lmiterm([-6 8 1 Y],1,1);lmiterm([-6 8 2 Y],1,1);
lmiterm([-6 8 3 Y],1,1);lmiterm([-6 7 7 gama],1,1);
lmiterm([-6 8 8 gama],1,1);
lmiterm([-7 1 1 G],1,1,'s');lmiterm([-7 2 1 -G],1,1);
lmiterm([-7 2 1 G41_21],1,1);lmiterm([-7 2 2 G41_22],1,1,'s');
lmiterm([-7 3 1 -G],1,1);lmiterm([-7 3 1 G41_31],1,1);
lmiterm([-7 3 2 -G41_23],1,1);lmiterm([-7 3 2 G41_32],1,1);
lmiterm([-7 3 3 G41_33],1,1,'s');lmiterm([-7 4 1 G],A^4,1);
lmiterm([-7 4 2 G],A^4,1);lmiterm([-7 4 3 G],A^4,1);
lmiterm([-7 4 1 Y],A^3*B+A^2*B+A*B+B,1);
lmiterm([-7 4 2 Y],A^3*B+A^2*B+A*B+B,1);
lmiterm([-7 4 3 Y],A^3*B+A^2*B+A*B+B,1);
lmiterm([-7 5 1 G],A^3,1);lmiterm([-7 5 2 G],A^3,1);
lmiterm([-7 5 3 G],A^3,1);lmiterm([-7 5 1 Y],A^2*B+A*B+B,1);
lmiterm([-7 5 2 Y],A^2*B+A*B+B,1);
lmiterm([-7 5 3 Y],A^2*B+A*B+B,1);lmiterm([-7 6 1 G],A^2,1);
lmiterm([-7 6 2 G],A^2,1);lmiterm([-7 6 3 G],A^2,1);
lmiterm([-7 6 1 Y],A*B+B,1);lmiterm([-7 6 2 Y],A*B+B,1);
lmiterm([-7 6 3 Y],A*B+B,1);lmiterm([-7 7 1 G],1,1);
lmiterm([-7 7 2 G],1,1);lmiterm([-7 7 3 G],1,1);
lmiterm([-7 1 1 Q11],-1,1);lmiterm([-7 2 1 Q12],-1,1);
lmiterm([-7 2 2 Q22],-1,1);lmiterm([-7 3 1 Q13],-1,1);
lmiterm([-7 3 2 Q23],-1,1);lmiterm([-7 3 3 Q33],-1,1);
lmiterm([-7 4 4 Q11],1,1);lmiterm([-7 5 4 Q12],1,1);
lmiterm([-7 5 5 Q22],1,1);lmiterm([-7 6 4 Q13],1,1);
lmiterm([-7 6 5 Q23],1,1);lmiterm([-7 6 6 Q33],1,1);
lmiterm([-7 8 1 Y],1,1);lmiterm([-7 8 2 Y],1,1);lmiterm([-7 8 3 Y],1,1);
lmiterm([-7 7 7 gama],1,1);lmiterm([-7 8 8 gama],1,1);
lmiterm([-8 1 1 G],1,1,'s');lmiterm([-8 2 1 -G],1,1);
lmiterm([-8 2 1 G51_21],1,1);lmiterm([-8 2 2 G51_22],1,1,'s');
lmiterm([-8 3 1 -G],1,1);lmiterm([-8 3 1 G51_31],1,1);
lmiterm([-8 3 2 -G51_23],1,1);lmiterm([-8 3 2 G51_32],1,1);
lmiterm([-8 3 3 G51_33],1,1,'s');lmiterm([-8 4 1 G],A^5,1);
lmiterm([-8 4 2 G],A^5,1);lmiterm([-8 4 3 G],A^5,1);
lmiterm([-8 4 1 Y],A^4*B+A^3*B+A^2*B+A*B+B,1);
lmiterm([-8 4 2 Y],A^4*B+A^3*B+A^2*B+A*B+B,1);
```

```
lmiterm([-8 4 3 Y],A^4*B+A^3*B+A^2*B+A*B+B,1);
lmiterm([-8 5 1 G],A^4,1);lmiterm([-8 5 2 G],A^4,1);
lmiterm([-8 5 3 G],A^4,1);lmiterm([-8 5 1 Y],A^3*B+A^2*B+A*B+B,1);
lmiterm([-8 5 2 Y],A^3*B+A^2*B+A*B+B,1);
lmiterm([-8 5 3 Y],A^3*B+A^2*B+A*B+B,1);
lmiterm([-8 6 1 G],A^3,1);lmiterm([-8 6 2 G],A^3,1);
lmiterm([-8 6 3 G],A^3,1);lmiterm([-8 6 1 Y],A^2*B+A*B+B,1);
lmiterm([-8 6 2 Y],A^2*B+A*B+B,1);lmiterm([-8 6 3 Y],A^2*B+A*B+B,1);
lmiterm([-8 7 1 G],1,1);lmiterm([-8 7 2 G],1,1);lmiterm([-8 7 3 G],1,1);
lmiterm([-8 1 1 Q11],-1,1);lmiterm([-8 2 1 Q12],-1,1);
lmiterm([-8 2 2 Q22],-1,1);lmiterm([-8 3 1 Q13],-1,1);
lmiterm([-8 3 2 Q23],-1,1);lmiterm([-8 3 3 Q33],-1,1);
lmiterm([-8 4 4 Q11],1,1);lmiterm([-8 5 4 Q12],1,1);
lmiterm([-8 5 5 Q22],1,1);lmiterm([-8 6 4 Q13],1,1);
lmiterm([-8 6 5 Q23],1,1);lmiterm([-8 6 6 Q33],1,1);
lmiterm([-8 8 1 Y],1,1);lmiterm([-8 8 2 Y],1,1);
lmiterm([-8 8 3 Y],1,1);lmiterm([-8 7 7 gama],1,1);
lmiterm([-8 8 8 gama],1,1);
lmiterm([-9 1 1 G12_11],1,1,'s');lmiterm([-9 2 1 -G12_12],1,1);
lmiterm([-9 2 1 G],1,1);lmiterm([-9 2 2 G],1,1,'s');
lmiterm([-9 3 1 -G12_13],1,1);lmiterm([-9 3 1 G12_31],1,1);
lmiterm([-9 3 2 -G],1,1);lmiterm([-9 3 2 G12_32],1,1);
lmiterm([-9 3 3 G12_33],1,1,'s');lmiterm([-9 4 1 G12_11],A,1);
lmiterm([-9 4 2 G12_12],A,1);lmiterm([-9 4 3 G12_13],A,1);
lmiterm([-9 4 1 Y],B,1);lmiterm([-9 4 2 Y],B,1);lmiterm([-9 4 3 Y],B,1);
lmiterm([-9 5 1 G12_11],1,1);lmiterm([-9 5 2 G12_12],1,1);
lmiterm([-9 5 3 G12_13],1,1);lmiterm([-9 6 1 G],1,1);
lmiterm([-9 6 2 G],1,1);lmiterm([-9 6 3 G],1,1);lmiterm([-9 7 1 G12_11],1,1);
lmiterm([-9 7 2 G12_12],1,1);lmiterm([-9 7 3 G12_13],1,1);
lmiterm([-9 1 1 Q11],-1,1);lmiterm([-9 2 1 Q12],-1,1);
lmiterm([-9 2 2 Q22],-1,1);lmiterm([-9 3 1 Q13],-1,1);
lmiterm([-9 3 2 Q23],-1,1);lmiterm([-9 3 3 Q33],-1,1);
lmiterm([-9 4 4 Q11],1,1);lmiterm([-9 5 4 Q12],1,1);lmiterm([-9 5 5 Q22],1,1);
lmiterm([-9 6 4 Q13],1,1);lmiterm([-9 6 5 Q23],1,1);lmiterm([-9 6 6 Q33],1,1);
lmiterm([-9 8 1 Y],1,1);lmiterm([-9 8 2 Y],1,1);lmiterm([-9 8 3 Y],1,1);
lmiterm([-9 7 7 gama],1,1);lmiterm([-9 8 8 gama],1,1);
lmiterm([-10 1 1 G22_11],1,1,'s');lmiterm([-10 2 1 -G22_12],1,1);
lmiterm([-10 2 1 G],1,1);lmiterm([-10 2 2 G],1,1,'s');
lmiterm([-10 3 1 -G22_13],1,1);lmiterm([-10 3 1 G22_31],1,1);
lmiterm([-10 3 2 -G],1,1);lmiterm([-10 3 2 G22_32],1,1);
lmiterm([-10 3 3 G22_33],1,1,'s');lmiterm([-10 4 1 G22_11],A^2,1);
lmiterm([-10 4 2 G22_12],A^2,1);lmiterm([-10 4 3 G22_13],A^2,1);
lmiterm([-10 4 1 Y],A*B+B,1);lmiterm([-10 4 2 Y],A*B+B,1);
lmiterm([-10 4 3 Y],A*B+B,1);lmiterm([-10 5 1 G22_11],A,1);
lmiterm([-10 5 2 G22_12],A,1);lmiterm([-10 5 3 G22_13],A,1);
lmiterm([-10 5 1 Y],B,1);lmiterm([-10 5 2 Y],B,1);
lmiterm([-10 5 3 Y],B,1);lmiterm([-10 6 1 G22_11],1,1);
lmiterm([-10 6 2 G22_12],1,1);lmiterm([-10 6 3 G22_13],1,1);
lmiterm([-10 7 1 G22_11],1,1);lmiterm([-10 7 2 G22_12],1,1);
lmiterm([-10 7 3 G22_13],1,1);lmiterm([-10 1 1 Q11],-1,1);
lmiterm([-10 2 1 Q12],-1,1);lmiterm([-10 2 2 Q22],-1,1);
```

```
lmiterm([-10 3 1 Q13],-1,1);lmiterm([-10 3 2 Q23],-1,1);
lmiterm([-10 3 3 Q33],-1,1);lmiterm([-10 4 4 Q11],1,1);
lmiterm([-10 5 4 Q12],1,1);lmiterm([-10 5 5 Q22],1,1);
lmiterm([-10 6 4 Q13],1,1);lmiterm([-10 6 5 Q23],1,1);
lmiterm([-10 6 6 Q33],1,1);lmiterm([-10 8 1 Y],1,1);lmiterm([-10 8 2 Y],1,1);
lmiterm([-10 8 3 Y],1,1);lmiterm([-10 7 7 gama],1,1);
lmiterm([-10 8 8 gama],1,1);
lmiterm([-11 1 1 G32_11],1,1,'s');lmiterm([-11 2 1 -G32_12],1,1);
lmiterm([-11 2 1 G],1,1);lmiterm([-11 2 2 G],1,1,'s');
lmiterm([-11 3 1 -G32_13],1,1);lmiterm([-11 3 1 G32_31],1,1);
lmiterm([-11 3 2 -G],1,1);lmiterm([-11 3 2 G32_32],1,1);
lmiterm([-11 3 3 G32_33],1,1,'s');lmiterm([-11 4 1 G32_11],A^3,1);
lmiterm([-11 4 2 G32_12],A^3,1);lmiterm([-11 4 3 G32_13],A^3,1);
lmiterm([-11 4 1 Y],A^2*B+A*B+B,1);lmiterm([-11 4 2 Y],A^2*B+A*B+B,1);
lmiterm([-11 4 3 Y],A^2*B+A*B+B,1);lmiterm([-11 5 1 G32_11],A^2,1);
lmiterm([-11 5 2 G32_12],A^2,1);lmiterm([-11 5 3 G32_13],A^2,1);
lmiterm([-11 5 1 Y],A*B+B,1);lmiterm([-11 5 2 Y],A*B+B,1);
lmiterm([-11 5 3 Y],A*B+B,1);lmiterm([-11 6 1 G32_11],A,1);
lmiterm([-11 6 2 G32_12],A,1);lmiterm([-11 6 3 G32_13],A,1);
lmiterm([-11 6 1 Y],B,1);lmiterm([-11 6 2 Y],B,1);lmiterm([-11 6 3 Y],B,1);
lmiterm([-11 7 1 G32_11],1,1);lmiterm([-11 7 2 G32_12],1,1);
lmiterm([-11 7 3 G32_13],1,1);lmiterm([-11 1 1 Q11],-1,1);
lmiterm([-11 2 1 Q12],-1,1);lmiterm([-11 2 2 Q22],-1,1);
lmiterm([-11 3 1 Q13],-1,1);lmiterm([-11 3 2 Q23],-1,1);
lmiterm([-11 3 3 Q33],-1,1);lmiterm([-11 4 4 Q11],1,1);
lmiterm([-11 5 4 Q12],1,1);lmiterm([-11 5 5 Q22],1,1);
lmiterm([-11 6 4 Q13],1,1);lmiterm([-11 6 5 Q23],1,1);
lmiterm([-11 6 6 Q33],1,1);lmiterm([-11 8 1 Y],1,1);
lmiterm([-11 8 2 Y],1,1);lmiterm([-11 8 3 Y],1,1);
lmiterm([-11 7 7 gama],1,1);lmiterm([-11 8 8 gama],1,1);
lmiterm([-12 1 1 G42_11],1,1,'s');lmiterm([-12 2 1 -G42_12],1,1);
lmiterm([-12 2 1 G],1,1);lmiterm([-12 2 2 G],1,1,'s');
lmiterm([-12 3 1 -G42_13],1,1);lmiterm([-12 3 1 G42_31],1,1);
lmiterm([-12 3 2 -G],1,1);lmiterm([-12 3 2 G42_32],1,1);
lmiterm([-12 3 3 G42_33],1,1,'s');lmiterm([-12 4 1 G42_11],A^4,1);
lmiterm([-12 4 2 G42_12],A^4,1);lmiterm([-12 4 3 G42_13],A^4,1);
lmiterm([-12 4 1 Y],A^3*B+A^2*B+A*B+B,1);
lmiterm([-12 4 2 Y],A^3*B+A^2*B+A*B+B,1);
lmiterm([-12 4 3 Y],A^3*B+A^2*B+A*B+B,1);
lmiterm([-12 5 1 G42_11],A^3,1);lmiterm([-12 5 2 G42_12],A^3,1);
lmiterm([-12 5 3 G42_13],A^3,1);lmiterm([-12 5 1 Y],A^2*B+A*B+B,1);
lmiterm([-12 5 2 Y],A^2*B+A*B+B,1);lmiterm([-12 5 3 Y],A^2*B+A*B+B,1);
lmiterm([-12 6 1 G42_11],A^2,1);lmiterm([-12 6 2 G42_12],A^2,1);
lmiterm([-12 6 3 G42_13],A^2,1);lmiterm([-12 6 1 Y],A*B+B,1);
lmiterm([-12 6 2 Y],A*B+B,1);lmiterm([-12 6 3 Y],A*B+B,1);
lmiterm([-12 7 1 G42_11],1,1);lmiterm([-12 7 2 G42_12],1,1);
lmiterm([-12 7 3 G42_13],1,1);lmiterm([-12 1 1 Q11],-1,1);
lmiterm([-12 2 1 Q12],-1,1);lmiterm([-12 2 2 Q22],-1,1);
lmiterm([-12 3 1 Q13],-1,1);lmiterm([-12 3 2 Q23],-1,1);
lmiterm([-12 3 3 Q33],-1,1);lmiterm([-12 4 4 Q11],1,1);
lmiterm([-12 5 4 Q12],1,1);lmiterm([-12 5 5 Q22],1,1);
```

```
lmiterm([-12 6 4 Q13],1,1);lmiterm([-12 6 5 Q23],1,1);
lmiterm([-12 6 6 Q33],1,1);lmiterm([-12 8 1 Y],1,1);
lmiterm([-12 8 2 Y],1,1);lmiterm([-12 8 3 Y],1,1);
lmiterm([-12 7 7 gama],1,1);lmiterm([-12 8 8 gama],1,1);
lmiterm([-13 1 1 G13_11],1,1,'s');lmiterm([-13 2 1 -G13_12],1,1);
lmiterm([-13 2 1 G13_21],1,1);lmiterm([-13 2 2 G13_22],1,1,'s');
lmiterm([-13 3 1 -G13_13],1,1);lmiterm([-13 3 1 G],1,1);
lmiterm([-13 3 2 -G13_23],1,1);lmiterm([-13 3 2 G],1,1);
lmiterm([-13 3 3 G],1,1,'s');lmiterm([-13 4 1 G13_11],A,1);
lmiterm([-13 4 2 G13_12],A,1);lmiterm([-13 4 3 G13_13],A,1);
lmiterm([-13 4 1 Y],B,1);lmiterm([-13 4 2 Y],B,1);
lmiterm([-13 4 3 Y],B,1);lmiterm([-13 5 1 G13_11],1,1);
lmiterm([-13 5 2 G13_12],1,1);lmiterm([-13 5 3 G13_13],1,1);
lmiterm([-13 6 1 G13_21],1,1);lmiterm([-13 6 2 G13_22],1,1);
lmiterm([-13 6 3 G13_23],1,1);lmiterm([-13 7 1 G13_11],1,1);
lmiterm([-13 7 2 G13_12],1,1);lmiterm([-13 7 3 G13_13],1,1);
lmiterm([-13 1 1 Q11],-1,1);lmiterm([-13 2 1 Q12],-1,1);
lmiterm([-13 2 2 Q22],-1,1);lmiterm([-13 3 1 Q13],-1,1);
lmiterm([-13 3 2 Q23],-1,1);lmiterm([-13 3 3 Q33],-1,1);
lmiterm([-13 4 4 Q11],1,1);lmiterm([-13 5 4 Q12],1,1);
lmiterm([-13 5 5 Q22],1,1);lmiterm([-13 6 4 Q13],1,1);
lmiterm([-13 6 5 Q23],1,1);lmiterm([-13 6 6 Q33],1,1);
lmiterm([-13 8 1 Y],1,1);lmiterm([-13 8 2 Y],1,1);
lmiterm([-13 8 3 Y],1,1);lmiterm([-13 7 7 gama],1,1);
lmiterm([-13 8 8 gama],1,1);
lmiterm([-14 1 1 G23_11],1,1,'s');lmiterm([-14 2 1 -G23_12],1,1);
lmiterm([-14 2 1 G23_21],1,1);lmiterm([-14 2 2 G23_22],1,1,'s');
lmiterm([-14 3 1 -G23_13],1,1);lmiterm([-14 3 1 G],1,1);
lmiterm([-14 3 2 -G23_23],1,1);lmiterm([-14 3 2 G],1,1);
lmiterm([-14 3 3 G],1,1,'s');lmiterm([-14 4 1 G23_11],A^2,1);
lmiterm([-14 4 2 G23_12],A^2,1);lmiterm([-14 4 3 G23_13],A^2,1);
lmiterm([-14 4 1 Y],A*B+B,1);lmiterm([-14 4 2 Y],A*B+B,1);
lmiterm([-14 4 3 Y],A*B+B,1);lmiterm([-14 5 1 G23_11],A,1);
lmiterm([-14 5 2 G23_12],A,1);lmiterm([-14 5 3 G23_13],A,1);
lmiterm([-14 5 1 Y],B,1);lmiterm([-14 5 2 Y],B,1);
lmiterm([-14 5 3 Y],B,1);lmiterm([-14 6 1 G23_11],1,1);
lmiterm([-14 6 2 G23_12],1,1);lmiterm([-14 6 3 G23_13],1,1);
lmiterm([-14 7 1 G23_11],1,1);lmiterm([-14 7 2 G23_12],1,1);
lmiterm([-14 7 3 G23_13],1,1);lmiterm([-14 1 1 Q11],-1,1);
lmiterm([-14 2 1 Q12],-1,1);lmiterm([-14 2 2 Q22],-1,1);
lmiterm([-14 3 1 Q13],-1,1);lmiterm([-14 3 2 Q23],-1,1);
lmiterm([-14 3 3 Q33],-1,1);lmiterm([-14 4 4 Q11],1,1);
lmiterm([-14 5 4 Q12],1,1);lmiterm([-14 5 5 Q22],1,1);
lmiterm([-14 6 4 Q13],1,1);lmiterm([-14 6 5 Q23],1,1);
lmiterm([-14 6 6 Q33],1,1);lmiterm([-14 8 1 Y],1,1);
lmiterm([-14 8 2 Y],1,1);lmiterm([-14 8 3 Y],1,1);
lmiterm([-14 7 7 gama],1,1);lmiterm([-14 8 8 gama],1,1);
lmiterm([-15 1 1 G33_11],1,1,'s');lmiterm([-15 2 1 -G33_12],1,1);
lmiterm([-15 2 1 G33_21],1,1);lmiterm([-15 2 2 G33_22],1,1,'s');
lmiterm([-15 3 1 -G33_13],1,1);lmiterm([-15 3 1 G],1,1);
lmiterm([-15 3 2 -G33_23],1,1);lmiterm([-15 3 2 G],1,1);
```

```
lmiterm([-15 3 3 G],1,1,'s');lmiterm([-15 4 1 G33_11],A^3,1);
lmiterm([-15 4 2 G33_12],A^3,1);lmiterm([-15 4 3 G33_13],A^3,1);
lmiterm([-15 4 1 Y],A^2*B+A*B+B,1);lmiterm([-15 4 2 Y],A^2*B+A*B+B,1);
lmiterm([-15 4 3 Y],A^2*B+A*B+B,1);lmiterm([-15 5 1 G33_11],A^2,1);
lmiterm([-15 5 2 G33_12],A^2,1);lmiterm([-15 5 3 G33_13],A^2,1);
lmiterm([-15 5 1 Y],A*B+B,1);lmiterm([-15 5 2 Y],A*B+B,1);
lmiterm([-15 5 3 Y],A*B+B,1);lmiterm([-15 6 1 G33_11],A,1);
lmiterm([-15 6 2 G33_12],A,1);lmiterm([-15 6 3 G33_13],A,1);
lmiterm([-15 6 1 Y],B,1);lmiterm([-15 6 2 Y],B,1);lmiterm([-15 6 3 Y],B,1);
lmiterm([-15 7 1 G33_11],1,1);lmiterm([-15 7 2 G33_12],1,1);
lmiterm([-15 7 3 G33_13],1,1);lmiterm([-15 1 1 Q11],-1,1);
lmiterm([-15 2 1 Q12],-1,1);lmiterm([-15 2 2 Q22],-1,1);
lmiterm([-15 3 1 Q13],-1,1);lmiterm([-15 3 2 Q23],-1,1);
lmiterm([-15 3 3 Q33],-1,1);lmiterm([-15 4 4 Q11],1,1);
lmiterm([-15 5 4 Q12],1,1);lmiterm([-15 5 5 Q22],1,1);
lmiterm([-15 6 4 Q13],1,1);lmiterm([-15 6 5 Q23],1,1);
lmiterm([-15 6 6 Q33],1,1);lmiterm([-15 8 1 Y],1,1);lmiterm([-15 8 2 Y],1,1);
lmiterm([-15 8 3 Y],1,1);lmiterm([-15 7 7 gama],1,1);lmiterm([-15 8 8 gama],1,1);
lmiterm([-16 1 1 G],1,1,'s');lmiterm([-16 1 1 Q11],-1,1);
lmiterm([-16 2 1 Y],1,1);lmiterm([-16 2 2 0],InputC);
lmiterm([-17 1 1 G],1,1,'s');lmiterm([-17 1 1 Q22],-1,1);
lmiterm([-17 2 1 Y],1,1);lmiterm([-17 2 2 0],InputC);
lmiterm([-18 1 1 G],1,1,'s');lmiterm([-18 1 1 Q33],-1,1);
lmiterm([-18 2 1 Y],1,1);lmiterm([-18 2 2 0],InputC);
lmiterm([-19 1 1 G],1,1,'s');lmiterm([-19 1 1 Q11],-1,1);
lmiterm([-19 2 1 G],[1 0]*A,1);lmiterm([-19 2 1 Y],[1 0]*B,1);
lmiterm([-19 2 2 0],stateC);
lmiterm([-20 1 1 G],1,1,'s');lmiterm([-20 1 1 Q11],-1,1);
lmiterm([-20 2 1 G],[1 0]*A^2,1);lmiterm([-20 2 1 Y],[1 0]*(A*B+B),1);
lmiterm([-20 2 2 0],stateC);
lmiterm([-21 1 1 G],1,1,'s');lmiterm([-21 1 1 Q11],-1,1);
lmiterm([-21 2 1 G],[1 0]*A^3,1);lmiterm([-21 2 1 Y],[1 0]*(A^2*B+A*B+B),1);
lmiterm([-21 2 2 0],stateC);
lmiterm([-22 1 1 G],1,1,'s');lmiterm([-22 1 1 Q11],-1,1);
lmiterm([-22 2 1 G],[1 0]*A^4,1);
lmiterm([-22 2 1 Y],[1 0]*(A^3*B+A^2*B+A*B+B),1);
lmiterm([-22 2 2 0],stateC);
lmiterm([-23 1 1 G],1,1,'s');lmiterm([-23 1 1 Q11],-1,1);
lmiterm([-23 2 1 G],[1 0]*A^5,1);
lmiterm([-23 2 1 Y],[1 0]*(A^4*B+A^3*B+A^2*B+A*B+B),1);
lmiterm([-23 2 2 0],stateC);
lmiterm([-24 1 1 G12_11],1,1,'s');lmiterm([-24 1 1 Q11],-1,1);
lmiterm([-24 2 1 -G12_12],1,1);lmiterm([-24 2 1 G],1,1);
lmiterm([-24 2 1 Q12],-1,1);
lmiterm([-24 2 2 G],1,1,'s');lmiterm([-24 2 2 Q22],-1,1);
lmiterm([-24 3 1 G12_11],[1 0]*A,1);lmiterm([-24 3 1 Y],[1 0]*B,1);
lmiterm([-24 3 2 G12_12],[1 0]*A,1);lmiterm([-24 3 2 Y],[1 0]*B,1);
lmiterm([-24 3 3 0],stateC);
lmiterm([-25 1 1 G22_11],1,1,'s');lmiterm([-25 1 1 Q11],-1,1);
lmiterm([-25 2 1 -G22_12],1,1);lmiterm([-25 2 1 G],1,1);
lmiterm([-25 2 1 Q12],-1,1);lmiterm([-25 2 2 G],1,1,'s');
```

```
        lmiterm([-25 2 2 Q22],-1,1);lmiterm([-25 3 1 G22_11],[1 0]*A^2,1);
        lmiterm([-25 3 1 Y],[1 0]*(A*B+B),1);lmiterm([-25 3 2 G22_12],[1 0]*A^2,1);
        lmiterm([-25 3 2 Y],[1 0]*(A*B+B),1);lmiterm([-25 3 3 0],stateC);
        lmiterm([-26 1 1 G32_11],1,1,'s');lmiterm([-26 1 1 Q11],-1,1);
        lmiterm([-26 2 1 -G32_12],1,1);lmiterm([-26 2 1 G],1,1);
        lmiterm([-26 2 1 Q12],-1,1);
        lmiterm([-26 2 2 G],1,1,'s');lmiterm([-26 2 2 Q22],-1,1);
        lmiterm([-26 3 1 G32_11],[1 0]*A^3,1);lmiterm([-26 3 1 Y],[1 0]*(A^2*B+A*B+B),1);
        lmiterm([-26 3 2 G32_12],[1 0]*A^3,1);lmiterm([-26 3 2 Y],[1 0]*(A^2*B+A*B+B),1);
        lmiterm([-26 3 3 0],stateC);
        lmiterm([-27 1 1 G42_11],1,1,'s');lmiterm([-27 1 1 Q11],-1,1);
        lmiterm([-27 2 1 -G42_12],1,1);lmiterm([-27 2 1 G],1,1);lmiterm([-27 2 1 Q12
            ],-1,1);
        lmiterm([-27 2 2 G],1,1,'s');lmiterm([-27 2 2 Q22],-1,1);
        lmiterm([-27 3 1 G42_11],[1 0]*A^4,1);
        lmiterm([-27 3 1 Y],[1 0]*(A^3*B+A^2*B+A*B+B),1);
        lmiterm([-27 3 2 G42_12],[1 0]*A^4,1);
        lmiterm([-27 3 2 Y],[1 0]*(A^3*B+A^2*B+A*B+B),1);
        lmiterm([-27 3 3 0],stateC);
        lmiterm([-28 1 1 G13_11],1,1,'s');lmiterm([-28 1 1 Q11],-1,1);
        lmiterm([-28 2 1 -G13_13],1,1);lmiterm([-28 2 1 G],1,1);
        lmiterm([-28 2 1 Q13],-1,1);lmiterm([-28 2 2 G],1,1,'s');
        lmiterm([-28 2 2 Q33],-1,1);lmiterm([-28 3 1 G13_11],[1 0]*A,1);
        lmiterm([-28 3 1 Y],[1 0]*B,1);lmiterm([-28 3 2 G13_13],[1 0]*A,1);
        lmiterm([-28 3 2 Y],[1 0]*B,1);lmiterm([-28 3 3 0],stateC);
        lmiterm([-29 1 1 G23_11],1,1,'s');lmiterm([-29 1 1 Q11],-1,1);
        lmiterm([-29 2 1 -G23_13],1,1);lmiterm([-29 2 1 G],1,1);
        lmiterm([-29 2 1 Q13],-1,1);lmiterm([-29 2 2 G],1,1,'s');
        lmiterm([-29 2 2 Q33],-1,1);lmiterm([-29 3 1 G23_11],[1 0]*A^2,1);
        lmiterm([-29 3 1 Y],[1 0]*(A*B+B),1);lmiterm([-29 3 2 G23_13],[1 0]*A^2,1);
        lmiterm([-29 3 2 Y],[1 0]*(A*B+B),1);lmiterm([-29 3 3 0],stateC);
        lmiterm([-30 1 1 G33_11],1,1,'s');lmiterm([-30 1 1 Q11],-1,1);
        lmiterm([-30 2 1 -G33_13],1,1);
        lmiterm([-30 2 1 G],1,1);lmiterm([-30 2 1 Q13],-1,1);
        lmiterm([-30 2 2 G],1,1,'s');lmiterm([-30 2 2 Q33],-1,1);
        lmiterm([-30 3 1 G33_11],[1 0]*A^3,1);lmiterm([-30 3 1 Y],[1 0]*(A^2*B+A*B+B),1);
        lmiterm([-30 3 2 G33_13],[1 0]*A^3,1);lmiterm([-30 3 2 Y],[1 0]*(A^2*B+A*B+B),1);
        lmiterm([-30 3 3 0],stateC);
        dbc=getlmis;
        OP=[0 1000 1e9 10 0];
        CC=[1 0];CC(316)=0;initi=[0 0];initi(316)=0;
        [OPX,VXx]=mincx(dbc,CC,OP,initi);
        gama0=dec2mat(dbc,VXx,gama);Y=dec2mat(dbc,VXx,Y);G=dec2mat(dbc,VXx,G);
        F=Y*inv(G);breveujl=F*brevex;gamaV(iii-4)=gama0;
    end
    if T(iii-4)==1
        u0=breveujl;
    end
    uactv0=[uactv0',u0]';
    breveu0_0=breveu0_1;breveu0_1=breveu0_2;breveu0_2=breveu0_3;breveu0_3=breveu0_4;
        breveu0_4=F*x0;
```

```
    xn=A*x0+B*u0;X1v(iii+1)=xn(1);X2v(iii+1)=xn(2);x0=xn;
    z0_0=z0_1;z0_1=z0_2;z0_2=z0_3;z0_3=z0_4;z0_4=x0;
end
uactv0=[uactv0',u0]';
kt=0:NTN-5;
subplot(1,2,1)
plot(kt,X1v(5:NTN),kt,X2v(5:NTN));hold;
subplot(1,2,2)
plot(kt,uactv0(7:NTN+2));hold;
toc;
Jtrue=X1v(5:NTN)'*X1v(5:NTN)+X2v(5:NTN)'*X2v(5:NTN)+uactv0(7:NTN+2)'*uactv0(7:NTN+2)
```

下面的程序代码的命名为 plmpc_ujlQ_sndsgn_Stateconstr_APS.m。

```
clear
epsilonk=5;%7.6~7.8~8
A=[1 0.1;0 1-0.1*epsilonk];B=[0 0.0787]';d1=3;d2=3;
augx=2.4;%2.6
xxx3=(inv(A))^3*augx*[pi/4 0]';xxx2=(inv(A))^2*augx*[pi/4 0]';
xxx1=(inv(A))^1*augx*[pi/4 0]';
X1v=[xxx3(1) xxx2(1) xxx1(1) augx*1]';X2v=[xxx3(2) xxx2(2) xxx1(2) augx*1]';
x0=[X1v(4),X2v(4)]';
% actual state [x(j_l),x(j_l-1),x(j_l-2),x(j_l-3)]
% However, only z0_3 and z0_2 are utilized!
z0_3=[X1v(4),X2v(4)]';z0_2=[X1v(3),X2v(3)]';z0_1=[X1v(2),X2v(2)]';z0_0=[X1v(1),X2v(1)]';
uactv0=[0 0 0 0 0]';
% controller output [breveu(j_l),breveu(j_l-1),breveu(j_l-2),breveu(j_l-3),breveu(j_l-4)]
breveu0_4=0;breveu0_3=0;breveu0_2=0;breveu0_1=0;breveu0_0=0;
u0=uactv0(5);breveujl=0;
gamaV=0;InputC=4;stateC=pi^2;

tic;
S1=[0 1 0 0 1 0 1 0 1 0 0 1 1 1 0 0 1 0 0 1 1 0 1 0 1
    1 1 0 1 0 0 1 0 1 1 1 0 0 1 0 0 1 0 1 1 0 1 1 0 1
    0 1 0 0 1 0 1 0 1 0 0 1 0 1 1 0 1 1 0 1 0 1 0 0 1
    0 1 0 1 0 0 1 0 1 0 1 0 0 1 1 1 0 0 1 0 0 1 1 0 1
    0 1 1 1 0 1 0 0 1 0 1 1 1 0 0 1 0 0 1 0 1 1 0 1 1
    0 1 0 1 0 0 1 0 1 0 1 0 0 1 0 1 1 0 1 1 0 1 0 1 0
    0 1 0 1 0 1 0 0 1 0 1 0 1 0 0 1 1 1 0 0 1 0 0 1 1
    0 1 0 1 1 1 0 1 0 0 1 0 1 1 1 0 0 1 0 0 1 0 1 1 0
    1 1 0 1 0 1 0 0 1 0 1 0 1 0 0 1 0 1 1 0 1 1 0 1 0
    1 0 0 1 0 1 0 1 0 1 1 1 0 0 1 0 0 1 0 1 1 0 1 1 0 1
    0 1 0 0 1 0 1 0 1 0 0 1 0 1 1 0 1 1 0 1 0 1 0 0 1
    0 1 0 1 0 0 1 0 1 0 1 0 0 1 1 1 0 0 1 0 0 1 1 0 1
    0 1 1 1 0 1 0 0 1 0 1 1 1 0 0 1 0 0 1 0 1 1 0 1 1
    0 1 0 1 0 0 1 0 1 0 1 0 0 1 0 1 1 0 1 1 0 1 0 1 0
    0 1 0 1 0 1 0 0 1 0 1 0 1 0 0 1 1 1 0 0 1 0 0 1 1
    0 1 0 1 1 1 0 1 0 0 1 0 1 1 1 0 0 1 0 0 1 0 1 1 0
    1 1 0 1 0 1 0 0 1 0 1 0 1 0 0 1 0 1 1 0 1 1 0 1 0 1 0 0 1 0 1];
S2=[0 1 1 1 1 1 1 1 1 1 1 1 1 1 1 1 1 1 1 1 1 1 1 1 1
    1 1 1 1 1 1 1 1 1 1 1 1 1 1 1 1 1 1 1 1 1 1 1 1 1];
S3=[0 1 0 1 0 1 0 1 0 1 0 1 0 1 0 1 0 1 0 1 0 1 0 1 0
```

```
    1 0 1 0 1 0 1 0 1 0 1 0 1 0 1 0 1 0 1 0 1 0 1];
S4=[0 1 0 0 1 0 0 1 0 0 1 0 0 1 0 0 1 0 0 1 0 0 1 0 0
    1 0 0 1 0 0 1 0 0 1 0 0 1 0 0 1 0 0 1 0 0 1 0 0 1];
T1=[0 0 1 0 1 1 1 0 0 1 0 1 0 1 0 1 0 0 1 0 1 1 0 1 0
    1 0 0 1 0 1 0 1 0 0 1 0 1 0 0 1 0 0 1 0 0 1 0 0 1
    1 1 0 1 0 0 1 1 0 0 1 0 0 1 0 0 1 0 0 1 1 1 0 1 0
    0 1 0 0 1 0 1 1 1 0 0 1 0 1 0 1 0 1 0 0 1 0 1 1 0
    1 0 1 0 0 1 0 1 0 1 0 0 1 0 1 0 0 1 0 0 1 0 0 1 0
    0 1 1 1 0 1 0 0 1 1 0 0 1 0 0 1 0 0 1 0 0 1 1 1 0
    1 0 0 1 0 0 1 0 1 1 1 0 0 1 0 1 0 1 0 1 0 0 1 0 1
    1 0 1 0 1 0 0 1 0 1 0 1 0 0 1 0 1 0 0 1 0 0 1 0 0
    1 0 0 1 1 1 0 1 0 0 1 1 0 0 1 0 0 1 0 0 1 0 0 1 1
    1 0 1 0 0 1 0 1 0 0 1 0 1 0 0 1 0 0 1 0 0 1 0 0 1
    1 1 0 1 0 0 1 1 0 0 1 0 0 1 0 0 1 0 0 1 1 1 0 1 0
    0 1 0 0 1 0 1 1 1 0 0 1 0 1 0 1 0 1 0 0 1 0 1 1 0
    1 0 1 0 0 1 0 1 0 1 0 0 1 0 1 0 0 1 0 0 1 0 0 1 0
    0 1 1 1 0 1 0 0 1 1 0 0 1 0 0 1 0 0 1 0 0 1 1 1 0
    1 0 0 1 0 0 1 0 1 1 1 0 0 1 0 1 0 1 0 1 0 0 1 0 1
    1 0 1 0 1 0 0 1 0 1 0 1 0 0 1 0 1 0 0 1 0 0 1 0 0
    1 0 0 1 1 1 0 1 0 0 1 1 0 0 1 0 0 1 0 0 1 0 0 1 1 1 0 1 0 0 1];
T2=[0 0 1 1 1 1 1 1 1 1 1 1 1 1 1 1 1 1 1 1 1 1 1 1 1
    1 1 1 1 1 1 1 1 1 1 1 1 1 1 1 1 1 1 1 1 1 1 1 1 1];
T3=[0 0 1 0 1 0 1 0 1 0 1 0 1 0 1 0 1 0 1 0 1 0 1 0 1
    0 1 0 1 0 1 0 1 0 1 0 1 0 1 0 1 0 1 0 1 0 1 0 1 0];
T4=[0 0 1 0 0 1 0 0 1 0 0 1 0 0 1 0 0 1 0 0 1 0 0 1 0
    0 1 0 0 1 0 0 1 0 0 1 0 0 1 0 0 1 0 0 1 0 0 1 0 0];
S=S1;T=T1;NTN=380;
for iii=4:NTN
    if S(iii-3)==1
        setlmis([]);
        gama=lmivar(1,[1 1]);gama1=lmivar(1,[1 1]);breujl=lmivar(1,[1 1]);
        Y=lmivar(2,[1 2]);G=lmivar(2,[2 2]);
        Q11=lmivar(1,[2 1]);Q12=lmivar(2,[2 2]);Q13=lmivar(2,[2 2]);
        Q22=lmivar(1,[2 1]);Q23=lmivar(2,[2 2]);Q33=lmivar(1,[2 1]);
        G11_21=lmivar(2,[2 2]);G11_22=lmivar(2,[2 2]);G11_23=lmivar(2,[2 2]);
        G11_31=lmivar(2,[2 2]);G11_32=lmivar(2,[2 2]);G11_33=lmivar(2,[2 2]);
        G21_21=lmivar(2,[2 2]);G21_22=lmivar(2,[2 2]);G21_23=lmivar(2,[2 2]);
        G21_31=lmivar(2,[2 2]);G21_32=lmivar(2,[2 2]);G21_33=lmivar(2,[2 2]);
        G31_21=lmivar(2,[2 2]);G31_22=lmivar(2,[2 2]);G31_23=lmivar(2,[2 2]);
        G31_31=lmivar(2,[2 2]);G31_32=lmivar(2,[2 2]);G31_33=lmivar(2,[2 2]);
        G41_21=lmivar(2,[2 2]);G41_22=lmivar(2,[2 2]);G41_23=lmivar(2,[2 2]);
        G41_31=lmivar(2,[2 2]);G41_32=lmivar(2,[2 2]);G41_33=lmivar(2,[2 2]);
        G51_21=lmivar(2,[2 2]);G51_22=lmivar(2,[2 2]);G51_23=lmivar(2,[2 2]);
        G51_31=lmivar(2,[2 2]);G51_32=lmivar(2,[2 2]);G51_33=lmivar(2,[2 2]);
        G12_11=lmivar(2,[2 2]);G12_12=lmivar(2,[2 2]);G12_13=lmivar(2,[2 2]);
        G12_31=lmivar(2,[2 2]);G12_32=lmivar(2,[2 2]);G12_33=lmivar(2,[2 2]);
        G22_11=lmivar(2,[2 2]);G22_12=lmivar(2,[2 2]);G22_13=lmivar(2,[2 2]);
        G22_31=lmivar(2,[2 2]);G22_32=lmivar(2,[2 2]);G22_33=lmivar(2,[2 2]);
        G32_11=lmivar(2,[2 2]);G32_12=lmivar(2,[2 2]);G32_13=lmivar(2,[2 2]);
        G32_31=lmivar(2,[2 2]);G32_32=lmivar(2,[2 2]);G32_33=lmivar(2,[2 2]);
        G42_11=lmivar(2,[2 2]);G42_12=lmivar(2,[2 2]);G42_13=lmivar(2,[2 2]);
```

```
G42_31=lmivar(2,[2 2]);G42_32=lmivar(2,[2 2]);G42_33=lmivar(2,[2 2]);
G13_11=lmivar(2,[2 2]);G13_12=lmivar(2,[2 2]);G13_13=lmivar(2,[2 2]);
G13_21=lmivar(2,[2 2]);G13_22=lmivar(2,[2 2]);G13_23=lmivar(2,[2 2]);
G23_11=lmivar(2,[2 2]);G23_12=lmivar(2,[2 2]);G23_13=lmivar(2,[2 2]);
G23_21=lmivar(2,[2 2]);G23_22=lmivar(2,[2 2]);G23_23=lmivar(2,[2 2]);
G33_11=lmivar(2,[2 2]);G33_12=lmivar(2,[2 2]);G33_13=lmivar(2,[2 2]);
G33_21=lmivar(2,[2 2]);G33_22=lmivar(2,[2 2]);G33_23=lmivar(2,[2 2]);
% for r=5, t=1, calculate z(\mathbbm i_{s_l+1}|j_l)
% x(j_l+5|j_l)=A^5x(j_l)+(A^4B+A^3B+A^2B+AB+B)*breveu(j_l)
% x(j_l+4|j_l)=A^4x(j_l)+(A^3B+A^2B+AB+B)*breveu(j_l)
% x(j_l+3|j_l)=A^3x(j_l)+(A^2B+AB+B)*breveu(j_l)
lmiterm([-1 1 1 0],1);lmiterm([-1 2 1 0],A^5*z0_3);
lmiterm([-1 3 1 0],A^4*z0_3);lmiterm([-1 4 1 0],A^3*z0_3);
lmiterm([-1 2 1 breujl],(A^4+A^3+A^2+A+eye(2))*B,1);
lmiterm([-1 3 1 breujl],(A^3+A^2+A+eye(2))*B,1);
lmiterm([-1 4 1 breujl],(A^2+A+eye(2))*B,1);
lmiterm([-1 2 2 Q11],1,1);lmiterm([-1 3 2 Q12],1,1);
lmiterm([-1 3 3 Q22],1,1);lmiterm([-1 4 2 Q13],1,1);
lmiterm([-1 4 3 Q23],1,1);lmiterm([-1 4 4 Q33],1,1);
% for r=4, t=1, calculate z(\mathbbm i_{s_l+1}|j_l)
% x(j_l+4|j_l)=A^4x(j_l)+(A^3B+A^2B+AB+B)*breveu(j_l)
% x(j_l+3|j_l)=A^3x(j_l)+(A^2B+AB+B)*breveu(j_l)
% x(j_l+2|j_l)=A^2x(j_l)+(AB+B)*breveu(j_l)
lmiterm([-2 1 1 0],1);lmiterm([-2 2 1 0],A^4*x0);lmiterm([-2 3 1 0],A^3*x0);
lmiterm([-2 4 1 0],A^2*x0);lmiterm([-2 2 1 breujl],(A^3+A^2+A+eye(2))*B,1);
lmiterm([-2 3 1 breujl],(A^2+A+eye(2))*B,1);
lmiterm([-2 4 1 breujl],(A+eye(2))*B,1);
lmiterm([-2 2 2 Q11],1,1);lmiterm([-2 3 2 Q12],1,1);lmiterm([-2 3 3 Q22],1,1);
lmiterm([-2 4 2 Q13],1,1);lmiterm([-2 4 3 Q23],1,1);lmiterm([-2 4 4 Q33],1,1);
% for r=3, t=1, calculate z(\mathbbm i_{s_l+1}|j_l)
% x(j_l+3|j_l)=A^3x(j_l)+(A^2B+AB+B)*breveu(j_l)
% x(j_l+2|j_l)=A^2x(j_l)+(AB+B)*breveu(j_l)
% x(j_l+1|j_l)=Ax(j_l)+B*breveu(j_l)
lmiterm([-3 1 1 0],1);lmiterm([-3 2 1 0],A^3*x0);lmiterm([-3 3 1 0],A^2*x0);
lmiterm([-3 4 1 0],A*x0);lmiterm([-3 2 1 breujl],(A^2+A+eye(2))*B,1);
lmiterm([-3 3 1 breujl],(A+eye(2))*B,1);lmiterm([-3 4 1 breujl],B,1);
lmiterm([-3 2 2 Q11],1,1);lmiterm([-3 3 2 Q12],1,1);lmiterm([-3 3 3 Q22],1,1);
lmiterm([-3 4 2 Q13],1,1);lmiterm([-3 4 3 Q23],1,1);lmiterm([-3 4 4 Q33],1,1);
% for r=2, t=1, calculate z(\mathbbm i_{s_l+1}|j_l)
% x(j_l+2|j_l)=A^2x(j_l)+(AB+B)*breveu(j_l)
% x(j_l+1|j_l)=Ax(j_l)+B*breveu(j_l)
% x(j_l|j_l)=x(j_l)
lmiterm([-4 1 1 0],1);lmiterm([-4 2 1 0],A^2*x0);lmiterm([-4 3 1 0],A*x0);
lmiterm([-4 2 1 breujl],(A+eye(2))*B,1);lmiterm([-4 3 1 breujl],B,1);
lmiterm([-4 4 1 0],x0);lmiterm([-4 2 2 Q11],1,1);lmiterm([-4 3 2 Q12],1,1);
lmiterm([-4 3 3 Q22],1,1);lmiterm([-4 4 2 Q13],1,1);lmiterm([-4 4 3 Q23],1,1);
lmiterm([-4 4 4 Q33],1,1);
% for r=1, t=1, calculate z(\mathbbm i_{s_l+1}|j_l)
% x(j_l+1|j_l)=Ax(j_l)+B*breveu(j_l)
% x(j_l|j_l)=x(j_l)
% x(j_l-1|j_l)=x(j_{l-1})
```

```
lmiterm([-5 1 1 0],1);lmiterm([-5 2 1 0],A*x0);lmiterm([-5 2 1 breujl],B,1);
lmiterm([-5 3 1 0],z0_3);lmiterm([-5 4 1 0],z0_2);lmiterm([-5 2 2 Q11],1,1);
lmiterm([-5 3 2 Q12],1,1);lmiterm([-5 3 3 Q22],1,1);lmiterm([-5 4 2 Q13],1,1);
lmiterm([-5 4 3 Q23],1,1);lmiterm([-5 4 4 Q33],1,1);
% for r=4, t=2, calculate z(\mathbbm i_{s_l+1}|j_l)
% x(i_{s_l}+4|j_l)=A^5x(j_l)+A^4Bu(j_l|j_l)+(A^3+A^2+A+eye(2))*B*breujl
% x(i_{s_l}+3|j_l)=A^4x(j_l)+A^3Bu(j_l|j_l)+(A^2+A+eye(2))*B*breujl
% x(i_{s_l}+2|j_l)=A^3x(j_l)+A^2Bu(j_l|j_l)+(A+eye(2))*B*breujl
% u(j_l|j_l)=breve u(j_l-1) or u(j_l|j_l)=breve u(j_l-2)
lmiterm([-6 1 1 0],1);lmiterm([-6 2 1 0],A^5*x0+A^4*B*u0);
lmiterm([-6 3 1 0],A^4*x0+A^3*B*u0);lmiterm([-6 4 1 0],A^3*x0+A^2*B*u0);
lmiterm([-6 2 1 breujl],(A^3+A^2+A+eye(2))*B,1);
lmiterm([-6 3 1 breujl],(A^2+A+eye(2))*B,1);
lmiterm([-6 4 1 breujl],(A+eye(2))*B,1);lmiterm([-6 2 2 Q11],1,1);
lmiterm([-6 3 2 Q12],1,1);lmiterm([-6 3 3 Q22],1,1);lmiterm([-6 4 2 Q13],1,1);
lmiterm([-6 4 3 Q23],1,1);lmiterm([-6 4 4 Q33],1,1);
% for r=3, t=2, calculate z(\mathbbm i_{s_l+1}|j_l)
% x(i_{s_l}+3|j_l)=A^4x(j_l)+A^3Bu(j_l|j_l)+(A^2+A+eye(2))*B*breujl
% x(i_{s_l}+2|j_l)=A^3x(j_l)+A^2Bu(j_l|j_l)+(A+eye(2))*B*breujl
% x(i_{s_l}+1|j_l)=A^2x(j_l)+ABu(j_l|j_l)+B*breujl
% u(j_l|j_l)=breveu(j_l-1) or u(j_l|j_l)=breve u(j_l-2)
lmiterm([-7 1 1 0],1);lmiterm([-7 2 1 0],A^4*x0+A^3*B*u0);
lmiterm([-7 3 1 0],A^3*x0+A^2*B*u0);lmiterm([-7 4 1 0],A^2*x0+A*B*u0);
lmiterm([-7 2 1 breujl],(A^2+A+eye(2))*B,1);
lmiterm([-7 3 1 breujl],(A+eye(2))*B,1);lmiterm([-7 4 1 breujl],B,1);
lmiterm([-7 2 2 Q11],1,1);lmiterm([-7 3 2 Q12],1,1);lmiterm([-7 3 3 Q22],1,1);
lmiterm([-7 4 2 Q13],1,1);lmiterm([-7 4 3 Q23],1,1);lmiterm([-7 4 4 Q33],1,1);
% for r=2, t=2, calculate z(\mathbbm i_{s_l+1}|j_l)
% x(i_{s_l}+2|j_l)=A^3x(j_l)+A^2Bu(j_l|j_l)+(A+eye(2))*B*breujl
% x(i_{s_l}+1|j_l)=A^2x(j_l)+ABu(j_l|j_l)+B*breujl
% x(i_{s_l}|j_l)=Ax(j_l)+Bu(j_l|j_l)
% u(j_l|j_l)=breveu(j_l-1) or u(j_l|j_l)=breveu(j_l-2)
lmiterm([-8 1 1 0],1);lmiterm([-8 2 1 0],A^3*x0+A^2*B*u0);
lmiterm([-8 3 1 0],A^2*x0+A*B*u0);lmiterm([-8 2 1 breujl],(A+eye(2))*B,1);
lmiterm([-8 3 1 breujl],B,1);lmiterm([-8 4 1 0],A*x0+B*u0);
lmiterm([-8 2 2 Q11],1,1);lmiterm([-8 3 2 Q12],1,1);
lmiterm([-8 3 3 Q22],1,1);lmiterm([-8 4 2 Q13],1,1);
lmiterm([-8 4 3 Q23],1,1);lmiterm([-8 4 4 Q33],1,1);
% for r=1, t=2, calculate z(\mathbbm i_{s_l+1}|j_l)
% x(i_{s_l}+1|j_l)=A^2x(j_l)+ABu(j_l|j_l)+B*breujl
% x(i_{s_l}|j_l)=Ax(j_l)+Bu(j_l|j_l)
% x(i_{s_l}-1|j_l)=x(j_l)
% u(j_l|j_l)=breveu(j_l-1) or u(j_l|j_l)=breveu(j_l-2)
lmiterm([-9 1 1 0],1);lmiterm([-9 2 1 0],A^2*x0+A*B*u0);
lmiterm([-9 2 1 breujl],B,1);lmiterm([-9 3 1 0],A*x0+B*u0);
lmiterm([-9 4 1 0],x0);lmiterm([-9 2 2 Q11],1,1);lmiterm([-9 3 2 Q12],1,1);
lmiterm([-9 3 3 Q22],1,1);lmiterm([-9 4 2 Q13],1,1);lmiterm([-9 4 3 Q23],1,1);
lmiterm([-9 4 4 Q33],1,1);
% for r=3, t=3, calculate z(\mathbbm i_{s_l+1}|j_l)
% x(i_{s_l}+4|j_l)=A^5x(j_l)+A^3(AB+B)u(j_l|j_l)+(A^2+A+eye(2))*B*breujl
% x(i_{s_l}+3|j_l)=A^4x(j_l)+A^2(AB+B)u(j_l|j_l)+(A+eye(2))*B*breujl
```

```
% x(i_{s_l}+2|j_l)=A^3x(j_l)+A(AB+B)u(j_l|j_l)+B*breujl
% u(j_l|j_l)=breveu(j_l-1)
lmiterm([-10 1 1 0],1);lmiterm([-10 2 1 0],A^5*x0+A^3*(A*B+B)*u0);
lmiterm([-10 3 1 0],A^4*x0+A^2*(A*B+B)*u0);
lmiterm([-10 4 1 0],A^3*x0+A*(A*B+B)*u0);
lmiterm([-10 2 1 breujl],(A^2+A+eye(2))*B,1);
lmiterm([-10 3 1 breujl],(A+eye(2))*B,1);lmiterm([-10 4 1 breujl],B,1);
lmiterm([-10 2 2 Q11],1,1);lmiterm([-10 3 2 Q12],1,1);
lmiterm([-10 3 3 Q22],1,1);lmiterm([-10 4 2 Q13],1,1);
lmiterm([-10 4 3 Q23],1,1);lmiterm([-10 4 4 Q33],1,1);
% for r=2, t=3, calculate z(\mathbbm i_{s_l+1}|j_l)
% x(i_{s_l}+2|j_l)=A^4x(j_l)+A^2(AB+B)u(j_l|j_l)+(A+eye(2))*B*breujl
% x(i_{s_l}+1|j_l)=A^3x(j_l)+(AB+B)u(j_l|j_l)+B*breujl
% x(i_{s_l}|j_l)=A^2x(j_l)+(AB+B)u(j_l|j_l)
% u(j_l|j_l)=breveu(j_l-1)
lmiterm([-11 1 1 0],1);lmiterm([-11 2 1 0],A^4*x0+A^2*(A*B+B)*u0);
lmiterm([-11 3 1 0],A^3*x0+A*(A*B+B)*u0);
lmiterm([-11 2 1 breujl],(A+eye(2))*B,1);lmiterm([-11 3 1 breujl],B,1);
lmiterm([-11 4 1 0],A^2*x0+(A*B+B)*u0);lmiterm([-11 2 2 Q11],1,1);
lmiterm([-11 3 2 Q12],1,1);lmiterm([-11 3 3 Q22],1,1);
lmiterm([-11 4 2 Q13],1,1);lmiterm([-11 4 3 Q23],1,1);
lmiterm([-11 4 4 Q33],1,1);
% for r=1, t=3, calculate z(\mathbbm i_{s_l+1}|j_l)
% x(i_{s_l}+1|j_l)=A^3x(j_l)+A(AB+B)u(j_l|j_l)+B*breujl
% x(i_{s_l}|j_l)=A^2x(j_l)+(AB+B)u(j_l|j_l)
% u(j_l|j_l)=breveu(j_l-1)
lmiterm([-12 1 1 0],1);lmiterm([-12 2 1 0],A^3*x0+A*(A*B+B)*u0);
lmiterm([-12 2 1 breujl],B,1);lmiterm([-12 3 1 0],A^2*x0+(A*B+B)*u0);
lmiterm([-12 4 1 0],A*x0+B*u0);lmiterm([-12 2 2 Q11],1,1);
lmiterm([-12 3 2 Q12],1,1);lmiterm([-12 3 3 Q22],1,1);
lmiterm([-12 4 2 Q13],1,1);lmiterm([-12 4 3 Q23],1,1);
lmiterm([-12 4 4 Q33],1,1);
lmiterm([-21 1 1 G],1,1,'s');lmiterm([-21 2 1 -G],1,1);
lmiterm([-21 2 1 G11_21],1,1);lmiterm([-21 2 2 G11_22],1,1,'s');
lmiterm([-21 3 1 -G],1,1);lmiterm([-21 3 1 G11_31],1,1);
lmiterm([-21 3 2 -G11_23],1,1);lmiterm([-21 3 2 G11_32],1,1);
lmiterm([-21 3 3 G11_33],1,1,'s');lmiterm([-21 4 1 G],A,1);
lmiterm([-21 4 2 G],A,1);lmiterm([-21 4 3 G],A,1);
lmiterm([-21 4 1 Y],B,1);lmiterm([-21 4 2 Y],B,1);
lmiterm([-21 4 3 Y],B,1);lmiterm([-21 5 1 G],1,1);
lmiterm([-21 5 2 G],1,1);lmiterm([-21 5 3 G],1,1);
lmiterm([-21 6 1 G11_21],1,1);lmiterm([-21 6 2 G11_22],1,1);
lmiterm([-21 6 3 G11_23],1,1);lmiterm([-21 7 1 G],1,1);
lmiterm([-21 7 2 G],1,1);lmiterm([-21 7 3 G],1,1);
lmiterm([-21 1 1 Q11],-1,1);lmiterm([-21 2 1 Q12],-1,1);
lmiterm([-21 2 2 Q22],-1,1);lmiterm([-21 3 1 Q13],-1,1);
lmiterm([-21 3 2 Q23],-1,1);lmiterm([-21 3 3 Q33],-1,1);
lmiterm([-21 4 4 Q11],1,1);lmiterm([-21 5 4 Q12],1,1);
lmiterm([-21 5 5 Q22],1,1);lmiterm([-21 6 4 Q13],1,1);
lmiterm([-21 6 5 Q23],1,1);lmiterm([-21 6 6 Q33],1,1);
lmiterm([-21 8 1 Y],1,1);lmiterm([-21 8 2 Y],1,1);
```

```
lmiterm([-21 8 3 Y],1,1);lmiterm([-21 7 7 gama],1,1);
lmiterm([-21 8 8 gama],1,1);
lmiterm([-22 1 1 G],1,1,'s');lmiterm([-22 2 1 -G],1,1);
lmiterm([-22 2 1 G21_21],1,1);lmiterm([-22 2 2 G21_22],1,1,'s');
lmiterm([-22 3 1 -G],1,1);lmiterm([-22 3 1 G21_31],1,1);
lmiterm([-22 3 2 -G21_23],1,1);lmiterm([-22 3 2 G21_32],1,1);
lmiterm([-22 3 3 G21_33],1,1,'s');lmiterm([-22 4 1 G],A^2,1);
lmiterm([-22 4 2 G],A^2,1);lmiterm([-22 4 3 G],A^2,1);
lmiterm([-22 4 1 Y],A*B+B,1);lmiterm([-22 4 2 Y],A*B+B,1);
lmiterm([-22 4 3 Y],A*B+B,1);lmiterm([-22 5 1 G],A,1);
lmiterm([-22 5 2 G],A,1);lmiterm([-22 5 3 G],A,1);
lmiterm([-22 5 1 Y],B,1);lmiterm([-22 5 2 Y],B,1);
lmiterm([-22 5 3 Y],B,1);lmiterm([-22 6 1 G],1,1);
lmiterm([-22 6 2 G],1,1);lmiterm([-22 6 3 G],1,1);
lmiterm([-22 7 1 G],1,1);lmiterm([-22 7 2 G],1,1);
lmiterm([-22 7 3 G],1,1);lmiterm([-22 1 1 Q11],-1,1);
lmiterm([-22 2 1 Q12],-1,1);lmiterm([-22 2 2 Q22],-1,1);
lmiterm([-22 3 1 Q13],-1,1);lmiterm([-22 3 2 Q23],-1,1);
lmiterm([-22 3 3 Q33],-1,1);lmiterm([-22 4 4 Q11],1,1);
lmiterm([-22 5 4 Q12],1,1);lmiterm([-22 5 5 Q22],1,1);
lmiterm([-22 6 4 Q13],1,1);lmiterm([-22 6 5 Q23],1,1);
lmiterm([-22 6 6 Q33],1,1);lmiterm([-22 8 1 Y],1,1);
lmiterm([-22 8 2 Y],1,1);lmiterm([-22 8 3 Y],1,1);
lmiterm([-22 7 7 gama],1,1);lmiterm([-22 8 8 gama],1,1);
lmiterm([-23 1 1 G],1,1,'s');lmiterm([-23 2 1 -G],1,1);
lmiterm([-23 2 1 G31_21],1,1);lmiterm([-23 2 2 G31_22],1,1,'s');
lmiterm([-23 3 1 -G],1,1);lmiterm([-23 3 1 G31_31],1,1);
lmiterm([-23 3 2 -G31_23],1,1);lmiterm([-23 3 2 G31_32],1,1);
lmiterm([-23 3 3 G31_33],1,1,'s');lmiterm([-23 4 1 G],A^3,1);
lmiterm([-23 4 2 G],A^3,1);lmiterm([-23 4 3 G],A^3,1);
lmiterm([-23 4 1 Y],A^2*B+A*B+B,1);lmiterm([-23 4 2 Y],A^2*B+A*B+B,1);
lmiterm([-23 4 3 Y],A^2*B+A*B+B,1);lmiterm([-23 5 1 G],A^2,1);
lmiterm([-23 5 2 G],A^2,1);lmiterm([-23 5 3 G],A^2,1);
lmiterm([-23 5 1 Y],A*B+B,1);lmiterm([-23 5 2 Y],A*B+B,1);
lmiterm([-23 5 3 Y],A*B+B,1);lmiterm([-23 6 1 G],A,1);
lmiterm([-23 6 2 G],A,1);lmiterm([-23 6 3 G],A,1);
lmiterm([-23 6 1 Y],B,1);lmiterm([-23 6 2 Y],B,1);
lmiterm([-23 6 3 Y],B,1);lmiterm([-23 7 1 G],1,1);
lmiterm([-23 7 2 G],1,1);lmiterm([-23 7 3 G],1,1);
lmiterm([-23 1 1 Q11],-1,1);lmiterm([-23 2 1 Q12],-1,1);
lmiterm([-23 2 2 Q22],-1,1);lmiterm([-23 3 1 Q13],-1,1);
lmiterm([-23 3 2 Q23],-1,1);lmiterm([-23 3 3 Q33],-1,1);
lmiterm([-23 4 4 Q11],1,1);lmiterm([-23 5 4 Q12],1,1);
lmiterm([-23 5 5 Q22],1,1);lmiterm([-23 6 4 Q13],1,1);
lmiterm([-23 6 5 Q23],1,1);lmiterm([-23 6 6 Q33],1,1);
lmiterm([-23 8 1 Y],1,1);lmiterm([-23 8 2 Y],1,1);
lmiterm([-23 8 3 Y],1,1);lmiterm([-23 7 7 gama],1,1);
lmiterm([-23 8 8 gama],1,1);
lmiterm([-24 1 1 G],1,1,'s');lmiterm([-24 2 1 -G],1,1);
lmiterm([-24 2 1 G41_21],1,1);lmiterm([-24 2 2 G41_22],1,1,'s');
lmiterm([-24 3 1 -G],1,1);lmiterm([-24 3 1 G41_31],1,1);
```

```
lmiterm([-24 3 2 -G41_23],1,1);lmiterm([-24 3 2 G41_32],1,1);
lmiterm([-24 3 3 G41_33],1,1,'s');lmiterm([-24 4 1 G],A^4,1);
lmiterm([-24 4 2 G],A^4,1);lmiterm([-24 4 3 G],A^4,1);
lmiterm([-24 4 1 Y],A^3*B+A^2*B+A*B+B,1);
lmiterm([-24 4 2 Y],A^3*B+A^2*B+A*B+B,1);
lmiterm([-24 4 3 Y],A^3*B+A^2*B+A*B+B,1);lmiterm([-24 5 1 G],A^3,1);
lmiterm([-24 5 2 G],A^3,1);lmiterm([-24 5 3 G],A^3,1);
lmiterm([-24 5 1 Y],A^2*B+A*B+B,1);
lmiterm([-24 5 2 Y],A^2*B+A*B+B,1);lmiterm([-24 5 3 Y],A^2*B+A*B+B,1);
lmiterm([-24 6 1 G],A^2,1);lmiterm([-24 6 2 G],A^2,1);
lmiterm([-24 6 3 G],A^2,1);lmiterm([-24 6 1 Y],A*B+B,1);
lmiterm([-24 6 2 Y],A*B+B,1);lmiterm([-24 6 3 Y],A*B+B,1);
lmiterm([-24 7 1 G],1,1);lmiterm([-24 7 2 G],1,1);
lmiterm([-24 7 3 G],1,1);lmiterm([-24 1 1 Q11],-1,1);
lmiterm([-24 2 1 Q12],-1,1);lmiterm([-24 2 2 Q22],-1,1);
lmiterm([-24 3 1 Q13],-1,1);lmiterm([-24 3 2 Q23],-1,1);
lmiterm([-24 3 3 Q33],-1,1);lmiterm([-24 4 4 Q11],1,1);
lmiterm([-24 5 4 Q12],1,1);lmiterm([-24 5 5 Q22],1,1);
lmiterm([-24 6 4 Q13],1,1);lmiterm([-24 6 5 Q23],1,1);
lmiterm([-24 6 6 Q33],1,1);lmiterm([-24 8 1 Y],1,1);
lmiterm([-24 8 2 Y],1,1);lmiterm([-24 8 3 Y],1,1);
lmiterm([-24 7 7 gama],1,1);lmiterm([-24 8 8 gama],1,1);
lmiterm([-25 1 1 G],1,1,'s');lmiterm([-25 2 1 -G],1,1);
lmiterm([-25 2 1 G51_21],1,1);lmiterm([-25 2 2 G51_22],1,1,'s');
lmiterm([-25 3 1 -G],1,1);lmiterm([-25 3 1 G51_31],1,1);
lmiterm([-25 3 2 -G51_23],1,1);lmiterm([-25 3 2 G51_32],1,1);
lmiterm([-25 3 3 G51_33],1,1,'s');lmiterm([-25 4 1 G],A^5,1);
lmiterm([-25 4 2 G],A^5,1);lmiterm([-25 4 3 G],A^5,1);
lmiterm([-25 4 1 Y],A^4*B+A^3*B+A^2*B+A*B+B,1);
lmiterm([-25 4 2 Y],A^4*B+A^3*B+A^2*B+A*B+B,1);
lmiterm([-25 4 3 Y],A^4*B+A^3*B+A^2*B+A*B+B,1);
lmiterm([-25 5 1 G],A^4,1);lmiterm([-25 5 2 G],A^4,1);
lmiterm([-25 5 3 G],A^4,1);lmiterm([-25 5 1 Y],A^3*B+A^2*B+A*B+B,1);
lmiterm([-25 5 2 Y],A^3*B+A^2*B+A*B+B,1);
lmiterm([-25 5 3 Y],A^3*B+A^2*B+A*B+B,1);lmiterm([-25 6 1 G],A^3,1);
lmiterm([-25 6 2 G],A^3,1);lmiterm([-25 6 3 G],A^3,1);
lmiterm([-25 6 1 Y],A^2*B+A*B+B,1);lmiterm([-25 6 2 Y],A^2*B+A*B+B,1);
lmiterm([-25 6 3 Y],A^2*B+A*B+B,1);lmiterm([-25 7 1 G],1,1);
lmiterm([-25 7 2 G],1,1);lmiterm([-25 7 3 G],1,1);
lmiterm([-25 1 1 Q11],-1,1);lmiterm([-25 2 1 Q12],-1,1);
lmiterm([-25 2 2 Q22],-1,1);lmiterm([-25 3 1 Q13],-1,1);
lmiterm([-25 3 2 Q23],-1,1);lmiterm([-25 3 3 Q33],-1,1);
lmiterm([-25 4 4 Q11],1,1);lmiterm([-25 5 4 Q12],1,1);
lmiterm([-25 5 5 Q22],1,1);lmiterm([-25 6 4 Q13],1,1);
lmiterm([-25 6 5 Q23],1,1);lmiterm([-25 6 6 Q33],1,1);
lmiterm([-25 8 1 Y],1,1);lmiterm([-25 8 2 Y],1,1);
lmiterm([-25 8 3 Y],1,1);lmiterm([-25 7 7 gama],1,1);
lmiterm([-25 8 8 gama],1,1);
lmiterm([-26 1 1 G12_11],1,1,'s');lmiterm([-26 2 1 -G12_12],1,1);
lmiterm([-26 2 1 G],1,1);lmiterm([-26 2 2 G],1,1,'s');
lmiterm([-26 3 1 -G12_13],1,1);lmiterm([-26 3 1 G12_31],1,1);
```

```
lmiterm([-26 3 2 -G],1,1);lmiterm([-26 3 2 G12_32],1,1);
lmiterm([-26 3 3 G12_33],1,1,'s');lmiterm([-26 4 1 G12_11],A,1);
lmiterm([-26 4 2 G12_12],A,1);lmiterm([-26 4 3 G12_13],A,1);
lmiterm([-26 4 1 Y],B,1);lmiterm([-26 4 2 Y],B,1);
lmiterm([-26 4 3 Y],B,1);lmiterm([-26 5 1 G12_11],1,1);
lmiterm([-26 5 2 G12_12],1,1);lmiterm([-26 5 3 G12_13],1,1);
lmiterm([-26 6 1 G],1,1);lmiterm([-26 6 2 G],1,1);
lmiterm([-26 6 3 G],1,1);lmiterm([-26 7 1 G12_11],1,1);
lmiterm([-26 7 2 G12_12],1,1);lmiterm([-26 7 3 G12_13],1,1);
lmiterm([-26 1 1 Q11],-1,1);lmiterm([-26 2 1 Q12],-1,1);
lmiterm([-26 2 2 Q22],-1,1);lmiterm([-26 3 1 Q13],-1,1);
lmiterm([-26 3 2 Q23],-1,1);lmiterm([-26 3 3 Q33],-1,1);
lmiterm([-26 4 4 Q11],1,1);lmiterm([-26 5 4 Q12],1,1);
lmiterm([-26 5 5 Q22],1,1);lmiterm([-26 6 4 Q13],1,1);
lmiterm([-26 6 5 Q23],1,1);lmiterm([-26 6 6 Q33],1,1);
lmiterm([-26 8 1 Y],1,1);lmiterm([-26 8 2 Y],1,1);
lmiterm([-26 8 3 Y],1,1);lmiterm([-26 7 7 gama],1,1);
lmiterm([-26 8 8 gama],1,1);
lmiterm([-27 1 1 G22_11],1,1,'s');lmiterm([-27 2 1 -G22_12],1,1);
lmiterm([-27 2 1 G],1,1);lmiterm([-27 2 2 G],1,1,'s');
lmiterm([-27 3 1 -G22_13],1,1);lmiterm([-27 3 1 G22_31],1,1);
lmiterm([-27 3 2 -G],1,1);lmiterm([-27 3 2 G22_32],1,1);
lmiterm([-27 3 3 G22_33],1,1,'s');lmiterm([-27 4 1 G22_11],A^2,1);
lmiterm([-27 4 2 G22_12],A^2,1);lmiterm([-27 4 3 G22_13],A^2,1);
lmiterm([-27 4 1 Y],A*B+B,1);lmiterm([-27 4 2 Y],A*B+B,1);
lmiterm([-27 4 3 Y],A*B+B,1);lmiterm([-27 5 1 G22_11],A,1);
lmiterm([-27 5 2 G22_12],A,1);lmiterm([-27 5 3 G22_13],A,1);
lmiterm([-27 5 1 Y],B,1);lmiterm([-27 5 2 Y],B,1);
lmiterm([-27 5 3 Y],B,1);lmiterm([-27 6 1 G22_11],1,1);
lmiterm([-27 6 2 G22_12],1,1);lmiterm([-27 6 3 G22_13],1,1);
lmiterm([-27 7 1 G22_11],1,1);lmiterm([-27 7 2 G22_12],1,1);
lmiterm([-27 7 3 G22_13],1,1);lmiterm([-27 1 1 Q11],-1,1);
lmiterm([-27 2 1 Q12],-1,1);lmiterm([-27 2 2 Q22],-1,1);
lmiterm([-27 3 1 Q13],-1,1);lmiterm([-27 3 2 Q23],-1,1);
lmiterm([-27 3 3 Q33],-1,1);lmiterm([-27 4 4 Q11],1,1);
lmiterm([-27 5 4 Q12],1,1);lmiterm([-27 5 5 Q22],1,1);
lmiterm([-27 6 4 Q13],1,1);lmiterm([-27 6 5 Q23],1,1);
lmiterm([-27 6 6 Q33],1,1);lmiterm([-27 8 1 Y],1,1);
lmiterm([-27 8 2 Y],1,1);lmiterm([-27 8 3 Y],1,1);
lmiterm([-27 7 7 gama],1,1);lmiterm([-27 8 8 gama],1,1);
lmiterm([-28 1 1 G32_11],1,1,'s');lmiterm([-28 2 1 -G32_12],1,1);
lmiterm([-28 2 1 G],1,1);lmiterm([-28 2 2 G],1,1,'s');
lmiterm([-28 3 1 -G32_13],1,1);lmiterm([-28 3 1 G32_31],1,1);
lmiterm([-28 3 2 -G],1,1);lmiterm([-28 3 2 G32_32],1,1);
lmiterm([-28 3 3 G32_33],1,1,'s');lmiterm([-28 4 1 G32_11],A^3,1);
lmiterm([-28 4 2 G32_12],A^3,1);lmiterm([-28 4 3 G32_13],A^3,1);
lmiterm([-28 4 1 Y],A^2*B+A*B+B,1);
lmiterm([-28 4 2 Y],A^2*B+A*B+B,1);
lmiterm([-28 4 3 Y],A^2*B+A*B+B,1);lmiterm([-28 5 1 G32_11],A^2,1);
lmiterm([-28 5 2 G32_12],A^2,1);lmiterm([-28 5 3 G32_13],A^2,1);
lmiterm([-28 5 1 Y],A*B+B,1);lmiterm([-28 5 2 Y],A*B+B,1);
```

```
lmiterm([-28 5 3 Y],A*B+B,1);lmiterm([-28 6 1 G32_11],A,1);
lmiterm([-28 6 2 G32_12],A,1);lmiterm([-28 6 3 G32_13],A,1);
lmiterm([-28 6 1 Y],B,1);lmiterm([-28 6 2 Y],B,1);
lmiterm([-28 6 3 Y],B,1);lmiterm([-28 7 1 G32_11],1,1);
lmiterm([-28 7 2 G32_12],1,1);lmiterm([-28 7 3 G32_13],1,1);
lmiterm([-28 1 1 Q11],-1,1);lmiterm([-28 2 1 Q12],-1,1);
lmiterm([-28 2 2 Q22],-1,1);lmiterm([-28 3 1 Q13],-1,1);
lmiterm([-28 3 2 Q23],-1,1);lmiterm([-28 3 3 Q33],-1,1);
lmiterm([-28 4 4 Q11],1,1);lmiterm([-28 5 4 Q12],1,1);
lmiterm([-28 5 5 Q22],1,1);lmiterm([-28 6 4 Q13],1,1);
lmiterm([-28 6 5 Q23],1,1);lmiterm([-28 6 6 Q33],1,1);
lmiterm([-28 8 1 Y],1,1);lmiterm([-28 8 2 Y],1,1);
lmiterm([-28 8 3 Y],1,1);lmiterm([-28 7 7 gama],1,1);
lmiterm([-28 8 8 gama],1,1);
lmiterm([-29 1 1 G42_11],1,1,'s');lmiterm([-29 2 1 -G42_12],1,1);
lmiterm([-29 2 1 G],1,1);lmiterm([-29 2 2 G],1,1,'s');
lmiterm([-29 3 1 -G42_13],1,1);lmiterm([-29 3 1 G42_31],1,1);
lmiterm([-29 3 2 -G],1,1);lmiterm([-29 3 2 G42_32],1,1);
lmiterm([-29 3 3 G42_33],1,1,'s');lmiterm([-29 4 1 G42_11],A^4,1);
lmiterm([-29 4 2 G42_12],A^4,1);lmiterm([-29 4 3 G42_13],A^4,1);
lmiterm([-29 4 1 Y],A^3*B+A^2*B+A*B+B,1);
lmiterm([-29 4 2 Y],A^3*B+A^2*B+A*B+B,1);
lmiterm([-29 4 3 Y],A^3*B+A^2*B+A*B+B,1);
lmiterm([-29 5 1 G42_11],A^3,1);lmiterm([-29 5 2 G42_12],A^3,1);
lmiterm([-29 5 3 G42_13],A^3,1);lmiterm([-29 5 1 Y],A^2*B+A*B+B,1);
lmiterm([-29 5 2 Y],A^2*B+A*B+B,1);lmiterm([-29 5 3 Y],A^2*B+A*B+B,1);
lmiterm([-29 6 1 G42_11],A^2,1);lmiterm([-29 6 2 G42_12],A^2,1);
lmiterm([-29 6 3 G42_13],A^2,1);lmiterm([-29 6 1 Y],A*B+B,1);
lmiterm([-29 6 2 Y],A*B+B,1);lmiterm([-29 6 3 Y],A*B+B,1);
lmiterm([-29 7 1 G42_11],1,1);lmiterm([-29 7 2 G42_12],1,1);
lmiterm([-29 7 3 G42_13],1,1);lmiterm([-29 1 1 Q11],-1,1);
lmiterm([-29 2 1 Q12],-1,1);lmiterm([-29 2 2 Q22],-1,1);
lmiterm([-29 3 1 Q13],-1,1);lmiterm([-29 3 2 Q23],-1,1);
lmiterm([-29 3 3 Q33],-1,1);lmiterm([-29 4 4 Q11],1,1);
lmiterm([-29 5 4 Q12],1,1);lmiterm([-29 5 5 Q22],1,1);
lmiterm([-29 6 4 Q13],1,1);lmiterm([-29 6 5 Q23],1,1);
lmiterm([-29 6 6 Q33],1,1);lmiterm([-29 8 1 Y],1,1);
lmiterm([-29 8 2 Y],1,1);lmiterm([-29 8 3 Y],1,1);
lmiterm([-29 7 7 gama],1,1);lmiterm([-29 8 8 gama],1,1);
lmiterm([-30 1 1 G13_11],1,1,'s');lmiterm([-30 2 1 -G13_12],1,1);
lmiterm([-30 2 1 G13_21],1,1);lmiterm([-30 2 2 G13_22],1,1,'s');
lmiterm([-30 3 1 -G13_13],1,1);lmiterm([-30 3 1 G],1,1);
lmiterm([-30 3 2 -G13_23],1,1);lmiterm([-30 3 2 G],1,1);
lmiterm([-30 3 3 G],1,1,'s');lmiterm([-30 4 1 G13_11],A,1);
lmiterm([-30 4 2 G13_12],A,1);lmiterm([-30 4 3 G13_13],A,1);
lmiterm([-30 4 1 Y],B,1);lmiterm([-30 4 2 Y],B,1);
lmiterm([-30 4 3 Y],B,1);lmiterm([-30 5 1 G13_11],1,1);
lmiterm([-30 5 2 G13_12],1,1);lmiterm([-30 5 3 G13_13],1,1);
lmiterm([-30 6 1 G13_21],1,1);lmiterm([-30 6 2 G13_22],1,1);
lmiterm([-30 6 3 G13_23],1,1);lmiterm([-30 7 1 G13_11],1,1);
lmiterm([-30 7 2 G13_12],1,1);lmiterm([-30 7 3 G13_13],1,1);
```

```
lmiterm([-30 1 1 Q11],-1,1);lmiterm([-30 2 1 Q12],-1,1);
lmiterm([-30 2 2 Q22],-1,1);lmiterm([-30 3 1 Q13],-1,1);
lmiterm([-30 3 2 Q23],-1,1);lmiterm([-30 3 3 Q33],-1,1);
lmiterm([-30 4 4 Q11],1,1);lmiterm([-30 5 4 Q12],1,1);
lmiterm([-30 5 5 Q22],1,1);lmiterm([-30 6 4 Q13],1,1);
lmiterm([-30 6 5 Q23],1,1);lmiterm([-30 6 6 Q33],1,1);
lmiterm([-30 8 1 Y],1,1);lmiterm([-30 8 2 Y],1,1);
lmiterm([-30 8 3 Y],1,1);lmiterm([-30 7 7 gama],1,1);
lmiterm([-30 8 8 gama],1,1);
lmiterm([-31 1 1 G23_11],1,1,'s');lmiterm([-31 2 1 -G23_12],1,1);
lmiterm([-31 2 1 G23_21],1,1);lmiterm([-31 2 2 G23_22],1,1,'s');
lmiterm([-31 3 1 -G23_13],1,1);lmiterm([-31 3 1 G],1,1);
lmiterm([-31 3 2 -G23_23],1,1);lmiterm([-31 3 2 G],1,1);
lmiterm([-31 3 3 G],1,1,'s');lmiterm([-31 4 1 G23_11],A^2,1);
lmiterm([-31 4 2 G23_12],A^2,1);lmiterm([-31 4 3 G23_13],A^2,1);
lmiterm([-31 4 1 Y],A*B+B,1);lmiterm([-31 4 2 Y],A*B+B,1);
lmiterm([-31 4 3 Y],A*B+B,1);lmiterm([-31 5 1 G23_11],A,1);
lmiterm([-31 5 2 G23_12],A,1);lmiterm([-31 5 3 G23_13],A,1);
lmiterm([-31 5 1 Y],B,1);lmiterm([-31 5 2 Y],B,1);
lmiterm([-31 5 3 Y],B,1);lmiterm([-31 6 1 G23_11],1,1);
lmiterm([-31 6 2 G23_12],1,1);lmiterm([-31 6 3 G23_13],1,1);
lmiterm([-31 7 1 G23_11],1,1);lmiterm([-31 7 2 G23_12],1,1);
lmiterm([-31 7 3 G23_13],1,1);lmiterm([-31 1 1 Q11],-1,1);
lmiterm([-31 2 1 Q12],-1,1);lmiterm([-31 2 2 Q22],-1,1);
lmiterm([-31 3 1 Q13],-1,1);lmiterm([-31 3 2 Q23],-1,1);
lmiterm([-31 3 3 Q33],-1,1);lmiterm([-31 4 4 Q11],1,1);
lmiterm([-31 5 4 Q12],1,1);lmiterm([-31 5 5 Q22],1,1);
lmiterm([-31 6 4 Q13],1,1);lmiterm([-31 6 5 Q23],1,1);
lmiterm([-31 6 6 Q33],1,1);lmiterm([-31 8 1 Y],1,1);
lmiterm([-31 8 2 Y],1,1);lmiterm([-31 8 3 Y],1,1);
lmiterm([-31 7 7 gama],1,1);lmiterm([-31 8 8 gama],1,1);
lmiterm([-32 1 1 G33_11],1,1,'s');lmiterm([-32 2 1 -G33_12],1,1);
lmiterm([-32 2 1 G33_21],1,1);lmiterm([-32 2 2 G33_22],1,1,'s');
lmiterm([-32 3 1 -G33_13],1,1);lmiterm([-32 3 1 G],1,1);
lmiterm([-32 3 2 -G33_23],1,1);lmiterm([-32 3 2 G],1,1);
lmiterm([-32 3 3 G],1,1,'s');lmiterm([-32 4 1 G33_11],A^3,1);
lmiterm([-32 4 2 G33_12],A^3,1);lmiterm([-32 4 3 G33_13],A^3,1);
lmiterm([-32 4 1 Y],A^2*B+A*B+B,1);
lmiterm([-32 4 2 Y],A^2*B+A*B+B,1);
lmiterm([-32 4 3 Y],A^2*B+A*B+B,1);
lmiterm([-32 5 1 G33_11],A^2,1);lmiterm([-32 5 2 G33_12],A^2,1);
lmiterm([-32 5 3 G33_13],A^2,1);lmiterm([-32 5 1 Y],A*B+B,1);
lmiterm([-32 5 2 Y],A*B+B,1);lmiterm([-32 5 3 Y],A*B+B,1);
lmiterm([-32 6 1 G33_11],A,1);lmiterm([-32 6 2 G33_12],A,1);
lmiterm([-32 6 3 G33_13],A,1);lmiterm([-32 6 1 Y],B,1);
lmiterm([-32 6 2 Y],B,1);lmiterm([-32 6 3 Y],B,1);
lmiterm([-32 7 1 G33_11],1,1);lmiterm([-32 7 2 G33_12],1,1);
lmiterm([-32 7 3 G33_13],1,1);lmiterm([-32 1 1 Q11],-1,1);
lmiterm([-32 2 1 Q12],-1,1);lmiterm([-32 2 2 Q22],-1,1);
lmiterm([-32 3 1 Q13],-1,1);lmiterm([-32 3 2 Q23],-1,1);
lmiterm([-32 3 3 Q33],-1,1);lmiterm([-32 4 4 Q11],1,1);
```

```
lmiterm([-32 5 4 Q12],1,1);lmiterm([-32 5 5 Q22],1,1);
lmiterm([-32 6 4 Q13],1,1);lmiterm([-32 6 5 Q23],1,1);
lmiterm([-32 6 6 Q33],1,1);lmiterm([-32 8 1 Y],1,1);
lmiterm([-32 8 2 Y],1,1);lmiterm([-32 8 3 Y],1,1);
lmiterm([-32 7 7 gama],1,1);lmiterm([-32 8 8 gama],1,1);
lmiterm([-41 1 1 G],1,1,'s');lmiterm([-41 1 1 Q11],-1,1);
lmiterm([-41 2 1 Y],1,1);lmiterm([-41 2 2 0],InputC);
lmiterm([-42 1 1 G],1,1,'s');lmiterm([-42 1 1 Q22],-1,1);
lmiterm([-42 2 1 Y],1,1);lmiterm([-42 2 2 0],InputC);
lmiterm([-43 1 1 G],1,1,'s');lmiterm([-43 1 1 Q33],-1,1);
lmiterm([-43 2 1 Y],1,1);lmiterm([-43 2 2 0],InputC);
lmiterm([-119 1 1 G],1,1,'s');lmiterm([-119 1 1 Q11],-1,1);
lmiterm([-119 2 1 G],[1 0]*A,1);lmiterm([-119 2 1 Y],[1 0]*B,1);
lmiterm([-119 2 2 0],stateC);
lmiterm([-120 1 1 G],1,1,'s');lmiterm([-120 1 1 Q11],-1,1);
lmiterm([-120 2 1 G],[1 0]*A^2,1);lmiterm([-120 2 1 Y],[1 0]*(A*B+B),1);
lmiterm([-120 2 2 0],stateC);
lmiterm([-121 1 1 G],1,1,'s');lmiterm([-121 1 1 Q11],-1,1);
lmiterm([-121 2 1 G],[1 0]*A^3,1);lmiterm([-121 2 1 Y],[1 0]*(A^2*B+A*B+B),1);
lmiterm([-121 2 2 0],stateC);
lmiterm([-122 1 1 G],1,1,'s');lmiterm([-122 1 1 Q11],-1,1);
lmiterm([-122 2 1 G],[1 0]*A^4,1);
lmiterm([-122 2 1 Y],[1 0]*(A^3*B+A^2*B+A*B+B),1);lmiterm([-122 2 2 0],stateC);
lmiterm([-123 1 1 G],1,1,'s');lmiterm([-123 1 1 Q11],-1,1);
lmiterm([-123 2 1 G],[1 0]*A^5,1);
lmiterm([-123 2 1 Y],[1 0]*(A^4*B+A^3*B+A^2*B+A*B+B),1);
lmiterm([-123 2 2 0],stateC);
lmiterm([-124 1 1 G12_11],1,1,'s');lmiterm([-124 1 1 Q11],-1,1);
lmiterm([-124 2 1 -G12_12],1,1);lmiterm([-124 2 1 G],1,1);
lmiterm([-124 2 1 Q12],-1,1);lmiterm([-124 2 2 G],1,1,'s');
lmiterm([-124 2 2 Q22],-1,1);lmiterm([-124 3 1 G12_11],[1 0]*A,1);
lmiterm([-124 3 1 Y],[1 0]*B,1);lmiterm([-124 3 2 G12_12],[1 0]*A,1);
lmiterm([-124 3 2 Y],[1 0]*B,1);lmiterm([-124 3 3 0],stateC);
lmiterm([-125 1 1 G22_11],1,1,'s');lmiterm([-125 1 1 Q11],-1,1);
lmiterm([-125 2 1 -G22_12],1,1);lmiterm([-125 2 1 G],1,1);
lmiterm([-125 2 1 Q12],-1,1);lmiterm([-125 2 2 G],1,1,'s');
lmiterm([-125 2 2 Q22],-1,1);lmiterm([-125 3 1 G22_11],[1 0]*A^2,1);
lmiterm([-125 3 1 Y],[1 0]*(A*B+B),1);
lmiterm([-125 3 2 G22_12],[1 0]*A^2,1);lmiterm([-125 3 2 Y],[1 0]*(A*B+B),1);
lmiterm([-125 3 3 0],stateC);
lmiterm([-126 1 1 G32_11],1,1,'s');lmiterm([-126 1 1 Q11],-1,1);
lmiterm([-126 2 1 -G32_12],1,1);lmiterm([-126 2 1 G],1,1);
lmiterm([-126 2 1 Q12],-1,1);lmiterm([-126 2 2 G],1,1,'s');
lmiterm([-126 2 2 Q22],-1,1);lmiterm([-126 3 1 G32_11],[1 0]*A^3,1);
lmiterm([-126 3 1 Y],[1 0]*(A^2*B+A*B+B),1);
lmiterm([-126 3 2 G32_12],[1 0]*A^3,1);
lmiterm([-126 3 2 Y],[1 0]*(A^2*B+A*B+B),1);lmiterm([-126 3 3 0],stateC);
lmiterm([-127 1 1 G42_11],1,1,'s');lmiterm([-127 1 1 Q11],-1,1);
lmiterm([-127 2 1 -G42_12],1,1);lmiterm([-127 2 1 G],1,1);
lmiterm([-127 2 1 Q12],-1,1);lmiterm([-127 2 2 G],1,1,'s');
lmiterm([-127 2 2 Q22],-1,1);lmiterm([-127 3 1 G42_11],[1 0]*A^4,1);
```

```
lmiterm([-127 3 1 Y],[1 0]*(A^3*B+A^2*B+A*B+B),1);
lmiterm([-127 3 2 G42_12],[1 0]*A^4,1);
lmiterm([-127 3 2 Y],[1 0]*(A^3*B+A^2*B+A*B+B),1);lmiterm([-127 3 3 0],stateC);
lmiterm([-128 1 1 G13_11],1,1,'s');lmiterm([-128 1 1 Q11],-1,1);
lmiterm([-128 2 1 -G13_13],1,1);lmiterm([-128 2 1 G],1,1);
lmiterm([-128 2 1 Q13],-1,1);lmiterm([-128 2 2 G],1,1,'s');
lmiterm([-128 2 2 Q33],-1,1);lmiterm([-128 3 1 G13_11],[1 0]*A,1);
lmiterm([-128 3 1 Y],[1 0]*B,1);lmiterm([-128 3 2 G13_13],[1 0]*A,1);
lmiterm([-128 3 2 Y],[1 0]*B,1);lmiterm([-128 3 3 0],stateC);
lmiterm([-129 1 1 G23_11],1,1,'s');lmiterm([-129 1 1 Q11],-1,1);
lmiterm([-129 2 1 -G23_13],1,1);lmiterm([-129 2 1 G],1,1);
lmiterm([-129 2 1 Q13],-1,1);lmiterm([-129 2 2 G],1,1,'s');
lmiterm([-129 2 2 Q33],-1,1);lmiterm([-129 3 1 G23_11],[1 0]*A^2,1);
lmiterm([-129 3 1 Y],[1 0]*(A*B+B),1);lmiterm([-129 3 2 G23_13],[1 0]*A^2,1);
lmiterm([-129 3 2 Y],[1 0]*(A*B+B),1);lmiterm([-129 3 3 0],stateC);
lmiterm([-130 1 1 G33_11],1,1,'s');lmiterm([-130 1 1 Q11],-1,1);
lmiterm([-130 2 1 -G33_13],1,1);lmiterm([-130 2 1 G],1,1);
lmiterm([-130 2 1 Q13],-1,1);lmiterm([-130 2 2 G],1,1,'s');
lmiterm([-130 2 2 Q33],-1,1);lmiterm([-130 3 1 G33_11],[1 0]*A^3,1);
lmiterm([-130 3 1 Y],[1 0]*(A^2*B+A*B+B),1);
lmiterm([-130 3 2 G33_13],[1 0]*A^3,1);
lmiterm([-130 3 2 Y],[1 0]*(A^2*B+A*B+B),1);lmiterm([-130 3 3 0],stateC);
lmiterm([-44 1 1 breujl],1,1);lmiterm([44 1 1 0],-InputC^.5);
lmiterm([45 1 1 breujl],1,1);lmiterm([-45 1 1 0],InputC^.5);
lmiterm([-131 1 1 0],[1 0]*A*x0);lmiterm([-131 1 1 breujl],[1 0]*B,1);
lmiterm([131 1 1 0],-stateC^0.5);
lmiterm([132 1 1 0],[1 0]*A*x0);lmiterm([132 1 1 breujl],[1 0]*B,1);
lmiterm([-132 1 1 0],stateC^0.5);
lmiterm([-133 1 1 0],[1 0]*A^2*x0);
lmiterm([-133 1 1 breujl],[1 0]*(A*B+B),1);lmiterm([133 1 1 0],-stateC^0.5);
lmiterm([134 1 1 0],[1 0]*A^2*x0);
lmiterm([134 1 1 breujl],[1 0]*(A*B+B),1);lmiterm([-134 1 1 0],stateC^0.5);
lmiterm([-135 1 1 0],[1 0]*A^3*x0);
lmiterm([-135 1 1 breujl],[1 0]*(A^2*B+A*B+B),1);
lmiterm([135 1 1 0],-stateC^0.5);
lmiterm([136 1 1 0],[1 0]*A^3*x0);
lmiterm([136 1 1 breujl],[1 0]*(A^2*B+A*B+B),1);lmiterm([-136 1 1 0],stateC^0.5);
lmiterm([-137 1 1 0],[1 0]*A^4*x0);
lmiterm([-137 1 1 breujl],[1 0]*(A^3*B+A^2*B+A*B+B),1);
lmiterm([137 1 1 0],-stateC^0.5);
lmiterm([138 1 1 0],[1 0]*A^4*x0);
lmiterm([138 1 1 breujl],[1 0]*(A^3*B+A^2*B+A*B+B),1);
lmiterm([-138 1 1 0],stateC^0.5);
lmiterm([-139 1 1 0],[1 0]*A^5*x0);
lmiterm([-139 1 1 breujl],[1 0]*(A^4*B+A^3*B+A^2*B+A*B+B),1);
lmiterm([139 1 1 0],-stateC^0.5);
lmiterm([140 1 1 0],[1 0]*A^5*x0);
lmiterm([140 1 1 breujl],[1 0]*(A^4*B+A^3*B+A^2*B+A*B+B),1);
lmiterm([-140 1 1 0],stateC^0.5);
lmiterm([-141 1 1 0],[1 0]*(A^2*x0+A*B*u0));
lmiterm([-141 1 1 breujl],[1 0]*B,1);lmiterm([141 1 1 0],-stateC^0.5);
```

```
        lmiterm([142 1 1 0],[1 0]*(A^2*x0+A*B*u0));
        lmiterm([142 1 1 breujl],[1 0]*B,1);lmiterm([-142 1 1 0],stateC^0.5);
        lmiterm([-143 1 1 0],[1 0]*(A^3*x0+A^2*B*u0));
        lmiterm([-143 1 1 breujl],[1 0]*(A*B+B),1);lmiterm([143 1 1 0],-stateC^0.5);
        lmiterm([144 1 1 0],[1 0]*(A^3*x0+A^2*B*u0));
        lmiterm([144 1 1 breujl],[1 0]*(A*B+B),1);lmiterm([-144 1 1 0],stateC^0.5);
        lmiterm([-145 1 1 0],[1 0]*(A^4*x0+A^3*B*u0));
        lmiterm([-145 1 1 breujl],[1 0]*(A^2*B+A*B+B),1);
        lmiterm([145 1 1 0],-stateC^0.5);
        lmiterm([146 1 1 0],[1 0]*(A^4*x0+A^3*B*u0));
        lmiterm([146 1 1 breujl],[1 0]*(A^2*B+A*B+B),1);lmiterm([-146 1 1 0],stateC^0.5);
        lmiterm([-147 1 1 0],[1 0]*(A^5*x0+A^4*B*u0));
        lmiterm([-147 1 1 breujl],[1 0]*(A^3*B+A^2*B+A*B+B),1);
        lmiterm([147 1 1 0],-stateC^0.5);
        lmiterm([148 1 1 0],[1 0]*(A^5*x0+A^4*B*u0));
        lmiterm([148 1 1 breujl],[1 0]*(A^3*B+A^2*B+A*B+B),1);
        lmiterm([-148 1 1 0],stateC^0.5);
        lmiterm([-149 1 1 0],[1 0]*(A^3*x0+(A^2*B+A*B)*u0));
        lmiterm([-149 1 1 breujl],[1 0]*B,1);lmiterm([149 1 1 0],-stateC^0.5);
        lmiterm([150 1 1 0],[1 0]*(A^3*x0+(A^2*B+A*B)*u0));
        lmiterm([150 1 1 breujl],[1 0]*B,1);lmiterm([-150 1 1 0],stateC^0.5);
        lmiterm([-151 1 1 0],[1 0]*(A^4*x0+(A^3*B+A^2*B)*u0));
        lmiterm([-151 1 1 breujl],[1 0]*(A*B+B),1);lmiterm([151 1 1 0],-stateC^0.5);
        lmiterm([152 1 1 0],[1 0]*(A^4*x0+(A^3*B+A^2*B)*u0));
        lmiterm([152 1 1 breujl],[1 0]*(A*B+B),1);lmiterm([-152 1 1 0],stateC^0.5);
        lmiterm([-153 1 1 0],[1 0]*(A^5*x0+(A^4*B+A^3*B)*u0));
        lmiterm([-153 1 1 breujl],[1 0]*(A^2*B+A*B+B),1);
        lmiterm([153 1 1 0],-stateC^0.5);
        lmiterm([154 1 1 0],[1 0]*(A^5*x0+(A^4*B+A^3*B)*u0));
        lmiterm([154 1 1 breujl],[1 0]*(A^2*B+A*B+B),1);lmiterm([-154 1 1 0],stateC^0.5);
        % considering x(\mathbbm i_{s_1}|j_1) in the minimization
        lmiterm([-46 1 1 gama1],1,1);lmiterm([-46 2 1 breujl],1,1);
        lmiterm([-46 2 2 0],1);
        lmiterm([-46 3 1 0],A^2*x0+(A*B+B)*breveu0_4);lmiterm([-46 3 3 0],eye(2));
        lmiterm([-47 1 1 gama1],1,1);lmiterm([-47 2 1 breujl],1,1);
        lmiterm([-47 2 2 0],1);
        lmiterm([-47 3 1 0],A*x0+B*breveu0_4);lmiterm([-47 3 3 0],eye(2));
        lmiterm([-48 1 1 gama1],1,1);lmiterm([-48 2 1 breujl],1,1);
        lmiterm([-48 2 2 0],1);
        lmiterm([-48 3 1 0],x0);lmiterm([-48 3 3 0],eye(2));
        dbc=getlmis;
        OP=[0 1000 1e9 30 0];
        CC=[1 1 0];CC(318)=0;initi=[0 0 -0.8];initi(318)=0;
        [OPX,VXx]=mincx(dbc,CC,OP,initi);
        gamaV(iii-3)=OPX;
        breveujl=dec2mat(dbc,VXx,breujl);
        Y=dec2mat(dbc,VXx,Y);G=dec2mat(dbc,VXx,G);F=Y*inv(G);
    end
    if T(iii-3)==1
        u0=breveujl;
    end
```

```
    uactv0=[uactv0',u0]';breveu0_0=breveu0_1;breveu0_1=breveu0_2;
    breveu0_2=breveu0_3;breveu0_3=breveu0_4;breveu0_4=breveujl;
    xn=A*x0+B*u0;X1v(iii+1)=xn(1);X2v(iii+1)=xn(2);x0=xn;
    z0_0=z0_1;z0_1=z0_2;z0_2=z0_3;z0_3=x0;
end
uactv0=[uactv0',u0]';
kt=0:NTN-4;
subplot(1,2,1)plot(kt,X1v(4:NTN),kt,X2v(4:NTN));hold;
subplot(1,2,2)plot(kt,uactv0(6:NTN+2));hold;
toc;
Jtrue=X1v(4:NTN-1)'*X1v(4:NTN-1)+X2v(4:NTN-1)'*X2v(4:NTN-1)
    +uactv0(6:NTN+1)'*uactv0(6:NTN+1);
```

7.4　变体反馈预测控制

开环预测控制的约束具有如下形式：

$$\begin{bmatrix} 1 & \star \\ x_{k+N|k}^{l_{N-1}\cdots l_1 l_0} & Q_k \end{bmatrix} \geqslant 0, \quad l_i \in \{1,2,\cdots,L\},\ i \in \{0,1,2,\cdots,N-1\} \tag{7.79}$$

$$\begin{bmatrix} 1 & \star & \star \\ \mathscr{Q}^{1/2} x_{k+i|k}^{l_{i-1}\cdots l_1 l_0} & \gamma_{i,k} I & \star \\ \mathscr{R}^{1/2} u_{k+i|k} & 0 & \gamma_{i,k} I \end{bmatrix} \geqslant 0, \quad l_i \in \{1,2,\cdots,L\},\ i \in \{0,1,2,\cdots,N-1\} \tag{7.80}$$

$$\begin{bmatrix} Q_k & \star & \star & \star \\ A_l Q_k + B_l Y_k & Q_k & \star & \star \\ \mathscr{Q}^{1/2} Q_k & 0 & \gamma_k I & \star \\ \mathscr{R}^{1/2} Y_k & 0 & 0 & \gamma_k I \end{bmatrix} \geqslant 0,\ l \in \{1,2,\cdots,L\} \tag{7.81}$$

$$-\underline{u} \leqslant u_{k+i|k} \leqslant \bar{u}, \quad i \in \{0,1,2,\cdots,N-1\} \tag{7.82}$$

$$\begin{bmatrix} Q_k & Y_{j,k}^{\mathrm{T}} \\ Y_{j,k} & u_{j,\inf}^2 \end{bmatrix} \geqslant 0, \quad j \in \{1,2,\cdots,m\} \tag{7.83}$$

$$-\underline{\psi}^{\mathrm{s}} \leqslant \varPsi^{\mathrm{d}} \begin{bmatrix} x_{k+1|k}^{l_0} \\ x_{k+2|k}^{l_1 l_0} \\ \vdots \\ x_{k+N|k}^{l_{N-1}\cdots l_1 l_0} \end{bmatrix} \leqslant \bar{\psi}^{\mathrm{s}}, \quad l_i \in \{1,2,\cdots,L\},\ i \in \{0,1,2,\cdots,N-1\} \tag{7.84}$$

$$\begin{bmatrix} Q_k & \star \\ \varPsi_s(A_l Q_k + B_l Y_k) & \psi_{s,\inf}^2 \end{bmatrix} \geqslant 0,\ l \in \{1,2,\cdots,L\},\ s \in \{1,2,\cdots,q\} \tag{7.85}$$

其中，顶点状态预测值 $\begin{bmatrix} x_{k+1|k}^{l_0} \\ x_{k+2|k}^{l_1 l_0} \\ \vdots \\ x_{k+N|k}^{l_{N-1}\cdots l_1 l_0} \end{bmatrix}$ 的定义类似于 6.1节，需要由下式代入：

$$\begin{bmatrix} x_{k+1|k}^{l_0} \\ x_{k+2|k}^{l_1 l_0} \\ \vdots \\ x_{k+N|k}^{l_{N-1}\cdots l_1 l_0} \end{bmatrix} = \begin{bmatrix} A_{l_0} \\ A_{l_1}A_{l_0} \\ \vdots \\ \prod_{i=0}^{N-1} A_{l_{N-1-i}} \end{bmatrix} x_k + \begin{bmatrix} B_{l_0} & 0 & \cdots & 0 \\ A_{l_1}B_{l_0} & B_{l_1} & \ddots & \vdots \\ \vdots & \vdots & \ddots & 0 \\ \prod_{i=0}^{N-2} A_{l_{N-1-i}}B_{l_0} & \prod_{i=0}^{N-3} A_{l_{N-1-i}}B_{l_1} & \cdots & B_{l_{N-1}} \end{bmatrix} \begin{bmatrix} u_{k|k} \\ u_{k+1|k} \\ \vdots \\ u_{k+N-1|k} \end{bmatrix}$$

通过求解 $\min\left(\sum_{i=0}^{N-1}\gamma_{i,k}+\gamma_k\right)$，满足上述约束式(7.79)~ 式(7.85)，得到控制作用，即为开环预测控制。

容易看出，式(7.79)~ 式(7.85)是 Ⅱ 型 LA 控制器（见 7.3节）中各个约束的推广，即 $N=1$ 被推广到 $N\geqslant 1$，其中式(7.79)、式(7.81)、式 (7.83)、式(7.85) 体现了 KBM 公式在预测控制设计中的运用。采用开环预测控制，在试图证明约束式(7.79)~ 式(7.85)的递推可行性时，$k+1$ 时刻得不到 $u_{k+N|k+1}$ 的确切的值——$u_{k+N|k+1}=F_k^* x_{k+N|k}^*$ 不是一个确切的值，因为 $x_{k+N|k}^*$ 是以 $x_{k+N|k}^{*l_{N-1}\cdots l_1 l_0}$ 为顶点的参数依赖的值。

对于一般的反馈预测控制，当 $N>2$ 时难以采用凸优化求解。以文献 [26] 为蓝本，这里给出如下的变体反馈预测控制约束：

$$\begin{bmatrix} 1 & \star \\ A_l x_{k|k}+B_l u_{k|k} & Q_{1,k} \end{bmatrix} \geqslant 0,\quad l\in\{1,2,\cdots,L\} \tag{7.86}$$

$$\begin{bmatrix} Q_{i,k} & \star & \star & \star \\ A_l Q_{i,k}+B_l Y_{i,k} & Q_{i+1,k} & \star & \star \\ \mathscr{Q}^{1/2}Q_{i,k} & 0 & \gamma_k I & \star \\ \mathscr{R}^{1/2}Y_{i,k} & 0 & 0 & \gamma_k I \end{bmatrix} \geqslant 0,\quad i\in\{1,2,\cdots,N-1\},\ l\in\{1,2,\cdots,L\},\ Q_N=Q \tag{7.87}$$

$$\begin{bmatrix} Q_k & \star & \star & \star \\ A_l Q_k+B_l Y_k & Q_k & \star & \star \\ \mathscr{Q}^{1/2}Q_k & 0 & \gamma_k I & \star \\ \mathscr{R}^{1/2}Y_k & 0 & 0 & \gamma_k I \end{bmatrix} \geqslant 0,\quad l\in\{1,2,\cdots,L\} \tag{7.88}$$

$$-\underline{u}\leqslant u_{k|k}\leqslant \bar{u} \tag{7.89}$$

$$\begin{bmatrix} Q_{i,k} & Y_{ij,k}^{\mathrm{T}} \\ Y_{ij,k} & u_{j,\inf}^2 \end{bmatrix} \geqslant 0,\ i\in\{1,2,\cdots,N-1\},\ j\in\{1,2,\cdots,m\} \tag{7.90}$$

$$\begin{bmatrix} Q_k & Y_{j,k}^{\mathrm{T}} \\ Y_{j,k} & u_{j,\inf}^2 \end{bmatrix} \geqslant 0,\ j\in\{1,2,\cdots,m\} \tag{7.91}$$

$$-\underline{\psi}\leqslant \Psi[A_l x_{k|k}+B_l u_{k|k}]\leqslant \bar{\psi},\ l\in\{1,2,\cdots,L\} \tag{7.92}$$

$$\begin{bmatrix} Q_{i,k} & \star \\ \Psi_s(A_l Q_{i,k}+B_l Y_{i,k}) & \psi_{s,\inf}^2 \end{bmatrix} \geqslant 0,\quad i\in\{1,2,\cdots,N-1\},\ l\in\{1,2,\cdots,L\},\ s\in\{1,2,\cdots,q\} \tag{7.93}$$

$$\begin{bmatrix} Q_k & \star \\ \Psi_s(A_l Q_k+B_l Y_k) & \psi_{s,\inf}^2 \end{bmatrix} \geqslant 0,\ l\in\{1,2,\cdots,L\},\ s\in\{1,2,\cdots,q\} \tag{7.94}$$

通过求解 $\min\left(\|u_{k|k}\|_{\mathscr{R}}^2+\gamma_k\right)$ 得到控制作用，称为变体反馈预测控制器。取 $Q_1=Q_2=\cdots=Q_N=Q$ 正好得到 Ⅱ 型 LA 控制器对应的约束。

式(7.87)保证了 $x_{k+i|k}\in\mathscr{E}_{Q_{i,k}}$, $i\in\{1,2,\cdots,N\}$，因此可以说变体反馈预测控制隐式地加入了约束 $x_{k+i|k}\in\mathscr{E}_{Q_{i,k}}$, $i\in\{1,2,\cdots,N\}$，这是其与一般的反馈预测控制的区别。根据文献 [34] 提供的周期不变性（periodic invariance）工具，可得到如下约束组：

$$\begin{bmatrix} 1 & \star \\ A_l x_{k|k}+B_l u_{k|k} & Q_{1,k} \end{bmatrix}\geqslant 0,\ l\in\{1,2,\cdots,L\} \tag{7.95}$$

$$\begin{bmatrix} Q_{i,k} & \star & \star & \star \\ A_l Q_{i,k}+B_l Y_{i,k} & Q_{i+1,k} & \star & \star \\ \mathscr{Q}^{1/2}Q_{i,k} & 0 & \gamma_k I & \star \\ \mathscr{R}^{1/2}Y_{i,k} & 0 & 0 & \gamma_k I \end{bmatrix}\geqslant 0,\quad i\in\{1,2,\cdots,N\},\ l\in\{1,2,\cdots,L\},\ Q_{N+1}=Q_1 \tag{7.96}$$

$$-\underline{u}\leqslant u_{k|k}\leqslant \bar{u} \tag{7.97}$$

$$\begin{bmatrix} Q_{i,k} & Y_{ij,k}^{\mathrm{T}} \\ Y_{ij,k} & u_{j,\inf}^2 \end{bmatrix}\geqslant 0,\ i\in\{1,2,\cdots,N\},\ j\in\{1,2,\cdots,m\} \tag{7.98}$$

$$-\underline{\psi}\leqslant \Psi[A_l x_{k|k}+B_l u_{k|k}]\leqslant \bar{\psi},\ l\in\{1,2,\cdots,L\} \tag{7.99}$$

$$\begin{bmatrix} Q_{i,k} & \star \\ \Psi_s(A_l Q_{i,k}+B_l Y_{i,k}) & \psi_{s,\inf}^2 \end{bmatrix}\geqslant 0,\quad i\in\{1,2,\cdots,N\},\ l\in\{1,2,\cdots,L\},\ s\in\{1,2,\cdots,q\} \tag{7.100}$$

每个时刻求解 $\min\left(\|u_{k|k}\|_{\mathscr{R}}^2+\gamma_k\right)$，满足约束式(7.95)～ 式(7.100)，得到控制作用。注意，式(7.95)～式(7.100)与式(7.86)～ 式(7.94)的区别仅在于：前者是 $Q_{N+1}=Q_1$ 而后者是 $Q_{N+1}=Q_N=Q$，即前者不是把 $\mathscr{E}_{Q_N}=\mathscr{E}_Q$ 而是把 $\{\mathscr{E}_{Q_1},\mathscr{E}_{Q_2},\cdots,\mathscr{E}_{Q_N},\mathscr{E}_{Q_1},\mathscr{E}_{Q_2},\cdots,\mathscr{E}_{Q_N},\cdots\}$ 当作终端约束集。从公式表达的实质意义上看，式(7.95)～ 式(7.100) 与式(7.86)～ 式(7.94)就差一个下角标而已。但本书决定称基于式(7.95)～式(7.100) 的方法为基于周期不变集的 LA 控制器，即环形 LA 控制器。

例题 7.3 回忆 7.2节的 Ⅱ 型改进 KBM 公式，重写如下：

$$\begin{bmatrix} 1 & x_{k|k}^{\mathrm{T}} \\ x_{k|k} & G_k^{\mathrm{T}}+G_k-Q_{l,k} \end{bmatrix}\geqslant 0,\quad l\in\{1,2,\cdots,L\} \tag{7.101}$$

$$\begin{bmatrix} Q_{l,k} & \star & \star & \star \\ A_l G_k+B_l Y_k & G_k^{\mathrm{T}}+G_k-Q_{j,k} & \star & \star \\ \mathscr{Q}^{1/2}G_k & 0 & \gamma_k I & \star \\ \mathscr{R}^{1/2}Y_k & 0 & 0 & \gamma_k I \end{bmatrix}\geqslant 0\quad j,l\in\{1,2,\cdots,L\} \tag{7.102}$$

$$\begin{bmatrix} Q_{l,k} & Y_{j,k}^{\mathrm{T}} \\ Y_{j,k} & u_{j,\inf}^2 \end{bmatrix}\geqslant 0,\ l\in\{1,2,\cdots,L\},\ j\in\{1,2,\cdots,m\} \tag{7.103}$$

$$\begin{bmatrix} Q_{l,k} & \star \\ \Psi_s(A_l G_k+B_l Y_k) & \psi_{s,\inf}^2 \end{bmatrix}\geqslant 0,\ l\in\{1,2,\cdots,L\},\ s\in\{1,2,\cdots,q\} \tag{7.104}$$

在式(7.95)～ 式(7.100)中，去掉那个自由控制作用，令 $N=L$，用 $F_i=YG^{-1}$ 代替 $F_i=Y_iQ_i^{-1}$，得

$$\begin{bmatrix} 1 & x_{k|k}^{\mathrm{T}} \\ x_{k|k} & G_k^{\mathrm{T}}+G_k-Q_{1,k} \end{bmatrix} \geqslant 0 \tag{7.105}$$

$$\begin{bmatrix} Q_{i,k} & \star & \star & \star \\ A_lG_k+B_lY_k & G_k^{\mathrm{T}}+G_k-Q_{i+1,k} & \star & \star \\ \mathscr{Q}^{1/2}G_k & 0 & \gamma_k I & \star \\ \mathscr{R}^{1/2}Y_k & 0 & 0 & \gamma_k I \end{bmatrix} \geqslant 0,\ \ i,l\in\{1,2,\cdots,L\},\ Q_{L+1}=Q_1 \tag{7.106}$$

$$\begin{bmatrix} Q_{i,k} & Y_{j,k}^{\mathrm{T}} \\ Y_{j,k} & u_{j,\inf}^2 \end{bmatrix} \geqslant 0,\ i\in\{1,2,\cdots,L\},\ j\in\{1,2,\cdots,m\} \tag{7.107}$$

$$\begin{bmatrix} Q_{i,k} & \star \\ \varPsi_s(A_lG_k+B_lY_k) & \psi_{s,\inf}^2 \end{bmatrix} \geqslant 0,\ i,l\in\{1,2,\cdots,L\},\ s\in\{1,2,\cdots,q\} \tag{7.108}$$

可称为 Ⅲ 型改进 KBM 公式。下面比较式(7.101)～ 式(7.104)和式(7.105)～ 式(7.108)：

(1) 式(7.105)只是式(7.101)中 $l=1$ 的情形，所以式(7.105) 更好；

(2) 式(7.106)和式(7.102)都含 L^2 个 LMI，其中有 L 个是相同的，因此难以比较它们的优劣；

(3) 式(7.107)和式(7.103)明显等价；

(4) 式(7.108)含有 L^2 个 LMI，包含式(7.104)所含的 L 个，因此式(7.104)更好；

(5) 式(7.105)～ 式(7.108)采用了 $N=L$，但实际上 N 可以作为额外的自由度。

在文献 [29] 中提出了参数依赖开环预测控制，按照本书符号体系该控制策略的约束具有如下形式：

$$\begin{bmatrix} 1 & \star \\ x_{k+N|k}^{l_{N-1}\cdots l_1 l_0} & Q_k \end{bmatrix} \geqslant 0,\ l_i\in\{1,2,\cdots,L\},\ i\in\{0,1,2,\cdots,N-1\} \tag{7.109}$$

$$\begin{bmatrix} 1 & \star & \star \\ \mathscr{Q}^{1/2}x_{k+i|k}^{l_{i-1}\cdots l_1 l_0} & \gamma_{i,k}I & \star \\ \mathscr{R}^{1/2}u_{k+i|k}^{l_{i-1}\cdots l_1 l_0} & 0 & \gamma_{i,k}I \end{bmatrix} \geqslant 0,\quad l_i\in\{1,2,\cdots,L\},\ i\in\{0,1,2,\cdots,N-1\} \tag{7.110}$$

$$\begin{bmatrix} Q_k & \star & \star & \star \\ A_lQ_k+B_lY_k & Q_k & \star & \star \\ \mathscr{Q}^{1/2}Q_k & 0 & \gamma_k I & \star \\ \mathscr{R}^{1/2}Y_k & 0 & 0 & \gamma_k I \end{bmatrix} \geqslant 0,\ l\in\{1,2,\cdots,L\} \tag{7.111}$$

$$-\underline{u}\leqslant u_{k|k}\leqslant \bar{u},\ -\underline{u}\leqslant u_{k+i|k}^{l_{i-1}\cdots l_1 l_0}\leqslant \bar{u},\ \ i\in\{1,2,\cdots,N-1\},\ l_{i-1}\in\{1,2,\cdots,L\} \tag{7.112}$$

$$\begin{bmatrix} Q_k & Y_{j,k}^{\mathrm{T}} \\ Y_{j,k} & u_{j,\inf}^2 \end{bmatrix} \geqslant 0,\quad j\in\{1,2,\cdots,m\} \tag{7.113}$$

$$-\underline{\psi}^{\mathrm{s}} \leqslant \Psi^{\mathrm{d}} \begin{bmatrix} x_{k+1|k}^{l_0} \\ x_{k+2|k}^{l_1 l_0} \\ \vdots \\ x_{k+N|k}^{l_{N-1}\cdots l_1 l_0} \end{bmatrix} \leqslant \bar{\psi}^{\mathrm{s}},\ \ l_i \in \{1,2,\cdots,L\},\ i \in \{0,1,2,\cdots,N-1\} \tag{7.114}$$

$$\begin{bmatrix} Q_k & \star \\ \Psi_s(A_l Q_k + B_l Y_k) & \psi_{s,\inf}^2 \end{bmatrix} \geqslant 0,\ l \in \{1,2,\cdots,L\},\ s \in \{1,2,\cdots,q\} \tag{7.115}$$

其中，顶点状态预测值 $\begin{bmatrix} x_{k+1|k}^{l_0} \\ x_{k+2|k}^{l_1 l_0} \\ \vdots \\ x_{k+N|k}^{l_{N-1}\cdots l_1 l_0} \end{bmatrix}$ 完全同 6.1节。每个时刻求解：

$$\min\left(\sum_{i=0}^{N-1} \gamma_{i,k} + \gamma_k\right)$$

满足约束式(7.109)～ 式(7.115)，得到控制作用。将式(7.79)～ 式(7.85)与式(7.109)～ 式(7.115)进行对比，可见其表观的区别很小：

$$\begin{bmatrix} u_{k|k} \\ u_{k+1|k} \\ \vdots \\ u_{k+N-1|k} \end{bmatrix} \rightarrow \begin{bmatrix} u_{k|k} \\ u_{k+1|k}^{l_0} \\ \vdots \\ u_{k+N-1|k}^{l_{N-2}\cdots l_1 l_0} \end{bmatrix}$$

尽管修改“不大”，但是参数依赖开环预测控制有很多优点：

(1) 开环预测控制的初始可行集（$k=0$ 时可行的 x_0 的集合）未必会随着 N 的增大而增大，但参数依赖开环预测控制会；

(2) 开环预测控制的控制性能未必会随着 N 的增大而提升，但参数依赖开环预测控制会；

(3) 与开环预测控制相比，参数依赖开环预测控制因能保证递推可行性，故可证明稳定性；

(4) 反馈预测控制似乎一向被认为是在可行性和最优性上最佳的方法，但实际上充当这个角色的是参数依赖开环预测控制；

(5) $N>2$ 时反馈预测控制不能用凸优化求解，但是参数依赖开环预测控制能。

例题 7.4　参数依赖开环预测控制在多大程度上等价于或不同于反馈预测控制呢？反馈预测控制和参数依赖开环预测控制之间的关系可以从式 (7.116) 来看 [14]：

$$\begin{aligned} \bar{u}_{k+i|k}^{l_{i-1}\cdots l_1 l_0} =& F_{k+i|k} \times [A_{l_{i-1}} + B_{l_{i-1}} F_{k+i-1|k}] \\ & \times \cdots \times [A_{l_1} + B_{l_1} F_{k+1|k}] \times [A_{l_0} x_k + B_{l_0} u_{k|k}],\quad l_0, l_1, \cdots, l_{i-1} \in \{1,2,\cdots,L\} \end{aligned} \tag{7.116}$$

与参数依赖开环预测控制相比，反馈预测控制多了约束式(7.116)。在反馈预测控制的约束中，仅式(7.116)与 $F_{k+i|k}$ 相关，其他约束中不存在 $F_{k+i|k}$，即 $F_{k+i|k}$ 的存在性只与式(7.116)有关。通过求解参数依赖开环预测控制优化问题，可以得到 $u_{k+i|k}^{l_{i-1}\cdots l_1 l_0}$。如果取参数依赖开环预测控制的 $u_{k+i|k}^{l_{i-1}\cdots l_1 l_0}$，可以从式(7.116)求出 $F_{k+i|k}$，则式(7.116)不影响反馈预测控制的可行性和最优性；否则（例如，某个 $A_{l_0} x_k + B_{l_0} u_{k|k} = 0$ 时，意味着对于同一个 l_0，$\bar{u}_{k+1|k}^{l_0} = 0$），式(7.116)影响反馈预测控制的可行性和/或最优性。$F_{k+i|k}$ 的维数是 $n \times m$。因此，对常见的 $n \times m > L$ 情形，往往反馈预测控制等价于参数依赖开环预测控制。

部分反馈预测控制是基于线性多胞模型的鲁棒预测控制的主流技术。下面是文献 [35] 提出的控制策略的约束形式（已按本书符号改写）：

$$\begin{bmatrix} 1 & \star \\ x_{k+N|k}^{l_{N-1}\cdots l_1 l_0} & Q_k \end{bmatrix} \geqslant 0,\ l_i \in \{1,2,\cdots,L\},\ i \in \{0,1,2,\cdots,N-1\} \tag{7.117}$$

$$\begin{bmatrix} 1 & \star & \star \\ \mathscr{Q}^{1/2}x_{k+i|k}^{l_{i-1}\cdots l_1 l_0} & \gamma_{i,k}I & \star \\ \mathscr{R}^{1/2}[F_{k+i|k}x_{k+i|k}^{l_{i-1}\cdots l_1 l_0}+c_{k+i|k}] & 0 & \gamma_{i,k}I \end{bmatrix} \geqslant 0,\quad l_i\in\{1,2,\cdots,L\},\ i\in\{0,1,2,\cdots,N-1\} \tag{7.118}$$

$$\begin{bmatrix} Q_k & \star & \star & \star \\ A_lQ_k+B_lY_k & Q_k & \star & \star \\ \mathscr{Q}^{1/2}Q_k & 0 & \gamma_k I & \star \\ \mathscr{R}^{1/2}Y_k & 0 & 0 & \gamma_k I \end{bmatrix} \geqslant 0,\ l\in\{1,2,\cdots,L\} \tag{7.119}$$

$$\begin{aligned} &-\underline{u}\leqslant F_{k|k}x_{k|k}+c_{k|k}\leqslant \bar{u},\quad -\underline{u}\leqslant F_{k+i|k}x_{k+i|k}^{l_{i-1}\cdots l_1 l_0}+c_{k+i|k}\leqslant \bar{u},\\ &i\in\{1,2,\cdots,N-1\},\ l_{i-1}\in\{1,2,\cdots,L\} \end{aligned} \tag{7.120}$$

$$\begin{bmatrix} Q_k & Y_{j,k}^{\mathrm{T}} \\ Y_{j,k} & u_{j,\inf}^2 \end{bmatrix} \geqslant 0,\quad j\in\{1,2,\cdots,m\} \tag{7.121}$$

$$-\underline{\psi}^{\mathrm{s}}\leqslant \Psi^{\mathrm{d}}\begin{bmatrix} x_{k+1|k}^{l_0} \\ x_{k+2|k}^{l_1 l_0} \\ \vdots \\ x_{k+N|k}^{l_{N-1}\cdots l_1 l_0} \end{bmatrix} \leqslant \bar{\psi}^{\mathrm{s}},\quad l_i\in\{1,2,\cdots,L\},\ i\in\{0,1,2,\cdots,N-1\} \tag{7.122}$$

$$\begin{bmatrix} Q_k & \star \\ \Psi_s(A_lQ_k+B_lY_k) & \psi_{s,\inf}^2 \end{bmatrix} \geqslant 0,\quad l\in\{1,2,\cdots,L\},\ s\in\{1,2,\cdots,q\} \tag{7.123}$$

其中，顶点状态预测值的定义类似于 6.1节，需要由下式代入：

$$\begin{aligned} \begin{bmatrix} x_{k+1|k}^{l_0} \\ x_{k+2|k}^{l_1 l_0} \\ \vdots \\ x_{k+N|k}^{l_{N-1}\cdots l_1 l_0} \end{bmatrix} &= \begin{bmatrix} \mathcal{A}_{l_0,k|k} \\ \mathcal{A}_{l_1,k+1|k}\mathcal{A}_{l_0,k|k} \\ \vdots \\ \mathcal{A}_{l_{N-1},k+N-1|k}\cdots\mathcal{A}_{l_1,k+1|k}\mathcal{A}_{l_0,k|k} \end{bmatrix} x_k \\ &+ \begin{bmatrix} B_{l_0} & 0 & \cdots & 0 \\ \mathcal{A}_{l_1,k+1|k}B_{l_0} & B_{l_1} & \ddots & \vdots \\ \vdots & \vdots & \ddots & 0 \\ \mathcal{A}_{l_{N-2},k+N-2|k}\cdots\mathcal{A}_{l_1,k+1|k}B_{l_0} & \mathcal{A}_{l_{N-2},k+N-2|k}\cdots\mathcal{A}_{l_2,k+2|k}B_{l_1} & \cdots & B_{l_{N-1}} \end{bmatrix} \begin{bmatrix} u_{k|k} \\ u_{k+1|k} \\ \vdots \\ u_{k+N-1|k} \end{bmatrix} \end{aligned}$$

$$\mathcal{A}_{l_i,k+i|k}=\mathcal{A}_{l_i}+B_{l_i}F_{k+i|k},\quad i\in\{0,1,2,\cdots,N-1\}$$

$$F_{k+i|k}=F_{k+i+1|k-1},\quad k>0,\ i\in\{0,1,2,\cdots,N-2\}$$

$$F_{k+N-1|k}=F_{k-1}^{*}=Y_{k-1}^{*}Q_{k-1}^{*-1},\quad k>0,\quad F_{i|0}=0,\quad i\in\{0,1,2,\cdots,N-1\}$$

每个时刻求解 $\min\left(\sum\limits_{i=0}^{N-1}\gamma_{i,k}+\gamma_k\right)$，满足约束式(7.117)～ 式(7.123)，得到控制作用。将式(7.109)～

式(7.115)与式(7.117)~ 式(7.123)进行对比，可见其区别很小：

$$\begin{bmatrix} u_{k|k} \\ u_{k+1|k}^{l_0} \\ \vdots \\ u_{k+N-1|k}^{l_{N-2}\cdots l_1 l_0} \end{bmatrix} \rightarrow \begin{bmatrix} F_{k|k}x_{k|k}+c_{k|k} \\ F_{k+1|k}x_{k+1|k}^{l_0}+c_{k+1|k} \\ \vdots \\ F_{k+N-1|k}x_{k+N-1|k}^{l_{N-2}\cdots l_1 l_0}+c_{k+N-1|k} \end{bmatrix}$$

在 $k=0$ 时，以上部分反馈预测控制是开环预测控制，但部分反馈预测控制由于恰当地更新了 $F_{k+i|k}$，$i\in\{0,1,2,\cdots,N-1\}$，故能保证递推可行性和稳定性。

例题 7.5 [14]　考虑系统：

$$\begin{bmatrix} x_{1,k+1} \\ x_{2,k+1} \end{bmatrix} = \begin{bmatrix} 1 & 0.1 \\ H_k & 1 \end{bmatrix}\begin{bmatrix} x_{1,k} \\ x_{2,k} \end{bmatrix} + \begin{bmatrix} 1 \\ 0 \end{bmatrix} u_k,\ H_k\in[0.5,\ 2.5]$$

输入约束为 $|u_k|\leqslant 1$，加权矩阵为 $\mathscr{Q}=I$ 和 $\mathscr{R}=1$。取 $N=1,2,3$，在图 7.2中画出了部分反馈预测控制（虚线）和参数依赖开环预测控制（实线）的吸引域。当 $N=1$ 时，虚线区域与实线区域完全相同；当 $N=2$ 或 3 时，实线区域大于虚线区域，因此展示了应用参数依赖开环预测控制作用的优势。对于部分反馈预测控制，$N=3$（$N=2$）时吸引域不包含 $N=2$（$N=1$）时的吸引域。为了进行比较，在图 7.2中也给出了用点划线表示的 KBM 控制器（$N=0$）的吸引域。

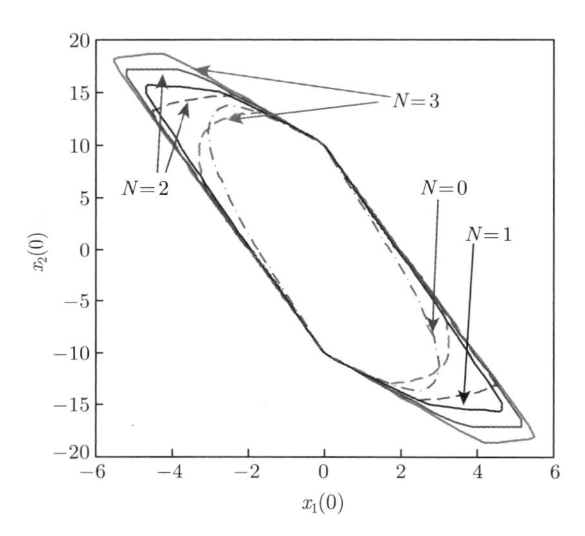

图 7.2　采用参数依赖开环预测控制与部分反馈预测控制的吸引域比较

下面的代码以参数依赖开环预测控制 $N=3$ 为例，展示如何画吸引域。

```
clear;
X0=[1.6 1.6]';X1v(1)=X0(1,1);X2v(1)=X0(2,1);JRSum=X0(1,1)^2+X0(2,1)^2;
B1=[1 0]';B2=[1 0]';A1=[1 0.1;0.5 1];A2=[1 0.1;2.5 1];
setlmis([]);
gama1=lmivar(1,[1 1]);gama2=lmivar(1,[1 1]);U=lmivar(1,[1 1]);U1=lmivar(1,[1 1]);
U2=lmivar(1,[1 1]);U11=lmivar(1,[1 1]);U12=lmivar(1,[1 1]);U21=lmivar(1,[1 1]);
U22=lmivar(1,[1 1]);Q=lmivar(1,[2 1]);Y=lmivar(2,[1 2]);
lmiterm([-1 1 1 Q],1,1);lmiterm([-1 2 1 Q],A1,1);lmiterm([-1 2 1 Y],B1,1);
lmiterm([-1 2 2 Q],1,1);lmiterm([-1 3 1 Q],1,1);
lmiterm([-1 3 3 gama2],1,[1,0;0,1]);lmiterm([-1 4 1 Y],1,1);
lmiterm([-1 4 4 gama2],1,1);
```

```
lmiterm([-2 1 1 Q],1,1);lmiterm([-2 2 1 Q],A2,1);lmiterm([-2 2 1 Y],B2,1);
lmiterm([-2 2 2 Q],1,1);lmiterm([-2 3 1 Q],1,1);
lmiterm([-2 3 3 gama2],1,[1,0;0,1]);lmiterm([-2 4 1 Y],1,1);
lmiterm([-2 4 4 gama2],1,1);
lmiterm([-11 1 1 gama1],1,1);lmiterm([-11 2 1 U],1,1);lmiterm([-11 2 2 0],1);
lmiterm([-11 3 1 U1],1,1);lmiterm([-11 3 3 0],1);lmiterm([-11 4 1 U11],1,1);
lmiterm([-11 4 4 0],1);lmiterm([-11 5 1 U],B1,1);lmiterm([-11 5 1 0],A1*X0);
lmiterm([-11 5 2 0],[0;0]);lmiterm([-11 5 3 0],[0;0]);
lmiterm([-11 5 4 0],[0;0]);lmiterm([-11 5 5 0],[1,0;0,1]);
lmiterm([-11 6 1 U],A1*B1,1);lmiterm([-11 6 1 U1],B1,1);
lmiterm([-11 6 1 0],A1*A1*X0);lmiterm([-11 6 2 0],[0;0]);
lmiterm([-11 6 3 0],[0;0]);lmiterm([-11 6 4 0],[0;0]);
lmiterm([-11 6 5 0],[0,0;0,0]);lmiterm([-11 6 6 0],[1,0;0,1]);
lmiterm([-12 1 1 gama1],1,1);lmiterm([-12 2 1 U],1,1);lmiterm([-12 2 2 0],1);
lmiterm([-12 3 1 U2],1,1);lmiterm([-12 3 3 0],1);lmiterm([-12 4 1 U12],1,1);
lmiterm([-12 4 4 0],1);lmiterm([-12 5 1 U],B2,1);lmiterm([-12 5 1 0],A2*X0);
lmiterm([-12 5 2 0],[0;0]);lmiterm([-12 5 3 0],[0;0]);
lmiterm([-12 5 4 0],[0;0]);lmiterm([-12 5 5 0],[1,0;0,1]);
lmiterm([-12 6 1 U],A1*B2,1);lmiterm([-12 6 1 U2],B1,1);
lmiterm([-12 6 1 0],A1*A2*X0);lmiterm([-12 6 2 0],[0;0]);
lmiterm([-12 6 3 0],[0;0]);lmiterm([-12 6 4 0],[0;0]);
lmiterm([-12 6 5 0],[0,0;0,0]);lmiterm([-12 6 6 0],[1,0;0,1]);
lmiterm([-13 1 1 gama1],1,1);lmiterm([-13 2 1 U],1,1);
lmiterm([-13 2 2 0],1);lmiterm([-13 3 1 U1],1,1);lmiterm([-13 3 3 0],1);
lmiterm([-13 4 1 U21],1,1);lmiterm([-13 4 4 0],1);lmiterm([-13 5 1 U],B1,1);
lmiterm([-13 5 1 0],A1*X0);lmiterm([-13 5 2 0],[0;0]);
lmiterm([-13 5 3 0],[0;0]);lmiterm([-13 5 4 0],[0;0]);
lmiterm([-13 5 5 0],[1,0;0,1]);lmiterm([-13 6 1 U],A2*B1,1);
lmiterm([-13 6 1 U1],B2,1);lmiterm([-13 6 1 0],A2*A1*X0);
lmiterm([-13 6 2 0],[0;0]);lmiterm([-13 6 3 0],[0;0]);
lmiterm([-13 6 4 0],[0;0]);lmiterm([-13 6 5 0],[0,0;0,0]);
lmiterm([-13 6 6 0],[1,0;0,1]);
lmiterm([-14 1 1 gama1],1,1);lmiterm([-14 2 1 U],1,1);
lmiterm([-14 2 2 0],1);lmiterm([-14 3 1 U2],1,1);
lmiterm([-14 3 3 0],1);lmiterm([-14 4 1 U22],1,1);
lmiterm([-14 4 4 0],1);lmiterm([-14 5 1 U],B2,1);
lmiterm([-14 5 1 0],A2*X0);lmiterm([-14 5 2 0],[0;0]);
lmiterm([-14 5 3 0],[0;0]);lmiterm([-14 5 4 0],[0;0]);
lmiterm([-14 5 5 0],[1,0;0,1]);lmiterm([-14 6 1 U],A2*B2,1);
lmiterm([-14 6 1 U2],B2,1);lmiterm([-14 6 1 0],A2*A2*X0);
lmiterm([-14 6 2 0],[0;0]);lmiterm([-14 6 3 0],[0;0]);
lmiterm([-14 6 4 0],[0;0]);lmiterm([-14 6 5 0],[0,0;0,0]);
lmiterm([-14 6 6 0],[1,0;0,1]);
lmiterm([-21 1 1 0],1);lmiterm([-21 2 1 U],A1*A1*B1,1);
lmiterm([-21 2 1 U1],A1*B1,1);lmiterm([-21 2 1 U11],B1,1);
lmiterm([-21 2 1 0],A1*A1*A1*X0);lmiterm([-21 2 2 Q],1,1);
lmiterm([-22 1 1 0],1);lmiterm([-22 2 1 U],A1*A1*B2,1);
lmiterm([-22 2 1 U2],A1*B1,1);lmiterm([-22 2 1 U12],B1,1);
lmiterm([-22 2 1 0],A1*A1*A2*X0);lmiterm([-22 2 2 Q],1,1);
lmiterm([-23 1 1 0],1);lmiterm([-23 2 1 U],A1*A2*B1,1);
lmiterm([-23 2 1 U1],A1*B2,1);lmiterm([-23 2 1 U21],B1,1);
```

```
lmiterm([-23 2 1 0],A1*A2*A1*X0);lmiterm([-23 2 2 Q],1,1);
lmiterm([-24 1 1 0],1);lmiterm([-24 2 1 U],A1*A2*B2,1);
lmiterm([-24 2 1 U2],A1*B2,1);lmiterm([-24 2 1 U22],B1,1);
lmiterm([-24 2 1 0],A1*A2*A2*X0);lmiterm([-24 2 2 Q],1,1);
lmiterm([-25 1 1 0],1);lmiterm([-25 2 1 U],A2*A1*B1,1);
lmiterm([-25 2 1 U1],A2*B1,1);lmiterm([-25 2 1 U11],B2,1);
lmiterm([-25 2 1 0],A2*A1*A1*X0);lmiterm([-25 2 2 Q],1,1);
lmiterm([-26 1 1 0],1);lmiterm([-26 2 1 U],A2*A1*B2,1);
lmiterm([-26 2 1 U2],A2*B1,1);lmiterm([-26 2 1 U12],B2,1);
lmiterm([-26 2 1 0],A2*A1*A2*X0);lmiterm([-26 2 2 Q],1,1);
lmiterm([-27 1 1 0],1);lmiterm([-27 2 1 U],A2*A2*B1,1);
lmiterm([-27 2 1 U1],A2*B2,1);lmiterm([-27 2 1 U21],B2,1);
lmiterm([-27 2 1 0],A2*A2*A1*X0);lmiterm([-27 2 2 Q],1,1);
lmiterm([-28 1 1 0],1);lmiterm([-28 2 1 U],A2*A2*B2,1);
lmiterm([-28 2 1 U2],A2*B2,1);lmiterm([-28 2 1 U22],B2,1);
lmiterm([-28 2 1 0],A2*A2*A2*X0);lmiterm([-28 2 2 Q],1,1);
lmiterm([31 1 1 0],-1);lmiterm([-31 1 1 U],1,1);
lmiterm([32 1 1 U],1,1);lmiterm([-32 1 1 0],1);
lmiterm([33 1 1 0],-1);lmiterm([-33 1 1 U1],1,1);
lmiterm([34 1 1 U1],1,1);lmiterm([-34 1 1 0],1);
lmiterm([35 1 1 0],-1);lmiterm([-35 1 1 U2],1,1);
lmiterm([36 1 1 U2],1,1);lmiterm([-36 1 1 0],1);
lmiterm([37 1 1 0],-1);lmiterm([-37 1 1 U11],1,1);
lmiterm([38 1 1 U11],1,1);lmiterm([-38 1 1 0],1);
lmiterm([39 1 1 0],-1);lmiterm([-39 1 1 U12],1,1);
lmiterm([40 1 1 U12],1,1);lmiterm([-40 1 1 0],1);
lmiterm([41 1 1 0],-1);lmiterm([-41 1 1 U21],1,1);
lmiterm([42 1 1 U21],1,1);lmiterm([-42 1 1 0],1);
lmiterm([43 1 1 0],-1);lmiterm([-43 1 1 U22],1,1);
lmiterm([44 1 1 U22],1,1);lmiterm([-44 1 1 0],1);
lmiterm([-51 1 1 Q],1,1);lmiterm([-51 2 1 Y],1,1);lmiterm([-51 2 2 0],1);
RMPC=getlmis;
OP=[0.01 2000 1e9 10 0];initi=[0 0];CC=[1 1];
for llll=3:14
   CC(llll)=0;initi(llll)=0;
end
[OPX,VXx]=mincx(RMPC,CC,OP,initi);gama1=dec2mat(RMPC,VXx,gama1);
gama2=dec2mat(RMPC,VXx,gama2);gamastar=gama1+gama2+X0'*X0
NN=18;
for jj=1:NN
  JC(jj)=OPX+X0(1,1)^2+X0(2,1)^2;A0=[1 0.1;1.5+sin(jj-1) 1]; % sin
  Ufact(jj)=dec2mat(RMPC,VXx,U);
  X1=A0*X0+B1*Ufact(jj);X1v(jj+1)=[1 0]*X1;X2v(jj+1)=[0 1]*X1;
  X0=X1;JRSum=JRSum+X0'*X0+Ufact(jj)^2;
  setlmis([]);
  gama1=lmivar(1,[1 1]);gama2=lmivar(1,[1 1]);U=lmivar(1,[1 1]);
  U1=lmivar(1,[1 1]);U2=lmivar(1,[1 1]);
  U11=lmivar(1,[1 1]);U12=lmivar(1,[1 1]);
  U21=lmivar(1,[1 1]);U22=lmivar(1,[1 1]);
  Q=lmivar(1,[2 1]);
  Y=lmivar(2,[1 2]);
```

```
lmiterm([-1 1 1 Q],1,1);lmiterm([-1 2 1 Q],A1,1);lmiterm([-1 2 1 Y],B1,1);
lmiterm([-1 2 2 Q],1,1);lmiterm([-1 3 1 Q],1,1);
lmiterm([-1 3 3 gama2],1,[1,0;0,1]);lmiterm([-1 4 1 Y],1,1);
lmiterm([-1 4 4 gama2],1,1);
lmiterm([-2 1 1 Q],1,1);lmiterm([-2 2 1 Q],A2,1);lmiterm([-2 2 1 Y],B2,1);
lmiterm([-2 2 2 Q],1,1);lmiterm([-2 3 1 Q],1,1);
lmiterm([-2 3 3 gama2],1,[1,0;0,1]);lmiterm([-2 4 1 Y],1,1);
lmiterm([-2 4 4 gama2],1,1);
lmiterm([-11 1 1 gama1],1,1);lmiterm([-11 2 1 U],1,1);lmiterm([-11 2 2 0],1);
lmiterm([-11 3 1 U1],1,1);lmiterm([-11 3 3 0],1);lmiterm([-11 4 1 U11],1,1);
lmiterm([-11 4 4 0],1);lmiterm([-11 5 1 U],B1,1);
lmiterm([-11 5 1 0],A1*X0);11 5 2 0],[0;0]);lmiterm([-11 5 3 0],[0;0]);
lmiterm([-11 5 4 0],[0;0]);lmiterm([-11 5 5 0],[1,0;0,1]);
lmiterm([-11 6 1 U],A1*B1,1);lmiterm([-11 6 1 U1],B1,1);
lmiterm([-11 6 1 0],A1*A1*X0);lmiterm([-11 6 2 0],[0;0]);
lmiterm([-11 6 3 0],[0;0]);lmiterm([-11 6 4 0],[0;0]);
lmiterm([-11 6 5 0],[0,0;0,0]);lmiterm([-11 6 6 0],[1,0;0,1]);
lmiterm([-12 1 1 gama1],1,1);lmiterm([-12 2 1 U],1,1);lmiterm([-12 2 2 0],1);
lmiterm([-12 3 1 U2],1,1);lmiterm([-12 3 3 0],1);lmiterm([-12 4 1 U12],1,1);
lmiterm([-12 4 4 0],1);lmiterm([-12 5 1 U],B2,1);lmiterm([-12 5 1 0],A2*X0);
lmiterm([-12 5 2 0],[0;0]);lmiterm([-12 5 3 0],[0;0]);
lmiterm([-12 5 4 0],[0;0]);lmiterm([-12 5 5 0],[1,0;0,1]);
lmiterm([-12 6 1 U],A1*B2,1);lmiterm([-12 6 1 U2],B1,1);
lmiterm([-12 6 1 0],A1*A2*X0);lmiterm([-12 6 2 0],[0;0]);
lmiterm([-12 6 3 0],[0;0]);lmiterm([-12 6 4 0],[0;0]);
lmiterm([-12 6 5 0],[0,0;0,0]);lmiterm([-12 6 6 0],[1,0;0,1]);
lmiterm([-13 1 1 gama1],1,1);lmiterm([-13 2 1 U],1,1);lmiterm([-13 2 2 0],1);
lmiterm([-13 3 1 U1],1,1);lmiterm([-13 3 3 0],1);lmiterm([-13 4 1 U21],1,1);
lmiterm([-13 4 4 0],1);lmiterm([-13 5 1 U],B1,1);lmiterm([-13 5 1 0],A1*X0);
lmiterm([-13 5 2 0],[0;0]);lmiterm([-13 5 3 0],[0;0]);
lmiterm([-13 5 4 0],[0;0]);lmiterm([-13 5 5 0],[1,0;0,1]);
lmiterm([-13 6 1 U],A2*B1,1);lmiterm([-13 6 1 U1],B2,1);
lmiterm([-13 6 1 0],A2*A1*X0);lmiterm([-13 6 2 0],[0;0]);
lmiterm([-13 6 3 0],[0;0]);lmiterm([-13 6 4 0],[0;0]);
lmiterm([-13 6 5 0],[0,0;0,0]);lmiterm([-13 6 6 0],[1,0;0,1]);
lmiterm([-14 1 1 gama1],1,1);lmiterm([-14 2 1 U],1,1);
lmiterm([-14 2 2 0],1);lmiterm([-14 3 1 U2],1,1);lmiterm([-14 3 3 0],1);
lmiterm([-14 4 1 U22],1,1);lmiterm([-14 4 4 0],1);lmiterm([-14 5 1 U],B2,1);
lmiterm([-14 5 1 0],A2*X0);lmiterm([-14 5 2 0],[0;0]);
lmiterm([-14 5 3 0],[0;0]);lmiterm([-14 5 4 0],[0;0]);
lmiterm([-14 5 5 0],[1,0;0,1]);lmiterm([-14 6 1 U],A2*B2,1);
lmiterm([-14 6 1 U2],B2,1);lmiterm([-14 6 1 0],A2*A2*X0);
lmiterm([-14 6 2 0],[0;0]);lmiterm([-14 6 3 0],[0;0]);
lmiterm([-14 6 4 0],[0;0]);lmiterm([-14 6 5 0],[0,0;0,0]);
lmiterm([-14 6 6 0],[1,0;0,1]);
lmiterm([-21 1 1 0],1);lmiterm([-21 2 1 U],A1*A1*B1,1);lmiterm([-21 2 1 U1],A1*B1,1);
lmiterm([-21 2 1 U11],B1,1);lmiterm([-21 2 1 0],A1*A1*A1*X0);
lmiterm([-21 2 2 Q],1,1);
lmiterm([-22 1 1 0],1);lmiterm([-22 2 1 U],A1*A1*B2,1);lmiterm([-22 2 1 U2],A1*B1,1);
lmiterm([-22 2 1 U12],B1,1);lmiterm([-22 2 1 0],A1*A1*A2*X0);
lmiterm([-22 2 2 Q],1,1);
```

```
  lmiterm([-23 1 1 0],1);lmiterm([-23 2 1 U],A1*A2*B1,1);lmiterm([-23 2 1 U1],A1*B2,1);
  lmiterm([-23 2 1 U21],B1,1);lmiterm([-23 2 1 0],A1*A2*A1*X0);
  lmiterm([-23 2 2 Q],1,1);
  lmiterm([-24 1 1 0],1);lmiterm([-24 2 1 U],A1*A2*B2,1);lmiterm([-24 2 1 U2],A1*B2,1);
  lmiterm([-24 2 1 U22],B1,1);lmiterm([-24 2 1 0],A1*A2*A2*X0);
  lmiterm([-24 2 2 Q],1,1);
  lmiterm([-25 1 1 0],1);lmiterm([-25 2 1 U],A2*A1*B1,1);lmiterm([-25 2 1 U1],A2*B1,1);
  lmiterm([-25 2 1 U11],B2,1);lmiterm([-25 2 1 0],A2*A1*A1*X0);
  lmiterm([-25 2 2 Q],1,1);
  lmiterm([-26 1 1 0],1);lmiterm([-26 2 1 U],A2*A1*B2,1);lmiterm([-26 2 1 U2],A2*B1,1);
  lmiterm([-26 2 1 U12],B2,1);lmiterm([-26 2 1 0],A2*A1*A2*X0);
  lmiterm([-26 2 2 Q],1,1);
  lmiterm([-27 1 1 0],1);lmiterm([-27 2 1 U],A2*A2*B1,1);lmiterm([-27 2 1 U1],A2*B2,1);
  lmiterm([-27 2 1 U21],B2,1);lmiterm([-27 2 1 0],A2*A2*A1*X0);
  lmiterm([-27 2 2 Q],1,1);
  lmiterm([-28 1 1 0],1);lmiterm([-28 2 1 U],A2*A2*B2,1);lmiterm([-28 2 1 U2],A2*B2,1);
  lmiterm([-28 2 1 U22],B2,1);lmiterm([-28 2 1 0],A2*A2*A2*X0);
  lmiterm([-28 2 2 Q],1,1);
  lmiterm([31 1 1 0],-1);lmiterm([-31 1 1 U],1,1);
  lmiterm([32 1 1 U],1,1);lmiterm([-32 1 1 0],1);
  lmiterm([33 1 1 0],-1);lmiterm([-33 1 1 U1],1,1);
  lmiterm([34 1 1 U1],1,1);lmiterm([-34 1 1 0],1);
  lmiterm([35 1 1 0],-1);lmiterm([-35 1 1 U2],1,1);
  lmiterm([36 1 1 U2],1,1);lmiterm([-36 1 1 0],1);
  lmiterm([37 1 1 0],-1);lmiterm([-37 1 1 U11],1,1);
  lmiterm([38 1 1 U11],1,1);lmiterm([-38 1 1 0],1);
  lmiterm([39 1 1 0],-1);lmiterm([-39 1 1 U12],1,1);
  lmiterm([40 1 1 U12],1,1);lmiterm([-40 1 1 0],1);
  lmiterm([41 1 1 0],-1);lmiterm([-41 1 1 U21],1,1);
  lmiterm([42 1 1 U21],1,1);lmiterm([-42 1 1 0],1);
  lmiterm([43 1 1 0],-1);lmiterm([-43 1 1 U22],1,1);
  lmiterm([44 1 1 U22],1,1);lmiterm([-44 1 1 0],1);
  lmiterm([-51 1 1 Q],1,1);lmiterm([-51 2 1 Y],1,1);lmiterm([-51 2 2 0],1);
  RMPC=getlmis;
  [OPX,VXx]=mincx(RMPC,CC,OP,initi);
  gama1=dec2mat(RMPC,VXx,gama1);gama2=dec2mat(RMPC,VXx,gama2);
  gamastar=gamastar+gama1+gama2+X0'*X0
end
t=0:NN;
JC(NN+1)=JC(NN);Ufact(NN+1)=Ufact(NN);
%plot(t,Ufact)
plot(X1v,X2v)
JRSum
%%% Let us begin to plot the exact region of attraction.
vector1=[-1:0.1:-0.5,-0.48:0.02:-0.3,-0.3:0.0001:-0.28,-0.26:0.02:1];
for i=1:281
  vector2(i)=sqrt(1-vector1(i)^2);X0=[vector1(i),vector2(i)]';
  setlmis([]);
  beta=lmivar(1,[1 1]);gama1=lmivar(1,[1 1]);gama2=lmivar(1,[1 1]);U=lmivar(1,[1 1]);
  U1=lmivar(1,[1 1]);U2=lmivar(1,[1 1]);U11=lmivar(1,[1 1]);U12=lmivar(1,[1 1]);
  U21=lmivar(1,[1 1]);U22=lmivar(1,[1 1]);
```

```
Q=lmivar(1,[2 1]);
Y=lmivar(2,[1 2]);
lmiterm([-1 1 1 Q],1,1);lmiterm([-1 2 1 Q],A1,1);lmiterm([-1 2 1 Y],B1,1);
lmiterm([-1 2 2 Q],1,1);lmiterm([-1 3 1 Q],1,1);
lmiterm([-1 3 3 gama2],1,[1,0;0,1]);lmiterm([-1 4 1 Y],1,1);
lmiterm([-1 4 4 gama2],1,1);
lmiterm([-2 1 1 Q],1,1);lmiterm([-2 2 1 Q],A2,1);2 2 1 Y],B2,1);
lmiterm([-2 2 2 Q],1,1);lmiterm([-2 3 1 Q],1,1);
lmiterm([-2 3 3 gama2],1,[1,0;0,1]);lmiterm([-2 4 1 Y],1,1);
lmiterm([-2 4 4 gama2],1,1);
lmiterm([-11 1 1 gama1],1,1);lmiterm([-11 2 1 U],1,1);lmiterm([-11 2 2 0],1);
lmiterm([-11 3 1 U1],1,1);lmiterm([-11 3 3 0],1);lmiterm([-11 4 1 U11],1,1);
lmiterm([-11 4 4 0],1);lmiterm([-11 5 1 U],B1,1);lmiterm([-11 5 1 beta],A1*X0,1);
lmiterm([-11 5 2 0],[0;0]);lmiterm([-11 5 3 0],[0;0]);lmiterm([-11 5 4 0],[0;0]);
lmiterm([-11 5 5 0],[1,0;0,1]);lmiterm([-11 6 1 U],A1*B1,1);
lmiterm([-11 6 1 U1],B1,1);lmiterm([-11 6 1 beta],A1*A1*X0,1);
lmiterm([-11 6 2 0],[0;0]);lmiterm([-11 6 3 0],[0;0]);lmiterm([-11 6 4 0],[0;0]);
lmiterm([-11 6 5 0],[0,0;0,0]);lmiterm([-11 6 6 0],[1,0;0,1]);
lmiterm([-12 1 1 gama1],1,1);lmiterm([-12 2 1 U],1,1);lmiterm([-12 2 2 0],1);
lmiterm([-12 3 1 U2],1,1);lmiterm([-12 3 3 0],1);lmiterm([-12 4 1 U12],1,1);
lmiterm([-12 4 4 0],1);lmiterm([-12 5 1 U],B2,1);lmiterm([-12 5 1 beta],A2*X0,1);
lmiterm([-12 5 2 0],[0;0]);lmiterm([-12 5 3 0],[0;0]);lmiterm([-12 5 4 0],[0;0]);
lmiterm([-12 5 5 0],[1,0;0,1]);lmiterm([-12 6 1 U],A1*B2,1);
lmiterm([-12 6 1 U2],B1,1);lmiterm([-12 6 1 beta],A1*A2*X0,1);
lmiterm([-12 6 2 0],[0;0]);lmiterm([-12 6 3 0],[0;0]);lmiterm([-12 6 4 0],[0;0]);
lmiterm([-12 6 5 0],[0,0;0,0]);lmiterm([-12 6 6 0],[1,0;0,1]);
lmiterm([-13 1 1 gama1],1,1);lmiterm([-13 2 1 U],1,1);lmiterm([-13 2 2 0],1);
lmiterm([-13 3 1 U1],1,1);lmiterm([-13 3 3 0],1);lmiterm([-13 4 1 U21],1,1);
lmiterm([-13 4 4 0],1);lmiterm([-13 5 1 U],B1,1);lmiterm([-13 5 1 beta],A1*X0,1);
lmiterm([-13 5 2 0],[0;0]);lmiterm([-13 5 3 0],[0;0]);lmiterm([-13 5 4 0],[0;0]);
lmiterm([-13 5 5 0],[1,0;0,1]);lmiterm([-13 6 1 U],A2*B1,1);
lmiterm([-13 6 1 U1],B2,1);lmiterm([-13 6 1 beta],A2*A1*X0,1);
lmiterm([-13 6 2 0],[0;0]);lmiterm([-13 6 3 0],[0;0]);lmiterm([-13 6 4 0],[0;0]);
lmiterm([-13 6 5 0],[0,0;0,0]);lmiterm([-13 6 6 0],[1,0;0,1]);
lmiterm([-14 1 1 gama1],1,1);lmiterm([-14 2 1 U],1,1);lmiterm([-14 2 2 0],1);
lmiterm([-14 3 1 U2],1,1);lmiterm([-14 3 3 0],1);lmiterm([-14 4 1 U22],1,1);
lmiterm([-14 4 4 0],1);lmiterm([-14 5 1 U],B2,1);lmiterm([-14 5 1 beta],A2*X0,1);
lmiterm([-14 5 2 0],[0;0]);lmiterm([-14 5 3 0],[0;0]);lmiterm([-14 5 4 0],[0;0]);
lmiterm([-14 5 5 0],[1,0;0,1]);lmiterm([-14 6 1 U],A2*B2,1);
lmiterm([-14 6 1 U2],B2,1);lmiterm([-14 6 1 beta],A2*A2*X0,1);
lmiterm([-14 6 2 0],[0;0]);lmiterm([-14 6 3 0],[0;0]);lmiterm([-14 6 4 0],[0;0]);
lmiterm([-14 6 5 0],[0,0;0,0]);lmiterm([-14 6 6 0],[1,0;0,1]);
lmiterm([-21 1 1 0],1);lmiterm([-21 2 1 U],A1*A1*B1,1);
lmiterm([-21 2 1 U1],A1*B1,1);lmiterm([-21 2 1 U11],B1,1);
lmiterm([-21 2 1 beta],A1*A1*A1*X0,1);lmiterm([-21 2 2 Q],1,1);
lmiterm([-22 1 1 0],1);lmiterm([-22 2 1 U],A1*A1*B2,1);
lmiterm([-22 2 1 U2],A1*B1,1);lmiterm([-22 2 1 U12],B1,1);
lmiterm([-22 2 1 beta],A1*A1*A2*X0,1);lmiterm([-22 2 2 Q],1,1);
lmiterm([-23 1 1 0],1);lmiterm([-23 2 1 U],A1*A2*B1,1);
lmiterm([-23 2 1 U1],A1*B2,1);lmiterm([-23 2 1 U21],B1,1);
lmiterm([-23 2 1 beta],A1*A2*A1*X0,1);  lmiterm([-23 2 2 Q],1,1);
```

```
  lmiterm([-24 1 1 0],1);lmiterm([-24 2 1 U],A1*A2*B2,1);
  lmiterm([-24 2 1 U2],A1*B2,1);lmiterm([-24 2 1 U22],B1,1);
  lmiterm([-24 2 1 beta],A1*A2*A2*X0,1);lmiterm([-24 2 2 Q],1,1);
  lmiterm([-25 1 1 0],1);lmiterm([-25 2 1 U],A2*A1*B1,1);
  lmiterm([-25 2 1 U1],A2*B1,1);lmiterm([-25 2 1 U11],B2,1);
  lmiterm([-25 2 1 beta],A2*A1*A1*X0,1);lmiterm([-25 2 2 Q],1,1);
  lmiterm([-26 1 1 0],1);lmiterm([-26 2 1 U],A2*A1*B2,1);
  lmiterm([-26 2 1 U2],A2*B1,1);lmiterm([-26 2 1 U12],B2,1);
  lmiterm([-26 2 1 beta],A2*A1*A2*X0,1);lmiterm([-26 2 2 Q],1,1);
  lmiterm([-27 1 1 0],1);lmiterm([-27 2 1 U],A2*A2*B1,1);
  lmiterm([-27 2 1 U1],A2*B2,1);lmiterm([-27 2 1 U21],B2,1);
  lmiterm([-27 2 1 beta],A2*A2*A1*X0,1);lmiterm([-27 2 2 Q],1,1);
  lmiterm([-28 1 1 0],1);lmiterm([-28 2 1 U],A2*A2*B2,1);
  lmiterm([-28 2 1 U2],A2*B2,1);lmiterm([-28 2 1 U22],B2,1);
  lmiterm([-28 2 1 beta],A2*A2*A2*X0,1);lmiterm([-28 2 2 Q],1,1);
  lmiterm([31 1 1 0],-1);lmiterm([-31 1 1 U],1,1);
  lmiterm([32 1 1 U],1,1);lmiterm([-32 1 1 0],1);
  lmiterm([33 1 1 0],-1);lmiterm([-33 1 1 U1],1,1);
  lmiterm([34 1 1 U1],1,1);lmiterm([-34 1 1 0],1);
  lmiterm([35 1 1 0],-1);lmiterm([-35 1 1 U2],1,1);
  lmiterm([36 1 1 U2],1,1);lmiterm([-36 1 1 0],1);
  lmiterm([37 1 1 0],-1);lmiterm([-37 1 1 U11],1,1);
  lmiterm([38 1 1 U11],1,1);lmiterm([-38 1 1 0],1);
  lmiterm([39 1 1 0],-1);lmiterm([-39 1 1 U12],1,1);
  lmiterm([40 1 1 U12],1,1);lmiterm([-40 1 1 0],1);
  lmiterm([41 1 1 0],-1);lmiterm([-41 1 1 U21],1,1);
  lmiterm([42 1 1 U21],1,1);lmiterm([-42 1 1 0],1);
  lmiterm([43 1 1 0],-1);lmiterm([-43 1 1 U22],1,1);
  lmiterm([44 1 1 U22],1,1);lmiterm([-44 1 1 0],1);
  lmiterm([-51 1 1 Q],1,1);lmiterm([-51 2 1 Y],1,1);lmiterm([-51 2 2 0],1);
  RMPC=getlmis;
  OP=[0.01 2000 1e9 10 0];CC(1:2)=[-1 0];CC(15)=0;initi(15)=0;
  [OPX,VXx]=mincx(RMPC,CC,OP,initi);beta=dec2mat(RMPC,VXx,beta);
  vector1(i)=beta*vector1(i);vector1(281+i)=-vector1(i);
  vector2(i)=beta*vector2(i);vector2(281+i)=-vector2(i);
end
plot(vector1,vector2)
```

7.5　关于最优性

在前面几章所讲的鲁棒预测控制方法中，γ_k 是性能指标的上界的上界的上界。为什么要三次“上界”？性能指标是

$$J_{0,k}^{\infty}=\sum_{i=0}^{\infty}[\|x_{k+i|k}\|_{\mathscr{Q}}^2+\|u_{k+i|k}\|_{\mathscr{R}}^2]$$

通过认领 $J_{N,k}^{\infty}=\sum\limits_{i=N}^{\infty}[\|x_{k+i|k}\|_{\mathscr{Q}}^2+\|u_{k+i|k}\|_{\mathscr{R}}^2]$ 的上界 $\|x_{k+N|k}\|_{P_k}^2$，得

$$J_{0,k}^{\infty}\leqslant \bar{J}_{0,k}^{N}\xlongequal{\text{def}}\sum_{i=0}^{N-1}[\|x_{k+i|k}\|_{\mathscr{Q}}^2+\|u_{k+i|k}\|_{\mathscr{R}}^2]+\|x_{k+N|k}\|_{P_k}^2$$

这是第一次“上界”。通常，用 KBM 公式或其改进版本确定 $\|x_{k+N|k}\|_{P_k}^2$ 的上界，并用各种方法确定

$$J_{0,k}^{N-1} = \sum_{i=0}^{N-1}[\|x_{k+i|k}\|_{\mathscr{Q}}^2 + \|u_{k+i|k}\|_{\mathscr{R}}^2]$$

的上界，这是第二次“上界”。这第二次的上界被置于一组约束中，由于要满足比上界对应的约束更多的约束（包括输入和状态的 LMI 约束、当前状态约束等）或更保守的约束（多数的约束，尤其是在化成 LMI 的过程中，是保守化处理过的），其偏离了第二次上界的价值，只能取更高、更大、更远的值，这是第三次“上界”。第三次上界往往是主要矛盾，因此不能忽略第三次上界。三次上界，尤其是第三次上界，使得鲁棒预测控制的最优性变得十分朦胧，有时 γ_k 的值会大得离谱。

7.5.1 线性时变系统的约束二次型调节器

相对来说，对标称系统的性能指标的上界更接近性能指标本身[36]。假设 $[A_k, B_k]$ 已知且为 k 的函数，并且满足有界和一致可镇定，且

$$[A_i|B_i] \in \Omega, \quad i \geqslant N_0$$

目标是求解有约束的线性时变二次调节（constrained linear time varying quadratic regulation, CLTVQR），即求解问题如下：

$$\min_{u_0^\infty} \Phi\left(x_{0|0}\right) = \sum_{i=0}^{\infty}\left[\left\|x_{i|0}\right\|_{\mathscr{Q}}^2 + \left\|u_{i|0}\right\|_{\mathscr{R}}^2\right] \tag{7.124}$$

$$\text{s.t.} \quad x_{i+1|0} = A_i x_{i|0} + B_i u_{i|0}, \quad x_{0|0} = x_0, \quad i \geqslant 0 \tag{7.125}$$

$$-\underline{u} \leqslant u_{i|0} \leqslant \bar{u}, \quad i \geqslant 0 \tag{7.126}$$

$$-\underline{\psi} \leqslant \Psi x_{i+1|0} \leqslant \bar{\psi}, \quad i \geqslant 0 \tag{7.127}$$

其中，$\{\mathscr{Q}, \mathscr{R}\}$ 为非负加权矩阵；$u_0^\infty = \{u_{0|0}, u_{1|0}, \cdots, u_{\infty|0}\}$ 为决策变量。

令 $\Phi^* = \min_{u_0^\infty} \Phi\left(x_{0|0}\right)$。本例的关键思路是找到 CLTVQR 的次优解（记为 Φ^f），使得

$$\left(\Phi^f - \Phi^*\right)/\Phi^* \leqslant \delta \tag{7.128}$$

其中，$\delta > 0$ 是预先给定的标量。从 δ 可以选择为任意小的意义上看，式(7.128)表示次优解可以任意接近于最优解。为满足式(7.128)，$\Phi\left(x_{0|0}\right)$ 可分为两部分，即

$$\Phi\left(x_{0|0}\right) = \sum_{i=0}^{N-1}\left[\left\|x_{i|0}\right\|_{\mathscr{Q}}^2 + \left\|u_{i|0}\right\|_{\mathscr{R}}^2\right] + \Phi_{\text{tail}}\left(x_{N|0}\right) \tag{7.129}$$

其中，$N \geqslant N_0$ 和

$$\Phi_{\text{tail}}\left(x_{N|0}\right) = \sum_{i=N}^{\infty}\left[\left\|x_{i|0}\right\|_{\mathscr{Q}}^2 + \left\|u_{i|0}\right\|_{\mathscr{R}}^2\right] \tag{7.130}$$

对于式(7.130)的最小化，采用 KBM 控制器，其形式为

$$u_{i|0} = F x_{i|0}, \quad i \geqslant N \tag{7.131}$$

式(7.130)的界可以推导为

$$\Phi_{\text{tail}}\left(x_{N|0}\right) \leqslant x_{N|0}^{\mathrm{T}} Q_N x_{N|0} \leqslant \gamma$$

其中，$\gamma>0$ 为标量；$Q_N>0$ 为对称加权矩阵。因此，有

$$\varPhi\left(x_{0|0}\right)\leqslant\sum_{i=0}^{N-1}\left[\left\|x_{i|0}\right\|_{\mathscr{Q}}^{2}+\left\|u_{i|0}\right\|_{\mathscr{R}}^{2}\right]+x_{N|0}^{\mathrm{T}}Q_Nx_{N|0}=\bar{\varPhi}_{Q_N}\left(x_{0|0}\right)$$

当 $Q_N=0$ 时，$\bar{\varPhi}_{Q_N}\left(x_{0|0}\right)=\bar{\varPhi}_0\left(x_{0|0}\right)$。令 $\mathcal{X}_{N|0}\subset\mathbb{R}^n$ 表示使 KBM 控制器存在式(7.131)形式的解的 $x_{N|0}$ 的集合。下面讨论以下两个有意义的问题。

问题 7.1　无终端代价有限时域的 CLTVQR：

$$\bar{\varPhi}_0^*=\min_{u_0^{N-1}}\bar{\varPhi}_0\left(x_{0|0}\right)\ \text{s.t.}\ \ 式(7.125), 式(7.126), 式(7.127),\quad 0\leqslant i\leqslant N-1$$

由问题 7.1的最优解得到的终端状态记为 $x_{N|0}^0$。

问题 7.2　有终端代价有限时域的 CLTVQR：

$$\bar{\varPhi}_{Q_N}^*=\min_{u_0^{N-1}}\bar{\varPhi}_{Q_N}\left(x_{0|0}\right)\ \text{s.t.}\ \ 式(7.125), 式(7.126), 式(7.127),\quad 0\leqslant i\leqslant N-1$$

由问题 7.2的最优解得到的终端状态记为 $x_{N|0}^*$。

定义二次型函数

$$V_i=x_{i|0}^{\mathrm{T}}S^{-1}x_{i|0},\quad i\geqslant N$$

为给出式(7.130)中性能指标的上界，加入

$$V_{i+1}-V_i\leqslant-1/\gamma\left[\left\|x_{i|0}\right\|_{\mathscr{Q}}^{2}+\left\|u_{i|0}\right\|_{\mathscr{R}}^{2}\right],\quad [A_i|B_i]\in\varOmega,\quad i\geqslant N$$

上式通过式 (7.132) 来保证：

$$\begin{bmatrix} S & \star & \star & \star \\ A_lS+B_lY & S & \star & \star \\ \mathscr{Q}^{1/2}S & 0 & \gamma I & \star \\ \mathscr{R}^{1/2}Y & 0 & 0 & \gamma I \end{bmatrix}\geqslant 0,\quad l=1,2,\cdots,L \tag{7.132}$$

其中，$Y=FS$。

可行的状态反馈律需满足式(7.126)和式(7.127)。式(7.126)和式(7.127)由如下的 LMI 保证：

$$\begin{bmatrix} Z & Y \\ Y^{\mathrm{T}} & S \end{bmatrix}\geqslant 0,\quad Z_{jj}\leqslant z_{j,\inf}^2,\quad j=1,2,\cdots,m \tag{7.133}$$

$$\begin{bmatrix} S & \star \\ \varPsi\left(A_lS+B_lY\right) & \varGamma \end{bmatrix}\geqslant 0,\quad \varGamma_{ss}\leqslant\psi_{s,\inf}^2,\quad l=1,2,\cdots,L; s=1,2,\cdots,q \tag{7.134}$$

其中，$z_{j,\inf}=\min\left\{\underline{u}_j,\bar{u}_j\right\}$；$\psi_{s,\inf}=\min\left\{\underline{\psi}_s,\bar{\psi}_s\right\}$。因此，通过限制 $x_{N|0}\in\mathcal{X}_{N|0}$，KBM 控制器通过如下公式得到：

$$\min_{\gamma S,Y,Z,\varGamma}\gamma\quad \text{s.t.}\ \ 式(7.132), 式(7.133), 式(7.134), \begin{bmatrix} 1 & \star \\ x_{N|0} & S \end{bmatrix}\geqslant 0 \tag{7.135}$$

引理 7.3　考虑最小化问题(7.135)。它的任何可行解定义了集合 $\mathcal{X}_{N|0}=\left\{x|x^{\mathrm{T}}S^{-1}x\leqslant 1\right\}$，在该集合中采用局部控制器 $Fx=YS^{-1}x$，且从 N 开始的无穷时域的闭环代价值的界为

$$\varPhi_{\text{tail}}\left(x_{N|0}\right)\leqslant x_{N|0}^{\mathrm{T}}\gamma S^{-1}x_{N|0}$$

1. 求解问题 7.1

定义

$$\tilde{x}=\left[x_{0|0}^{\mathrm{T}},x_{1|0}^{\mathrm{T}},\cdots,x_{N-1|0}^{\mathrm{T}}\right]^{\mathrm{T}},\quad \tilde{u}=\left[u_{0|0}^{\mathrm{T}},u_{1|0}^{\mathrm{T}},\cdots,u_{N-1|0}^{\mathrm{T}}\right]^{\mathrm{T}}$$

则

$$\tilde{x}=\tilde{A}\tilde{x}+\tilde{B}\tilde{u}+\tilde{x}_0 \tag{7.136}$$

其中

$$\tilde{A}=\begin{bmatrix}0 & 0\\ \mathrm{diag}\{A_0,A_1,\cdots,A_{N-2}\} & 0\end{bmatrix},\quad \tilde{B}=\begin{bmatrix}0 & 0\\ \mathrm{diag}\{B_0,B_1,\cdots,B_{N-2}\} & 0\end{bmatrix},\quad \tilde{x}_0=\left[x_{0|0}^{\mathrm{T}},0,\cdots,0\right]^{\mathrm{T}}$$

式(7.136)可以重写为

$$\tilde{x}=\tilde{W}\tilde{u}+\tilde{V}_0$$

其中

$$\tilde{W}=(I-\tilde{A})^{-1}\tilde{B},\quad \tilde{V}_0=(I-\tilde{A})^{-1}\tilde{x}_0$$

因此，问题 7.1的性能指标可以表示为

$$\bar{\varPhi}_0\left(x_{0|0}\right)=\|\tilde{x}\|_{\tilde{\mathscr{Q}}}^2+\|\tilde{u}\|_{\tilde{\mathscr{R}}}^2=\tilde{u}^{\mathrm{T}}W\tilde{u}+W_v\tilde{u}+V_0\leqslant\eta^0 \tag{7.137}$$

其中，η^0 为标量，

$\tilde{\mathscr{Q}}=\mathrm{diag}\{\mathscr{Q},\mathscr{Q},\cdots,\mathscr{Q}\}$, $\tilde{\mathscr{R}}=\mathrm{diag}\{\mathscr{R},\mathscr{R},\cdots,\mathscr{R}\}$, $W=\tilde{W}^{\mathrm{T}}\tilde{\mathscr{Q}}\tilde{W}+\tilde{\mathscr{R}}$, $W_v=2\tilde{V}_0^{\mathrm{T}}\tilde{\mathscr{Q}}\tilde{W}$, $V_0=\tilde{V}_0^{\mathrm{T}}\tilde{\mathscr{Q}}\tilde{V}_0$

式(7.137)可以用如下的线性矩阵不等式表示：

$$\begin{bmatrix}\eta^0-W_v\tilde{u}-V_0 & \star\\ W^{1/2}\tilde{u} & I\end{bmatrix}\geqslant 0 \tag{7.138}$$

此外，定义 $\tilde{x}^+=\left[x_{1|0}^{\mathrm{T}},\cdots,x_{N-1|0}^{\mathrm{T}},x_{N|0}^{\mathrm{T}}\right]^{\mathrm{T}}$，则 $\tilde{x}^+=\tilde{A}^+\tilde{x}+\tilde{B}^+\tilde{u}$, 其中

$$\tilde{A}^+=\mathrm{diag}\{A_0,A_1,\cdots,A_{N-1}\},\quad \tilde{B}^+=\mathrm{diag}\{B_0,B_1,\cdots,B_{N-1}\}$$

问题 7.1中的约束可转化为

$$-\underline{u}^{\mathrm{s}}\leqslant\tilde{u}\leqslant\bar{u}^{\mathrm{s}},\quad -\underline{\psi}^{\mathrm{s}}\leqslant\varPsi^{\mathrm{d}}(\tilde{A}^+\tilde{W}\tilde{u}+\tilde{B}^+\tilde{u}+\tilde{A}^+\tilde{V}_0)\leqslant\bar{\psi}^{\mathrm{s}} \tag{7.139}$$

问题 7.1转化为

$$\min_{\eta^0,\tilde{u}}\eta^0 \text{ s.t. 式(7.138), 式(7.139)} \tag{7.140}$$

通过求解式(7.140)，得到 $\tilde{u}$ 的最优解，并且表示为 $\tilde{u}^0$。

2. 求解问题 7.2

问题 7.2的性能指标可以表示为

$$\bar{\Phi}_{Q_N}(x_{0|0}) = \|\tilde{x}\|^2_{\tilde{\mathscr{Q}}} + \|\tilde{u}\|^2_{\tilde{\mathscr{R}}} + \left\|\mathcal{A}_{N,0}x_{0|0} + \bar{B}\tilde{u}\right\|^2_{Q_N} = \left(\tilde{u}^{\mathrm{T}}W\tilde{u} + W_v\tilde{u} + V_0\right) + \left\|\mathcal{A}_{N,0}x_{0|0} + \bar{B}\tilde{u}\right\|^2_{Q_N} \leqslant \eta \tag{7.141}$$

其中, η 为标量；$\mathcal{A}_{j,i} = \prod_{l=i}^{j-1} A_l$；$\bar{B} = [\mathcal{A}_{N,1}B_0, \cdots, \mathcal{A}_{N,N-1}B_{N-2}, B_{N-1}]$。式(7.141)可以用如下的线性矩阵不等式来表示：

$$\begin{bmatrix} \eta - W_v\tilde{u} - V_0 & \star & \star \\ W^{1/2}\tilde{u} & I & \star \\ \mathcal{A}_{N,0}x_{0|0} + \bar{B}\tilde{u} & 0 & Q_N^{-1} \end{bmatrix} \geqslant 0 \tag{7.142}$$

问题 7.2转化为

$$\min_{\eta,\tilde{u}} \eta \quad \text{s.t.} \quad 式(7.142), 式(7.139) \tag{7.143}$$

通过求解式(7.143)，得到 $\tilde{u}$ 的最优解并且表示为 $\tilde{u}^*$。

3. 总算法与分析

首先给出如下结论。

引理 7.4　如果 $\bar{\Phi}^*_{Q_N}$ 充当 Φ^f 且

$$\left(\bar{\Phi}^*_{Q_N} - \bar{\Phi}^*_0\right)/\bar{\Phi}^*_0 \leqslant \delta$$

则设计要求式(7.128)得到满足。

算法 7.1　（CLTVQR 算法）第 **1** 步：取初始（大的）$x_{N|0} = \hat{x}_{N|0}$ 且满足 $\left\|\hat{x}_{N|0}\right\| > \Delta$，其中 Δ 为预先给定的标量。注意 N 在这一步未知。

第 **2** 步：求解式(7.135)得到 $\{\gamma^*, S^*, F^*\}$。

第 **3** 步：如果式(7.135)不可行，则减小 $x_{N|0}$，即替换为 $rx_{N|0}$（满足 $\left\|rx_{N|0}\right\| > \Delta$），其中 $0 < r < 1$ 是预先给定的标量，然后返回第 2 步。但是，如果式(7.135)不可行且 $\left\|x_{N|0}\right\| \leqslant \Delta$，则标记总算法为不可行且停止。

第 **4** 步：$Q_N = \gamma^* S^{*-1}$ 和 $\mathcal{X}_{N|0} = \left\{x | x^{\mathrm{T}} S^{*-1} x \leqslant 1\right\}$。

第 **5** 步：取初始 $N > N_0$。

第 **6** 步：求解式(7.143)得到 $\tilde{u}^*$ 和 $x^*_{N|0} = \mathcal{A}_{N,0}x_0 + \bar{B}\tilde{u}^*$。

第 **7** 步：如果 $x^*_{N|0} \notin \mathcal{X}_{N|0}$，则增大 N 并且返回到第 6 步。

第 **8** 步：取第 6 步的 $\tilde{u}^*$ 作为 $\tilde{u}$ 的初始解，求解式(7.140)得到 $\tilde{u}^0$ 和 $x^0_{N|0} = \mathcal{A}_{N,0}x_0 + \bar{B}\tilde{u}^0$。

第 **9** 步：如果 $x^0_{N|0} \notin \mathcal{X}_{N|0}$，则增大 N 且返回到第 6 步。

第 **10** 步：如果 $\left(\bar{\Phi}^*_{Q_N} - \bar{\Phi}^*_0\right)/\bar{\Phi}^*_0 > \delta$，则增大 N 且返回到第 6 步。

第 **11** 步：实施 $\tilde{u}^*$ 和 F^*。

令 $\mathcal{X}_{0|0}$ 表示那些使得 CLTVQR 可行的状态 $x_{0|0}$ 的集合，则以下定理描述了次优 CLTVQR 的可行性和稳定性。

定理 7.4　应用算法 7.1，如果问题 (7.135)对于适当的 $x_{N|0}$ 存在可行解，则对所有 $x_{0|0} \in \mathcal{X}_{0|0}$，存在一个有限 N 和可行 $\tilde{u}^*$ 使得设计要求式(7.128)满足，并且闭环系统渐近稳定。

4. 数值例子

采用双质量弹簧模型

$$\begin{bmatrix} x_{1,k+1} \\ x_{2,k+1} \\ x_{3,k+1} \\ x_{4,k+1} \end{bmatrix} = \begin{bmatrix} 1 & 0 & 0.1 & 0 \\ 0 & 1 & 0 & 0.1 \\ -0.1K_k/m_1 & 0.1K_k/m_1 & 1 & 0 \\ 0.1K_k/m_2 & -0.1K_k/m_2 & 0 & 1 \end{bmatrix} \begin{bmatrix} x_{1,k} \\ x_{2,k} \\ x_{3,k} \\ x_{4,k} \end{bmatrix} + \begin{bmatrix} 0 \\ 0 \\ 0.1/m_1 \\ 0 \end{bmatrix} u_k$$

假设 $m_1 = m_2 = 1$，$K_k = 1.5 + 2\mathrm{e}^{-0.1k}(1 + \sin k) + 0.973\sin(k\pi/11)$。初始状态 $x_0 = \alpha \times [5, 5, 0, 0]^{\mathrm{T}}$，其中 α 为常数，加权矩阵 $\mathscr{Q} = I$ 和 $\mathscr{R} = 1$，输入约束 $|u_k| \leqslant 1$。

首先考虑算法 7.1。控制目标是找到一个控制输入信号序列，使得在 $\delta \leqslant 10^{-4}$ 时式(7.128)满足。考虑到 $k = 50$ 时，$2\mathrm{e}^{-0.1k} \approx 0.0135$，因此近似地 $0.527 \leqslant K_k \leqslant 2.5$（$k \geqslant 50$）。选取

$$N_0 = 50$$

$$[A_1|B_1] = \left[\begin{array}{cccc|c} 1 & 0 & 0.1 & 0 & 0 \\ 0 & 1 & 0 & 0.1 & 0 \\ -0.0527 & 0.0527 & 1 & 0 & 0.1 \\ 0.0527 & -0.0527 & 0 & 1 & 0 \end{array}\right], \quad [A_2|B_2] = \left[\begin{array}{cccc|c} 1 & 0 & 0.1 & 0 & 0 \\ 0 & 1 & 0 & 0.1 & 0 \\ -0.25 & 0.25 & 1 & 0 & 0.1 \\ 0.25 & -0.25 & 0 & 1 & 0 \end{array}\right]$$

选取 $\hat{x}_{N|0} = 0.02 \times [1, 1, 1, 1]^{\mathrm{T}}$，则问题 (7.135)存在可行解，且 $F = [-8.7199\ 6.7664\ -4.7335\ -2.4241]$。当 $\alpha \leqslant 22.5$ 时，算法 1 存在可行解。选取 $\alpha = 1$ 和 $N = 132$，则 $\bar{\Phi}^*_{Q_{132}} = 1475.91$ 和 $\bar{\Phi}^*_0 = 1475.85$，期望的最优性要求式(7.128)得到满足。

下面给出求解 KBM 控制器的程序代码、求解问题 7.2的程序代码以及采用反馈预测控制（$N = 0$ [17]）的程序代码。

下面的程序代码的命名为 CLTVQR_minmax_IJSS.m。

```
%% min-max LQR part.
clear;
I2=[1 0;0 1];B=[0 0 0.1 0]';I4=[1 0 0 0;0 1 0 0;0 0 1 0;0 0 0 1];
K1=0.527;K2=2.5;I21=[-0.1 0.1;0.1  -0.1];
A1=[I2 0.1*I2;K1*I21 I2];A2=[I2 0.1*I2;K2*I21 I2];X0jian=[0.02 0.02 0.02 0.02]';
%Ir=0.02^2*I4;
setlmis([]);
gama=lmivar(1,[1 1]);S=lmivar(1,[4 1]);Y=lmivar(2,[1 4]);
lmiterm([-1 1 1 0],1);lmiterm([-1 2 1 -Y],1,1);lmiterm([-1 2 2 S],1,1);
lmiterm([-2 1 1 S],1,1);lmiterm([-2 2 1 S],A1,I4);lmiterm([-2 2 1 Y],B,I4);
lmiterm([-2 2 2 S],1,1);lmiterm([-2 3 1 S],[1,0,0,0],1);
lmiterm([-2 3 2 0],[0,0,0,0]);lmiterm([-2 3 3 gama],1,1);
lmiterm([-2 4 1 S],[0,1,0,0],1);lmiterm([-2 4 2 0],[0,0,0,0]);
lmiterm([-2 4 4 gama],1,1);lmiterm([-2 5 1 S],[0,0,1,0],1);
lmiterm([-2 5 2 0],[0,0,0,0]);lmiterm([-2 5 5 gama],1,1);
lmiterm([-2 6 1 S],[0,0,0,1],1);lmiterm([-2 6 2 0],[0,0,0,0]);
lmiterm([-2 6 6 gama],1,1);lmiterm([-2 7 1 Y],1,1);
lmiterm([-2 7 2 0],[0,0,0,0]);lmiterm([-2 7 7 gama],1,1);
lmiterm([-3 1 1 S],1,1);lmiterm([-3 2 1 S],A2,I4);
lmiterm([-3 2 1 Y],B,I4);lmiterm([-3 2 2 S],1,1);
lmiterm([-3 3 1 S],[1,0,0,0],1);lmiterm([-3 3 2 0],[0,0,0,0]);
```

```
lmiterm([-3 3 3 gama],1,1);lmiterm([-3 4 1 S],[0,1,0,0],1);
lmiterm([-3 4 2 0],[0,0,0,0]);lmiterm([-3 4 4 gama],1,1);
lmiterm([-3 5 1 S],[0,0,1,0],1);lmiterm([-3 5 2 0],[0,0,0,0]);
lmiterm([-3 5 5 gama],1,1);lmiterm([-3 6 1 S],[0,0,0,1],1);
lmiterm([-3 6 2 0],[0,0,0,0]);lmiterm([-3 6 6 gama],1,1);
lmiterm([-3 7 1 Y],1,1);lmiterm([-3 7 2 0],[0,0,0,0]);
lmiterm([-3 7 7 gama],1,1);
lmiterm([-4 1 1 0],1);lmiterm([-4 2 1 0],X0jian);lmiterm([-4 2 2 S],1,1);
CLTVQR=getlmis;
CC=[1 0]';initi=[0 0]';
for jj=3:15
    CC(jj)=0;initi(jj)=0;
end
OP=[0.01 1000 1e9 10 0];
[OPX VXx]=mincx(CLTVQR,CC,OP,initi);
S=dec2mat(CLTVQR,VXx,S);
QN=VXx(1,1)*inv(S);YY=(VXx(12:15,1))';F=YY*inv(S);
```

下面的程序代码的命名为 CLTVQR_IJSS_upper.m。

```
%% Calculate the upper bound of Fai, FaiQNStar.
clear;
%% QN is caculated by CLTVQR_minmax_IJSS
QN=[ 650.8085 -503.7374  144.4524  338.8659;
    -503.7374  447.4043 -112.2824 -191.2183;
     144.4524 -112.2824   62.6565   51.8926;
     338.8659 -191.2183   51.8926  426.5313];
pi=3.14159265;I2=[1 0;0 1];B=[0 0 0.1 0]';I4=[1 0 0 0;0 1 0 0;0 0 1 0;0 0 0 1];
K1=0.527;K2=2.5;I21=[-0.1 0.1;0.1  -0.1];A0=[I2 0.1*I2;0*I2 I2];
%% NN=94? is feasible for caculating FaiQNStar,
%% for calculating Fai0Star, however, NN=132 is the least.
NN=132;Q=I4;R=1;beta=1;X00=beta*[5 5 0 0]';X0=X00;
%% Initialization for LMIs.
Ab=[];Bb=[];fdeta=1.5+2*exp(-0.1*0)*(1+sin(0))+0.973*sin(0*pi/11);
Ab(5:8,1:4)=A0+[0 0 0 0;0 0 0 0;-0.1*fdeta 0.1*fdeta 0 0;0.1*fdeta -0.1*fdeta 0 0];
Bb(5:8,1)=B;
for i=1:NN-2
    Bb((i*4+5):(i*4+8),i+1)=B;fdeta=1.5+2*exp(-0.1*i)*(1+sin(i))+0.973*sin(i*pi/11);
    Abdeta=A0+[0 0 0 0;0 0 0 0;-0.1*fdeta 0.1*fdeta 0 0;0.1*fdeta -0.1*fdeta 0 0];
    Ab((i*4+5):(i*4+8),(i*4+1):(i*4+4))=Abdeta;
end
Bb((NN*4-3):NN*4,NN)=[0 0 0 0]';Ab((NN*4-3):NN*4,(NN*4-3):NN*4)=0*I4;
X0b=[X0']';X0b(NN*4,1)=0;I4NN=eye(NN*4);Wb=inv(I4NN-Ab)*Bb;V0b=inv(I4NN-Ab)*X0b;
Qb=eye(NN*4);Rb=eye(NN);W=Wb'*Qb*Wb+Rb;Wv=2*V0b'*Qb*Wb;V0=V0b'*Qb*V0b;
%% Calculating Bba.
Bba(1:4,NN)=B;Adeta=I4;
for i=NN-1:-1:1
    fdeta=1.5+2*exp(-0.1*i)*(1+sin(i))+0.973*sin(i*pi/11);
    Adeta=Adeta*(A0+[0 0 0 0;0 0 0 0;-0.1*fdeta 0.1*fdeta 0 0;0.1*fdeta -0.1*fdeta 0 0]);
    Bba(1:4,i)=Adeta*B;
end
fdeta=1.5+2*exp(-0.1*0)*(1+sin(0))+0.973*sin(0*pi/11);
```

```
Adeta=Adeta*(A0+[0 0 0 0;0 0 0 0;-0.1*fdeta 0.1*fdeta 0 0;0.1*fdeta -0.1*fdeta 0 0]);
INN=eye(NN);
%% Begin LMIs.
setlmis([]);
Yita=lmivar(1,[1 1]);Ub=lmivar(2,[NN 1]);
lmiterm([-1 1 1 Yita],1,1);lmiterm([-1 1 1 Ub],.5*Wv,-.5,'s');
lmiterm([-1 1 1 -Ub],.5*.5,-Wv','s');lmiterm([-1 1 1 0],-V0);
lmiterm([-1 2 1 Ub],W^0.5,1);lmiterm([-1 2 2 0],INN);lmiterm([-1 3 1 Ub],Bba,1);
lmiterm([-1 3 1 0],Adeta*X0);lmiterm([-1 3 3 0],inv(QN));
for j=1:NN
    for jj=1:NN
        eee(jj)=0;
    end
    eee(j)=1;
    lmiterm([2*j 1 1 0],-1);lmiterm([-2*j 1 1 Ub],.5*eee,1,'s');
    lmiterm([2*j+1 1 1 Ub],.5*eee,1,'s');lmiterm([-2*j-1 1 1 0],1)
end
dbc=getlmis;
CC1=[1 0]';initi1=[1 0]';
for jj=3:NN+1
    CC1(jj)=0;initi1(jj)=0;
end
OP1=[0.0001 2000 1e9 10 1];
[OPX1 VXx1]=mincx(dbc,CC1,OP1,initi1);
%% Calculate the performance cost
FaiQNStar=VXx1(1,1);
%% Initialize the state
X_1v(1)=X00(1,1);X_2v(1)=X00(2,1);X_3v(1)=X00(3,1);X_4v(1)=X00(4,1);
%% Calculate the state evolution
for i=0:NN-1
    fdeta=1.5+2*exp(-0.1*i)*(1+sin(i))+0.973*sin(i*pi/11);
    Abdeta=A0+[0 0 0 0;0 0 0 0;-0.1*fdeta 0.1*fdeta 0 0;0.1*fdeta -0.1*fdeta 0 0];
    X1=Abdeta*X0+B*VXx1(i+2,1);X_1v(i+2)=X1(1,1);X_2v(i+2)=X1(2,1);
    X_3v(i+2)=X1(3,1);X_4v(i+2)=X1(4,1);X0=X1;
end
Ub=dec2mat(dbc,VXx1,Ub);UU=Ub';X2=X0;
t=1:NN+1;
FeedbackLaw=[-8.7199    6.7664   -4.7335   -2.4241];
N3=178;
for i=NN:N3
    fdeta=1.5+2*exp(-0.1*i)*(1+sin(i))+0.973*sin(i*pi/11);
    Abdeta=A0+[0 0 0 0;0 0 0 0;-0.1*fdeta 0.1*fdeta 0 0;0.1*fdeta -0.1*fdeta 0 0];
    UU(1,i+1)=FeedbackLaw*X0;X1=Abdeta*X0+B*UU(1,i+1);
    X_1v(i+2)=X1(1,1);X_2v(i+2)=X1(2,1);X_3v(i+2)=X1(3,1);X_4v(i+2)=X1(4,1);X0=X1;
end
X2=X0;t=0:N3+2;
plot(t,[X_1v,0],t,[X_2v,0],'-.',t,[X_3v,0],t,[X_4v,0],'-.')
```

下面的程序代码的命名为 CLTVQR_Kothare_IJSS.m。

```
%% Compare with the technique in Kothare et al. (1996).
clear;
```

```
I2=[1 0;0 1];B=[0 0 0.1 0]';I4=[1 0 0 0;0 1 0 0;0 0 1 0;0 0 0 1];
I21=[-0.1 0.1;0.1  -0.1];
A0=[I2 0.1*I2;0*I2 I2];beta=21.6;X0=beta*[5 5 0 0]';
X1v=[5];X2v=[5];X3v=[0];X4v=[0];Jsum=X0'*X0;
NNN=1000;
for ii=0:NNN
    K1=1.5+2*exp(-0.1*ii)*2+0.973;K2=1.5-0.973;
    A1=[I2 0.1*I2;K1*I21 I2];A2=[I2 0.1*I2;K2*I21 I2];
    setlmis([]);
    gama=lmivar(1,[1 1]);S=lmivar(1,[4 1]);Y=lmivar(2,[1 4]);
    lmiterm([-1 1 1 0],1);lmiterm([-1 2 1 -Y],1,1);lmiterm([-1 2 2 S],1,1);
    lmiterm([-2 1 1 S],1,1);lmiterm([-2 2 1 S],A1,I4);lmiterm([-2 2 1 Y],B,I4);
    lmiterm([-2 2 2 S],1,1);lmiterm([-2 3 1 S],[1,0,0,0],1);
    lmiterm([-2 3 2 0],[0,0,0,0]);lmiterm([-2 3 3 gama],1,1);
    lmiterm([-2 4 1 S],[0,1,0,0],1);lmiterm([-2 4 2 0],[0,0,0,0]);
    lmiterm([-2 4 4 gama],1,1);lmiterm([-2 5 1 S],[0,0,1,0],1);
    lmiterm([-2 5 2 0],[0,0,0,0]);lmiterm([-2 5 5 gama],1,1);
    lmiterm([-2 6 1 S],[0,0,0,1],1);lmiterm([-2 6 2 0],[0,0,0,0]);
    lmiterm([-2 6 6 gama],1,1);lmiterm([-2 7 1 Y],1,1);
    lmiterm([-2 7 2 0],[0,0,0,0]);lmiterm([-2 7 7 gama],1,1);
    lmiterm([-3 1 1 S],1,1);lmiterm([-3 2 1 S],A2,I4);lmiterm([-3 2 1 Y],B,I4);
    lmiterm([-3 2 2 S],1,1);lmiterm([-3 3 1 S],[1,0,0,0],1);
    lmiterm([-3 3 2 0],[0,0,0,0]);lmiterm([-3 3 3 gama],1,1);
    lmiterm([-3 4 1 S],[0,1,0,0],1);lmiterm([-3 4 2 0],[0,0,0,0]);
    lmiterm([-3 4 4 gama],1,1);lmiterm([-3 5 1 S],[0,0,1,0],1);
    lmiterm([-3 5 2 0],[0,0,0,0]);lmiterm([-3 5 5 gama],1,1);
    lmiterm([-3 6 1 S],[0,0,0,1],1);lmiterm([-3 6 2 0],[0,0,0,0]);
    lmiterm([-3 6 6 gama],1,1);lmiterm([-3 7 1 Y],1,1);
    lmiterm([-3 7 2 0],[0,0,0,0]);lmiterm([-3 7 7 gama],1,1);
    lmiterm([-4 1 1 0],1);lmiterm([-4 2 1 0],X0);lmiterm([-4 2 2 S],1,1);
    CLTVQR=getlmis;
    CC=[1 0]';initi=[0 0]';
    for jj=3:15
        CC(jj)=0;initi(jj)=0;
    end
    OP=[0.01 1000 1e9 10 0];
    [OPX VXx]=mincx(CLTVQR,CC,OP,initi);
    S=dec2mat(CLTVQR,VXx,S);YY=(VXx(12:15,1))';F=YY*inv(S);
    fdeta=1.5+2*exp(-0.1*ii)*(1+sin(ii))+0.973*sin(ii*pi/11);
    Abdeta=A0+[0 0 0 0;0 0 0 0;-0.1*fdeta 0.1*fdeta 0 0;0.1*fdeta -0.1*fdeta 0 0];
    UU(ii+1)=F*X0;X1=Abdeta*X0+B*UU(ii+1);Jsum=Jsum+UU(ii+1)^2;
    X0=X1;Jsum=Jsum+X0'*X0;
    X1v(ii+1)=[1 0 0 0]*X0;X2v(ii+1)=[0 1 0 0]*X0;
    X3v(ii+1)=[0 0 1 0]*X0;X4v(ii+1)=[0 0 0 1]*X0;
end
UU(NNN+1)=0;
t=0:NNN;
plot(t,X1v,t,X2v,'-.',t,X3v,t,X4v,'-.')
```

7.5.2 基于标称性能指标改进最优性

有一种方法可以使 γ_k 小一些，那就是采用标称性能指标，即性能指标中的状态预测值采用标称模型。这时，可以将 KBM 公式改写为

$$\begin{bmatrix} 1 & x_{k|k}^{\mathrm{T}} \\ x_{k|k} & Q_k \end{bmatrix} \geqslant 0 \tag{7.144}$$

$$\begin{bmatrix} Q_k & \star \\ A_lQ_k + B_lY_k & Q_k \end{bmatrix} \geqslant 0, \quad l \in \{1,2,\cdots,L\}$$

$$\begin{bmatrix} Q_k & \star & \star & \star \\ A_0Q_k + B_0Y_k & Q_k & \star & \star \\ \mathscr{Q}^{1/2}Q_k & 0 & \gamma_k I & \star \\ \mathscr{R}^{1/2}Y_k & 0 & 0 & \gamma_k I \end{bmatrix} \geqslant 0 \tag{7.145}$$

$$\begin{bmatrix} Q_k & Y_{j,k}^{\mathrm{T}} \\ Y_{j,k} & \bar{u}_j^2 \end{bmatrix} \geqslant 0,\ j \in \{1,2,\cdots,m\} \tag{7.146}$$

$$\begin{bmatrix} Q_k & \star \\ \Psi_s(A_lQ_k + B_lY_k) & \bar{\psi}_s^2 \end{bmatrix} \geqslant 0,\ l \in \{1,2,\cdots,L\},\ s \in \{1,2,\cdots,q\} \tag{7.147}$$

其中，$[A_0|B_0]$ 为标称模型。但采用式(7.144)~ 式(7.147)，还没有证据表明能得到具有稳定性保证的鲁棒预测控制的在线方法。

在每个 k 时刻，求解如下鲁棒预测控制优化问题：

$$\min_{\vec{u}_k} \max_{[A_{k+i}|B_{k+i}],i\geqslant 0} J_{\infty,k} = \sum_{i=0}^{\infty} \left[\left\|\hat{x}_{k+i|k}\right\|_{\mathscr{Q}}^2 + \left\|u_{k+i|k}\right\|_{\mathscr{R}}^2 \right] \tag{7.148}$$

$$\text{s.t.}\ \ \hat{x}_{k+i+1|k} = \hat{A}\hat{x}_{k+i|k} + \hat{B}u_{k+i|k},\quad \forall i \geqslant 0,\ \hat{x}_{k|k} = x_k \tag{7.149}$$

$$x_{k+i+1|k} = A_{k+i}x_{k+i|k} + B_{k+i}u_{k+i|k},\quad \forall i \geqslant 1 \tag{7.150}$$

$$-\underline{u} \leqslant u_{k+i|k} \leqslant \bar{u},\quad -\underline{\psi} \leqslant \Psi x_{k+i+1|k} \leqslant \bar{\psi},\quad \forall i \geqslant 0 \tag{7.151}$$

其中，$\vec{u}_k = \left[u_{k|k}^{\mathrm{T}}, u_{k+1|k}^{\mathrm{T}}, u_{k+2|k}^{\mathrm{T}}, \cdots\right]^{\mathrm{T}}$ 为决策变量。下面讨论两种 $[\hat{A}|\hat{B}]$：

(a) $[\hat{A}|\hat{B}] = [A_0|B_0] \in \Omega$，其中 $[A_0|B_0]$ 表示更可能接近实际系统的标称模型；

(b)$[\hat{A}|\hat{B}] = [A_k|B_k] \in \Omega$，其中 $[A_k|B_k]$ 表示当前时刻模型精确已知。

控制输入在切换时域后参数化为

$$u_{k+i|k} = F_k x_{k+i|k},\quad i \geqslant N \tag{7.152}$$

其中，F_k 是反馈增益。定义

$$J_{N,k} = \sum_{i=N}^{\infty} \left[||\hat{x}_{k+i|k}||_{\mathscr{Q}}^2 + \left\|u_{k+i|k}\right\|_{\mathscr{R}}^2 \right]$$

为得到 $J_{N,k}$ 的界，施加如下不等式：

$$\left[\hat{A}+\hat{B}F_k\right]^{\mathrm{T}} P_k \left[\hat{A}+\hat{B}F_k\right] - P_k + \mathscr{Q} + F_k^{\mathrm{T}}\mathscr{R}F_k \leqslant 0 \tag{7.153}$$

其中，$P_k>0$ 为对称矩阵。

由式(7.153)得

$$\max_{[A_{k+i}|B_{k+i}],i\geqslant N} J_{N,k} \leqslant \hat{x}_{k+N|k}^{\mathrm{T}} P_k \hat{x}_{k+N|k} \tag{7.154}$$

采用上述方法，很容易将优化问题(7.148)~(7.151)替代为

$$\begin{aligned}&\min_{\tilde{u}_k,F_k,P_k}\max_{[A_{k+i}|B_{k+i}],0\leqslant i\leqslant N-1} \bar{J}_k = \sum_{i=0}^{N-1}\left[\left\|\hat{x}_{k+i|k}\right\|_{\mathscr{Q}}^2 + \left\|u_{k+i|k}\right\|_{\mathscr{R}}^2\right] + \left\|\hat{x}_{k+N|k}\right\|_{P_k}^2 \\ &\text{s.t.}\;\; 式(7.149), 式(7.150), 式(7.151), 式(7.152), 式(7.153)\end{aligned} \tag{7.155}$$

其中，$\tilde{u}_k=\left[u_{k|k}^{\mathrm{T}},u_{k+1|k}^{\mathrm{T}},\cdots,u_{k+N-1|k}^{\mathrm{T}}\right]^{\mathrm{T}}$。

为了求解式(7.155)，在 $1\leqslant i\leqslant N-1$ 时，将考虑下列两种类型设置的 $u_{k+i|k}$：

(A) 部分反馈预测控制；

(B) 参数依赖开环预测控制。

为了求解式(7.155)，当 $i>0$ 时，需要状态预测 $x_{k+i|k}$ 和 $\hat{x}_{k+i|k}$。显然地，考虑 (a)-(b) 和 (A)-(B)，$x_{k+1|k}$ 和 $\hat{x}_{k+1|k}$ 是确定性的。当 $i>1$ 和 $L>1$ 时，不可能得到确定性的状态预测。

1. 基于部分反馈控制作用的鲁棒预测控制

考虑类型 (b)-(A)，将问题(7.155)转化为 LMI 优化问题。引入 γ_i（$0\leqslant i\leqslant N$），满足

$$\gamma_i \geqslant \left\|\hat{x}_{k+i|k}\right\|_{\mathscr{Q}}^2 + \left\|u_{k+i|k}\right\|_{\mathscr{R}}^2,\quad i=0,1,2,\cdots,N-1 \tag{7.156}$$

$$\gamma_N \geqslant \left\|\hat{x}_{k+N|k}\right\|_{P_k}^2 \tag{7.157}$$

可以得到 $\bar{J}_k\leqslant\sum\limits_{i=0}^{N}\gamma_i$。定义 $Q:=\gamma_N P_k^{-1}$。式(7.156)和式(7.157)中不等式可以转化为如下的 LMI:

$$\begin{bmatrix}\gamma_i & \star & \star \\ \mathscr{Q}^{1/2}\hat{x}_{k+i|k} & I & \star \\ \mathscr{R}^{1/2}[F_{k+i|k}x_{k+i|k}+c_{k+i|k}] & 0 & I\end{bmatrix} \geqslant 0,\quad i=0,1 \tag{7.158}$$

$$\begin{bmatrix}\gamma_i & \star & \star \\ \mathscr{Q}^{1/2}\hat{x}_{k+i|k}^{l_{i-1}\cdots l_2 l_1} & I & \star \\ \mathscr{R}^{1/2}[F_{k+i|k}x_{k+i|k}^{l_{i-1}\cdots l_2 l_1}+c_{k+i|k}] & 0 & I\end{bmatrix} \geqslant 0,\quad i=2,3,\cdots,N-1,\quad \{l_1,l_2,\cdots,l_{i-1}\}=1,2,\cdots,L \tag{7.159}$$

$$\begin{bmatrix}1 & \star \\ \hat{x}_{k+N|k}^{l_{N-1}\cdots l_2 l_1} & Q\end{bmatrix} \geqslant 0,\quad \{l_1,l_2,\cdots,l_{N-1}\}=1,2,\cdots,L \tag{7.160}$$

此外，定义 $F_k:=YQ^{-1}$，其中 Y 为适当维数的矩阵，并利用 Schur 补引理，式(7.153)可以转化为如下 LMI：

$$\begin{bmatrix}Q & \star & \star & \star \\ \hat{A}Q+\hat{B}Y & Q & \star & \star \\ \mathscr{Q}^{1/2}Q & 0 & \gamma_N I & \star \\ \mathscr{R}^{1/2}Y & 0 & 0 & \gamma_N I\end{bmatrix} \geqslant 0 \tag{7.161}$$

在切换时域 N 步之内的输入约束由如下条件保证：

$$-\underline{u} \leqslant u_{k|k} \leqslant \bar{u}, \quad -\underline{u} \leqslant u_{k+1|k} \leqslant \bar{u}$$

$$-\underline{u} \leqslant F_{k+i|k} x_{k+i|k}^{l_{i-1}\cdots l_2 l_1} + c_{k+i|k} \leqslant \bar{u}, \quad i=2,3,\cdots,N-1, \quad \{l_1,l_2,\cdots,l_{i-1}\}=1,2,\cdots,L \tag{7.162}$$

在切换时域 N 步之内的状态约束由下述条件来保证：

$$-\underline{\psi} \leqslant \Psi x_{k+1|k} \leqslant \bar{\psi}, \quad -\underline{\psi} \leqslant \Psi x_{k+i|k}^{l_{i-1}\cdots l_2 l_1} \leqslant \bar{\psi}, \quad i=2,3,\cdots,N, \quad \{l_1,l_2,\cdots,l_{i-1}\}=1,2,\cdots,L \tag{7.163}$$

由于切换时域 N 步之外的输入参数化为状态反馈律式(7.152)，下述结论用来处理切换时域之外的约束。

引理 7.5 （KBM 控制器）假设存在对称矩阵 $\{Q,Z,\Gamma\}$ 和矩阵 Y 满足

$$\begin{bmatrix} Q & \star \\ A_l Q + B_l Y & Q \end{bmatrix} > 0, \quad l=1,2,\cdots,L \tag{7.164}$$

$$\begin{bmatrix} Z & Y \\ Y^{\mathrm{T}} & Q \end{bmatrix} \geqslant 0, \quad Z_{jj} \leqslant \bar{u}_{j,\inf}^2, \quad j=1,2,\cdots,m \tag{7.165}$$

$$\begin{bmatrix} Q & \star \\ \Psi(A_l Q + B_l Y) & \Gamma \end{bmatrix} \geqslant 0, \quad \Gamma_{ss} \leqslant \bar{\psi}_{s,\inf}^2, \quad l=1,2,\cdots,L, \quad s=1,2,\cdots,q \tag{7.166}$$

则每当 $x_{k+N|k} \in \varepsilon_Q = \left\{\zeta | \zeta^{\mathrm{T}} Q^{-1} \zeta \leqslant 1\right\}$ 时，状态反馈控制律 $u_{k+i+N|k} = YQ^{-1}x_{k+i+N|k}$（$i \geqslant 0$）使系统式(7.150)指数稳定，并且对所有的 $i \geqslant N$ 约束式(7.151)满足，状态轨迹 $x_{k+i+N|k}$（$i \geqslant 0$）始终保持在区域 ε_Q 内。

为了确保递推可行性，需要满足 $x_{k+N|k} \in \varepsilon_Q$，其可以转化为如下线性矩阵不等式：

$$\begin{bmatrix} 1 & \star \\ x_{k+N|k}^{l_{N-1}\cdots l_2 l_1} & Q \end{bmatrix} \geqslant 0, \quad \{l_1,l_2,\cdots,l_{N-1}\}=1,2,\cdots,L \tag{7.167}$$

因此，优化问题为

$$\min_{\gamma_0,\cdots,\gamma_N,\tilde{c}_k,Y,Q,Z,\Gamma} \sum_{i=0}^{N} \gamma_i \quad \text{s.t.} \quad 式(7.158), 式(7.159), 式(7.161) \sim 式(7.167) \tag{7.168}$$

其中，$\tilde{c}_k = \left[c_{k|k}^{\mathrm{T}}, c_{k+1|k}^{\mathrm{T}}, \cdots, c_{k+N-1|k}^{\mathrm{T}}\right]^{\mathrm{T}}$。注意，在式(7.168)中省略了式(7.160)，因为根据预测模型式(7.149)可知式(7.160)包含在式(7.167)中。

2. 引入顶点控制作用

为了保持线性，采用下述顶点控制输入来代替 $\tilde{u}_k$：

$$\tilde{u}_k^{l_1 l_2 \cdots l_{N-2}} := \{u_{k|k}, u_{k+1|k}, u_{k+2|k}^{l_1}, \cdots, u_{k+N-1|k}^{l_{N-2}\cdots l_2 l_1}\}, \quad \{l_1,l_2,\cdots,l_{N-2}\}=1,2,\cdots,L \tag{7.169}$$

显然，对所有 $N \geqslant 2$，$\tilde{u}_k^{l_1 l_2 \cdots l_{N-2}}$ 不同于 $\tilde{u}_k$。然后，目标是考虑类型 (b)-(B)，将问题(7.155)转化为 LMI 优化问题。引入 γ_i（$0 \leqslant i \leqslant N$）且满足式(7.156)和式(7.157)，并定义 $Q := \gamma_N P_k^{-1}$，则式(7.156)中的不等式可以转化为以下 LMI:

$$\begin{bmatrix} \gamma_i & \star & \star \\ \mathscr{Q}^{1/2}\hat{x}_{k+i|k} & I & \star \\ \mathscr{R}^{1/2}u_{k+i|k} & 0 & I \end{bmatrix} \geqslant 0, \quad i=0,1 \tag{7.170}$$

$$\begin{bmatrix} \gamma_i & \star & \star \\ \mathscr{Q}^{1/2}\hat{x}_{k+i|k}^{l_{i-1}\cdots l_2 l_1} & I & \star \\ \mathscr{R}^{1/2}u_{k+i|k}^{l_{i-1}\cdots l_2 l_1} & 0 & I \end{bmatrix} \geqslant 0,\ i=2,3,\cdots,N-1,\quad \{l_1,l_2,\cdots,l_{i-1}\}=1,2,\cdots,L \tag{7.171}$$

在切换时域 N 之内的输入约束由式 (7.172) 来保证:

$$-\underline{u}\leqslant u_{k|k}\leqslant \bar{u},\quad -\underline{u}\leqslant u_{k+1|k}\leqslant \bar{u},\quad -\underline{u}\leqslant u_{k+i|k}^{l_{i-1}\cdots l_2 l_1}\leqslant \bar{u} \tag{7.172}$$

因此，与式(7.168)类似，整个优化问题如下:

$$\min_{\gamma_0,\cdots,\gamma_N,\tilde{u}_k^{l_1 l_2\cdots l_{N-2}},Y,Q,Z,\Gamma}\sum_{i=0}^{N}\gamma_i$$

$$\text{s.t.}\ \ 式(7.170),式(7.171),式(7.161),式(7.172),式(7.163)\sim 式(7.166),式(7.167) \tag{7.173}$$

3. 数值例子

考虑

$$\begin{bmatrix} x_{1,k+1} \\ x_{2,k+1} \end{bmatrix} = \begin{bmatrix} 1 & 0.1 \\ K_k & 1 \end{bmatrix}\begin{bmatrix} x_{1,k} \\ x_{2,k} \end{bmatrix} + \begin{bmatrix} 1 \\ 0 \end{bmatrix} u_k$$

其中，$K_k\in[0.5\ \ 2.5]$ 为不确定参数，加权矩阵 $\mathscr{Q}=I$ 和 $\mathscr{R}=1$，输入约束满足 $|u_k|\leqslant 1$。

在图 7.3和图 7.4 中，当 $N=1,2,3$ 时，问题(7.168)的吸引域如虚线所示，问题(7.173)的吸引域如实线所示。当 $N=1,2$ 时，式(7.168)和式(7.173)为相同算法，因此它们的吸引域完全相同。对于式(7.168)，$N=3$ 时吸引域不包含 $N=2$ 时的吸引域。而对于式(7.173)，较大 N 时的吸引域包含较小 N 时的吸引域。

考虑系统 $A_k=\begin{bmatrix} 1 & 0 \\ K_k & 1 \end{bmatrix}$, $A_0=\begin{bmatrix} 1 & 0 \\ 1.5 & 1 \end{bmatrix}$，其他细节同上。当 $N=1$ 时，问题(7.168)的吸引域与部分反馈预测控制的吸引域分别如图 7.4的实线和虚线所示。显然，应用基于当前模型的标称性能指标增强了可行性。

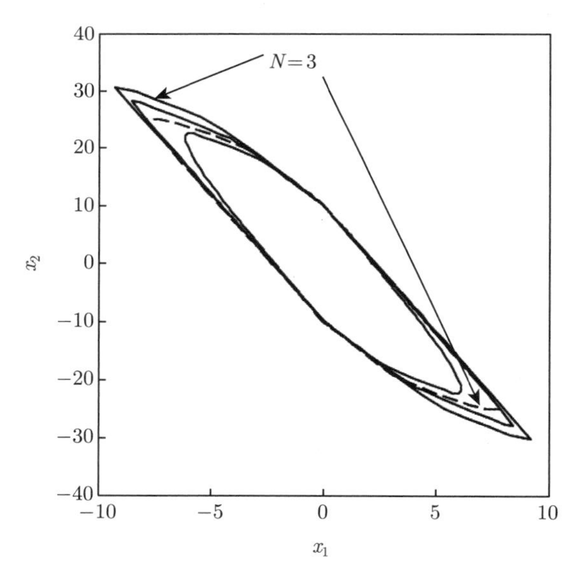

图 7.3　问题(7.168)和问题(7.173)的吸引域

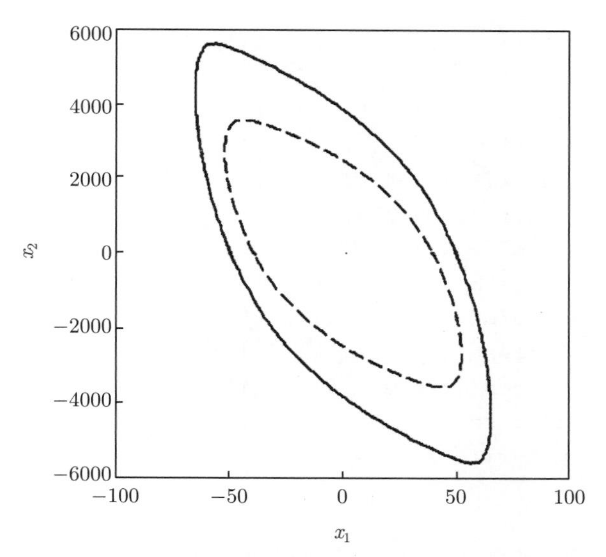

图 7.4 问题(7.168)和部分反馈预测控制（$N=1$）的吸引域

下面给出采用标称模型且 $N=3$ 时，分别采用非参数依赖和参数依赖，画吸引域的程序代码。

下面的程序代码的命名为 SCL_Nominal_N3.m。

```
clear;
X0=[1.8 1.8]';X1v(1)=X0(1,1);X2v(1)=X0(2,1);
Xjian1v=X0(1,1);Xjian2v=X0(2,1);Xjian=[Xjian1v Xjian2v]';
JRSum=X0(1,1)^2+X0(2,1)^2;
B1=[1 0]';B2=[1 0]';B0=[1 0]';Bfact=B0;
A1=[1 0.1;0.5 1];A2=[1 0.1;2.5 1];A0=[1 0.1;1.5 1];Afact=A0;
Ajianb=[Afact;A0*Afact];Bjianb=[Bfact 0*B0 0*B0;A0*Bfact B0 0*B0];
AjianN=A0*A0*Afact;HH=Bjianb'*Bjianb+eye(3);
HH1=HH*[1 0 0]';HH2=HH*[0 1 0]';HH3=HH*[0 0 1]';GG=Ajianb'*Bjianb;
EE=Ajianb'*Ajianb+eye(2);Q00=EE-GG*inv(HH)*GG';
setlmis([]);
gama1=lmivar(1,[1 1]);gama2=lmivar(1,[1 1]);U=lmivar(1,[1 1]);
U1=lmivar(1,[1 1]);U11=lmivar(1,[1 1]);
Q=lmivar(1,[2 1]);Y=lmivar(2,[1 2]);
lmiterm([-1 1 1 Q],1,1);lmiterm([-1 2 1 Q],A0,1);lmiterm([-1 2 1 Y],B0,1);
lmiterm([-1 2 2 Q],1,1);lmiterm([-1 3 1 Q],1,1);lmiterm([-1 3 2 0],[0,0;0,0]);
lmiterm([-1 3 3 gama2],.5*1,[1,0;0,1],'s');lmiterm([-1 4 1 Y],1,1);
lmiterm([-1 4 2 0],[0,0]);lmiterm([-1 4 3 0],[0,0]);
lmiterm([-1 4 4 gama2],1,1);
lmiterm([-9 1 1 gama1],1,1);lmiterm([-9 2 1 U],HH1,1);
lmiterm([-9 2 1 U1],HH2,1);lmiterm([-9 2 1 U11],HH3,1);
lmiterm([-9 2 1 0],GG'*Xjian);lmiterm([-9 2 2 0],HH);
lmiterm([-21 1 1 0],1);lmiterm([-21 2 1 U],A1*A1*Bfact,1);
lmiterm([-21 2 1 U1],A1*B1,1);lmiterm([-21 2 1 U11],B1,1);
lmiterm([-21 2 1 0],A1*A1*Afact*X0);lmiterm([-21 2 2 Q],1,1);
lmiterm([-23 1 1 0],1);lmiterm([-23 2 1 U],A1*A2*Bfact,1);
lmiterm([-23 2 1 U1],A1*B2,1);lmiterm([-23 2 1 U11],B1,1);
lmiterm([-23 2 1 0],A1*A2*Afact*X0);lmiterm([-23 2 2 Q],1,1);
lmiterm([-25 1 1 0],1);lmiterm([-25 2 1 U],A2*A1*Bfact,1);
lmiterm([-25 2 1 U1],A2*B1,1);lmiterm([-25 2 1 U11],B2,1);
lmiterm([-25 2 1 0],A2*A1*Afact*X0);lmiterm([-25 2 2 Q],1,1);
lmiterm([-27 1 1 0],1);lmiterm([-27 2 1 U],A2*A2*Bfact,1);
```

```
lmiterm([-27 2 1 U1],A2*B2,1);lmiterm([-27 2 1 U11],B2,1);
lmiterm([-27 2 1 0],A2*A2*Afact*X0);lmiterm([-27 2 2 Q],1,1);
lmiterm([31 1 1 0],-1);lmiterm([-31 1 1 U],1,1);
lmiterm([32 1 1 U],1,1);lmiterm([-32 1 1 0],1);
lmiterm([33 1 1 0],-1);lmiterm([-33 1 1 U1],1,1);
lmiterm([34 1 1 U1],1,1);lmiterm([-34 1 1 0],1);
lmiterm([37 1 1 0],-1);lmiterm([-37 1 1 U11],1,1);
lmiterm([38 1 1 U11],1,1);lmiterm([-38 1 1 0],1);
lmiterm([-45 1 1 Q],1,1);lmiterm([-45 2 1 Q],A1,1);
lmiterm([-45 2 1 Y],B1,1);lmiterm([-45 2 2 Q],1,1);
lmiterm([-46 1 1 Q],1,1);lmiterm([-46 2 1 Q],A2,1);
lmiterm([-46 2 1 Y],B2,1);lmiterm([-46 2 2 Q],1,1);
lmiterm([-47 1 1 Q],1,1);lmiterm([-47 2 1 Y],1,1);
lmiterm([-47 2 2 0],1);
RMPC=getlmis;
OP=[0.01 2000 1e9 10 0];
initi=[0 0];CC=[1 1];
for llll=3:10
    CC(llll)=0;initi(llll)=0;
end
[OPX,VXx]=mincx(RMPC,CC,OP,initi);
gama1=dec2mat(RMPC,VXx,gama1);gama2=dec2mat(RMPC,VXx,gama2);
gamastar=gama1+gama2+X0'*X0;
NN=25;
for jj=1:NN
    JC(jj)=OPX+X0(1,1)^2+X0(2,1)^2;
    Afact=[1 0.1;1.5+sin(jj-1) 1];Ufact(jj)=dec2mat(RMPC,VXx,U);
    X1=Afact*X0+B1*Ufact(jj);X1v(jj+1)=[1 0]*X1;X2v(jj+1)=[0 1]*X1;Xjian=X1;
    Ajianb=[Afact;A0*Afact];Bjianb=[Bfact 0*B0 0*B0;A0*Bfact B0 0*B0];AjianN=A0*A0*Afact;
    HH=Bjianb'*Bjianb+eye(3);HH1=HH*[1 0 0]';
    HH2=HH*[0 1 0]';HH3=HH*[0 0 1]';GG=Ajianb'*Bjianb;
    EE=Ajianb'*Ajianb+eye(2);Q00=EE-GG*inv(HH)*GG';X0=X1;JRSum=JRSum+X0'*X0+Ufact(jj)^2;
    setlmis([]);
    gama1=lmivar(1,[1 1]);gama2=lmivar(1,[1 1]);U=lmivar(1,[1 1]);
    U1=lmivar(1,[1 1]);U11=lmivar(1,[1 1]);Q=lmivar(1,[2 1]);Y=lmivar(2,[1 2]);
    lmiterm([-1 1 1 Q],1,1);lmiterm([-1 2 1 Q],A0,1);lmiterm([-1 2 1 Y],B0,1);
    lmiterm([-1 2 2 Q],1,1);lmiterm([-1 3 1 Q],1,1);lmiterm([-1 3 2 0],[0,0;0,0]);
    lmiterm([-1 3 3 gama2],.5*1,[1,0;0,1],'s');lmiterm([-1 4 1 Y],1,1);
    lmiterm([-1 4 2 0],[0,0]);lmiterm([-1 4 3 0],[0,0]);
    lmiterm([-1 4 4 gama2],1,1);
    lmiterm([-9 1 1 gama1],1,1);lmiterm([-9 2 1 U],HH1,1);
    lmiterm([-9 2 1 U1],HH2,1);lmiterm([-9 2 1 U11],HH3,1);
    lmiterm([-9 2 1 0],GG'*Xjian);lmiterm([-9 2 2 0],HH);
    lmiterm([-21 1 1 0],1);lmiterm([-21 2 1 U],A1*A1*Bfact,1);
    lmiterm([-21 2 1 U1],A1*B1,1);lmiterm([-21 2 1 U11],B1,1);
    lmiterm([-21 2 1 0],A1*A1*Afact*X0);lmiterm([-21 2 2 Q],1,1);
    lmiterm([-23 1 1 0],1);lmiterm([-23 2 1 U],A1*A2*Bfact,1);
    lmiterm([-23 2 1 U1],A1*B2,1);lmiterm([-23 2 1 U11],B1,1);
    lmiterm([-23 2 1 0],A1*A2*Afact*X0);lmiterm([-23 2 2 Q],1,1);
    lmiterm([-25 1 1 0],1);lmiterm([-25 2 1 U],A2*A1*Bfact,1);
    lmiterm([-25 2 1 U1],A2*B1,1);lmiterm([-25 2 1 U11],B2,1);
```

```
    lmiterm([-25 2 1 0],A2*A1*Afact*X0);lmiterm([-25 2 2 Q],1,1);
    lmiterm([-27 1 1 0],1);lmiterm([-27 2 1 U],A2*A2*Bfact,1);
    lmiterm([-27 2 1 U1],A2*B2,1);lmiterm([-27 2 1 U11],B2,1);
    lmiterm([-27 2 1 0],A2*A2*Afact*X0);lmiterm([-27 2 2 Q],1,1);
    lmiterm([31 1 1 0],-1);lmiterm([-31 1 1 U],1,1);
    lmiterm([32 1 1 U],1,1);lmiterm([-32 1 1 0],1);
    lmiterm([33 1 1 0],-1);lmiterm([-33 1 1 U1],1,1);
    lmiterm([34 1 1 U1],1,1);lmiterm([-34 1 1 0],1);
    lmiterm([37 1 1 0],-1);lmiterm([-37 1 1 U11],1,1);
    lmiterm([38 1 1 U11],1,1);lmiterm([-38 1 1 0],1);
    lmiterm([-45 1 1 Q],1,1);lmiterm([-45 2 1 Q],A1,1);
    lmiterm([-45 2 1 Y],B1,1);lmiterm([-45 2 2 Q],1,1);
    lmiterm([-46 1 1 Q],1,1);lmiterm([-46 2 1 Q],A2,1);
    lmiterm([-46 2 1 Y],B2,1);lmiterm([-46 2 2 Q],1,1);
    lmiterm([-47 1 1 Q],1,1);lmiterm([-47 2 1 Y],1,1);lmiterm([-47 2 2 0],1);
    RMPC=getlmis;
    [OPX,VXx]=mincx(RMPC,CC,OP,initi);
end
%t=0:NN;
%JC(NN+1)=JC(NN);
%Ufact(NN+1)=Ufact(NN);
%plot(t,Ufact)
plot(X1v,X2v)
JRSum
%% Let us begin to plot the exact region of attraction.
Bfact=B0;Afact=A0;Ajianb=[Afact;A0*Afact];
Bjianb=[Bfact 0*B0 0*B0;A0*Bfact B0 0*B0];AjianN=A0*A0*Afact;HH=Bjianb'*Bjianb+eye(3);
HH1=HH*[1 0 0]';HH2=HH*[0 1 0]';HH3=HH*[0 0 1]';GG=Ajianb'*Bjianb;
vector1=[-1:0.01:-0.97,-0.97:0.0001:-0.96,-0.94:0.02:1];
for i=1:203
    vector2(i)=sqrt(1-vector1(i)^2);X0=[vector1(i),vector2(i)]';Xjian=X0;
    setlmis([]);
    beta=lmivar(1,[1 1]);gama1=lmivar(1,[1 1]);gama2=lmivar(1,[1 1]);U=lmivar(1,[1 1]);
    U1=lmivar(1,[1 1]);U11=lmivar(1,[1 1]);Q=lmivar(1,[2 1]);Y=lmivar(2,[1 2]);
    lmiterm([-1 1 1 Q],1,1);lmiterm([-1 2 1 Q],A0,1);lmiterm([-1 2 1 Y],B0,1);
    lmiterm([-1 2 2 Q],1,1);lmiterm([-1 3 1 Q],1,1);lmiterm([-1 3 2 0],[0,0;0,0]);
    lmiterm([-1 3 3 gama2],.5*1,[1,0;0,1],'s');lmiterm([-1 4 1 Y],1,1);
    lmiterm([-1 4 2 0],[0,0]);lmiterm([-1 4 3 0],[0,0]);lmiterm([-1 4 4 gama2],1,1);
    lmiterm([-9 1 1 gama1],1,1);lmiterm([-9 2 1 U],HH1,1);lmiterm([-9 2 1 U1],HH2,1);
    lmiterm([-9 2 1 U11],HH3,1);lmiterm([-9 2 1 beta],GG'*Xjian,1)
    ;lmiterm([-9 2 2 0],HH);
    lmiterm([-21 1 1 0],1);lmiterm([-21 2 1 U],A1*A1*Bfact,1);
    lmiterm([-21 2 1 U1],A1*B1,1);lmiterm([-21 2 1 U11],B1,1);
    lmiterm([-21 2 1 beta],A1*A1*Afact*X0,1);lmiterm([-21 2 2 Q],1,1);
    lmiterm([-23 1 1 0],1);lmiterm([-23 2 1 U],A1*A2*Bfact,1);
    lmiterm([-23 2 1 U1],A1*B2,1);lmiterm([-23 2 1 U11],B1,1);
    lmiterm([-23 2 1 beta],A1*A2*Afact*X0,1);lmiterm([-23 2 2 Q],1,1);
    lmiterm([-25 1 1 0],1);lmiterm([-25 2 1 U],A2*A1*Bfact,1);
    lmiterm([-25 2 1 U1],A2*B1,1);lmiterm([-25 2 1 U11],B2,1);
    lmiterm([-25 2 1 beta],A2*A1*Afact*X0,1);lmiterm([-25 2 2 Q],1,1);
    lmiterm([-27 1 1 0],1);lmiterm([-27 2 1 U],A2*A2*Bfact,1);
```

```
    lmiterm([-27 2 1 U1],A2*B2,1);lmiterm([-27 2 1 U11],B2,1);
    lmiterm([-27 2 1 beta],A2*A2*Afact*X0,1);lmiterm([-27 2 2 Q],1,1);
    lmiterm([31 1 1 0],-1);lmiterm([-31 1 1 U],1,1);
    lmiterm([32 1 1 U],1,1);lmiterm([-32 1 1 0],1);
    lmiterm([33 1 1 0],-1);lmiterm([-33 1 1 U1],1,1);
    lmiterm([34 1 1 U1],1,1);lmiterm([-34 1 1 0],1);
    lmiterm([37 1 1 0],-1);lmiterm([-37 1 1 U11],1,1);
    lmiterm([38 1 1 U11],1,1);lmiterm([-38 1 1 0],1);
    lmiterm([-45 1 1 Q],1,1);lmiterm([-45 2 1 Q],A1,1);
    lmiterm([-45 2 1 Y],B1,1);lmiterm([-45 2 2 Q],1,1);
    lmiterm([-46 1 1 Q],1,1);lmiterm([-46 2 1 Q],A2,1);
    lmiterm([-46 2 1 Y],B2,1);lmiterm([-46 2 2 Q],1,1);
    lmiterm([-47 1 1 Q],1,1);lmiterm([-47 2 1 Y],1,1);
    lmiterm([-47 2 2 0],1);
    RMPC=getlmis;
    OP=[0.01 2000 1e9 10 0];CC(1:2)=[-1 0];CC(11)=0;initi(11)=0;
    [OPX,VXx]=mincx(RMPC,CC,OP,initi);
    beta=dec2mat(RMPC,VXx,beta);vector1(i)=beta*vector1(i);vector1(203+i)=-vector1(i);
    vector2(i)=beta*vector2(i);vector2(203+i)=-vector2(i);
end
plot(vector1,vector2)
```

下面的程序代码的命名为 SCL_Nominal_vertexU_N3.m。

```
clear;
X0=[1.8 1.8]';X1v(1)=X0(1,1);X2v(1)=X0(2,1);Xjian1v=X0(1,1);
Xjian2v=X0(2,1);Xjian=[Xjian1v Xjian2v]';JRSum=X0(1,1)^2+X0(2,1)^2;
B1=[1 0]';B2=[1 0]';B0=[1 0]';Bfact=B0;
A1=[1 0.1;0.5 1];A2=[1 0.1;2.5 1];A0=[1 0.1;1.5 1];Afact=A0;
Ajianb=[Afact;A0*Afact];Bjianb=[Bfact 0*B0 0*B0;A0*Bfact B0 0*B0];
AjianN=A0*A0*Afact;HH=Bjianb'*Bjianb+eye(3);
HH1=HH*[1 0 0]';HH2=HH*[0 1 0]';HH3=HH*[0 0 1]';
GG=Ajianb'*Bjianb;EE=Ajianb'*Ajianb+eye(2);Q00=EE-GG*inv(HH)*GG';
setlmis([]);
gama1=lmivar(1,[1 1]);gama2=lmivar(1,[1 1]);U=lmivar(1,[1 1]);U1=lmivar(1,[1 1]);
U11=lmivar(1,[1 1]);U12=lmivar(1,[1 1]);Q=lmivar(1,[2 1]);Y=lmivar(2,[1 2]);
lmiterm([-1 1 1 Q],1,1);lmiterm([-1 2 1 Q],A0,1);lmiterm([-1 2 1 Y],B0,1);
lmiterm([-1 2 2 Q],1,1);lmiterm([-1 3 1 Q],1,1);lmiterm([-1 3 2 0],[0,0;0,0]);
lmiterm([-1 3 3 gama2],.5*1,[1,0;0,1],'s');lmiterm([-1 4 1 Y],1,1);
lmiterm([-1 4 2 0],[0,0]);lmiterm([-1 4 3 0],[0,0]);lmiterm([-1 4 4 gama2],1,1);
lmiterm([-2 1 1 gama1],1,1);lmiterm([-2 2 1 U],HH1,1);lmiterm([-2 2 1 U1],HH2,1);
lmiterm([-2 2 1 U12],HH3,1);lmiterm([-2 2 1 0],GG'*Xjian);lmiterm([-2 2 2 0],HH);
lmiterm([-9 1 1 gama1],1,1);lmiterm([-9 2 1 U],HH1,1);lmiterm([-9 2 1 U1],HH2,1);
lmiterm([-9 2 1 U11],HH3,1);lmiterm([-9 2 1 0],GG'*Xjian);lmiterm([-9 2 2 0],HH);
lmiterm([-21 1 1 0],1);lmiterm([-21 2 1 U],A1*A1*Bfact,1);
lmiterm([-21 2 1 U1],A1*B1,1);lmiterm([-21 2 1 U11],B1,1);
lmiterm([-21 2 1 0],A1*A1*Afact*X0);lmiterm([-21 2 2 Q],1,1);
lmiterm([-23 1 1 0],1);lmiterm([-23 2 1 U],A1*A2*Bfact,1);
lmiterm([-23 2 1 U1],A1*B2,1);lmiterm([-23 2 1 U12],B1,1);
lmiterm([-23 2 1 0],A1*A2*Afact*X0);lmiterm([-23 2 2 Q],1,1);
lmiterm([-25 1 1 0],1);lmiterm([-25 2 1 U],A2*A1*Bfact,1);
lmiterm([-25 2 1 U1],A2*B1,1);lmiterm([-25 2 1 U11],B2,1);
```

```
lmiterm([-25 2 1 0],A2*A1*Afact*X0);lmiterm([-25 2 2 Q],1,1);
lmiterm([-27 1 1 0],1);lmiterm([-27 2 1 U],A2*A2*Bfact,1);
lmiterm([-27 2 1 U1],A2*B2,1);lmiterm([-27 2 1 U12],B2,1);
lmiterm([-27 2 1 0],A2*A2*Afact*X0);lmiterm([-27 2 2 Q],1,1);
lmiterm([31 1 1 0],-1);lmiterm([-31 1 1 U],1,1);
lmiterm([32 1 1 U],1,1);lmiterm([-32 1 1 0],1);
lmiterm([33 1 1 0],-1);lmiterm([-33 1 1 U1],1,1);
lmiterm([34 1 1 U1],1,1);lmiterm([-34 1 1 0],1);
lmiterm([37 1 1 0],-1);lmiterm([-37 1 1 U11],1,1);
lmiterm([38 1 1 U11],1,1);lmiterm([-38 1 1 0],1);
lmiterm([39 1 1 0],-1);lmiterm([-39 1 1 U12],1,1);
lmiterm([40 1 1 U12],1,1);lmiterm([-40 1 1 0],1);
lmiterm([-45 1 1 Q],1,1);lmiterm([-45 2 1 Q],A1,1);
lmiterm([-45 2 1 Y],B1,1);lmiterm([-45 2 2 Q],1,1);
lmiterm([-46 1 1 Q],1,1);lmiterm([-46 2 1 Q],A2,1);
lmiterm([-46 2 1 Y],B2,1);lmiterm([-46 2 2 Q],1,1);
lmiterm([-47 1 1 Q],1,1);lmiterm([-47 2 1 Y],1,1);lmiterm([-47 2 2 0],1);
RMPC=getlmis;
OP=[0.01 2000 1e9 10 0];initi=[0 0];CC=[1 1];
for llll=3:11
    CC(llll)=0;initi(llll)=0;
end
[OPX,VXx]=mincx(RMPC,CC,OP,initi);
gama1=dec2mat(RMPC,VXx,gama1);gama2=dec2mat(RMPC,VXx,gama2);
gamastar=gama1+gama2+X0'*X0;
NN=25;
for jj=1:NN
    JC(jj)=OPX+X0(1,1)^2+X0(2,1)^2;Afact=[1 0.1;1.5+sin(jj-1) 1];
    Ufact(jj)=dec2mat(RMPC,VXx,U);
    X1=Afact*X0+B1*Ufact(jj);X1v(jj+1)=[1 0]*X1;X2v(jj+1)=[0 1]*X1;Xjian=X1;
    Ajianb=[Afact;A0*Afact];Bjianb=[Bfact 0*B0 0*B0;A0*Bfact B0 0*B0];AjianN=A0*A0*Afact;
    HH=Bjianb'*Bjianb+eye(3);HH1=HH*[1 0 0]';HH2=HH*[0 1 0]';HH3=HH*[0 0 1]';
    GG=Ajianb'*Bjianb;EE=Ajianb'*Ajianb+eye(2);Q00=EE-GG*inv(HH)*GG';X0=X1;
    JRSum=JRSum+X0'*X0+Ufact(jj)^2;
    setlmis([]);
    gama1=lmivar(1,[1 1]);gama2=lmivar(1,[1 1]);U=lmivar(1,[1 1]);U1=lmivar(1,[1 1]);
    U11=lmivar(1,[1 1]);U12=lmivar(1,[1 1]);Q=lmivar(1,[2 1]);Y=lmivar(2,[1 2]);
    lmiterm([-1 1 1 Q],1,1);lmiterm([-1 2 1 Q],A0,1);lmiterm([-1 2 1 Y],B0,1);
    lmiterm([-1 2 2 Q],1,1);lmiterm([-1 3 1 Q],1,1);lmiterm([-1 3 2 0],[0,0;0,0]);
    lmiterm([-1 3 3 gama2],.5*1,[1,0;0,1],'s');lmiterm([-1 4 1 Y],1,1);
    lmiterm([-1 4 2 0],[0,0]);lmiterm([-1 4 3 0],[0,0]);lmiterm([-1 4 4 gama2],1,1);
    lmiterm([-2 1 1 gama1],1,1);lmiterm([-2 2 1 U],HH1,1);lmiterm([-2 2 1 U1],HH2,1);
    lmiterm([-2 2 1 U12],HH3,1);lmiterm([-2 2 1 0],GG'*Xjian);lmiterm([-2 2 2 0],HH);
    lmiterm([-9 1 1 gama1],1,1);lmiterm([-9 2 1 U],HH1,1);lmiterm([-9 2 1 U1],HH2,1);
    lmiterm([-9 2 1 U11],HH3,1);lmiterm([-9 2 1 0],GG'*Xjian);lmiterm([-9 2 2 0],HH);
    lmiterm([-21 1 1 0],1);lmiterm([-21 2 1 U],A1*A1*Bfact,1);
    lmiterm([-21 2 1 U1],A1*B1,1);lmiterm([-21 2 1 U11],B1,1);
    lmiterm([-21 2 1 0],A1*A1*Afact*X0);lmiterm([-21 2 2 Q],1,1);
    lmiterm([-23 1 1 0],1);lmiterm([-23 2 1 U],A1*A2*Bfact,1);
    lmiterm([-23 2 1 U1],A1*B2,1);lmiterm([-23 2 1 U12],B1,1);
    lmiterm([-23 2 1 0],A1*A2*Afact*X0);lmiterm([-23 2 2 Q],1,1);
```

```
    lmiterm([-25 1 1 0],1);lmiterm([-25 2 1 U],A2*A1*Bfact,1);
    lmiterm([-25 2 1 U1],A2*B1,1);lmiterm([-25 2 1 U11],B2,1);
    lmiterm([-25 2 1 0],A2*A1*Afact*X0);lmiterm([-25 2 2 Q],1,1);
    lmiterm([-27 1 1 0],1);lmiterm([-27 2 1 U],A2*A2*Bfact,1);
    lmiterm([-27 2 1 U1],A2*B2,1);lmiterm([-27 2 1 U12],B2,1);
    lmiterm([-27 2 1 0],A2*A2*Afact*X0);lmiterm([-27 2 2 Q],1,1);
    lmiterm([31 1 1 0],-1);lmiterm([-31 1 1 U],1,1);
    lmiterm([32 1 1 U],1,1);lmiterm([-32 1 1 0],1);
    lmiterm([33 1 1 0],-1);lmiterm([-33 1 1 U1],1,1);
    lmiterm([34 1 1 U1],1,1);lmiterm([-34 1 1 0],1);
    lmiterm([37 1 1 0],-1);lmiterm([-37 1 1 U11],1,1);
    lmiterm([38 1 1 U11],1,1);lmiterm([-38 1 1 0],1);
    lmiterm([39 1 1 0],-1);lmiterm([-39 1 1 U12],1,1);
    lmiterm([40 1 1 U12],1,1);lmiterm([-40 1 1 0],1);
    lmiterm([-45 1 1 Q],1,1);lmiterm([-45 2 1 Q],A1,1);
    lmiterm([-45 2 1 Y],B1,1);lmiterm([-45 2 2 Q],1,1);
    lmiterm([-46 1 1 Q],1,1);lmiterm([-46 2 1 Q],A2,1);
    lmiterm([-46 2 1 Y],B2,1);lmiterm([-46 2 2 Q],1,1);
    lmiterm([-47 1 1 Q],1,1);lmiterm([-47 2 1 Y],1,1);lmiterm([-47 2 2 0],1);
    RMPC=getlmis;
    [OPX,VXx]=mincx(RMPC,CC,OP,initi);
end
%t=0:NN;
%JC(NN+1)=JC(NN);
%Ufact(NN+1)=Ufact(NN);
%plot(t,Ufact)
plot(X1v,X2v)
JRSum
%% Let us begin to plot the exact region of attraction.
B1=[1 0]';B2=[1 0]';B0=[1 0]';Bfact=B0;
A1=[1 0.1;0.5 1];A2=[1 0.1;2.5 1];A0=[1 0.1;1.5 1];Afact=A0;
Ajianb=[Afact;A0*Afact];Bjianb=[Bfact 0*B0 0*B0;A0*Bfact B0 0*B0];AjianN=A0*A0*Afact;
HH=Bjianb'*Bjianb+eye(3);HH1=HH*[1 0 0]';HH2=HH*[0 1 0]';HH3=HH*[0 0 1]';
GG=Ajianb'*Bjianb;
vector1=[-1:0.01:-0.96,-0.96:0.0001:-0.95,-0.93:0.02:1];
for i=1:203
    vector2(i)=sqrt(1-vector1(i)^2);X0=[vector1(i),vector2(i)]';Xjian=X0;
    setlmis([]);
    beta=lmivar(1,[1 1]);gama1=lmivar(1,[1 1]);gama2=lmivar(1,[1 1]);U=lmivar(1,[1 1]);
    U1=lmivar(1,[1 1]);U11=lmivar(1,[1 1]);U12=lmivar(1,[1 1]);Q=lmivar(1,[2 1]);
    Y=lmivar(2,[1 2]);
    lmiterm([-1 1 1 Q],1,1);lmiterm([-1 2 1 Q],A0,1);lmiterm([-1 2 1 Y],B0,1);
    lmiterm([-1 2 2 Q],1,1);lmiterm([-1 3 1 Q],1,1);lmiterm([-1 3 2 0],[0,0;0,0]);
    lmiterm([-1 3 3 gama2],.5*1,[1,0;0,1],'s');lmiterm([-1 4 1 Y],1,1);
    lmiterm([-1 4 2 0],[0,0]);lmiterm([-1 4 3 0],[0,0]);lmiterm([-1 4 4 gama2],1,1);
    lmiterm([-2 1 1 gama1],1,1);lmiterm([-2 2 1 U],HH1,1);lmiterm([-2 2 1 U1],HH2,1);
    lmiterm([-2 2 1 U12],HH3,1);lmiterm([-2 2 1 beta],GG'*Xjian,1);
    lmiterm([-2 2 2 0],HH);
    lmiterm([-9 1 1 gama1],1,1);lmiterm([-9 2 1 U],HH1,1);lmiterm([-9 2 1 U1],HH2,1);
    lmiterm([-9 2 1 U11],HH3,1);lmiterm([-9 2 1 beta],GG'*Xjian,1);
    lmiterm([-9 2 2 0],HH);
```

```
    lmiterm([-21 1 1 0],1);lmiterm([-21 2 1 U],A1*A1*Bfact,1);
    lmiterm([-21 2 1 U1],A1*B1,1);lmiterm([-21 2 1 U11],B1,1);
    lmiterm([-21 2 1 beta],A1*A1*Afact*X0,1);lmiterm([-21 2 2 Q],1,1);
    lmiterm([-23 1 1 0],1);lmiterm([-23 2 1 U],A1*A2*Bfact,1);
    lmiterm([-23 2 1 U1],A1*B2,1);lmiterm([-23 2 1 U12],B1,1);
    lmiterm([-23 2 1 beta],A1*A2*Afact*X0,1);lmiterm([-23 2 2 Q],1,1);
    lmiterm([-25 1 1 0],1);lmiterm([-25 2 1 U],A2*A1*Bfact,1);
    lmiterm([-25 2 1 U1],A2*B1,1);lmiterm([-25 2 1 U11],B2,1);
    lmiterm([-25 2 1 beta],A2*A1*Afact*X0,1);lmiterm([-25 2 2 Q],1,1);
    lmiterm([-27 1 1 0],1);lmiterm([-27 2 1 U],A2*A2*Bfact,1);
    lmiterm([-27 2 1 U1],A2*B2,1);lmiterm([-27 2 1 U12],B2,1);
    lmiterm([-27 2 1 beta],A2*A2*Afact*X0,1);lmiterm([-27 2 2 Q],1,1);
    lmiterm([31 1 1 0],-1);lmiterm([-31 1 1 U],1,1);
    lmiterm([32 1 1 U],1,1);lmiterm([-32 1 1 0],1);
    lmiterm([33 1 1 0],-1);lmiterm([-33 1 1 U1],1,1);
    lmiterm([34 1 1 U1],1,1);lmiterm([-34 1 1 0],1);
    lmiterm([37 1 1 0],-1);lmiterm([-37 1 1 U11],1,1);
    lmiterm([38 1 1 U11],1,1);lmiterm([-38 1 1 0],1);
    lmiterm([39 1 1 0],-1);lmiterm([-39 1 1 U12],1,1);
    lmiterm([40 1 1 U12],1,1);lmiterm([-40 1 1 0],1);
    lmiterm([-45 1 1 Q],1,1);lmiterm([-45 2 1 Q],A1,1);
    lmiterm([-45 2 1 Y],B1,1);lmiterm([-45 2 2 Q],1,1);
    lmiterm([-46 1 1 Q],1,1);lmiterm([-46 2 1 Q],A2,1);
    lmiterm([-46 2 1 Y],B2,1);lmiterm([-46 2 2 Q],1,1);
    lmiterm([-47 1 1 Q],1,1);lmiterm([-47 2 1 Y],1,1);
    lmiterm([-47 2 2 0],1);
    RMPC=getlmis;
    OP=[0.01 2000 1e9 10 0];CC(1:2)=[-1 0];CC(12)=0;initi(12)=0;
    [OPX,VXx]=mincx(RMPC,CC,OP,initi);beta=dec2mat(RMPC,VXx,beta);
    vector1(i)=beta*vector1(i);vector1(203+i)=-vector1(i);
    vector2(i)=beta*vector2(i);vector2(203+i)=-vector2(i);
end
plot(vector1,vector2)
```

下面的程序代码的命名为 SCL_Nominal_N1.m。

```
clear;
X0=[1 1]';X1v(1)=X0(1,1);X2v(1)=X0(2,1);
Xjian1v=X0(1,1);Xjian2v=X0(2,1);Xjian=[Xjian1v Xjian2v]';
JRSum=X0(1,1)^2+X0(2,1)^2;
B1=[1 0]';B2=[1 0]';B0=[1 0]';Bfact=B0;
A1=[1 0;0.5 1];A2=[1 0;2.5 1];A0=[1 0;1.5 1];Afact=A0;
HH=Bfact'*Bfact+eye(1);GG=Afact'*Bfact;
setlmis([]);
gama1=lmivar(1,[1 1]);gama2=lmivar(1,[1 1]);U=lmivar(1,[1 1]);
Q=lmivar(1,[2 1]);Y=lmivar(2,[1 2]);
lmiterm([-1 1 1 Q],1,1);lmiterm([-1 2 1 Q],A0,1);lmiterm([-1 2 1 Y],B0,1);
lmiterm([-1 2 2 Q],1,1);lmiterm([-1 3 1 Q],1,1);lmiterm([-1 3 2 0],[0,0;0,0]);
lmiterm([-1 3 3 gama2],.5*1,[1,0;0,1],'s');lmiterm([-1 4 1 Y],1,1);
lmiterm([-1 4 2 0],[0,0]);lmiterm([-1 4 3 0],[0,0]);
lmiterm([-1 4 4 gama2],1,1);
lmiterm([-9 1 1 gama1],1,1);lmiterm([-9 2 1 U],HH,1);
```

```
lmiterm([-9 2 1 0],GG'*Xjian);lmiterm([-9 2 2 0],HH);
lmiterm([-21 1 1 0],1);lmiterm([-21 2 1 U],Bfact,1);
lmiterm([-21 2 1 0],Afact*X0);lmiterm([-21 2 2 Q],1,1);
lmiterm([31 1 1 0],-1);lmiterm([-31 1 1 U],1,1);
lmiterm([32 1 1 U],1,1);lmiterm([-32 1 1 0],1);
lmiterm([-45 1 1 Q],1,1);lmiterm([-45 2 1 Q],A1,1);
lmiterm([-45 2 1 Y],B1,1);lmiterm([-45 2 2 Q],1,1);
lmiterm([-46 1 1 Q],1,1);lmiterm([-46 2 1 Q],A2,1);
lmiterm([-46 2 1 Y],B2,1);lmiterm([-46 2 2 Q],1,1);
lmiterm([-47 1 1 Q],1,1);lmiterm([-47 2 1 Y],1,1);lmiterm([-47 2 2 0],1);
RMPC=getlmis;
OP=[0.01 2000 1e9 10 0];initi=[0 0];CC=[1 1];
for llll=3:8
    CC(llll)=0;initi(llll)=0;
end
[OPX,VXx]=mincx(RMPC,CC,OP,initi);
gama1=dec2mat(RMPC,VXx,gama1);gama2=dec2mat(RMPC,VXx,gama2);gamastar=gama1+gama2+X0'*X0
NN=0;
for jj=1:NN
    JC(jj)=OPX+X0(1,1)^2+X0(2,1)^2;Afact=[1 0.1;1.5+sin(jj-1) 1];
    Ufact(jj)=dec2mat(RMPC,VXx,U);
    X1=Afact*X0+B1*Ufact(jj);X1v(jj+1)=[1 0]*X1;X2v(jj+1)=[0 1]*X1;Xjian=X1;
    HH=Bfact'*Bfact+eye(1);GG=Afact'*Bfact;X0=X1;
    JRSum=JRSum+X0'*X0+Ufact(jj)^2;
    setlmis([]);
    gama1=lmivar(1,[1 1]);gama2=lmivar(1,[1 1]);U=lmivar(1,[1 1]);
    Q=lmivar(1,[2 1]);Y=lmivar(2,[1 2]);
    lmiterm([-1 1 1 Q],1,1);lmiterm([-1 2 1 Q],A0,1);lmiterm([-1 2 1 Y],B0,1);
    lmiterm([-1 2 2 Q],1,1);lmiterm([-1 3 1 Q],1,1);lmiterm([-1 3 2 0],[0,0;0,0]);
    lmiterm([-1 3 3 gama2],.5*1,[1,0;0,1],'s');lmiterm([-1 4 1 Y],1,1);
    lmiterm([-1 4 2 0],[0,0]);lmiterm([-1 4 3 0],[0,0]);
    lmiterm([-1 4 4 gama2],1,1);
    lmiterm([-9 1 1 gama1],1,1);lmiterm([-9 2 1 U],HH,1);
    lmiterm([-9 2 1 0],GG'*Xjian);lmiterm([-9 2 2 0],HH);
    lmiterm([-21 1 1 0],1);lmiterm([-21 2 1 U],Bfact,1);
    lmiterm([-21 2 1 0],Afact*X0);lmiterm([-21 2 2 Q],1,1);
    lmiterm([31 1 1 0],-1);lmiterm([-31 1 1 U],1,1);
    lmiterm([32 1 1 U],1,1);lmiterm([-32 1 1 0],1);
    lmiterm([-45 1 1 Q],1,1);lmiterm([-45 2 1 Q],A1,1);
    lmiterm([-45 2 1 Y],B1,1);lmiterm([-45 2 2 Q],1,1);
    lmiterm([-46 1 1 Q],1,1);lmiterm([-46 2 1 Q],A2,1);
    lmiterm([-46 2 1 Y],B2,1);lmiterm([-46 2 2 Q],1,1);
    lmiterm([-47 1 1 Q],1,1);lmiterm([-47 2 1 Y],1,1);lmiterm([-47 2 2 0],1);
    RMPC=getlmis;
    [OPX,VXx]=mincx(RMPC,CC,OP,initi);
end
%t=0:NN;
%JC(NN+1)=JC(NN);
%Ufact(NN+1)=Ufact(NN);
%plot(t,Ufact)
plot(X1v,X2v)
```

```
%JRSum
%% Let us begin to plot the exact region of attraction.
Bfact=B0;Afact=A0;HH=Bfact'*Bfact+eye(1);GG=Afact'*Bfact;
vector1=[-1:0.01:-0.04,-0.03:0.0001:0.03,0.04:0.01:1]; %For A=[1 0;* 1]
for i=1:795
    vector2(i)=sqrt(1-vector1(i)^2);X0=[vector1(i),vector2(i)]';Xjian=X0;
    setlmis([]);
    beta=lmivar(1,[1 1]);gama1=lmivar(1,[1 1]);gama2=lmivar(1,[1 1]);U=lmivar(1,[1 1]);
    Q=lmivar(1,[2 1]);Y=lmivar(2,[1 2]);
    lmiterm([-1 1 1 Q],1,1);lmiterm([-1 2 1 Q],A0,1);lmiterm([-1 2 1 Y],B0,1);
    lmiterm([-1 2 2 Q],1,1);lmiterm([-1 3 1 Q],1,1);lmiterm([-1 3 2 0],[0,0;0,0]);
    lmiterm([-1 3 3 gama2],.5*1,[1,0;0,1],'s');lmiterm([-1 4 1 Y],1,1);
    lmiterm([-1 4 2 0],[0,0]);lmiterm([-1 4 3 0],[0,0]);
    lmiterm([-1 4 4 gama2],1,1);
    lmiterm([-9 1 1 gama1],1,1);lmiterm([-9 2 1 U],HH,1);
    lmiterm([-9 2 1 beta],GG'*Xjian,1);lmiterm([-9 2 2 0],HH);
    lmiterm([-21 1 1 0],1);lmiterm([-21 2 1 U],Bfact,1);
    lmiterm([-21 2 1 beta],Afact*X0,1);lmiterm([-21 2 2 Q],1,1);
    lmiterm([31 1 1 0],-1);lmiterm([-31 1 1 U],1,1);
    lmiterm([32 1 1 U],1,1);lmiterm([-32 1 1 0],1);
    lmiterm([-45 1 1 Q],1,1);lmiterm([-45 2 1 Q],A1,1);
    lmiterm([-45 2 1 Y],B1,1);lmiterm([-45 2 2 Q],1,1);
    lmiterm([-46 1 1 Q],1,1);lmiterm([-46 2 1 Q],A2,1);
    lmiterm([-46 2 1 Y],B2,1);lmiterm([-46 2 2 Q],1,1);
    lmiterm([-47 1 1 Q],1,1);lmiterm([-47 2 1 Y],1,1);lmiterm([-47 2 2 0],1);
    RMPC=getlmis;
    OP=[0.01 2000 1e9 10 0];CC(1:2)=[-1 0];CC(9)=0;initi(9)=0;
    [OPX,VXx]=mincx(RMPC,CC,OP,initi);beta=dec2mat(RMPC,VXx,beta);
    vector1(i)=beta*vector1(i);vector1(795+i)=-vector1(i);
    vector2(i)=beta*vector2(i);vector2(795+i)=-vector2(i);
end
plot(vector1,vector2)
```

下面的程序代码的命名为 SCL_Nominal_GD1_N1.m。

```
clear;
X0=[0 0]';X1v(1)=X0(1,1);X2v(1)=X0(2,1);
JRSum=X0(1,1)^2+X0(2,1)^2;
B1=[1 0]';B2=[1 0]';Bfact=[1 0]';
A1=[1 0;0.5 1];A2=[1 0;2.5 1];Afact=0.5*(A1+A2);
setlmis([]);
gama1=lmivar(1,[1 1]);gama2=lmivar(1,[1 1]);U=lmivar(1,[1 1]);
Q=lmivar(1,[2 1]);Y=lmivar(2,[1 2]);
lmiterm([-1 1 1 Q],1,1);lmiterm([-1 2 1 Q],A1,1);lmiterm([-1 2 1 Y],B1,1);
lmiterm([-1 2 2 Q],1,1);lmiterm([-1 3 1 Q],1,1);lmiterm([-1 3 2 0],[0,0;0,0]);
lmiterm([-1 3 3 gama2],.5*1,[1,0;0,1],'s');lmiterm([-1 4 1 Y],1,1);
lmiterm([-1 4 2 0],[0,0]);lmiterm([-1 4 3 0],[0,0]);lmiterm([-1 4 4 gama2],1,1);
lmiterm([-2 1 1 Q],1,1);lmiterm([-2 2 1 Q],A2,1);lmiterm([-2 2 1 Y],B2,1);
lmiterm([-2 2 2 Q],1,1);lmiterm([-2 3 1 Q],1,1);lmiterm([-2 3 2 0],[0,0;0,0]);
lmiterm([-2 3 3 gama2],.5*1,[1,0;0,1],'s');lmiterm([-2 4 1 Y],1,1);
lmiterm([-2 4 2 0],[0,0]);lmiterm([-2 4 3 0],[0,0]);lmiterm([-2 4 4 gama2],1,1);
lmiterm([-11 1 1 gama1],1,1);lmiterm([-11 2 1 U],1,1);lmiterm([-11 2 2 0],1);
```

```
lmiterm([-21 1 1 0],1);lmiterm([-21 2 1 U],Bfact,1);
lmiterm([-21 2 1 0],Afact*X0);lmiterm([-21 2 2 Q],1,1);
lmiterm([31 1 1 0],-1);lmiterm([-31 1 1 U],1,1);
lmiterm([32 1 1 U],1,1);lmiterm([-32 1 1 0],1);
lmiterm([-47 1 1 Q],1,1);lmiterm([-47 2 1 Y],1,1);lmiterm([-47 2 2 0],1);
RMPC=getlmis;
OP=[0.01 2000 1e9 10 0];initi=[0 0];CC=[1 1];
for llll=3:8
    CC(llll)=0;initi(llll)=0;
end
[OPX,VXx]=mincx(RMPC,CC,OP,initi);
gama1=dec2mat(RMPC,VXx,gama1);gama2=dec2mat(RMPC,VXx,gama2);
gamastar=gama1+gama2+X0'*X0;
NN=0;
for jj=1:NN
    JC(jj)=OPX+X0(1,1)^2+X0(2,1)^2;Afact=[1 0.1;1.5+sin(jj-1) 1];
    Ufact(jj)=dec2mat(RMPC,VXx,U);
    X1=Afact*X0+B1*Ufact(jj);X1v(jj+1)=[1 0]*X1;X2v(jj+1)=[0 1]*X1;X0=X1;
    JRSum=JRSum+X0'*X0+Ufact(jj)^2;
    setlmis([]);
    gama1=lmivar(1,[1 1]);gama2=lmivar(1,[1 1]);U=lmivar(1,[1 1]);
    Q=lmivar(1,[2 1]);Y=lmivar(2,[1 2]);
    lmiterm([-1 1 1 Q],1,1);lmiterm([-1 2 1 Q],A1,1);lmiterm([-1 2 1 Y],B1,1);
    lmiterm([-1 2 2 Q],1,1);lmiterm([-1 3 1 Q],1,1);lmiterm([-1 3 2 0],[0,0;0,0]);
    lmiterm([-1 3 3 gama2],.5*1,[1,0;0,1],'s');lmiterm([-1 4 1 Y],1,1);
    lmiterm([-1 4 2 0],[0,0]);lmiterm([-1 4 3 0],[0,0]);lmiterm([-1 4 4 gama2],1,1);
    lmiterm([-2 1 1 Q],1,1);lmiterm([-2 2 1 Q],A2,1);lmiterm([-2 2 1 Y],B2,1);
    lmiterm([-2 2 2 Q],1,1);lmiterm([-2 3 1 Q],1,1);lmiterm([-2 3 2 0],[0,0;0,0]);
    lmiterm([-2 3 3 gama2],.5*1,[1,0;0,1],'s');lmiterm([-2 4 1 Y],1,1);
    lmiterm([-2 4 2 0],[0,0]);lmiterm([-2 4 3 0],[0,0]);lmiterm([-2 4 4 gama2],1,1);
    lmiterm([-11 1 1 gama1],1,1);lmiterm([-11 2 1 U],1,1);lmiterm([-11 2 2 0],1);
    lmiterm([-21 1 1 0],1);lmiterm([-21 2 1 U],Bfact,1);
    lmiterm([-21 2 1 0],Afact*X0);lmiterm([-21 2 2 Q],1,1);
    lmiterm([31 1 1 0],-1);lmiterm([-31 1 1 U],1,1);
    lmiterm([32 1 1 U],1,1);lmiterm([-32 1 1 0],1);
    lmiterm([-47 1 1 Q],1,1);lmiterm([-47 2 1 Y],1,1);lmiterm([-47 2 2 0],1);
    RMPC=getlmis;
    [OPX,VXx]=mincx(RMPC,CC,OP,initi);
end
%t=0:NN;
%JC(NN+1)=JC(NN);
%Ufact(NN+1)=Ufact(NN);
%plot(t,Ufact)
%plot(X1v,X2v)
%JRSum
%% Let us begin to plot the exact region of attraction.
Bfact=[1 0]';Afact=0.5*(A1+A2);
vector1=[-1:0.01:-0.04,-0.03:0.0001:0.03,0.04:0.01:1];
for i=1:795
    vector2(i)=sqrt(1-vector1(i)^2);X0=[vector1(i),vector2(i)]';
    setlmis([]);
```

```
    beta=lmivar(1,[1 1]);gama1=lmivar(1,[1 1]);gama2=lmivar(1,[1 1]);U=lmivar(1,[1 1]);
    Q=lmivar(1,[2 1]);Y=lmivar(2,[1 2]);
    lmiterm([-1 1 1 Q],1,1);lmiterm([-1 2 1 Q],A1,1);lmiterm([-1 2 1 Y],B1,1);
    lmiterm([-1 2 2 Q],1,1);lmiterm([-1 3 1 Q],1,1);lmiterm([-1 3 2 0],[0,0;0,0]);
    lmiterm([-1 3 3 gama2],.5*1,[1,0;0,1],'s');lmiterm([-1 4 1 Y],1,1);
    lmiterm([-1 4 2 0],[0,0]);lmiterm([-1 4 3 0],[0,0]);lmiterm([-1 4 4 gama2],1,1);
    lmiterm([-2 1 1 Q],1,1);lmiterm([-2 2 1 Q],A2,1);lmiterm([-2 2 1 Y],B2,1);
    lmiterm([-2 2 2 Q],1,1);lmiterm([-2 3 1 Q],1,1);lmiterm([-2 3 2 0],[0,0;0,0]);
    lmiterm([-2 3 3 gama2],.5*1,[1,0;0,1],'s');lmiterm([-2 4 1 Y],1,1);
    lmiterm([-2 4 2 0],[0,0]);lmiterm([-2 4 3 0],[0,0]);lmiterm([-2 4 4 gama2],1,1);
    lmiterm([-11 1 1 gama1],1,1);lmiterm([-11 2 1 U],1,1);lmiterm([-11 2 2 0],1);
    lmiterm([-21 1 1 0],1);lmiterm([-21 2 1 U],Bfact,1);
    lmiterm([-21 2 1 beta],Afact*X0,1);lmiterm([-21 2 2 Q],1,1);
    lmiterm([31 1 1 0],-1);lmiterm([-31 1 1 U],1,1);
    lmiterm([32 1 1 U],1,1);lmiterm([-32 1 1 0],1);
    lmiterm([-47 1 1 Q],1,1);lmiterm([-47 2 1 Y],1,1);lmiterm([-47 2 2 0],1);
    RMPC=getlmis;
    OP=[0.01 2000 1e9 10 0];CC(1:2)=[-1 0];CC(9)=0;initi(9)=0;
    [OPX,VXx]=mincx(RMPC,CC,OP,initi);
    beta=dec2mat(RMPC,VXx,beta);vector1(i)=beta*vector1(i);
    vector1(795+i)=-vector1(i);vector2(i)=beta*vector2(i);vector2(795+i)=-vector2(i);
end
plot(vector1,vector2)
```

7.5.3 关于采用多个上界的思考

再观察式(7.86)~ 式(7.94)，即变体反馈预测控制的约束式。一个对最优性朦胧化的公式为式(7.87)，它对切换时域内每个 $F_{k+i|k}$（$i=1,2,\cdots,N-1$）都采用同一个 γ_k，这个 γ_k 同时用于终端约束集内部的那个 F_k。单步性能指标（即 $\|x_{k+i|k}\|_{\mathscr{Q}}^2+\|u_{k+i|k}\|_{\mathscr{R}}^2$）的优化似乎被忽略了。如果按照文献 [37] 的逻辑，式(7.87)应该被替换为

$$
\begin{bmatrix}
Q_{i,k} & \star & \star & \star \\
A_l Q_{i,k}+B_l Y_{i,k} & \dfrac{\gamma_{i,k}}{\gamma_{i+1,k}} Q_{i+1,k} & \star & \star \\
\mathscr{Q}^{1/2} Q_{i,k} & 0 & \gamma_{i,k} I & \star \\
\mathscr{R}^{1/2} Y_{i,k} & 0 & 0 & \gamma_{i,k} I
\end{bmatrix} \geqslant 0
\tag{7.174}
$$

$$i \in\{1,2,\cdots,N-1\},\ l \in\{1,2,\cdots,L\},\ Q_N=Q,\ \gamma_{N,k}=\gamma_k$$

可求解

$$
\min \left[\|u_{k|k}\|_{\mathscr{R}}^2+\sum_{i=1}^{N-1} \gamma_{i,k}+\gamma_k\right]
$$

但注意直接优化 $\dfrac{\gamma_{i,k}}{\gamma_{i+1,k}}$ 会带来麻烦。文献 [37] 采用了预测控制序列离线方法，因此可以避免这个麻烦。在序列离线方法中，可以将式(7.174)改成

$$
\begin{bmatrix}
Q_i & \star & \star & \star \\
A_l Q_i+B_l Y_i & \gamma_i P_{i+1}^{-1} & \star & \star \\
\mathscr{Q}^{1/2} Q_i & 0 & \gamma_i I & \star \\
\mathscr{R}^{1/2} Y_i & 0 & 0 & \gamma_i I
\end{bmatrix} \geqslant 0,\quad i \in\{1,2,\cdots,N-1\},\ l \in\{1,2,\cdots,L\},\ Q_N=Q
\tag{7.175}
$$

其中，P_{i+1} 在求解 Q_i 时已定。

如果在式(7.87)和式(7.96)中用 $\gamma_{i,k}$ 直接代替 γ_k，就可在每个时刻求解 $\min\left[\|u_{k|k}\|_{\mathscr{R}}^2+\sum_{i=1}^{N}\gamma_{i,k}\right]$，得到控制作用，这是直接从矩阵不等式看问题进行微整形。

7.6 习 题 7

1. 说明对 LTI 状态空间模型，式(7.5)中等式成立。

2. 根据例题 7.1的程序代码写出利用 d 和 d_+ 的公式。

3. 针对例题 7.1，写出特别针对 $p=1,d=2,d_+=0$ 的程序代码。

4. 针对例题 7.1，写出特别针对 $p=2,d=1,d_+=1$ 的程序代码。

5. 在例题 7.4中，给定 $\bar{u}_{k+i|k}^{l_{i-1}\cdots l_1 l_0}$，试陈述一种线性方程组求解式(7.116)的方法。用该方法可以依次求出 $F_{k+1|k}$，$F_{k+2|k},\cdots,F_{k+N-1|k}$。

6. 针对例题 7.5，写出部分反馈预测控制在 $N=3$ 时画吸引域的程序代码。

7. 类似例题 7.5，写出反馈预测控制在 $N=0$[1] 时画吸引域的程序代码。

8. 针对 CLTVQR 用于双质量弹簧的例子，写出求解问题 7.1的程序代码。

9. 针对 CLTVQR 用于双质量弹簧的例子，写出寻找最大的 α 的程序代码。

10. 针对第 7.5.2 节中的数值例子的第一种情况，写出采用部分反馈预测控制在 $N=3$ 时画吸引域的程序代码。

第 8 章　输出反馈鲁棒预测控制

为了方便，本章采用的符号有些与前面的章节不同的地方。本章的一些符号说明如下。

$u \in \mathbb{R}^{n_u}$：控制输入信号；

$w \in \mathbb{R}^{n_w}$：干扰；

$x \in \mathbb{R}^{n_x}$：真实状态；

$x_c \in \mathbb{R}^{n_{xc}}$：估计器状态或控制器状态；

$y \in \mathbb{R}^{n_y}$：输出；

$|\xi|$：向量 ξ 中逐分量取绝对值；

$\xi_{i|k}$：在 k 时刻，对信号 ξ_{k+i}（$i \geqslant 0$）的预测；

ε_M：用正定矩阵 M 定义的椭圆集合，即 $\varepsilon_M = \{\xi | \xi^{\mathrm{T}} M \xi \leqslant 1\}$；

$\mathrm{Co}\mathcal{S}$：元素属于 $\mathrm{Co}\mathcal{S}$ 表示该元素为多面体 $\mathcal{S}$ 中元素的凸组合，其中标量组合系数非负且加和为 1；

$\star$：方阵中的对称位置的简化表示；

$*$：具有上角标 $*$ 的值表示优化问题的最优解。

考虑模型式 (1.17)，重写如下（符号有更改）：

$$\begin{cases} x_{k+1} = A_k x_k + B_k u_k + D_k w_k \\ y_k = C_k x_k + E_k w_k \\ z_k = \mathcal{C}_k x_k + \mathcal{E}_k w_k \\ z'_k = \mathcal{F}_k x_k + \mathcal{G}_k w_k \end{cases} \tag{8.1}$$

满足第 1 章的假设 1.1 和假设 1.2。严格的物理约束为

$$|u_k| \leqslant \bar{u}, \quad |\Psi z_{k+1}| \leqslant \bar{\psi}, \quad k \geqslant 0 \tag{8.2}$$

其中，$\bar{u} = [\bar{u}_1, \bar{u}_2, \cdots, \bar{u}_{n_u}]^{\mathrm{T}}$；$\bar{\psi} = [\bar{\psi}_1, \bar{\psi}_2, \cdots, \bar{\psi}_q]^{\mathrm{T}}$；$\bar{u}_j > 0$，$j = 1, 2, \cdots, n_u$；$\bar{\psi}_j > 0$，$j = 1, 2, \cdots, q$；$\Psi \in \mathbb{R}^{q \times n_z}$。

当 x 是完全可测且 $w_k \equiv 0$ 时，KBM 控制器在每个 k 时刻求解 LMI 优化问题（约束包括当前状态约束、不变性/稳定性/最优性条件、输入约束、状态/输出约束）。下面，将 KBM 控制器推广到 x 不可测以及 $w_k \neq 0$ 的情况。

定理 8.1 [38]　考虑系统式(8.1)，满足假设 1.1 和假设 1.2。采用动态输出反馈控制器：

$$\begin{cases} x_{c,k+1} = A_{c,k} x_{c,k} + B_{c,k} y_k \\ u_k = C_{c,k} x_{c,k} + D_{c,k} y_k \end{cases} \tag{8.3}$$

其中，控制器参数为参数依赖形式，即

$$\begin{cases} A_{c,k} = \sum_{l=1}^{L} \sum_{j=1}^{L} \omega_{l,k} \omega_{j,k} \bar{A}_{c,k}^{lj} \\ B_{c,k} = \sum_{l=1}^{L} \omega_{l,k} \bar{B}_{c,k}^{l} \\ C_{c,k} = \sum_{j=1}^{L} \omega_{j,k} \bar{C}_{c,k}^{j} \\ D_{c,k} = \bar{D}_{c,k} \end{cases} \tag{8.4}$$

控制器参数化矩阵 $\{\bar{A}_c^{lj}, \bar{B}_c^l, \bar{C}_c^j, \bar{D}_c\}$ 选取为（省略“(k)”）

$$\begin{cases} \bar{D}_c = \hat{D}_c \\ \bar{C}_c^j = \left(\hat{C}_c^j - \bar{D}_c C_j Q_1\right) Q_2^{-1} \\ \bar{B}_c^l = M_2^{-\mathrm{T}}\left(\hat{B}_c^l - M_1 B_l \bar{D}_c\right) \\ \bar{A}_c^{lj} = M_2^{-\mathrm{T}}\left(\hat{A}_c^{lj} - M_1 A_l Q_1 - M_1 B_l \bar{D}_c C_j Q_1 - M_2^{\mathrm{T}} \bar{B}_c^l C_j Q_1 - M_1 B_l \bar{C}_c^j Q_2\right) Q_2^{-1} \end{cases} \tag{8.5}$$

在式(8.5)中，参数化矩阵 $\{\hat{A}_c^{lj}, \hat{B}_c^l, \hat{C}_c^j, \hat{D}_c, M_1, Q_1\}_k$ 通过后面的算法 8.1进行优化，其中 $U_k = -M_{1,k}^{-1} M_{2,k}^{\mathrm{T}}$，并且 $\{M_1, M_2, Q_1, Q_2\}$ 来自如下的互逆矩阵：

$$M = \begin{bmatrix} M_1 & M_2^{\mathrm{T}} \\ M_2 & M_3 \end{bmatrix}, \quad Q = \begin{bmatrix} Q_1 & Q_2^{\mathrm{T}} \\ Q_2 & Q_3 \end{bmatrix}$$

选取 $x_{c,0}$ 并假设 $x_0 - U_0 x_{c,0} \in \varepsilon_{M_{e,0}}$。利用后面的算法 8.2，并假设式(8.6)~ 式(8.11)在 $k=0$ 时可行，则

(1) 式(8.6)~ 式(8.11)在每个 $k>0$ 可行；

(2) $\{\gamma, z', u\}$ 收敛到 0 附近，并且在所有 $k \geqslant 0$ 时，约束式(8.2)满足。

算法 8.1　求解如下优化问题：

$$\min_{\{\gamma, \alpha_{lj}, \varrho, Q_1, M_1, \hat{A}_c^{lj}, \hat{B}_c^l, \hat{C}_c^j, \hat{D}_c\}_k} \gamma_k \tag{8.6}$$

$$\text{s.t. } M_{1,k} \leqslant \varrho_k M_{e,k} \tag{8.7}$$

$$\begin{bmatrix} 1-\varrho_k & \star & \star \\ U_k x_{c,k} & Q_{1,k} & \star \\ 0 & I & M_{1,k} \end{bmatrix} \geqslant 0 \tag{8.8}$$

$$\sum_{l=1}^{L} \mathcal{C}_l^{\ell}(d,2) \Upsilon_{ll,k}^{\mathrm{QB}} + \sum_{l=1}^{L-1} \sum_{j=l+1}^{L} \mathcal{C}_{lj}^{\ell}(d,1,1) \left[\Upsilon_{lj,k}^{\mathrm{QB}} + \Upsilon_{jl,k}^{\mathrm{QB}}\right] \geqslant 0, \quad \ell = 1,2,\cdots,|\mathcal{K}(d+2)| \tag{8.9}$$

$$\begin{bmatrix} M_{1,k} & \star & \star & \star \\ I & Q_{1,k} & \star & \star \\ 0 & 0 & I & \star \\ \dfrac{1}{\sqrt{1-\eta_{1s}}} \xi_s \hat{D}_{c,k} C_j & \dfrac{1}{\sqrt{1-\eta_{1s}}} \xi_s \hat{C}_{c,k}^j & \dfrac{1}{\sqrt{\eta_{1s}}} \xi_s \hat{D}_{c,k} E_j & \bar{u}_s^2 \end{bmatrix} \geqslant 0, \quad j=1,2,\cdots,L, \quad s=1,2,\cdots,n_u \tag{8.10}$$

$$\sum_{l=1}^{L} \mathcal{C}_l^{\ell}(d,2) \Upsilon_{hlls,k}^{z} + \sum_{l=1}^{L-1} \sum_{j=l+1}^{L} \mathcal{C}_{lj}^{\ell}(d,1,1) \left[\Upsilon_{hljs,k}^{z} + \Upsilon_{hjls,k}^{z}\right] \geqslant 0,$$
$$\ell = 1,2,\cdots,|\mathcal{K}(d+2)|, \quad h=1,2,\cdots,L, \quad s=1,2,\cdots,q \tag{8.11}$$

其中

$$\Upsilon_{lj}^{\mathrm{QB}}=\begin{bmatrix}(1-\alpha_{lj})M_1 & \star & \star & \star & \star & \star & \star\\(1-\alpha_{lj})I & (1-\alpha_{lj})Q_1 & \star & \star & \star & \star & \star\\0 & 0 & \alpha_{lj}I & \star & \star & \star & \star\\A_l+B_l\hat{D}_cC_j & A_lQ_1+B_l\hat{C}_c^j & B_l\hat{D}_cE_j+D_l & Q_1 & \star & \star & \star\\M_1A_l+\hat{B}_c^lC_j & \hat{A}_c^{lj} & \hat{B}_c^lE_j+M_1D_l & I & M_1 & \star & \star\\\mathscr{Q}_1^{1/2}\mathcal{F}_j & \mathscr{Q}_1^{1/2}\mathcal{F}_jQ_1 & \mathscr{Q}_1^{1/2}\mathcal{G}_j & 0 & 0 & \gamma I & \star\\\mathscr{R}^{1/2}\hat{D}_cC_j & \mathscr{R}^{1/2}\hat{C}_c^j & \mathscr{R}^{1/2}\hat{D}_cE_j & 0 & 0 & 0 & \gamma I\end{bmatrix}$$

$$\Upsilon_{hljs}^{z}=\begin{bmatrix}M_1 & \star & \star & \star\\I & Q_1 & \star & \star\\0 & 0 & I & \star\\\spadesuit_1 & \spadesuit_2 & \dfrac{1}{\sqrt{1-\eta_{2s}}\sqrt{\eta_{3s}}}\Psi_s\mathcal{E}_h(B_l\hat{D}_cE_j+D_l) & \bar{\psi}_s^2-\dfrac{1}{\eta_{2s}}\Psi_s\mathcal{E}_h\mathcal{E}_h^{\mathrm{T}}\Psi_s^{\mathrm{T}}\end{bmatrix}$$

$$\spadesuit_1=\frac{1}{\sqrt{1-\eta_{2s}}\sqrt{1-\eta_{3s}}}\Psi_s\mathcal{C}_h(A_l+B_l\hat{D}_cC_j),\quad \spadesuit_2=\frac{1}{\sqrt{1-\eta_{2s}}\sqrt{1-\eta_{3s}}}\Psi_s\mathcal{C}_h(A_lQ_1+B_l\hat{C}_c^j)$$

符号解释如下：

(1) $\{\mathscr{Q}_1,\mathscr{R}\}$ 为加权矩阵；

(2) ξ_s 为 n_u 阶单位矩阵的第 s 行，Ψ_s 是 Ψ 的第 s 行；

(3) $\{\eta_{1s},\eta_{2s},\eta_{3s}\}\in[0,1)$ 为固定标量；

(4) d 为固定非负整数。$\mathcal{K}(d+2)$ 是所有 L-元组 $d_1d_2\cdots d_L$（$d_l\geqslant 0,\ l=1,2,\cdots,L$, 且满足 $d_1+d_2+\cdots+d_L=d+2$）的集合。$\mathcal{K}(d+2)$ 中的元素个数为 $|\mathcal{K}(d+2)|=\dfrac{(L+d+1)!}{(d+2)!(L-1)!}$。$\mathcal{K}(d+2)$ 的 L-元组的序号设置为 $\ell=1,2,\cdots,|\mathcal{K}(d+2)|$。此外，有

$$\mathcal{C}_l^{\ell}(d,2)=\begin{cases}\dfrac{d!}{d_1!\cdots d_{l-1}!(d_l-2)!d_{l+1}!\cdots d_L!}, & d_l\geqslant 2\\ 0, & \text{其他}\end{cases}$$

$$\mathcal{C}_{lj}^{\ell}(d,1,1)=\begin{cases}\dfrac{d!}{d_1!\cdots d_{l-1}!(d_l-1)!d_{l+1}!\cdots d_{j-1}!(d_j-1)!d_{j+1}!\cdots d_L!}, & d_l\geqslant 1,d_j\geqslant 1\\ 0, & \text{其他}\end{cases}$$

算法 8.2　在每个 $k\geqslant 0$,

(a) 当 $k>0$ 时，利用式(8.4)和式(8.5)得到 $\{A_c,B_c\}_{(k-1)}$，然后计算 $x_{c,k}=A_{c,k-1}x_{c,k-1}+B_{c,k-1}y_{k-1}$；

(b) 当 $k>0$ 时，通过后面的算法 8.3计算 U_k 和 $M_{e,k}$；

(c) 求解式(8.6)~ 式(8.11)得到 $\{Q_1,M_1,\hat{A}_c^{lj},\hat{B}_c^l,\hat{C}_c^j,\hat{D}_c\}_k^*$；

(d) 选取 $\{Q_1,M_1\}_k=\{Q_1,M_1\}_k^*$、$Q_{2,k}=U_k^{-1}[Q_{1,k}-M_{1,k}^{-1}]$ 和 $M_{2,k}=-U_k^{\mathrm{T}}M_{1,k}$；

(e) 利用式(8.4)和式(8.5)得到 $C_{c,k}$ 和 $D_{c,k}$，然后施加 $u_k=C_{c,k}x_{c,k}+D_{c,k}y_k$。

算法 8.3　选取 $U_0=I$，在每个 $k>0$ 时，

(a) 选取

$$U_k=U_{k-1}\tag{8.12}$$

$$\varrho_k=1-x_{c,k}^{\mathrm{T}}\left[M_{3,k}-U_k^{\mathrm{T}}M_{1,k-1}^*U_k\right]x_{c,k}\tag{8.13}$$

$$M_{e,k}=\varrho_k^{-1}M_{1,k-1}^*\tag{8.14}$$

其中

$$M_{3,k}=M_{2,k}[M_{1,k-1}^{*}-Q_{1,k-1}^{*-1}]^{-1}M_{2,k}^{\mathrm{T}}$$

且 $M_{2,k}=-U_k^{\mathrm{T}}M_{1,k-1}^{*}$；

(b) 获得 $\{M_e',U'\}_k$ 满足

$$\{x_{k-1}-U_{k-1}x_{c,k-1}\in\varepsilon_{M_{e,k-1}},\ \|w_{k-1}\|\leqslant 1\}\Rightarrow x_k-U_k'x_{c,k}\in\varepsilon_{M_{e,k}'} \tag{8.15}$$

$$1-x_{c,k}^{\mathrm{T}}\left[M_{3,k}'-(U_k')^{\mathrm{T}}M_{1,k-1}^{*}U_k'\right]x_{c,k}\geqslant\varrho_k' \tag{8.16}$$

$$M_{e,k}'\geqslant(\varrho_k')^{-1}M_{1,k-1}^{*} \tag{8.17}$$

$$M_{e,k}'\geqslant M_{e,k} \tag{8.18}$$

其中

$$M_{3,k}'=M_{2,k}'[M_{1,k-1}^{*}-Q_{1,k-1}^{*-1}]^{-1}(M_{2,k}')^{\mathrm{T}},\quad M_{2,k}'=-(U_k')^{\mathrm{T}}M_{1,k-1}^{*}$$

如果获得了这组 $\{M_e',U'\}_k$，则更新 $M_{e,k}=M_{e,k}'$ 和 $U_k=U_k'$。

注解8.1 约束式(8.15)是更新 x_k 的界时自然引入的；约束式(8.16)和约束式(8.17)是为了确保式(8.6)～式(8.11)的递推可行性；约束式(8.18)表示 $\varepsilon_{M_{e,k}'}$ 比 $\varepsilon_{M_{e,k}}$ 小。注意，$x_k-U_k'x_{c,k}=x_k-U_kx_{c,k}-(U_k'-U_k)x_{c,k}\in\varepsilon_{M_{e,k}'}$ 表示 $x_k-U_kx_{c,k}$ 位于由 $M_{e,k}'$ 定义的一个椭圆内，其椭圆中心为 $(U_k'-U_k)x_{c,k}$；$x_k-U_kx_{c,k}\in\varepsilon_{M_{e,k}}$ 表示 $x_k-U_kx_{c,k}$ 位于由 $M_{e,k}$ 定义的一个椭圆内，其椭圆中心为 0。满足式(8.15)～ 式(8.18)的 $\{M_e',U'\}_k$ 通过求解优化问题[38]：

$$\min_{\phi_1,\phi_2,\{\varrho',Q_e,U'\}_k}\operatorname{trace}(Q_{e,k}) \tag{8.19}$$

$$\text{s.t.}\begin{bmatrix}1-\phi_1-\phi_2+\phi_1\|U_kx_{c,k-1}\|_{M_{e,k-1}}^2 & \star & \star & \star\\ -\phi_1M_{e,k-1}U_kx_{c,k-1} & \phi_1M_{e,k-1} & \star & \star\\ 0 & 0 & \phi_2I & \star\\ B_{k-1}C_{c,k-1}x_{c,k-1}-U_k'x_{c,k} & \heartsuit_{42} & \heartsuit_{43} & Q_{e,k}\end{bmatrix}\geqslant 0 \tag{8.20}$$

$$\heartsuit_{42}=A_{k-1}+B_{k-1}D_{c,k-1}C_{k-1},\quad \heartsuit_{43}=D_{k-1}+B_{k-1}D_{c,k-1}E_{k-1}$$

$$\begin{bmatrix}1-\varrho_k' & \star\\ U_k'x_{c,k} & Q_{1,k-1}^{*}-M_{1,k-1}^{*-1}\end{bmatrix}\geqslant 0 \tag{8.21}$$

$$Q_{e,k}\leqslant\varrho_k'M_{1,k-1}^{*-1} \tag{8.22}$$

$$Q_{e,k}\leqslant M_{e,k}^{-1} \tag{8.23}$$

$$\underline{\delta}I\leqslant(U_k')^{\mathrm{T}}+U_k'\leqslant\bar{\delta}I \tag{8.24}$$

其中，$\underline{\delta}$ 和 $\bar{\delta}$ 是预先选定的正数，并得到 $M_{e,k}'=Q_{e,k}^{-1}$。

在文献 [38] 中，选取 $\alpha_{lj}=\alpha$，$\mathcal{C}_k=\Psi_x$，$\mathcal{E}_k=\Psi_w$，$\Psi=I$，$\mathcal{F}_j=C_j$，$\mathcal{G}_j=E_j$。此外，在文献 [38] 中，假设 $\|w_k\|_{P_w}^2\leqslant 1$（其中 P_w 可调）而不是 $\|w_k\|^2\leqslant 1$。

例题 8.1 [38]　通过处理非线性连续搅拌釜式反应器模型，得到如下离散时间 T-S 模型：

$$A_1=\begin{bmatrix}0.8227 & -0.0017\\ 6.1233 & 0.9367\end{bmatrix},\quad A_2=\begin{bmatrix}0.9654 & -0.0018\\ -0.6759 & 0.9433\end{bmatrix}$$

$$A_3=\begin{bmatrix}0.8895 & -0.0029\\ 2.9447 & 0.9968\end{bmatrix},\quad A_4=\begin{bmatrix}0.8930 & -0.0006\\ 2.7738 & 0.8864\end{bmatrix}$$

$$B_1=\begin{bmatrix}-0.0001\\ 0.1014\end{bmatrix},\quad B_2=\begin{bmatrix}-0.0001\\ 0.1016\end{bmatrix},\quad B_3=\begin{bmatrix}-0.0002\\ 0.1045\end{bmatrix},\quad B_4=\begin{bmatrix}-0.000034\\ 0.0986\end{bmatrix}$$

$$C_1=C_2=C_3=C_4=\begin{bmatrix}0 & 1\end{bmatrix}$$

$$D_1=D_2=D_3=D_4=\begin{bmatrix}0.0022\\ 0.0564\end{bmatrix}$$

$$E_1=E_2=E_3=E_4=0,\quad P_w=100$$

此外，有

$$\bar{u}=10,\quad \Psi_x=I,\quad \Psi_w=0,\quad \bar{\psi}=\begin{bmatrix}0.5 & 10\end{bmatrix}^{\mathrm{T}}$$

$$g_1(x_2)=7.2\times 10^{10}\exp\left(-\frac{8750}{x_2+350}\right),\quad g_2(x_2)=3.6\times 10^{10}\left[\exp\left(-\frac{8750}{x_2+350}\right)-\exp\left(-\frac{8750}{350}\right)\right]\frac{1}{x_2}$$

$$\omega_{1,k}=\frac{1}{2}\frac{g_1(x_2)-g_1(-10)}{g_1(10)-g_1(-10)},\quad \omega_{2,k}=\frac{1}{2}\frac{g_1(10)-g_1(x_2)}{g_1(10)-g_1(-10)}$$

$$\omega_{3,k}=\frac{1}{2}\frac{g_2(x_2)-g_2(-10)}{g_2(10)-g_2(-10)},\quad \omega_{4,k}=\frac{1}{2}\frac{g_2(10)-g_2(x_2)}{g_2(10)-g_2(-10)}$$

此外，选择 $\mathscr{Q}_1=1$，$\mathscr{R}=0.25$。选取 $M_e(0)=\mathrm{diag}\{12.5,0.125\}$，$x_c(0)=\beta[0.05,2.5]^{\mathrm{T}}$，其中 $\beta\geqslant 0$ 为可调参数；$U(0)=I$ 和 $x(0)=x_c(0)+[0.2,2]^{\mathrm{T}}$，满足 $x(0)-x^0(0)\in\varepsilon_{M_e(0)}$。选取 $d=0$，这表示 $\sum\limits_{l=1}^{r}\sum\limits_{j=1}^{r}\omega_l\omega_j\varUpsilon_{lj}\geqslant 0$ 替代为：$\varUpsilon_{ll}\geqslant 0$（$l\in\{1,2,\cdots,r\}$），$\varUpsilon_{lj}+\varUpsilon_{jl}\geqslant 0$（$j>l,\ l,j\in\{1,2,\cdots,r\}$）。在求解式(8.6)～式(8.11)时，预先给定 $\alpha=0.001$，并且 w 在区间 $[-0.1,0.1]$ 内随机生成。

下面的程序代码的命名为 A_Main_prog.m。

```
clear all; clc; close all;
B_System_and_constraints; %通过子程序得到系统模型参数
%% 参数初始化
Qweight=1; %控制器权重
Rweight=0.25;
Steps=36; %设置仿真时域
beta=1.32; %调整初始估计状态的参数
Xc0=[0.05,2.5]'*beta; %初始估计状态设置
XcV1(1)=[1 0]*Xc0; XcV2(1)=[0 1]*Xc0;
X0=Xc0;X10=Xc0+[0.2, 2]'; %初始真实状态
X1V1(1)=[1 0]*X10; X1V2(1)=[0 1]*X10;Y0=X10(2,1); %初始真实系统输出
U0=eye(2); %参数U的初始设置
Mx0=[12.5 0;0 0.125]; %初始估计误差集设置
pro00=1;
alpha=0.001; %S-procedure引入的参数设置
OP=[0 100 1e9 10 0]; %基准LMI求解器参数设置
```

```
%% 在初始时刻求解得到约束处理中的参数\eta
zeta_sx1=0; %计算\eta所用参数
zeta_sy=0;
C_Obtain4Dhatc; %计算\hat D_c的LMI优化问题设置子程序
CC1(1)=1; %LMI优化问题优化目标设置
CC1(65)=0;
initi1(65)=0;%LMI求解初始值设置
[OPX_Obtain4Dhatc,VXx_Obtain4Dhatc]=mincx(LMI_Subopt_66,CC1,OP,initi1); %LMI优化问题求解
Dhatc0=dec2mat(LMI_Subopt_66,VXx_Obtain4Dhatc,Dhatc); %得到\hat D_c
D_Obtain4etars; %优化得到\eta的子程序
tic;
for iii=1:Steps
    %% 求解主优化问题
    E_MainOptimization; %主优化问题的LMI优化问题设置
    OP1=[0 2000 1e9 10 0]; %LMI求解器参数设置
    CC2(1)=1; %LMI优化问题优化目标设置
    CC2(65)=0;
    [OPX,VXx]=mincx(LMI_Subopt_35,CC2,OP1,initi1); %LMI优化问题求解
    gama_results(iii)=dec2mat(LMI_Subopt_35,VXx,gama); %得到目标函数
    Q10=dec2mat(LMI_Subopt_35,VXx,Q1); %得到Lyapunov矩阵
    M10=dec2mat(LMI_Subopt_35,VXx,M1);M20=-M10;
    M30=M20*inv(M10-inv(Q10))*M20;Q20=inv(M20')*(eye(2)-M10*Q10);
    Ahatc110=dec2mat(LMI_Subopt_35,VXx,Ahatc11); %得到优化控制器参数
    Ahatc120=dec2mat(LMI_Subopt_35,VXx,Ahatc12);
    Ahatc130=dec2mat(LMI_Subopt_35,VXx,Ahatc13);
    Ahatc140=dec2mat(LMI_Subopt_35,VXx,Ahatc14);
    Ahatc220=dec2mat(LMI_Subopt_35,VXx,Ahatc22);
    Ahatc230=dec2mat(LMI_Subopt_35,VXx,Ahatc23);
    Ahatc240=dec2mat(LMI_Subopt_35,VXx,Ahatc24);
    Ahatc330=dec2mat(LMI_Subopt_35,VXx,Ahatc33);
    Ahatc340=dec2mat(LMI_Subopt_35,VXx,Ahatc34);
    Ahatc440=dec2mat(LMI_Subopt_35,VXx,Ahatc44);
    Bhatc10=dec2mat(LMI_Subopt_35,VXx,Bhatc1);
    Bhatc20=dec2mat(LMI_Subopt_35,VXx,Bhatc2);
    Bhatc30=dec2mat(LMI_Subopt_35,VXx,Bhatc3);
    Bhatc40=dec2mat(LMI_Subopt_35,VXx,Bhatc4);
    Chatc10=dec2mat(LMI_Subopt_35,VXx,Chatc1);
    Chatc20=dec2mat(LMI_Subopt_35,VXx,Chatc2);
    Chatc30=dec2mat(LMI_Subopt_35,VXx,Chatc3);
    Chatc40=dec2mat(LMI_Subopt_35,VXx,Chatc4);
    Dhatc0=dec2mat(LMI_Subopt_35,VXx,Dhatc);
    %% 计算得到实时模型和控制器参数
    Dc=Dhatc0;Cc1=(Chatc10-Dc*C1*Q10)*inv(Q20); %计算得到应该实施的控制器参数
    Cc2=(Chatc20-Dc*C2*Q10)*inv(Q20);Cc3=(Chatc30-Dc*C3*Q10)*inv(Q20);
    Cc4=(Chatc40-Dc*C4*Q10)*inv(Q20);Bc1=inv(M20')*(Bhatc10-M10*B1*Dc);
    Bc2=inv(M20')*(Bhatc20-M10*B2*Dc);Bc3=inv(M20')*(Bhatc30-M10*B3*Dc);
    Bc4=inv(M20')*(Bhatc40-M10*B4*Dc);
    Ac11=inv(M20')*(Ahatc110-M10*A1*Q10-M10*B1*Dc*C1*Q10-M20'*Bc1*C1*Q10-M10*B1*Cc1*Q20)*
        inv(Q20);
    Ac12=inv(M20')*(Ahatc120-M10*A1*Q10-M10*B1*Dc*C2*Q10-M20'*Bc1*C2*Q10-M10*B1*Cc2*Q20)*
        inv(Q20);
```

```
Ac13=inv(M20')*(Ahatc130-M10*A1*Q10-M10*B1*Dc*C3*Q10-M20'*Bc1*C3*Q10-M10*B1*Cc3*Q20)*
    inv(Q20);
Ac14=inv(M20')*(Ahatc140-M10*A1*Q10-M10*B1*Dc*C4*Q10-M20'*Bc1*C4*Q10-M10*B1*Cc4*Q20)*
    inv(Q20);
Ac21=inv(M20')*(Ahatc120-M10*A2*Q10-M10*B2*Dc*C1*Q10-M20'*Bc2*C1*Q10-M10*B2*Cc1*Q20)*
    inv(Q20);
Ac22=inv(M20')*(Ahatc220-M10*A2*Q10-M10*B2*Dc*C2*Q10-M20'*Bc2*C2*Q10-M10*B2*Cc2*Q20)*
    inv(Q20);
Ac23=inv(M20')*(Ahatc230-M10*A2*Q10-M10*B2*Dc*C3*Q10-M20'*Bc2*C3*Q10-M10*B2*Cc3*Q20)*
    inv(Q20);
Ac24=inv(M20')*(Ahatc240-M10*A2*Q10-M10*B2*Dc*C4*Q10-M20'*Bc2*C4*Q10-M10*B2*Cc4*Q20)*
    inv(Q20);
Ac31=inv(M20')*(Ahatc130-M10*A3*Q10-M10*B3*Dc*C1*Q10-M20'*Bc3*C1*Q10-M10*B3*Cc1*Q20)*
    inv(Q20);
Ac32=inv(M20')*(Ahatc230-M10*A3*Q10-M10*B3*Dc*C2*Q10-M20'*Bc3*C2*Q10-M10*B3*Cc2*Q20)*
    inv(Q20);
Ac33=inv(M20')*(Ahatc330-M10*A3*Q10-M10*B3*Dc*C3*Q10-M20'*Bc3*C3*Q10-M10*B3*Cc3*Q20)*
    inv(Q20);
Ac34=inv(M20')*(Ahatc340-M10*A3*Q10-M10*B3*Dc*C4*Q10-M20'*Bc3*C4*Q10-M10*B3*Cc4*Q20)*
    inv(Q20);
Ac41=inv(M20')*(Ahatc140-M10*A4*Q10-M10*B4*Dc*C1*Q10-M20'*Bc4*C1*Q10-M10*B4*Cc1*Q20)*
    inv(Q20);
Ac42=inv(M20')*(Ahatc240-M10*A4*Q10-M10*B4*Dc*C2*Q10-M20'*Bc4*C2*Q10-M10*B4*Cc2*Q20)*
    inv(Q20);
Ac43=inv(M20')*(Ahatc340-M10*A4*Q10-M10*B4*Dc*C3*Q10-M20'*Bc4*C3*Q10-M10*B4*Cc3*Q20)*
    inv(Q20);
Ac44=inv(M20')*(Ahatc440-M10*A4*Q10-M10*B4*Dc*C4*Q10-M20'*Bc4*C4*Q10-M10*B4*Cc4*Q20)*
    inv(Q20);
g1x2=k00*exp(-ER/(X1V2(iii)+Teq))-fai_1_0;
g2x2=k00*(exp(-ER/(X1V2(iii)+Teq))-exp(-ER/Teq))*CAeq/X1V2(iii)-fai_2_0;
h1=0.5*(g1x2-g1Ule)/(g1Bar-g1Ule); %计算得到T-S模型实时系数
h2=0.5*(g1Bar-g1x2)/(g1Bar-g1Ule);
h3=0.5*(g2x2-g2Ule)/(g2Bar-g2Ule);h4=0.5*(g2Bar-g2x2)/(g2Bar-g2Ule);
Ak=h1*A1+h2*A2+h3*A3+h4*A4; %计算得到T-S模型实时参数
Bk=h1*B1+h2*B2+h3*B3+h4*B4;Dk=h1*D1+h2*D2+h3*D3+h4*D4;
Ack=h1*h1*Ac11+h1*h2*Ac12+h1*h3*Ac13+h1*h4*Ac14+h2*h1*Ac21+h2*h2*Ac22+h2*h3*Ac23+h2*
    h4*Ac24+h3*h1*Ac31+h3*h2*Ac32+h3*h3*Ac33+h3*h4*Ac34+h4*h1*Ac41+h4*h2*Ac42+h4*h3*
    Ac43+h4*h4*Ac44;%计算得到控制器实时参数
Bck=h1*Bc1+h2*Bc2+h3*Bc3+h4*Bc4;Cck=h1*Cc1+h2*Cc2+h3*Cc3+h4*Cc4;
UU(iii)=Cck*Xc0+Dc*Y0; %计算应该实施的控制作用
rand1=rand2(iii); %得到实时干扰信号
Xc1=Ack*Xc0+Bck*Y0; %计算得到下一时刻估计状态
XcV1(iii+1)=[1 0]*Xc1;
XcV2(iii+1)=[0 1]*Xc1;Xc0=Xc1;
X1V1(iii+1)=[1 0]*(Ak*X10+Bk*UU(iii)+Dk*rand1); %计算下一时刻真实系统状态
X1V2(iii+1)=[0 1]*(Ak*X10+Bk*UU(iii)+Dk*rand1);X10=[X1V1(iii+1) X1V2(iii+1)]';
Y0=X1V2(iii+1); %计算下一时刻真实系统输出
%% 更新估计误差集合
X0org=U0*Xc1;MMx0=M10*inv(1-X0org'*inv(Q10-inv(M10))*X0org); %更新基准估计误差集合
F_RefreshEllipsoid; %求解辅助优化问题以得到更紧的估计误差集合
[TMIN_RefreshEllipsoid,VXx_RefreshEllipsoid]=feasp(LMI_subopt_52,OP);
```

```
    if TMIN_RefreshEllipsoid<0 %若优化问题可行，得到更紧的估计误差集合
        [OPX_RefreshEllipsoid,VXx_RefreshEllipsoid]=mincx(LMI_subopt_52,CC_subopt_52,OP,
            VXx_RefreshEllipsoid);
        Qx=dec2mat(LMI_subopt_52,VXx_RefreshEllipsoid,Qx);Mx0=inv(Qx);
        U0=dec2mat(LMI_subopt_52,VXx_RefreshEllipsoid,Upie);X0=U0*Xc1;
    else %若优化问题不可行，则采用基准估计误差集合
        X0=X0org;
        Mx0=MMx0;
    end
end
toc;
%% 画仿真曲线
kkt=0:Steps;plot(kkt,XcV1,'-o',kkt,XcV2,'-o',kkt,X1V1,'-*',kkt,X1V2,'-*');
figure;plot(XcV1,XcV2,'-o',X1V1,X1V2,'-*');
figure;plot(0:Steps-1,UU);
figure;plot(0:Steps-1,gama_results);
```

下面的程序代码的命名为 B_System_and_constraints.m。

```
Pw=100;
rand2 =1/(Pw^0.5)*[ -0.2546    -0.3982  0.2056     0.1727    -0.3104
    -0.6752     0.2568     0.1495    -0.1893    -0.1315
    -0.4331    -0.0226    -0.5528     0.0213   0.6282
    -0.4013    -0.9654    -0.6133    -0.4071     0.0301
    0.7708    -0.3297     0.2693     0.7199    -0.1335
    -0.6460  -0.3479    -0.9989    -0.9233     0.8823
    0.2794    -0.0970     0.4765    -0.1947     0.9014
    -0.1421    -0.4017    -0.9246  -0.5010    -0.4800
    0.1363    -0.2685    -0.6061     0.8322    -0.8909
    -0.8319    -0.2040     0.4929    -0.7469    -0.0268
    -0.4653     0.1555    -0.9227     0.8559    -0.1068
    0.4160    -0.7159     0.3285    -0.3604     0.8931
    0.2867     0.0034   0.1311    -0.1249    -0.2332
    0.7733    -0.7965    -0.5091    -0.5822    -0.6299
    -0.3400     0.5982     0.4538    -0.2525    -0.0737
    0.8810     0.8221     0.4574     0.1819     0.0519
    -0.8180    -0.1925     0.3421     0.0436    -0.1943
    0.6771   -0.6589    -0.9122    -0.1911     0.9425
    -0.6242    -0.2202    -0.4030     0.8156     0.1502
    0.2488     0.6677    -0.6663  -0.6773     0.0968
    -0.9132     0.7057    -0.7399    -0.5389     0.1117
    -0.2412    -0.9034    -0.2800     0.5053     0.2946
    0.6243     0.0187     0.1815     0.0729    -0.2219
    0.8577     0.3714    -0.2168     0.6500    -0.2421
    0.5081    -0.1747   -0.0121     0.0704    -0.0828
    -0.8847     0.3165     0.1964     0.3846     0.1769];
%% CSTR系统参数
Tsam=0.05; beta=10;x2bar=beta; x2ule=-beta;
Teq=350; CAeq=0.5; q=100; V=100; ER=8750; rho=1000; Cp=0.239;UA=5e4;
C_Af=1; T_f=350; Tceq=338;
%% 计算模型参数
k00=q/V*(C_Af-CAeq)/(exp(-ER/Teq)*CAeq);
```

```
DetaH=(q/V*(Teq-T_f)+UA/V/rho/Cp*(Teq-Tceq))/(k00*exp(-ER/Teq)*CAeq/rho/Cp);
fai1Bar=k00*exp(-ER/(x2bar+Teq));fai1Ule=k00*exp(-ER/(x2ule+Teq));
fai_1_0=(fai1Bar+fai1Ule)/2;
fai2Bar=k00*(exp(-ER/(x2bar+Teq))-exp(-ER/Teq))*CAeq/x2bar;
fai2Ule=k00*(exp(-ER/(x2ule+Teq))-exp(-ER/Teq))*CAeq/x2ule;
fai_2_0=(fai2Bar+fai2Ule)/2;
g1Bar=fai1Bar-fai_1_0; g1Ule=fai1Ule-fai_1_0;
g2Bar=fai2Bar-fai_2_0; g2Ule=fai2Ule-fai_2_0;
ACont{1}=[-q/V-fai_1_0-2*g1Bar, -fai_2_0;
   DetaH/rho/Cp*fai_1_0+2*DetaH/rho/Cp*g1Bar, -q/V-UA/V/rho/Cp+DetaH/rho/Cp*fai_2_0];
ACont{2}=[-q/V-fai_1_0-2*g1Ule, -fai_2_0;
   DetaH/rho/Cp*fai_1_0+2*DetaH/rho/Cp*g1Ule, -q/V-UA/V/rho/Cp+DetaH/rho/Cp*fai_2_0];
ACont{3}=[-q/V-fai_1_0, -fai_2_0-2*g2Bar;
   DetaH/rho/Cp*fai_1_0, -q/V-UA/V/rho/Cp+DetaH/rho/Cp*fai_2_0+2*DetaH/rho/Cp*g2Bar];
ACont{4}=[-q/V-fai_1_0, -fai_2_0-2*g2Ule;
   DetaH/rho/Cp*fai_1_0, -q/V-UA/V/rho/Cp+DetaH/rho/Cp*fai_2_0+2*DetaH/rho/Cp*g2Ule];
BCont=[0, UA/V/rho/Cp]';DCont=[0.05,1]';
for i=1:4
    SYSC{i}=ss(ACont{i}, BCont, eye(2), 0);SYSD{i}=c2d(SYSC{i},Tsam);
    A{i}=SYSD{i}.a;B{i}=SYSD{i}.b;
    SYSC1{i}=ss(ACont{i}, DCont, eye(2), 0);SYSD1{i}=c2d(SYSC1{i},Tsam);D{i}=SYSD1{i}.b;
end
A1=A{1}; A2=A{2}; A3=A{3}; A4=A{4}; B1=B{1}; B2=B{2}; B3=B{3}; B4=B{4};
D1=D{1}; D2=D{2}; D3=D{3}; D4=D{4}; C=[0 1]; C1=[0 1]; C2=[0 1]; C3=[0 1]; C4=[0 1];
E1=0; E2=0; E3=0; E4=0; InputC=10^2;  %系统输入约束
StateC1=0.5^2;  %系统状态1约束
StateC2=10^2;  %系统状态2约束
mathcalC_x1=[1 0];  %系统状态1约束系数
mathcalC_y=[0 1];  %系统状态2约束系数
```

下面的程序代码的命名为 C_Obtain4Dhatc.m。

```
setlmis([]);
gama=lmivar(1,[1 1]);varrho=lmivar(1,[1 1]);
Q1=lmivar(1,[2 1]);M1=lmivar(1,[2 1]);Ahatc11=lmivar(2,[2 2]);
Ahatc12=lmivar(2,[2 2]);Ahatc13=lmivar(2,[2 2]); Ahatc14=lmivar(2,[2 2]);
Ahatc22=lmivar(2,[2 2]); Ahatc23=lmivar(2,[2 2]);Ahatc24=lmivar(2,[2 2]);
Ahatc33=lmivar(2,[2 2]);Ahatc34=lmivar(2,[2 2]); Ahatc44=lmivar(2,[2 2]);
Bhatc1=lmivar(2,[2 1]); Bhatc2=lmivar(2,[2 1]);Bhatc3=lmivar(2,[2 1]);
Bhatc4=lmivar(2,[2 1]);Chatc1=lmivar(2,[1 2]); Chatc2=lmivar(2,[1 2]);
Chatc3=lmivar(2,[1 2]); Chatc4=lmivar(2,[1 2]);Dhatc=lmivar(1,[1 1]);
lmiterm([-1 1 1 M1],(1-alpha),1);lmiterm([-1 2 1 0],(1-alpha)*eye(2));
lmiterm([-1 2 2 Q1],(1-alpha),1);lmiterm([-1 3 3 0],alpha*Pw);
lmiterm([-1 4 1 Dhatc],B1,C1);lmiterm([-1 4 1 0],A1);lmiterm([-1 4 2 Q1],A1,1);
lmiterm([-1 4 2 Chatc1],B1,1);lmiterm([-1 4 3 Dhatc],B1,E1);
lmiterm([-1 4 3 0],D1);lmiterm([-1 4 4 Q1],1,1);lmiterm([-1 5 1 M1],1,A1);
lmiterm([-1 5 1 Bhatc1],1,C1);lmiterm([-1 5 2 Ahatc11],1,1);
lmiterm([-1 5 3 Bhatc1],1,E1);lmiterm([-1 5 3 M1],1,D1);
lmiterm([-1 5 4 0],eye(2));lmiterm([-1 5 5 M1],1,1);
lmiterm([-1 6 1 0],Qweight*C1);lmiterm([-1 6 2 Q1],Qweight*C1,1);
lmiterm([-1 6 3 0],Qweight*E1);lmiterm([-1 6 6 gama],1,1);
lmiterm([-1 7 1 Dhatc],sqrt(Rweight),C1);
```

```
lmiterm([-1 7 2 Chatc1],sqrt(Rweight),1);
lmiterm([-1 7 3 Dhatc],sqrt(Rweight),E1);lmiterm([-1 7 7 gama],1,1);
lmiterm([-2 1 1 M1],(1-alpha),1);lmiterm([-2 2 1 0],(1-alpha)*eye(2));
lmiterm([-2 2 2 Q1],(1-alpha),1);lmiterm([-2 3 3 0],alpha*Pw);
lmiterm([-2 4 1 Dhatc],B2,C2);lmiterm([-2 4 1 0],A2);
lmiterm([-2 4 2 Q1],A2,1);lmiterm([-2 4 2 Chatc2],B2,1);
lmiterm([-2 4 3 Dhatc],B2,E2);lmiterm([-2 4 3 0],D2);
lmiterm([-2 4 4 Q1],1,1);lmiterm([-2 5 1 M1],1,A2);
lmiterm([-2 5 1 Bhatc2],1,C2);lmiterm([-2 5 2 Ahatc22],1,1);
lmiterm([-2 5 3 Bhatc2],1,E2);lmiterm([-2 5 3 M1],1,D2);
lmiterm([-2 5 4 0],eye(2));lmiterm([-2 5 5 M1],1,1);
lmiterm([-2 6 1 0],Qweight*C2);lmiterm([-2 6 2 Q1],Qweight*C2,1);
lmiterm([-2 6 3 0],Qweight*E2);lmiterm([-2 6 6 gama],1,1);
lmiterm([-2 7 1 Dhatc],sqrt(Rweight),C2);
lmiterm([-2 7 2 Chatc2],sqrt(Rweight),1);
lmiterm([-2 7 3 Dhatc],sqrt(Rweight),E2);lmiterm([-2 7 7 gama],1,1);
lmiterm([-3 1 1 M1],(1-alpha),1);lmiterm([-3 2 1 0],(1-alpha)*eye(2));
lmiterm([-3 2 2 Q1],(1-alpha),1);lmiterm([-3 3 3 0],alpha*Pw);
lmiterm([-3 4 1 Dhatc],B3,C3);lmiterm([-3 4 1 0],A3);
lmiterm([-3 4 2 Q1],A3,1);lmiterm([-3 4 2 Chatc3],B3,1);
lmiterm([-3 4 3 Dhatc],B3,E3);lmiterm([-3 4 3 0],D3);
lmiterm([-3 4 4 Q1],1,1);lmiterm([-3 5 1 M1],1,A3);
lmiterm([-3 5 1 Bhatc3],1,C3);lmiterm([-3 5 2 Ahatc33],1,1);
lmiterm([-3 5 3 Bhatc3],1,E3);lmiterm([-3 5 3 M1],1,D3);
lmiterm([-3 5 4 0],eye(2));lmiterm([-3 5 5 M1],1,1);
lmiterm([-3 6 1 0],Qweight*C3);lmiterm([-3 6 2 Q1],Qweight*C3,1);
lmiterm([-3 6 3 0],Qweight*E3);lmiterm([-3 6 6 gama],1,1);
lmiterm([-3 7 1 Dhatc],sqrt(Rweight),C3);
lmiterm([-3 7 2 Chatc3],sqrt(Rweight),1);
lmiterm([-3 7 3 Dhatc],sqrt(Rweight),E3);lmiterm([-3 7 7 gama],1,1);
lmiterm([-4 1 1 M1],(1-alpha),1);lmiterm([-4 2 1 0],(1-alpha)*eye(2));
lmiterm([-4 2 2 Q1],(1-alpha),1);lmiterm([-4 3 3 0],alpha*Pw);
lmiterm([-4 4 1 Dhatc],B4,C4);lmiterm([-4 4 1 0],A4);
lmiterm([-4 4 2 Q1],A4,1);lmiterm([-4 4 2 Chatc4],B4,1);
lmiterm([-4 4 3 Dhatc],B4,E4);lmiterm([-4 4 3 0],D4);
lmiterm([-4 4 4 Q1],1,1);lmiterm([-4 5 1 M1],1,A4);
lmiterm([-4 5 1 Bhatc4],1,C4);lmiterm([-4 5 2 Ahatc44],1,1);
lmiterm([-4 5 3 Bhatc4],1,E4);lmiterm([-4 5 3 M1],1,D4);
lmiterm([-4 5 4 0],eye(2));lmiterm([-4 5 5 M1],1,1);
lmiterm([-4 6 1 0],Qweight*C4);lmiterm([-4 6 2 Q1],Qweight*C4,1);
lmiterm([-4 6 3 0],Qweight*E4);lmiterm([-4 6 6 gama],1,1);
lmiterm([-4 7 1 Dhatc],sqrt(Rweight),C4);
lmiterm([-4 7 2 Chatc4],sqrt(Rweight),1);
lmiterm([-4 7 3 Dhatc],sqrt(Rweight),E4);lmiterm([-4 7 7 gama],1,1);
lmiterm([-5 1 1 M1],(1-alpha),2);lmiterm([-5 2 1 0],2*(1-alpha)*eye(2));
lmiterm([-5 2 2 Q1],(1-alpha),2);lmiterm([-5 3 3 0],2*alpha*Pw);
lmiterm([-5 4 1 Dhatc],B1,C2);lmiterm([-5 4 1 Dhatc],B2,C1);
lmiterm([-5 4 1 0],A1);lmiterm([-5 4 1 0],A2);lmiterm([-5 4 2 Q1],A1,1);
lmiterm([-5 4 2 Q1],A2,1);lmiterm([-5 4 2 Chatc1],B2,1);
lmiterm([-5 4 2 Chatc2],B1,1);lmiterm([-5 4 3 Dhatc],B1,E2);
lmiterm([-5 4 3 Dhatc],B2,E1);lmiterm([-5 4 3 0],D1);
```

```
lmiterm([-5 4 3 0],D2);lmiterm([-5 4 4 Q1],2,1);
lmiterm([-5 5 1 M1],1,A1);lmiterm([-5 5 1 M1],1,A2);
lmiterm([-5 5 1 Bhatc1],1,C2);lmiterm([-5 5 1 Bhatc2],1,C1);
lmiterm([-5 5 2 Ahatc12],2,1);lmiterm([-5 5 3 Bhatc1],1,E2);
lmiterm([-5 5 3 Bhatc2],1,E1);lmiterm([-5 5 3 M1],1,D1);
lmiterm([-5 5 3 M1],1,D2);lmiterm([-5 5 4 0],2*eye(2));
lmiterm([-5 5 5 M1],2,1);lmiterm([-5 6 1 0],Qweight*C1);
lmiterm([-5 6 1 0],Qweight*C2);lmiterm([-5 6 2 Q1],Qweight*C1,1);
lmiterm([-5 6 2 Q1],Qweight*C2,1);lmiterm([-5 6 3 0],Qweight*E1);
lmiterm([-5 6 3 0],Qweight*E2);lmiterm([-5 6 6 gama],2,1);
lmiterm([-5 7 1 Dhatc],sqrt(Rweight),C1);
lmiterm([-5 7 1 Dhatc],sqrt(Rweight),C2);
lmiterm([-5 7 2 Chatc1],sqrt(Rweight),1);
lmiterm([-5 7 2 Chatc2],sqrt(Rweight),1);
lmiterm([-5 7 3 Dhatc],sqrt(Rweight),E1);
lmiterm([-5 7 3 Dhatc],sqrt(Rweight),E2);lmiterm([-5 7 7 gama],2,1);
lmiterm([-6 1 1 M1],(1-alpha),2);
lmiterm([-6 2 1 0],2*(1-alpha)*eye(2));lmiterm([-6 2 2 Q1],(1-alpha),2);
lmiterm([-6 3 3 0],2*alpha*Pw);lmiterm([-6 4 1 Dhatc],B1,C3);
lmiterm([-6 4 1 Dhatc],B3,C1);lmiterm([-6 4 1 0],A1);
lmiterm([-6 4 1 0],A3);lmiterm([-6 4 2 Q1],A1,1);lmiterm([-6 4 2 Q1],A3,1);
lmiterm([-6 4 2 Chatc1],B3,1);lmiterm([-6 4 2 Chatc3],B1,1);
lmiterm([-6 4 3 Dhatc],B1,E3);lmiterm([-6 4 3 Dhatc],B3,E1);
lmiterm([-6 4 3 0],D1);lmiterm([-6 4 3 0],D3);lmiterm([-6 4 4 Q1],2,1);
lmiterm([-6 5 1 M1],1,A1);lmiterm([-6 5 1 M1],1,A3);
lmiterm([-6 5 1 Bhatc1],1,C3);lmiterm([-6 5 1 Bhatc3],1,C1);
lmiterm([-6 5 2 Ahatc13],2,1);lmiterm([-6 5 3 Bhatc1],1,E3);
lmiterm([-6 5 3 Bhatc3],1,E1);lmiterm([-6 5 3 M1],1,D1);
lmiterm([-6 5 3 M1],1,D3);lmiterm([-6 5 4 0],2*eye(2));
lmiterm([-6 5 5 M1],2,1);lmiterm([-6 6 1 0],Qweight*C1);
lmiterm([-6 6 1 0],Qweight*C3);lmiterm([-6 6 2 Q1],Qweight*C1,1);
lmiterm([-6 6 2 Q1],Qweight*C3,1);lmiterm([-6 6 3 0],Qweight*E1);
lmiterm([-6 6 3 0],Qweight*E3);lmiterm([-6 6 6 gama],2,1);
lmiterm([-6 7 1 Dhatc],sqrt(Rweight),C1);
lmiterm([-6 7 1 Dhatc],sqrt(Rweight),C3);
lmiterm([-6 7 2 Chatc1],sqrt(Rweight),1);
lmiterm([-6 7 2 Chatc3],sqrt(Rweight),1);
lmiterm([-6 7 3 Dhatc],sqrt(Rweight),E1);
lmiterm([-6 7 3 Dhatc],sqrt(Rweight),E3);lmiterm([-6 7 7 gama],2,1);
lmiterm([-7 1 1 M1],(1-alpha),2);lmiterm([-7 2 1 0],2*(1-alpha)*eye(2));
lmiterm([-7 2 2 Q1],(1-alpha),2);lmiterm([-7 3 3 0],2*alpha*Pw);
lmiterm([-7 4 1 Dhatc],B1,C4);lmiterm([-7 4 1 Dhatc],B4,C1);
lmiterm([-7 4 1 0],A1);lmiterm([-7 4 1 0],A4);lmiterm([-7 4 2 Q1],A1,1);
lmiterm([-7 4 2 Q1],A4,1);lmiterm([-7 4 2 Chatc1],B4,1);
lmiterm([-7 4 2 Chatc4],B1,1);lmiterm([-7 4 3 Dhatc],B1,E4);
lmiterm([-7 4 3 Dhatc],B4,E1);lmiterm([-7 4 3 0],D1);
lmiterm([-7 4 3 0],D4);lmiterm([-7 4 4 Q1],2,1);lmiterm([-7 5 1 M1],1,A1);
lmiterm([-7 5 1 M1],1,A4);lmiterm([-7 5 1 Bhatc1],1,C4);
lmiterm([-7 5 1 Bhatc4],1,C1);lmiterm([-7 5 2 Ahatc14],2,1);
lmiterm([-7 5 3 Bhatc1],1,E4);lmiterm([-7 5 3 Bhatc4],1,E1);
lmiterm([-7 5 3 M1],1,D1);lmiterm([-7 5 3 M1],1,D4);
```

```
lmiterm([-7 5 4 0],2*eye(2));lmiterm([-7 5 5 M1],2,1);
lmiterm([-7 6 1 0],Qweight*C1);lmiterm([-7 6 1 0],Qweight*C4);
lmiterm([-7 6 2 Q1],Qweight*C1,1);lmiterm([-7 6 2 Q1],Qweight*C4,1);
lmiterm([-7 6 3 0],Qweight*E1);lmiterm([-7 6 3 0],Qweight*E4);
lmiterm([-7 6 6 gama],2,1);lmiterm([-7 7 1 Dhatc],sqrt(Rweight),C1);
lmiterm([-7 7 1 Dhatc],sqrt(Rweight),C4);
lmiterm([-7 7 2 Chatc1],sqrt(Rweight),1);
lmiterm([-7 7 2 Chatc4],sqrt(Rweight),1);
lmiterm([-7 7 3 Dhatc],sqrt(Rweight),E1);
lmiterm([-7 7 3 Dhatc],sqrt(Rweight),E4);lmiterm([-7 7 7 gama],2,1);
lmiterm([-8 1 1 M1],(1-alpha),2);lmiterm([-8 2 1 0],2*(1-alpha)*eye(2));
lmiterm([-8 2 2 Q1],(1-alpha),2);lmiterm([-8 3 3 0],2*alpha*Pw);
lmiterm([-8 4 1 Dhatc],B2,C3);lmiterm([-8 4 1 Dhatc],B3,C2);
lmiterm([-8 4 1 0],A2);lmiterm([-8 4 1 0],A3);lmiterm([-8 4 2 Q1],A2,1);
lmiterm([-8 4 2 Q1],A3,1);lmiterm([-8 4 2 Chatc2],B3,1);
lmiterm([-8 4 2 Chatc3],B2,1);lmiterm([-8 4 3 Dhatc],B2,E3);
lmiterm([-8 4 3 Dhatc],B3,E2);lmiterm([-8 4 3 0],D2);
lmiterm([-8 4 3 0],D3);lmiterm([-8 4 4 Q1],2,1);
lmiterm([-8 5 1 M1],1,A2);lmiterm([-8 5 1 M1],1,A3);
lmiterm([-8 5 1 Bhatc2],1,C3);lmiterm([-8 5 1 Bhatc3],1,C2);
lmiterm([-8 5 2 Ahatc23],2,1);lmiterm([-8 5 3 Bhatc2],1,E3);
lmiterm([-8 5 3 Bhatc3],1,E2);lmiterm([-8 5 3 M1],1,D2);
lmiterm([-8 5 3 M1],1,D3);lmiterm([-8 5 4 0],2*eye(2));
lmiterm([-8 5 5 M1],2,1);lmiterm([-8 6 1 0],Qweight*C2);
lmiterm([-8 6 1 0],Qweight*C3);lmiterm([-8 6 2 Q1],Qweight*C2,1);
lmiterm([-8 6 2 Q1],Qweight*C3,1);lmiterm([-8 6 3 0],Qweight*E2);
lmiterm([-8 6 3 0],Qweight*E3);lmiterm([-8 6 6 gama],2,1);
lmiterm([-8 7 1 Dhatc],sqrt(Rweight),C2);
lmiterm([-8 7 1 Dhatc],sqrt(Rweight),C3);
lmiterm([-8 7 2 Chatc2],sqrt(Rweight),1);
lmiterm([-8 7 2 Chatc3],sqrt(Rweight),1);
lmiterm([-8 7 3 Dhatc],sqrt(Rweight),E2);
lmiterm([-8 7 3 Dhatc],sqrt(Rweight),E3);lmiterm([-8 7 7 gama],2,1);
lmiterm([-9 1 1 M1],(1-alpha),2);lmiterm([-9 2 1 0],2*(1-alpha)*eye(2));
lmiterm([-9 2 2 Q1],(1-alpha),2);lmiterm([-9 3 3 0],2*alpha*Pw);
lmiterm([-9 4 1 Dhatc],B2,C4);lmiterm([-9 4 1 Dhatc],B4,C2);
lmiterm([-9 4 1 0],A2);lmiterm([-9 4 1 0],A4);lmiterm([-9 4 2 Q1],A2,1);
lmiterm([-9 4 2 Q1],A4,1);lmiterm([-9 4 2 Chatc2],B4,1);
lmiterm([-9 4 2 Chatc4],B2,1);lmiterm([-9 4 3 Dhatc],B2,E4);
lmiterm([-9 4 3 Dhatc],B4,E2);lmiterm([-9 4 3 0],D2);
lmiterm([-9 4 3 0],D4);lmiterm([-9 4 4 Q1],2,1);
lmiterm([-9 5 1 M1],1,A2);lmiterm([-9 5 1 M1],1,A4);
lmiterm([-9 5 1 Bhatc2],1,C4);lmiterm([-9 5 1 Bhatc4],1,C2);
lmiterm([-9 5 2 Ahatc24],2,1);lmiterm([-9 5 3 Bhatc2],1,E4);
lmiterm([-9 5 3 Bhatc4],1,E2);lmiterm([-9 5 3 M1],1,D2);
lmiterm([-9 5 3 M1],1,D4);lmiterm([-9 5 4 0],2*eye(2));
lmiterm([-9 5 5 M1],2,1);lmiterm([-9 6 1 0],Qweight*C2);
lmiterm([-9 6 1 0],Qweight*C4);lmiterm([-9 6 2 Q1],Qweight*C2,1);
lmiterm([-9 6 2 Q1],Qweight*C4,1);lmiterm([-9 6 3 0],Qweight*E2);
lmiterm([-9 6 3 0],Qweight*E4);lmiterm([-9 6 6 gama],2,1);
lmiterm([-9 7 1 Dhatc],sqrt(Rweight),C2);
```

```
lmiterm([-9 7 1 Dhatc],sqrt(Rweight),C4);
lmiterm([-9 7 2 Chatc2],sqrt(Rweight),1);
lmiterm([-9 7 2 Chatc4],sqrt(Rweight),1);
lmiterm([-9 7 3 Dhatc],sqrt(Rweight),E2);
lmiterm([-9 7 3 Dhatc],sqrt(Rweight),E4);lmiterm([-9 7 7 gama],2,1);
lmiterm([-10 1 1 M1],(1-alpha),2);lmiterm([-10 2 1 0],2*(1-alpha)*eye(2));
lmiterm([-10 2 2 Q1],(1-alpha),2);lmiterm([-10 3 3 0],2*alpha*Pw);
lmiterm([-10 4 1 Dhatc],B3,C4);lmiterm([-10 4 1 Dhatc],B4,C3);
lmiterm([-10 4 1 0],A3);lmiterm([-10 4 1 0],A4);lmiterm([-10 4 2 Q1],A3,1);
lmiterm([-10 4 2 Q1],A4,1);lmiterm([-10 4 2 Chatc3],B4,1);
lmiterm([-10 4 2 Chatc4],B3,1);lmiterm([-10 4 3 Dhatc],B3,E4);
lmiterm([-10 4 3 Dhatc],B4,E3);lmiterm([-10 4 3 0],D3);
lmiterm([-10 4 3 0],D4);lmiterm([-10 4 4 Q1],2,1);
lmiterm([-10 5 1 M1],1,A3);lmiterm([-10 5 1 M1],1,A4);
lmiterm([-10 5 1 Bhatc3],1,C4);lmiterm([-10 5 1 Bhatc4],1,C3);
lmiterm([-10 5 2 Ahatc34],2,1);lmiterm([-10 5 3 Bhatc3],1,E4);
lmiterm([-10 5 3 Bhatc4],1,E3);lmiterm([-10 5 3 M1],1,D3);
lmiterm([-10 5 3 M1],1,D4);lmiterm([-10 5 4 0],2*eye(2));
lmiterm([-10 5 5 M1],2,1);lmiterm([-10 6 1 0],Qweight*C3);
lmiterm([-10 6 1 0],Qweight*C4);lmiterm([-10 6 2 Q1],Qweight*C3,1);
lmiterm([-10 6 2 Q1],Qweight*C4,1);lmiterm([-10 6 3 0],Qweight*E3);
lmiterm([-10 6 3 0],Qweight*E4);lmiterm([-10 6 6 gama],2,1);
lmiterm([-10 7 1 Dhatc],sqrt(Rweight),C3);
lmiterm([-10 7 1 Dhatc],sqrt(Rweight),C4);
lmiterm([-10 7 2 Chatc3],sqrt(Rweight),1);
lmiterm([-10 7 2 Chatc4],sqrt(Rweight),1);
lmiterm([-10 7 3 Dhatc],sqrt(Rweight),E3);
lmiterm([-10 7 3 Dhatc],sqrt(Rweight),E4);lmiterm([-10 7 7 gama],2,1);
lmiterm([-13 1 1 varrho],.5, Mx0, 's');lmiterm([13 1 1 M1],1,1);
lmiterm([-14 1 1 0],1);lmiterm([14 1 1 varrho],1,1);
lmiterm([-12 1 1 0],1);lmiterm([-12 1 1 varrho],-1,1);
lmiterm([-12 2 1 0],Xc0);lmiterm([-12 2 2 Q1],1,1);lmiterm([-12 3 2 0],1);
lmiterm([-12 3 3 M1],1,1);
LMI_Subopt_66=getlmis;
```

下面的程序代码的命名为 D_Obtain4etars.m。

```
setlmis([]);
zeta_u2=lmivar(1,[1 1]);
LMI=newlmi;
lmiterm([-LMI 1 1 0],Pw);lmiterm([-LMI 2 2 zeta_u2],1,1);
LMI=newlmi;
lmiterm([-LMI 1 1 zeta_u2],1,1);
LMI_zeta_u2=getlmis;
CCzeta_u2=[1];
[TMIN_zeta_u2,VXx_zeta_u2_f]=feasp(LMI_zeta_u2,OP);
[OPX_zeta_u2,VXx_zeta_u2]=mincx(LMI_zeta_u2,CCzeta_u2,OP,VXx_zeta_u2_f);
zeta_su=sqrt(dec2mat(LMI_zeta_u2,VXx_zeta_u2,zeta_u2));
% obtain the zeta_barx1
setlmis([]);
zeta_barx12=lmivar(1,[1 1]);
LMI=newlmi;
```

```
lmiterm([-LMI 1 1 0],Pw);lmiterm([-LMI 2 1 0],mathcalC_x1*D1);
lmiterm([-LMI 2 2 zeta_barx12],1,1);
LMI=newlmi;
lmiterm([-LMI 1 1 0],Pw);lmiterm([-LMI 2 1 0],mathcalC_x1*D2);
lmiterm([-LMI 2 2 zeta_barx12],1,1);
LMI=newlmi;
lmiterm([-LMI 1 1 0],Pw);lmiterm([-LMI 2 1 0],mathcalC_x1*D3);
lmiterm([-LMI 2 2 zeta_barx12],1,1);
LMI=newlmi;
lmiterm([-LMI 1 1 0],Pw);lmiterm([-LMI 2 1 0],mathcalC_x1*D4);
lmiterm([-LMI 2 2 zeta_barx12],1,1);
LMI=newlmi;
lmiterm([-LMI 1 1 zeta_barx12],1,1);
LMI_zeta_barx12=getlmis;
CC_zeta_barx12=[1];
[TMIN_zeta_barx12,VXx_zeta_barx12_f]=feasp(LMI_zeta_barx12,OP);
[OPX_zeta_barx12,VXx_zeta_barx12]=mincx(LMI_zeta_barx12,CC_zeta_barx12,OP,
    VXx_zeta_barx12_f);
zeta_bar_sx1=sqrt(dec2mat(LMI_zeta_barx12,VXx_zeta_barx12,zeta_barx12));
% obtain the zeta_bary
setlmis([]);
zeta_bary2=lmivar(1,[1 1]);
LMI=newlmi;
lmiterm([-LMI 1 1 0],Pw);lmiterm([-LMI 2 2 zeta_bary2],1,1);
LMI=newlmi;
lmiterm([-LMI 1 1 0],Pw);lmiterm([-LMI 2 2 zeta_bary2],1,1);
LMI=newlmi;
lmiterm([-LMI 1 1 0],Pw);lmiterm([-LMI 2 2 zeta_bary2],1,1);
LMI=newlmi;
lmiterm([-LMI 1 1 0],Pw);lmiterm([-LMI 2 2 zeta_bary2],1,1);
LMI=newlmi;
lmiterm([-LMI 1 1 zeta_bary2],1,1);
LMI_zeta_bary2=getlmis;
CC_zeta_bary2=[1];
[TMIN_zeta_bary2,VXx_zeta_bary2_f]=feasp(LMI_zeta_bary2,OP);
[OPX_zeta_bary2,VXx_zeta_bary2]=mincx(LMI_zeta_bary2,CC_zeta_bary2,OP,VXx_zeta_bary2_f);
zeta_bar_sy=sqrt(dec2mat(LMI_zeta_bary2,VXx_zeta_bary2,zeta_bary2));
% calculte eta_rs
% for u
eta_1=zeta_su/10;
delta_1=1/sqrt(1-eta_1);
% for x1
eta_2x1=zeta_sx1/0.5;
eta_3x1=zeta_bar_sx1/0.5;
delta_21=1/sqrt(1-eta_2x1);
delta_21bar=0;
delta_31=1/sqrt(1-eta_3x1);
delta_31bar=1/sqrt(eta_3x1);
zeta_su = 8.3781e-07;
delta_1bar=1/sqrt(eta_1);
% for y
eta_2y=zeta_sy/10;
eta_3y=zeta_bar_sy/(10-zeta_sy);
delta_22=1/sqrt(1-eta_2y);
delta_22bar=1/sqrt(eta_2y);
delta_32=1/sqrt(1-eta_3y);
delta_32bar=1/sqrt(eta_3y);
```

下面的程序代码的命名为 E_MainOptimization.m。

```
setlmis([]);
```

```
gama=lmivar(1,[1 1]);varrho=lmivar(1,[1 1]);Q1=lmivar(1,[2 1]);M1=lmivar(1,[2 1]);
Ahatc11=lmivar(2,[2 2]); Ahatc12=lmivar(2,[2 2]);Ahatc13=lmivar(2,[2 2]);
Ahatc14=lmivar(2,[2 2]);Ahatc22=lmivar(2,[2 2]); Ahatc23=lmivar(2,[2 2]);
Ahatc24=lmivar(2,[2 2]); Ahatc33=lmivar(2,[2 2]);Ahatc34=lmivar(2,[2 2]);
Ahatc44=lmivar(2,[2 2]);Bhatc1=lmivar(2,[2 1]); Bhatc2=lmivar(2,[2 1]);
Bhatc3=lmivar(2,[2 1]); Bhatc4=lmivar(2,[2 1]);Chatc1=lmivar(2,[1 2]);
Chatc2=lmivar(2,[1 2]);Chatc3=lmivar(2,[1 2]); Chatc4=lmivar(2,[1 2]);
Dhatc=lmivar(1,[1 1]);
lmiterm([-1 1 1 M1],(1-alpha),1);lmiterm([-1 2 1 0],(1-alpha)*eye(2));
lmiterm([-1 2 2 Q1],(1-alpha),1);lmiterm([-1 3 3 0],alpha*Pw);
lmiterm([-1 4 1 Dhatc],B1,C1);lmiterm([-1 4 1 0],A1);lmiterm([-1 4 2 Q1],A1,1);
lmiterm([-1 4 2 Chatc1],B1,1);lmiterm([-1 4 3 Dhatc],B1,E1);lmiterm([-1 4 3 0],D1);
lmiterm([-1 4 4 Q1],1,1);lmiterm([-1 5 1 M1],1,A1);lmiterm([-1 5 1 Bhatc1],1,C1);
lmiterm([-1 5 2 Ahatc11],1,1);lmiterm([-1 5 3 Bhatc1],1,E1);
lmiterm([-1 5 3 M1],1,D1);lmiterm([-1 5 4 0],eye(2));lmiterm([-1 5 5 M1],1,1);
lmiterm([-1 6 1 0],Qweight*C1);lmiterm([-1 6 2 Q1],Qweight*C1,1);
lmiterm([-1 6 3 0],Qweight*E1);lmiterm([-1 6 6 gama],1,1);
lmiterm([-1 7 1 Dhatc],sqrt(Rweight),C1);lmiterm([-1 7 2 Chatc1],sqrt(Rweight),1);
lmiterm([-1 7 3 Dhatc],sqrt(Rweight),E1);lmiterm([-1 7 7 gama],1,1);
lmiterm([-2 1 1 M1],(1-alpha),1);lmiterm([-2 2 1 0],(1-alpha)*eye(2));
lmiterm([-2 2 2 Q1],(1-alpha),1);lmiterm([-2 3 3 0],alpha*Pw);
lmiterm([-2 4 1 Dhatc],B2,C2);lmiterm([-2 4 1 0],A2);lmiterm([-2 4 2 Q1],A2,1);
lmiterm([-2 4 2 Chatc2],B2,1);lmiterm([-2 4 3 Dhatc],B2,E2);lmiterm([-2 4 3 0],D2);
lmiterm([-2 4 4 Q1],1,1);lmiterm([-2 5 1 M1],1,A2);lmiterm([-2 5 1 Bhatc2],1,C2);
lmiterm([-2 5 2 Ahatc22],1,1);lmiterm([-2 5 3 Bhatc2],1,E2);
lmiterm([-2 5 3 M1],1,D2);lmiterm([-2 5 4 0],eye(2));lmiterm([-2 5 5 M1],1,1);
lmiterm([-2 6 1 0],Qweight*C2);lmiterm([-2 6 2 Q1],Qweight*C2,1);
lmiterm([-2 6 3 0],Qweight*E2);lmiterm([-2 6 6 gama],1,1);
lmiterm([-2 7 1 Dhatc],sqrt(Rweight),C2);lmiterm([-2 7 2 Chatc2],sqrt(Rweight),1);
lmiterm([-2 7 3 Dhatc],sqrt(Rweight),E2);lmiterm([-2 7 7 gama],1,1);
lmiterm([-3 1 1 M1],(1-alpha),1);lmiterm([-3 2 1 0],(1-alpha)*eye(2));
lmiterm([-3 2 2 Q1],(1-alpha),1);lmiterm([-3 3 3 0],alpha*Pw);
lmiterm([-3 4 1 Dhatc],B3,C3);lmiterm([-3 4 1 0],A3);lmiterm([-3 4 2 Q1],A3,1);
lmiterm([-3 4 2 Chatc3],B3,1);lmiterm([-3 4 3 Dhatc],B3,E3);lmiterm([-3 4 3 0],D3);
lmiterm([-3 4 4 Q1],1,1);lmiterm([-3 5 1 M1],1,A3);lmiterm([-3 5 1 Bhatc3],1,C3);
lmiterm([-3 5 2 Ahatc33],1,1);lmiterm([-3 5 3 Bhatc3],1,E3);
lmiterm([-3 5 3 M1],1,D3);lmiterm([-3 5 4 0],eye(2));lmiterm([-3 5 5 M1],1,1);
lmiterm([-3 6 1 0],Qweight*C3);lmiterm([-3 6 2 Q1],Qweight*C3,1);
lmiterm([-3 6 3 0],Qweight*E3);lmiterm([-3 6 6 gama],1,1);
lmiterm([-3 7 1 Dhatc],sqrt(Rweight),C3);lmiterm([-3 7 2 Chatc3],sqrt(Rweight),1);
lmiterm([-3 7 3 Dhatc],sqrt(Rweight),E3);lmiterm([-3 7 7 gama],1,1);
lmiterm([-4 1 1 M1],(1-alpha),1);lmiterm([-4 2 1 0],(1-alpha)*eye(2));
lmiterm([-4 2 2 Q1],(1-alpha),1);lmiterm([-4 3 3 0],alpha*Pw);
lmiterm([-4 4 1 Dhatc],B4,C4);lmiterm([-4 4 1 0],A4);lmiterm([-4 4 2 Q1],A4,1);
lmiterm([-4 4 2 Chatc4],B4,1);lmiterm([-4 4 3 Dhatc],B4,E4);lmiterm([-4 4 3 0],D4);
lmiterm([-4 4 4 Q1],1,1);lmiterm([-4 5 1 M1],1,A4);lmiterm([-4 5 1 Bhatc4],1,C4);
lmiterm([-4 5 2 Ahatc44],1,1);lmiterm([-4 5 3 Bhatc4],1,E4);
lmiterm([-4 5 3 M1],1,D4);lmiterm([-4 5 4 0],eye(2));lmiterm([-4 5 5 M1],1,1);
lmiterm([-4 6 1 0],Qweight*C4);lmiterm([-4 6 2 Q1],Qweight*C4,1);
lmiterm([-4 6 3 0],Qweight*E4);lmiterm([-4 6 6 gama],1,1);
lmiterm([-4 7 1 Dhatc],sqrt(Rweight),C4);lmiterm([-4 7 2 Chatc4],sqrt(Rweight),1);
```

```
lmiterm([-4 7 3 Dhatc],sqrt(Rweight),E4);lmiterm([-4 7 7 gama],1,1);
lmiterm([-5 1 1 M1],(1-alpha),2);lmiterm([-5 2 1 0],2*(1-alpha)*eye(2));
lmiterm([-5 2 2 Q1],(1-alpha),2);lmiterm([-5 3 3 0],2*alpha*Pw);
lmiterm([-5 4 1 Dhatc],B1,C2);lmiterm([-5 4 1 Dhatc],B2,C1);lmiterm([-5 4 1 0],A1);
lmiterm([-5 4 1 0],A2);lmiterm([-5 4 2 Q1],A1,1);lmiterm([-5 4 2 Q1],A2,1);
lmiterm([-5 4 2 Chatc1],B2,1);lmiterm([-5 4 2 Chatc2],B1,1);
lmiterm([-5 4 3 Dhatc],B1,E2);lmiterm([-5 4 3 Dhatc],B2,E1);lmiterm([-5 4 3 0],D1);
lmiterm([-5 4 3 0],D2);lmiterm([-5 4 4 Q1],2,1);lmiterm([-5 5 1 M1],1,A1);
lmiterm([-5 5 1 M1],1,A2);lmiterm([-5 5 1 Bhatc1],1,C2);
lmiterm([-5 5 1 Bhatc2],1,C1);lmiterm([-5 5 2 Ahatc12],2,1);
lmiterm([-5 5 3 Bhatc1],1,E2);lmiterm([-5 5 3 Bhatc2],1,E1);
lmiterm([-5 5 3 M1],1,D1);lmiterm([-5 5 3 M1],1,D2);lmiterm([-5 5 4 0],2*eye(2));
lmiterm([-5 5 5 M1],2,1);lmiterm([-5 6 1 0],Qweight*C1);
lmiterm([-5 6 1 0],Qweight*C2);lmiterm([-5 6 2 Q1],Qweight*C1,1);
lmiterm([-5 6 2 Q1],Qweight*C2,1);lmiterm([-5 6 3 0],Qweight*E1);
lmiterm([-5 6 3 0],Qweight*E2);lmiterm([-5 6 6 gama],2,1);
lmiterm([-5 7 1 Dhatc],sqrt(Rweight),C1);lmiterm([-5 7 1 Dhatc],sqrt(Rweight),C2);
lmiterm([-5 7 2 Chatc1],sqrt(Rweight),1);lmiterm([-5 7 2 Chatc2],sqrt(Rweight),1);
lmiterm([-5 7 3 Dhatc],sqrt(Rweight),E1);lmiterm([-5 7 3 Dhatc],sqrt(Rweight),E2);
lmiterm([-5 7 7 gama],2,1);
lmiterm([-6 1 1 M1],(1-alpha),2);lmiterm([-6 2 1 0],2*(1-alpha)*eye(2));
lmiterm([-6 2 2 Q1],(1-alpha),2);lmiterm([-6 3 3 0],2*alpha*Pw);
lmiterm([-6 4 1 Dhatc],B1,C3);lmiterm([-6 4 1 Dhatc],B3,C1);
lmiterm([-6 4 1 0],A1);lmiterm([-6 4 1 0],A3);lmiterm([-6 4 2 Q1],A1,1);
lmiterm([-6 4 2 Q1],A3,1);lmiterm([-6 4 2 Chatc1],B3,1);
lmiterm([-6 4 2 Chatc3],B1,1);lmiterm([-6 4 3 Dhatc],B1,E3);
lmiterm([-6 4 3 Dhatc],B3,E1);lmiterm([-6 4 3 0],D1);lmiterm([-6 4 3 0],D3);
lmiterm([-6 4 4 Q1],2,1);lmiterm([-6 5 1 M1],1,A1);lmiterm([-6 5 1 M1],1,A3);
lmiterm([-6 5 1 Bhatc1],1,C3);lmiterm([-6 5 1 Bhatc3],1,C1);
lmiterm([-6 5 2 Ahatc13],2,1);lmiterm([-6 5 3 Bhatc1],1,E3);
lmiterm([-6 5 3 Bhatc3],1,E1);lmiterm([-6 5 3 M1],1,D1);
lmiterm([-6 5 3 M1],1,D3);lmiterm([-6 5 4 0],2*eye(2));lmiterm([-6 5 5 M1],2,1);
lmiterm([-6 6 1 0],Qweight*C1);lmiterm([-6 6 1 0],Qweight*C3);
lmiterm([-6 6 2 Q1],Qweight*C1,1);lmiterm([-6 6 2 Q1],Qweight*C3,1);
lmiterm([-6 6 3 0],Qweight*E1);lmiterm([-6 6 3 0],Qweight*E3);
lmiterm([-6 6 6 gama],2,1);lmiterm([-6 7 1 Dhatc],sqrt(Rweight),C1);
lmiterm([-6 7 1 Dhatc],sqrt(Rweight),C3);lmiterm([-6 7 2 Chatc1],sqrt(Rweight),1);
lmiterm([-6 7 2 Chatc3],sqrt(Rweight),1);lmiterm([-6 7 3 Dhatc],sqrt(Rweight),E1);
lmiterm([-6 7 3 Dhatc],sqrt(Rweight),E3);lmiterm([-6 7 7 gama],2,1);
lmiterm([-7 1 1 M1],(1-alpha),2);lmiterm([-7 2 1 0],2*(1-alpha)*eye(2));
lmiterm([-7 2 2 Q1],(1-alpha),2);lmiterm([-7 3 3 0],2*alpha*Pw);
lmiterm([-7 4 1 Dhatc],B1,C4);lmiterm([-7 4 1 Dhatc],B4,C1);lmiterm([-7 4 1 0],A1);
lmiterm([-7 4 1 0],A4);lmiterm([-7 4 2 Q1],A1,1);lmiterm([-7 4 2 Q1],A4,1);
lmiterm([-7 4 2 Chatc1],B4,1);lmiterm([-7 4 2 Chatc4],B1,1);
lmiterm([-7 4 3 Dhatc],B1,E4);lmiterm([-7 4 3 Dhatc],B4,E1);lmiterm([-7 4 3 0],D1);
lmiterm([-7 4 3 0],D4);lmiterm([-7 4 4 Q1],2,1);lmiterm([-7 5 1 M1],1,A1);
lmiterm([-7 5 1 M1],1,A4);lmiterm([-7 5 1 Bhatc1],1,C4);
lmiterm([-7 5 1 Bhatc4],1,C1);lmiterm([-7 5 2 Ahatc14],2,1);
lmiterm([-7 5 3 Bhatc1],1,E4);lmiterm([-7 5 3 Bhatc4],1,E1);
lmiterm([-7 5 3 M1],1,D1);lmiterm([-7 5 3 M1],1,D4);lmiterm([-7 5 4 0],2*eye(2));
lmiterm([-7 5 5 M1],2,1);lmiterm([-7 6 1 0],Qweight*C1);
```

```
lmiterm([-7 6 1 0],Qweight*C4);lmiterm([-7 6 2 Q1],Qweight*C1,1);
lmiterm([-7 6 2 Q1],Qweight*C4,1);lmiterm([-7 6 3 0],Qweight*E1);
lmiterm([-7 6 3 0],Qweight*E4);lmiterm([-7 6 6 gama],2,1);
lmiterm([-7 7 1 Dhatc],sqrt(Rweight),C1);lmiterm([-7 7 1 Dhatc],sqrt(Rweight),C4);
lmiterm([-7 7 2 Chatc1],sqrt(Rweight),1);lmiterm([-7 7 2 Chatc4],sqrt(Rweight),1)
;lmiterm([-7 7 3 Dhatc],sqrt(Rweight),E1);lmiterm([-7 7 3 Dhatc],sqrt(Rweight),E4);
lmiterm([-7 7 7 gama],2,1);
lmiterm([-8 1 1 M1],(1-alpha),2);lmiterm([-8 2 1 0],2*(1-alpha)*eye(2));
lmiterm([-8 2 2 Q1],(1-alpha),2);lmiterm([-8 3 3 0],2*alpha*Pw);
lmiterm([-8 4 1 Dhatc],B2,C3);lmiterm([-8 4 1 Dhatc],B3,C2);
lmiterm([-8 4 1 0],A2);lmiterm([-8 4 1 0],A3);lmiterm([-8 4 2 Q1],A2,1);
lmiterm([-8 4 2 Q1],A3,1);lmiterm([-8 4 2 Chatc2],B3,1);
lmiterm([-8 4 2 Chatc3],B2,1);lmiterm([-8 4 3 Dhatc],B2,E3);
lmiterm([-8 4 3 Dhatc],B3,E2);lmiterm([-8 4 3 0],D2);lmiterm([-8 4 3 0],D3);
lmiterm([-8 4 4 Q1],2,1);lmiterm([-8 5 1 M1],1,A2);lmiterm([-8 5 1 M1],1,A3);
lmiterm([-8 5 1 Bhatc2],1,C3);lmiterm([-8 5 1 Bhatc3],1,C2);
lmiterm([-8 5 2 Ahatc23],2,1);lmiterm([-8 5 3 Bhatc2],1,E3);
lmiterm([-8 5 3 Bhatc3],1,E2);lmiterm([-8 5 3 M1],1,D2);lmiterm([-8 5 3 M1],1,D3);
lmiterm([-8 5 4 0],2*eye(2));lmiterm([-8 5 5 M1],2,1);
lmiterm([-8 6 1 0],Qweight*C2);lmiterm([-8 6 1 0],Qweight*C3);
lmiterm([-8 6 2 Q1],Qweight*C2,1);lmiterm([-8 6 2 Q1],Qweight*C3,1);
lmiterm([-8 6 3 0],Qweight*E2);lmiterm([-8 6 3 0],Qweight*E3);
lmiterm([-8 6 6 gama],2,1);lmiterm([-8 7 1 Dhatc],sqrt(Rweight),C2);
lmiterm([-8 7 1 Dhatc],sqrt(Rweight),C3);lmiterm([-8 7 2 Chatc2],sqrt(Rweight),1);
lmiterm([-8 7 2 Chatc3],sqrt(Rweight),1);lmiterm([-8 7 3 Dhatc],sqrt(Rweight),E2);
lmiterm([-8 7 3 Dhatc],sqrt(Rweight),E3);lmiterm([-8 7 7 gama],2,1);
lmiterm([-9 1 1 M1],(1-alpha),2);lmiterm([-9 2 1 0],2*(1-alpha)*eye(2));
lmiterm([-9 2 2 Q1],(1-alpha),2);lmiterm([-9 3 3 0],2*alpha*Pw);
lmiterm([-9 4 1 Dhatc],B2,C4);lmiterm([-9 4 1 Dhatc],B4,C2);lmiterm([-9 4 1 0],A2);
lmiterm([-9 4 1 0],A4);lmiterm([-9 4 2 Q1],A2,1);lmiterm([-9 4 2 Q1],A4,1);
lmiterm([-9 4 2 Chatc2],B4,1);lmiterm([-9 4 2 Chatc4],B2,1);
lmiterm([-9 4 3 Dhatc],B2,E4);lmiterm([-9 4 3 Dhatc],B4,E2);lmiterm([-9 4 3 0],D2);
lmiterm([-9 4 3 0],D4);lmiterm([-9 4 4 Q1],2,1);lmiterm([-9 5 1 M1],1,A2);
lmiterm([-9 5 1 M1],1,A4);lmiterm([-9 5 1 Bhatc2],1,C4);
lmiterm([-9 5 1 Bhatc4],1,C2);lmiterm([-9 5 2 Ahatc24],2,1);
lmiterm([-9 5 3 Bhatc2],1,E4);lmiterm([-9 5 3 Bhatc4],1,E2);
lmiterm([-9 5 3 M1],1,D2);lmiterm([-9 5 3 M1],1,D4);lmiterm([-9 5 4 0],2*eye(2));
lmiterm([-9 5 5 M1],2,1);lmiterm([-9 6 1 0],Qweight*C2);
lmiterm([-9 6 1 0],Qweight*C4);lmiterm([-9 6 2 Q1],Qweight*C2,1);
lmiterm([-9 6 2 Q1],Qweight*C4,1);lmiterm([-9 6 3 0],Qweight*E2);
lmiterm([-9 6 3 0],Qweight*E4);lmiterm([-9 6 6 gama],2,1);
lmiterm([-9 7 1 Dhatc],sqrt(Rweight),C2);lmiterm([-9 7 1 Dhatc],sqrt(Rweight),C4);
lmiterm([-9 7 2 Chatc2],sqrt(Rweight),1);lmiterm([-9 7 2 Chatc4],sqrt(Rweight),1);
lmiterm([-9 7 3 Dhatc],sqrt(Rweight),E2);lmiterm([-9 7 3 Dhatc],sqrt(Rweight),E4);
lmiterm([-9 7 7 gama],2,1);
lmiterm([-10 1 1 M1],(1-alpha),2);lmiterm([-10 2 1 0],2*(1-alpha)*eye(2));
lmiterm([-10 2 2 Q1],(1-alpha),2);lmiterm([-10 3 3 0],2*alpha*Pw);
lmiterm([-10 4 1 Dhatc],B3,C4);lmiterm([-10 4 1 Dhatc],B4,C3);
lmiterm([-10 4 1 0],A3);lmiterm([-10 4 1 0],A4);lmiterm([-10 4 2 Q1],A3,1);
lmiterm([-10 4 2 Q1],A4,1);lmiterm([-10 4 2 Chatc3],B4,1);
lmiterm([-10 4 2 Chatc4],B3,1);lmiterm([-10 4 3 Dhatc],B3,E4);
```

```
lmiterm([-10 4 3 Dhatc],B4,E3);lmiterm([-10 4 3 0],D3);lmiterm([-10 4 3 0],D4);
lmiterm([-10 4 4 Q1],2,1);lmiterm([-10 5 1 M1],1,A3);lmiterm([-10 5 1 M1],1,A4);
lmiterm([-10 5 1 Bhatc3],1,C4);lmiterm([-10 5 1 Bhatc4],1,C3);
lmiterm([-10 5 2 Ahatc34],2,1);lmiterm([-10 5 3 Bhatc3],1,E4);
lmiterm([-10 5 3 Bhatc4],1,E3);lmiterm([-10 5 3 M1],1,D3);
lmiterm([-10 5 3 M1],1,D4);lmiterm([-10 5 4 0],2*eye(2));lmiterm([-10 5 5 M1],2,1);
lmiterm([-10 6 1 0],Qweight*C3);lmiterm([-10 6 1 0],Qweight*C4);
lmiterm([-10 6 2 Q1],Qweight*C3,1);lmiterm([-10 6 2 Q1],Qweight*C4,1);
lmiterm([-10 6 3 0],Qweight*E3);lmiterm([-10 6 3 0],Qweight*E4);
lmiterm([-10 6 6 gama],2,1);lmiterm([-10 7 1 Dhatc],sqrt(Rweight),C3);
lmiterm([-10 7 1 Dhatc],sqrt(Rweight),C4);lmiterm([-10 7 2 Chatc3],sqrt(Rweight),1);
lmiterm([-10 7 2 Chatc4],sqrt(Rweight),1);lmiterm([-10 7 3 Dhatc],sqrt(Rweight),E3);
lmiterm([-10 7 3 Dhatc],sqrt(Rweight),E4);lmiterm([-10 7 7 gama],2,1);
lmiterm([-11 1 1 varrho],.5,Mx0,'s');lmiterm([11 1 1 M1],1,1);
lmiterm([-12 1 1 0],1);lmiterm([12 1 1 varrho],1,1);
lmiterm([-13 1 1 0],1);lmiterm([-13 1 1 varrho],-1,1);lmiterm([-13 2 1 0],Xc0);
lmiterm([-13 2 2 Q1],1,1);lmiterm([-13 3 2 0],1);lmiterm([-13 3 3 M1],1,1);
lmiterm([-14 1 1 M1],1,1);lmiterm([-14 2 1 0],eye(2));lmiterm([-14 2 2 Q1],1,1);
lmiterm([-14 3 3 0],Pw);lmiterm([-14 4 1 Dhatc],delta_1,C1);
lmiterm([-14 4 2 Chatc1],delta_1,1);lmiterm([-14 4 4 0],InputC);
lmiterm([-15 1 1 M1],1,1);lmiterm([-15 2 1 0],eye(2));lmiterm([-15 2 2 Q1],1,1);
lmiterm([-15 3 3 0],Pw);lmiterm([-15 4 1 Dhatc],delta_1,C2);
lmiterm([-15 4 2 Chatc2],delta_1,1);lmiterm([-15 4 4 0],InputC);
lmiterm([-16 1 1 M1],1,1);lmiterm([-16 2 1 0],eye(2));lmiterm([-16 2 2 Q1],1,1);
lmiterm([-16 3 3 0],Pw);lmiterm([-16 4 1 Dhatc],delta_1,C3);
lmiterm([-16 4 2 Chatc3],delta_1,1);lmiterm([-16 4 4 0],InputC);
lmiterm([-17 1 1 M1],1,1);lmiterm([-17 2 1 0],eye(2));lmiterm([-17 2 2 Q1],1,1);
lmiterm([-17 3 3 0],Pw);lmiterm([-17 4 1 Dhatc],delta_1,C4);
lmiterm([-17 4 2 Chatc4],delta_1,1);lmiterm([-17 4 4 0],InputC);
lmiterm([-18 1 1 M1],1,1);lmiterm([-18 2 1 0],eye(2));lmiterm([-18 2 2 Q1],1,1);
lmiterm([-18 3 3 0],Pw);lmiterm([-18 4 1 0],mathcalC_x1*delta_21*delta_31*A1);
lmiterm([-18 4 1 Dhatc],mathcalC_x1*delta_21*delta_31*B1,C1);
lmiterm([-18 4 2 Q1],mathcalC_x1*delta_21*delta_31*A1,1);
lmiterm([-18 4 2 Chatc1],mathcalC_x1*delta_21*delta_31*B1,1);
lmiterm([-18 4 3 Dhatc],mathcalC_x1*delta_21*delta_31bar*B1,E1);
lmiterm([-18 4 3 0],mathcalC_x1*delta_21*delta_31bar*D1);
lmiterm([-18 4 4 0],StateC1);
lmiterm([-18 1 1 M1],1,1);lmiterm([-18 2 1 0],eye(2));lmiterm([-18 2 2 Q1],1,1);
lmiterm([-18 3 3 0],Pw);
lmiterm([-18 4 1 0],mathcalC_x1*delta_21*delta_31*A1);
lmiterm([-18 4 1 0],mathcalC_x1*delta_21*delta_31*A2);
lmiterm([-18 4 1 Dhatc],mathcalC_x1*delta_21*delta_31*B1,C2);
lmiterm([-18 4 1 Dhatc],mathcalC_x1*delta_21*delta_31*B2,C1);
lmiterm([-18 4 2 Q1],mathcalC_x1*delta_21*delta_31*A1,1);
lmiterm([-18 4 2 Q1],mathcalC_x1*delta_21*delta_31*A2,1);
lmiterm([-18 4 2 Chatc1],mathcalC_x1*delta_21*delta_31*B1,1);
lmiterm([-18 4 2 Chatc1],mathcalC_x1*delta_21*delta_31*B2,1);
lmiterm([-18 4 3 Dhatc],mathcalC_x1*delta_21*delta_31bar*B1,E2);
lmiterm([-18 4 3 Dhatc],mathcalC_x1*delta_21*delta_31bar*B2,E1);
lmiterm([-18 4 3 0],mathcalC_x1*delta_21*delta_31bar*D1);
lmiterm([-18 4 3 0],mathcalC_x1*delta_21*delta_31bar*D2);
```

```
lmiterm([-18 4 4 0],StateC1);
lmiterm([-18 1 1 M1],1,1);lmiterm([-18 2 1 0],eye(2));lmiterm([-18 2 2 Q1],1,1);
lmiterm([-18 3 3 0],Pw);
lmiterm([-18 4 1 0],mathcalC_x1*delta_21*delta_31*A2);
lmiterm([-18 4 1 Dhatc],mathcalC_x1*delta_21*delta_31*B2,C2);
lmiterm([-18 4 2 Q1],mathcalC_x1*delta_21*delta_31*A2,1);
lmiterm([-18 4 2 Chatc2],mathcalC_x1*delta_21*delta_31*B2,1);
lmiterm([-18 4 3 Dhatc],mathcalC_x1*delta_21*delta_31bar*B2,E2);
lmiterm([-18 4 3 0],mathcalC_x1*delta_21*delta_31bar*D2);
lmiterm([-18 4 4 0],StateC1);
lmiterm([-18 1 1 M1],1,1);lmiterm([-18 2 1 0],eye(2));lmiterm([-18 2 2 Q1],1,1);
lmiterm([-18 3 3 0],Pw);
lmiterm([-18 4 1 0],mathcalC_x1*delta_21*delta_31*A1);
lmiterm([-18 4 1 0],mathcalC_x1*delta_21*delta_31*A3);
lmiterm([-18 4 1 Dhatc],mathcalC_x1*delta_21*delta_31*B1,C2);
lmiterm([-18 4 1 Dhatc],mathcalC_x1*delta_21*delta_31*B3,C1);
lmiterm([-18 4 2 Q1],mathcalC_x1*delta_21*delta_31*A1,1);
lmiterm([-18 4 2 Q1],mathcalC_x1*delta_21*delta_31*A3,1);
lmiterm([-18 4 2 Chatc1],mathcalC_x1*delta_21*delta_31*B1,1);
lmiterm([-18 4 2 Chatc1],mathcalC_x1*delta_21*delta_31*B3,1);
lmiterm([-18 4 3 Dhatc],mathcalC_x1*delta_21*delta_31bar*B1,E3);
lmiterm([-18 4 3 Dhatc],mathcalC_x1*delta_21*delta_31bar*B3,E1);
lmiterm([-18 4 3 0],mathcalC_x1*delta_21*delta_31bar*D1);
lmiterm([-18 4 3 0],mathcalC_x1*delta_21*delta_31bar*D3);
lmiterm([-18 4 4 0],StateC1);
lmiterm([-18 1 1 M1],1,1);lmiterm([-18 2 1 0],eye(2));lmiterm([-18 2 2 Q1],1,1);
lmiterm([-18 3 3 0],Pw);
lmiterm([-18 4 1 0],mathcalC_x1*delta_21*delta_31*A2);
lmiterm([-18 4 1 0],mathcalC_x1*delta_21*delta_31*A3);
lmiterm([-18 4 1 Dhatc],mathcalC_x1*delta_21*delta_31*B2,C3);
lmiterm([-18 4 1 Dhatc],mathcalC_x1*delta_21*delta_31*B3,C2);
lmiterm([-18 4 2 Q1],mathcalC_x1*delta_21*delta_31*A2,1);
lmiterm([-18 4 2 Q1],mathcalC_x1*delta_21*delta_31*A3,1);
lmiterm([-18 4 2 Chatc2],mathcalC_x1*delta_21*delta_31*B2,1);
lmiterm([-18 4 2 Chatc2],mathcalC_x1*delta_21*delta_31*B3,1);
lmiterm([-18 4 3 Dhatc],mathcalC_x1*delta_21*delta_31bar*B2,E3);
lmiterm([-18 4 3 Dhatc],mathcalC_x1*delta_21*delta_31bar*B3,E2);
lmiterm([-18 4 3 0],mathcalC_x1*delta_21*delta_31bar*D2);
lmiterm([-18 4 3 0],mathcalC_x1*delta_21*delta_31bar*D3);
lmiterm([-18 4 4 0],StateC1);
lmiterm([-18 1 1 M1],1,1);lmiterm([-18 2 1 0],eye(2));lmiterm([-18 2 2 Q1],1,1);
lmiterm([-18 3 3 0],Pw);
lmiterm([-18 4 1 0],mathcalC_x1*delta_21*delta_31*A3);
lmiterm([-18 4 1 Dhatc],mathcalC_x1*delta_21*delta_31*B3,C3);
lmiterm([-18 4 2 Q1],mathcalC_x1*delta_21*delta_31*A3,1);
lmiterm([-18 4 2 Chatc3],mathcalC_x1*delta_21*delta_31*B3,1);
lmiterm([-18 4 3 Dhatc],mathcalC_x1*delta_21*delta_31bar*B3,E3);
lmiterm([-18 4 3 0],mathcalC_x1*delta_21*delta_31bar*D3);
lmiterm([-18 4 4 0],StateC1);
lmiterm([-18 1 1 M1],1,1);lmiterm([-18 2 1 0],eye(2));lmiterm([-18 2 2 Q1],1,1);
lmiterm([-18 3 3 0],Pw);
```

```
lmiterm([-18 4 1 0],mathcalC_x1*delta_21*delta_31*A1);
lmiterm([-18 4 1 0],mathcalC_x1*delta_21*delta_31*A4);
lmiterm([-18 4 1 Dhatc],mathcalC_x1*delta_21*delta_31*B4,C1);
lmiterm([-18 4 1 Dhatc],mathcalC_x1*delta_21*delta_31*B4,C4);
lmiterm([-18 4 2 Q1],mathcalC_x1*delta_21*delta_31*A1,1);
lmiterm([-18 4 2 Q1],mathcalC_x1*delta_21*delta_31*A4,1);
lmiterm([-18 4 2 Chatc1],mathcalC_x1*delta_21*delta_31*B1,1);
lmiterm([-18 4 2 Chatc1],mathcalC_x1*delta_21*delta_31*B4,1);
lmiterm([-18 4 3 Dhatc],mathcalC_x1*delta_21*delta_31bar*B1,E4);
lmiterm([-18 4 3 Dhatc],mathcalC_x1*delta_21*delta_31bar*B4,E1);
lmiterm([-18 4 3 0],mathcalC_x1*delta_21*delta_31bar*D4);
lmiterm([-18 4 4 0],StateC1);
lmiterm([-18 1 1 M1],1,1);lmiterm([-18 2 1 0],eye(2));lmiterm([-18 2 2 Q1],1,1);
lmiterm([-18 3 3 0],Pw);
lmiterm([-18 4 1 0],mathcalC_x1*delta_21*delta_31*A2);
lmiterm([-18 4 1 0],mathcalC_x1*delta_21*delta_31*A4);
lmiterm([-18 4 1 Dhatc],mathcalC_x1*delta_21*delta_31*B4,C2);
lmiterm([-18 4 1 Dhatc],mathcalC_x1*delta_21*delta_31*B4,C4);
lmiterm([-18 4 2 Q1],mathcalC_x1*delta_21*delta_31*A2,1);
lmiterm([-18 4 2 Q1],mathcalC_x1*delta_21*delta_31*A4,1);
lmiterm([-18 4 2 Chatc2],mathcalC_x1*delta_21*delta_31*B2,1);
lmiterm([-18 4 2 Chatc2],mathcalC_x1*delta_21*delta_31*B4,1);
lmiterm([-18 4 3 Dhatc],mathcalC_x1*delta_21*delta_31bar*B2,E4);
lmiterm([-18 4 3 Dhatc],mathcalC_x1*delta_21*delta_31bar*B4,E2);
lmiterm([-18 4 3 0],mathcalC_x1*delta_21*delta_31bar*D1);
lmiterm([-18 4 3 0],mathcalC_x1*delta_21*delta_31bar*D4);
lmiterm([-18 4 4 0],StateC1);
lmiterm([-18 1 1 M1],1,1);lmiterm([-18 2 1 0],eye(2));lmiterm([-18 2 2 Q1],1,1);
lmiterm([-18 3 3 0],Pw);
lmiterm([-18 4 1 0],mathcalC_x1*delta_21*delta_31*A3);
lmiterm([-18 4 1 0],mathcalC_x1*delta_21*delta_31*A4);
lmiterm([-18 4 1 Dhatc],mathcalC_x1*delta_21*delta_31*B3,C4);
lmiterm([-18 4 1 Dhatc],mathcalC_x1*delta_21*delta_31*B4,C3);
lmiterm([-18 4 2 Q1],mathcalC_x1*delta_21*delta_31*A3,1);
lmiterm([-18 4 2 Q1],mathcalC_x1*delta_21*delta_31*A4,1);
lmiterm([-18 4 2 Chatc3],mathcalC_x1*delta_21*delta_31*B3,1);
lmiterm([-18 4 2 Chatc3],mathcalC_x1*delta_21*delta_31*B4,1);
lmiterm([-18 4 3 Dhatc],mathcalC_x1*delta_21*delta_31bar*B3,E4);
lmiterm([-18 4 3 Dhatc],mathcalC_x1*delta_21*delta_31bar*B4,E3);
lmiterm([-18 4 3 0],mathcalC_x1*delta_21*delta_31bar*D4);
lmiterm([-18 4 4 0],StateC1);
lmiterm([-18 1 1 M1],1,1);lmiterm([-18 2 1 0],eye(2));lmiterm([-18 2 2 Q1],1,1);
lmiterm([-18 3 3 0],Pw);
lmiterm([-18 4 1 0],mathcalC_x1*delta_21*delta_31*A4);
lmiterm([-18 4 1 Dhatc],mathcalC_x1*delta_21*delta_31*B4,C4);
lmiterm([-18 4 2 Q1],mathcalC_x1*delta_21*delta_31*A4,1);
lmiterm([-18 4 2 Chatc4],mathcalC_x1*delta_21*delta_31*B4,1);
lmiterm([-18 4 3 Dhatc],mathcalC_x1*delta_21*delta_31bar*B4,E4);
lmiterm([-18 4 3 0],mathcalC_x1*delta_21*delta_31bar*D4);
lmiterm([-18 4 4 0],StateC1);
lmiterm([-18 1 1 M1],1,1);lmiterm([-18 2 1 0],eye(2));lmiterm([-18 2 2 Q1],1,1);
```

```
lmiterm([-18 3 3 0],Pw);
lmiterm([-18 4 1 0],mathcalC_y*delta_21*delta_31*A1);
lmiterm([-18 4 1 Dhatc],mathcalC_y*delta_21*delta_31*B1,C1);
lmiterm([-18 4 2 Q1],mathcalC_y*delta_21*delta_31*A1,1);
lmiterm([-18 4 2 Chatc1],mathcalC_y*delta_21*delta_31*B1,1);
lmiterm([-18 4 3 Dhatc],mathcalC_y*delta_21*delta_31bar*B1,E1);
lmiterm([-18 4 3 0],mathcalC_y*delta_21*delta_31bar*D1);
lmiterm([-18 4 4 0],StateC2);
lmiterm([-18 1 1 M1],1,1);lmiterm([-18 2 1 0],eye(2));lmiterm([-18 2 2 Q1],1,1);
lmiterm([-18 3 3 0],Pw);
lmiterm([-18 4 1 0],mathcalC_y*delta_21*delta_31*A1);
lmiterm([-18 4 1 0],mathcalC_y*delta_21*delta_31*A2);
lmiterm([-18 4 1 Dhatc],mathcalC_y*delta_21*delta_31*B1,C2);
lmiterm([-18 4 1 Dhatc],mathcalC_y*delta_21*delta_31*B2,C1);
lmiterm([-18 4 2 Q1],mathcalC_y*delta_21*delta_31*A1,1);
lmiterm([-18 4 2 Q1],mathcalC_y*delta_21*delta_31*A2,1);
lmiterm([-18 4 2 Chatc1],mathcalC_y*delta_21*delta_31*B1,1);
lmiterm([-18 4 2 Chatc1],mathcalC_y*delta_21*delta_31*B2,1);
lmiterm([-18 4 3 Dhatc],mathcalC_y*delta_21*delta_31bar*B1,E2);
lmiterm([-18 4 3 Dhatc],mathcalC_y*delta_21*delta_31bar*B2,E1);
lmiterm([-18 4 3 0],mathcalC_y*delta_21*delta_31bar*D1);
lmiterm([-18 4 3 0],mathcalC_y*delta_21*delta_31bar*D2);
lmiterm([-18 4 4 0],StateC2);
lmiterm([-18 1 1 M1],1,1);lmiterm([-18 2 1 0],eye(2));lmiterm([-18 2 2 Q1],1,1);
lmiterm([-18 3 3 0],Pw);
lmiterm([-18 4 1 0],mathcalC_y*delta_21*delta_31*A2);
lmiterm([-18 4 1 Dhatc],mathcalC_y*delta_21*delta_31*B2,C2);
lmiterm([-18 4 2 Q1],mathcalC_y*delta_21*delta_31*A2,1);
lmiterm([-18 4 2 Chatc2],mathcalC_y*delta_21*delta_31*B2,1);
lmiterm([-18 4 3 Dhatc],mathcalC_y*delta_21*delta_31bar*B2,E2);
lmiterm([-18 4 3 0],mathcalC_y*delta_21*delta_31bar*D2);
lmiterm([-18 4 4 0],StateC2);
lmiterm([-18 1 1 M1],1,1);lmiterm([-18 2 1 0],eye(2));lmiterm([-18 2 2 Q1],1,1);
lmiterm([-18 3 3 0],Pw);
lmiterm([-18 4 1 0],mathcalC_y*delta_21*delta_31*A1);
lmiterm([-18 4 1 0],mathcalC_y*delta_21*delta_31*A3);
lmiterm([-18 4 1 Dhatc],mathcalC_y*delta_21*delta_31*B1,C3);
lmiterm([-18 4 1 Dhatc],mathcalC_y*delta_21*delta_31*B3,C1);
lmiterm([-18 4 2 Q1],mathcalC_y*delta_21*delta_31*A1,1);
lmiterm([-18 4 2 Q1],mathcalC_y*delta_21*delta_31*A3,1);
lmiterm([-18 4 2 Chatc1],mathcalC_y*delta_21*delta_31*B1,1);
lmiterm([-18 4 2 Chatc1],mathcalC_y*delta_21*delta_31*B3,1);
lmiterm([-18 4 3 Dhatc],mathcalC_y*delta_21*delta_31bar*B1,E3);
lmiterm([-18 4 3 Dhatc],mathcalC_y*delta_21*delta_31bar*B3,E1);
lmiterm([-18 4 3 0],mathcalC_y*delta_21*delta_31bar*D1);
lmiterm([-18 4 3 0],mathcalC_y*delta_21*delta_31bar*D3);
lmiterm([-18 4 4 0],StateC2);
lmiterm([-18 1 1 M1],1,1);lmiterm([-18 2 1 0],eye(2));lmiterm([-18 2 2 Q1],1,1);
lmiterm([-18 3 3 0],Pw);
lmiterm([-18 4 1 0],mathcalC_y*delta_21*delta_31*A2);
lmiterm([-18 4 1 0],mathcalC_y*delta_21*delta_31*A3);
```

```
lmiterm([-18 4 1 Dhatc],mathcalC_y*delta_21*delta_31*B2,C3);
lmiterm([-18 4 1 Dhatc],mathcalC_y*delta_21*delta_31*B3,C2);
lmiterm([-18 4 2 Q1],mathcalC_y*delta_21*delta_31*A2,1);
lmiterm([-18 4 2 Q1],mathcalC_y*delta_21*delta_31*A3,1);
lmiterm([-18 4 2 Chatc2],mathcalC_y*delta_21*delta_31*B2,1);
lmiterm([-18 4 2 Chatc2],mathcalC_y*delta_21*delta_31*B3,1);
lmiterm([-18 4 3 Dhatc],mathcalC_y*delta_21*delta_31bar*B2,E3);
lmiterm([-18 4 3 Dhatc],mathcalC_y*delta_21*delta_31bar*B3,E2);
lmiterm([-18 4 3 0],mathcalC_y*delta_21*delta_31bar*D2);
lmiterm([-18 4 3 0],mathcalC_y*delta_21*delta_31bar*D3);
lmiterm([-18 4 4 0],StateC2);
lmiterm([-18 1 1 M1],1,1);lmiterm([-18 2 1 0],eye(2));lmiterm([-18 2 2 Q1],1,1);
lmiterm([-18 3 3 0],Pw);
lmiterm([-18 4 1 0],mathcalC_y*delta_21*delta_31*A3);
lmiterm([-18 4 1 Dhatc],mathcalC_y*delta_21*delta_31*B3,C3);
lmiterm([-18 4 2 Q1],mathcalC_y*delta_21*delta_31*A3,1);
lmiterm([-18 4 2 Chatc3],mathcalC_y*delta_21*delta_31*B3,1);
lmiterm([-18 4 3 Dhatc],mathcalC_y*delta_21*delta_31bar*B3,E3);
lmiterm([-18 4 3 0],mathcalC_y*delta_21*delta_31bar*D3);
lmiterm([-18 4 4 0],StateC2);
lmiterm([-18 1 1 M1],1,1);lmiterm([-18 2 1 0],eye(2));lmiterm([-18 2 2 Q1],1,1);
lmiterm([-18 3 3 0],Pw);
lmiterm([-18 4 1 0],mathcalC_y*delta_21*delta_31*A1);
lmiterm([-18 4 1 0],mathcalC_y*delta_21*delta_31*A4);
lmiterm([-18 4 1 Dhatc],mathcalC_y*delta_21*delta_31*B4,C1);
lmiterm([-18 4 1 Dhatc],mathcalC_y*delta_21*delta_31*B4,C4);
lmiterm([-18 4 2 Q1],mathcalC_y*delta_21*delta_31*A1,1);
lmiterm([-18 4 2 Q1],mathcalC_y*delta_21*delta_31*A4,1);
lmiterm([-18 4 2 Chatc1],mathcalC_y*delta_21*delta_31*B1,1);
lmiterm([-18 4 2 Chatc1],mathcalC_y*delta_21*delta_31*B4,1);
lmiterm([-18 4 3 Dhatc],mathcalC_y*delta_21*delta_31bar*B1,E4);
lmiterm([-18 4 3 Dhatc],mathcalC_y*delta_21*delta_31bar*B4,E1);
lmiterm([-18 4 3 0],mathcalC_y*delta_21*delta_31bar*D1);
lmiterm([-18 4 3 0],mathcalC_y*delta_21*delta_31bar*D4);
lmiterm([-18 4 4 0],StateC2);
lmiterm([-18 1 1 M1],1,1);lmiterm([-18 2 1 0],eye(2));lmiterm([-18 2 2 Q1],1,1);
lmiterm([-18 3 3 0],Pw);
lmiterm([-18 4 1 0],mathcalC_y*delta_21*delta_31*A2);
lmiterm([-18 4 1 0],mathcalC_y*delta_21*delta_31*A4);
lmiterm([-18 4 1 Dhatc],mathcalC_y*delta_21*delta_31*B2,C4);
lmiterm([-18 4 1 Dhatc],mathcalC_y*delta_21*delta_31*B4,C2);
lmiterm([-18 4 2 Q1],mathcalC_y*delta_21*delta_31*A2,1);
lmiterm([-18 4 2 Q1],mathcalC_y*delta_21*delta_31*A4,1);
lmiterm([-18 4 2 Chatc2],mathcalC_y*delta_21*delta_31*B2,1);
lmiterm([-18 4 2 Chatc2],mathcalC_y*delta_21*delta_31*B4,1);
lmiterm([-18 4 3 Dhatc],mathcalC_y*delta_21*delta_31bar*B2,E4);
lmiterm([-18 4 3 Dhatc],mathcalC_y*delta_21*delta_31bar*B4,E2);
lmiterm([-18 4 3 0],mathcalC_y*delta_21*delta_31bar*D2);
lmiterm([-18 4 3 0],mathcalC_y*delta_21*delta_31bar*D4);
lmiterm([-18 4 4 0],StateC2);
lmiterm([-18 1 1 M1],1,1);lmiterm([-18 2 1 0],eye(2));lmiterm([-18 2 2 Q1],1,1);
```

```
lmiterm([-18 3 3 0],Pw);
lmiterm([-18 4 1 0],mathcalC_y*delta_21*delta_31*A4);
lmiterm([-18 4 1 0],mathcalC_y*delta_21*delta_31*A4);
lmiterm([-18 4 1 Dhatc],mathcalC_y*delta_21*delta_31*B3,C4);
lmiterm([-18 4 1 Dhatc],mathcalC_y*delta_21*delta_31*B4,C3);
lmiterm([-18 4 2 Q1],mathcalC_y*delta_21*delta_31*A3,1);
lmiterm([-18 4 2 Q1],mathcalC_y*delta_21*delta_31*A4,1);
lmiterm([-18 4 2 Chatc3],mathcalC_y*delta_21*delta_31*B3,1);
lmiterm([-18 4 2 Chatc3],mathcalC_y*delta_21*delta_31*B4,1);
lmiterm([-18 4 3 Dhatc],mathcalC_y*delta_21*delta_31bar*B3,E4);
lmiterm([-18 4 3 Dhatc],mathcalC_y*delta_21*delta_31bar*B4,E3);
lmiterm([-18 4 3 0],mathcalC_y*delta_21*delta_31bar*D3);
lmiterm([-18 4 3 0],mathcalC_y*delta_21*delta_31bar*D4);
lmiterm([-18 4 4 0],StateC2);
lmiterm([-18 1 1 M1],1,1);lmiterm([-18 2 1 0],eye(2));lmiterm([-18 2 2 Q1],1,1);
lmiterm([-18 3 3 0],Pw);
lmiterm([-18 4 1 0],mathcalC_y*delta_21*delta_31*A4);
lmiterm([-18 4 1 Dhatc],mathcalC_y*delta_21*delta_31*B4,C4);
lmiterm([-18 4 2 Q1],mathcalC_y*delta_21*delta_31*A4,1);
lmiterm([-18 4 2 Chatc4],mathcalC_y*delta_21*delta_31*B4,1);
lmiterm([-18 4 3 Dhatc],mathcalC_y*delta_21*delta_31bar*B4,E4);
lmiterm([-18 4 3 0],mathcalC_y*delta_21*delta_31bar*D4);
lmiterm([-18 4 4 0],StateC2);
LMI_Subopt_35=getlmis;
```

下面的程序代码的命名为 F_RefreshEllipsoid.m。

```
setlmis([]);
delta0=lmivar(1,[1 1]);Qx=lmivar(1,[2 1]);rho=lmivar(1,[1 1]);
Upie=lmivar(2,[2 2]);phi_1=lmivar(1,[1 1]);phi_2=lmivar(1,[1 1]);
LMI=newlmi;
lmiterm([-LMI 1 1 0],1);lmiterm([-LMI 1 1 phi_1],-1,1);lmiterm([-LMI 1 1 phi_2],-1,1);
lmiterm([-LMI 1 1 phi_1],1,X0'*Mx0*X0);lmiterm([-LMI 2 1 phi_1],-1,Mx0*X0);
lmiterm([-LMI 2 2 phi_1],1,Mx0);lmiterm([-LMI 3 3 phi_2],1,1);
lmiterm([-LMI 4 1 Upie],-1,Xc1);lmiterm([-LMI 4 1 0],Bk*Cc1*Xc0);
lmiterm([-LMI 4 2 0],Ak+Bk*Dc*C1);lmiterm([-LMI 4 3 0],Bk*Dc*E1+Dk);
lmiterm([-LMI 4 4 Qx],1,1);
LMI=newlmi;
lmiterm([-LMI 1 1 0],1);lmiterm([-LMI 1 1 rho],-1,1);lmiterm([-LMI 2 1 Upie],1,Xc1);
lmiterm([-LMI 2 2 0],Q10-inv(M10));
LMI=newlmi;
lmiterm([-LMI 1 1 rho],1,inv(M10));lmiterm([-LMI 1 1 Qx],-1,1);
LMI=newlmi;
lmiterm([-LMI 1 1 0],inv(Mx0));lmiterm([-LMI 1 1 Qx],-1,1);
LMI=newlmi;
lmiterm([-LMI 1 1 Upie],1,1,'s');lmiterm([-LMI 1 1 0],-eye(2));
LMI=newlmi;
lmiterm([-LMI 1 1 Upie],-1,1,'s');lmiterm([-LMI 1 1 0],3*eye(2));
LMI=newlmi;
lmiterm([-LMI 1 1 delta0],1,1);lmiterm([LMI 1 1 Qx],.5*[1 0],[1 0]','s');
lmiterm([LMI 1 1 Qx],.5*[0 1],[0 1]','s');
LMI_subopt_52=getlmis;
```

```
CC_subopt_52=[1 0 0 0 0 0 0 0 0 0 0];
```

下面的程序代码的命名为 Offline_zeta_sx.m。

```
setlmis([]);
zeta_x2=lmivar(1,[1 1]);
LMI=newlmi;
lmiterm([LMI 1 1 0],-Pw);lmiterm([LMI 2 1 0],1);lmiterm([LMI 2 2 zeta_x2],-1,1);
LMI=newlmi;
lmiterm([-LMI 1 1 zeta_x2],1,1);
LMI_zeta_x2=getlmis;
CC_zeta_x2=[1];
[TMIN_zeta_x2_f,VXx_zeta_x2_f]=feasp(LMI_zeta_x2,OP);
```

在式(8.6)~ 式(8.11)中，KBM 公式被推广了：对 x_k 的约束推广到式(8.7)和式(8.8)，是对 e_k 和 $x_{c,k}$ 的限制；稳定性/最优性条件推广到式(8.9)，包含二次有界性和最优性条件；输入约束推广到式(8.10)；状态/输出约束推广到关于 z 的约束式(8.11)。

接下来，以定理 8.1作为例子来说明上述的推广是如何进行的。

8.1　模型及控制器描述

基于式(8.1)的预测方程为

$$x_{i+1|k} = A_{i|k}x_{i|k} + B_{i|k}u_{i|k} + D_{i|k}w_{i|k}, \quad y_{i|k} = C_{i|k}x_{i|k} + E_{i|k}w_{i|k}, \quad i \geqslant 0 \tag{8.25}$$

约束式(8.2)的预测值形式为

$$|u_{i|k}| \leqslant \bar{u}, \quad |\Psi z_{i+1|k}| \leqslant \bar{\psi}, \quad i \geqslant 0 \tag{8.26}$$

其中，$z_{i|k} = \mathcal{C}_{i|k}x_{i|k} + \mathcal{E}_{i|k}w_{i|k}$。

根据假设 1.2，有

$$[A|B|C|D|E|\mathcal{C}|\mathcal{E}|\mathcal{F}|\mathcal{G}]_{i|k} = \sum_{l=1}^{L} \omega_{l,i|k}[A_l|B_l|C_l|D_l|E_l|\mathcal{C}_l|\mathcal{E}_l|\mathcal{F}_l|\mathcal{G}_l] \tag{8.27}$$

8.1.1　线性多胞模型的控制器

对于线性多胞模型式(8.1)，动态输出反馈控制器如下 [39,40]：

$$\left\{ \begin{aligned} x_{c,k+1} &= A_{c,k}x_{c,k} + L_{c,k}y_k \\ u_k &= F_{x,k}x_{c,k} + F_{y,k}y_k \end{aligned} \right. \tag{8.28}$$

其中，$\{A_c, L_c\}$ 为控制器增益矩阵；$\{F_x, F_y\}$ 为反馈增益矩阵。不需要满足 $n_x = n_{x_c}$。基于式(8.28)的预测方程为

$$\left\{ \begin{aligned} x_{c,i+1|k} &= A_{c,k}x_{c,i|k} + L_{c,k}y_{i|k} \\ u_{i|k} &= F_{x,k}x_{c,i|k} + F_{y,k}y_{i|k} \end{aligned} \right. \tag{8.29}$$

注解 8.2　在式(8.28)和式(8.29)中共有 4 个控制器参数 $\{A_c, L_c, F_x, F_y\}$。在文献研究中，输出反馈通常只有 2 个控制器参数 $\{L_c, F_x\}$。我们发现，对于系统式(8.1)，如果只有 2 个控制器参数 $\{L_c, F_x\}$，则更难找到输出反馈预测控制优化问题的可行解。采用 4 个参数 $\{A_c, L_c, F_x, F_y\}$，输出反馈预测控制可以应用于更宽范围的系统模型。

定义扩展状态 $\tilde{x}=\begin{bmatrix} x \\ x_c \end{bmatrix}$。利用式(8.1)和式(8.28)，扩展闭环系统为

$$\tilde{x}_{k+1}=\Phi_k\tilde{x}_k+\Gamma_k w_k \tag{8.30}$$

其中

$$\Phi_k=\begin{bmatrix} A_k+B_kF_{y,k}C_k & B_kF_{x,k} \\ L_{c,k}C_k & A_{c,k} \end{bmatrix},\quad \Gamma_k=\begin{bmatrix} B_kF_{y,k}E_k+D_k \\ L_{c,k}E_k \end{bmatrix}$$

基于式(8.30)的预测方程为

$$\tilde{x}_{i+1|k}=\Phi_{i,k}\tilde{x}_{i|k}+\Gamma_{i,k}w_{i|k} \tag{8.31}$$

其中

$$\Phi_{i,k}=\begin{bmatrix} A_{i|k}+B_{i|k}F_{y,k}C_{i|k} & B_{i|k}F_{x,k} \\ L_{c,k}C_{i|k} & A_{c,k} \end{bmatrix},\quad \Gamma_{i,k}=\begin{bmatrix} B_{i|k}F_{y,k}E_{i|k}+D_{i|k} \\ L_{c,k}E_{i|k} \end{bmatrix}$$

利用式(8.27)，可以得到：

$$\Phi_{i,k}=\sum_{l=1}^{L}\omega_{l,i|k}\sum_{j=1}^{L}\omega_{j,i|k}\Phi_{lj,k},\quad \Gamma_{i,k}=\sum_{l=1}^{L}\omega_{l,i|k}\sum_{j=1}^{L}\omega_{j,i|k}\Gamma_{lj,k}$$

$$\Phi_{lj,k}=\begin{bmatrix} A_l+B_lF_{y,k}C_j & B_lF_{x,k} \\ L_{c,k}C_j & A_{c,k} \end{bmatrix},\quad \Gamma_{lj,k}=\begin{bmatrix} B_lF_{y,k}E_j+D_l \\ L_{c,k}E_j \end{bmatrix}$$

8.1.2 线性准多胞模型的控制器

对于线性准多胞模型式(8.1)，动态输出反馈控制器为式(8.3)和式(8.4) [41,42]，其中 $n_x=n_{x_c}$。基于式(8.3)的预测方程为

$$\begin{cases} x_{c,i+1|k}=A_{c,i|k}x_{c,i|k}+B_{c,i|k}y_{i|k} \\ u_{i|k}=C_{c,i|k}x_{c,i|k}+D_{c,i|k}y_{i|k} \end{cases} \tag{8.32}$$

其中

$$\begin{cases} A_{c,i|k}=\sum_{l=1}^{L}\sum_{j=1}^{L}\omega_{l,i|k}\omega_{j,i|k}\bar{A}_{c,k}^{lj} \\ B_{c,i|k}=\sum_{l=1}^{L}\omega_{l,i|k}\bar{B}_{c,k}^{l} \\ C_{c,i|k}=\sum_{j=1}^{L}\omega_{j,i|k}\bar{C}_{c,k}^{j} \\ D_{c,i|k}=\bar{D}_{c,k} \end{cases} \tag{8.33}$$

注解8.3 对于线性准多胞模型，由于 $\omega_{l,k}$ 已知，可利用 $\{\bar{A}_c^{lj},\bar{B}_c^{l},\bar{C}_c^{j},\bar{D}_c\}_k$ 计算参数依赖的 $\{A_c,B_c,C_c\}_k$。这样的 $\{A_c,B_c,C_c\}_k$ 可以采用凸优化同时得出 $\{\bar{A}_c^{lj},\bar{B}_c^{l},\bar{C}_c^{j},\bar{D}_c\}_k$。因此，参数依赖形式的 $\{A_c,B_c,C_c\}_k$ 要明显优于非参数依赖的 $\{A_c,L_c,F_x\}_k$。

定义扩展状态 $\tilde{x}=\begin{bmatrix} x \\ x_c \end{bmatrix}$。利用式(8.1)和式(8.3), 扩展闭环系统为

$$\tilde{x}_{k+1}=\Phi_k\tilde{x}_k+\Gamma_k w_k \tag{8.34}$$

其中

$$\Phi_k=\begin{bmatrix} A_k+B_kD_{c,k}C_k & B_kC_{c,k} \\ B_{c,k}C_k & A_{c,k} \end{bmatrix},\quad \Gamma_k=\begin{bmatrix} B_kD_{c,k}E_k+D_k \\ B_{c,k}E_k \end{bmatrix}$$

基于式(8.34)的预测方程为

$$\tilde{x}_{i+1|k}=\Phi_{i,k}\tilde{x}_{i|k}+\Gamma_{i,k}w_{i|k} \tag{8.35}$$

其中

$$\Phi_{i,k}=\begin{bmatrix} A_{i|k}+B_{i|k}D_{c,i|k}C_{i|k} & B_{i|k}C_{c,i|k} \\ B_{c,i|k}C_{i|k} & A_{c,i|k} \end{bmatrix},\quad \Gamma_{i,k}=\begin{bmatrix} B_{i|k}D_{c,i|k}E_{i|k}+D_{i|k} \\ B_{c,i|k}E_{i|k} \end{bmatrix}$$

利用式(8.33)，得到：

$$\Phi_{i,k}=\sum_{l=1}^{L}\omega_{l,i|k}\sum_{j=1}^{L}\omega_{j,i|k}\Phi_{lj,k},\quad \Gamma_{i,k}=\sum_{l=1}^{L}\omega_{l,i|k}\sum_{j=1}^{L}\omega_{j,i|k}\Gamma_{lj,k}$$

$$\Phi_{lj,k}=\begin{bmatrix} A_l+B_l\bar{D}_{c,k}C_j & B_l\bar{C}_{c,k}^j \\ \bar{B}_{c,k}^lC_j & \bar{A}_{c,k}^{lj} \end{bmatrix},\quad \Gamma_{lj,k}=\begin{bmatrix} B_l\bar{D}_{c,k}E_j+D_l \\ \bar{B}_{c,k}^lE_j \end{bmatrix}$$

为了简化和统一表达，经常采用以下参数混用：

(1) 混用 $A_{c,k}$、$A_{c,i|k}$、$\bar{A}_{c,k}^{lj}$ 和 $\hat{A}_{c,k}^{lj}$；

(2) 混用 $L_{c,k}$、$B_{c,i|k}$、$\bar{B}_{c,k}^{l}$ 和 $\hat{B}_{c,k}^{l}$；

(3) 混用 $F_{x,k}$、$C_{c,i|k}$、$\bar{C}_{c,k}^{j}$ 和 $\hat{C}_{c,k}^{j}$；

(4) 混用 $F_{y,k}$、$D_{c,i|k}$、$\bar{D}_{c,k}$ 和 $\hat{D}_{c,k}$。

实际场景中到底采用了哪些参数，读者可根据处理的是线性多胞模型还是线性准多胞模型，进行灵活切换。

8.2　稳定性和最优性的描述

考虑闭环系统式(8.31)和系统式(8.35),两者具有相同的形式,它们都具有双凸组合(即凸组合系数 $\omega_{l,i|k}$ 和 $\omega_{j,i|k}$）的不确定参数矩阵。这里借用文献 [43] 和 [44] 中的二次有界性概念来描述式(8.31)和式(8.35)的稳定性。

8.2.1　二次有界性回顾

在文献 [43] 中，考虑了标称模型：

$$x_{k+1}=Ax_k+Dv_k \tag{8.36}$$

其中，A 和 D 为时不变（固定）矩阵；$v\in\mathbb{R}^{n_v}$ 为噪声。在文献 [43] 中，假设 $v\in\mathbb{V}$，其中 $\mathbb{V}$ 为紧集（有界闭集）且 $\mathbb{V}\subset\mathbb{R}^{n_v}$。

定义 8.1 [43]　如果

$$x^{\mathrm{T}}Px\geqslant 1\ \Rightarrow\ (Ax+Dv)^{\mathrm{T}}P(Ax+Dv)\leqslant x^{\mathrm{T}}Px,\quad \forall v\in\mathbb{V}$$

则称系统式(8.36)为关于 Lyapunov 矩阵 $P>0$ 二次有界。

如果

$$x^{\mathrm{T}}Px>1\ \Rightarrow\ (Ax+Dv)^{\mathrm{T}}P(Ax+Dv)<x^{\mathrm{T}}Px,\quad \forall v\in\mathbb{V}$$

则称系统式(8.36)为关于 Lyapunov 矩阵$P>0$ 严格二次有界。

引理 8.1 [43] 假设存在 $\xi \in \mathbb{V}$ 使得 $D\xi \neq 0$。如果式(8.36)关于 Lyapunov 矩阵 $P>0$ 二次有界，则它关于相同的 Lyapunov 矩阵为严格二次有界。

定义 8.2 如果

$$x \in \mathbb{S} \Rightarrow (Ax+Dv) \in \mathbb{S}, \quad \forall v \in \mathbb{V}$$

则称集合 $\mathbb{S}$ 为式(8.36)的鲁棒正不变集。

定理 8.2 [43] 假设 $v \in \varepsilon_{P_v}$，其中 $P_v>0$。下述事实等价：

(1) 式(8.36)关于 Lyapunov 矩阵 $P>0$ 二次有界；

(2) 式(8.36)关于 Lyapunov 矩阵 $P>0$ 严格二次有界；

(3) 椭圆 ε_P 为式(8.36)的鲁棒正不变集；

(4) $x^{\mathrm{T}}Px \geqslant v^{\mathrm{T}}P_v v \Rightarrow (Ax+Dv)^{\mathrm{T}}P(Ax+Dv) \leqslant x^{\mathrm{T}}Px$；

(5) 存在 $\alpha>0$ 使得

$$\begin{bmatrix} (1-\alpha)P - A^{\mathrm{T}}PA & \star \\ -D^{\mathrm{T}}PA & \alpha P_v - D^{\mathrm{T}}PD \end{bmatrix} \geqslant 0 \tag{8.37}$$

(6) A 指数稳定 (即存在 $\bar{P}>0$，使得 $\bar{P} - A^{\mathrm{T}}\bar{P}A > 0$)。

在文献 [44] 中，考虑了不确定参数模型

$$x_{k+1} = A_k x_k + D_k v_k \tag{8.38}$$

其中，$[A_k|D_k]$ 属于已知的有界集，即 $[A_k|D_k] \in \mathscr{P}$（$k \geqslant 0$），并且至少有一个 $[A|D] \in \mathscr{P}$ 中 $D \neq 0$。

定义 8.3 [44] 假设在式(8.38)中，$v_k \in \varepsilon_{P_v}$（$k \geqslant 0$）。如果

$$x^{\mathrm{T}}Px > 1 \Rightarrow (Ax+Dv)^{\mathrm{T}}P(Ax+Dv) < x^{\mathrm{T}}Px, \quad \forall v \in \varepsilon_{P_v}, \quad \forall [A|D] \in \mathscr{P}$$

则称系统式(8.38)关于公共 Lyapunov 矩阵 $P>0$ 严格二次有界。

由于至少有一个 $[A|D] \in \mathscr{P}$ 中 $D \neq 0$，并且 $v \in \varepsilon_{P_v}$，故存在 $Dv \neq 0$。类似引理 8.1，如果式(8.38)关于 Lyapunov 矩阵 $P>0$ 二次有界，则它关于相同的 Lyapunov 矩阵严格二次有界。二次有界性的定义与定义 8.1相似。

定义 8.4 假设在式(8.38)中，$v_k \in \varepsilon_{P_v}$（$k \geqslant 0$）。如果

$$x \in \mathbb{S} \Rightarrow (Ax+Dv) \in \mathbb{S}, \quad \forall v \in \varepsilon_{P_v}, \quad \forall [A|D] \in \mathscr{P}$$

则集合 $\mathbb{S}$ 是式(8.38)的正不变集。

定理 8.3 [44] 假设在式(8.38)中，$v_k \in \varepsilon_{P_v}$（$k \geqslant 0$）。以下事实等价：

(1) 式(8.38)关于公共 Lyapunov 矩阵 $P>0$ 严格二次有界；

(2) 椭圆 ε_P 为式(8.38)的正不变集；

(3) 存在 $\alpha_k \in (0,1)$，使得

$$\begin{bmatrix} (1-\alpha_k)P - A_k^{\mathrm{T}}PA_k & \star \\ -D_k^{\mathrm{T}}PA_k & \alpha_k P_v - D_k^{\mathrm{T}}PD_k \end{bmatrix} \geqslant 0 \tag{8.39}$$

注意，在上述定理中，需要使用时变 α_k。

8.2.2 稳定性条件

在本章的输出反馈预测控制中，QB 等价于严格 QB [45]。对于闭环系统式(8.31)和系统式(8.35)，通过推广 8.2.1节的结果，可以得到以下结论。

定义 8.5 （对线性准多胞模型首见文献 [41] 和 [42]，对线性多胞模型首见文献 [39] 和 [46]）假设（参考假设 1.1 和假设 1.2）在 k 时刻，对于所有 $i \geqslant 0$，以下条件满足：

(1) $\|w_{i|k}\| \leqslant 1$；

(2) 存在非负系数 $\omega_{l,i|k}$，$l = 1, 2, \cdots, L$，使得

$$\sum_{l=1}^{L} \omega_{l,i|k} = 1, \quad [A|B|C|D|E]_{i|k} = \sum_{l=1}^{L} \omega_{l,i|k}[A_l|B_l|C_l|D_l|E_l]$$

如果

$$\|\tilde{x}_{i|k}\|_{M_k}^2 \geqslant 1 \ \Rightarrow \ \|\tilde{x}_{i+1|k}\|_{M_k}^2 \leqslant \|\tilde{x}_{i|k}\|_{M_k}^2, \quad \forall i \geqslant 0 \tag{8.40}$$

则系统式(8.31)或系统式(8.35)关于公共 Lyapunov 矩阵 $M_k > 0$ 二次有界。

定义 8.6 定义 8.5中的假设满足。如果

$$\tilde{x}_{i|k} \in \mathbb{S} \ \Rightarrow \ \tilde{x}_{i+1|k} \in \mathbb{S}, \quad \forall i \geqslant 0$$

则称集合 $\mathbb{S}$ 为式(8.31)或式(8.35)的正不变集。

定理 8.4 （对线性多胞模型首见文献 [39] 和 [40]，对线性准多胞模型首见文献 [47] 和 [42]）定义 8.5中的假设满足。以下事实等价：

(1) 式(8.31)或式(8.35)关于公共 Lyapunov 矩阵 $M_k > 0$ 二次有界；

(2) 椭圆 ε_{M_k} 为式(8.31)或式(8.35)的正不变集；

(3) 存在 $\alpha_{i,k} \in (0,1)$，使得

$$\begin{bmatrix} (1-\alpha_{i,k})M_k - \Phi_{i,k}^{\mathrm{T}} M_k \Phi_{i,k} & \star \\ -\Gamma_{i,k}^{\mathrm{T}} M_k \Phi_{i,k} & \alpha_{i,k} I - \Gamma_{i,k}^{\mathrm{T}} M_k \Gamma_{i,k} \end{bmatrix} \geqslant 0, \quad i \geqslant 0 \tag{8.41}$$

(4) 对所有 $i > 0$ 时，$\Phi_{i,k}$ 指数稳定（即存在 $\bar{M}_k > 0$ 使得 $\bar{M}_k - \Phi_{i,k}^{\mathrm{T}} \bar{M}_k \Phi_{i,k} > 0$）。

在文献 [48] 中，单值 α 首次替换为

$$\alpha_{i,k} = \sum_{l=1}^{L} \sum_{j=1}^{L} \omega_{l,i|k} \omega_{j,i|k} \alpha_{lj}$$

8.2.3 最优性条件

方程(8.31)或方程(8.35)的无干扰形式为

$$\tilde{x}_{\mathrm{u},i+1|k} = \Phi_{i,k} \tilde{x}_{\mathrm{u},i|k}, \quad \forall i \geqslant 0, \quad \tilde{x}_{\mathrm{u},0|k} = \tilde{x}_k \tag{8.42}$$

对应地，有

$$u_{\mathrm{u},i|k} = F_{x,k} x_{c,\mathrm{u},i|k} + F_{y,k} y_{\mathrm{u},i|k}, \quad y_{\mathrm{u},i|k} = C_{i|k} x_{\mathrm{u},i|k}, \quad z_{\mathrm{u},i|k} = \mathcal{C}_{i|k} x_{\mathrm{u},i|k}, \quad z'_{\mathrm{u},i|k} = \mathcal{F}_{i|k} x_{\mathrm{u},i|k}$$

引入二次代价指标

$$J_k = \sum_{i=0}^{\infty} J_{i,k}, \quad J_{i,k} = \|z'_{\mathrm{u},i|k}\|_{\mathscr{Q}_1}^2 + \|x_{c,\mathrm{u},i|k}\|_{\mathscr{Q}_2}^2 + \|u_{\mathrm{u},i|k}\|_{\mathscr{R}}^2$$

其中，$\mathscr{Q}_1$、$\mathscr{Q}_2$ 和 $\mathscr{R}$ 是正定加权矩阵。考虑条件

$$\|\tilde{x}_{\mathrm{u},i+1|k}\|_{M_k}^2 - \|\tilde{x}_{\mathrm{u},i|k}\|_{M_k}^2 \leqslant -\frac{1}{\gamma_k} J_{i,k}, \quad \forall i \geqslant 0 \tag{8.43}$$

在定理 8.1中，已选取 $\mathscr{Q}_2=0$。当 $\Phi_{i,k}$ 指数稳定时，得到 $\lim_{i\to\infty} z'_{\mathrm{u},i|k}=0$、$\lim_{i\to\infty} x_{c,\mathrm{u},i|k}=0$ 和 $\lim_{i\to\infty} u_{\mathrm{u},i|k}=0$。因此，从 $i=0$ 到 $i=\infty$ 对式(8.43)进行加和，可以得到：

$$J_k\leqslant\gamma_k\|\tilde{x}_{\mathrm{u},0|k}\|^2_{M_k}=\gamma_k\|\tilde{x}_k\|^2_{M_k}\tag{8.44}$$

进一步，令

$$\tilde{x}_k\in\varepsilon_{M_k}\tag{8.45}$$

然后，对式(8.44)应用式(8.45)，得到：

$$J_k\leqslant\gamma_k\tag{8.46}$$

即 γ_k 为 J_k 的上界。因此，可取 γ_k 作为优化问题的性能指标来寻找控制器参数矩阵。

条件式(8.43)可以重写为

$$\tilde{x}^{\mathrm{T}}_{\mathrm{u},i|k}\Pi_{i,k}\tilde{x}_{\mathrm{u},i|k}\geqslant 0$$

其中，

$$\Pi_{i,k}=M_k-\Phi^{\mathrm{T}}_{i,k}M_k\Phi_{i,k}-\frac{1}{\gamma_k}\mathrm{diag}\{\mathcal{F}^{\mathrm{T}}_{i|k}\mathscr{Q}_1\mathcal{F}_{i|k},\mathscr{Q}_2\}-\frac{1}{\gamma_k}\begin{bmatrix}F_{y,k}C_{i|k} & F_{x,k}\end{bmatrix}^{\mathrm{T}}\mathscr{R}\begin{bmatrix}F_{y,k}C_{i|k} & F_{x,k}\end{bmatrix}$$

因此，式(8.43)通过 $\Pi_{i,k}\geqslant 0$ 得到保证。利用 Schur 补引理，$\Pi_{i,k}\geqslant 0$ 可转化为

$$\begin{bmatrix}M_k-\Phi^{\mathrm{T}}_{i,k}M_k\Phi_{i,k} & \star & \star\\ \mathscr{Q}^{1/2}\mathrm{diag}\{\mathcal{F}_{i|k},I\} & \gamma_k I & \star\\ \mathscr{R}^{1/2}\begin{bmatrix}F_{y,k}C_{i|k} & F_{x,k}\end{bmatrix} & 0 & \gamma_k I\end{bmatrix}\geqslant 0,\quad i\geqslant 0\tag{8.47}$$

其中，$\mathscr{Q}=\mathrm{diag}\{\mathscr{Q}_1,\mathscr{Q}_2\}$。

条件式(8.43)或条件式(8.47)是为了满足最优性，而不是为了得到稳定性。然而，如果

$$\mathrm{diag}\{\mathcal{F}^{\mathrm{T}}_{i|k}\mathscr{Q}_1\mathcal{F}_{i|k},\mathscr{Q}_2\}+\begin{bmatrix}F_{y,k}C_{i|k} & F_{x,k}\end{bmatrix}^{\mathrm{T}}\mathscr{R}\begin{bmatrix}F_{y,k}C_{i|k} & F_{x,k}\end{bmatrix}>0$$

则式(8.47)意味着 $\bar{M}_k-\Phi^{\mathrm{T}}_{i,k}\bar{M}_k\Phi_{i,k}>0$，即 $\Phi_{i,k}$ 指数稳定（参考定理 8.4第 (4) 点）。因此，可以通过施加条件（对线性多胞模型首见文献 [39] 和 [46]，对线性准多胞模型首见文献 [41] 和 [42]）：

$$\|\tilde{x}_{i|k}\|^2_{M_k}\geqslant 1\Rightarrow\|\tilde{x}_{i+1|k}\|^2_{M_k}-\|\tilde{x}_{i|k}\|^2_{M_k}\leqslant-\frac{1}{\gamma_k}\left[\|z'_{i|k}\|^2_{\mathscr{Q}_1}+\|x_{c,i|k}\|^2_{\mathscr{Q}_2}+\|u_{i|k}\|^2_{\mathscr{R}}\right],\quad\forall i\geqslant 0\tag{8.48}$$

将最优性和稳定性的条件结合在一起，很容易证明，在“对任意 $\tilde{x}_{i|k}$ 和 $w_{i|k}$”的意义下，式(8.48)等价于

$$\begin{bmatrix}(1-\alpha_{i,k})M_k-\Phi^{\mathrm{T}}_{i,k}M_k\Phi_{i,k} & \star & \star & \star\\ -\Gamma^{\mathrm{T}}_{i,k}M_k\Phi_{i,k} & \alpha_{i,k}I-\Gamma^{\mathrm{T}}_{i,k}M_k\Gamma_{i,k} & \star & \star\\ \mathscr{Q}^{1/2}\mathrm{diag}\{\mathcal{F}_{i|k},I\} & \mathscr{Q}^{1/2}\begin{bmatrix}\mathcal{G}_{i|k}\\ 0\end{bmatrix} & \gamma_k I & \star\\ \mathscr{R}^{1/2}\begin{bmatrix}F_{y,k}C_{i|k} & F_{x,k}\end{bmatrix} & \mathscr{R}^{1/2}F_{y,k}E_{i|k} & 0 & \gamma_k I\end{bmatrix}\geqslant 0,\quad i\geqslant 0\tag{8.49}$$

注解 8.4 显然，如果式(8.49)可行，则式(8.41)和式(8.47)可行。当 γ_k 自由（即作为一个决策变量）时，如果式(8.41)可行，则式(8.47)和式(8.49)可行。因此，关于可行性方面，式(8.49)和式(8.41)是等价的。

8.2.4　状态收敛的悖论

考虑条件组 {式(8.45), 式(8.49)} 或 {式(8.45), 式(8.41)}。条件式(8.49)或条件式(8.41)表明如果扩展状态 $\tilde{x}_k$ 位于椭圆 ε_{M_k} 外部，则 $\tilde{x}_{i|k}$ 将随着 $i \geqslant 0$ 的增大收敛到 ε_{M_k}。然而，条件式(8.45)需要满足初始扩展状态在椭圆 ε_{M_k} 的内部。当条件式(8.45)满足时，条件式(8.49)或条件式(8.41)不能保证 $\tilde{x}_{i|k}$ 的收敛；条件式(8.49)或条件式 (8.41)仅保证 $\tilde{x}_{i|k}$ 在椭圆 ε_{M_k} 内的不变性。

尽管不能保证 $\tilde{x}_{i|k}$ 收敛，但当 $\|\tilde{x}_k\|$ 较大时（对线性多胞模型首见文献 [48]，对线性准多胞模型首见文献 [49]）$\tilde{x}_{i|k}$ 仍会收敛，主要原因在于式(8.49)或式(8.41)是鲁棒条件。

我们来改进上述条件：如果扩展状态 $\tilde{x}_k$ 位于 $\varepsilon_{\beta_k^{-1}M_k}$ 的外部，则 $\tilde{x}_{i|k}$ 会随着 $i \geqslant 0$ 的增加收敛到 $\varepsilon_{\beta_k^{-1}M_k}$。由于 $0<\beta_k \leqslant 1$，所以 $\varepsilon_{\beta_k^{-1}M_k}$ 是一个不比 ε_{M_k} 大的椭圆（对线性多胞模型首见文献 [46], 对线性准多胞模型首见文献 [41] 和 [49]）。利用该 β_k，将式(8.40)改为

$$\|\tilde{x}_{i|k}\|_{M_k}^2 \geqslant \beta_k \ \Rightarrow\ \|\tilde{x}_{i+1|k}\|_{M_k}^2 \leqslant \|\tilde{x}_{i|k}\|_{M_k}^2,\quad \forall i \geqslant 0 \tag{8.50}$$

在“对任意 $\tilde{x}_{i|k}$ 和 $w_{i|k}$”的意义下，式 (8.50) 等价于

$$\begin{bmatrix} (1-\alpha_{i,k})M_k - \varPhi_{i,k}^{\mathrm{T}} M_k \varPhi_{i,k} & \star \\ -\varGamma_{i,k}^{\mathrm{T}} M_k \varPhi_{i,k} & \alpha_{i,k}\beta_k I - \varGamma_{i,k}^{\mathrm{T}} M_k \varGamma_{i,k} \end{bmatrix} \geqslant 0,\quad i \geqslant 0 \tag{8.51}$$

还可将式(8.48)改为

$$\|\tilde{x}_{i|k}\|_{M_k}^2 \geqslant \beta_k \Rightarrow \|\tilde{x}_{i+1|k}\|_{M_k}^2 - \|\tilde{x}_{i|k}\|_{M_k}^2 \leqslant -\frac{1}{\gamma_k}\left[\|z'_{i|k}\|_{\mathscr{Q}_1}^2 + \|x_{c,i|k}\|_{\mathscr{Q}_2}^2 + \|u_{i|k}\|_{\mathscr{R}}^2\right],\quad \forall i \geqslant 0 \tag{8.52}$$

在“对任意 $\tilde{x}_{i|k}$ 和 $w_{i|k}$”的意义下，式 (8.52) 等价于

$$\begin{bmatrix} (1-\alpha_{i,k})M_k - \varPhi_{i,k}^{\mathrm{T}} M_k \varPhi_{i,k} & \star & \star & \star \\ -\varGamma_{i,k}^{\mathrm{T}} M_k \varPhi_{i,k} & \alpha_{i,k}\beta_k I - \varGamma_{i,k}^{\mathrm{T}} M_k \varGamma_{i,k} & \star & \star \\ \mathscr{Q}^{1/2}\mathrm{diag}\{\mathcal{F}_{i|k}, I\} & \mathscr{Q}^{1/2}\begin{bmatrix} \mathcal{G}_{i|k} \\ 0 \end{bmatrix} & \gamma_k I & \star \\ \mathscr{R}^{1/2}\begin{bmatrix} F_{y,k}C_{i|k} & F_{x,k} \end{bmatrix} & \mathscr{R}^{1/2} F_{y,k} E_{i|k} & 0 & \gamma_k I \end{bmatrix} \geqslant 0,\quad i \geqslant 0 \tag{8.53}$$

由于 β_k 在式 (8.51) 或式 (8.53) 中的特殊位置，将 $\beta_k \in (0,1]$ 作为一个自由变量不会影响 γ_k 的最小化，也不影响优化可行性。建议在最小化 γ_k 之后，再最小化 β_k（对线性多胞模型首见文献 [48]，对线性准多胞模型首见文献 [49]）。如果控制器参数矩阵在最小化 β_k 时没有被重新优化，那么很容易知道并不需要 β_k，即可以将 β_k 移除。

8.3　优化问题的一般性处理

输出反馈鲁棒预测控制在每个 k 时刻求解：

$$\min_{\{\gamma,M,A_c,L_c,F_x,F_y\}_k} \left\{ \max_{[A|B|C|D|E|\mathcal{C}|\mathcal{E}|\mathcal{F}|\mathcal{G}]_{i|k}\in\Omega,\|w_{i|k}\|\leqslant 1} \gamma_k \right\} \ \text{s.t. 式(8.26), 式(8.45), 式(8.40), 式(8.43)} \tag{8.54}$$

引理 8.2　（对线性多胞模型首见文献 [48], 对线性准多胞模型首见文献 [47] 和 [49]）（递推可行性）假设状态 x 可测。在每一时刻 $k \geqslant 0$，求解式(8.54)且实施 u_k。问题(8.54)对任何 $k>0$ 可行，当且仅当其在 $k=0$ 时可行。

定理 8.5 （对线性准多胞模型首见文献 [49]，对线性多胞模型首见文献 [48]）（稳定性）假设状态 x 可测。在每一 $k \geqslant 0$ 时刻，求解式(8.54)并实施 u_k。如果在 $k=0$ 时式(8.54)可行，则随着时间 k 变化，$\{\gamma, z', x_c, u\}$ 将收敛到平衡点的某个邻域附近，然后停留在该邻域内部，并且式(8.26)中的约束在所有 $k \geqslant 0$ 时刻满足。

据上可知，式(8.54)转化为（在“对任意 $\tilde{x}_{i|k}$ 和 $w_{i|k}$”的意义下等价于）

$$\begin{gathered}\min_{\{\gamma,\alpha_{lj},M,A_c,L_c,F_x,F_y\}_k} \left\{ \max_{[A|B|C|D|E|\mathcal{C}|\mathcal{E}|\mathcal{F}|\mathcal{G}]_{i|k} \in \Omega} \gamma_k \right\} \\ \text{s.t. 式(8.26), 式(8.45), 式(8.41), 式(8.47)}\end{gathered} \tag{8.55}$$

并且保持着递推可行性和稳定性。

8.3.1 物理约束处理

在文献 [50] 和 [51] 中，利用以下引理来处理物理约束（如 x、y 和 u 的幅值约束）。

引理 8.3 假设 a 和 b 是适当维数的向量，则对于任意标量 $\eta \in (0,1)$，$\|a+b\|^2 \leqslant (1-\eta)\|a\|^2 + \dfrac{1}{\eta}\|b\|^2$。

在文献 [5]、[7]、[52] 和 [53] 中，发现应用上述引理虽然简单，但能大大降低物理约束处理的保守性。本质上，物理约束处理是基于 $\tilde{x}_{i|k}$ 在 ε_{M_k} 中的不变性。

定理 8.6 （对线性多胞模型首见文献 [52] 和 [5]，对线性准多胞模型首见文献 [38]）假设在 k 时刻，存在标量 $\alpha_{i,k} \in (0,1)$ 和 η_{rs} 以及矩阵 $M_k > 0$，使得式(8.45)和式(8.41)成立且

$$\begin{bmatrix} M_k & \star & \star \\ 0 & I & \star \\ \dfrac{1}{\sqrt{1-\eta_{1s}}}\xi_s \begin{bmatrix} F_{y,k}C_{i|k} & F_{x,k} \end{bmatrix} & \dfrac{1}{\sqrt{\eta_{1s}}}\xi_s F_{y,k} E_{i|k} & \bar{u}_s^2 \end{bmatrix} \geqslant 0, \quad s=1,2,\cdots,n_u, \ i \geqslant 0 \tag{8.56}$$

$$\begin{gathered}\begin{bmatrix} M_k & \star & \star \\ 0 & I & \star \\ \dfrac{1}{\sqrt{(1-\eta_{2s})(1-\eta_{3s})}}\Psi_s \mathcal{C}_{i+1|k}\Phi_{i,k}^1 & \dfrac{1}{\sqrt{(1-\eta_{2s})\eta_{3s}}}\Psi_s \mathcal{C}_{i+1|k}\Gamma_{i,k}^1 & \bar{\psi}_s^2 - \dfrac{1}{\eta_{2s}}\Psi_s \mathcal{E}_{i+1|k}\mathcal{E}_{i+1|k}^{\mathrm{T}}\Psi_s^{\mathrm{T}} \end{bmatrix} \geqslant 0 \\ s=1,2,\cdots,q, \quad i \geqslant 0\end{gathered} \tag{8.57}$$

其中，$\Phi_{i,k}^1$（$\Gamma_{i,k}^1$）是 $\Phi_{i,k}$（$\Gamma_{i,k}$）两行中的第一行。注意以下特殊情况：

(1) 如果 $\mathcal{E}_{i+1|k} = 0$，则取 $\dfrac{1}{\eta_{2s}}\Psi_s \mathcal{E}_{i+1|k}\mathcal{E}_{i+1|k}^{\mathrm{T}}\Psi_s^{\mathrm{T}} = 0$ 和 $\eta_{2s} = 0$；

(2) 如果 $E_{i|k} = 0$，则取 $\dfrac{1}{\sqrt{\eta_{1s}}}\xi_s F_{y,k} E_{i|k} = 0$ 和 $\eta_{1s} = 0$；

(3) 如果 $D_{i|k} = 0$ 和 $E_{i|k} = 0$，则取 $\dfrac{1}{\sqrt{\eta_{3s}}}\Psi_s \mathcal{C}_{i+1|k}\Gamma_{i,k}^1 = 0$ 和 $\eta_{3s} = 0$。

因此，式(8.26)满足。

在上述的定理中，可以选取 η_{rs} 为时变。然而，我们还未找到好的方法在线优化 η_{rs}，因此选取 η_{rs} 为时不变。

根据定理 8.6，问题(8.55)近似为（并不是等价于）

$$\begin{gathered}\min_{\{\gamma,\alpha_{lj},M,A_c,L_c,F_x,F_y\}_k} \left\{ \max_{[A|B|C|D|E|\mathcal{C}|\mathcal{E}|\mathcal{F}|\mathcal{G}]_{i|k} \in \Omega} \gamma_k \right\} \\ \text{s.t. 式(8.45), 式(8.41), 式(8.47), 式(8.56), 式(8.57)}\end{gathered} \tag{8.58}$$

且保持递推可行性和鲁棒稳定性。在式(8.58)中，η_{rs} 预先给定（对线性多胞模型首见文献 [52] 和 [5]，对线性准多胞模型见文献 [38]）。

8.3.2 当前扩展状态

条件式(8.45)（即 $\|\tilde{x}_k\|^2_{M_k} \leqslant 1$ 或 $\tilde{x}_k \in \varepsilon_{M_k}$）为当前扩展状态约束。在 k 时刻，$\tilde{x}_k = [x_k^{\mathrm{T}}, x_{c,k}^{\mathrm{T}}]^{\mathrm{T}}$ 中的 x_k 可以为不可测，但是 $x_{c,k}$ 已知。当 x_k 不可测时，需要将其从式(8.45)中移除，以便求解式(8.58)。

定义误差信号为

$$e_k = x_k - x_{0,k}$$

其中

$$x_{0,k} = U_k x_{c,k}$$

U_k 是已知的变换矩阵。当 $U_k = I$ 时，定义 e_k 是常见的；当 $U_k = E_0^{\mathrm{T}}$ 固定时，参见文献 [54] 和 [7]；当 U_k 在线更新时，对线性多胞模型首见文献 [55] 和 [5]，对线性准多胞模型见文献 [38]。当 x_k 不可测时，e_k 是未知的（不确定的）。如果能够获得 e_k 外包集，记为 $\mathscr{D}_{e,k}$，则可以利用 $x_{0,k} \bigoplus \mathscr{D}_{e,k}$ 去代替 x_k。由于 $\mathscr{D}_{e,k}$ 是已知的（确定的），当 x_k 被 $x_{0,k} \bigoplus \mathscr{D}_{e,k}$ 替换时，则式(8.45)变为确定的。

利用 $x = e + Ux_c$，可得

$$\begin{aligned}\tilde{x}^{\mathrm{T}} M \tilde{x} =& (e+Ux_c)^{\mathrm{T}} M_1 (e+Ux_c) + 2(e+Ux_c)^{\mathrm{T}} M_2^{\mathrm{T}} x_c + x_c^{\mathrm{T}} M_3 x_c \\ =& e^{\mathrm{T}} M_1 e + 2e^{\mathrm{T}}(M_1 U + M_2^{\mathrm{T}}) x_c + x_c^{\mathrm{T}}(U^{\mathrm{T}} M_1 U + 2U^{\mathrm{T}} M_2^{\mathrm{T}} + M_3) x_c\end{aligned} \tag{8.59}$$

如果移除交叉项 $2e^{\mathrm{T}}(M_1U + M_2^{\mathrm{T}})x_c$，那么式(8.45)的处理将变得更容易，而且所得到的优化问题的递推可行性处理将变得更为简单。

引理 8.4　*为了移除 $\tilde{x}^{\mathrm{T}} M \tilde{x}$ 中的交叉项 $2e^{\mathrm{T}}(M_1U + M_2^{\mathrm{T}})x_c$，需要选取 $U = -M_1^{-1}M_2^{\mathrm{T}}$。*

对于线性准多胞模型，文献 [47] 和 [42] 首先令 $M_2 = -M_1$，而文献 [38] 首先令 $U = -M_1^{-1}M_2^{\mathrm{T}}$，都移除了交叉项。针对线性多胞模型，文献 [48] 首先令 $M_2 = -M_1$，文献 [54] 和 [7] 首先令 $M_2 = -E_0 M_1$，而文献 [55] 和 [5] 首先令 $U = -M_1^{-1}M_2^{\mathrm{T}}$，也都移除了交叉项。

将 $U = -M_1^{-1}M_2^{\mathrm{T}}$ 代入式(8.59)，得到:

$$\tilde{x}^{\mathrm{T}} M \tilde{x} = e^{\mathrm{T}} M_1 e + x_c^{\mathrm{T}}(M_3 - U^{\mathrm{T}} M_1 U) x_c \tag{8.60}$$

通过引入标量 ϱ_k，并且满足:

$$e_k^{\mathrm{T}} M_{1,k} e_k \leqslant \varrho_k \tag{8.61}$$

$$x_{c,k}^{\mathrm{T}}[M_{3,k} - U_k^{\mathrm{T}} M_{1,k} U_k] x_{c,k} \leqslant 1 - \varrho_k \tag{8.62}$$

可以保证式(8.45)。如果能首先保证 $e_k \in \varepsilon_{M_{e,k}}$，则条件式(8.61)通过式(8.7)得到保证。在每一 $k > 0$ 时刻适当更新 $M_{e,k}$，则条件 $e_k \in \varepsilon_{M_{e,k}}$ 能够得到保证。当然，对于初始时刻 $k = 0$，需要假设 $e_k \in \varepsilon_{M_{e,k}}$。

假设 8.1　$e_0 = x_0 - x_{0,0} \in \varepsilon_{M_{e,0}}$。

根据假设 8.1以及 $e_k \in \varepsilon_{M_{e,k}}$，问题(8.58) 近似为（并非等价于）

$$\begin{aligned}&\min_{\{\gamma, \alpha_{lj}, \varrho, M, A_c, L_c, F_x, F_y\}_k} \left\{ \max_{[A|B|C|D|E|\mathcal{C}|\mathcal{E}|\mathcal{F}|\mathcal{G}]_{i|k} \in \Omega} \gamma_k \right\} \\ &\text{s.t. 式(8.62), 式(8.7), 式(8.41), 式(8.47), 式(8.56), 式(8.57)}\end{aligned} \tag{8.63}$$

在适当更新 $M_{e,k}$ 的情况下，保持递推可行性和稳定性。

引理 8.5 （对线性准多胞模型，首见文献 [49] 中 $M_2=-M_1$，首见文献 [38] 中 $U=-M_1^{-1}M_2^{\mathrm{T}}$；对线性多胞模型，首见文献 [48] 中 $M_2=-M_1$，首见文献 [54] 和 [7] 中 $M_2=-E_0M_1$，首见文献 [55] 和 [5] 中 $U=-M_1^{-1}M_2^{\mathrm{T}}$。） 在每个时刻 $k>0$，

(1) 如果选择式(8.12)～ 式(8.14)，则式(8.7)和式(8.62)由如下等式来满足：

$$M_{1,k}=\varrho_kM_{e,k},\quad x_{c,k}^{\mathrm{T}}\left[M_{3,k}-U_k^{\mathrm{T}}M_{1,k}U_k\right]x_{c,k}=1-\varrho_k$$

(2) 如果选择式(8.15)～ 式(8.18)，则式(8.7)和式(8.62)由如下等式来满足：

$$M_{1,k}=\varrho_k'M_{e,k}',\quad x_{c,k}^{\mathrm{T}}\left[M_{3,k}'-(U_k')^{\mathrm{T}}M_{1,k}U_k'\right]x_{c,k}=1-\varrho_k'$$

8.3.3 一些常用的变换

为了求解式(8.63)，需要将式(8.41)和式(8.47)变换为熟悉（如相比于文献 [17]）的形式。定义 $Q=M^{-1}$ 和

$$Q=\begin{bmatrix}Q_1 & Q_2^{\mathrm{T}}\\ Q_2 & Q_3\end{bmatrix}$$

利用 Schur 补引理，式(8.41)变换为

$$\begin{bmatrix}(1-\alpha_{i,k})M_k & \star & \star\\ 0 & \alpha_{i,k}I & \star\\ \varPhi_{i,k} & \varGamma_{i,k} & Q_k\end{bmatrix}\geqslant 0,\quad i\geqslant 0 \tag{8.64}$$

利用 Schur 补引理，式(8.47)变换为

$$\begin{bmatrix}M_k & \star & \star & \star\\ \varPhi_{i,k} & Q_k & \star & \star\\ \mathscr{Q}^{1/2}\mathrm{diag}\{\mathcal{F}_{i|k},I\} & 0 & \gamma_kI & \star\\ \mathscr{R}^{1/2}\begin{bmatrix}F_{y,k}C_{i|k} & F_{x,k}\end{bmatrix} & 0 & 0 & \gamma_kI\end{bmatrix}\geqslant 0,\quad i\geqslant 0 \tag{8.65}$$

然后需要移除或者处理式(8.64)、式 (8.65)、式 (8.56)、式(8.57)中的凸组合。利用双凸组合 (double convex combinations, DbCCs)，式(8.64)和式(8.65)分别等价于

$$\sum_{l=1}^{L}\sum_{j=1}^{L}\omega_{l,i|k}\omega_{j,i|k}\varUpsilon_{lj,k}^{\mathrm{QB}}\geqslant 0,\quad i\geqslant 0 \tag{8.66}$$

和

$$\sum_{l=1}^{L}\sum_{j=1}^{L}\omega_{l,i|k}\omega_{j,i|k}\varUpsilon_{lj,k}^{\mathrm{opt}}\geqslant 0,\quad i\geqslant 0 \tag{8.67}$$

其中

$$\varUpsilon_{lj,k}^{\mathrm{QB}}=\begin{bmatrix}(1-\alpha_{lj})M_k & \star & \star\\ 0 & \alpha_{lj}I & \star\\ \varPhi_{lj,k} & \varGamma_{lj,k} & Q_k\end{bmatrix},\quad \varUpsilon_{lj,k}^{\mathrm{opt}}=\begin{bmatrix}M_k & \star & \star & \star\\ \varPhi_{lj,k} & Q_k & \star & \star\\ \mathscr{Q}^{1/2}\mathrm{diag}\{\mathcal{F}_j,I\} & 0 & \gamma_kI & \star\\ \mathscr{R}^{1/2}\begin{bmatrix}F_{y,k}C_j & F_{x,k}\end{bmatrix} & 0 & 0 & \gamma_kI\end{bmatrix}$$

通过移除单凸组合，式(8.56)由以下不等式来保证：

$$\Upsilon_{j,k}^{u} \geqslant 0,\ \ j=1,2,\cdots,L,\ s=1,2,\cdots,n_u,\ i\geqslant 0 \tag{8.68}$$

其中

$$\Upsilon_{j,k}^{u}=\begin{bmatrix} M_k & \star & \star \\ 0 & I & \star \\ \frac{1}{\sqrt{1-\eta_{1s}}}\xi_s\left[\begin{array}{cc} F_{y,k}C_j & F_{x,k}\end{array}\right] & \frac{1}{\sqrt{\eta_{1s}}}\xi_s F_{y,k}E_j & \bar{u}_s^2 \end{bmatrix}$$

通过移除单凸组合、利用 DbCCs，式(8.57)由式 (8.69) 来保证：

$$\sum_{l=1}^{L}\sum_{j=1}^{L}\omega_{l,i|k}\omega_{j,i|k}\Upsilon_{hlj,k}^{z}\geqslant 0,\ \ h=1,2,\cdots,L,\ s=1,2,\cdots,q,\ i\geqslant 0 \tag{8.69}$$

其中

$$\Upsilon_{hlj,k}^{z}=\begin{bmatrix} M_k & \star & \star \\ 0 & I & \star \\ \frac{1}{\sqrt{(1-\eta_{2s})(1-\eta_{3s})}}\Psi_s\mathcal{C}_h\Phi_{lj,k}^{1} & \frac{1}{\sqrt{(1-\eta_{2s})\eta_{3s}}}\Psi_s\mathcal{C}_h\Gamma_{lj,k}^{1} & \bar{\psi}_s^2-\frac{1}{\eta_{2s}}\Psi_s\mathcal{E}_h\mathcal{E}_h^{\mathrm{T}}\Psi_s^{\mathrm{T}} \end{bmatrix}$$

据上可知，问题(8.63)近似为（并非严格等价于）

$$\begin{aligned} &\min_{\{\gamma,\alpha_{lj},\varrho,M,Q,A_c,L_c,F_x,F_y\}_k}\left\{\max_{[A|B|C|D|E|\mathcal{C}|\mathcal{E}|\mathcal{F}|\mathcal{G}]_{i|k}\in\Omega}\gamma_k\right\} \\ &\text{s.t. 式(8.62), 式(8.7), 式(8.66)} \sim \text{式(8.69) 和 } Q=M^{-1} \end{aligned} \tag{8.70}$$

在 $M_{e,k}$ 适当更新的情况下，保持递推可行性和稳定性。

8.3.4　双凸组合处理

在基于 Takagi–Sugeno 模型的模糊控制和鲁棒反馈控制文献中，双凸组合（如式(8.66)、式(8.67)、式(8.69)）已经被进行了广泛的研究。一些著名的例子包括文献 [56]（在预测控制文献 [47] 和 [39] 中采用)、文献 [57] 和 [58]（在预测控制文献 [54]、[40] 中采用)、文献 [59]（在预测控制文献 [42] 中采用)。

通过与文献 [57] 中的“定理 1”进行类比，可以得到下列结果。

引理 8.6 [40, 54]　条件

$$\sum_{l=1}^{L}\sum_{j=1}^{L}\omega_{l,i|k}\omega_{j,i|k}\Upsilon_{lj,k}\geqslant 0,\ \ i\geqslant 0 \tag{8.71}$$

成立当且仅当存在一个足够大的 $d\geqslant 0$，使得

$$\sum_{l=1}^{L}\mathcal{C}_l^{\ell}(d,2)\Upsilon_{ll,k}+\sum_{l=1}^{L-1}\sum_{j=l+1}^{L}\mathcal{C}_{lj}^{\ell}(d,1,1)\left[\Upsilon_{lj,k}+\Upsilon_{jl,k}\right]\geqslant 0,\quad \ell\in\{1,2,\cdots,|\mathcal{K}(d+2)|\} \tag{8.72}$$

此外，如果式(8.72)对 $d=\hat{d}$ 成立，那么其对任何 $d>\hat{d}$ 也成立。

在引理 8.6 中，可取 $\Upsilon_{lj,k}\in\{\Upsilon_{lj,k}^{\mathrm{QB}},\Upsilon_{lj,k}^{\mathrm{opt}},\Upsilon_{hlj,k}^{z}\}$。该引理已在定理 8.1中得到了应用。文献 [59] 中处理 DbCCs 正定性的技术，可以准确地用来得到式(8.71)中的 DbCCs 非负性的有限维充分条件。例如，式(8.71)可由下列任何一组条件来保证（见文献 [59] 中的“Proposition 2”)。

组 1：（$d=0$）① $\varUpsilon_{ll,k}\geqslant 0,\ l\in\{1,2,\cdots,L\}$；② $\varUpsilon_{lj,k}+\varUpsilon_{jl,k}\geqslant 0,\ j>l,\ l,j\in\{1,2,\cdots,L\}$。

组 2：（$d=1$）① $\varUpsilon_{ll,k}\geqslant 0,\ l\in\{1,2,\cdots,L\}$；② $\varUpsilon_{ll,k}+\varUpsilon_{lj,k}+\varUpsilon_{jl,k}\geqslant 0,\ j\neq l,\ l,j\in\{1,2,\cdots,L\}$；③ $\varUpsilon_{lj,k}+\varUpsilon_{jl,k}+\varUpsilon_{jt,k}+\varUpsilon_{tj,k}+\varUpsilon_{tl,k}+\varUpsilon_{lt,k}\geqslant 0,\ t>j>l,\ l,j,t\in\{1,2,\cdots,L\}$。

在组 1 和组 2 中，d 是复杂度参数[59]。d 越大，所得条件越不保守，但计算量越大。对于具体的模型，存在有限的 d，得到满足式(8.71)的充分必要条件。

8.4 优化问题的最终形式

对求解式(8.70)，线性多胞模型要比线性准多胞模型更加困难。对线性准多胞模型，令

$$Q=\begin{bmatrix} Q_1 & -(Q_1-M_1^{-1})M_1M_2^{-1} \\ -M_2^{-\mathrm{T}}M_1(Q_1-M_1^{-1}) & M_2^{-\mathrm{T}}M_1(Q_1-M_1^{-1})M_1M_2^{-1} \end{bmatrix} \tag{8.73}$$

$$M=\begin{bmatrix} M_1 & M_2^{\mathrm{T}} \\ M_2 & M_2(M_1-Q_1^{-1})^{-1}M_2^{\mathrm{T}} \end{bmatrix} \tag{8.74}$$

自然满足 $M=Q^{-1}$，并使用如下变换（等价于式(8.5)，为了简洁，“(k)”被省略）：

$$\begin{cases} \hat{D}_c=\bar{D}_c \\ \hat{C}_c^j=\bar{D}_cC_jQ_1+\bar{C}_c^jQ_2 \\ \hat{B}_c^l=M_1B_l\bar{D}_c+M_2^{\mathrm{T}}\bar{B}_c^l \\ \hat{A}_c^{lj}=M_1A_lQ_1+M_1B_l\bar{D}_cC_jQ_1+M_2^{\mathrm{T}}\bar{B}_c^lC_jQ_1+M_1B_l\bar{C}_c^jQ_2+M_2^{\mathrm{T}}\bar{A}_c^{lj}Q_2 \end{cases} \tag{8.75}$$

问题(8.70)的解可以通过单个优化问题 (8.6)~(8.11) 来获得。预先给定 $\{\alpha,\eta_{1s},\eta_{2s},\eta_{3s}\}$，则式(8.6)~式(8.11)为 LMI 优化问题。在文献 [38] 之前，针对线性准多胞模型，文献 [49] 和 [60] 找到了式(8.70)的一些特殊解法。针对线性多胞模型，即使预先给定 $\{\alpha_{lj},\eta_{1s},\eta_{2s},\eta_{3s}\}$，也不能通过单个 LMI 优化问题来得到所有的参数 $\{A_c,L_c,F_x,F_y\}_k$。下面针对线性多胞模型，给出式(8.70)的两种解法。

8.4.1 线性多胞模型的全参数在线方法

对 Q 利用分块矩阵求逆公式，容易得到：

$$M=\begin{bmatrix} M_1 & -M_1Q_2^{\mathrm{T}}Q_3^{-1} \\ -Q_3^{-1}Q_2M_1 & Q_3^{-1}+Q_3^{-1}Q_2M_1Q_2^{\mathrm{T}}Q_3^{-1} \end{bmatrix}$$

选取 $U=-M_1^{-1}M_2^{\mathrm{T}}$，则容易得到 $U=-Q_2^{\mathrm{T}}Q_3^{-1}$ 和

$$\tilde{x}_k^{\mathrm{T}}M_k\tilde{x}_k=[x_k-x_k^0]^{\mathrm{T}}M_{1,k}[x_k-x_k^0]+x_{c,k}^{\mathrm{T}}Q_{3,k}^{-1}x_{c,k}$$

引理 8.7 假设 8.1成立，并且在每个 $k>0$ 时刻，找到 $\{x_0,M_e\}_k$ 使得 $x_k-x_{0,k}\in\varepsilon_{M_{e,k}}$。选择 $\{U,x_c\}_0$ 使得 $U_0x_{c,0}=x_{0,0}$，且对每个 $k>0$ 时刻选择 U_k 使得 $U_kx_{c,k}=x_{0,k}$。因此，式(8.62)成立，如果

$$\begin{bmatrix} 1-\varrho_k & \star \\ x_{c,k} & Q_{3,k} \end{bmatrix}\geqslant 0 \tag{8.76}$$

进一步，定义 $N_1=M_1^{-1}$ 和 $P_3=Q_3^{-1}$，则

$$Q=\begin{bmatrix} N_1+UQ_3U^{\mathrm{T}} & UQ_3 \\ Q_3U^{\mathrm{T}} & Q_3 \end{bmatrix},\quad M=\begin{bmatrix} M_1 & -M_1U \\ -U^{\mathrm{T}}M_1 & P_3+U^{\mathrm{T}}M_1U \end{bmatrix} \tag{8.77}$$

自然满足 $M=Q^{-1}$。利用式(8.77)，问题(8.70)变为（等价地）

$$\min_{\{\gamma,\alpha_{lj},\varrho,N_1,M_1,P_3,Q_3,A_c,L_c,F_x,F_y\}_k}\left\{\max_{[A|B|C|D|E|\mathcal{C}|\mathcal{E}|\mathcal{F}|\mathcal{G}]_{i|k}\in\Omega}\gamma_k\right\}$$
$$\text{s.t. 式(8.76), 式(8.7), 式(8.66)} \sim \text{式(8.69), 式(8.77)},\ N_{1,k}=M_{1,k}^{-1},\ P_{3,k}=Q_{3,k}^{-1} \tag{8.78}$$

该方法在文献 [4] 和 [7] 中被提出，其中 $U_k=E_0^{\mathrm{T}}$，因此，有

$$Q=\begin{bmatrix} Q_1 & E_0^{\mathrm{T}}Q_3 \\ Q_3E_0 & Q_3 \end{bmatrix},\quad M=\begin{bmatrix} M_1 & -M_1E_0^{\mathrm{T}} \\ -E_0M_1 & M_3 \end{bmatrix}$$

求解式(8.78)时，通常预先给定 $\alpha_{lj,k}=\alpha_k$。可以在区间 $(0,1)$ 线性搜索参数 α_k。实际上，通过在线优化 α_k 对控制性能的提升可以忽略。问题(8.78)已经通过迭代锥补法（iterative cone-complementary approach, ICCA）求解 [40,54]。ICCA 主要有两个循环。内循环是锥补方法，最小化 $\mathrm{trace}\{M_{1,k}N_{1,k}+N_{1,k}M_{1,k}+Q_{3,k}P_{3,k}+P_{3,k}Q_{3,k}\}$ 得到 $N_{1,k}=M_{1,k}^{-1}$ 和 $P_{3,k}=Q_{3,k}^{-1}$。外循环逐渐减小 γ_k。注意，即使 α_k 预先给定，式(8.78)也不能转化为一个 LMI 优化问题。

算法 8.4（全参数动态输出反馈鲁棒预测控制）在每个 $k\geqslant 0$ 时刻，

(1) 当 $k=0$ 时，取 $U_0=I$；

(2) 当 $k>0$ 时，计算 $x_{c,k}=A_{c,k-1}x_{c,k-1}+L_{c,k-1}y_{k-1}$，并按照式(8.12)~ 式(8.14)更新 $\{M_e,U,x_0\}_k$；

(3) 当 $k>0$ 时，寻找满足式(8.15)~ 式(8.18)的 $M'_{e,k}$；如果式(8.15)~ 式(8.18)可行，则 $M_{e,k}=M'_{e,k}$，$U_k=U'_k$，$x_{0,k}=U'_kx_{c,k}$；

(4) 求解式(8.78)以获得 $\{A_c,L_c,F_x,F_y,M_1,N_1,Q_3,P_3\}_k^*$；

(5) 实施 $u_k=F_{x,k}x_{c,k}+F_{y,k}y_k$。

注解 8.5　寻找满足式(8.15)~ 式(8.18)的 $M'_{e,k}$ 可以替换为求解式(8.19)~ 式(8.24)，其中针对线性多胞模型应将式(8.20)替换为

$$\sum_{l=1}^{L}\sum_{j=1}^{L}\omega_{l,k-1}\omega_{j,k-1}\begin{bmatrix} 1-\phi_1-\phi_2+\phi_1\|x_{k-1}^0\|_{M_{e,k-1}}^2 & \star & \star & \star \\ -\phi_1M_{e,k-1}x_{k-1}^0 & \phi_1M_{x,k-1} & \star & \star \\ 0 & 0 & \phi_2I & \star \\ B_lF_{x,k-1}x_{c,k-1}-U'_kx_{c,k} & A_l+B_lF_{y,k-1}C_j & \heartsuit_{43} & Q_{e,k} \end{bmatrix}\geqslant 0$$
$$\heartsuit_{43}=D_l+B_lF_{y,k-1}E_j \tag{8.79}$$

加入式(8.24)是为了保证 U'_k 的非奇异以及有界，它取代了更直接但无法用 LMI 处理的条件 $\underline{\delta}I\leqslant(U'_k)^{\mathrm{T}}U'_k\leqslant\bar{\delta}I$。式(8.24)要求 $(U'_k)^{\mathrm{T}}+U'_k$ 是正定的。可通过式 (8.80) 来替换式(8.24)以去掉正定性要求：

$$\underline{\delta}I\leqslant(U'_k)^{\mathrm{T}}U_k+U_k^{\mathrm{T}}U'_k\leqslant\bar{\delta}I \tag{8.80}$$

此外，式(8.23)可放松为

$$\mathrm{trace}(Q_{e,k})\leqslant\mathrm{trace}(M_{e,k}^{-1}) \tag{8.81}$$

定理 8.7 [5,55]　采用算法 8.4。假设 8.1成立，且式(8.78)在 $k=0$ 时刻可行，则

(1) 式(8.78)将在任何 $k>0$ 时刻可行；

(2) $\{\gamma,z',x_c,u\}$ 将收敛到 0 附近，且式(8.2)中约束对所有 $k\geqslant 0$ 满足。

8.4.2　线性多胞模型的部分参数在线方法

为了减少计算量，可以在式(8.78)中预先给定 $\{L_c,\ F_y\}$。这样，$\{M_1,P_3\}$ 不再是决策变量。因此，式(8.7)、式(8.66)~ 式(8.69)需要相应地修改。

利用 Schur 补引理，式(8.7)等价于

$$\begin{bmatrix} \varrho_k M_{e,k} & I \\ I & N_{1,k} \end{bmatrix} \geqslant 0 \tag{8.82}$$

对式(8.66)和式(8.67)利用 $\mathrm{diag}\{Q_k, I\}$ 进行合同变换，得

$$\sum_{l=1}^{L}\omega_{l,i|k}\sum_{j=1}^{L}\omega_{j,i|k}\begin{bmatrix} (1-\alpha_{lj,k})Q_k & \star & \star \\ 0 & \alpha_{lj,k}I & \star \\ \breve{\Phi}_{lj,k} & \Gamma_{lj,k} & Q_k \end{bmatrix} \geqslant 0,\quad i \geqslant 0 \tag{8.83}$$

$$\sum_{l=1}^{L}\omega_{l,i|k}\sum_{j=1}^{L}\omega_{j,i|k}\begin{bmatrix} Q_k & \star & \star \\ \breve{\Phi}_{lj,k} & Q_k & \star \\ \begin{bmatrix} \mathscr{Q}_1^{1/2}\mathcal{F}_j\heartsuit & \mathscr{Q}_1^{1/2}\mathcal{F}_jU_kQ_{3,k} \\ \mathscr{Q}_2^{1/2}Q_{3,k}U_k^{\mathrm{T}} & \mathscr{Q}_2^{1/2}Q_{3,k} \\ \mathscr{R}^{1/2}[F_yC_j\heartsuit+\breve{F}_{x,k}U_k^{\mathrm{T}}] & \mathscr{R}^{1/2}[F_yC_jU_kQ_{3,k}+\breve{F}_{x,k}] \end{bmatrix} & 0 & \gamma_k I \end{bmatrix} \geqslant 0,\ i \geqslant 0$$

$$\heartsuit = [N_{1,k}+U_kQ_{3,k}U_k^{\mathrm{T}}] \tag{8.84}$$

对式(8.68)∼ 式(8.69)利用 $\mathrm{diag}\{Q_k, I\}$ 进行合同变换，并利用 Schur 补引理，得

$$\begin{bmatrix} Q_k & \star \\ \dfrac{1}{\sqrt{1-\eta_{1s}}}\xi_s\begin{bmatrix} \spadesuit & F_yC_jU_kQ_{3,k}+\breve{F}_{x,k} \end{bmatrix} & \bar{u}_s^2-\dfrac{1}{\eta_{1s}}\xi_sF_yE_jE_j^{\mathrm{T}}F_y^{\mathrm{T}}\xi_s^{\mathrm{T}} \end{bmatrix} \geqslant 0$$

$$\spadesuit = F_yC_j[N_{1,k}+U_kQ_{3,k}U_k^{\mathrm{T}}]+\breve{F}_{x,k}U_k^{\mathrm{T}};\quad j=1,2,\cdots,L,\quad s=1,2,\cdots,n_u \tag{8.85}$$

$$\sum_{l=1}^{L}\sum_{j=1}^{L}\omega_{l,i|k}\omega_{j,i|k}\begin{bmatrix} Q_k & \star & \star \\ 0 & I & \star \\ \dfrac{1}{\sqrt{(1-\eta_{2s})(1-\eta_{3s})}}\Psi_s\mathcal{C}_h\breve{\Phi}_{lj,k}^1 & \dfrac{1}{\sqrt{(1-\eta_{2s})\eta_{3s}}}\Psi_s\mathcal{C}_h\Gamma_{lj,k}^1 & \spadesuit_3 \end{bmatrix} \geqslant 0$$

$$\spadesuit_3 = \bar{\psi}_s^2-\frac{1}{\eta_{2s}}\Psi_s\mathcal{E}_h\mathcal{E}_h^{\mathrm{T}}\Psi_s^{\mathrm{T}},\quad h=1,2,\cdots,L,\quad s=1,2,\cdots,q,\quad i \geqslant 0 \tag{8.86}$$

在式(8.83)和式(8.86)中，有

$$\breve{\Phi}_{lj,k} = \begin{bmatrix} (A_l+B_lF_yC_j)Q_{1,k}+B_l\breve{F}_{x,k}U_k^{\mathrm{T}} & (A_l+B_lF_yC_j)Q_{2,k}^{\mathrm{T}}+B_l\breve{F}_{x,k} \\ L_cC_jQ_{1,k}+\breve{A}_{c,k}U_k^{\mathrm{T}} & L_cC_jQ_{2,k}^{\mathrm{T}}+\breve{A}_{c,k} \end{bmatrix}$$

$$\breve{\Phi}_{lj,k}^1 = \begin{bmatrix} (A_l+B_lF_yC_j)Q_{1,k}+B_l\breve{F}_{x,k}U_k^{\mathrm{T}} & (A_l+B_lF_yC_j)Q_{2,k}^{\mathrm{T}}+B_l\breve{F}_{x,k} \end{bmatrix}$$

$$\breve{A}_{c,k} = A_{c,k}Q_{3,k},\quad \breve{F}_{x,k} = F_{x,k}Q_{3,k}$$

据上可知，问题(8.78)可简化为

$$\min_{\{\gamma,\alpha_{lj},\varrho,N_1,Q_3,\breve{A}_c,\breve{F}_x\}_k}\left\{\max_{[A|B|C|D|E|\mathcal{C}|\mathcal{E}|\mathcal{F}|\mathcal{G}]_{i|k}\in\Omega}\gamma_k\right\}\ \text{s.t. 式(8.76), 式(8.82) 和式 (8.83)} \sim \text{式(8.86)} \tag{8.87}$$

其中，$A_{c,k}$、$F_{x,k}$ 通过式 (8.88) 计算得到：

$$A_{c,k} = \breve{A}_{c,k}Q_{3,k}^{-1},\quad F_{x,k} = \breve{F}_{x,k}Q_{3,k}^{-1} \tag{8.88}$$

问题(8.87)可通过 LMI 工具求解。由于没有涉及锥补算法，因此其计算量比式(8.78)要少。

算法 8.5（部分参数动态输出反馈鲁棒预测控制） 在每个 $k \geqslant 0$ 时刻，

(1) 见算法 8.4中的步骤 (1)~(3)；

(2) 求解式(8.87)获得 $\{\breve{A}_c, \breve{F}_x, N_1, Q_3\}_k^*$；

(3) 通过式(8.88)计算 $\{A_c, F_x\}_k^*$，并实施 $u_k = F_{x,k}x_{c,k} + F_y y_k$。

定理 8.8 [5,55] 采用算法 8.5。假设 8.1成立，且式(8.87)在 $k=0$ 时刻可行，则

(1) 式(8.87)在所有 $k>0$ 时刻可行；

(2) $\{\gamma, z', x_c, u\}$ 将收敛到平衡点附近，且式(8.2)中的约束对所有 $k \geqslant 0$ 时刻满足。

8.4.3 优化问题中的松弛变量

标量 η_{rs} 在式(8.78)和式(8.87)中以非线性形式出现。在线优化时，η_{rs} 可以在区间 $(0,1)$ 内线性搜索，但这种方法将使得计算量显著增加。另一种选择是离线优化 η_{rs}。在文献 [5] 和 [55] 中，利用范数定界技术离线计算 η_{rs}。

条件式(8.85)满足，如果

$$\begin{bmatrix} Q_k & \star \\ \xi_s\left[\begin{array}{cc} F_yC_j[N_{1,k}+U_kQ_{3,k}U_k^{\mathrm{T}}]+\breve{F}_{x,k}U_k^{\mathrm{T}} & F_yC_jU_kQ_{3,k}+\breve{F}_{x,k}\end{array}\right] & \tilde{u}_s^2 \end{bmatrix} \geqslant 0,$$

$$j=1,2,\cdots,L, \quad s=1,2,\cdots,n_u \tag{8.89}$$

$$\frac{1}{1-\eta_{1s}}\tilde{u}_s^2 + \frac{1}{\eta_{1s}}(\zeta_s^u)^2 \leqslant \bar{u}_s^2 \tag{8.90}$$

其中，$\zeta_s^u = \max\{(\xi_sF_yE_jE_j^{\mathrm{T}}F_y^{\mathrm{T}}\xi_s^{\mathrm{T}})^{1/2}|j=1,2,\cdots,L\}$。取 $\eta_{1s}=\dfrac{\zeta_s^u}{\bar{u}_s}$，得到满足式(8.90)的最大 $\tilde{u}_s$ 为

$$\tilde{u}_s = \bar{u}_s - \zeta_s^u \tag{8.91}$$

条件式(8.86)满足，如果

$$\sum_{l=1}^{L}\omega_{l,i|k}\sum_{j=1}^{L}\omega_{j,i|k}\begin{bmatrix} Q_k & \star \\ \Psi_s\mathcal{C}_h\breve{\Phi}_{lj,k}^1 & \tilde{\psi}_s^2\end{bmatrix} \geqslant 0, \quad h=1,2,\cdots,L, \quad s=1,2,\cdots,q, \quad i\geqslant 0 \tag{8.92}$$

$$\frac{1}{(1-\eta_{2s})(1-\eta_{3s})}\tilde{\psi}_s^2 + \frac{1}{(1-\eta_{2s})\eta_{3s}}(\bar{\zeta}_s^z)^2 + \frac{1}{\eta_{2s}}(\zeta_s^z)^2 \leqslant \bar{\psi}_s^2 \tag{8.93}$$

其中，$\zeta_s^z = \max\{(\Psi_s\mathcal{E}_h\mathcal{E}_h^{\mathrm{T}}\Psi_s^{\mathrm{T}})^{1/2}|h=1,2,\cdots,L\}$，且

$$\bar{\zeta}_s^z = \min_{\bar{\zeta}_s^z}\bar{\zeta}_s^z \quad \text{s.t.} \sum_{l=1}^{L}\omega_{l,i|k}\sum_{j=1}^{L}\omega_{j,i|k}\begin{bmatrix}\bar{\zeta}_s^z I & \star \\ \Psi_s\mathcal{C}_h\Gamma_{lj,k}^1 & \bar{\zeta}_s^z\end{bmatrix} \geqslant 0, \quad h=1,2,\cdots,L, \quad i\geqslant 0$$

取 $\eta_{2s}=\dfrac{\zeta_s^z}{\bar{\psi}_s}$ 和 $\eta_{3s}=\dfrac{\bar{\zeta}_s^z}{\bar{\psi}_s-\zeta_s^z}$，得到满足式(8.93)的最大 $\tilde{\psi}_s$ 为

$$\tilde{\psi}_s = \bar{\psi}_s - \zeta_s^z - \bar{\zeta}_s^z \tag{8.94}$$

因为 $\{\zeta_s^u, \zeta_s^z, \bar{\zeta}_s^z\}$ 是干扰相关项的范数，上述优化 $\{\eta_{1s}, \eta_{2s}, \eta_{3s}\}$ 的方法称为范数定界技术。用这种方法可获得 η_{rs} 的伪优值（虽然可能不是最优值）。

约束式(8.89)和约束式(8.92)，由于比式(8.85)和式(8.86)更保守，将不会应用在优化问题中。在式(8.85)中，$\bar{u}_s^2 - \dfrac{1}{\eta_{1s}}\xi_sF_yE_jE_j^{\mathrm{T}}F_y^{\mathrm{T}}\xi_s^{\mathrm{T}}$ 项用于一个 j，而在式(8.89)中 $\tilde{u}_s^2$ 项用于所有 $j=1,2,\cdots,L$。同理，在式(8.86)中，$\left[\dfrac{1}{\sqrt{(1-\eta_{2s})\eta_{3s}}}\Psi_s\mathcal{C}_h\Gamma_{lj,k}^1, \quad \bar{\psi}_s^2 - \dfrac{1}{\eta_{2s}}\Psi_s\mathcal{E}_h\mathcal{E}_h^{\mathrm{T}}\Psi_s^{\mathrm{T}}\right]$ 项用于一对 $\{l,j\}$，而在式(8.92)中 $\tilde{\psi}_s^2$ 项用于所有 $l,j=1,2,\cdots,L$。

8.4.4 基于合同变换的其他形式

本节中取 $n_x = n_{x_c}$ 和 $\mathscr{Q}_2 = 0$。根据式(8.73)和式(8.74)，定义以下符号。

$$
\begin{aligned}
&N_1 := M_1^{-1},\quad P_1 := Q_1^{-1},\quad U := -M_1^{-1}M_2^{\mathrm{T}},\quad e := x - Ux_c \\
&\hat{A}_c := -UA_cQ_2,\quad \hat{L}_c := -UL_c,\quad \hat{F}_x = F_xQ_2 \\
&\bar{A}_c := -UA_cM_2^{-\mathrm{T}}(M_1 - P_1),\quad \bar{F}_x := F_xM_2^{-\mathrm{T}}(M_1 - P_1) \\
&T_0 := \begin{bmatrix} I & 0 \\ 0 & M_2^{-\mathrm{T}}(M_1 - P_1) \end{bmatrix},\quad T_1 := \begin{bmatrix} Q_1 & N_1 \\ Q_2 & 0 \end{bmatrix},\quad T_2 := \begin{bmatrix} I & 0 \\ 0 & -U^{\mathrm{T}} \end{bmatrix} \\
&\mathcal{M}_P := \begin{bmatrix} M_1 & \star \\ M_1 - P_1 & M_1 - P_1 \end{bmatrix},\quad \mathcal{Q}_N := \begin{bmatrix} Q_1 & \star \\ N_1 - Q_1 & Q_1 - N_1 \end{bmatrix} \\
&\mathcal{N}_Q := \begin{bmatrix} Q_1 & \star \\ N_1 & N_1 \end{bmatrix},\quad \bar{\Phi}_{lj} := \begin{bmatrix} A_l + B_lF_yC_j & B_l\bar{F}_x \\ \hat{L}_cC_j & \bar{A}_c \end{bmatrix} \\
&\hat{\Phi}_{lj} := \begin{bmatrix} (A_l + B_lF_yC_j)Q_1 + B_l\hat{F}_x & (A_l + B_lF_yC_j)N_1 \\ \hat{L}_cC_jQ_1 + \hat{A}_c & \hat{L}_cC_jN_1 \end{bmatrix},\quad \hat{\Gamma}_{lj} := \begin{bmatrix} D_l + B_lF_yE_j \\ \hat{L}_cE_j \end{bmatrix} \\
&\bar{\Phi}_{lj}^1 := \begin{bmatrix} A_l + B_lF_yC_j & B_l\bar{F}_x \end{bmatrix},\quad \hat{\Gamma}_{lj}^1 := D_l + B_lF_yE_j \\
&\hat{\Phi}_{lj}^1 = \begin{bmatrix} (A_l + B_lF_yC_j)Q_1 + B_l\hat{F}_x & (A_l + B_lF_yC_j)N_1 \end{bmatrix}
\end{aligned}
$$

根据上述符号，得到：

$$
A_c = -U^{-1}\bar{A}_c(M_1 - P_1)^{-1}M_2^{\mathrm{T}},\quad L_c = -U^{-1}\hat{L}_c,\quad F_x = \bar{F}_x(M_1 - P_1)^{-1}M_2^{\mathrm{T}},\quad M_2 = -U^{\mathrm{T}}M_1 \tag{8.95}
$$

$$
A_c = -U^{-1}\hat{A}_cQ_2^{-1},\quad L_c = -U^{-1}\hat{L}_c,\quad F_x = \hat{F}_xQ_2^{-1},\quad Q_2 = U^{-1}(Q_1 - N_1) \tag{8.96}
$$

根据式(8.73)，得到 $Q_3 = U^{-1}(Q_1 - N_1)U^{-\mathrm{T}}$。对式(8.76)利用 $\mathrm{diag}\{I, U_k^{\mathrm{T}}\}$ 进行合同变换，得到：

$$
\begin{bmatrix} 1 - \varrho_k & \star \\ U_kx_{c,k} & Q_{1,k} - N_{1,k} \end{bmatrix} \geqslant 0 \tag{8.97}
$$

根据式(8.73)和式(8.74)，针对式(8.66)和式(8.67)分别利用 $\mathrm{diag}\{T_{0,k}, I, T_{2,k}\}$ 和 $\mathrm{diag}\{T_{0,k}, T_{2,k}, I, I\}$ 进行合同变换，得到：

$$
\sum_{l=1}^{L}\omega_{l,i|k}\sum_{j=1}^{L}\omega_{j,i|k}\Upsilon_{lj,k}^{\mathrm{QB}} \geqslant 0,\quad i \geqslant 0 \tag{8.98}
$$

$$
\sum_{l=1}^{L}\omega_{l,i|k}\sum_{j=1}^{L}\omega_{j,i|k}\Upsilon_{lj,k}^{\mathrm{opt}} \geqslant 0,\quad i \geqslant 0 \tag{8.99}
$$

其中，$\Upsilon_{lj,k}^{\mathrm{QB}} := \begin{bmatrix} (1 - \alpha_{lj,k})\mathcal{M}_{P,k} & \star & \star \\ 0 & \alpha_{lj,k}I & \star \\ \bar{\Phi}_{lj,k} & \hat{\Gamma}_{lj,k} & \mathcal{Q}_{N,k} \end{bmatrix}$；$\Upsilon_{lj,k}^{\mathrm{opt}} := \begin{bmatrix} \mathcal{M}_{P,k} & \star & \star & \star \\ \bar{\Phi}_{lj,k} & \mathcal{Q}_{N,k} & \star & \star \\ [\mathscr{Q}_1^{1/2}\mathcal{F}_j \ \ 0] & 0 & \gamma_kI & \star \\ \mathscr{R}^{1/2}[F_{y,k}C_j \ \ \bar{F}_{x,k}] & 0 & 0 & \gamma_kI \end{bmatrix}$。

对式(8.68)和式(8.69)，利用 $\mathrm{diag}\{T_{0,k}, I\}$ 进行合同变换, 得到:

$$\begin{bmatrix} \mathcal{M}_{P,k} & \star & \star \\ 0 & I & \star \\ \frac{1}{\sqrt{1-\eta_{1s}}}\xi_s[F_{y,k}C_j \quad \bar{F}_{x,k}] & \frac{1}{\sqrt{\eta_{1s}}}\xi_s F_{y,k}E_j & \bar{u}_s^2 \end{bmatrix} \geqslant 0, \quad j=1,2,\cdots,L, \quad s=1,2,\cdots,n_u \tag{8.100}$$

$$\sum_{l=1}^{L}\sum_{j=1}^{L}\omega_{l,i|k}\omega_{j,i|k}\begin{bmatrix} \mathcal{M}_{P,k} & \star & \star \\ 0 & I & \star \\ \frac{1}{\sqrt{(1-\eta_{2s})(1-\eta_{3s})}}\Psi_s\mathcal{C}_h\bar{\Phi}_{lj,k}^1 & \frac{1}{\sqrt{(1-\eta_{2s})\eta_{3s}}}\Psi_s\mathcal{C}_h\hat{\Gamma}_{lj,k}^1 & \bar{\psi}_s^2 - \frac{1}{\eta_{2s}}\Psi_s\mathcal{E}_h\mathcal{E}_h^{\mathrm{T}}\Psi_s^{\mathrm{T}} \end{bmatrix} \geqslant 0,$$
$$h=1,2,\cdots,L, \ s=1,2,\cdots,q, \ i\geqslant 0 \tag{8.101}$$

据上可知，式(8.78)等价变换为 [5]

$$\min_{\{\gamma,\alpha_{lj},\varrho,M_1,N_1,Q_1,P_1,\bar{A}_c,\hat{L}_c,\bar{F}_x,F_y\}_k}\left\{\max_{[A|B|C|D|E|\mathcal{C}|\mathcal{E}|\mathcal{F}|\mathcal{G}]_{i|k}\in\Omega}\gamma_k\right\}$$
$$\text{s.t. 式(8.97), 式(8.7), 式(8.98)} \sim \text{式(8.101)}, \quad M_{1,k}=N_{1,k}^{-1}, \quad Q_{1,k}=P_{1,k}^{-1} \tag{8.102}$$

$\{A_c, L_c, F_x\}_k$ 通过式(8.95)计算得到。优化问题(8.102)是非凸的，但其近似最优解可以任意趋近于理论最优解，并且可以通过迭代锥补法（ICCA）运用 LMI 工具找到。

根据式(8.73)和式(8.74)，利用 $\mathrm{diag}\{T_{1,k}, I, T_{2,k}\}$ 和 $\mathrm{diag}\{T_{1,k}, T_{2,k}, I, I\}$，分别对式(8.66)和式(8.67)进行合同变换，得到:

$$\sum_{l=1}^{L}\omega_{l,i|k}\sum_{j=1}^{L}\omega_{j,i|k}\begin{bmatrix} (1-\alpha_{lj,k})\mathcal{N}_{Q,k} & \star & \star \\ 0 & \alpha_{lj,k}I & \star \\ \hat{\Phi}_{lj,k} & \hat{\Gamma}_{lj,k} & \mathcal{Q}_{N,k} \end{bmatrix} \geqslant 0, \quad i\geqslant 0 \tag{8.103}$$

$$\sum_{l=1}^{L}\omega_{l,i|k}\sum_{j=1}^{L}\omega_{j,i|k}\begin{bmatrix} \mathcal{N}_{Q,k} & \star & \star \\ \hat{\Phi}_{lj,k} & \mathcal{Q}_{N,k} & \star \\ \begin{bmatrix} \mathscr{Q}_1^{1/2}\mathcal{F}_jQ_{1,k} & \mathscr{Q}_1^{1/2}\mathcal{F}_jN_{1,k} \\ \mathscr{R}^{1/2}(F_yC_jQ_{1,k}+\hat{F}_{x,k}) & \mathscr{R}^{1/2}F_yC_jN_{1,k} \end{bmatrix} & 0 & \gamma_k I \end{bmatrix} \geqslant 0, \quad i\geqslant 0 \tag{8.104}$$

对式(8.68)和式(8.69)利用 $\mathrm{diag}\{T_{1,k}, I\}$ 进行合同变换，得到:

$$\begin{bmatrix} \mathcal{N}_{Q,k} & \star \\ \frac{1}{\sqrt{1-\eta_{1s}}}\xi_s\begin{bmatrix} F_yC_jQ_{1,k}+\hat{F}_{x,k} & F_yC_jN_{1,k} \end{bmatrix} & \bar{u}_s^2 - \frac{1}{\eta_{1s}}\xi_sF_yE_jE_j^{\mathrm{T}}F_y^{\mathrm{T}}\xi_s^{\mathrm{T}} \end{bmatrix} \geqslant 0, \tag{8.105}$$
$$j=1,2,\cdots,L, \quad s=1,2,\cdots,n_u$$

$$\sum_{l=1}^{L}\sum_{j=1}^{L}\omega_{l,i|k}\omega_{j,i|k}\begin{bmatrix} \mathcal{N}_{Q,k} & \star & \star \\ 0 & I & \star \\ \frac{1}{\sqrt{(1-\eta_{2s})(1-\eta_{3s})}}\Psi_s\mathcal{C}_h\hat{\Phi}_{lj,k}^1 & \frac{1}{\sqrt{(1-\eta_{2s})\eta_{3s}}}\Psi_s\mathcal{C}_h\hat{\Gamma}_{lj,k}^1 & \bar{\psi}_s^2 - \frac{1}{\eta_{2s}}\Psi_s\mathcal{E}_h\mathcal{E}_h^{\mathrm{T}}\Psi_s^{\mathrm{T}} \end{bmatrix} \geqslant 0,$$
$$h=1,2,\cdots,L, \ s=1,2,\cdots,q, \ i\geqslant 0 \tag{8.106}$$

据上可知，式(8.87)等价变换为 [5]

$$\min_{\{\gamma,\alpha_{lj},\varrho,N_1,Q_1,\hat{A}_c,\hat{F}_x\}_k}\left\{\max_{[A|B|C|D|E|\mathcal{C}|\mathcal{E}|\mathcal{F}|\mathcal{G}]_{i|k}\in\Omega}\gamma_k\right\} \tag{8.107}$$

$$\text{s.t. 式(8.97), 式(8.82), 式(8.103)} \sim \text{式(8.106)} \tag{8.108}$$

$\{A_c, L_c, F_x\}_k$ 通过式(8.96)计算得到，而 $\{\hat{L}_c, F_y\}$ 预先给定。利用 LMI 工具可以求解式(8.108)。

例题 8.2 [5] 考虑进行放热且不可逆反应的连续搅拌釜式反应器（CSTR）的非线性模型。在原无干扰模型中加入 w。采样周期为 0.05min。模型参数为

$$L = 4$$

$$A_1 = \begin{bmatrix} 0.8227 & -0.00168 \\ 6.1233 & 0.9367 \end{bmatrix}, \quad A_2 = \begin{bmatrix} 0.9654 & -0.00182 \\ -0.6759 & 0.9433 \end{bmatrix}$$

$$A_3 = \begin{bmatrix} 0.8895 & -0.00294 \\ 2.9447 & 0.9968 \end{bmatrix}, \quad A_4 = \begin{bmatrix} 0.8930 & -0.00062 \\ 2.7738 & 0.8864 \end{bmatrix}$$

$$B_1 = \begin{bmatrix} -0.000092 \\ 0.1014 \end{bmatrix}, \quad B_2 = \begin{bmatrix} -0.000097 \\ 0.1016 \end{bmatrix}, B_3 = \begin{bmatrix} -0.000157 \\ 0.1045 \end{bmatrix}$$

$$B_4 = \begin{bmatrix} -0.000034 \\ 0.0986 \end{bmatrix}, \quad C_l = \begin{bmatrix} 0 & 1 \end{bmatrix}, \quad D_l = \begin{bmatrix} 0.00223 & 0 \\ 0 & 0.0564 \end{bmatrix}$$

$$E_l = \begin{bmatrix} 0.5 & 0.5 \end{bmatrix}, \quad l = 1, 2, \cdots, 4$$

物理约束为

$$|u_k| \leqslant 10, \quad |x_{1,k+1}| \leqslant 0.5, \quad |y_{k+1}| \leqslant 10, \quad k \geqslant 0$$

为了生成真实状态，令 $\omega_1 = \dfrac{1}{2}\dfrac{\varphi_1(y) - \varphi_1(-\bar{\psi}^y)}{\varphi_1(\bar{\psi}^y) - \varphi_1(-\bar{\psi}^y)}$, $\omega_2 = \dfrac{1}{2}\dfrac{\varphi_1(\bar{\psi}^y) - \varphi_1(y)}{\varphi_1(\bar{\psi}^y) - \varphi_1(-\bar{\psi}^y)}$, $\omega_3 = \dfrac{1}{2}\dfrac{\varphi_2(y) - \varphi_2(-\bar{\psi}^y)}{\varphi_2(\bar{\psi}^y) - \varphi_2(-\bar{\psi}^y)}$, $\omega_4 = \dfrac{1}{2}\dfrac{\varphi_2(\bar{\psi}^y) - \varphi_2(y)}{\varphi_2(\bar{\psi}^y) - \varphi_2(-\bar{\psi}^y)}$，其中 $\varphi_1(y) = 7.2 \times 10^{10}\mathrm{e}^{-\frac{8750}{y+350}}$ 和 $\varphi_2(y) = 3.6 \times 10^{10}(\mathrm{e}^{-\frac{8750}{y+350}} - \mathrm{e}^{-\frac{8750}{350}})/y$，并且 $\bar{\psi}^y = 10$。

利用 Matlab 中的 LMI 工具箱对三种方法进行仿真：Mthd2 对应式(8.102)；Mthd3 对应式(8.108)；Mthd1 除了 η_{rs} 取固定值（当 $\mathcal{E}_k \neq 0$ 时，同文献 [46] 和 [54]，取 $\{\eta_{1s}, \eta_{2s}, \eta_{3s}\} = \left\{\dfrac{1}{2}, \dfrac{1}{3}, \dfrac{1}{2}\right\}$；当 $\mathcal{E}_k = 0$ 时，取 $\{\eta_{1s}, \eta_{2s}, \eta_{3s}\} = \left\{\dfrac{1}{2}, 0, \dfrac{1}{2}\right\}$）外，与 Mthd2 相同。Mthd1 和 Mthd2 区别于是否优化 η_{rs}，而 Mthd2 和 Mthd3 区别于 $\{\hat{L}_c, F_y\}$ 是否为在线决策变量。首先说明吸引域的改进。吸引域指的是一个区域，记为 $\mathcal{X}^0$，对任意 $x_{0,0} \in \mathcal{X}^0$，优化问题在 $k = 0$ 时刻可行。选取 $M_{e,0} = \mathrm{diag}\{100, 0.25\}$ 和 $\{t^0, n, \kappa_1, \kappa_2, \mathscr{Q}, \mathscr{R}\} = \{100, 2, 0.5, 0.99, 16, 9\}$。考虑两组参数：① $\hat{L}_c = [-0.0001, 0.0025]^{\mathrm{T}}$ 和 $F_y = -1.1557$；② $\hat{L}_c = [0, 0.0001]^{\mathrm{T}}$ 和 $F_y = -2.0975$。

然后比较控制性能。没有重新选择的参数将与上面相同。取 $\{\underline{\delta}, \bar{\delta}\} = \{1, 3\}$。$w_k$ 随机生成且 $w(0) = 0$。进一步取 $x_{c,0} = \dfrac{1}{\sqrt{2}}[-0.49, 8]^{\mathrm{T}}$ 和 $x_0 = \dfrac{1}{\sqrt{2}}[-0.59, 10]^{\mathrm{T}}$。

通过观察，得到以下结论：

(1) 离线优化 η_{rs} 能够扩大吸引域且提升控制性能；

(2) 在线优化 $\{\hat{L}_c, F_y\}$ 能够扩大吸引域且提升控制性能。

对于 Mthd1 和 Mthd2, 由于 $\kappa_2 = 0.99$，即允许百分之一的误差，比较中可以忽视这种不精确性。虽然在线优化 $\{\hat{L}_c, F_y\}$ 有利于提升控制性能和吸引域，但不利于计算。

在应用下面的程序代码时，首先创建一个 noise.mat 文件，存储噪声 w 的时间序列。

下面的程序代码的目录和命名为 Mthd2(eta_optimized)/OP_eta_optimized.m。

```
clc; clear all;
%% 初始化
Steps=50; %仿真步长
load noise.mat;
Pw=eye(2); %干扰参数
A1=[0.8227,-0.00168;6.1233,0.9367];   A2=[0.9654,-0.00182;-0.6759,0.9433]; %系统模型参数
A3=[0.8895,-0.00294;2.9447,0.9968];   A4=[0.8930,-0.00062;2.7738,0.8864];
B1=[-0.000092;0.1014];   B2=[-0.000097;0.1016];
B3=[-0.000157;0.1045];   B4=[-0.000034;0.0986];
C1=[0 1];  C2=[0 1];   C3=[0 1];   C4=[0 1];   C=[0 1];
D1=[0.00223 0; 0  0.0564];   D2=[0.00223 0; 0  0.0564];
D3=[0.00223 0; 0  0.0564];   D4=[0.00223 0; 0  0.0564];
E1=[0.5 0.5];   E2=[0.5 0.5];   E3=[0.5 0.5];   E4=[0.5 0.5];
AA={A1,A2,A3,A4};   BB={B1,B2,B3,B4};   CC={C1,C2,C3,C4};
DD={D1,D2,D3,D4};   EE={E1,E2,E3,E4};
InputC=10^2;   StateC1=0.5^2;   StateC2=10^2;
Mx0=[100  0;  0  0.25]; Mx0_results{1}=Mx0; X10=1/sqrt(2)*[0.34,7]';
X1V1(1)=[1 0]*X10;   X1V2(1)=[0 1]*X10; Y0=C*X10+E1*sqrt(2)/2*[rand2(1),rand2(1)]';
Q_weight=16;  R_weight=9;
Xc0=1/sqrt(2)*[0.24,5]';All_Xc1{1}=Xc0; XcV1(1)=[1 0]*Xc0;   XcV2(1)=[0 1]*Xc0;
X0=Xc0;
X0V1(1)=[1 0]*X0;   X0V2(1)=[0 1]*X0;Fy0=-0.6897;  hat_Lc0=[0.003, -0.0799]';
tic;
mathcalC_x1=[1 0];  mathcalC_y=[0 1];
%% 优化eta的子程序
zeta_su=sqrt(Fy0*E1*(Fy0*E1)');zeta_sy=sqrt(E1*E1');zeta_sx1=0; sub5_eta_s_x;
zeta_bar_sx1=dec2mat(dbc6,VXx6,eta_x);sub5_eta_s_y;
zeta_bar_sy=dec2mat(dbc5,VXx5,eta_y);eta_1=zeta_su/10;
delta_1=1/sqrt(1-eta_1);         delta_1bar=1/sqrt(eta_1);
%对状态1来说                          %对输出y来说
eta_2x1=zeta_sx1/0.5;                eta_2y=zeta_sy/10;
eta_3x1=zeta_bar_sx1/0.5;            eta_3y=zeta_bar_sy/(10-zeta_sy);
delta_21=1/sqrt(1-eta_2x1);          delta_22=1/sqrt(1-eta_2y);
delta_21bar=0;                       delta_22bar=1/sqrt(eta_2y);
delta_31=1/sqrt(1-eta_3x1);          delta_32=1/sqrt(1-eta_3y);
delta_31bar=1/sqrt(eta_3x1);         delta_32bar=1/sqrt(eta_3y);
%% 迭代锥补算法
U0=eye(2);    KAPPA=[0.5, 0.98];
alpha=0.01;   taumax=80;
OP=[0 200 1e9 10 1];
TMIN1results=[]; TMIN1aresults=[]; TMIN2results=[]; TMIN2aresults=[]; TMIN3results=[];
TTT1=[];TTT2=[];
for iii=1:Steps
    flag1=1;
    if iii==1
        feas=0;
        flag1=0;
        OFRMPC_CSTR_sub1;
        Q10=dec2mat(dbc1,VXx1,Q1);   M10=dec2mat(dbc1,VXx1,M1);
        N10=dec2mat(dbc1,VXx1,N1);   P10=dec2mat(dbc1,VXx1,P1);
```

```
    tau=0;
    while tau<taumax
        tau=tau+1;
        PP10=P10;           MM10=M10;NN10=inv(M10);     QQ10=inv(P10);
        OFRMPC_CSTR_sub2_no_gamma_decrement;
        if TMIN1a<0
            feas=1;   tau=taumax;    flag1=1;
            CC1a=[1 0 0 0 0 0 0 0 0 0 0];    initi1a=VXx1a;
            [OPX,VXx1a]=mincx(dbc1a,CC1a,OP,initi1a);
            gamma0=dec2mat(dbc1a,VXx1a,gama);
            bar_Ac0=dec2mat(dbc1a,VXx1a,bar_Ac);
            hat_Lc0=dec2mat(dbc1a,VXx1a,hat_Lc);
            bar_Fx0=dec2mat(dbc1a,VXx1a,bar_Fx);
            Fy0=dec2mat(dbc1a,VXx1a,Fy);
            QQQ10=QQ10;      MMM10=MM10;PPP10=PP10;      NNN10=NN10;
        elseif tau<taumax
            OFRMPC_CSTR_sub3_no_gamma_decrement;
            Q10=dec2mat(dbc2,VXx2,Q1);    M10=dec2mat(dbc2,VXx2,M1);
            N10=dec2mat(dbc2,VXx2,N1);    P10=dec2mat(dbc2,VXx2,P1);
        end
    end
end
Q10=QQQ10;         M10=MMM10;P10=PPP10;         N10=NNN10;
kappaN=1;
while flag1==1
    kappa=KAPPA(kappaN)
    tau=1;
    while tau<taumax+1
        PP10=P10;            MM10=M10;NN10=inv(M10);        QQ10=inv(P10);
        OFRMPC_CSTR_sub2;
        if TMIN2a<0
            tau=taumax+1;
            CC2a=[1 0 0 0 0 0 0 0 0 0 0];
            [OPX,VXx2a]=mincx(dbc2a,CC2a,OP,VXx2a_f);
            gamma0=dec2mat(dbc2a,VXx2a,gama)
            bar_Ac0=dec2mat(dbc2a,VXx2a,bar_Ac);
            hat_Lc0=dec2mat(dbc2a,VXx2a,hat_Lc);
            bar_Fx0=dec2mat(dbc2a,VXx2a,bar_Fx);
            Fy0=dec2mat(dbc2a,VXx2a,Fy);
            QQQ10=QQ10;       MMM10=MM10;PPP10=PP10;           NNN10=NN10;
        elseif tau==taumax
            tau=tau+1;kappaN=kappaN+1;
        else
            tau=tau+1;
            OFRMPC_CSTR_sub3;
            if TMIN3<0
                [OPX,VXx3]=mincx(dbc3,CC3,OP,VXx3_f);
                Q10=dec2mat(dbc3,VXx3,Q1);    M10=dec2mat(dbc3,VXx3,M1);
                N10=dec2mat(dbc3,VXx3,N1);    P10=dec2mat(dbc3,VXx3,P1);
            else
                tau=taumax+1;kappaN=kappaN+1;
```

```
                end
            end
        end
        if kappaN > size(KAPPA)
            flag1=0;
        end
    end
    gama_results(iii)=gamma0;MMM20=-U0'*MMM10;
    AAc0=-inv(U0)*bar_Ac0*inv(MMM10-PPP10)*MMM20';
    LLc0=-inv(U0)*hat_Lc0;
    FFx0=bar_Fx0*inv(MMM10-PPP10)*MMM20';FFy0=Fy0;
    UU(iii)=FFx0*Xc0+FFy0*Y0;
    g1x2=7.2e10*exp(-8750/(Y0+350));
    g1Ule=7.2e10*exp(-8750/(-10+350));
    g1Bar=7.2e10*exp(-8750/(10+350));
    g2x2=3.6e10*(exp(-8750/(Y0+350))-exp(-8750/350))/Y0;
    g2Ule=3.6e10*(exp(-8750/(-10+350))-exp(-8750/350))/(-10);
    g2Bar=3.6e10*(exp(-8750/(10+350))-exp(-8750/350))/10;
    h1=0.5*(g1x2-g1Ule)/(g1Bar-g1Ule);        h2=0.5*(g1Bar-g1x2)/(g1Bar-g1Ule);
    h3=0.5*(g2x2-g2Ule)/(g2Bar-g2Ule);        h4=0.5*(g2Bar-g2x2)/(g2Bar-g2Ule);
    Ak=h1*A1+h2*A2+h3*A3+h4*A4;               Bk=h1*B1+h2*B2+h3*B3+h4*B4;
    Ck=h1*C1+h2*C2+h3*C3+h4*C4;               Dk=h1*D1+h2*D2+h3*D3+h4*D4;
    Ek=h1*E1+h2*E2+h3*E3+h4*E4;
    Xc1=AAc0*Xc0+LLc0*Y0;      All_Xc1{iii+1}=Xc1;
    XcV1(iii+1)=[1 0]*Xc1;     XcV2(iii+1)=[0 1]*Xc1;
    X1V1(iii+1)=[1 0]*(Ak*X10+Bk*UU(iii)+Dk*sqrt(2)/2*[rand2(iii+1),rand2(iii+51)]');
    X1V2(iii+1)=[0 1]*(Ak*X10+Bk*UU(iii)+Dk*sqrt(2)/2*[rand2(iii+1),rand2(iii+51)]');
    % get the real state
    X11=[X1V1(iii+1) X1V2(iii+1)]';
    Ytrue=X1V2(iii+1)+Ek*sqrt(2)/2*[rand2(iii+1),rand2(iii+51)]';
    X0org=U0*Xc1;MMx0=inv(1-X0org'*inv(QQQ10-NNN10)*X0org)*MMM10;
    OFRMPC_CSTR_sub4;
    TMIN4results(iii)=TMIN4;
    if TMIN4<0
        [OPX,VXx4]=mincx(dbc4,CC4,OP,VXx4);
        Qx=dec2mat(dbc4,VXx4,Qx);Mx0=inv(Qx);U0=dec2mat(dbc4,VXx4,Upie);X0=U0*Xc1;
    else
        X0=X0org;Mx0=MMx0;
    end
    Xc0=Xc1;       X10=X11;    Y0=Ytrue;
    X0V1(iii+1)=[1 0]*X0;    X0V2(iii+1)=[0 1]*X0;Mx0_results{iii}=Mx0;
end
toc;
figure(1)
kt=0:Steps-1;plot(kt,gama_results,'-o')
figure (3);
UU(Steps+1)=UU(Steps);kt=0:Steps;plot(kt,UU,'-*')
hold on;
figure (4)
plot(XcV1,XcV2,'--d',X1V1,X1V2,'-d');hold on;
```

下面的程序代码的目录和命名为 Mthd2(eta_optimized)/OFRMPC_CSTR_sub1.m。

```
setlmis([]);
gama=lmivar(1,[1 1]);rho=lmivar(1,[1 1]);
P1=lmivar(1,[2 1]);M1=lmivar(1,[2 1]);Q1=lmivar(1,[2 1]);N1=lmivar(1,[2 1]);
bar_Ac=lmivar(2,[2 2]);hat_Lc=lmivar(2,[2 1]);bar_Fx=lmivar(2,[1 2]);Fy=lmivar(1,[1 1]);
LMI=newlmi;
lmiterm([-LMI 1 1 rho],1,Mx0);lmiterm([-LMI 1 1 M1],-1,1);
LMI=newlmi;
lmiterm([-LMI 1 1 0],1);lmiterm([-LMI 1 1 rho],-1,1);lmiterm([-LMI 2 1 0],X0);
lmiterm([-LMI 2 2 Q1],1,1);lmiterm([-LMI 2 2 N1],-1,1);
for i=1:4
    LMI=newlmi;
    lmiterm([-LMI 1 1 M1],(1-alpha),1);lmiterm([-LMI 2 1 M1],(1-alpha),1);
    lmiterm([-LMI 2 1 P1],(1-alpha),-1);lmiterm([-LMI 2 2 M1],(1-alpha),1);
    lmiterm([-LMI 2 2 P1],(1-alpha),-1);
    lmiterm([-LMI 3 3 0],alpha*Pw);
    lmiterm([-LMI 4 1 Fy],BB{i},CC{i});lmiterm([-LMI 4 1 0],AA{i});
    lmiterm([-LMI 4 2 bar_Fx],BB{i},1);lmiterm([-LMI 4 3 Fy],BB{i},EE{i});
    lmiterm([-LMI 4 3 0],DD{i});lmiterm([-LMI 4 4 Q1],1,1);
    lmiterm([-LMI 5 1 hat_Lc],1,CC{i});lmiterm([-LMI 5 2 bar_Ac],1,1);
    lmiterm([-LMI 5 3 hat_Lc],1,EE{i});lmiterm([-LMI 5 4 N1],1,1);
    lmiterm([-LMI 5 4 Q1],-1,1);lmiterm([-LMI 5 5 N1],-1,1);lmiterm([-LMI 5 5 Q1],1,1);
end
for i=1:4
    LMI=newlmi;
    lmiterm([-LMI 1 1 M1],1,1);lmiterm([-LMI 2 1 M1],1,1);lmiterm([-LMI 2 1 P1],1,-1);
    lmiterm([-LMI 2 2 M1],1,1);lmiterm([-LMI 2 2 P1],1,-1);
    lmiterm([-LMI 3 1 Fy],BB{i},CC{i});lmiterm([-LMI 3 1 0],AA{i});
    lmiterm([-LMI 3 2 bar_Fx],BB{i},1);lmiterm([-LMI 3 3 Q1],1,1);
    lmiterm([-LMI 4 1 hat_Lc],1,CC{i});lmiterm([-LMI 4 2 bar_Ac],1,1);
    lmiterm([-LMI 4 3 N1],1,1);lmiterm([-LMI 4 3 Q1],-1,1);lmiterm([-LMI 4 4 N1],-1,1);
    lmiterm([-LMI 4 4 Q1],1,1);
    lmiterm([-LMI 5 1 0],Q_weight^0.5*CC{i});lmiterm([-LMI 5 5 gama],1,1);
    lmiterm([-LMI 6 1 Fy],R_weight^0.5,CC{i});lmiterm([-LMI 6 2 bar_Fx],R_weight^0.5,1);
    lmiterm([-LMI 6 6 gama],1,1);
end
for i=1:4
    LMI=newlmi;
    lmiterm([-LMI 1 1 M1],1,1);lmiterm([-LMI 2 1 M1],1,1);lmiterm([-LMI 2 1 P1],1,-1);
    lmiterm([-LMI 2 2 M1],1,1);lmiterm([-LMI 2 2 P1],1,-1);lmiterm([-LMI 3 3 0],Pw);
    lmiterm([-LMI 4 1 Fy],delta_1,CC{i});lmiterm([-LMI 4 2 bar_Fx],delta_1,1);
    lmiterm([-LMI 4 3 Fy],delta_1bar,EE{i});lmiterm([-LMI 4 4 0],InputC);
end
for i=1:4
    LMI=newlmi;
    lmiterm([-LMI 1 1 M1],1,1);lmiterm([-LMI 2 1 M1],1,1);lmiterm([-LMI 2 1 P1],1,-1);
    lmiterm([-LMI 2 2 M1],1,1);lmiterm([-LMI 2 2 P1],1,-1);lmiterm([-LMI 3 3 0],Pw);
    lmiterm([-LMI 4 1 0],mathcalC_x1*delta_21*delta_31*AA{i});
    lmiterm([-LMI 4 1 Fy],mathcalC_x1*delta_21*delta_31*BB{i},CC{i});
    lmiterm([-LMI 4 2 bar_Fx],mathcalC_x1*delta_21*delta_31*BB{i},1);
    lmiterm([-LMI 4 3 0],mathcalC_x1*delta_21*delta_31bar*DD{i});
```

```
    lmiterm([-LMI 4 3 Fy],mathcalC_x1*delta_21*delta_31bar*BB{i},EE{i});
    lmiterm([-LMI 4 4 0],StateC1);
end
for i=1:4
    LMI=newlmi;
    lmiterm([-LMI 1 1 M1],1,1);lmiterm([-LMI 2 1 M1],1,1);lmiterm([-LMI 2 1 P1],1,-1);
    lmiterm([-LMI 2 2 M1],1,1);lmiterm([-LMI 2 2 P1],1,-1);lmiterm([-LMI 3 3 0],Pw);
    lmiterm([-LMI 4 1 0],mathcalC_y*delta_22*delta_32*AA{i});
    lmiterm([-LMI 4 1 Fy],mathcalC_y*delta_22*delta_32*BB{i},CC{i});
    lmiterm([-LMI 4 2 bar_Fx],mathcalC_y*delta_22*delta_32*BB{i},1);
    lmiterm([-LMI 4 3 Fy],mathcalC_y*delta_22*delta_32bar*BB{i},EE{i});
    lmiterm([-LMI 4 3 0],mathcalC_y*delta_22*delta_32bar*DD{i});
    lmiterm([-LMI 4 4 0],StateC2-delta_22bar^2*E1*E1');
end
LMI=newlmi;
lmiterm([-LMI 1 1 M1],1,1);lmiterm([-LMI 2 1 0],eye(2));lmiterm([-LMI 2 2 N1],1,1);
LMI=newlmi;
lmiterm([-LMI 1 1 Q1],1,1);lmiterm([-LMI 2 1 0],eye(2));lmiterm([-LMI 2 2 P1],1,1);
dbc1=getlmis;
CC1=[1 0 0 0 0 0 0 0 0 0 0 0 0 0 0 0 0 0 0 0 0 0 0 0 0];
VXx1_f=[0 0 0 0 0 0 0 0 0 0 0 0 0 0 0 0 0 0 0 0 0 0 0 0 0];
[OPX,VXx1]=mincx(dbc1,CC1,OP,VXx1_f);
```

下面的程序代码的目录和命名为 Mthd2(eta_optimized)/OFRMPC_CSTR_sub2.m。

```
setlmis([]);
gama=lmivar(1,[1 1]);rho=lmivar(1,[1 1]);
bar_Ac=lmivar(2,[2 2]);hat_Lc=lmivar(2,[2 1]);
bar_Fx=lmivar(2,[1 2]);Fy=lmivar(1,[1 1]);
LMI=newlmi;
lmiterm([-LMI 1 1 gama],-1,1);lmiterm([-LMI 1 1 0],kappa*gamma0);
LMI=newlmi;
lmiterm([-LMI 1 1 rho],1,Mx0);lmiterm([-LMI 1 1 0],-MM10);
LMI=newlmi;
lmiterm([-LMI 1 1 0],1);lmiterm([-LMI 1 1 rho],-1,1);lmiterm([-LMI 2 1 0],X0);
lmiterm([-LMI 2 2 0],QQ10);lmiterm([-LMI 2 2 0],-NN10);
for i=1:4
    LMI=newlmi;
    lmiterm([-LMI 1 1 0],(1-alpha)*MM10);lmiterm([-LMI 2 1 0],(1-alpha)*MM10);
    lmiterm([-LMI 2 1 0],-(1-alpha)*PP10);lmiterm([-LMI 2 2 0],(1-alpha)*MM10);
    lmiterm([-LMI 2 2 0],-(1-alpha)*PP10);
    lmiterm([-LMI 3 3 0],alpha*Pw);
    lmiterm([-LMI 4 1 Fy],BB{i},CC{i});lmiterm([-LMI 4 1 0],AA{i});
    lmiterm([-LMI 4 2 bar_Fx],BB{i},1);lmiterm([-LMI 4 3 Fy],BB{i},EE{i});
    lmiterm([-LMI 4 3 0],DD{i});lmiterm([-LMI 4 4 0],QQ10);
    lmiterm([-LMI 5 1 hat_Lc],1,CC{i});lmiterm([-LMI 5 2 bar_Ac],1,1);
    lmiterm([-LMI 5 3 hat_Lc],1,EE{i});lmiterm([-LMI 5 4 0],NN10);
    lmiterm([-LMI 5 4 0],-QQ10);lmiterm([-LMI 5 5 0],-NN10);
    lmiterm([-LMI 5 5 0],QQ10);
end
for i=1:4
    LMI=newlmi;
```

```
    lmiterm([-LMI 1 1 0],MM10);lmiterm([-LMI 2 1 0],MM10);
    lmiterm([-LMI 2 1 0],-PP10);lmiterm([-LMI 2 2 0],MM10);
    lmiterm([-LMI 2 2 0],-PP10);
    lmiterm([-LMI 3 1 Fy],BB{i},CC{i});lmiterm([-LMI 3 1 0],AA{i});
    lmiterm([-LMI 3 2 bar_Fx],BB{i},1);lmiterm([-LMI 3 3 0],QQ10);
    lmiterm([-LMI 4 1 hat_Lc],1,CC{i});lmiterm([-LMI 4 2 bar_Ac],1,1);
    lmiterm([-LMI 4 3 0],NN10);lmiterm([-LMI 4 3 0],-QQ10);
    lmiterm([-LMI 4 4 0],-NN10);lmiterm([-LMI 4 4 0],QQ10);
    lmiterm([-LMI 5 1 0],Q_weight^0.5*CC{i});lmiterm([-LMI 5 5 gama],1,1);
    lmiterm([-LMI 6 1 Fy],R_weight^0.5,CC{i});
    lmiterm([-LMI 6 2 bar_Fx],R_weight^0.5,1);lmiterm([-LMI 6 6 gama],1,1);
end
for i=1:4
    LMI=newlmi;
    lmiterm([-LMI 1 1 0],MM10);lmiterm([-LMI 2 1 0],MM10);
    lmiterm([-LMI 2 1 0],-PP10);lmiterm([-LMI 2 2 0],MM10);
    lmiterm([-LMI 2 2 0],-PP10);lmiterm([-LMI 3 3 0],Pw);
    lmiterm([-LMI 4 1 Fy],delta_1,CC{i});lmiterm([-LMI 4 2 bar_Fx],delta_1,1);
    lmiterm([-LMI 4 3 Fy],delta_1bar,EE{i});lmiterm([-LMI 4 4 0],InputC);
end
for i=1:4
    LMI=newlmi;
    lmiterm([-LMI 1 1 0],MM10);lmiterm([-LMI 2 1 0],MM10);
    lmiterm([-LMI 2 1 0],-PP10);lmiterm([-LMI 2 2 0],MM10);
    lmiterm([-LMI 2 2 0],-PP10);lmiterm([-LMI 3 3 0],Pw);
    lmiterm([-LMI 4 1 0],mathcalC_x1*delta_21*delta_31*AA{i});
    lmiterm([-LMI 4 1 Fy],mathcalC_x1*delta_21*delta_31*BB{i},CC{i});
    lmiterm([-LMI 4 2 bar_Fx],mathcalC_x1*delta_21*delta_31*BB{i},1);
    lmiterm([-LMI 4 3 0],mathcalC_x1*delta_21*delta_31bar*DD{i});
    lmiterm([-LMI 4 3 Fy],mathcalC_x1*delta_21*delta_31bar*BB{i},EE{i});
    lmiterm([-LMI 4 4 0],StateC1);
end
for i=1:4
    LMI=newlmi;
    lmiterm([-LMI 1 1 0],MM10);lmiterm([-LMI 2 1 0],MM10);
    lmiterm([-LMI 2 1 0],-PP10);lmiterm([-LMI 2 2 0],MM10);
    lmiterm([-LMI 2 2 0],-PP10);lmiterm([-LMI 3 3 0],Pw);
    lmiterm([-LMI 4 1 0],mathcalC_y*delta_22*delta_32*AA{i});
    lmiterm([-LMI 4 1 Fy],mathcalC_y*delta_22*delta_32*BB{i},CC{i});
    lmiterm([-LMI 4 2 bar_Fx],mathcalC_y*delta_22*delta_32*BB{i},1);
    lmiterm([-LMI 4 3 Fy],mathcalC_y*delta_22*delta_32bar*BB{i},EE{i});
    lmiterm([-LMI 4 3 0],mathcalC_y*delta_22*delta_32bar*DD{i});
    lmiterm([-LMI 4 4 0],StateC2-delta_22bar^2*E1*E1');  %替换EE{i}*EE(i)'
end
dbc2a=getlmis;
[TMIN2a,VXx2a_f]=feasp(dbc2a,OP);
TMIN2a;
```

下面的程序代码的目录和命名为 Mthd2(eta_optimized)/OFRMPC_CSTR_sub2_no _gamma _decrement.m。

```
setlmis([]);
```

```
gama=lmivar(1,[1 1]);rho=lmivar(1,[1 1]);bar_Ac=lmivar(2,[2 2]);
hat_Lc=lmivar(2,[2 1]);bar_Fx=lmivar(2,[1 2]);Fy=lmivar(1,[1 1]);
LMI=newlmi;
lmiterm([-LMI 1 1 rho],1,Mx0);lmiterm([-LMI 1 1 0],-MM10);
LMI=newlmi;
lmiterm([-LMI 1 1 0],1);lmiterm([-LMI 1 1 rho],-1,1);lmiterm([-LMI 2 1 0],X0);
lmiterm([-LMI 2 2 0],QQ10);lmiterm([-LMI 2 2 0],-NN10);
for i=1:4
    LMI=newlmi;
    lmiterm([-LMI 1 1 0],(1-alpha)*MM10);lmiterm([-LMI 2 1 0],(1-alpha)*MM10);
    lmiterm([-LMI 2 1 0],-(1-alpha)*PP10);lmiterm([-LMI 2 2 0],(1-alpha)*MM10);
    lmiterm([-LMI 2 2 0],-(1-alpha)*PP10);
    lmiterm([-LMI 3 3 0],alpha*Pw);lmiterm([-LMI 4 1 Fy],BB{i},CC{i});
    lmiterm([-LMI 4 1 0],AA{i});lmiterm([-LMI 4 2 bar_Fx],BB{i},1);
    lmiterm([-LMI 4 3 Fy],BB{i},EE{i});lmiterm([-LMI 4 3 0],DD{i});
    lmiterm([-LMI 4 4 0],QQ10);
    lmiterm([-LMI 5 1 hat_Lc],1,CC{i});lmiterm([-LMI 5 2 bar_Ac],1,1);
    lmiterm([-LMI 5 3 hat_Lc],1,EE{i});lmiterm([-LMI 5 4 0],NN10);
    lmiterm([-LMI 5 4 0],-QQ10);lmiterm([-LMI 5 5 0],-NN10);
    lmiterm([-LMI 5 5 0],QQ10);
end
for i=1:4
    LMI=newlmi;
    lmiterm([-LMI 1 1 0],MM10);lmiterm([-LMI 2 1 0],MM10);
    lmiterm([-LMI 2 1 0],-PP10);lmiterm([-LMI 2 2 0],MM10);
    lmiterm([-LMI 2 2 0],-PP10);lmiterm([-LMI 3 1 Fy],BB{i},CC{i});
    lmiterm([-LMI 3 1 0],AA{i});lmiterm([-LMI 3 2 bar_Fx],BB{i},1);
    lmiterm([-LMI 3 3 0],QQ10);lmiterm([-LMI 4 1 hat_Lc],1,CC{i});
    lmiterm([-LMI 4 2 bar_Ac],1,1);lmiterm([-LMI 4 3 0],NN10);
    lmiterm([-LMI 4 3 0],-QQ10);lmiterm([-LMI 4 4 0],-NN10);
    lmiterm([-LMI 4 4 0],QQ10);lmiterm([-LMI 5 1 0],Q_weight^0.5*CC{i});
    lmiterm([-LMI 5 5 gama],1,1)lmiterm([-LMI 6 1 Fy],R_weight^0.5,CC{i});
    lmiterm([-LMI 6 2 bar_Fx],R_weight^0.5,1);lmiterm([-LMI 6 6 gama],1,1);
end
for i=1:4
    LMI=newlmi;
    lmiterm([-LMI 1 1 0],MM10);lmiterm([-LMI 2 1 0],MM10);
    lmiterm([-LMI 2 1 0],-PP10);lmiterm([-LMI 2 2 0],MM10);
    lmiterm([-LMI 2 2 0],-PP10);lmiterm([-LMI 3 3 0],Pw);
    lmiterm([-LMI 4 1 Fy],delta_1,CC{i});lmiterm([-LMI 4 2 bar_Fx],delta_1,1);
    lmiterm([-LMI 4 3 Fy],delta_1bar,EE{i});lmiterm([-LMI 4 4 0],InputC);
end
for i=1:4
    LMI=newlmi;
    lmiterm([-LMI 1 1 0],MM10);lmiterm([-LMI 2 1 0],MM10);
    lmiterm([-LMI 2 1 0],-PP10);lmiterm([-LMI 2 2 0],MM10);
    lmiterm([-LMI 2 2 0],-PP10);lmiterm([-LMI 3 3 0],Pw);
    lmiterm([-LMI 4 1 0],mathcalC_x1*delta_21*delta_31*AA{i});
    lmiterm([-LMI 4 1 Fy],mathcalC_x1*delta_21*delta_31*BB{i},CC{i});
    lmiterm([-LMI 4 2 bar_Fx],mathcalC_x1*delta_21*delta_31*BB{i},1);
    lmiterm([-LMI 4 3 0],mathcalC_x1*delta_21*delta_31bar*DD{i});
```

```
    lmiterm([-LMI 4 3 Fy],mathcalC_x1*delta_21*delta_31bar*BB{i},EE{i});
    lmiterm([-LMI 4 4 0],StateC1);
end
for i=1:4
    LMI=newlmi;
    lmiterm([-LMI 1 1 0],MM10);lmiterm([-LMI 2 1 0],MM10);
    lmiterm([-LMI 2 1 0],-PP10);lmiterm([-LMI 2 2 0],MM10);
    lmiterm([-LMI 2 2 0],-PP10);lmiterm([-LMI 3 3 0],Pw);
    lmiterm([-LMI 4 1 0],mathcalC_y*delta_22*delta_32*AA{i});
    lmiterm([-LMI 4 1 Fy],mathcalC_y*delta_22*delta_32*BB{i},CC{i});
    lmiterm([-LMI 4 2 bar_Fx],mathcalC_y*delta_22*delta_32*BB{i},1);
    lmiterm([-LMI 4 3 Fy],mathcalC_y*delta_22*delta_32bar*BB{i},EE{i});
    lmiterm([-LMI 4 3 0],mathcalC_y*delta_22*delta_32bar*DD{i});
    lmiterm([-LMI 4 4 0],StateC2-delta_22bar^2*E1*E1');  %替换EE{i}*EE(i)'
end
dbc1a=getlmis;
[TMIN1a,VXx1a]=feasp(dbc1a,OP);
TMIN1a;
```

下面的程序代码的目录和命名为 Mthd2(eta_optimized)/OFRMPC_CSTR_sub3.m。

```
setlmis([]);
delta=lmivar(1,[1 1]);gama=lmivar(1,[1 1]);rho=lmivar(1,[1 1]);
P1=lmivar(1,[2 1]);M1=lmivar(1,[2 1]);Q1=lmivar(1,[2 1]);N1=lmivar(1,[2 1]);
bar_Ac=lmivar(2,[2 2]);hat_Lc=lmivar(2,[2 1]);bar_Fx=lmivar(2,[1 2]);Fy=lmivar(1,[1 1]);
LMI=newlmi;
lmiterm([-LMI 1 1 gama],-1,1);lmiterm([-LMI 1 1 0],kappa*gamma0);
LMI=newlmi;
lmiterm([-LMI 1 1 rho],1,Mx0);lmiterm([-LMI 1 1 M1],-1,1);
LMI=newlmi;
lmiterm([-LMI 1 1 0],1);lmiterm([-LMI 1 1 rho],-1,1);lmiterm([-LMI 2 1 0],X0);
lmiterm([-LMI 2 2 Q1],1,1);lmiterm([-LMI 2 2 N1],-1,1);
for i=1:4
    LMI=newlmi;
    lmiterm([-LMI 1 1 M1],(1-alpha),1);lmiterm([-LMI 2 1 M1],(1-alpha),1);
    lmiterm([-LMI 2 1 P1],(1-alpha),-1);lmiterm([-LMI 2 2 M1],(1-alpha),1);
    lmiterm([-LMI 2 2 P1],(1-alpha),-1);
    lmiterm([-LMI 3 3 0],alpha*Pw);
    lmiterm([-LMI 4 1 Fy],BB{i},CC{i});lmiterm([-LMI 4 1 0],AA{i});
    lmiterm([-LMI 4 2 bar_Fx],BB{i},1);lmiterm([-LMI 4 3 Fy],BB{i},EE{i});
    lmiterm([-LMI 4 3 0],DD{i});lmiterm([-LMI 4 4 Q1],1,1);
    lmiterm([-LMI 5 1 hat_Lc],1,CC{i});lmiterm([-LMI 5 2 bar_Ac],1,1);
    lmiterm([-LMI 5 3 hat_Lc],1,EE{i});lmiterm([-LMI 5 4 N1],1,1);
    lmiterm([-LMI 5 4 Q1],-1,1);lmiterm([-LMI 5 5 N1],-1,1);lmiterm([-LMI 5 5 Q1],1,1);
end
for i=1:4
    LMI=newlmi;
    lmiterm([-LMI 1 1 M1],1,1);lmiterm([-LMI 2 1 M1],1,1);lmiterm([-LMI 2 1 P1],1,-1);
    lmiterm([-LMI 2 2 M1],1,1);lmiterm([-LMI 2 2 P1],1,-1);
    lmiterm([-LMI 3 1 Fy],BB{i},CC{i});lmiterm([-LMI 3 1 0],AA{i});
    lmiterm([-LMI 3 2 bar_Fx],BB{i},1);lmiterm([-LMI 3 3 Q1],1,1);
    lmiterm([-LMI 4 1 hat_Lc],1,CC{i});lmiterm([-LMI 4 2 bar_Ac],1,1);
```

```
    lmiterm([-LMI 4 3 N1],1,1);lmiterm([-LMI 4 3 Q1],-1,1);
    lmiterm([-LMI 4 4 N1],-1,1);lmiterm([-LMI 4 4 Q1],1,1);
    lmiterm([-LMI 5 1 0],Q_weight^0.5*CC{i});lmiterm([-LMI 5 5 gama],1,1);
    lmiterm([-LMI 6 1 Fy],R_weight^0.5,CC{i});lmiterm([-LMI 6 2 bar_Fx],R_weight^0.5,1);
    lmiterm([-LMI 6 6 gama],1,1);
end
for i=1:4
    LMI=newlmi;
    lmiterm([-LMI 1 1 M1],1,1);lmiterm([-LMI 2 1 M1],1,1);lmiterm([-LMI 2 1 P1],1,-1);
    lmiterm([-LMI 2 2 M1],1,1);lmiterm([-LMI 2 2 P1],1,-1);lmiterm([-LMI 3 3 0],Pw);
    lmiterm([-LMI 4 1 Fy],delta_1,CC{i});lmiterm([-LMI 4 2 bar_Fx],delta_1,1);
    lmiterm([-LMI 4 3 Fy],delta_1bar,EE{i});lmiterm([-LMI 4 4 0],InputC);
end
for i=1:4
    LMI=newlmi;
    lmiterm([-LMI 1 1 M1],1,1);lmiterm([-LMI 2 1 M1],1,1);lmiterm([-LMI 2 1 P1],1,-1);
    lmiterm([-LMI 2 2 M1],1,1);lmiterm([-LMI 2 2 P1],1,-1);lmiterm([-LMI 3 3 0],Pw);
    lmiterm([-LMI 4 1 0],mathcalC_x1*delta_21*delta_31*AA{i});
    lmiterm([-LMI 4 1 Fy],mathcalC_x1*delta_21*delta_31*BB{i},CC{i});
    lmiterm([-LMI 4 2 bar_Fx],mathcalC_x1*delta_21*delta_31*BB{i},1);
    lmiterm([-LMI 4 3 0],mathcalC_x1*delta_21*delta_31bar*DD{i});
    lmiterm([-LMI 4 3 Fy],mathcalC_x1*delta_21*delta_31bar*BB{i},EE{i});
    lmiterm([-LMI 4 4 0],StateC1);
end

for i=1:4
    LMI=newlmi;
    lmiterm([-LMI 1 1 M1],1,1);lmiterm([-LMI 2 1 M1],1,1);lmiterm([-LMI 2 1 P1],1,-1);
    lmiterm([-LMI 2 2 M1],1,1);lmiterm([-LMI 2 2 P1],1,-1);lmiterm([-LMI 3 3 0],Pw);
    lmiterm([-LMI 4 1 0],mathcalC_y*delta_22*delta_32*AA{i});
    lmiterm([-LMI 4 1 Fy],mathcalC_y*delta_22*delta_32*BB{i},CC{i});
    lmiterm([-LMI 4 2 bar_Fx],mathcalC_y*delta_22*delta_32*BB{i},1);
    lmiterm([-LMI 4 3 Fy],mathcalC_y*delta_22*delta_32bar*BB{i},EE{i});
    lmiterm([-LMI 4 3 0],mathcalC_y*delta_22*delta_32bar*DD{i});
    lmiterm([-LMI 4 4 0],StateC2-delta_22bar^2*E1*E1');  %替换EE{i}*EE(i)'
end
LMI=newlmi;
lmiterm([-LMI 1 1 M1],1,1);lmiterm([-LMI 2 1 0],eye(2));lmiterm([-LMI 2 2 N1],1,1);
LMI=newlmi;
lmiterm([-LMI 1 1 Q1],1,1);lmiterm([-LMI 2 1 0],eye(2));lmiterm([-LMI 2 2 P1],1,1);
LMI=newlmi;
lmiterm([-LMI 1 1 delta],1,1);lmiterm([LMI 1 1 P1],.5*[1 0]*Q10,[1 0]','s');
lmiterm([LMI 1 1 P1],.5*[0 1]*Q10,[0 1]','s');
lmiterm([LMI 1 1 Q1],.5*[1 0],P10*[1 0]','s');
lmiterm([LMI 1 1 Q1],.5*[0 1],P10*[0 1]','s');
lmiterm([LMI 1 1 N1],.5*[1 0]*M10,[1 0]','s');
lmiterm([LMI 1 1 N1],.5*[0 1]*M10,[0 1]','s');
lmiterm([LMI 1 1 M1],.5*[1 0],N10*[1 0]','s');
lmiterm([LMI 1 1 M1],.5*[0 1],N10*[0 1]','s');
dbc3=getlmis;
CC3=[1 0 0 0 0 0 0 0 0 0 0 0 0 0 0 0 0 0 0 0 0 0 0 0 0 0 0 0 0 0 0 0 0 0 0 0 0 0 0 0 0 0 0 0 0 0 0];
```

```
[TMIN3,VXx3_f]=feasp(dbc3,OP);
TMIN3;
```

下面的程序代码的目录和命名为 Mthd2(eta_optimized)/OFRMPC_CSTR_sub3_no_gamma_decrement.m。

```
setlmis([]);
delta=lmivar(1,[1 1]);gama=lmivar(1,[1 1]);rho=lmivar(1,[1 1]);
P1=lmivar(1,[2 1]);M1=lmivar(1,[2 1]);Q1=lmivar(1,[2 1]);N1=lmivar(1,[2 1]);
bar_Ac=lmivar(2,[2 2]);hat_Lc=lmivar(2,[2 1]);bar_Fx=lmivar(2,[1 2]);Fy=lmivar(1,[1 1]);
LMI=newlmi;
lmiterm([-LMI 1 1 rho],1,Mx0);lmiterm([-LMI 1 1 M1],-1,1);
LMI=newlmi;
lmiterm([-LMI 1 1 0],1);lmiterm([-LMI 1 1 rho],-1,1);lmiterm([-LMI 2 1 0],X0);
lmiterm([-LMI 2 2 Q1],1,1);lmiterm([-LMI 2 2 N1],-1,1);
for i=1:4
    LMI=newlmi;
    lmiterm([-LMI 1 1 M1],(1-alpha),1);lmiterm([-LMI 2 1 M1],(1-alpha),1);
    lmiterm([-LMI 2 1 P1],(1-alpha),-1);lmiterm([-LMI 2 2 M1],(1-alpha),1);
    lmiterm([-LMI 2 2 P1],(1-alpha),-1);
    lmiterm([-LMI 3 3 0],alpha*Pw);
    lmiterm([-LMI 4 1 Fy],BB{i},CC{i});lmiterm([-LMI 4 1 0],AA{i});
    lmiterm([-LMI 4 2 bar_Fx],BB{i},1);lmiterm([-LMI 4 3 Fy],BB{i},EE{i});
    lmiterm([-LMI 4 3 0],DD{i});lmiterm([-LMI 4 4 Q1],1,1);
    lmiterm([-LMI 5 1 hat_Lc],1,CC{i});lmiterm([-LMI 5 2 bar_Ac],1,1);
    lmiterm([-LMI 5 3 hat_Lc],1,EE{i});lmiterm([-LMI 5 4 N1],1,1);
    lmiterm([-LMI 5 4 Q1],-1,1);lmiterm([-LMI 5 5 N1],-1,1);lmiterm([-LMI 5 5 Q1],1,1);
end
for i=1:4
    LMI=newlmi;
    lmiterm([-LMI 1 1 M1],1,1);lmiterm([-LMI 2 1 M1],1,1);lmiterm([-LMI 2 1 P1],1,-1);
    lmiterm([-LMI 2 2 M1],1,1);lmiterm([-LMI 2 2 P1],1,-1);
    lmiterm([-LMI 3 1 Fy],BB{i},CC{i});lmiterm([-LMI 3 1 0],AA{i});
    lmiterm([-LMI 3 2 bar_Fx],BB{i},1);lmiterm([-LMI 3 3 Q1],1,1);
    lmiterm([-LMI 4 1 hat_Lc],1,CC{i});lmiterm([-LMI 4 2 bar_Ac],1,1);
    lmiterm([-LMI 4 3 N1],1,1);lmiterm([-LMI 4 3 Q1],-1,1);
    lmiterm([-LMI 4 4 N1],-1,1);lmiterm([-LMI 4 4 Q1],1,1);
    lmiterm([-LMI 5 1 0],Q_weight^0.5*CC{i});lmiterm([-LMI 5 5 gama],1,1);
    lmiterm([-LMI 6 1 Fy],R_weight^0.5,CC{i});lmiterm([-LMI 6 2 bar_Fx],R_weight^0.5,1);
    lmiterm([-LMI 6 6 gama],1,1);
end
for i=1:4
    LMI=newlmi;
    lmiterm([-LMI 1 1 M1],1,1);lmiterm([-LMI 2 1 M1],1,1);lmiterm([-LMI 2 1 P1],1,-1);
    lmiterm([-LMI 2 2 M1],1,1);lmiterm([-LMI 2 2 P1],1,-1);lmiterm([-LMI 3 3 0],Pw);
    lmiterm([-LMI 4 1 Fy],delta_1,CC{i});lmiterm([-LMI 4 2 bar_Fx],delta_1,1);
    lmiterm([-LMI 4 3 Fy],delta_1bar,EE{i});lmiterm([-LMI 4 4 0],InputC);
end
for i=1:4
    LMI=newlmi;
    lmiterm([-LMI 1 1 M1],1,1);lmiterm([-LMI 2 1 M1],1,1);lmiterm([-LMI 2 1 P1],1,-1);
    lmiterm([-LMI 2 2 M1],1,1);lmiterm([-LMI 2 2 P1],1,-1);lmiterm([-LMI 3 3 0],Pw);
```

```
    lmiterm([-LMI 4 1 0],mathcalC_x1*delta_21*delta_31*AA{i});
    lmiterm([-LMI 4 1 Fy],mathcalC_x1*delta_21*delta_31*BB{i},CC{i});
    lmiterm([-LMI 4 2 bar_Fx],mathcalC_x1*delta_21*delta_31*BB{i},1);
    lmiterm([-LMI 4 3 0],mathcalC_x1*delta_21*delta_31bar*DD{i});
    lmiterm([-LMI 4 3 Fy],mathcalC_x1*delta_21*delta_31bar*BB{i},EE{i});
    lmiterm([-LMI 4 4 0],StateC1);
end
for i=1:4
    LMI=newlmi;
    lmiterm([-LMI 1 1 M1],1,1);lmiterm([-LMI 2 1 M1],1,1);lmiterm([-LMI 2 1 P1],1,-1);
    lmiterm([-LMI 2 2 M1],1,1);lmiterm([-LMI 2 2 P1],1,-1);lmiterm([-LMI 3 3 0],Pw);
    lmiterm([-LMI 4 1 0],mathcalC_y*delta_22*delta_32*AA{i});
    lmiterm([-LMI 4 1 Fy],mathcalC_y*delta_22*delta_32*BB{i},CC{i});
    lmiterm([-LMI 4 2 bar_Fx],mathcalC_y*delta_22*delta_32*BB{i},1);
    lmiterm([-LMI 4 3 Fy],mathcalC_y*delta_22*delta_32bar*BB{i},EE{i});
    lmiterm([-LMI 4 3 0],mathcalC_y*delta_22*delta_32bar*DD{i});
    lmiterm([-LMI 4 4 0],StateC2-delta_22bar^2*E1*E1');  %替换EE{i}*EE(i)'
end
LMI=newlmi;
lmiterm([-LMI 1 1 M1],1,1);lmiterm([-LMI 2 1 0],eye(2));lmiterm([-LMI 2 2 N1],1,1);
LMI=newlmi;
lmiterm([-LMI 1 1 Q1],1,1);lmiterm([-LMI 2 1 0],eye(2));lmiterm([-LMI 2 2 P1],1,1);
LMI=newlmi;
lmiterm([-LMI 1 1 delta],1,1);
lmiterm([LMI 1 1 P1],.5*[1 0]*Q10,[1 0]','s');
lmiterm([LMI 1 1 P1],.5*[0 1]*Q10,[0 1]','s');
lmiterm([LMI 1 1 Q1],.5*[1 0],P10*[1 0]','s');
lmiterm([LMI 1 1 Q1],.5*[0 1],P10*[0 1]','s');
lmiterm([LMI 1 1 N1],.5*[1 0]*M10,[1 0]','s');
lmiterm([LMI 1 1 N1],.5*[0 1]*M10,[0 1]','s');
lmiterm([LMI 1 1 M1],.5*[1 0],N10*[1 0]','s');
lmiterm([LMI 1 1 M1],.5*[0 1],N10*[0 1]','s');
dbc2=getlmis;
CC2=[1 0 0 0 0 0 0 0 0 0 0 0 0 0 0 0 0 0 0 0 0 0 0 0 ];
VXx2_f=[0 0 0 0 0 0 0 0 0 0 0 0 0 0 0 0 0 0 0 0 0 0 0 0 0 ];
[OPX,VXx2]=mincx(dbc2,CC2,OP,VXx2_f);
```

下面的程序代码的目录和命名为 Mthd2(eta_optimized)/OFRMPC_CSTR_sub4.m。

```
setlmis([]);
delta0=lmivar(1,[1 1]);Qx=lmivar(1,[2 1]);rho=lmivar(1,[1 1]);Upie=lmivar(2,[2 2]);
phi_1=lmivar(1,[1 1]);phi_2=lmivar(1,[1 1]);
for i=1:4
    LMI=newlmi;
    lmiterm([-LMI 1 1 0],1);lmiterm([-LMI 1 1 phi_1],-1,1);
    lmiterm([-LMI 1 1 phi_2],-1,1);lmiterm([-LMI 1 1 phi_1],1,X0'*Mx0*X0);
    lmiterm([-LMI 2 1 phi_1],-1,Mx0*X0);lmiterm([-LMI 2 2 phi_1],1,Mx0);
    lmiterm([-LMI 3 3 phi_2],1,eye(2));lmiterm([-LMI 4 1 Upie],-1,Xc1);
    lmiterm([-LMI 4 1 0],BB{i}*FFx0*Xc0);
    lmiterm([-LMI 4 2 0],AA{i}+BB{i}*FFy0*CC{i});
    lmiterm([-LMI 4 3 0],BB{i}*FFy0*EE{i}+DD{i});lmiterm([-LMI 4 4 Qx],1,1);
end
```

```
LMI=newlmi;
lmiterm([-LMI 1 1 0],1);lmiterm([-LMI 1 1 rho],-1,1);
lmiterm([-LMI 2 1 Upie],1,Xc1);lmiterm([-LMI 2 2 0],QQQ10-NNN10 );
LMI=newlmi;
lmiterm([-LMI 1 1 rho],1,NNN10);lmiterm([-LMI 1 1 Qx],-1,1);
LMI=newlmi;
lmiterm([-LMI 1 1 0],inv(MMx0));lmiterm([-LMI 1 1 Qx],-1,1);
LMI=newlmi;
lmiterm([-LMI 1 1 Upie],1,1,'s');lmiterm([-LMI 1 1 0],-eye(2));
LMI=newlmi;
lmiterm([-LMI 1 1 Upie],-1,1,'s');lmiterm([-LMI 1 1 0],3*eye(2));
LMI=newlmi;
lmiterm([-LMI 1 1 delta0],1,1);lmiterm([LMI 1 1 Qx],.5*[1 0],[1 0]','s');
lmiterm([LMI 1 1 Qx],.5*[0 1],[0 1]','s');

dbc4=getlmis;
CC4=[1 0 0 0 0 0 0 0 0 0 0];
[TMIN4,VXx4]=feasp(dbc4,OP);
TMIN4
```

下面的程序代码的目录和命名为 Mthd2(eta_optimized)/sub5_eta_s_x.m。

```
setlmis([]);
eta_x=lmivar(1,[1 1]);
for i=1:4
    LMI=newlmi;
    lmiterm([-LMI 1 1 eta_x],eye(2),1);
    lmiterm([-LMI 2 1 0],mathcalC_x1*(DD{i}+BB{i}*Fy0*EE{i}));
    lmiterm([-LMI 2 2 eta_x],1,1);
end
dbc6=getlmis;
OP=[0 200 1e9 10 1];CCsub6=[1];[TMIN6,VXx6_f]=feasp(dbc6,OP);
[OPX6,VXx6]=mincx(dbc6,CCsub6,OP,VXx6_f);
```

下面的程序代码的目录和命名为 Mthd2(eta_optimized)/sub5_eta_s_y.m。

```
setlmis([]);
eta_y=lmivar(1,[1 1]);
for i=1:4
    LMI=newlmi;
    lmiterm([-LMI 1 1 eta_y],eye(2),1);
    lmiterm([-LMI 2 1 0],mathcalC_y*(DD{i}+BB{i}*Fy0*EE{i}));
    lmiterm([-LMI 2 2 eta_y],1,1);
end
dbc5=getlmis;
OP=[0 200 1e9 10 1];CCsub5=[1];[TMIN5,VXx5_f]=feasp(dbc5,OP);
[OPX5,VXx5]=mincx(dbc5,CCsub5,OP,VXx5_f);
```

下面的程序代码的目录和命名为 Mthd3(eta_optimized, Lc_Fy_fixed)/OFRMPC_Lc_Fy_fixed.m。

```
clc; clear all;
%% 初始化
Steps=50;
load noise.mat;
```

```
Pw=eye(2);
A1=[0.8227,-0.00168;6.1233,0.9367];     A2=[0.9654,-0.00182;-0.6759,0.9433];
A3=[0.8895,-0.00294;2.9447,0.9968];     A4=[0.8930,-0.00062;2.7738,0.8864];
B1=[-0.000092;0.1014];    B2=[-0.000097;0.1016];
B3=[-0.000157;0.1045];    B4=[-0.000034;0.0986];
C1=[0 1];   C2=[0 1];    C3=[0 1];    C4=[0 1];    C=[0 1];
D1=[0.00223 0; 0  0.0564];    D2=[0.00223 0; 0  0.0564];
D3=[0.00223 0; 0  0.0564];    D4=[0.00223 0; 0  0.0564];
E1=[0.5 0.5];    E2=[0.5 0.5];    E3=[0.5 0.5];    E4=[0.5 0.5];
AA={A1,A2,A3,A4};    BB={B1,B2,B3,B4};    CC={C1,C2,C3,C4};
DD={D1,D2,D3,D4};    EE={E1,E2,E3,E4};
InputC=10^2;      StateC=10^2;StateC1=0.5^2;    StateC2=10^2;
Mx0=[100  0;  0  0.25];    Mx0_results{1}=Mx0;
X10=1/sqrt(2)*[0.34,7]';
X1V1(1)=[1 0]*X10;    X1V2(1)=[0 1]*X10;Y0=C*X10+E1*sqrt(2)/2*[rand2(1),rand2(1)]';
Q_weight=16;  R_weight=9;
Xc0=1/sqrt(2)*[0.24,5]';    All_Xc1{1}=Xc0;XcV1(1)=[1 0]*Xc0;    XcV2(1)=[0 1]*Xc0;
X0=Xc0;X0V1(1)=[1 0]*X0;    X0V2(1)=[0 1]*X0;Fy0=-0.6897;   hat_Lc0=[0.003, -0.0799]';
tic;
%% 优化eta的子程序
mathcalC_x1=[1 0];  mathcalC_y=[0 1];
zeta_su=sqrt(Fy0*E1*(Fy0*E1)');    zeta_sy=sqrt(E1*E1');   zeta_sx1=0;
sub3_eta_s_x;zeta_bar_sx1=dec2mat(dbc6,VXx6,eta_x);
sub3_eta_s_y;zeta_bar_sy=dec2mat(dbc5,VXx5,eta_y);
eta_1=zeta_su/10;delta_1=1/sqrt(1-eta_1);        delta_1bar=1/sqrt(eta_1);
%对状态1来说                          %对输出y来说
eta_2x1=zeta_sx1/0.5;                eta_2y=zeta_sy/10;
eta_3x1=zeta_bar_sx1/0.5;            eta_3y=zeta_bar_sy/(10-zeta_sy);
delta_21=1/sqrt(1-eta_2x1);          delta_22=1/sqrt(1-eta_2y);
delta_21bar=0;                       delta_22bar=1/sqrt(eta_2y);
delta_31=1/sqrt(1-eta_3x1);          delta_32=1/sqrt(1-eta_3y);
delta_31bar=1/sqrt(eta_3x1);         delta_32bar=1/sqrt(eta_3y);
%% 算法初始参数
U0=eye(2);   fea_results=zeros(1,Steps);    Ck_results=inf*ones(1,Steps);
alpha=0.01;           fai_x=[1 0];    flag_Step_de=0;Mx0_results{1}=Mx0;
OP=[0 100 1e9 10 0];
tic;
for iii=1:Steps
    OFRMPC_CSTR_sub2;  %直接求解优化问题
    U0_results{iii}=U0;
    if TMIN1<0  %若优化问题可行，得到控制器参数
        fea_results(iii)=1;[OPX,VXx1]=mincx(dbc1,CC1,OP,VXx1_f);
        QQQ10=dec2mat(dbc1,VXx1,Q1);                    NNN10=dec2mat(dbc1,VXx1,N1);
        hat_Ac0=dec2mat(dbc1,VXx1,hat_Ac);          hat_Fx0=dec2mat(dbc1,VXx1,hat_Fx);
        Rh0=dec2mat(dbc1,VXx1,rho);                    gamma0=dec2mat(dbc1,VXx1,gama);
    end
    gama_results(iii)=gamma0;
    PPP10=inv(QQQ10);          MMM10=inv(NNN10);
    MMM20=-U0'*MMM10;  %得到控制器参数
    AAc0=-inv(U0)*hat_Ac0*inv(inv(U0)*(QQQ10-NNN10));
    LLc0=-inv(U0)*hat_Lc0;FFx0=hat_Fx0*inv(inv(U0)*(QQQ10-NNN10));
```

```
    FFy0=Fy0;UU(iii)=FFx0*Xc0+FFy0*Y0;
    g1x2=7.2e10*exp(-8750/(Y0+350));g1Ule=7.2e10*exp(-8750/(-10+350));
    g1Bar=7.2e10*exp(-8750/(10+350));
    g2x2=3.6e10*(exp(-8750/(Y0+350))-exp(-8750/350))/Y0;
    g2Ule=3.6e10*(exp(-8750/(-10+350))-exp(-8750/350))/(-10);
    g2Bar=3.6e10*(exp(-8750/(10+350))-exp(-8750/350))/10;
    h1=0.5*(g1x2-g1Ule)/(g1Bar-g1Ule);        h2=0.5*(g1Bar-g1x2)/(g1Bar-g1Ule);
    h3=0.5*(g2x2-g2Ule)/(g2Bar-g2Ule);        h4=0.5*(g2Bar-g2x2)/(g2Bar-g2Ule);
    Ak=h1*A1+h2*A2+h3*A3+h4*A4;               Bk=h1*B1+h2*B2+h3*B3+h4*B4;
    Ck=h1*C1+h2*C2+h3*C3+h4*C4;               Dk=h1*D1+h2*D2+h3*D3+h4*D4;
    Ek=h1*E1+h2*E2+h3*E3+h4*E4;
    Xc1=AAc0*Xc0+LLc0*Y0;      All_Xc1{iii+1}=Xc1;
    XcV1(iii+1)=[1 0]*Xc1;     XcV2(iii+1)=[0 1]*Xc1;
    X1V1(iii+1)=[1 0]*(Ak*X10+Bk*UU(iii)+Dk*sqrt(2)/2*[rand2(iii+1),rand2(iii+51)]');
    X1V2(iii+1)=[0 1]*(Ak*X10+Bk*UU(iii)+Dk*sqrt(2)/2*[rand2(iii+1),rand2(iii+51)]');
    %get the real state
    X11=[X1V1(iii+1) X1V2(iii+1)]';
    Ytrue=X1V2(iii+1)+Ek*sqrt(2)/2*[rand2(iii+1),rand2(iii+51)]';
    X0org=U0*Xc1;MMx0=inv(1-X0org'*inv(QQQ10-NNN10)*X0org)*MMM10;
    OFRMPC_CSTR_sub1;
    TMIN4results(iii)=TMIN4;
    if TMIN4<0
        [OPX,VXx4]=mincx(dbc4,CC4,OP,VXx4);
        Qx=dec2mat(dbc4,VXx4,Qx);Mx0=inv(Qx);U0=dec2mat(dbc4,VXx4,Upie);X0=U0*Xc1;
    else
        X0=X0org;Mx0=MMx0;
    end
    Xc0=Xc1;      X10=X11;    Y0=Ytrue;
    X0V1(iii+1)=[1 0]*X0;    X0V2(iii+1)=[0 1]*X0;Mx0_results{iii}=Mx0;
end
toc;
figure(1)
kt=0:Steps-1;plot(kt,gama_results,'-o')
figure (3);
UU(Steps+1)=UU(Steps);kt=0:Steps;plot(kt,UU,'-*')hold on;
figure (4)
plot(XcV1,XcV2,'--d',X1V1,X1V2,'-d');hold on;
```

下面的程序代码的目录和命名为 Mthd3(eta_optimized, Lc_Fy_fixed)/OFRMPC_CSTR_sub1.m。

```
setlmis([]);
delta0=lmivar(1,[1 1]);
Qx=lmivar(1,[2 1]);
rho=lmivar(1,[1 1]);
Upie=lmivar(2,[2 2]);
phi_1=lmivar(1,[1 1]);
phi_2=lmivar(1,[1 1]);
for i=1:4
    LMI=newlmi;
    lmiterm([-LMI 1 1 0],1);lmiterm([-LMI 1 1 phi_1],-1,1);
    lmiterm([-LMI 1 1 phi_2],-1,1);lmiterm([-LMI 1 1 phi_1],1,X0'*Mx0*X0);
    lmiterm([-LMI 2 1 phi_1],-1,Mx0*X0);lmiterm([-LMI 2 2 phi_1],1,Mx0);
```

```
    lmiterm([-LMI 3 3 phi_2],1,eye(2));lmiterm([-LMI 4 1 Upie],-1,Xc1);
    lmiterm([-LMI 4 1 0],BB{i}*FFx0*Xc0);lmiterm([-LMI 4 2 0],AA{i}+BB{i}*FFy0*CC{i});
    lmiterm([-LMI 4 3 0],BB{i}*FFy0*EE{i}+DD{i});lmiterm([-LMI 4 4 Qx],1,1);
end
LMI=newlmi;
lmiterm([-LMI 1 1 0],1);lmiterm([-LMI 1 1 rho],-1,1);
lmiterm([-LMI 2 1 Upie],1,Xc1);lmiterm([-LMI 2 2 0],QQQ10-NNN10 );
LMI=newlmi;
lmiterm([-LMI 1 1 rho],1,NNN10);lmiterm([-LMI 1 1 Qx],-1,1);
LMI=newlmi;
lmiterm([-LMI 1 1 0],inv(MMx0));lmiterm([-LMI 1 1 Qx],-1,1);
LMI=newlmi;
lmiterm([-LMI 1 1 Upie],1,1,'s');lmiterm([-LMI 1 1 0],-eye(2));
LMI=newlmi;
lmiterm([-LMI 1 1 Upie],-1,1,'s');lmiterm([-LMI 1 1 0],3*eye(2));
LMI=newlmi;
lmiterm([-LMI 1 1 delta0],1,1);lmiterm([LMI 1 1 Qx],.5*[1 0],[1 0]','s');
lmiterm([LMI 1 1 Qx],.5*[0 1],[0 1]','s');
dbc4=getlmis;
CC4=[1 0 0 0 0 0 0 0 0 0 0];
[TMIN4,VXx4]=feasp(dbc4,OP);
```

下面的程序代码的目录和命名为 Mthd3(eta_optimized, Lc_Fy_fixed)/OFRMPC_CSTR_sub2.m。

```
setlmis([]);
gama=lmivar(1,[1 1]);rho=lmivar(1,[1 1]);Q1=lmivar(1,[2 1]);N1=lmivar(1,[2 1]);
hat_Ac=lmivar(2,[2 2]);hat_Fx=lmivar(2,[1 2]);
LMI=newlmi;
lmiterm([-LMI 1 1 0],1);lmiterm([-LMI 1 1 rho],-1,1);lmiterm([-LMI 2 1 0],X0);
lmiterm([-LMI 2 2 Q1],1,1);lmiterm([-LMI 2 2 N1],-1,1);
for i=1:4
    LMI=newlmi;
    lmiterm([-LMI 1 1 Q1],(1-alpha),1);lmiterm([-LMI 2 1 N1],(1-alpha),1);
    lmiterm([-LMI 2 2 N1],(1-alpha),1);lmiterm([-LMI 3 3 0],alpha*Pw);
    lmiterm([-LMI 4 1 Q1],BB{i}*Fy0*CC{i},1);lmiterm([-LMI 4 1 Q1],AA{i},1);
    lmiterm([-LMI 4 1 hat_Fx],BB{i},1);lmiterm([-LMI 4 2 N1],AA{i},1);
    lmiterm([-LMI 4 2 N1],BB{i}*Fy0*CC{i},1);lmiterm([-LMI 4 3 0],BB{i}*Fy0*EE{i});
    lmiterm([-LMI 4 3 0],DD{i});lmiterm([-LMI 4 4 Q1],1,1);
    lmiterm([-LMI 5 1 Q1],hat_Lc0*CC{i},1);lmiterm([-LMI 5 1 hat_Ac],1,1);
    lmiterm([-LMI 5 2 N1],hat_Lc0*CC{i},1);lmiterm([-LMI 5 3 0],hat_Lc0*EE{i});
    lmiterm([-LMI 5 4 N1],1,1);lmiterm([-LMI 5 4 Q1],-1,1);
    lmiterm([-LMI 5 5 N1],-1,1);lmiterm([-LMI 5 5 Q1],1,1);
end
for i=1:4
    LMI=newlmi;
    lmiterm([-LMI 1 1 Q1],1,1);lmiterm([-LMI 2 1 N1],1,1);lmiterm([-LMI 2 2 N1],1,1);
    lmiterm([-LMI 3 1 Q1],BB{i}*Fy0*CC{i},1);lmiterm([-LMI 3 1 Q1],AA{i},1);
    lmiterm([-LMI 3 1 hat_Fx],BB{i},1);lmiterm([-LMI 3 2 N1],AA{i},1);
    lmiterm([-LMI 3 2 N1],BB{i}*Fy0*CC{i},1);lmiterm([-LMI 3 3 Q1],1,1);
    lmiterm([-LMI 4 1 Q1],hat_Lc0*CC{i},1);lmiterm([-LMI 4 1 hat_Ac],1,1);
    lmiterm([-LMI 4 2 N1],hat_Lc0*CC{i},1);lmiterm([-LMI 4 3 N1],1,1);
    lmiterm([-LMI 4 3 Q1],-1,1);lmiterm([-LMI 4 4 N1],-1,1);
```

```
    lmiterm([-LMI 4 4 Q1],1,1);lmiterm([-LMI 5 1 Q1],Q_weight^0.5*CC{i},1);
    lmiterm([-LMI 5 2 N1],Q_weight^0.5*CC{i},1);
    lmiterm([-LMI 5 5 gama],1,1)lmiterm([-LMI 6 1 Q1],R_weight^0.5*Fy0*CC{i},1);
    lmiterm([-LMI 6 1 hat_Fx],R_weight^0.5,1);
    lmiterm([-LMI 6 2 N1],R_weight^0.5*Fy0*CC{i},1);lmiterm([-LMI 6 6 gama],1,1);
end
LMI=newlmi;
lmiterm([-LMI 1 1 rho],1,Mx0);lmiterm([-LMI 2 1 0],eye(2));lmiterm([-LMI 2 2 N1],1,1);
for i=1:4
    LMI=newlmi;
    lmiterm([-LMI 1 1 Q1],1,1);lmiterm([-LMI 2 1 N1],1,1);lmiterm([-LMI 2 2 N1],1,1);
    lmiterm([-LMI 3 1 Q1],delta_1*Fy0*CC{i},1);lmiterm([-LMI 3 1 hat_Fx],delta_1,1);
    lmiterm([-LMI 3 2 N1],delta_1*Fy0*CC{i},1);
    lmiterm([-LMI 3 3 0],InputC-delta_1bar*Fy0*E1*E1'*Fy0');
end
for i=1:4
    LMI=newlmi;
    lmiterm([-LMI 1 1 Q1],1,1);lmiterm([-LMI 2 1 N1],1,1);lmiterm([-LMI 2 2 N1],1,1);
    lmiterm([-LMI 3 3 0],Pw);
    lmiterm([-LMI 4 1 Q1],mathcalC_x1*delta_21*delta_31*AA{i},1);
    lmiterm([-LMI 4 1 Q1],mathcalC_x1*delta_21*delta_31*BB{i}*Fy0*CC{i},1);
    lmiterm([-LMI 4 1 hat_Fx],mathcalC_x1*delta_21*delta_31*BB{i},1);
    lmiterm([-LMI 4 2 N1],mathcalC_x1*delta_21*delta_31*AA{i},1);
    lmiterm([-LMI 4 2 N1],mathcalC_x1*delta_21*delta_31*BB{i}*Fy0*CC{i},1);
    lmiterm([-LMI 4 3 0],mathcalC_x1*delta_21*delta_31bar*DD{i});
    lmiterm([-LMI 4 3 0],mathcalC_x1*delta_21*delta_31bar*BB{i}*Fy0*EE{i});
    lmiterm([-LMI 4 4 0],StateC1);
end
for i=1:4
    LMI=newlmi;
    lmiterm([-LMI 1 1 Q1],1,1);lmiterm([-LMI 2 1 N1],1,1);lmiterm([-LMI 2 2 N1],1,1);
    lmiterm([-LMI 3 3 0],Pw);
    lmiterm([-LMI 4 1 Q1],mathcalC_y*delta_22*delta_32*AA{i},1);
    lmiterm([-LMI 4 1 Q1],mathcalC_y*delta_22*delta_32*BB{i}*Fy0*CC{i},1);
    lmiterm([-LMI 4 1 hat_Fx],mathcalC_y*delta_22*delta_32*BB{i},1);
    lmiterm([-LMI 4 2 N1],mathcalC_y*delta_22*delta_32*AA{i},1);
    lmiterm([-LMI 4 2 N1],mathcalC_y*delta_22*delta_32*BB{i}*Fy0*CC{i},1);
    lmiterm([-LMI 4 3 0],mathcalC_y*delta_22*delta_32bar*DD{i});
    lmiterm([-LMI 4 3 0],mathcalC_y*delta_22*delta_32bar*BB{i}*Fy0*EE{i});
    lmiterm([-LMI 4 4 0],StateC2-delta_22bar^2*E1*E1');  %替换EE{i}*EE(i)'
end
dbc1=getlmis;
CC1=[1 0 0 0 0 0 0 0 0 0 0 0 0 0 0];
[TMIN1,VXx1_f]=feasp(dbc1,OP);
```

下面的程序代码的目录和命名为 Mthd3(eta_optimized, Lc_Fy_fixed)/sub3_eta_s_x.m。

```
setlmis([]);
eta_x=lmivar(1,[1 1]);
for i=1:4
    LMI=newlmi;
    lmiterm([-LMI 1 1 eta_x],eye(2),1);
```

```
    lmiterm([-LMI 2 1 0],mathcalC_x1*(DD{i}+BB{i}*Fy0*EE{i}));
    lmiterm([-LMI 2 2 eta_x],1,1);
end
dbc6=getlmis;
OP=[0 200 1e9 10 1];CCsub6=[1];
[TMIN6,VXx6_f]=feasp(dbc6,OP);[OPX6,VXx6]=mincx(dbc6,CCsub6,OP,VXx6_f);
```

下面程序代码的目录和命名为 Mthd3(eta_optimized, Lc_Fy_fixed)/sub3_eta_s_y.m。

```
setlmis([]);
eta_y=lmivar(1,[1 1]);
for i=1:4
    LMI=newlmi;
    lmiterm([-LMI 1 1 eta_y],eye(2),1);
    lmiterm([-LMI 2 1 0],mathcalC_y*(DD{i}+BB{i}*Fy0*EE{i}));
    lmiterm([-LMI 2 2 eta_y],1,1);
end
dbc5=getlmis;
OP=[0 200 1e9 10 1];CCsub5=[1];[TMIN5,VXx5_f]=feasp(dbc5,OP);
[OPX5,VXx5]=mincx(dbc5,CCsub5,OP,VXx5_f);
```

8.4.5 关于真实状态的界描述

以上利用了 e 或 x 的椭圆型外包界。此外，也可以利用 x 的多面体型外包界，如以下两种：

(1) 用平面表示的多面体，即（对线性多胞模型首见文献 [61]）

$$x_k \in \mathscr{P}_{x,k} := \{x| - G_k\bar{e} \leqslant Hx - \check{x}_k \leqslant G_k\bar{e}\} \tag{8.109}$$

其中，$\check{x}$ 是一个偏差项；$H = \begin{bmatrix} H_a \\ H_b \end{bmatrix}$ 是预先给定的变换矩阵且 H_a 非奇异；G_k 为对角矩阵；$\bar{e} = [\bar{e}_1, \bar{e}_2, \cdots, \bar{e}_p]^{\mathrm{T}}$，其中 $p > n_x$，并且对所有 $j = 1, 2, \cdots, p$，$\bar{e}_j > 0$ 预先给定；

(2) 顶点表示的多面体，即（对线性准多胞模型见文献 [49]，对线性多胞模型见文献 [48]）

$$x_k \in \overline{\mathscr{P}}_{x,k} := \mathrm{Co}\{\vartheta_{j,k}|j = 1, 2, \cdots, n_{\vartheta,k}\}$$

是凸多面体的一般形式。

针对采用多面体型外包界的具体细节这里不做讨论，但以下两点比较有意义。

(1) 针对本章的输出反馈预测控制，式(8.109)中 $\mathscr{P}_{x,k}$ 是凸多面体的一般形式，并且等价于文献 [40] 中的表示 $\mathscr{P}_{x,k} = \{\xi|\mathcal{H}\xi \leqslant G_k\mathbf{1}\}$（$\mathcal{H} \in \mathbb{R}^{p\times n_x}$ 预先给定，且 $\mathbf{1} = [1, 1, \cdots, 1]^{\mathrm{T}}$），其他的多面体集合 [39,41,42,47,51] 为其特例。

(2) 在文献 [60] 之前，优化问题中只单独应用椭圆型集合或多面体型集合。递推可行性的保证通过简单地更新椭圆型集合，但采用多面体型集合可能会失去递推可行性。在文献 [60] 中，每个时刻或采用椭圆型外包界或采用多面体型外包界，其中采用多面体型外包界的前提是其被椭圆型外包界包含。此外，在文献 [60] 中给出了采用多面体型外包界时保持递推可行性的一些充分条件。在文献 [62] 中，进一步探讨了同时应用椭圆型外包界和多面体型外包界的潜力。

8.5 习　题　8

1. 考虑以下模型参数：

$$A_1 = \begin{bmatrix} 0.8359 & -0.0017 \\ 6.2213 & 0.9517 \end{bmatrix}, \quad A_2 = \begin{bmatrix} 0.9808 & -0.0018 \\ -0.6867 & 0.9584 \end{bmatrix}$$

$$A_3 = \begin{bmatrix} 0.9037 & -0.0030 \\ 2.9918 & 1.0127 \end{bmatrix}, \quad A_4 = \begin{bmatrix} 0.9073 & -0.0006 \\ 2.8182 & 0.9006 \end{bmatrix}$$

$$B_1 = \begin{bmatrix} -0.00009 \\ 0.1030 \end{bmatrix}, B_2 = \begin{bmatrix} -0.0001 \\ 0.1032 \end{bmatrix}, \quad B_3 = \begin{bmatrix} -0.00016 \\ 0.1062 \end{bmatrix}, B_4 = \begin{bmatrix} -0.00003 \\ 0.1002 \end{bmatrix}$$

A_2 有单位圆外特征值，代表模型不渐近稳定。上述 $\{A_l, B_l\}$ 通过在例题 8.1中参数相乘 1.016 得到。为了对不同 l 采用不同的 $\{C_l, D_l, E_l\}$，选取如下参数：

$$C_1 = \begin{bmatrix} 0.1 & 1.1 \end{bmatrix}, \quad C_2 = \begin{bmatrix} -0.1 & 0.9 \end{bmatrix}, \quad C_3 = \begin{bmatrix} 0.1 & 0.9 \end{bmatrix}, \quad C_4 = \begin{bmatrix} -0.1 & 1.1 \end{bmatrix}$$

$$D_1 = \begin{bmatrix} 0.0010 \\ 0.0230 \end{bmatrix}, \quad D_2 = \begin{bmatrix} 0.0010 \\ 0.0220 \end{bmatrix}, \quad D_3 = \begin{bmatrix} 0.0008 \\ 0.0230 \end{bmatrix}, \quad D_4 = \begin{bmatrix} 0.0008 \\ 0.0220 \end{bmatrix}$$

$$E_1 = 0.3, \quad E_2 = 0.4, \quad E_3 = 0.3, \quad E_4 = 0.5$$

取 $P_w = 1$，其他参数选取与例题 8.1相同。w 从区间 $[-1, 1]$ 随机生成。

编写类似例题 8.1中的程序代码，通过代码仿真得到类似的结论。

2. 基于式(8.29)中的估计状态和控制律，代替式 (5.21) 中的 u 和 $\hat{x}$，设计双层结构预测控制。
3. 给出定理 8.1的简要证明。
4. 给出引理 8.2和引理 8.5的简要证明。
5. 给出定理 8.6的简要证明。
6. 给出式(8.102)和式(8.108)的推导过程。
7. 根据 8.4 节中 Mthd2 和 Mthd3 的仿真代码，类似地写出 Mthd1 的仿真代码并给出仿真结果。
8. 考虑文献 [13] 中非线性燃料电池模型，在文献 [48] 中已经研究过。采样周期为 1s。模型参数为

$$L = 8$$

$$A_l = \begin{bmatrix} 0.9617 & 0 & 0 \\ 0 & 0.9872 & 0 \\ 0 & 0 & 0.6564 \end{bmatrix}, B_l = \begin{bmatrix} 45.4498 \\ 0 \\ 119.0970 \end{bmatrix}, \quad D_l = \begin{bmatrix} -0.0004525 \\ 0.0004525 \\ -0.0006790 \end{bmatrix}$$

$$C_l = 21.0606\mathcal{C}_l, \quad E_l = -0.63, \quad \mathcal{E}_l = 0, \quad l = 1, 2, \cdots, 8$$

$$\mathcal{C}_1 = \begin{bmatrix} 10.9952 & -0.6717 & 5.6465 \end{bmatrix}, \mathcal{C}_2 = \begin{bmatrix} 10.9952 & -0.6717 & 2.4199 \end{bmatrix}$$

$$\mathcal{C}_3 = \begin{bmatrix} 10.9952 & -0.2879 & 5.6465 \end{bmatrix}, \mathcal{C}_4 = \begin{bmatrix} 10.9952 & -0.2879 & 2.4199 \end{bmatrix}$$

$$\mathcal{C}_5 = \begin{bmatrix} 4.7122 & -0.6717 & 5.6465 \end{bmatrix}, \quad \mathcal{C}_6 = \begin{bmatrix} 4.7122 & -0.6717 & 2.4199 \end{bmatrix}$$

$$\mathcal{C}_7 = \begin{bmatrix} 4.7122 & -0.2879 & 5.6465 \end{bmatrix}, \quad \mathcal{C}_8 = \begin{bmatrix} 4.7122 & -0.2879 & 2.4199 \end{bmatrix}$$

物理约束为

$$|u| \leqslant 0.0008, \quad |x(k+1)| \leqslant 0.4 \times [0.1516, 2.4811, 0.1476]^{\mathrm{T}}, \quad |z(k+1)| \leqslant 10.63$$

在仿真中，有

$$y = 21.0606 \left[\ln \frac{(x_1 + 0.1516)(x_3 + 0.1476)^{1/2}}{x_2 + 2.4811} - \ln \frac{0.1516 \times (0.1476)^{1/2}}{2.4811} \right]$$

考虑例题 8.2中的 Mthd1~Mthd3。选取 $\{\mathscr{Q},\mathscr{R},\underline{\delta},\bar{\delta}\}=\{1,1,1,3\}$ 和 $\{t^0,n,\kappa_1,\kappa_2\}=\{25,2,0.5,0.99\}$。选取 $x_{c,0}=\dfrac{1}{\sqrt{3}c_0}[0.4\times 0.1516,-0.2\times 2.4811,0.4\times 0.1476]^{\mathrm{T}}$, $x_0=\dfrac{1}{\sqrt{3}c_0}[0.6\times 0.1516,-0.4\times 2.4811,0.6\times 0.1476]^{\mathrm{T}}$, $M_{e,0}=c_0^2\mathrm{diag}\{1088,4.061,\ 1147.8\}$, 其中 $c_0=2.0$。请编写仿真代码。

参 考 文 献

[1] Ding B C. Stabilization of linear systems over networks with bounded packet loss and its use in model predictive control. Automatica, 2011, 47(11): 2526-2533.

[2] 丁宝苍. 工业预测控制. 北京: 机械工业出版社, 2016.

[3] Iovine A, Rigaut T, Damm G, et al. Power management for a DC microgrid integrating renewables and storages. Control Engineering Practice, 2019, 85(1): 59-79.

[4] Ding B C, Xi Y G, Ping X B, et al. Dynamic output feedback robust MPC with relaxed constraint handling for LPV system with bounded disturbance. Proceeding of the 11th World Congress on Intelligent Control and Automation, Shenyang, 2014: 2624-2629.

[5] Ding B C, Pan H G. Output feedback robust MPC for LPV system with polytopic model parametric uncertainty and bounded disturbance. International Journal of Control, 2016, 89(8): 1554-1571.

[6] Ding B C, Xi Y G, Pan H G. Synthesis approaches of dynamic output feedback robust MPC for LPV system with unmeasurable polytopic model parametric uncertainty - part II. Polytopic disturbance. The 27th Chinese Control and Decision Conference (2015 CCDC), Qingdao, 2015: 95-100.

[7] Ding B C, Pan H G. Output feedback robust model predictive control with unmeasurable model parameters and bounded disturbance. Chinese Journal of Chemical Engineering, 2016, 24(10): 1431-1441.

[8] Jansson M, Wahlberg B. A linear regression approach to state-space subspace system identification. Signal Processing, 1996, 52(2): 103-129.

[9] Verhaegen M, Dewilde P. Subspace model identification part 1: The output-error state-space model identification class of algorithms. International Journal of Control, 1992, 56(5): 1187-1210.

[10] Verhaegen M, Dewilde P. Subspace model identification part 2: Analysis of the elementary output-error state-space model identification algorithm. International Journal of Control, 1992, 56(5): 1211-1241.

[11] Verhaegen M. Subspace model identification part 3: Analysis of the ordinary output-error state-space model identification algorithm. International Journal of Control, 1993, 58(3): 555-586.

[12] Katayama T, Tanaka H. An approach to closed-loop subspace identification by orthogonal decomposition. Automatica, 2007, 43(9): 1623-1630.

[13] Zhu Y, Tomsovic K. Development of models for analyzing the load-following performance of microturbines and fuel cells. Electric Power Systems Research, 2002, 62(1): 1-11.

[14] Ding B C. Properties of parameter-dependent open-loop MPC for uncertain systems with polytopic description. Asian Journal of Control, 2010, 12(1): 58-70.

[15] Wang Y J, Rawlings J B. A new robust model predictive control method I: theory and computation. Journal of Process Control, 2004, 14(3): 231-247.

[16] 胡建晨, 王勇, 丁宝苍. 一种开环输出反馈预测控制. 控制理论与应用, 2020, 37(1): 31-37.

[17] Kothare M V, Balakrishnan V, Morai M. Robust constrained model predictive control using linear matrix inequalities. Automatica, 1996, 32(10): 1361-1379.

[18] Lee D H, Park J B, Joo Y H. Improvement on nonquadratic stabilization of discrete-time Takagi-Sugeno fuzzy systems: Multiple-parameterization approach. IEEE Transactions on Fuzzy Systems, 2010, 18(2): 425-429.

[19] Oliveira R C L F, Peres P L D. Parameter-dependent LMIs in robust analysis: Characterization of homogeneous polynomially parameter-dependent solutions via LMI relaxations. IEEE Transactions on Automatic Control, 2007, 52(7): 1334-1340.

[20] Ding B C. Homogeneous polynomially nonquadratic stabilization of discrete-time Takagi-Sugeno systems via non-parallel distributed compensation law. IEEE Transactions on Fuzzy Systems, 2010, 18(5): 994-1000.

[21] Cuzzola F A, Geromel J C, Morari M. An improved approach for constrained robust model predictive control. Automatica, 2002, 38(7): 1183-1189.

[22] Mao W J. Robust stabilization of uncertain time-varying discrete systems and comments on “An improved approach for constrained robust model predictive control”. Automatica, 2003, 39(6): 1109-1112.

[23] Garone E, Casavola A. Receding horizon control strategies for constrained LPV systems based on a class of nonlinearly parameterized Lyapunov functions. IEEE Transactions on Automatic Control, 2012, 57(9): 2354-2360.

[24] Ding B C. Comments on Constrained infinite-horizon model predictive control for fuzzy-discrete-time systems. IEEE Transactions on Fuzzy Systems, 2011, 19(3): 598-600.

[25] Lu Y H, Arkun Y. Quasi-min-max MPC algorithms for LPV systems. Automatica (Journal of IFAC), 2000, 36(4): 527-540.

[26] Li D W, Xi Y G. Design of robust model predictive control based on multi-step control set. Acta Automatica Sinica, 2009, 35(4): 433-437.

[27] Li D W, Xi Y G, Zheng P Y. Constrained robust feedback model predictive control for uncertain systems with polytopic description. International Journal of Control, 2009, 82(7): 1267-1274.

[28] Cychowski M T, O′Mahony T. Feedback min-max model predictive control using robust one-step sets. International Journal of Systems Science, 2010, 41(7): 813-823.

[29] Pluymers B, Suykens J A K, Moor B D. Min-max feedback MPC using a time-varying terminal constraint set and comments on “Efficient robust constrained model predictive control with a time-varying terminal constraint set”. Systems and Control Letters, 2005, 54(12): 1143-1148.

[30] Mayne D Q, Rawlings J B, Rao C V, et al. Constrained model predictive control: Stability and optimality. Automatica, 2000, 36(6): 789-814.

[31] Mayne D Q. Model predictive control: Recent developments and future promise. Automatica, 2014, 50(12): 2967-2986.

[32] Chen H, Allgöwer F. A quasi-infinite horizon nonlinear model predictive control scheme with guaranteed stability. Automatica, 1998, 34(10): 1205-1217.

[33] Bloemen H H J, van den Boom T J J, Verbruggen H B. Optimizing the end-point state-weighting matrix in model-based predictive control. Automatica, 2002, 38(6): 1061-1068.

[34] Lee Y I, Kouvaritakis B. Constrained robust model predictive control based on periodic invariance. Automatica (Journal of IFAC), 2006, 42(12): 2175-2181.

[35] Schuurmans J, Rossiter J A. Robust predictive control using tight sets of predicted states. IEE Proceedings-Control Theory and Applications, 2000, 147(1): 13-18.

[36] Ding B C, Tang J H. Constrained linear time-varying quadratic regulation with guaranteed optimality. International Journal of Systems Science, 2007, 38(2): 115-124.

[37] 丁宝苍, 邹涛, 李少远. 时变不确定系统的变时域离线鲁棒预测控制. 控制理论与应用, 2006, 23(2): 240-244.

[38] Ding B C, Pan H G. Dynamic output feedback-predictive control of a Takagi-Sugeno model with bounded disturbance. IEEE Transactions on Fuzzy Systems, 2017, 25(3): 653-667.

[39] Ding B C, Xie L H. Dynamic output feedback robust model predictive control with guaranteed quadratic boundedness. Proceedings of the 48th IEEE Conference on Decision and Control (CDC) held jointly with 2009 28th Chinese Control Conference, Shanghai, 2009: 8034-8039.

[40] Ding B C. New formulation of dynamic output feedback robust model predictive control with guaranteed quadratic boundedness. Asian Journal of Control, 2013, 15(1): 302-309.

[41] Ding B C, Xie L H. Robust model predictive control via dynamic output feedback. 2008 7th World Congress on Intelligent Control and Automation, Chongqing, 2008: 3388-3393.

[42] Ding B C. Constrained robust model predictive control via parameter-dependent dynamic output feedback. Automatica, 2010, 46(9): 1517-1523.

[43] Alessandri A, Baglietto M, Battistelli G. On estimation error bounds for receding-horizon filters using quadratic boundedness. IEEE Transactions on Automatic Control, 2004, 49(8): 1350-1355.

[44] Alessandri A, Baglietto M, Battistelli G. Design of state estimators for uncertain linear systems using quadratic boundedness. Automatica, 2006, 42(3): 497-502.

[45] Ding B C. Quadratic boundedness via dynamic output feedback for constrained nonlinear systems in Takagi–Sugeno′s form. Automatica, 2009, 45(9): 2093-2098.

[46] Ding B C, Huang B, Xu F W. Dynamic output feedback robust model predictive control. International Journal of Systems Science, 2011, 42(10): 1669-1682.

[47] Ding B C, Xie L H, Xue F Z. Improving robust model predictive control via dynamic output feedback. Proceedings of the Chinese Control and Decision Conference, Guilin, 2009: 2116-2121.

[48] Ding B C, Ping X B. Dynamic output feedback model predictive control for nonlinear systems represented by Hammerstein-Wiener model. Journal of Process Control, 2012, 22(9): 1773-1784.

[49] Ding B C. Dynamic output feedback predictive control for nonlinear systems represented by a Takagi-Sugeno model. IEEE Transactions on Fuzzy Systems, 2011, 19(5): 831-843.

[50] Ding B C, Huang B. Output feedback model predictive control for nonlinear systems represented by Hammerstein-Wiener model. IET Control Theory and Applications, 2007, 1(5): 1302-1310.

[51] Ding B C, Xi Y G, Cychowski M T, et al. A synthesis approach for output feedback robust constrained model predictive control. Automatica, 2008, 44(1): 258-264.

[52] Ding B C, Ping X B, Xi Y G. A general reformulation of output feedback MPC for constrained LPV systems. Proceedings of the 31st Chinese Control Conference, Hefei, 2012: 4195-4200.

[53] Ding B C, Xi Y G, Ping X B. A comparative study on output feedback MPC for constrained LPV systems. Proceedings of the 31st Chinese Control Conference, Hefei, 2012: 4189-4194.

[54] Ding B C. Dynamic output feedback MPC for LPV systems via near-optimal solutions. Proceedings of the 30th Chinese Control Conference, Yantai, 2011: 3340-3345.

[55] Ding B C, Xi Y G, Pan H G. Synthesis approaches of dynamic output feedback robust MPC for LPV system with unmeasurable polytopic model parametric uncertainty - part Ⅱ. Polytopic disturbance. The 27th Chinese Control and Decision Conference (2015 CCDC), Qingdao, 2015: 95-100.

[56] Kim E, Lee H. New approaches to relaxed quadratic stability condition of fuzzy control systems. IEEE Transactions on Fuzzy Systems, 2000, 8(5): 523-534.

[57] Montagner V F, Oliveira R C L F, Peres P L D. Necessary and sufficient LMI conditions to compute quadratically stabilizing state feedback controllers for Takagi-Sugeno systems. 2007 American Control Conference, New York, 2007: 4059-4064.

[58] Oliveira R C L F, Peres P L D. Stability of polytopes of matrices via affine parameter-dependent Lyapunov functions: Asymptotically exact LMI conditions. Linear Algebra and Its Applications, 2005, 405(2): 209-228.

[59] Sala A, Ariño C. Asymptotically necessary and sufficient conditions for stability and performance in fuzzy control: Applications of Polya′s theorem. Fuzzy Sets and Systems, 2007, 158(24): 2671-2686.

[60] Ding B C, Ping X B, Pan H G. On dynamic output feedback robust MPC for constrained quasi-LPV systems. International Journal of Control, 2013, 86(12): 2215-2227.

[61] Ding B C, Gao C B, Ping X B. Dynamic output feedback robust MPC using general polyhedral state bounds for the polytopic uncertain system with bounded disturbance. Asian Journal of Control, 2016, 18(2): 699-708.

[62] Ding B C, Dong J, Hu J C. Output feedback robust MPC using general polyhedral and ellipsoidal true state bounds for LPV model with bounded disturbance. International Journal of Systems Science, 2019, 50(3): 625-637.

部分参考答案

第 1 章

1. **解**：将约束化成如下的形式：

$$\begin{bmatrix} -2 & 0 & -1 & 0 & 0 & 0 \\ 2 & 0 & -1 & 0 & 0 & 0 \\ -1 & 0 & -1 & 0 & 0 & 0 \\ 1 & 0 & -1 & 0 & 0 & 0 \\ -1 & 0 & 0 & -1 & 0 & 0 \\ 1 & 0 & 0 & -1 & 0 & 0 \\ 0 & -1 & 0 & 0 & -1 & 0 \\ 0 & 1 & 0 & 0 & -1 & 0 \\ -1 & -1 & 0 & 0 & 0 & -1 \\ 1 & 1 & 0 & 0 & 0 & -1 \\ -\dfrac{4}{3} & -\dfrac{2}{3} & 0 & 0 & 0 & -1 \\ \dfrac{4}{3} & \dfrac{2}{3} & 0 & 0 & 0 & -1 \end{bmatrix} \begin{bmatrix} u_1 \\ u_2 \\ \varepsilon_1 \\ \varepsilon_2 \\ \varepsilon_3 \\ \varepsilon_4 \end{bmatrix} \leqslant \begin{bmatrix} 1 \\ -1 \\ 1 \\ -1 \\ 0 \\ 0 \\ 0 \\ 0 \\ 1 \\ -1 \\ \dfrac{25}{27} \\ -\dfrac{25}{27} \end{bmatrix}$$

解得 $u_1 = -\dfrac{2}{3}$，$u_2 = -\dfrac{2}{9}$。

第 2 章

1. **解**：优化问题具体化为

$$\min\left\{\sum_{i=1}^{N}\max_{l=1,2,\cdots,n}|x_{l,i}|, \sum_{j=0}^{N-1}\max_{l=1,2,\cdots,m}|u_{l,j}|\right\}$$

考虑第一个优化，即

$$\min\left\{\sum_{i=1}^{N}\max_{l=1,2,\cdots,n}|x_{l,i}|\right\}$$

不妨设

$$\max_{l=1,2,\cdots,n}|x_{l,i}| = \varepsilon_{x,i}$$

故

$$|x_{l,i}| \leqslant \varepsilon_{x,i}, \quad l = 1,2,\cdots,n$$

取 $x_{l,i}^{+} \geqslant 0$，$x_{l,i}^{-} \geqslant 0$，$x_{l,i} = x_{l,i}^{+} - x_{l,i}^{-}$，$|x_{l,i}| = x_{l,i}^{+} + x_{l,i}^{-}$，因此上式变为

$$x_{l,i}^{+} + x_{l,i}^{-} \leqslant \varepsilon_{x,i}, \quad l = 1,2,\cdots,n$$

引入辅助变量 $\theta_{x,l,i} \geqslant 0$，使得

$$x_{l,i}^{+} + x_{l,i}^{-} + \theta_{x,l,i} = \varepsilon_{x,i}, \quad l = 1,2,\cdots,n$$

取 $u_{l,j}^{+} \geqslant 0$，$u_{l,j}^{-} \geqslant 0$，$u_{l,j} = u_{l,j}^{+} - u_{l,j}^{-}$，$|u_{l,j}| = u_{l,j}^{+} + u_{l,j}^{-}$，因此问题中的不等式变为

$$\underline{h} \leqslant H_1 x_{i+1}^{+} - H_1 x_{i+1}^{-} + H_2 u_i^{+} - H_2 u_i^{-} \leqslant \bar{h}, \quad i = 0,1,2,\cdots,N-1$$

其中

$$x_i^+ = \begin{bmatrix} x_{1,i}^+ \\ x_{2,i}^+ \\ \vdots \\ x_{n,i}^+ \end{bmatrix}, \quad x_i^- = \begin{bmatrix} x_{1,i}^- \\ x_{2,i}^- \\ \vdots \\ x_{n,i}^- \end{bmatrix}, \quad u_j^+ = \begin{bmatrix} u_{1,j}^+ \\ u_{2,j}^+ \\ \vdots \\ u_{m,j}^+ \end{bmatrix}, \quad u_j^- = \begin{bmatrix} u_{1,j}^- \\ u_{2,j}^- \\ \vdots \\ u_{m,j}^- \end{bmatrix}$$

引入辅助变量 $\theta_{h,i}^-$ 和 $\theta_{h,i}^+$，使得

$$\underline{h} + \theta_{h,i}^- = H_1 x_{i+1}^+ - H_1 x_{i+1}^- + H_2 u_i^+ - H_2 u_i^- = \bar{h} - \theta_{h,i}^+$$

另外，由状态方程引入的等式约束为

$$A_N \tilde{x}^+ - A_N \tilde{x}^- - B_N \tilde{u}^+ + B_N \tilde{u}^- = d_0$$

$$d_0 = \begin{bmatrix} Ax_0 \\ 0 \\ \vdots \\ 0 \end{bmatrix}, \quad v = \begin{bmatrix} \varepsilon_x \\ \tilde{x}^+ \\ \tilde{x}^- \\ \tilde{u}^+ \\ \tilde{u}^- \\ \theta_x \\ \theta_h^- \\ \theta_h^+ \end{bmatrix}, \quad \varepsilon_x = \begin{bmatrix} \varepsilon_{x,1} \\ \varepsilon_{x,2} \\ \vdots \\ \varepsilon_{x,N} \end{bmatrix}, \quad \tilde{x}^+ = \begin{bmatrix} x_1^+ \\ x_2^+ \\ \vdots \\ x_n^+ \end{bmatrix}, \quad \tilde{x}^- = \begin{bmatrix} x_1^- \\ x_2^- \\ \vdots \\ x_n^- \end{bmatrix}, \quad \tilde{u}^+ = \begin{bmatrix} u_0^+ \\ u_1^+ \\ \vdots \\ u_{N-1}^+ \end{bmatrix}$$

$$\tilde{u}^- = \begin{bmatrix} u_0^- \\ u_1^- \\ \vdots \\ u_{N-1}^- \end{bmatrix}, \quad \theta_x = \begin{bmatrix} \theta_{x,1} \\ \theta_{x,2} \\ \vdots \\ \theta_{x,N} \end{bmatrix}, \quad \theta_{x,i} = \begin{bmatrix} \theta_{x,1,i} \\ \theta_{x,2,i} \\ \vdots \\ \theta_{x,n,i} \end{bmatrix}, \quad \theta_h^- = \begin{bmatrix} \theta_{h,0}^- \\ \theta_{h,1}^- \\ \vdots \\ \theta_{h,N-1}^- \end{bmatrix}, \quad \theta_h^+ = \begin{bmatrix} \theta_{h,0}^+ \\ \theta_{h,1}^+ \\ \vdots \\ \theta_{h,N-1}^+ \end{bmatrix}$$

$$\Phi = \begin{bmatrix} 0 & A_N & -A_N & -B_N & B_N & 0 & 0 & 0 \\ E & I & I & 0 & 0 & I & 0 & 0 \\ 0 & -\tilde{H}_1 & \tilde{H}_1 & -\tilde{H}_2 & \tilde{H}_2 & 0 & I & 0 \\ 0 & \tilde{H}_1 & -\tilde{H}_1 & \tilde{H}_2 & -\tilde{H}_2 & 0 & 0 & I \end{bmatrix}, \quad A_N = \begin{bmatrix} I & 0 & \cdots & \cdots & 0 \\ -A & I & 0 & \ddots & 0 \\ 0 & -A & I & \ddots & 0 \\ \vdots & \ddots & \ddots & \ddots & \vdots \\ 0 & \cdots & 0 & -A & I \end{bmatrix},$$

$$B_N = \mathrm{diag}\{B,\ B,\ \cdots,\ B\},\ \tilde{H}_i = \mathrm{diag}\{H_i,\ H_i,\ \cdots,\ H_i\},\ E = \mathrm{diag}\{\mathbf{1},\ \mathbf{1}, \cdots,\ \mathbf{1}\}$$

$$\mathbf{1} = \begin{bmatrix} 1 \\ 1 \\ \vdots \\ 1 \end{bmatrix}, \quad \phi = \begin{bmatrix} d_0 \\ 0 \\ -\tilde{\underline{h}} \\ \tilde{\bar{h}} \end{bmatrix}, \quad \tilde{\underline{h}} = \begin{bmatrix} \underline{h} \\ \underline{h} \\ \vdots \\ \underline{h} \end{bmatrix}, \quad \tilde{\bar{h}} = \begin{bmatrix} \bar{h} \\ \bar{h} \\ \vdots \\ \bar{h} \end{bmatrix}$$

$$c = [\ 1 \ \ 1 \ \ \cdots \ \ 1 \ \ 0 \ \ 0 \ \ \cdots \ \ 0\ ]$$

即为第一组 $\{c, v, \Phi, \phi\}$。

同理，第二组如下：

$$v=\begin{bmatrix}\varepsilon_x\\ \varepsilon_u\\ \tilde{x}^+\\ \tilde{x}^-\\ \tilde{u}^+\\ \tilde{u}^-\\ \theta_x\\ \theta_u\\ \theta_h^-\\ \theta_h^+\end{bmatrix},\quad \phi=\begin{bmatrix}d_0\\ 0\\ 0\\ \underline{\tilde{h}}\\ \bar{\tilde{h}}\\ J_1^*\end{bmatrix},\quad \Phi=\begin{bmatrix}0 & 0 & A_N & -A_N & -B_N & B_N & 0 & 0 & 0 & 0\\ E & 0 & I & I & 0 & 0 & I & 0 & 0 & 0\\ 0 & E & 0 & 0 & I & I & 0 & I & 0 & 0\\ 0 & 0 & -\tilde{H}_1 & \tilde{H}_1 & -\tilde{H}_2 & \tilde{H}_2 & 0 & 0 & I & 0\\ 0 & 0 & \tilde{H}_1 & -\tilde{H}_1 & \tilde{H}_2 & -\tilde{H}_2 & 0 & 0 & 0 & I\\ [\,1\ \ 1\ \ \cdots\ \ 1\,] & 0 & 0 & 0 & 0 & 0 & 0 & 0 & 0 & 0\end{bmatrix}$$

$$c=[\,0\ \ \cdots\ \ 0\ \ 1\ \ \cdots\ \ 1\ \ 0\ \ \cdots\ \ 0\ \ \cdots\ \ 0\,]$$

第 3 章

4. 下面的程序代码的目录和命名为 ControlLib/BasicControl/eqFHxuLQR.cs。

```
using System;using System.Collections.Generic;
using System.Linq;using System.Text;using System.Threading.Tasks;
namespace ControlLib
{
    //基于QP的，DLTI、有限时域、约束单目标、x和u的2范数指标、终端零约束控制器
    public class eqFHxuLQR : FHLRKeyMatrix
    {
        //等式约束的左边
        static private Matrix C0lqr_eq;
        //不等式约束的左边
        static private Matrix C1lqr_eq;
        static private void Get_C_d_eqConstrainedFHxuLQR()
        {
            LinearRInit();Get_uBs();Get_psiBsPhis();GetA_eqN();GetB_N();
            //等式约束的左边
            GetC0lqr_eq();
            //等式约束的右边
             Model.SimulInit();
            Get_deqN(Model.xtrue_k);
            //不等式约束的左边
            GetC1lqr_eq();
            //不等式约束的右边挪到左边
            Get_dC();
        }
        //等式约束的左边
        static private void GetC0lqr_eq()
        {
            C0lqr_eq = new Matrix(A_eqN.Rows, A_eqN.Columns + B_N.Columns);
            for (int i = 0; i < A_eqN.Rows; i++)
            {
                for (int j = 0; j < A_eqN.Columns; j++)
                {
                    C0lqr_eq[i, j] = A_eqN[i, j];
                }
                for (int j = 0; j < B_N.Columns; j++)
```

```
            {
                C0lqr_eq[i, A_eqN.Columns + j] = -B_N[i, j];
            }
        }
    }
    //不等式约束的左边
    static private void GetC1lqr_eq()
    {
        C1lqr_eq = new Matrix(2 * nu * N + 2 * p * (N - 1), nx * (N - 1) + nu * N);
        for (int i = 0; i < nu * N; i++)
        {
            C1lqr_eq[i, nx * (N - 1) + i] = 1;C1lqr_eq[nu * N + i, nx * (N - 1) + i]
                = -1;
        }
        for (int i = 0; i < PhiDiag.Rows; i++)
        {
            for (int j = 0; j < PhiDiag.Columns; j++)
            {
                C1lqr_eq[2 * nu * N + i, j] = PhiDiag[i, j];
                C1lqr_eq[2 * nu * N + PhiDiag.Rows + i, j] = -PhiDiag[i, j];
            }
        }
    }
    static public void eqConstrainedFHxuLQR()
    {
        Get_C_d_eqConstrainedFHxuLQR();

        Matrix H = new Matrix(nx * (N - 1) + nu * N, nx * (N - 1) + nu * N);
        for (int i = 0; i < nx; i++)
        {
            for (int j = 0; j < nx; j++)
            {
                for (int l = 0; l < N - 1; l++)
                {
                    H[l * nx + i, l * nx + j] = 2 * LQRPar.Qweight[i, j];
                }
            }
        }
        for (int i = 0; i < nu; i++)
        {
            for (int j = 0; j < nu; j++)
            {
                for (int l = 0; l < N; l++)
                {
                    H[(N - 1) * nx + l * nu + i, (N - 1) * nx + l * nu + j]
                    = 2 * LQRPar.Rweight[i, j];
                }
            }
        }
        double[] c = new double[nx * (N - 1) + nu * N];
        double[] result = new double[nx * (N - 1) + nu * N];
```

```
            QuadraticProgramming.Calc2(H.Rows, H.GetArrayInCols(), c,
                C0lqr_eq.Rows, C0lqr_eq.GetArrayInCols(), d_eqN.Negative(),
                C1lqr_eq.Rows, C1lqr_eq.GetArrayInCols(), d_C, result);
            for (int i = 0; i < nx * (N - 1); i++)
            {
                Console.WriteLine("x_{0}({1})={2}", i % nx, i / nx, result[i]);
            }
            for (int i = 0; i < nu * N; i++)
            {
                Console.WriteLine("u({0})={1}", i, result[nx * (N - 1) + i]);
            }
            Matrix cM = new Matrix(nx * (N - 1) + nu * N, 1);
            Matrix resultM
                = ALS.ApproxLS(C0lqr_eq, C1lqr_eq, d_eqN, d_C.Negative(), H, cM);
            for (int i = 0; i < nx * (N - 1); i++)
            {
                Console.WriteLine("x_{0}({1})={2}", i % nx, i / nx, resultM[i, 0]);
            }
            for (int i = 0; i < nu * N; i++)
            {
                Console.WriteLine("u({0})={1}", i, resultM[nx * (N - 1) + i, 0]);
            }
        }
    }
}
```

5. 下面的程序代码的目录和命名为 ControlLib/BasicControl/eqFHxL1R.cs。

```
using GlpkWrapperCS;
using System;
namespace ControlLib
{
    //基于LP的，DLTI、有限时域、约束单目标、x的1范数指标、终端零状态控制器
    public class eqFHxL1R : FHLRKeyMatrix
    {
        static public Matrix Cl1rx_eq;static public Matrix dl1rx_eq;
        static public void Get_C_d_eqConstrainedFHxL1R()
        {
            LinearRInit();Get_uBs();Get_psiBsPhis();GetA_eqN();GetB_N();
            //所有约束（均化成等式）的左边
            Cl1rx_eq = eqFHxuL1R.GetCl1r_eq();
            //所有约束（均化成等式）的右边
            dl1rx_eq = eqFHxuL1R.Get_dl1r_eq();
        }
        static public void eqConstrainedFHxL1R()
        {
            Get_C_d_eqConstrainedFHxL1R();
            double[] c_w = new double[Cl1rx_eq.Columns];
            for (int i = 0; i < 2 * nx * (N - 1); i++)
            {
                c_w[i] = 1.0;
            }
```

```
            double[] lb = new double[dl1rx_eq.Rows + c_w.Length];
            double[] ub = new double[dl1rx_eq.Rows + c_w.Length];
            for (int i = 0; i < dl1rx_eq.Rows; i++)
            {
                lb[i] = dl1rx_eq[i, 0];ub[i] = dl1rx_eq[i, 0];
            }
            for (int i = dl1rx_eq.Rows; i < dl1rx_eq.Rows + c_w.Length; i++)
            {
                lb[i] = 0;ub[i] = double.PositiveInfinity;
            }
            double[] result = GlpkLp.LP_SSTC(ObjectDirection.Minimize, lb, ub, c_w,
                Matrix.to2dDouble(Cl1rx_eq));
            for (int i = 0; i < nx * (N-1); i++)
            {
                Console.WriteLine("x_{0}({1})={2}", i % nx, i / nx, result[i]
                    - result[nx * (N - 1) + i]);
            }
            for (int i = 0; i < nu * N; i++)
            {
                Console.WriteLine("u({0})={1}", i, result[2 * nx * (N - 1) + i]
                    - result[2 * nx * (N - 1) + nu * N + i]);
            }
        }
    }
}
```

下面的程序代码的目录和命名为 ControlLib/BasicControl/eqFHuLQR.cs。

```
using System;
using System.Collections.Generic;
using System.Linq;
using System.Text;
using System.Threading.Tasks;
namespace ControlLib
{
    //基于QP的，DLTI、有限时域、约束单目标、u的2范数指标、终端零约束控制器
    public class eqFHuLQR : FHLRKeyMatrix
    {
        //等式约束的左边
        static public Matrix C0lqru_eq;
        //等式约束的右边挪到左边
        static public Matrix d0lqru_eq;
        //不等式约束的左边
        static public Matrix C1lqru_eq;
        //不等式约束的右边挪到左边
        static public Matrix d1lqru_eq;
        static private void Get_C_d_eqConstrainedFHuLQR()
        {
            LinearRInit();Get_uBs();Get_psiBsPhis();Model.SimulInit();
                Get_C_d_eqConstrainedFHuLQR_a();
        }
        static public void Get_C_d_eqConstrainedFHuLQR_a()
```

```
{
    GetA_1to1N();GetB_1to1N();C0lqru_eq = B_atN;
    GetD_1to1N();C1lqru_eq = GetC1lqru_eq();
    Get_dC();d0lqru_eq = A_atN * Model.xtrue_k;
    d1lqru_eq = new Matrix(d_C.Rows, 1);
    Matrix dtemp = PhiDiag * A_1to1N * Model.xtrue_k;
    for (int i = 0; i < uUbs.Rows; i++)
    {
        d1lqru_eq[i, 0] = d_C[i, 0];
        d1lqru_eq[uUbs.Rows + i, 0] = d_C[uUbs.Rows + i, 0];
    }
    for (int i = 0; i < psiUbs.Rows; i++)
    {
        d1lqru_eq[uUbs.Rows + uLbs.Rows + i, 0]
            = d_C[uUbs.Rows + uLbs.Rows + i, 0] + dtemp[i, 0];
        d1lqru_eq[uUbs.Rows + uLbs.Rows + psiUbs.Rows + i, 0]
            = d_C[uUbs.Rows + uLbs.Rows + psiUbs.Rows + i, 0] - dtemp[i, 0];
    }
}

static private Matrix GetC1lqru_eq()
{
    Matrix _C = new Matrix(2 * nu * N + 2 * p * (N - 1), nu * N);
    for (int i = 0; i < nu * N; i++)
    {
        _C[i, i] = 1;_C[nu * N + i, i] = -1;
    }
    Matrix Mtemp = PhiDiag * B_1to1N;
    for (int i = 0; i < PhiDiag.Rows; i++)
    {
        for (int j = 0; j < nu * N; j++)
        {
            _C[2 * nu * N + i, j] = Mtemp[i, j];
            _C[2 * nu * N + PhiDiag.Rows + i, j] = -Mtemp[i, j];
        }
    }
    return _C;
}
static public void eqConstrainedFHuLQR()
{
    Get_C_d_eqConstrainedFHuLQR();Matrix H = new Matrix(nu * N, nu * N);
    for (int i = 0; i < nu; i++)
    {
        for (int j = 0; j < nu; j++)
        {
            for (int l = 0; l < N; l++)
            {
                H[l * nu + i, l * nu + j] = 2 * LQRPar.Rweight[i, j];
            }
        }
    }
```

```
            double[] c = new double[nu * N];double[] result = new double[nu * N];
            QuadraticProgramming.Calc2(H.Rows, H.GetArrayInCols(), c,
                C0lqru_eq.Rows, C0lqru_eq.GetArrayInCols(), d0lqru_eq,
                C1lqru_eq.Rows, C1lqru_eq.GetArrayInCols(), d1lqru_eq, result);
            for (int i = 0; i < nu * N; i++)
            {
                Console.WriteLine("u({0})={1}", i, result[i]);
            }
            Matrix cM = new Matrix(nu * N, 1);
            Matrix resultM = ALS.ApproxLS(C0lqru_eq, C1lqru_eq, d0lqru_eq.Negative(),
                d1lqru_eq.Negative(), H, cM);
            for (int i = 0; i < nu * N; i++)
            {
                Console.WriteLine("u({0})={1}", i, resultM[i, 0]);
            }
        }
    }
}
```

下面的程序代码的目录和命名为 ScheduleLib/LexicControl/eqFHxL1R_2_uLQR.cs。

```
using ControlLib;
using GlpkWrapperCS;
using System;
namespace ScheduleLib
{
    //基于LP/QP的, DLTI、有限时域、约束、终端零状态控制器
    //先x的1范数指标, 后u的2范数指标
    public class eqFHxL1R_2_uLQR : FHLRKeyMatrix
    {
        static private Matrix C11rx2lqru_eq;static private Matrix d11rx2lqru_eq;
        //第一个优先级的决策变量结果
        static private double[] result1;
        static private void eqFHxL1Ras1st()
        {
            eqFHxL1R.Get_C_d_eqConstrainedFHxL1R();
            double[] c_w =
                new double[2 * A_eqN.Columns + 4 * B_N.Columns + 2 * PhiDiag.Rows];
            for (int i = 0; i < 2 * nx * (N - 1); i++)
            {
                c_w[i] = 1.0;
            }
            double[] lb = new double[eqFHxL1R.d11rx_eq.Rows + c_w.Length];
            double[] ub = new double[eqFHxL1R.d11rx_eq.Rows + c_w.Length];
            for (int i = 0; i < eqFHxL1R.d11rx_eq.Rows; i++)
            {
                lb[i] = eqFHxL1R.d11rx_eq[i, 0];ub[i] = eqFHxL1R.d11rx_eq[i, 0];
            }
            for (int i = eqFHxL1R.d11rx_eq.Rows; i < eqFHxL1R.d11rx_eq.Rows + c_w.Length;
                 i++)
            {
                lb[i] = 0;ub[i] = double.PositiveInfinity;
```

```
        }
        result1 = GlpkLp.LP_SSTC(ObjectDirection.Minimize, lb, ub, c_w, Matrix.
            to2dDouble(eqFHxL1R.Cl1rx_eq));
        for (int i = 0; i < nx * (N - 1); i++)
        {
            Console.WriteLine("x_{0}({1})={2}", i % nx, i / nx,
                result1[i] - result1[nx * (N - 1) + i]);
        }
        for (int i = 0; i < nu * N; i++)
        {
            Console.WriteLine("u({0})={1}", i, result1[2 * nx * (N - 1) + i]
                - result1[2 * nx * (N - 1) + nu * N + i]);
        }
    }
    static public void eqConstrainedFHxL1R_2_uLQR()
    {
        //先x的1范数指标
        eqFHxL1Ras1st();
        //为字典序优化的要求做准备
        double sum_epsilon = 0.0;
        for (int i = 0; i < 2 * nx * (N - 1); i++)
        {
            sum_epsilon += result1[i];
        }
        //后u的2范数指标
        eqFHuLQR.Get_C_d_eqConstrainedFHuLQR_a();
        Matrix row1 = new Matrix(1, nx * (N - 1));
        for (int i = 0; i < nx * (N - 1); i++)
        {
            row1[0, i] = 1;
        }
        Matrix Ctemp = row1 * B_1to1N;
        //考虑字典序优化后的矩阵
        Cl1rx2lqru_eq = new Matrix(eqFHuLQR.C1lqru_eq.Rows + 2, nu * N);
        for (int j = 0; j < nu * N; j++)
        {
            for (int i = 0; i < eqFHuLQR.C1lqru_eq.Rows; i++)
            {
                Cl1rx2lqru_eq[i, j] = eqFHuLQR.C1lqru_eq[i, j];
            }
            Cl1rx2lqru_eq[eqFHuLQR.C1lqru_eq.Rows, j] = Ctemp[0, j];
            Cl1rx2lqru_eq[eqFHuLQR.C1lqru_eq.Rows + 1, j] = -Ctemp[0, j];
        }
        dl1rx2lqru_eq = new Matrix(eqFHuLQR.d1lqru_eq.Rows + 2, 1);
        for (int i = 0; i < eqFHuLQR.d1lqru_eq.Rows; i++)
        {
            dl1rx2lqru_eq[i, 0] = eqFHuLQR.d1lqru_eq[i, 0];
        }
        for (int i = 0; i < nx * (N - 1); i++)
        {
            row1[0, i] = 1;
```

```
            }
            Matrix dtemp = row1 * A_1to1N * Model.xtrue_k;
            dl1rx2lqru_eq[eqFHuLQR.d1lqru_eq.Rows, 0] = sum_epsilon + dtemp[0, 0];
            dl1rx2lqru_eq[eqFHuLQR.d1lqru_eq.Rows + 1, 0] = sum_epsilon - dtemp[0, 0];
            Matrix H = new Matrix(nu * N, nu * N);
            for (int i = 0; i < nu; i++)
            {
                for (int j = 0; j < nu; j++)
                {
                    for (int l = 0; l < N; l++)
                    {
                        H[l * nu + i, l * nu + j] = 2 * LQRPar.Rweight[i, j];
                    }
                }
            }
            double[] c = new double[nu * N];double[] result = new double[nu * N];
            QuadraticProgramming.Calc2(H.Rows, H.GetArrayInCols(), c,
                eqFHuLQR.C0lqru_eq.Rows, eqFHuLQR.C0lqru_eq.GetArrayInCols(), eqFHuLQR.
                    d0lqru_eq,
                Cl1rx2lqru_eq.Rows, Cl1rx2lqru_eq.GetArrayInCols(),
                dl1rx2lqru_eq, result);
            for (int i = 0; i < nu * N; i++)
            {
                Console.WriteLine("u({0})={1}", i, result[i]);
            }
            Matrix cM = new Matrix(nu * N, 1);
            Matrix resultM = ALS.ApproxLS(eqFHuLQR.C0lqru_eq, Cl1rx2lqru_eq,
                eqFHuLQR.d0lqru_eq.Negative(), dl1rx2lqru_eq.Negative(), H, cM);
            for (int i = 0; i < nu * N; i++)
            {
                Console.WriteLine("u({0})={1}", i, resultM[i, 0]);
            }
        }
    }
}
```

第 5 章

3. **解:**

(1) 上层先求

$$\min \varepsilon_1 \quad \text{s.t.} \quad \begin{cases} \underline{u} \leqslant u_{\text{ss}} \leqslant \bar{u} \\ \underline{g}_1 - \varepsilon_1 \leqslant G_1 x_{\text{ss}} \leqslant \bar{g}_1 + \varepsilon_1 \\ x_{\text{ss}} = A x_{\text{ss}} + B u_{\text{ss}} \end{cases}$$

决策变量为 $\{\varepsilon_1, u_{\text{ss}}, x_{\text{ss}}\}$。

然后求:

$$\min \varepsilon_1 \quad \text{s.t.} \quad \begin{cases} \underline{u} \leqslant u_{\text{ss}} \leqslant \bar{u} \\ \underline{g}_1 - \varepsilon_1^* \leqslant G_1 x_{\text{ss}} \leqslant \bar{g}_1 + \varepsilon_1^* \\ \underline{g}_2 - \varepsilon_2 \leqslant G_2 x_{\text{ss}} \leqslant \bar{g}_2 + \varepsilon_2 \\ x_{\text{ss}} = A x_{\text{ss}} + B u_{\text{ss}} \end{cases}$$

决策变量为 $\{\varepsilon_2, u_{\rm ss}, x_{\rm ss}\}$。

最后求

$$\min c^{\rm T} u_{\rm ss} \quad \text{s.t.} \quad \begin{cases} \underline{u} \leqslant u_{\rm ss} \leqslant \bar{u} \\ \underline{g} - \varepsilon^* \leqslant G x_{\rm ss} \leqslant \bar{g} + \varepsilon^* \\ x_{\rm ss} = A x_{\rm ss} + B u_{\rm ss} \end{cases}$$

决策变量为 $\{u_{\rm ss}, x_{\rm ss}\}$。

下层求

$$\min \left\{ \sum_{i=1}^{N-1} \|x_i - x_{\rm ss}^*\|^2 + \sum_{j=0}^{N-1} \|u_j - u_{\rm ss}^*\|^2 + \rho \|x_N - x_{\rm ss}^*\|^2 \right\} \text{ s.t. } \begin{cases} \underline{u} \leqslant u_j \leqslant \bar{u}, \quad j = 0,1,2,\cdots,N-1 \\ \underline{g} - \varepsilon^* \leqslant G x_i \leqslant \bar{g} + \varepsilon^*, \quad i = 1,2,\cdots,N \\ x_i = A x_{i-1} + B u_{i-1}, \quad i = 1,2,\cdots,N \end{cases}$$

决策变量为 $\{x_1, x_2, \cdots, x_N, u_0, u_1, \cdots, u_{N-1}\}$。

(2) 编程时，需要实现以上四个优化问题的求解及其先后求解的逻辑，其中前三个优化为线性规划，最后一个优化为二次规划。

(3) 上下层在一起，多目标优化如下：

$$\min \left\{ \varepsilon_1, \varepsilon_2, c^{\rm T} u_{\rm ss}, \sum_{i=1}^{N-1} \|x_i - x_{\rm ss}\|^2 + \sum_{j=0}^{N-1} \|u_j - u_{\rm ss}\|^2 + \rho \|x_N - x_{\rm ss}\|^2 \right\} \text{ s.t. } \begin{cases} \underline{u} \leqslant u_{\rm ss} \leqslant \bar{u} \\ \underline{g} - \varepsilon \leqslant G x_{\rm ss} \leqslant \bar{g} + \varepsilon \\ x_{\rm ss} = A x_{\rm ss} + B u_{\rm ss} \\ \underline{u} \leqslant u_j \leqslant \bar{u}, \quad j = 0,1,2,\cdots,N-1 \\ \underline{g} - \varepsilon \leqslant G x_i \leqslant \bar{g} + \varepsilon, \quad i = 1,2,\cdots,N \\ x_i = A x_{i-1} + B u_{i-1}, \quad i = 1,2,\cdots,N \end{cases}$$

决策变量为 $\{\varepsilon_1, u_{\rm ss}, x_{\rm ss}, x_1, x_2, \cdots, x_N, u_0, u_1, \cdots, u_{N-1}\}$。

第 7 章

3.

```
clear;
IL1=[1 0 0 0;0 1 0 0];IL2=[0 0 1 0;0 0 0 1];IR1=[1 0;0 1;0 0;0 0];IR2=[0 0;0 0;1 0;0 1];
TMIN=-1;beta=1;
while TMIN<0
    beta=beta+0.01;
    A1=[1 -beta;-1 -0.5];A2=[1  beta;-1 -0.5];B1=[5+beta  2*beta]';B2=[5-beta -2*beta]';
    setlmis([]);
    S01=lmivar(1,[2 1]);S10=lmivar(1,[2 1]);Y01=lmivar(2,[1 2]);Y10=lmivar(2,[1 2]);
    lmiterm([-1 1 1 S01],1,1);lmiterm([-1 2 1 S01],A2,1);lmiterm([-1 2 1 Y01],-B2,1);
    lmiterm([-1 2 2 S01],1,1);
    lmiterm([-2 1 1 S01],1,1);lmiterm([-2 2 1 S01],A2,1);lmiterm([-2 2 1 Y01],-B2,1);
    lmiterm([-2 2 2 S10],1,1);
    lmiterm([-3 1 1 S01],3,1);lmiterm([-3 1 1 S10],1,1);lmiterm([-3 2 1 S01],A1+2*A2,1);
    lmiterm([-3 2 1 S10],A2,1);lmiterm([-3 2 1 Y01],-B1-2*B2,1);
    lmiterm([-3 2 1 Y10],-B2,1);lmiterm([-3 2 2 S01],4,1);
    lmiterm([-4 1 1 S01],3,1);lmiterm([-4 1 1 S10],1,1);lmiterm([-4 2 1 S01],A1+2*A2,1);
    lmiterm([-4 2 1 S10],A2,1);lmiterm([-4 2 1 Y01],-B1-2*B2,1);
    lmiterm([-4 2 1 Y10],-B2,1);lmiterm([-4 2 2 S10],4,1);
    lmiterm([-5 1 1 S01],3,1);lmiterm([-5 1 1 S10],3,1);lmiterm([-5 2 1 S01],2*A1+A2,1);
    lmiterm([-5 2 1 S10],A1+2*A2,1);lmiterm([-5 2 1 Y01],-2*B1-B2,1);
    lmiterm([-5 2 1 Y10],-B1-2*B2,1);lmiterm([-5 2 2 S01],6,1);
    lmiterm([-6 1 1 S01],3,1);lmiterm([-6 1 1 S10],3,1);lmiterm([-6 2 1 S01],2*A1+A2,1);
    lmiterm([-6 2 1 S10],A1+2*A2,1);lmiterm([-6 2 1 Y01],-2*B1-B2,1);
```

```
    lmiterm([-6 2 1 Y10],-B1-2*B2,1);lmiterm([-6 2 2 S10],6,1);
    lmiterm([-7 1 1 S01],1,1);lmiterm([-7 1 1 S10],3,1);lmiterm([-7 2 1 S01],A1,1);
    lmiterm([-7 2 1 S10],2*A1+A2,1);lmiterm([-7 2 1 Y01],-B1,1);
    lmiterm([-7 2 1 Y10],-2*B1-B2,1);lmiterm([-7 2 2 S01],4,1);
    lmiterm([-8 1 1 S01],1,1);lmiterm([-8 1 1 S10],3,1);lmiterm([-8 2 1 S01],A1,1);
    lmiterm([-8 2 1 S10],2*A1+A2,1);lmiterm([-8 2 1 Y01],-B1,1);
    lmiterm([-8 2 1 Y10],-2*B1-B2,1);lmiterm([-8 2 2 S10],4,1);
    lmiterm([-9 1 1 S10],1,1);lmiterm([-9 2 1 S10],A1,1);lmiterm([-9 2 1 Y10],-B1,1);
    lmiterm([-9 2 2 S01],1,1);
    lmiterm([-10 1 1 S10],1,1);lmiterm([-10 2 1 S10],A1,1);
    lmiterm([-10 2 1 Y10],-B1,1);lmiterm([-10 2 2 S10],1,1);
    dbc1=getlmis;
    OPTIONS=[0 100 1e9 10 0];
    [TMIN,VXx]=feasp(dbc1,OPTIONS);
    Y01=dec2mat(dbc1,VXx,Y01)Y10=dec2mat(dbc1,VXx,Y10)
end
```

4.

```
clear;
IL1=[1 0 0 0;0 1 0 0];IL2=[0 0 1 0;0 0 0 1];IR1=[1 0;0 1;0 0;0 0];IR2=[0 0;0 0;1 0;0 1];
TMIN=-1;beta=1.68
A1=[1 -beta;-1 -0.5];A2=[1  beta;-1 -0.5];B1=[5+beta  2*beta]';B2=[5-beta -2*beta]';
setlmis([]);
S02=lmivar(1,[2 1]);S11=lmivar(1,[2 1]);S20=lmivar(1,[2 1]);Y02=lmivar(2,[1 2]);
Y11=lmivar(2,[1 2]);Y20=lmivar(2,[1 2]);
lmiterm([-1 1 1 S02],1,1);lmiterm([-1 2 1 S02],A2,1);lmiterm([-1 2 1 Y02],-B2,1);
lmiterm([-1 2 2 S02],1,1);
lmiterm([-2 1 1 S02],3,1);lmiterm([-2 2 1 S02],3*A2,1);
lmiterm([-2 2 1 Y02],-3*B2,1);lmiterm([-2 2 2 S11],1,1);lmiterm([-2 2 2 S02],1,1);
lmiterm([-3 1 1 S02],3,1);lmiterm([-3 2 1 S02],3*A2,1);lmiterm([-3 2 1 Y02],-3*B2,1);
lmiterm([-3 2 2 S11],1,1);lmiterm([-3 2 2 S20],1,1);
lmiterm([-4 1 1 S02],1,1);lmiterm([-4 2 1 S02],A2,1);lmiterm([-4 2 1 Y02],-B2,1);
lmiterm([-4 2 2 S20],1,1);
lmiterm([-5 1 1 S02],2,1);lmiterm([-5 1 1 S11],1,1);lmiterm([-5 2 1 S02],A1+A2,1);
lmiterm([-5 2 1 S11],A2,1);lmiterm([-5 2 1 Y02],-B1-B2,1);
lmiterm([-5 2 1 Y11],-B2,1);lmiterm([-5 2 2 S02],4,1);
lmiterm([-6 1 1 S02],6,1);lmiterm([-6 1 1 S11],3,1);lmiterm([-6 2 1 S02],3*(A1+A2),1);
lmiterm([-6 2 1 S11],3*A2,1);lmiterm([-6 2 1 Y02],-3*(B1+B2),1);
lmiterm([-6 2 1 Y11],-3*B2,1);lmiterm([-6 2 2 S11],4,1);lmiterm([-6 2 2 S02],4,1);
lmiterm([-7 1 1 S02],6,1);lmiterm([-7 1 1 S11],3,1);lmiterm([-7 2 1 S02],3*(A1+A2),1);
lmiterm([-7 2 1 S11],3*A2,1);lmiterm([-7 2 1 Y02],-3*(B1+B2),1);
lmiterm([-7 2 1 Y11],-3*B2,1);lmiterm([-7 2 2 S11],4,1);lmiterm([-7 2 2 S20],4,1);
lmiterm([-8 1 1 S02],2,1);lmiterm([-8 1 1 S11],1,1);lmiterm([-8 2 1 S02],A1+A2,1);
lmiterm([-8 2 1 S11],A2,1);lmiterm([-8 2 1 Y02],-(B1+B2),1);
lmiterm([-8 2 1 Y11],-B2,1);lmiterm([-8 2 2 S20],4,1);
lmiterm([-9 1 1 S02],1,1);lmiterm([-9 1 1 S11],2,1);lmiterm([-9 1 1 S20],1,1);
lmiterm([-9 2 1 S02],A1,1);lmiterm([-9 2 1 S11],A1+A2,1);lmiterm([-9 2 1 S20],A2,1);
lmiterm([-9 2 1 Y02],-B1,1);lmiterm([-9 2 1 Y11],-B1-B2,1);lmiterm([-9 2 1 Y20],-B2,1);
lmiterm([-9 2 2 S02],6,1);
lmiterm([-10 1 1 S02],3,1);lmiterm([-10 1 1 S11],6,1);lmiterm([-10 1 1 S20],3,1);
lmiterm([-10 2 1 S02],3*A1,1);lmiterm([-10 2 1 S11],3*(A1+A2),1);
```

```
lmiterm([-10 2 1 S20],3*A2,1);lmiterm([-10 2 1 Y02],-3*B1,1);
lmiterm([-10 2 1 Y11],-3*(B1+B2),1);lmiterm([-10 2 1 Y20],-3*B2,1);
lmiterm([-10 2 2 S11],6,1);lmiterm([-10 2 2 S02],6,1);
lmiterm([-11 1 1 S02],3,1);lmiterm([-11 1 1 S11],6,1);lmiterm([-11 1 1 S20],3,1);
lmiterm([-11 2 1 S02],3*A1,1);lmiterm([-11 2 1 S11],3*(A1+A2),1);
lmiterm([-11 2 1 S20],3*A2,1);lmiterm([-11 2 1 Y02],-3*B1,1);
lmiterm([-11 2 1 Y11],-3*(B1+B2),1);lmiterm([-11 2 1 Y20],-3*B2,1);
lmiterm([-11 2 2 S11],6,1);lmiterm([-11 2 2 S20],6,1);
lmiterm([-12 1 1 S02],1,1);lmiterm([-12 1 1 S11],2,1);lmiterm([-12 1 1 S20],1,1);
lmiterm([-12 2 1 S02],A1,1);lmiterm([-12 2 1 S11],A1+A2,1);
lmiterm([-12 2 1 S20],A2,1);lmiterm([-12 2 1 Y02],-B1,1);
lmiterm([-12 2 1 Y11],-B1-B2,1);lmiterm([-12 2 1 Y20],-B2,1);
lmiterm([-12 2 2 S20],6,1);
lmiterm([-13 1 1 S11],1,1);lmiterm([-13 1 1 S20],2,1);lmiterm([-13 2 1 S11],A1,1);
lmiterm([-13 2 1 S20],A1+A2,1);lmiterm([-13 2 1 Y11],-B1,1);
lmiterm([-13 2 1 Y20],-B1-B2,1);lmiterm([-13 2 2 S02],4,1);
lmiterm([-14 1 1 S11],3,1);lmiterm([-14 1 1 S20],6,1);lmiterm([-14 2 1 S11],3*A1,1);
lmiterm([-14 2 1 S20],3*(A1+A2),1);lmiterm([-14 2 1 Y11],-3*B1,1);
lmiterm([-14 2 1 Y20],-3*(B1+B2),1);lmiterm([-14 2 2 S11],4,1);
lmiterm([-14 2 2 S02],4,1);
lmiterm([-15 1 1 S11],3,1);lmiterm([-15 1 1 S20],6,1);lmiterm([-15 2 1 S11],3*A1,1);
lmiterm([-15 2 1 S20],3*(A1+A2),1);lmiterm([-15 2 1 Y11],-3*B1,1);
lmiterm([-15 2 1 Y20],-3*(B1+B2),1);lmiterm([-15 2 2 S11],4,1);
lmiterm([-15 2 2 S20],4,1);
lmiterm([-16 1 1 S11],1,1);lmiterm([-16 1 1 S20],2,1);lmiterm([-16 2 1 S11],A1,1);
lmiterm([-16 2 1 S20],A1+A2,1);lmiterm([-16 2 1 Y11],-B1,1);
lmiterm([-16 2 1 Y20],-B1-B2,1);lmiterm([-16 2 2 S20],4,1);
lmiterm([-17 1 1 S20],1,1);lmiterm([-17 2 1 S20],A1,1);
lmiterm([-17 2 1 Y20],-B1,1);lmiterm([-17 2 2 S02],1,1);
lmiterm([-18 1 1 S20],3,1);lmiterm([-18 2 1 S20],3*A1,1);
lmiterm([-18 2 1 Y20],-3*B1,1);lmiterm([-18 2 2 S11],1,1);
lmiterm([-18 2 2 S02],1,1);
lmiterm([-19 1 1 S20],3,1);lmiterm([-19 2 1 S20],3*A1,1);
lmiterm([-19 2 1 Y20],-3*B1,1);lmiterm([-19 2 2 S11],1,1);
lmiterm([-19 2 2 S20],1,1);
lmiterm([-20 1 1 S20],1,1);lmiterm([-20 2 1 S20],A1,1);
lmiterm([-20 2 1 Y20],-B1,1);lmiterm([-20 2 2 S20],1,1);
dbc1=getlmis;
OPTIONS=[0 100 1e9 10 0];[TMIN,VXx]=feasp(dbc1,OPTIONS);
Y20=dec2mat(dbc1,VXx,Y20);Y11=dec2mat(dbc1,VXx,Y11);Y02=dec2mat(dbc1,VXx,Y02);
S20=dec2mat(dbc1,VXx,S20);S11=dec2mat(dbc1,VXx,S11);S02=dec2mat(dbc1,VXx,S02);
```

6.

```
clear
X0=[3.2 -10.3]';X1v(1)=X0(1,1);X2v(1)=X0(2,1);JRSum=X0(1,1)^2+X0(2,1)^2;
K1=0.5;K2=2.5;B=[1 0]';A1=[1 0.1;K1 1];A2=[1 0.1;K2 1];
Ab1=[A1;A1*A1];ANb1=[A1*A1*A1];ANb5=[A2*A1*A1];
Ab2=[A2;A1*A2];ANb2=[A1*A1*A2];ANb6=[A2*A1*A2];
Ab3=[A1;A2*A1];ANb3=[A1*A2*A1];ANb7=[A2*A2*A1];
Ab4=[A2;A2*A2];ANb4=[A1*A2*A2];ANb8=[A2*A2*A2];
Bb1=[B 0*B 0*B;A1*B B 0*B];BNb1=[A1*A1*B A1*B B];BNb5=[A2*A1*B A2*B B];
```

```
Bb2=[B 0*B 0*B;A1*B B 0*B];BNb2=[A1*A1*B A1*B B];BNb6=[A2*A1*B A2*B B];
Bb3=[B 0*B 0*B;A2*B B 0*B];BNb3=[A1*A2*B A1*B B];BNb7=[A2*A2*B A2*B B];
Bb4=[B 0*B 0*B;A2*B B 0*B];BNb4=[A1*A2*B A1*B B];BNb8=[A2*A2*B A2*B B];
I6=[1 0 0 0;0 1 0 0;0 0 1 0;0 0 0 1];I4=[1 0 0;0 1 0;0 0 1];
setlmis([]);
Yita=lmivar(1,[1 1]);gama=lmivar(1,[1 1]);Ub=lmivar(2,[3 1]);Q=lmivar(1,[2 1]);
Y=lmivar(2,[1 2]);
lmiterm([-1 1 1 0],I6);lmiterm([-1 2 2 0],I4);lmiterm([-1 3 1 -Ub],1,Bb1');
lmiterm([-1 3 1 0],X0'*Ab1');lmiterm([-1 3 2 -Ub],1,1);
lmiterm([-1 3 3 Yita],1,1);
lmiterm([-2 1 1 0],I6);lmiterm([-2 2 2 0],I4);lmiterm([-2 3 1 -Ub],1,Bb2');
lmiterm([-2 3 1 0],X0'*Ab2');lmiterm([-2 3 2 -Ub],1,1);
lmiterm([-2 3 3 Yita],1,1);
lmiterm([-3 1 1 0],I6);lmiterm([-3 2 2 0],I4);lmiterm([-3 3 1 -Ub],1,Bb3');
lmiterm([-3 3 1 0],X0'*Ab3');lmiterm([-3 3 2 -Ub],1,1);
lmiterm([-3 3 3 Yita],1,1);
lmiterm([-4 1 1 0],I6);lmiterm([-4 2 2 0],I4);lmiterm([-4 3 1 -Ub],1,Bb4');
lmiterm([-4 3 1 0],X0'*Ab4');lmiterm([-4 3 2 -Ub],1,1);
lmiterm([-4 3 3 Yita],1,1);
lmiterm([-9 1 1 0],1);lmiterm([-9 2 1 Ub],BNb1,1);
lmiterm([-9 2 1 0],ANb1*X0);lmiterm([-9 2 2 Q],1,1);
lmiterm([-10 1 1 0],1);lmiterm([-10 2 1 Ub],BNb2,1);
lmiterm([-10 2 1 0],ANb2*X0);lmiterm([-10 2 2 Q],1,1);
lmiterm([-11 1 1 0],1);lmiterm([-11 2 1 Ub],BNb3,1);
lmiterm([-11 2 1 0],ANb3*X0);lmiterm([-11 2 2 Q],1,1);
lmiterm([-12 1 1 0],1);lmiterm([-12 2 1 Ub],BNb4,1);
lmiterm([-12 2 1 0],ANb4*X0);lmiterm([-12 2 2 Q],1,1);
lmiterm([-13 1 1 0],1);lmiterm([-13 2 1 Ub],BNb5,1);
lmiterm([-13 2 1 0],ANb5*X0);lmiterm([-13 2 2 Q],1,1);
lmiterm([-14 1 1 0],1);lmiterm([-14 2 1 Ub],BNb6,1);
lmiterm([-14 2 1 0],ANb6*X0);lmiterm([-14 2 2 Q],1,1);
lmiterm([-15 1 1 0],1);lmiterm([-15 2 1 Ub],BNb7,1);
lmiterm([-15 2 1 0],ANb7*X0);lmiterm([-15 2 2 Q],1,1);
lmiterm([-16 1 1 0],1);lmiterm([-16 2 1 Ub],BNb8,1);
lmiterm([-16 2 1 0],ANb8*X0);lmiterm([-16 2 2 Q],1,1);
lmiterm([-43 1 1 Q],1,1);lmiterm([-43 2 1 Q],A1,1);
lmiterm([-43 2 1 Y],B,1);lmiterm([-43 2 2 Q],1,1);lmiterm([-43 3 1 Q],1,1);
lmiterm([-43 3 3 gama],1,eye(2));lmiterm([-43 4 1 Y],1,1);
lmiterm([-43 4 4 gama],1,1);
lmiterm([-44 1 1 Q],1,1);lmiterm([-44 2 1 Q],A2,1);lmiterm([-44 2 1 Y],B,1);
lmiterm([-44 2 2 Q],1,1);lmiterm([-44 3 1 Q],1,1);
lmiterm([-44 3 3 gama],1,eye(2));lmiterm([-44 4 1 Y],1,1);
lmiterm([-44 4 4 gama],1,1);
lmiterm([45 1 1 0],-1);lmiterm([-45 1 1 Ub],.5*[1,0,0],1,'s');
lmiterm([46 1 1 Ub],.5*[1,0,0],1,'s');lmiterm([-46 1 1 0],1);
lmiterm([47 1 1 0],-1);lmiterm([-47 1 1 Ub],.5*[0,1,0],1,'s');
lmiterm([48 1 1 Ub],.5*[0,1,0],1,'s');lmiterm([-48 1 1 0],1);
lmiterm([49 1 1 0],-1);lmiterm([-49 1 1 Ub],.5*[0,0,1],1,'s');
lmiterm([50 1 1 Ub],.5*[0,0,1],1,'s');lmiterm([-50 1 1 0],1);
lmiterm([-53 1 1 0],1);lmiterm([-53 2 1 -Y],1,1);lmiterm([-53 2 2 Q],1,1);
RMPC=getlmis;
```

```
OP=[0.01 2000 1e9 10 0];CC=[1 1 0 0 0 0 0 0 0 0];initi=[0 0 0 0 0 0 0 0 0 0];
[OPX,VXx]=mincx(RMPC,CC,OP,initi);
gama=dec2mat(RMPC,VXx,gama);Yita=dec2mat(RMPC,VXx,Yita);
gamastar=gama+Yita+X0'*X0
NN=1;
for jj=1:NN
    JR(jj)=OPX+X0(1,1)^2+X0(2,1)^2;A0=[1 0.1;1.5+sin(jj-1) 1];UU(jj)=VXx(3);
    X1=A0*X0+B*UU(jj);X1v(jj+1)=[1 0]*X1;X2v(jj+1)=[0 1]*X1;X0=X1;
    JRSum=JRSum+X0'*X0+UU(jj)^2;
    VXx(3)=VXx(4);VXx(4)=VXx(5);VXx(5)=VXx(6);initi=VXx;
setlmis([]);
Yita=lmivar(1,[1 1]);gama=lmivar(1,[1 1]);Ub=lmivar(2,[3 1]);
Q=lmivar(1,[2 1]);Y=lmivar(2,[1 2]);
lmiterm([-1 1 1 0],I6);lmiterm([-1 2 2 0],I4);lmiterm([-1 3 1 -Ub],1,Bb1');
lmiterm([-1 3 1 0],X0'*Ab1');lmiterm([-1 3 2 -Ub],1,1);
lmiterm([-1 3 3 Yita],1,1);
lmiterm([-2 1 1 0],I6);lmiterm([-2 2 2 0],I4);lmiterm([-2 3 1 -Ub],1,Bb2');
lmiterm([-2 3 1 0],X0'*Ab2');lmiterm([-2 3 2 -Ub],1,1);
lmiterm([-2 3 3 Yita],1,1);
lmiterm([-3 1 1 0],I6);lmiterm([-3 2 2 0],I4);lmiterm([-3 3 1 -Ub],1,Bb3');
lmiterm([-3 3 1 0],X0'*Ab3');lmiterm([-3 3 2 -Ub],1,1);
lmiterm([-3 3 3 Yita],1,1);
lmiterm([-4 1 1 0],I6);lmiterm([-4 2 2 0],I4);lmiterm([-4 3 1 -Ub],1,Bb4');
lmiterm([-4 3 1 0],X0'*Ab4');lmiterm([-4 3 2 -Ub],1,1);
lmiterm([-4 3 3 Yita],1,1);
lmiterm([-9 1 1 0],1);lmiterm([-9 2 1 Ub],BNb1,1);
lmiterm([-9 2 1 0],ANb1*X0);lmiterm([-9 2 2 Q],1,1);
lmiterm([-10 1 1 0],1);lmiterm([-10 2 1 Ub],BNb2,1);
lmiterm([-10 2 1 0],ANb2*X0);lmiterm([-10 2 2 Q],1,1);
lmiterm([-11 1 1 0],1);lmiterm([-11 2 1 Ub],BNb3,1);
lmiterm([-11 2 1 0],ANb3*X0);lmiterm([-11 2 2 Q],1,1);
lmiterm([-12 1 1 0],1);lmiterm([-12 2 1 Ub],BNb4,1);
lmiterm([-12 2 1 0],ANb4*X0);lmiterm([-12 2 2 Q],1,1);
lmiterm([-13 1 1 0],1);lmiterm([-13 2 1 Ub],BNb5,1);
lmiterm([-13 2 1 0],ANb5*X0);lmiterm([-13 2 2 Q],1,1);
lmiterm([-14 1 1 0],1);lmiterm([-14 2 1 Ub],BNb6,1);
lmiterm([-14 2 1 0],ANb6*X0);lmiterm([-14 2 2 Q],1,1);
lmiterm([-15 1 1 0],1);lmiterm([-15 2 1 Ub],BNb7,1);
lmiterm([-15 2 1 0],ANb7*X0);lmiterm([-15 2 2 Q],1,1);
lmiterm([-16 1 1 0],1);lmiterm([-16 2 1 Ub],BNb8,1);
lmiterm([-16 2 1 0],ANb8*X0);lmiterm([-16 2 2 Q],1,1);
lmiterm([-43 1 1 Q],1,1);lmiterm([-43 2 1 Q],A1,1);
lmiterm([-43 2 1 Y],B,1);lmiterm([-43 2 2 Q],1,1);
lmiterm([-43 3 1 Q],1,1);lmiterm([-43 3 3 gama],1,eye(2));
lmiterm([-43 4 1 Y],1,1);lmiterm([-43 4 4 gama],1,1);
lmiterm([-44 1 1 Q],1,1);lmiterm([-44 2 1 Q],A2,1);
lmiterm([-44 2 1 Y],B,1);lmiterm([-44 2 2 Q],1,1);lmiterm([-44 3 1 Q],1,1);
lmiterm([-44 3 3 gama],1,eye(2));lmiterm([-44 4 1 Y],1,1);
lmiterm([-44 4 4 gama],1,1);
lmiterm([45 1 1 0],-1);lmiterm([-45 1 1 Ub],.5*[1,0,0],1,'s');
lmiterm([46 1 1 Ub],.5*[1,0,0],1,'s');lmiterm([-46 1 1 0],1);
```

```
lmiterm([47 1 1 0],-1);lmiterm([-47 1 1 Ub],.5*[0,1,0],1,'s');
lmiterm([48 1 1 Ub],.5*[0,1,0],1,'s');lmiterm([-48 1 1 0],1);
lmiterm([49 1 1 0],-1);lmiterm([-49 1 1 Ub],.5*[0,0,1],1,'s');
lmiterm([50 1 1 Ub],.5*[0,0,1],1,'s');lmiterm([-50 1 1 0],1);
lmiterm([-53 1 1 0],1);lmiterm([-53 2 1 -Y],1,1);lmiterm([-53 2 2 Q],1,1);
   RMPC=getlmis;
   OP=[0.01 100 1e9 10 0];
   [OPX,VXx]=mincx(RMPC,CC,OP,initi);
   gama=dec2mat(RMPC,VXx,gama);Yita=dec2mat(RMPC,VXx,Yita);
   gamastar=gamastar+gama+Yita+X0'*X0
end
plot(X1v,X2v)
t=0:NN;JR(NN+1)=JR(NN);JRSum
%%% Let us begin to plot the exact region of attraction.
vector1=[-1:0.01:-0.96,-0.96:0.001:-0.95,-0.93:0.02:-0.05,0:0.001:0.04,0.06:0.02:1];
for i=1:150
    vector2(i)=sqrt(1-vector1(i)^2);X0=[vector1(i),vector2(i)]';
    setlmis([]);
    beta=lmivar(1,[1 1]);Yita=lmivar(1,[1 1]);gama=lmivar(1,[1 1]);
    Ub=lmivar(2,[3 1]);Q=lmivar(1,[2 1]);Y=lmivar(2,[1 2]);
    lmiterm([-1 1 1 0],I6);lmiterm([-1 2 2 0],I4);lmiterm([-1 3 1 -Ub],1,Bb1');
    lmiterm([-1 3 1 beta],1,X0'*Ab1');
    lmiterm([-1 3 2 -Ub],1,1);lmiterm([-1 3 3 Yita],1,1);
    lmiterm([-2 1 1 0],I6);lmiterm([-2 2 2 0],I4);lmiterm([-2 3 1 -Ub],1,Bb2');
    lmiterm([-2 3 1 beta],1,X0'*Ab2');
    lmiterm([-2 3 2 -Ub],1,1);lmiterm([-2 3 3 Yita],1,1);
    lmiterm([-3 1 1 0],I6);lmiterm([-3 2 2 0],I4);lmiterm([-3 3 1 -Ub],1,Bb3');
    lmiterm([-3 3 1 beta],1,X0'*Ab3');
    lmiterm([-3 3 2 -Ub],1,1);lmiterm([-3 3 3 Yita],1,1);
    lmiterm([-4 1 1 0],I6);lmiterm([-4 2 2 0],I4);lmiterm([-4 3 1 -Ub],1,Bb4');
    lmiterm([-4 3 1 beta],1,X0'*Ab4');
    lmiterm([-4 3 2 -Ub],1,1);lmiterm([-4 3 3 Yita],1,1);
    lmiterm([-9 1 1 0],1);lmiterm([-9 2 1 Ub],BNb1,1);
    lmiterm([-9 2 1 beta],ANb1*X0,1);lmiterm([-9 2 2 Q],1,1);
    lmiterm([-10 1 1 0],1);lmiterm([-10 2 1 Ub],BNb2,1);
    lmiterm([-10 2 1 beta],ANb2*X0,1);lmiterm([-10 2 2 Q],1,1);
    lmiterm([-11 1 1 0],1);lmiterm([-11 2 1 Ub],BNb3,1);
    lmiterm([-11 2 1 beta],ANb3*X0,1);lmiterm([-11 2 2 Q],1,1);
    lmiterm([-12 1 1 0],1);lmiterm([-12 2 1 Ub],BNb4,1);
    lmiterm([-12 2 1 beta],ANb4*X0,1);lmiterm([-12 2 2 Q],1,1);
    lmiterm([-13 1 1 0],1);lmiterm([-13 2 1 Ub],BNb5,1);
    lmiterm([-13 2 1 beta],ANb5*X0,1);lmiterm([-13 2 2 Q],1,1);
    lmiterm([-14 1 1 0],1);lmiterm([-14 2 1 Ub],BNb6,1);
    lmiterm([-14 2 1 beta],ANb6*X0,1);lmiterm([-14 2 2 Q],1,1);
    lmiterm([-15 1 1 0],1);lmiterm([-15 2 1 Ub],BNb7,1);
    lmiterm([-15 2 1 beta],ANb7*X0,1);lmiterm([-15 2 2 Q],1,1);
    lmiterm([-16 1 1 0],1);lmiterm([-16 2 1 Ub],BNb8,1);
    lmiterm([-16 2 1 beta],ANb8*X0,1);lmiterm([-16 2 2 Q],1,1);
    lmiterm([-43 1 1 Q],1,1);lmiterm([-43 2 1 Q],A1,1);
    lmiterm([-43 2 1 Y],B,1);lmiterm([-43 2 2 Q],1,1);lmiterm([-43 3 1 Q],1,1);
    lmiterm([-43 3 3 gama],1,eye(2));
```

```
    lmiterm([-43 4 1 Y],1,1);lmiterm([-43 4 4 gama],1,1);
    lmiterm([-44 1 1 Q],1,1);lmiterm([-44 2 1 Q],A2,1);lmiterm([-44 2 1 Y],B,1);
    lmiterm([-44 2 2 Q],1,1);lmiterm([-44 3 1 Q],1,1);lmiterm([-44 3 3 gama],1,eye(2));
    lmiterm([-44 4 1 Y],1,1);lmiterm([-44 4 4 gama],1,1);
    lmiterm([45 1 1 0],-1);lmiterm([-45 1 1 Ub],.5*[1,0,0],1,'s');
    lmiterm([46 1 1 Ub],.5*[1,0,0],1,'s');lmiterm([-46 1 1 0],1);
    lmiterm([47 1 1 0],-1);lmiterm([-47 1 1 Ub],.5*[0,1,0],1,'s');
    lmiterm([48 1 1 Ub],.5*[0,1,0],1,'s');lmiterm([-48 1 1 0],1);
    lmiterm([49 1 1 0],-1);lmiterm([-49 1 1 Ub],.5*[0,0,1],1,'s');
    lmiterm([50 1 1 Ub],.5*[0,0,1],1,'s');lmiterm([-50 1 1 0],1);
    lmiterm([-53 1 1 0],1);lmiterm([-53 2 1 -Y],1,1);lmiterm([-53 2 2 Q],1,1);
    RMPC=getlmis;
    OP=[0.01 250 1e9 10 1];CC(1:2)=[-1 0];CC(11)=0;initi(11)=0;
    [OPX,VXx]=mincx(RMPC,CC,OP,initi);
    beta=dec2mat(RMPC,VXx,beta);
    vector1(i)=beta*vector1(i);vector1(150+i)=-vector1(i);
    vector2(i)=beta*vector2(i);vector2(150+i)=-vector2(i);
end
plot(vector1,vector2)
```

7.

```
Dbeta=0.1;X0=1.472*[1 1]';x1v(1)=X0(1,1);x2v(1)=X0(2,1);
K1=0.5;K2=2.5;B=[1 0]';A1=[1 Dbeta;K1 1];A2=[1 Dbeta;K2 1];
setlmis([]);
gama=lmivar(1,[1 1]);Q=lmivar(1,[2 1]);Y=lmivar(2,[1 2]);
lmiterm([-1 1 1 0],1);                        % LMI #1: 1
lmiterm([-1 2 1 0],X0);                       % LMI #1: X0
lmiterm([-1 2 2 Q],1,1);                      % LMI #1: Q
lmiterm([-2 1 1 Q],1,1);                      % LMI #2: Q
lmiterm([-2 2 1 Q],A1,1);                     % LMI #2: A1*Q
lmiterm([-2 2 1 Y],B,[1,0;0,1]);              % LMI #2: B*Y*[1,0;0,1]
lmiterm([-2 2 2 Q],1,1);                      % LMI #2: Q
lmiterm([-2 3 1 Q],[1,0],1);                  % LMI #2: [1,0]*Q
lmiterm([-2 3 2 0],[0,0]);                    % LMI #2: [0,0]
lmiterm([-2 3 3 gama],1,1);                   % LMI #2: gama
lmiterm([-2 4 1 Q],[0,1],1);                  % LMI #2: [0,1]*Q
lmiterm([-2 4 2 0],[0,0]);                    % LMI #2: [0,0]
lmiterm([-2 4 4 gama],1,1);                   % LMI #2: gama
lmiterm([-2 5 1 Y],1,1);                      % LMI #2: Y
lmiterm([-2 5 2 0],[0,0]);                    % LMI #2: [0,0]
lmiterm([-2 5 5 gama],1,1);                   % LMI #2: gama
lmiterm([-3 1 1 Q],1,1);                      % LMI #3: Q
lmiterm([-3 2 1 Q],A2,1);                     % LMI #3: A2*Q
lmiterm([-3 2 1 Y],B,[1,0;0,1]);              % LMI #3: B*Y*[1,0;0,1]
lmiterm([-3 2 2 Q],1,1);                      % LMI #3: Q
lmiterm([-3 3 1 Q],[1,0],1);                  % LMI #3: [1,0]*Q
lmiterm([-3 3 2 0],[0,0]);                    % LMI #3: [0,0]
lmiterm([-3 3 3 gama],1,1);                   % LMI #3: gama
lmiterm([-3 4 1 Q],[0,1],1);                  % LMI #3: [0,1]*Q
lmiterm([-3 4 2 0],[0,0]);                    % LMI #3: [0,0]
lmiterm([-3 4 4 gama],1,1);                   % LMI #3: gama
```

```
lmiterm([-3 5 1 Y],1,1);                                % LMI #3: Y
lmiterm([-3 5 2 0],[0,0]);                              % LMI #3: [0,0]
lmiterm([-3 5 5 gama],1,1);                             % LMI #3: gama
lmiterm([-4 1 1 0],1);                                  % LMI #4: 1
lmiterm([-4 2 1 -Y],1,1);                               % LMI #4: Y'
lmiterm([-4 2 2 Q],1,1);                                % LMI #4: Q
kothare=getlmis;
OP=[0.01 2000 1e9 10 1];CC=[1 0 0 0 0 0];initi=[0 0 0 0 0 0];
[OPX,VXx]=mincx(kothare,CC,OP,initi);
FF0=dec2mat(kothare,VXx,Y)*inv(dec2mat(kothare,VXx,Q))
```

8.

```
clear;
pi=3.14159265;
I2=[1 0;0 1];B=[0 0 0.1 0]';I4=[1 0 0 0;0 1 0 0;0 0 1 0;0 0 0 1];
K1=0.527;K2=2.5;I21=[-0.1 0.1;0.1  -0.1];A0=[I2 0.1*I2;0*I2 I2];
NN=132;Q=I4;R=1;X00=[5 5 0 0]';X0=X00;
Ab=[];Bb=[];fdeta=1.5+2*exp(-0.1*0)*(1+sin(0))+0.973*sin(0*pi/11);
Ab(5:8,1:4)=A0+[0 0 0 0;0 0 0 0;-0.1*fdeta 0.1*fdeta 0 0;0.1*fdeta -0.1*fdeta 0 0];
Bb(5:8,1)=B;
for i=1:NN-2
    Bb((i*4+5):(i*4+8),i+1)=B;fdeta=1.5+2*exp(-0.1*i)*(1+sin(i))+0.973*sin(i*pi/11);
    Abdeta=A0+[0 0 0 0;0 0 0 0;-0.1*fdeta 0.1*fdeta 0 0;0.1*fdeta -0.1*fdeta 0 0];
    Ab((i*4+5):(i*4+8),(i*4+1):(i*4+4))=Abdeta;
end
Bb((NN*4-3):NN*4,NN)=[0 0 0 0]';Ab((NN*4-3):NN*4,(NN*4-3):NN*4)=0*I4;
%% Initialization for LMIs.
X0b=[X0']';X0b(NN*4,1)=0;I4NN=eye(NN*4);
Wb=inv(I4NN-Ab)*Bb;V0b=inv(I4NN-Ab)*X0b;
Qb=eye(NN*4);Rb=eye(NN);W=Wb'*Qb*Wb+Rb;
Wv=2*V0b'*Qb*Wb;V0=V0b'*Qb*V0b;
%% Calculating Bba.
Bba(1:4,NN)=B;Adeta=I4;
for i=NN-1:-1:1
    fdeta=1.5+2*exp(-0.1*i)*(1+sin(i))+0.973*sin(i*pi/11);
    Adeta=Adeta*(A0+[0 0 0 0;0 0 0 0;-0.1*fdeta 0.1*fdeta 0 0;0.1*fdeta -0.1*fdeta 0 0]);
    Bba(1:4,i)=Adeta*B;
end
fdeta=1.5+2*exp(-0.1*0)*(1+sin(0))+0.973*sin(0*pi/11);
Adeta=Adeta*(A0+[0 0 0 0;0 0 0 0;-0.1*fdeta 0.1*fdeta 0 0;0.1*fdeta -0.1*fdeta 0 0]);
INN=eye(NN);
%% Begin LMIs.
setlmis([]);
Yita=lmivar(1,[1 1]);Ub=lmivar(2,[NN 1]);
lmiterm([-1 1 1 Yita],1,1);lmiterm([-1 1 1 Ub],.5*Wv,-.5,'s');
lmiterm([-1 1 1 -Ub],.5*.5,-Wv','s');
lmiterm([-1 1 1 0],-V0);lmiterm([-1 2 1 Ub],W^0.5,1);
lmiterm([-1 2 2 0],INN);
for j=1:NN
    for jj=1:NN
        eee(jj)=0;
```

```
    end
    eee(j)=1;
    lmiterm([2*j 1 1 0],-1);lmiterm([-2*j 1 1 Ub],.5*eee,1,'s');
    lmiterm([2*j+1 1 1 Ub],.5*eee,1,'s');lmiterm([-2*j-1 1 1 0],1)
end
dbc=getlmis;
CC1=[1 0]';initi1=[1 0]';
for jj=3:NN+1
    CC1(jj)=0;initi1(jj)=0;
end
OP1=[0.0001 2000 1e9 10 1];
[OPX1 VXx1]=mincx(dbc,CC1,OP1,initi1);
Fai0Star=VXx1(1,1);
for i=0:NN-1
    fdeta=1.5+2*exp(-0.1*i)*(1+sin(i))+0.973*sin(i*pi/11);
    Abdeta=A0+[0 0 0 0;0 0 0 0;-0.1*fdeta 0.1*fdeta 0 0;0.1*fdeta -0.1*fdeta 0 0];
    X1=Abdeta*X0+B*VXx1(i+2,1);X0=X1;
end
Ub=dec2mat(dbc,VXx1,Ub);
UU=Ub';X2=X0;
```

9.

```
clear;
%% QN is caculated by CLTVQR_minmax_IJSS
QN=[ 650.8085 -503.7374  144.4524  338.8659;
    -503.7374  447.4043 -112.2824 -191.2183;
    144.4524 -112.2824   62.6565   51.8926;
    338.8659 -191.2183   51.8926  426.5313];
QQN=[0.01333221523084   0.01138208216804  -0.00644288640223  -0.00470726298700;
    0.01138208216804   0.01160736937310  -0.00251522580825  -0.00353465662504;
    -0.00644288640223  -0.00251522580825   0.01524184448930   0.00213677430205;
    -0.00470726298700  -0.00353465662504   0.00213677430205   0.00287490103126];
pi=3.14159265;I2=[1 0;0 1];B=[0 0 0.1 0]';I4=[1 0 0 0;0 1 0 0;0 0 1 0;0 0 0 1];
K1=0.527;K2=2.5;I21=[-0.1 0.1;0.1  -0.1];A0=[I2 0.1*I2;0*I2 I2];
%% NN=94? is feasible for caculating FaiQNStar.
%% For calculating Fai0Star, however, NN=132 is the least.
NN=300;Q=I4;R=1;beta=22.5;X00=beta*[5 5 0 0]';X0=X00;
%% Initialization for LMIs.
Ab=[];Bb=[];fdeta=1.5+2*exp(-0.1*0)*(1+sin(0))+0.973*sin(0*pi/11);
Ab(5:8,1:4)=A0+[0 0 0 0;0 0 0 0;-0.1*fdeta 0.1*fdeta 0 0;0.1*fdeta -0.1*fdeta 0 0];
Bb(5:8,1)=B;
for i=1:NN-2
    Bb((i*4+5):(i*4+8),i+1)=B;fdeta=1.5+2*exp(-0.1*i)*(1+sin(i))+0.973*sin(i*pi/11);
    Abdeta=A0+[0 0 0 0;0 0 0 0;-0.1*fdeta 0.1*fdeta 0 0;0.1*fdeta -0.1*fdeta 0 0];
    Ab((i*4+5):(i*4+8),(i*4+1):(i*4+4))=Abdeta;
end
Bb((NN*4-3):NN*4,NN)=[0 0 0 0]';Ab((NN*4-3):NN*4,(NN*4-3):NN*4)=0*I4;
X0b=[X0']';X0b(NN*4,1)=0;I4NN=eye(NN*4);Wb=inv(I4NN-Ab)*Bb;V0b=inv(I4NN-Ab)*X0b;
Qb=eye(NN*4);Rb=eye(NN);W=Wb'*Qb*Wb+Rb;Wv=2*V0b'*Qb*Wb;V0=V0b'*Qb*V0b;
%% Calculating Bba.
Bba(1:4,NN)=B;Adeta=I4;
```

```
for i=NN-1:-1:1
    fdeta=1.5+2*exp(-0.1*i)*(1+sin(i))+0.973*sin(i*pi/11);
    Adeta=Adeta*(A0+[0 0 0 0;0 0 0 0;-0.1*fdeta 0.1*fdeta 0 0;0.1*fdeta -0.1*fdeta 0 0]);
    Bba(1:4,i)=Adeta*B;
end
fdeta=1.5+2*exp(-0.1*0)*(1+sin(0))+0.973*sin(0*pi/11);
Adeta=Adeta*(A0+[0 0 0 0;0 0 0 0;-0.1*fdeta 0.1*fdeta 0 0;0.1*fdeta -0.1*fdeta 0 0]);
INN=eye(NN);
%% Begin LMIs.
setlmis([]);
Yita=lmivar(1,[1 1]);Ub=lmivar(2,[NN 1]);
lmiterm([-1 1 1 0],1);lmiterm([-1 2 1 Ub],Bba,1);
lmiterm([-1 2 1 0],Adeta*X0);lmiterm([-1 2 2 0],QQN);
for j=1:NN
    for jj=1:NN
        eee(jj)=0;
    end
    eee(j)=1;
    lmiterm([2*j 1 1 0],-1);lmiterm([-2*j 1 1 Ub],.5*eee,1,'s');
    lmiterm([2*j+1 1 1 Ub],.5*eee,1,'s');lmiterm([-2*j-1 1 1 0],1)
end
dbc=getlmis;
CC1=[1 0]';
initi1=[1 0]';
for jj=3:NN+1
    CC1(jj)=0;initi1(jj)=0;
end
OP1=[0.0001 2000 1e9 10 1];
[OPX1 VXx1]=mincx(dbc,CC1,OP1,initi1);
%% Calculate the performance cost
FaiQNStar=VXx1(1,1);
%% Initialize the state
X_1v(1)=X00(1,1);X_2v(1)=X00(2,1);X_3v(1)=X00(3,1);X_4v(1)=X00(4,1);
%% Calculate the state evolution
for i=0:NN-1
    fdeta=1.5+2*exp(-0.1*i)*(1+sin(i))+0.973*sin(i*pi/11);
    Abdeta=A0+[0 0 0 0;0 0 0 0;-0.1*fdeta 0.1*fdeta 0 0;0.1*fdeta -0.1*fdeta 0 0];
    X1=Abdeta*X0+B*VXx1(i+2,1);
    X_1v(i+2)=X1(1,1);X_2v(i+2)=X1(2,1);X_3v(i+2)=X1(3,1);X_4v(i+2)=X1(4,1);X0=X1;
end
Ub=dec2mat(dbc,VXx1,Ub);UU=Ub';X2=X0;
t=1:NN+1;
FeedbackLaw=[-8.7199    6.7664    -4.7335    -2.4241];N3=378;
for i=NN:N3
    fdeta=1.5+2*exp(-0.1*i)*(1+sin(i))+0.973*sin(i*pi/11);
    Abdeta=A0+[0 0 0 0;0 0 0 0;-0.1*fdeta 0.1*fdeta 0 0;0.1*fdeta -0.1*fdeta 0 0];
    UU(1,i+1)=FeedbackLaw*X0;X1=Abdeta*X0+B*UU(1,i+1);
    X_1v(i+2)=X1(1,1);X_2v(i+2)=X1(2,1);X_3v(i+2)=X1(3,1);X_4v(i+2)=X1(4,1);X0=X1;
end
X2=X0;
t=0:N3+2;
```

```
plot(t,[X_1v,0],t,[X_2v,0],'-.',t,[X_3v,0],t,[X_4v,0],'-.')
```

10.

```
clear;
X0=[1.8 1.8]';X1v(1)=X0(1,1);X2v(1)=X0(2,1);JRSum=X0(1,1)^2+X0(2,1)^2;
B1=[1 0]';B2=[1 0]';Bfact=[1 0]';A1=[1 0.1;0.5 1];A2=[1 0.1;2.5 1];
Afact=[1 0.1;1.5 1];
setlmis([]);
gama1=lmivar(1,[1 1]);gama2=lmivar(1,[1 1]);U=lmivar(1,[1 1]);
U1=lmivar(1,[1 1]);U11=lmivar(1,[1 1]);Q=lmivar(1,[2 1]);Y=lmivar(2,[1 2]);
lmiterm([-1 1 1 Q],1,1);lmiterm([-1 2 1 Q],A1,1);lmiterm([-1 2 1 Y],B1,1);
lmiterm([-1 2 2 Q],1,1);lmiterm([-1 3 1 Q],1,1);
lmiterm([-1 3 2 0],[0,0;0,0]);lmiterm([-1 3 3 gama2],.5*1,[1,0;0,1],'s');
lmiterm([-1 4 1 Y],1,1);lmiterm([-1 4 2 0],[0,0]);
lmiterm([-1 4 3 0],[0,0]);lmiterm([-1 4 4 gama2],1,1);
lmiterm([-2 1 1 Q],1,1);lmiterm([-2 2 1 Q],A2,1);lmiterm([-2 2 1 Y],B2,1);
lmiterm([-2 2 2 Q],1,1);lmiterm([-2 3 1 Q],1,1);
lmiterm([-2 3 2 0],[0,0;0,0]);lmiterm([-2 3 3 gama2],.5*1,[1,0;0,1],'s');
lmiterm([-2 4 1 Y],1,1);lmiterm([-2 4 2 0],[0,0]);lmiterm([-2 4 3 0],[0,0]);
lmiterm([-2 4 4 gama2],1,1);
lmiterm([-11 1 1 gama1],1,1);lmiterm([-11 2 1 U],1,1);
lmiterm([-11 2 2 0],1);lmiterm([-11 3 1 U1],1,1);lmiterm([-11 3 3 0],1);
lmiterm([-11 4 1 U11],1,1);lmiterm([-11 4 4 0],1);
lmiterm([-11 5 1 U],Bfact,1);lmiterm([-11 5 1 0],Afact*X0);
lmiterm([-11 5 5 0],[1,0;0,1]);lmiterm([-11 6 1 U],A1*Bfact,1);
lmiterm([-11 6 1 U1],B1,1);lmiterm([-11 6 1 0],A1*Afact*X0);
lmiterm([-11 6 6 0],[1,0;0,1]);
lmiterm([-12 1 1 gama1],1,1);lmiterm([-12 2 1 U],1,1);
lmiterm([-12 2 2 0],1);lmiterm([-12 3 1 U1],1,1);lmiterm([-12 3 3 0],1);
lmiterm([-12 4 1 U11],1,1);lmiterm([-12 4 4 0],1);
lmiterm([-12 5 1 U],Bfact,1);lmiterm([-12 5 1 0],Afact*X0);
lmiterm([-12 5 5 0],[1,0;0,1]);lmiterm([-12 6 1 U],A2*Bfact,1);
lmiterm([-12 6 1 U1],B2,1);lmiterm([-12 6 1 0],A2*Afact*X0);
lmiterm([-12 6 6 0],[1,0;0,1]);
lmiterm([-21 1 1 0],1);lmiterm([-21 2 1 U],A1*A1*Bfact,1);
lmiterm([-21 2 1 U1],A1*B1,1);lmiterm([-21 2 1 U11],B1,1);
lmiterm([-21 2 1 0],A1*A1*Afact*X0);lmiterm([-21 2 2 Q],1,1);
lmiterm([-23 1 1 0],1);lmiterm([-23 2 1 U],A1*A2*Bfact,1);
lmiterm([-23 2 1 U1],A1*B2,1);lmiterm([-23 2 1 U11],B1,1);
lmiterm([-23 2 1 0],A1*A2*Afact*X0);lmiterm([-23 2 2 Q],1,1);
lmiterm([-25 1 1 0],1);lmiterm([-25 2 1 U],A2*A1*Bfact,1);
lmiterm([-25 2 1 U1],A2*B1,1);lmiterm([-25 2 1 U11],B2,1);
lmiterm([-25 2 1 0],A2*A1*Afact*X0);lmiterm([-25 2 2 Q],1,1);
lmiterm([-27 1 1 0],1);lmiterm([-27 2 1 U],A2*A2*Bfact,1);
lmiterm([-27 2 1 U1],A2*B2,1);lmiterm([-27 2 1 U11],B2,1);
lmiterm([-27 2 1 0],A2*A2*Afact*X0);lmiterm([-27 2 2 Q],1,1);
lmiterm([31 1 1 0],-1);lmiterm([-31 1 1 U],1,1);
lmiterm([32 1 1 U],1,1);lmiterm([-32 1 1 0],1);
lmiterm([33 1 1 0],-1);lmiterm([-33 1 1 U1],1,1);
lmiterm([34 1 1 U1],1,1);lmiterm([-34 1 1 0],1);
lmiterm([37 1 1 0],-1);lmiterm([-37 1 1 U11],1,1);
```

```
lmiterm([38 1 1 U11],1,1);lmiterm([-38 1 1 0],1);
lmiterm([-47 1 1 Q],1,1);lmiterm([-47 2 1 Y],1,1);lmiterm([-47 2 2 0],1);
RMPC=getlmis;
OP=[0.01 2000 1e9 10 0];initi=[0 0];CC=[1 1];
for llll=3:10
    CC(llll)=0;initi(llll)=0;
end
[OPX,VXx]=mincx(RMPC,CC,OP,initi);
gama1=dec2mat(RMPC,VXx,gama1);gama2=dec2mat(RMPC,VXx,gama2);
gamastar=gama1+gama2+X0'*X0;
NN=25;
for jj=1:NN
    JC(jj)=OPX+X0(1,1)^2+X0(2,1)^2;Afact=[1 0.1;1.5+sin(jj-1) 1];
    Ufact(jj)=dec2mat(RMPC,VXx,U);
    X1=Afact*X0+B1*Ufact(jj);X1v(jj+1)=[1 0]*X1;X2v(jj+1)=[0 1]*X1;X0=X1;
    JRSum=JRSum+X0'*X0+Ufact(jj)^2;
    setlmis([]);
    gama1=lmivar(1,[1 1]);gama2=lmivar(1,[1 1]);U=lmivar(1,[1 1]);U1=lmivar(1,[1 1]);
    U11=lmivar(1,[1 1]);Q=lmivar(1,[2 1]);Y=lmivar(2,[1 2]);
    lmiterm([-1 1 1 Q],1,1);lmiterm([-1 2 1 Q],A1,1);lmiterm([-1 2 1 Y],B1,1);
    lmiterm([-1 2 2 Q],1,1);lmiterm([-1 3 1 Q],1,1);lmiterm([-1 3 2 0],[0,0;0,0]);
    lmiterm([-1 3 3 gama2],.5*1,[1,0;0,1],'s');lmiterm([-1 4 1 Y],1,1);
    lmiterm([-1 4 2 0],[0,0]);lmiterm([-1 4 3 0],[0,0]);lmiterm([-1 4 4 gama2],1,1);
    lmiterm([-2 1 1 Q],1,1);lmiterm([-2 2 1 Q],A2,1);lmiterm([-2 2 1 Y],B2,1);
    lmiterm([-2 2 2 Q],1,1);lmiterm([-2 3 1 Q],1,1);lmiterm([-2 3 2 0],[0,0;0,0]);
    lmiterm([-2 3 3 gama2],.5*1,[1,0;0,1],'s');lmiterm([-2 4 1 Y],1,1);
    lmiterm([-2 4 2 0],[0,0]);lmiterm([-2 4 3 0],[0,0]);lmiterm([-2 4 4 gama2],1,1);
    lmiterm([-11 1 1 gama1],1,1);lmiterm([-11 2 1 U],1,1);lmiterm([-11 2 2 0],1);
    lmiterm([-11 3 1 U1],1,1);lmiterm([-11 3 3 0],1);lmiterm([-11 4 1 U11],1,1);
    lmiterm([-11 4 4 0],1);lmiterm([-11 5 1 U],Bfact,1);lmiterm([-11 5 1 0],Afact*X0);
    lmiterm([-11 5 5 0],[1,0;0,1]);lmiterm([-11 6 1 U],A1*Bfact,1);
    lmiterm([-11 6 1 U1],B1,1);lmiterm([-11 6 1 0],A1*Afact*X0);
    lmiterm([-11 6 6 0],[1,0;0,1]);
    lmiterm([-12 1 1 gama1],1,1);lmiterm([-12 2 1 U],1,1);lmiterm([-12 2 2 0],1);
    lmiterm([-12 3 1 U1],1,1);lmiterm([-12 3 3 0],1);lmiterm([-12 4 1 U11],1,1);
    lmiterm([-12 4 4 0],1);lmiterm([-12 5 1 U],Bfact,1);
    lmiterm([-12 5 1 0],Afact*X0);lmiterm([-12 5 5 0],[1,0;0,1]);
    lmiterm([-12 6 1 U],A2*Bfact,1);lmiterm([-12 6 1 U1],B2,1);
    lmiterm([-12 6 1 0],A2*Afact*X0);lmiterm([-12 6 6 0],[1,0;0,1]);
    lmiterm([-21 1 1 0],1);lmiterm([-21 2 1 U],A1*A1*Bfact,1);
    lmiterm([-21 2 1 U1],A1*B1,1);lmiterm([-21 2 1 U11],B1,1);
    lmiterm([-21 2 1 0],A1*A1*Afact*X0);lmiterm([-21 2 2 Q],1,1);
    lmiterm([-23 1 1 0],1);lmiterm([-23 2 1 U],A1*A2*Bfact,1);
    lmiterm([-23 2 1 U1],A1*B2,1);lmiterm([-23 2 1 U11],B1,1);
    lmiterm([-23 2 1 0],A1*A2*Afact*X0);lmiterm([-23 2 2 Q],1,1);
    lmiterm([-25 1 1 0],1);lmiterm([-25 2 1 U],A2*A1*Bfact,1);
    lmiterm([-25 2 1 U1],A2*B1,1);lmiterm([-25 2 1 U11],B2,1);
    lmiterm([-25 2 1 0],A2*A1*Afact*X0);lmiterm([-25 2 2 Q],1,1);
    lmiterm([-27 1 1 0],1);lmiterm([-27 2 1 U],A2*A2*Bfact,1);
    lmiterm([-27 2 1 U1],A2*B2,1);lmiterm([-27 2 1 U11],B2,1);
    lmiterm([-27 2 1 0],A2*A2*Afact*X0);lmiterm([-27 2 2 Q],1,1);
```

```
    lmiterm([31 1 1 0],-1);lmiterm([-31 1 1 U],1,1);
    lmiterm([32 1 1 U],1,1);lmiterm([-32 1 1 0],1);
    lmiterm([33 1 1 0],-1);lmiterm([-33 1 1 U1],1,1);
    lmiterm([34 1 1 U1],1,1);lmiterm([-34 1 1 0],1);
    lmiterm([37 1 1 0],-1);lmiterm([-37 1 1 U11],1,1);
    lmiterm([38 1 1 U11],1,1);lmiterm([-38 1 1 0],1);
    lmiterm([-47 1 1 Q],1,1);lmiterm([-47 2 1 Y],1,1);lmiterm([-47 2 2 0],1);
    RMPC=getlmis;
    [OPX,VXx]=mincx(RMPC,CC,OP,initi);
end
%t=0:NN;
%JC(NN+1)=JC(NN);
%Ufact(NN+1)=Ufact(NN);
%plot(t,Ufact)
plot(X1v,X2v)
JRSum
%% Let us begin to plot the exact region of attraction.
B1=[1 0]';B2=[1 0]';Bfact=[1 0]';
A1=[1 0.1;0.5 1];A2=[1 0.1;2.5 1];Afact=[1 0.1;1.5 1];
vector1=[-1:0.01:-0.97,-0.97:0.0001:-0.96,-0.94:0.02:1];
for i=1:203
    vector2(i)=sqrt(1-vector1(i)^2);X0=[vector1(i),vector2(i)]';
    setlmis([]);
    beta=lmivar(1,[1 1]);gama1=lmivar(1,[1 1]);gama2=lmivar(1,[1 1]);U=lmivar(1,[1 1]);
    U1=lmivar(1,[1 1]);U11=lmivar(1,[1 1]);Q=lmivar(1,[2 1]);Y=lmivar(2,[1 2]);
    lmiterm([-1 1 1 Q],1,1);lmiterm([-1 2 1 Q],A1,1);lmiterm([-1 2 1 Y],B1,1);
    lmiterm([-1 2 2 Q],1,1);lmiterm([-1 3 1 Q],1,1);lmiterm([-1 3 2 0],[0,0;0,0]);
    lmiterm([-1 3 3 gama2],.5*1,[1,0;0,1],'s');lmiterm([-1 4 1 Y],1,1);
    lmiterm([-1 4 2 0],[0,0]);lmiterm([-1 4 3 0],[0,0]);lmiterm([-1 4 4 gama2],1,1);
    lmiterm([-2 1 1 Q],1,1);lmiterm([-2 2 1 Q],A2,1);lmiterm([-2 2 1 Y],B2,1);
    lmiterm([-2 2 2 Q],1,1);lmiterm([-2 3 1 Q],1,1);lmiterm([-2 3 2 0],[0,0;0,0]);
    lmiterm([-2 3 3 gama2],.5*1,[1,0;0,1],'s');lmiterm([-2 4 1 Y],1,1);
    lmiterm([-2 4 2 0],[0,0]);lmiterm([-2 4 3 0],[0,0]);lmiterm([-2 4 4 gama2],1,1);
    lmiterm([-11 1 1 gama1],1,1);lmiterm([-11 2 1 U],1,1);lmiterm([-11 2 2 0],1);
    lmiterm([-11 3 1 U1],1,1);lmiterm([-11 3 3 0],1);lmiterm([-11 4 1 U11],1,1);
    lmiterm([-11 4 4 0],1);lmiterm([-11 5 1 U],Bfact,1);
    lmiterm([-11 5 1 beta],Afact*X0,1);lmiterm([-11 5 5 0],[1,0;0,1]);
    lmiterm([-11 6 1 U],A1*Bfact,1);lmiterm([-11 6 1 U1],B1,1);
    lmiterm([-11 6 1 beta],A1*Afact*X0,1);lmiterm([-11 6 6 0],[1,0;0,1]);
    lmiterm([-12 1 1 gama1],1,1);lmiterm([-12 2 1 U],1,1);lmiterm([-12 2 2 0],1);
    lmiterm([-12 3 1 U1],1,1);lmiterm([-12 3 3 0],1);lmiterm([-12 4 1 U11],1,1);
    lmiterm([-12 4 4 0],1);lmiterm([-12 5 1 U],Bfact,1);
    lmiterm([-12 5 1 beta],Afact*X0,1);lmiterm([-12 5 5 0],[1,0;0,1]);
    lmiterm([-12 6 1 U],A2*Bfact,1);lmiterm([-12 6 1 U1],B2,1);
    lmiterm([-12 6 1 beta],A2*Afact*X0,1);lmiterm([-12 6 6 0],[1,0;0,1]);
    lmiterm([-21 1 1 0],1);lmiterm([-21 2 1 U],A1*A1*Bfact,1);
    lmiterm([-21 2 1 U1],A1*B1,1);lmiterm([-21 2 1 U11],B1,1);
    lmiterm([-21 2 1 beta],A1*A1*Afact*X0,1);lmiterm([-21 2 2 Q],1,1);
    lmiterm([-23 1 1 0],1);lmiterm([-23 2 1 U],A1*A2*Bfact,1);
    lmiterm([-23 2 1 U1],A1*B2,1);lmiterm([-23 2 1 U11],B1,1);
    lmiterm([-23 2 1 beta],A1*A2*Afact*X0,1);lmiterm([-23 2 2 Q],1,1);
```

```
    lmiterm([-25 1 1 0],1);lmiterm([-25 2 1 U],A2*A1*Bfact,1);
    lmiterm([-25 2 1 U1],A2*B1,1);lmiterm([-25 2 1 U11],B2,1);
    lmiterm([-25 2 1 beta],A2*A1*Afact*X0,1);lmiterm([-25 2 2 Q],1,1);
    lmiterm([-27 1 1 0],1);lmiterm([-27 2 1 U],A2*A2*Bfact,1);
    lmiterm([-27 2 1 U1],A2*B2,1);lmiterm([-27 2 1 U11],B2,1);
    lmiterm([-27 2 1 beta],A2*A2*Afact*X0,1);lmiterm([-27 2 2 Q],1,1);
    lmiterm([31 1 1 0],-1);lmiterm([-31 1 1 U],1,1);
    lmiterm([32 1 1 U],1,1);lmiterm([-32 1 1 0],1);
    lmiterm([33 1 1 0],-1);lmiterm([-33 1 1 U1],1,1);
    lmiterm([34 1 1 U1],1,1);lmiterm([-34 1 1 0],1);
    lmiterm([37 1 1 0],-1);lmiterm([-37 1 1 U11],1,1);
    lmiterm([38 1 1 U11],1,1);lmiterm([-38 1 1 0],1);
    lmiterm([-47 1 1 Q],1,1);lmiterm([-47 2 1 Y],1,1);lmiterm([-47 2 2 0],1);
    RMPC=getlmis;
    OP=[0.01 2000 1e9 10 0];CC(1:2)=[-1 0];CC(11)=0;initi(11)=0;
    [OPX,VXx]=mincx(RMPC,CC,OP,initi);
    beta=dec2mat(RMPC,VXx,beta);vector1(i)=beta*vector1(i);vector1(203+i)=-vector1(i);
    vector2(i)=beta*vector2(i);vector2(203+i)=-vector2(i);
end
plot(vector1,vector2)
```

第 8 章

8. 在应用下面的程序代码时，首先创建一个 noise.mat 文件，存储噪声 w 的时间序列。

下面的程序代码的目录和命名为 FC_Mthd2(eta_optimized)/OP_eta_optimized.m。

```
clc; clear all;
%% 初始化
Steps=300;
load noise.mat;
Pw=eye(1);
A=[   0.9617          0                0
    0                 0.9872         0
    0                 0                 0.6564];
B=[45.4498            0                119.0970 ]';
D=[-0.0004525,    0.0004525,    -0.0006790]';
E=-0.63;
MC1 =[10.9952    -0.6717     5.6465];MC2 =[10.9952    -0.6717     2.4199];
MC3 =[10.9952    -0.2879     5.6465];MC4 =[10.9952    -0.2879     2.4199];
MC5 =[  4.7122    -0.6717     5.6465];MC6 =[  4.7122    -0.6717     2.4199];
MC7 =[  4.7122    -0.2879     5.6465];MC8 =[  4.7122    -0.2879     2.4199];
C1 =[10.9952    -0.6717     5.6465]*21.0606;C2 =[10.9952    -0.6717     2.4199]*21.0606;
C3 =[10.9952    -0.2879     5.6465]*21.0606;C4 =[10.9952    -0.2879     2.4199]*21.0606;
C5 =[  4.7122    -0.6717     5.6465]*21.0606;C6 =[  4.7122    -0.6717     2.4199]*21.0606;
C7 =[  4.7122    -0.2879     5.6465]*21.0606;C8 =[  4.7122    -0.2879     2.4199]*21.0606;
AA={A,A,A,A,A,A,A,A};BB={B,B,B,B,B,B,B,B};CC={C1,C2,C3,C4,C5,C6,C7,C8};
DD={D,D,D,D,D,D,D,D};EE={E,E,E,E,E,E,E,E};
InputC=0.0008^2;OutputC=10.63^2;
StateC1=(0.4*0.1516)^2;StateC2=(0.4*2.4811)^2;StateC3=(0.4*0.1467)^2;
cc0=8.5;  % 估计误差集合调节参数
Mx0=cc0^2*[1088    0            0
    0           4.061     0
    0           0               1147.8];
```

```
Mx0_results{1}=Mx0;
X10=1/sqrt(3)/cc0*[0.6*0.1516, -0.4*2.4811,  0.6*0.1476]';
X1V1(1)=[1 0 0]*X10;   X1V2(1)=[0 1 0]*X10;  X1V3(1)=[0 0 1]*X10;
Ytrue(1)=21.0606*(log((X1V1(1)+0.1516)*sqrt(X1V3(1)+0.1476)/(X1V2(1)+2.4811))
   -log(0.1516*sqrt(0.1476)/2.4811))+E*rand2(1);
Q_weight=1;    R_weight=1;
Xc0=1/sqrt(3)/cc0*[0.4*0.1516, -0.2*2.4811,  0.4*0.1476]';   All_Xc1{1}=Xc0;
XcV1(1)=[1 0 0]*Xc0;   XcV2(1)=[0 1 0]*Xc0;   XcV3(1)=[0 0 1]*Xc0;
X0=Xc0;X0V1(1)=[1 0 0]*X0;   X0V2(1)=[0 1 0]*X0;  X0V2(1)=[0 0 1]*X0;
Fy0= -1.2115*10^(-5);  hat_Lc0=[-0.1067   0.5552  0.3324]'*0.001;
%% 优化eta的子程序
mathcalC_x1=[1 0 0];  mathcalC_x2=[0 1 0];  mathcalC_x3=[0 0 1];
mathcalC_z={C1,C2,C3,C4,C5,C6,C7,C8};
zeta_su=sqrt(Fy0*E*(Fy0*E)');    zeta_sy=0;
zeta_sx1=0; zeta_sx2=0; zeta_sx3=0;
zeta_bar_sx1=sub5_eta_s_x(mathcalC_x1,DD,BB,EE,Fy0);
zeta_bar_sx2=sub5_eta_s_x(mathcalC_x2,DD,BB,EE,Fy0);
zeta_bar_sx3=sub5_eta_s_x(mathcalC_x3,DD,BB,EE,Fy0);
sub5_eta_s_y;
zeta_bar_sy=dec2mat(dbc5,VXx5,eta_y);
%对输入u
eta_1=zeta_su/sqrt(InputC);delta_1=1/sqrt(1-eta_1);      delta_1bar=1/sqrt(eta_1);
%对状态1
eta_2x1=zeta_sx1/sqrt(StateC1);
eta_3x1=zeta_bar_sx1/sqrt(StateC1);
delta_21=1/sqrt(1-eta_2x1);
delta_21bar=0;
delta_31=1/sqrt(1-eta_3x1);
delta_31bar=1/sqrt(eta_3x1);
%对状态2
eta_2x2=zeta_sx2/sqrt(StateC2);
eta_3x2=zeta_bar_sx2/sqrt(StateC2);
delta_22=1/sqrt(1-eta_2x2);
delta_22bar=0;
delta_32=1/sqrt(1-eta_3x2);
delta_32bar=1/sqrt(eta_3x2);
%对状态3
eta_2x3=zeta_sx3/sqrt(StateC3);
eta_3x3=zeta_bar_sx3/sqrt(StateC3);
delta_23=1/sqrt(1-eta_2x3);
delta_23bar=0;
delta_33=1/sqrt(1-eta_3x3);
delta_33bar=1/sqrt(eta_3x3);
%对输出y
eta_2y=zeta_sy/sqrt(OutputC);
eta_3y=zeta_bar_sy/(sqrt(OutputC)-zeta_sy);
delta_2y=1/sqrt(1-eta_2y);
delta_2ybar=1/sqrt(eta_2y);
delta_3y=1/sqrt(1-eta_3y);
delta_3ybar=1/sqrt(eta_3y);
%% 迭代锥补算法
U0=eye(3);    KAPPA=[0.5, 0.98];alpha=0.001;   taumax=50;OP=[0 200 -1 10 1];
tic;
for iii=1:Steps
    flag1=1;
    if iii==1
        feas=0;flag1=0;
        OFRMPC_FC_sub1;
        Q10=dec2mat(dbc1,VXx1,Q1);   M10=dec2mat(dbc1,VXx1,M1);
        N10=dec2mat(dbc1,VXx1,N1);   P10=dec2mat(dbc1,VXx1,P1);
        tau=0;
        while tau<taumax
            tau=tau+1;
            PP10=P10;          MM10=M10;NN10=inv(M10);    QQ10=inv(P10);
            OFRMPC_FC_sub2_no_gamma_decrement;
```

```
        TMIN1a
        if TMIN1a<0
            feas=1;    tau=taumax;    flag1=1;
            CC1a=VXx1a;  CC1a(1)=1;
            [OPX,VXx1a]=mincx(dbc1a,CC1a,OP,VXx1a);
            gamma0=dec2mat(dbc1a,VXx1a,gama);
            bar_Ac0=dec2mat(dbc1a,VXx1a,bar_Ac);
            hat_Lc0=dec2mat(dbc1a,VXx1a,hat_Lc);
            bar_Fx0=dec2mat(dbc1a,VXx1a,bar_Fx);
            Fy0=dec2mat(dbc1a,VXx1a,Fy);
            QQQ10=QQ10;      MMM10=MM10;PPP10=PP10;      NNN10=NN10;
        elseif tau<taumax
            OFRMPC_FC_sub3_no_gamma_decrement;
            Q10=dec2mat(dbc2,VXx2,Q1);    M10=dec2mat(dbc2,VXx2,M1);
            N10=dec2mat(dbc2,VXx2,N1);    P10=dec2mat(dbc2,VXx2,P1);
        end
    end
end
Q10=QQQ10;      M10=MMM10;P10=PPP10;          N10=NNN10;
kappaN=1;
while flag1==1
    kappa=KAPPA(kappaN)
    tau=1;
    while tau<taumax+1
        PP10=P10;              MM10=M10;NN10=inv(M10);       QQ10=inv(P10);
        OFRMPC_FC_sub2;
        if TMIN2a<0
            tau=taumax+1;
            CC2a=VXx2a_f;  CC2a(1)=1;
            [OPX,VXx2a]=mincx(dbc2a,CC2a,OP,VXx2a_f);
            gamma0=dec2mat(dbc2a,VXx2a,gama)
            bar_Ac0=dec2mat(dbc2a,VXx2a,bar_Ac);
            hat_Lc0=dec2mat(dbc2a,VXx2a,hat_Lc);      bar_Fx0=dec2mat(dbc2a,VXx2a,
                bar_Fx);
            Fy0=dec2mat(dbc2a,VXx2a,Fy);
            QQQ10=QQ10;        MMM10=MM10;PPP10=PP10;           NNN10=NN10;
        elseif tau==taumax
            tau=tau+1;kappaN=kappaN+1;
        else
            tau=tau+1;
            OFRMPC_FC_sub3;
            if TMIN3<0
                [OPX,VXx3]=mincx(dbc3,CC3,OP,VXx3_f);
                Q10=dec2mat(dbc3,VXx3,Q1);    M10=dec2mat(dbc3,VXx3,M1);
                N10=dec2mat(dbc3,VXx3,N1);    P10=dec2mat(dbc3,VXx3,P1);
            else
                tau=taumax+1;kappaN=kappaN+1;
            end
        end
    end
    if kappaN > size(KAPPA)
```

```
            flag1=0;
        end
    end
    gama_results(iii)=gamma0;
    MMM20=-U0'*MMM10;AAc0=-inv(U0)*bar_Ac0*inv(MMM10-PPP10)*MMM20';
    LLc0=-inv(U0)*hat_Lc0;FFx0=bar_Fx0*inv(MMM10-PPP10)*MMM20';FFy0=Fy0;
    UU(iii)=FFx0*Xc0+FFy0*Y0;
    Xc1=AAc0*Xc0+LLc0*Y0;      All_Xc1{iii+1}=Xc1;
    XcV1(iii+1)=[1 0 0]*Xc1;     XcV2(iii+1)=[0 1 0]*Xc1;     XcV3(iii+1)=[0 0 1]*Xc1;
    X11(iii+1)=A*X10(iii)+B*UU(iii)+D*rand2(iii);X1V1(iii+1)=[1 0 0]*X11(iii+1);
    X1V2(iii+1)=[0 1 0]*X11(iii+1);X1V3(iii+1)=[0 0 1]*X11(iii+1);
    Ytrue(iii+1)=21.0606*(log((X1V1(iii+1)+0.1516)*sqrt(X1V3(iii+1)+0.1476)/(X1V2(iii+1)
        +2.4811))-log(0.1516*sqrt(0.1476)/2.4811))+E*rand2(iii);
    X0org=U0*Xc1;MMx0=inv(1-X0org'*inv(QQQ10-NNN10)*X0org)*MMM10;
    OFRMPC_FC_sub4;
    TMIN4results(iii)=TMIN4;
    if TMIN4<0
        [OPX,VXx4]=mincx(dbc4,CC4,OP,VXx4);Qx=dec2mat(dbc4,VXx4,Qx);
        Mx0=inv(Qx);U0=dec2mat(dbc4,VXx4,Upie);X0=U0*Xc1;
    else
        X0=X0org;Mx0=MMx0;
    end
    Xc0=Xc1;       X10=X11;    Y0=Ytrue;
    X0V1(iii+1)=[1 0 0]*X0;    X0V2(iii+1)=[0 1 0]*X0; X0V3(iii+1)=[0 0 1]*X0;
    Mx0_results{iii}=Mx0;
end
toc;
figure;
plot(X1V1,'->r');hold on
plot(X1V2,'-+k');hold on
plot(X1V3,'-sb');figure;
plot(XcV1,'->r');hold on
plot(XcV2,'-+k');hold on
plot(XcV3,'-sb');figure
plot(Ytrue);figure
plot(UU);
```

下面的程序代码的目录和命名为 FC_Mthd2(eta_optimized)/OFRMPC_FC_sub1.m。

```
setlmis([]);
gama=lmivar(1,[1 1]);rho=lmivar(1,[1 1]);P1=lmivar(1,[3 1]);M1=lmivar(1,[3 1]);
Q1=lmivar(1,[3 1]);N1=lmivar(1,[3 1]);bar_Ac=lmivar(2,[3 3]);
hat_Lc=lmivar(2,[3 1]);bar_Fx=lmivar(2,[1 3]);Fy=lmivar(1,[1 1]);
LMI=newlmi;
lmiterm([-LMI 1 1 rho],1,Mx0);lmiterm([-LMI 1 1 M1],-1,1);
LMI=newlmi;
lmiterm([-LMI 1 1 0],1);lmiterm([-LMI 1 1 rho],-1,1);lmiterm([-LMI 2 1 0],X0);
lmiterm([-LMI 2 2 Q1],1,1);lmiterm([-LMI 2 2 N1],-1,1);

for i=1:8
    LMI=newlmi;
    lmiterm([-LMI 1 1 M1],(1-alpha),1);lmiterm([-LMI 2 1 M1],(1-alpha),1);
```

```
    lmiterm([-LMI 2 1 P1],(1-alpha),-1);lmiterm([-LMI 2 2 M1],(1-alpha),1);
    lmiterm([-LMI 2 2 P1],(1-alpha),-1);
    lmiterm([-LMI 3 3 0],alpha*Pw);lmiterm([-LMI 4 1 Fy],BB{i},CC{i});
    lmiterm([-LMI 4 1 0],AA{i});lmiterm([-LMI 4 2 bar_Fx],BB{i},1);
    lmiterm([-LMI 4 3 Fy],BB{i},EE{i});lmiterm([-LMI 4 3 0],DD{i});
    lmiterm([-LMI 4 4 Q1],1,1);
    lmiterm([-LMI 5 1 hat_Lc],1,CC{i});lmiterm([-LMI 5 2 bar_Ac],1,1);
    lmiterm([-LMI 5 3 hat_Lc],1,EE{i});lmiterm([-LMI 5 4 N1],1,1);
    lmiterm([-LMI 5 4 Q1],-1,1);lmiterm([-LMI 5 5 N1],-1,1);
    lmiterm([-LMI 5 5 Q1],1,1);
end
for i=1:8
    LMI=newlmi;
    lmiterm([-LMI 1 1 M1],1,1);lmiterm([-LMI 2 1 M1],1,1);
    lmiterm([-LMI 2 1 P1],1,-1);lmiterm([-LMI 2 2 M1],1,1);
    lmiterm([-LMI 2 2 P1],1,-1);
    lmiterm([-LMI 3 1 Fy],BB{i},CC{i});lmiterm([-LMI 3 1 0],AA{i});
    lmiterm([-LMI 3 2 bar_Fx],BB{i},1);lmiterm([-LMI 3 3 Q1],1,1);
    lmiterm([-LMI 4 1 hat_Lc],1,CC{i});lmiterm([-LMI 4 2 bar_Ac],1,1);
    lmiterm([-LMI 4 3 N1],1,1);lmiterm([-LMI 4 3 Q1],-1,1);
    lmiterm([-LMI 4 4 N1],-1,1);lmiterm([-LMI 4 4 Q1],1,1);
    lmiterm([-LMI 5 1 0],Q_weight^0.5*CC{i});lmiterm([-LMI 5 5 gama],1,1);
    lmiterm([-LMI 6 1 Fy],R_weight^0.5,CC{i});
    lmiterm([-LMI 6 2 bar_Fx],R_weight^0.5,1);lmiterm([-LMI 6 6 gama],1,1);
end
for i=1:8
    LMI=newlmi;
    lmiterm([-LMI 1 1 M1],1,1);lmiterm([-LMI 2 1 M1],1,1);
    lmiterm([-LMI 2 1 P1],1,-1);lmiterm([-LMI 2 2 M1],1,1);
    lmiterm([-LMI 2 2 P1],1,-1);lmiterm([-LMI 3 3 0],Pw);
    lmiterm([-LMI 4 1 Fy],delta_1,CC{i});lmiterm([-LMI 4 2 bar_Fx],delta_1,1);
    lmiterm([-LMI 4 3 Fy],delta_1bar,EE{i});lmiterm([-LMI 4 4 0],InputC);
end
for i=1:8
    LMI=newlmi;
    lmiterm([-LMI 1 1 M1],1,1);lmiterm([-LMI 2 1 M1],1,1);
    lmiterm([-LMI 2 1 P1],1,-1);lmiterm([-LMI 2 2 M1],1,1);
    lmiterm([-LMI 2 2 P1],1,-1);lmiterm([-LMI 3 3 0],Pw);
    lmiterm([-LMI 4 1 0],mathcalC_x1*delta_21*delta_31*AA{i});
    lmiterm([-LMI 4 1 Fy],mathcalC_x1*delta_21*delta_31*BB{i},CC{i});
    lmiterm([-LMI 4 2 bar_Fx],mathcalC_x1*delta_21*delta_31*BB{i},1);
    lmiterm([-LMI 4 3 0],mathcalC_x1*delta_21*delta_31bar*DD{i});
    lmiterm([-LMI 4 3 Fy],mathcalC_x1*delta_21*delta_31bar*BB{i},EE{i});
    lmiterm([-LMI 4 4 0],StateC1);
end
for i=1:8
    LMI=newlmi;
    lmiterm([-LMI 1 1 M1],1,1);lmiterm([-LMI 2 1 M1],1,1);
    lmiterm([-LMI 2 1 P1],1,-1);lmiterm([-LMI 2 2 M1],1,1);
    lmiterm([-LMI 2 2 P1],1,-1);lmiterm([-LMI 3 3 0],Pw);
    lmiterm([-LMI 4 1 0],mathcalC_x2*delta_22*delta_32*AA{i});
```

```
    lmiterm([-LMI 4 1 Fy],mathcalC_x2*delta_22*delta_32*BB{i},CC{i});
    lmiterm([-LMI 4 2 bar_Fx],mathcalC_x2*delta_22*delta_32*BB{i},1);
    lmiterm([-LMI 4 3 0],mathcalC_x2*delta_22*delta_32bar*DD{i});
    lmiterm([-LMI 4 3 Fy],mathcalC_x2*delta_22*delta_32bar*BB{i},EE{i});
    lmiterm([-LMI 4 4 0],StateC2);
end
for i=1:8
    LMI=newlmi;
    lmiterm([-LMI 1 1 M1],1,1);lmiterm([-LMI 2 1 M1],1,1);
    lmiterm([-LMI 2 1 P1],1,-1);lmiterm([-LMI 2 2 M1],1,1);
    lmiterm([-LMI 2 2 P1],1,-1);lmiterm([-LMI 3 3 0],Pw);
    lmiterm([-LMI 4 1 0],mathcalC_x3*delta_23*delta_33*AA{i});
    lmiterm([-LMI 4 1 Fy],mathcalC_x3*delta_23*delta_33*BB{i},CC{i});
    lmiterm([-LMI 4 2 bar_Fx],mathcalC_x3*delta_23*delta_33*BB{i},1);
    lmiterm([-LMI 4 3 0],mathcalC_x3*delta_23*delta_33bar*DD{i});
    lmiterm([-LMI 4 3 Fy],mathcalC_x3*delta_23*delta_33bar*BB{i},EE{i});
    lmiterm([-LMI 4 4 0],StateC3);
end
for i=1:8
    for j=1:8
    LMI=newlmi;
    lmiterm([-LMI 1 1 M1],1,1);lmiterm([-LMI 2 1 M1],1,1);
    lmiterm([-LMI 2 1 P1],1,-1);lmiterm([-LMI 2 2 M1],1,1);
    lmiterm([-LMI 2 2 P1],1,-1);lmiterm([-LMI 3 3 0],Pw);
    lmiterm([-LMI 4 1 0],mathcalC_z{j}*delta_2y*delta_3y*AA{i});
    lmiterm([-LMI 4 1 Fy],mathcalC_z{j}*delta_2y*delta_3y*BB{i},CC{i});
    lmiterm([-LMI 4 2 bar_Fx],mathcalC_z{j}*delta_2y*delta_3y*BB{i},1);
    lmiterm([-LMI 4 3 Fy],mathcalC_z{j}*delta_2y*delta_3ybar*BB{i},EE{i});
    lmiterm([-LMI 4 3 0],mathcalC_z{j}*delta_2y*delta_3ybar*DD{i});
    lmiterm([-LMI 4 4 0],OutputC);
    end
end
LMI=newlmi;
lmiterm([-LMI 1 1 M1],1,1);lmiterm([-LMI 2 1 0],eye(3));lmiterm([-LMI 2 2 N1],1,1);
LMI=newlmi;
lmiterm([-LMI 1 1 Q1],1,1);lmiterm([-LMI 2 1 0],eye(3));lmiterm([-LMI 2 2 P1],1,1);
dbc1=getlmis;
CC1=zeros(1,42);CC1(1)=1;VXx1_f=zeros(1,42);[TMIN30,VXx30]=feasp(dbc1,OP);
[OPX,VXx1]=mincx(dbc1,CC1,OP,VXx1_f)
```

下面的程序代码的目录和命名为 FC_Mthd2(eta_optimized)/OFRMPC_FC_sub2.m。

```
setlmis([]);
gama=lmivar(1,[1 1]);rho=lmivar(1,[1 1]);
bar_Ac=lmivar(2,[3 3]);hat_Lc=lmivar(2,[3 1]);bar_Fx=lmivar(2,[1 3]);Fy=lmivar(1,[1 1]);
LMI=newlmi;
lmiterm([-LMI 1 1 gama],-1,1);lmiterm([-LMI 1 1 0],kappa*gamma0);
LMI=newlmi;
lmiterm([-LMI 1 1 rho],1,Mx0);lmiterm([-LMI 1 1 0],-MM10);
LMI=newlmi;
lmiterm([-LMI 1 1 0],1);lmiterm([-LMI 1 1 rho],-1,1);lmiterm([-LMI 2 1 0],X0);
lmiterm([-LMI 2 2 0],QQ10);lmiterm([-LMI 2 2 0],-NN10);
```

```
for i=1:8
    LMI=newlmi;
    lmiterm([-LMI 1 1 0],(1-alpha)*MM10);lmiterm([-LMI 2 1 0],(1-alpha)*MM10);
    lmiterm([-LMI 2 1 0],-(1-alpha)*PP10);lmiterm([-LMI 2 2 0],(1-alpha)*MM10);
    lmiterm([-LMI 2 2 0],-(1-alpha)*PP10);
    lmiterm([-LMI 3 3 0],alpha*Pw);
    lmiterm([-LMI 4 1 Fy],BB{i},CC{i});lmiterm([-LMI 4 1 0],AA{i});
    lmiterm([-LMI 4 2 bar_Fx],BB{i},1);lmiterm([-LMI 4 3 Fy],BB{i},EE{i});
    lmiterm([-LMI 4 3 0],DD{i});lmiterm([-LMI 4 4 0],QQ10);
    lmiterm([-LMI 5 1 hat_Lc],1,CC{i});lmiterm([-LMI 5 2 bar_Ac],1,1);
    lmiterm([-LMI 5 3 hat_Lc],1,EE{i});lmiterm([-LMI 5 4 0],NN10);
    lmiterm([-LMI 5 4 0],-QQ10);lmiterm([-LMI 5 5 0],-NN10);lmiterm([-LMI 5 5 0],QQ10);
end
for i=1:8
    LMI=newlmi;
    lmiterm([-LMI 1 1 0],MM10);lmiterm([-LMI 2 1 0],MM10);lmiterm([-LMI 2 1 0],-PP10);
    lmiterm([-LMI 2 2 0],MM10);lmiterm([-LMI 2 2 0],-PP10);
    lmiterm([-LMI 3 1 Fy],BB{i},CC{i});lmiterm([-LMI 3 1 0],AA{i});
    lmiterm([-LMI 3 2 bar_Fx],BB{i},1);lmiterm([-LMI 3 3 0],QQ10);
    lmiterm([-LMI 4 1 hat_Lc],1,CC{i});lmiterm([-LMI 4 2 bar_Ac],1,1);
    lmiterm([-LMI 4 3 0],NN10);lmiterm([-LMI 4 3 0],-QQ10);lmiterm([-LMI 4 4 0],-NN10);
    lmiterm([-LMI 4 4 0],QQ10);
    lmiterm([-LMI 5 1 0],Q_weight^0.5*CC{i});lmiterm([-LMI 5 5 gama],1,1);
    lmiterm([-LMI 6 1 Fy],R_weight^0.5,CC{i});lmiterm([-LMI 6 2 bar_Fx],R_weight^0.5,1);
    lmiterm([-LMI 6 6 gama],1,1);
end
for i=1:8
    LMI=newlmi;
    lmiterm([-LMI 1 1 0],MM10);lmiterm([-LMI 2 1 0],MM10);lmiterm([-LMI 2 1 0],-PP10);
    lmiterm([-LMI 2 2 0],MM10);lmiterm([-LMI 2 2 0],-PP10);lmiterm([-LMI 3 3 0],Pw);
    lmiterm([-LMI 4 1 Fy],delta_1,CC{i});lmiterm([-LMI 4 2 bar_Fx],delta_1,1);
    lmiterm([-LMI 4 3 Fy],delta_1bar,EE{i});lmiterm([-LMI 4 4 0],InputC);
end
for i=1:8
    LMI=newlmi;
    lmiterm([-LMI 1 1 0],MM10);lmiterm([-LMI 2 1 0],MM10);lmiterm([-LMI 2 1 0],-PP10);
    lmiterm([-LMI 2 2 0],MM10);lmiterm([-LMI 2 2 0],-PP10);lmiterm([-LMI 3 3 0],Pw);
    lmiterm([-LMI 4 1 0],mathcalC_x1*delta_21*delta_31*AA{i});
    lmiterm([-LMI 4 1 Fy],mathcalC_x1*delta_21*delta_31*BB{i},CC{i});
    lmiterm([-LMI 4 2 bar_Fx],mathcalC_x1*delta_21*delta_31*BB{i},1);
    lmiterm([-LMI 4 3 0],mathcalC_x1*delta_21*delta_31bar*DD{i});
    lmiterm([-LMI 4 3 Fy],mathcalC_x1*delta_21*delta_31bar*BB{i},EE{i});
    lmiterm([-LMI 4 4 0],StateC1);
end
for i=1:8
    LMI=newlmi;
    lmiterm([-LMI 1 1 0],MM10);lmiterm([-LMI 2 1 0],MM10);lmiterm([-LMI 2 1 0],-PP10);
    lmiterm([-LMI 2 2 0],MM10);lmiterm([-LMI 2 2 0],-PP10);lmiterm([-LMI 3 3 0],Pw);
    lmiterm([-LMI 4 1 0],mathcalC_x2*delta_22*delta_32*AA{i});
    lmiterm([-LMI 4 1 Fy],mathcalC_x2*delta_22*delta_32*BB{i},CC{i});
    lmiterm([-LMI 4 2 bar_Fx],mathcalC_x2*delta_22*delta_32*BB{i},1);
```

```
    lmiterm([-LMI 4 3 0],mathcalC_x2*delta_22*delta_32bar*DD{i});
    lmiterm([-LMI 4 3 Fy],mathcalC_x2*delta_22*delta_32bar*BB{i},EE{i});
    lmiterm([-LMI 4 4 0],StateC2);
end
for i=1:8
    LMI=newlmi;
    lmiterm([-LMI 1 1 0],MM10);lmiterm([-LMI 2 1 0],MM10);lmiterm([-LMI 2 1 0],-PP10);
    lmiterm([-LMI 2 2 0],MM10);lmiterm([-LMI 2 2 0],-PP10);lmiterm([-LMI 3 3 0],Pw);
    lmiterm([-LMI 4 1 0],mathcalC_x3*delta_23*delta_33*AA{i});
    lmiterm([-LMI 4 1 Fy],mathcalC_x3*delta_23*delta_33*BB{i},CC{i});
    lmiterm([-LMI 4 2 bar_Fx],mathcalC_x3*delta_23*delta_33*BB{i},1);
    lmiterm([-LMI 4 3 0],mathcalC_x3*delta_23*delta_33bar*DD{i});
    lmiterm([-LMI 4 3 Fy],mathcalC_x3*delta_23*delta_33bar*BB{i},EE{i});
    lmiterm([-LMI 4 4 0],StateC3);
end
for i=1:8
    for j=1:8
        LMI=newlmi;
        lmiterm([-LMI 1 1 0],MM10);lmiterm([-LMI 2 1 0],MM10);
        lmiterm([-LMI 2 1 0],-PP10);lmiterm([-LMI 2 2 0],MM10);
        lmiterm([-LMI 2 2 0],-PP10);lmiterm([-LMI 3 3 0],Pw);
        lmiterm([-LMI 4 1 0],mathcalC_z{j}*delta_2y*delta_3y*AA{i});
        lmiterm([-LMI 4 1 Fy],mathcalC_z{j}*delta_2y*delta_3y*BB{i},CC{i});
        lmiterm([-LMI 4 2 bar_Fx],mathcalC_z{j}*delta_2y*delta_3y*BB{i},1);
        lmiterm([-LMI 4 3 Fy],mathcalC_z{j}*delta_2y*delta_3ybar*BB{i},EE{i});
        lmiterm([-LMI 4 3 0],mathcalC_z{j}*delta_2y*delta_3ybar*DD{i});
        lmiterm([-LMI 4 4 0],OutputC);
    end
end
dbc2a=getlmis;
[TMIN2a,VXx2a_f]=feasp(dbc2a,OP);
```

下面的程序代码的目录和命名为 FC_Mthd2(eta_optimized)/OFRMPC_FC_sub2_no_gamma_decrement.m。

```
setlmis([]);
gama=lmivar(1,[1 1]);rho=lmivar(1,[1 1]);
bar_Ac=lmivar(2,[3 3]);hat_Lc=lmivar(2,[3 1]);bar_Fx=lmivar(2,[1 3]);Fy=lmivar(1,[1 1]);
LMI=newlmi;
lmiterm([-LMI 1 1 rho],1,Mx0);lmiterm([-LMI 1 1 0],-MM10);
LMI=newlmi;
lmiterm([-LMI 1 1 0],1);lmiterm([-LMI 1 1 rho],-1,1);lmiterm([-LMI 2 1 0],X0);
lmiterm([-LMI 2 2 0],QQ10);lmiterm([-LMI 2 2 0],-NN10);
for i=1:8
    LMI=newlmi;
    lmiterm([-LMI 1 1 0],(1-alpha)*MM10);lmiterm([-LMI 2 1 0],(1-alpha)*MM10);
    lmiterm([-LMI 2 1 0],-(1-alpha)*PP10);lmiterm([-LMI 2 2 0],(1-alpha)*MM10);
    lmiterm([-LMI 2 2 0],-(1-alpha)*PP10);
    lmiterm([-LMI 3 3 0],alpha*Pw);
    lmiterm([-LMI 4 1 Fy],BB{i},CC{i});lmiterm([-LMI 4 1 0],AA{i});
    lmiterm([-LMI 4 2 bar_Fx],BB{i},1);lmiterm([-LMI 4 3 Fy],BB{i},EE{i});
    lmiterm([-LMI 4 3 0],DD{i});lmiterm([-LMI 4 4 0],QQ10);
    lmiterm([-LMI 5 1 hat_Lc],1,CC{i});lmiterm([-LMI 5 2 bar_Ac],1,1);
```

```
    lmiterm([-LMI 5 3 hat_Lc],1,EE{i});lmiterm([-LMI 5 4 0],NN10);
    lmiterm([-LMI 5 4 0],-QQ10);lmiterm([-LMI 5 5 0],-NN10);
    lmiterm([-LMI 5 5 0],QQ10);
end
for i=1:8
    LMI=newlmi;
    lmiterm([-LMI 1 1 0],MM10);lmiterm([-LMI 2 1 0],MM10);
    lmiterm([-LMI 2 1 0],-PP10);lmiterm([-LMI 2 2 0],MM10);
    lmiterm([-LMI 2 2 0],-PP10);
    lmiterm([-LMI 3 1 Fy],BB{i},CC{i});lmiterm([-LMI 3 1 0],AA{i});
    lmiterm([-LMI 3 2 bar_Fx],BB{i},1);lmiterm([-LMI 3 3 0],QQ10);
    lmiterm([-LMI 4 1 hat_Lc],1,CC{i});lmiterm([-LMI 4 2 bar_Ac],1,1);
    lmiterm([-LMI 4 3 0],NN10);lmiterm([-LMI 4 3 0],-QQ10);
    lmiterm([-LMI 4 4 0],-NN10);lmiterm([-LMI 4 4 0],QQ10);
    lmiterm([-LMI 5 1 0],Q_weight^0.5*CC{i});lmiterm([-LMI 5 5 gama],1,1);
    lmiterm([-LMI 6 1 Fy],R_weight^0.5,CC{i});
    lmiterm([-LMI 6 2 bar_Fx],R_weight^0.5,1);lmiterm([-LMI 6 6 gama],1,1);
end
for i=1:8
    LMI=newlmi;
    lmiterm([-LMI 1 1 0],MM10);lmiterm([-LMI 2 1 0],MM10);
    lmiterm([-LMI 2 1 0],-PP10);lmiterm([-LMI 2 2 0],MM10);
    lmiterm([-LMI 2 2 0],-PP10);
    lmiterm([-LMI 3 3 0],Pw);lmiterm([-LMI 4 1 Fy],delta_1,CC{i});
    lmiterm([-LMI 4 2 bar_Fx],delta_1,1);
    lmiterm([-LMI 4 3 Fy],delta_1bar,EE{i});lmiterm([-LMI 4 4 0],InputC);
end
for i=1:8
    LMI=newlmi;
    lmiterm([-LMI 1 1 0],MM10);lmiterm([-LMI 2 1 0],MM10);lmiterm([-LMI 2 1 0],-PP10);
    lmiterm([-LMI 2 2 0],MM10);lmiterm([-LMI 2 2 0],-PP10);lmiterm([-LMI 3 3 0],Pw);
    lmiterm([-LMI 4 1 0],mathcalC_x1*delta_21*delta_31*AA{i});
    lmiterm([-LMI 4 1 Fy],mathcalC_x1*delta_21*delta_31*BB{i},CC{i});
    lmiterm([-LMI 4 2 bar_Fx],mathcalC_x1*delta_21*delta_31*BB{i},1);
    lmiterm([-LMI 4 3 0],mathcalC_x1*delta_21*delta_31bar*DD{i});
    lmiterm([-LMI 4 3 Fy],mathcalC_x1*delta_21*delta_31bar*BB{i},EE{i});
    lmiterm([-LMI 4 4 0],StateC1);
end
for i=1:8
    LMI=newlmi;
    lmiterm([-LMI 1 1 0],MM10);lmiterm([-LMI 2 1 0],MM10);lmiterm([-LMI 2 1 0],-PP10);
    lmiterm([-LMI 2 2 0],MM10);lmiterm([-LMI 2 2 0],-PP10);lmiterm([-LMI 3 3 0],Pw);
    lmiterm([-LMI 4 1 0],mathcalC_x2*delta_22*delta_32*AA{i});
    lmiterm([-LMI 4 1 Fy],mathcalC_x2*delta_22*delta_32*BB{i},CC{i});
    lmiterm([-LMI 4 2 bar_Fx],mathcalC_x2*delta_22*delta_32*BB{i},1);
    lmiterm([-LMI 4 3 0],mathcalC_x2*delta_22*delta_32bar*DD{i});
    lmiterm([-LMI 4 3 Fy],mathcalC_x2*delta_22*delta_32bar*BB{i},EE{i});
    lmiterm([-LMI 4 4 0],StateC2);
end
for i=1:8
    LMI=newlmi;
```

```
    lmiterm([-LMI 1 1 0],MM10);lmiterm([-LMI 2 1 0],MM10);lmiterm([-LMI 2 1 0],-PP10);
    lmiterm([-LMI 2 2 0],MM10);lmiterm([-LMI 2 2 0],-PP10);lmiterm([-LMI 3 3 0],Pw);
    lmiterm([-LMI 4 1 0],mathcalC_x3*delta_23*delta_33*AA{i});
    lmiterm([-LMI 4 1 Fy],mathcalC_x3*delta_23*delta_33*BB{i},CC{i});
    lmiterm([-LMI 4 2 bar_Fx],mathcalC_x3*delta_23*delta_33*BB{i},1);
    lmiterm([-LMI 4 3 0],mathcalC_x3*delta_23*delta_33bar*DD{i});
    lmiterm([-LMI 4 3 Fy],mathcalC_x3*delta_23*delta_33bar*BB{i},EE{i});
    lmiterm([-LMI 4 4 0],StateC3);
end
for i=1:8
    for j=1:8
        LMI=newlmi;
        lmiterm([-LMI 1 1 0],MM10);lmiterm([-LMI 2 1 0],MM10);lmiterm([-LMI 2 1 0],-PP10)
            ;
        lmiterm([-LMI 2 2 0],MM10);lmiterm([-LMI 2 2 0],-PP10);lmiterm([-LMI 3 3 0],Pw);
        lmiterm([-LMI 4 1 0],mathcalC_z{j}*delta_2y*delta_3y*AA{i});
        lmiterm([-LMI 4 1 Fy],mathcalC_z{j}*delta_2y*delta_3y*BB{i},CC{i});
        lmiterm([-LMI 4 2 bar_Fx],mathcalC_z{j}*delta_2y*delta_3y*BB{i},1);
        lmiterm([-LMI 4 3 Fy],mathcalC_z{j}*delta_2y*delta_3ybar*BB{i},EE{i});
        lmiterm([-LMI 4 3 0],mathcalC_z{j}*delta_2y*delta_3ybar*DD{i});
        lmiterm([-LMI 4 4 0],OutputC);
    end
end
dbc1a=getlmis;
[TMIN1a,VXx1a]=feasp(dbc1a,OP);
```

下面的程序代码的目录和命名为 FC_Mthd2(eta_optimized)/OFRMPC_FC_sub3.m。

```
setlmis([]);
delta=lmivar(1,[1 1]);gama=lmivar(1,[1 1]);rho=lmivar(1,[1 1]);
P1=lmivar(1,[3 1]);M1=lmivar(1,[3 1]);Q1=lmivar(1,[3 1]);N1=lmivar(1,[3 1]);
bar_Ac=lmivar(2,[3 3]);hat_Lc=lmivar(2,[3 1]);bar_Fx=lmivar(2,[1 3]);Fy=lmivar(1,[1 1]);
LMI=newlmi;
lmiterm([-LMI 1 1 gama],-1,1);lmiterm([-LMI 1 1 0],kappa*gamma0);
LMI=newlmi;
lmiterm([-LMI 1 1 rho],1,Mx0);lmiterm([-LMI 1 1 M1],-1,1);
LMI=newlmi;
lmiterm([-LMI 1 1 0],1);lmiterm([-LMI 1 1 rho],-1,1);lmiterm([-LMI 2 1 0],X0);
lmiterm([-LMI 2 2 Q1],1,1);lmiterm([-LMI 2 2 N1],-1,1);
for i=1:8
    LMI=newlmi;
    lmiterm([-LMI 1 1 M1],(1-alpha),1);lmiterm([-LMI 2 1 M1],(1-alpha),1);
    lmiterm([-LMI 2 1 P1],(1-alpha),-1);lmiterm([-LMI 2 2 M1],(1-alpha),1);
    lmiterm([-LMI 2 2 P1],(1-alpha),-1);
    lmiterm([-LMI 3 3 0],alpha*Pw);
    lmiterm([-LMI 4 1 Fy],BB{i},CC{i});lmiterm([-LMI 4 1 0],AA{i});
    lmiterm([-LMI 4 2 bar_Fx],BB{i},1);lmiterm([-LMI 4 3 Fy],BB{i},EE{i});
    lmiterm([-LMI 4 3 0],DD{i});lmiterm([-LMI 4 4 Q1],1,1);
    lmiterm([-LMI 5 1 hat_Lc],1,CC{i});lmiterm([-LMI 5 2 bar_Ac],1,1);
    lmiterm([-LMI 5 3 hat_Lc],1,EE{i});lmiterm([-LMI 5 4 N1],1,1);
    lmiterm([-LMI 5 4 Q1],-1,1);lmiterm([-LMI 5 5 N1],-1,1);
    lmiterm([-LMI 5 5 Q1],1,1);
```

```
end
for i=1:8
    LMI=newlmi;
    lmiterm([-LMI 1 1 M1],1,1);lmiterm([-LMI 2 1 M1],1,1);
    lmiterm([-LMI 2 1 P1],1,-1);lmiterm([-LMI 2 2 M1],1,1);
    lmiterm([-LMI 2 2 P1],1,-1);
    lmiterm([-LMI 3 1 Fy],BB{i},CC{i});lmiterm([-LMI 3 1 0],AA{i});
    lmiterm([-LMI 3 2 bar_Fx],BB{i},1);lmiterm([-LMI 3 3 Q1],1,1);
    lmiterm([-LMI 4 1 hat_Lc],1,CC{i});lmiterm([-LMI 4 2 bar_Ac],1,1);
    lmiterm([-LMI 4 3 N1],1,1);lmiterm([-LMI 4 3 Q1],-1,1);
    lmiterm([-LMI 4 4 N1],-1,1);lmiterm([-LMI 4 4 Q1],1,1);
    lmiterm([-LMI 5 1 0],Q_weight^0.5*CC{i});lmiterm([-LMI 5 5 gama],1,1);
    lmiterm([-LMI 6 1 Fy],R_weight^0.5,CC{i});
    lmiterm([-LMI 6 2 bar_Fx],R_weight^0.5,1);lmiterm([-LMI 6 6 gama],1,1);
end
for i=1:8
    LMI=newlmi;
    lmiterm([-LMI 1 1 M1],1,1);lmiterm([-LMI 2 1 M1],1,1);
    lmiterm([-LMI 2 1 P1],1,-1);lmiterm([-LMI 2 2 M1],1,1);
    lmiterm([-LMI 2 2 P1],1,-1);lmiterm([-LMI 3 3 0],Pw);
    lmiterm([-LMI 4 1 Fy],delta_1,CC{i});lmiterm([-LMI 4 2 bar_Fx],delta_1,1);
    lmiterm([-LMI 4 3 Fy],delta_1bar,EE{i});lmiterm([-LMI 4 4 0],InputC);
end
for i=1:8
    LMI=newlmi;
    lmiterm([-LMI 1 1 M1],1,1);lmiterm([-LMI 2 1 M1],1,1);
    lmiterm([-LMI 2 1 P1],1,-1);lmiterm([-LMI 2 2 M1],1,1);
    lmiterm([-LMI 2 2 P1],1,-1);lmiterm([-LMI 3 3 0],Pw);
    lmiterm([-LMI 4 1 0],mathcalC_x1*delta_21*delta_31*AA{i});
    lmiterm([-LMI 4 1 Fy],mathcalC_x1*delta_21*delta_31*BB{i},CC{i});
    lmiterm([-LMI 4 2 bar_Fx],mathcalC_x1*delta_21*delta_31*BB{i},1);
    lmiterm([-LMI 4 3 0],mathcalC_x1*delta_21*delta_31bar*DD{i});
    lmiterm([-LMI 4 3 Fy],mathcalC_x1*delta_21*delta_31bar*BB{i},EE{i});
    lmiterm([-LMI 4 4 0],StateC1);
end
for i=1:8
    LMI=newlmi;
    lmiterm([-LMI 1 1 M1],1,1);lmiterm([-LMI 2 1 M1],1,1);lmiterm([-LMI 2 1 P1],1,-1);
    lmiterm([-LMI 2 2 M1],1,1);lmiterm([-LMI 2 2 P1],1,-1);lmiterm([-LMI 3 3 0],Pw);
    lmiterm([-LMI 4 1 0],mathcalC_x2*delta_22*delta_32*AA{i});
    lmiterm([-LMI 4 1 Fy],mathcalC_x2*delta_22*delta_32*BB{i},CC{i});
    lmiterm([-LMI 4 2 bar_Fx],mathcalC_x2*delta_22*delta_32*BB{i},1);
    lmiterm([-LMI 4 3 0],mathcalC_x2*delta_22*delta_32bar*DD{i});
    lmiterm([-LMI 4 3 Fy],mathcalC_x2*delta_22*delta_32bar*BB{i},EE{i});
    lmiterm([-LMI 4 4 0],StateC2);
end
for i=1:8
    LMI=newlmi;
    lmiterm([-LMI 1 1 M1],1,1);lmiterm([-LMI 2 1 M1],1,1);lmiterm([-LMI 2 1 P1],1,-1);
    lmiterm([-LMI 2 2 M1],1,1);lmiterm([-LMI 2 2 P1],1,-1);lmiterm([-LMI 3 3 0],Pw);
    lmiterm([-LMI 4 1 0],mathcalC_x3*delta_23*delta_33*AA{i});
```

```
    lmiterm([-LMI 4 1 Fy],mathcalC_x3*delta_23*delta_33*BB{i},CC{i});
    lmiterm([-LMI 4 2 bar_Fx],mathcalC_x3*delta_23*delta_33*BB{i},1);
    lmiterm([-LMI 4 3 0],mathcalC_x3*delta_23*delta_33bar*DD{i});
    lmiterm([-LMI 4 3 Fy],mathcalC_x3*delta_23*delta_33bar*BB{i},EE{i});
    lmiterm([-LMI 4 4 0],StateC3);
end
for i=1:8
    for j=1:8
        LMI=newlmi;
        lmiterm([-LMI 1 1 M1],1,1);lmiterm([-LMI 2 1 M1],1,1);lmiterm([-LMI 2 1 P1],1,-1)
            ;
        lmiterm([-LMI 2 2 M1],1,1);lmiterm([-LMI 2 2 P1],1,-1);lmiterm([-LMI 3 3 0],Pw);
        lmiterm([-LMI 4 1 0],mathcalC_z{j}*delta_2y*delta_3y*AA{i});
        lmiterm([-LMI 4 1 Fy],mathcalC_z{j}*delta_2y*delta_3y*BB{i},CC{i});
        lmiterm([-LMI 4 2 bar_Fx],mathcalC_z{j}*delta_2y*delta_3y*BB{i},1);
        lmiterm([-LMI 4 3 Fy],mathcalC_z{j}*delta_2y*delta_3ybar*BB{i},EE{i});
        lmiterm([-LMI 4 3 0],mathcalC_z{j}*delta_2y*delta_3ybar*DD{i});
        lmiterm([-LMI 4 4 0],OutputC);
    end
end
LMI=newlmi;
lmiterm([-LMI 1 1 M1],1,1);lmiterm([-LMI 2 1 0],eye(3));lmiterm([-LMI 2 2 N1],1,1);
LMI=newlmi;
lmiterm([-LMI 1 1 Q1],1,1);lmiterm([-LMI 2 1 0],eye(3));lmiterm([-LMI 2 2 P1],1,1);
LMI=newlmi;
lmiterm([-LMI 1 1 delta],1,1);
lmiterm([LMI 1 1 P1],.5*[1 0 0]*Q10,[1 0 0]','s');
lmiterm([LMI 1 1 P1],.5*[0 1 0]*Q10,[0 1 0]','s');
lmiterm([LMI 1 1 P1],.5*[0 0 1]*Q10,[0 0 1]','s');
lmiterm([LMI 1 1 Q1],.5*[1 0 0],P10*[1 0 0]','s');
lmiterm([LMI 1 1 Q1],.5*[0 1 0],P10*[0 1 0]','s');
lmiterm([LMI 1 1 Q1],.5*[0 0 1],P10*[0 0 1]','s');
lmiterm([LMI 1 1 N1],.5*[1 0 0]*M10,[1 0 0]','s');
lmiterm([LMI 1 1 N1],.5*[0 1 0]*M10,[0 1 0]','s');
lmiterm([LMI 1 1 N1],.5*[0 0 1]*M10,[0 0 1]','s');
lmiterm([LMI 1 1 M1],.5*[1 0 0],N10*[1 0 0]','s');
lmiterm([LMI 1 1 M1],.5*[0 1 0],N10*[0 1 0]','s');
lmiterm([LMI 1 1 M1],.5*[0 0 1],N10*[0 0 1]','s');
dbc3=getlmis;
CC3=zeros(1,43);CC3(1)=1;[TMIN3,VXx3_f]=feasp(dbc3,OP);
```

下面的程序代码的目录和命名为 FC_Mthd2(eta_optimized)/OFRMPC_FC_sub3_no_gamma_decrement.m。

```
setlmis([]);
delta=lmivar(1,[1 1]);gama=lmivar(1,[1 1]);rho=lmivar(1,[1 1]);
P1=lmivar(1,[3 1]);M1=lmivar(1,[3 1]);Q1=lmivar(1,[3 1]);N1=lmivar(1,[3 1]);
bar_Ac=lmivar(2,[3 3]);hat_Lc=lmivar(2,[3 1]);bar_Fx=lmivar(2,[1 3]);Fy=lmivar(1,[1 1]);
LMI=newlmi;
lmiterm([-LMI 1 1 rho],1,Mx0);lmiterm([-LMI 1 1 M1],-1,1);
LMI=newlmi;
lmiterm([-LMI 1 1 0],1);lmiterm([-LMI 1 1 rho],-1,1);lmiterm([-LMI 2 1 0],X0);lmiterm([-
    LMI 2 2 Q1],1,1);lmiterm([-LMI 2 2 N1],-1,1);
```

```
for i=1:8
    LMI=newlmi;
    lmiterm([-LMI 1 1 M1],(1-alpha),1);lmiterm([-LMI 2 1 M1],(1-alpha),1);
    lmiterm([-LMI 2 1 P1],(1-alpha),-1);lmiterm([-LMI 2 2 M1],(1-alpha),1);
    lmiterm([-LMI 2 2 P1],(1-alpha),-1);
    lmiterm([-LMI 3 3 0],alpha*Pw);
    lmiterm([-LMI 4 1 Fy],BB{i},CC{i});lmiterm([-LMI 4 1 0],AA{i});
    lmiterm([-LMI 4 2 bar_Fx],BB{i},1);lmiterm([-LMI 4 3 Fy],BB{i},EE{i});
    lmiterm([-LMI 4 3 0],DD{i});lmiterm([-LMI 4 4 Q1],1,1);
    lmiterm([-LMI 5 1 hat_Lc],1,CC{i});lmiterm([-LMI 5 2 bar_Ac],1,1);
    lmiterm([-LMI 5 3 hat_Lc],1,EE{i});lmiterm([-LMI 5 4 N1],1,1);
    lmiterm([-LMI 5 4 Q1],-1,1);lmiterm([-LMI 5 5 N1],-1,1);lmiterm([-LMI 5 5 Q1],1,1);
end
for i=1:8
    LMI=newlmi;
    lmiterm([-LMI 1 1 M1],1,1);lmiterm([-LMI 2 1 M1],1,1);lmiterm([-LMI 2 1 P1],1,-1);
    lmiterm([-LMI 2 2 M1],1,1);lmiterm([-LMI 2 2 P1],1,-1);
    lmiterm([-LMI 3 1 Fy],BB{i},CC{i});lmiterm([-LMI 3 1 0],AA{i});
    lmiterm([-LMI 3 2 bar_Fx],BB{i},1);lmiterm([-LMI 3 3 Q1],1,1);
    lmiterm([-LMI 4 1 hat_Lc],1,CC{i});lmiterm([-LMI 4 2 bar_Ac],1,1);
    lmiterm([-LMI 4 3 N1],1,1);lmiterm([-LMI 4 3 Q1],-1,1);lmiterm([-LMI 4 4 N1],-1,1);
    lmiterm([-LMI 4 4 Q1],1,1);
    lmiterm([-LMI 5 1 0],Q_weight^0.5*CC{i});lmiterm([-LMI 5 5 gama],1,1);
    lmiterm([-LMI 6 1 Fy],R_weight^0.5,CC{i});
    lmiterm([-LMI 6 2 bar_Fx],R_weight^0.5,1);lmiterm([-LMI 6 6 gama],1,1);
end
for i=1:8
    LMI=newlmi;
    lmiterm([-LMI 1 1 M1],1,1);lmiterm([-LMI 2 1 M1],1,1);lmiterm([-LMI 2 1 P1],1,-1);
    lmiterm([-LMI 2 2 M1],1,1);lmiterm([-LMI 2 2 P1],1,-1);lmiterm([-LMI 3 3 0],Pw);
    lmiterm([-LMI 4 1 Fy],delta_1,CC{i});lmiterm([-LMI 4 2 bar_Fx],delta_1,1);
    lmiterm([-LMI 4 3 Fy],delta_1bar,EE{i});lmiterm([-LMI 4 4 0],InputC);
end
for i=1:8
    LMI=newlmi;
    lmiterm([-LMI 1 1 M1],1,1);lmiterm([-LMI 2 1 M1],1,1);lmiterm([-LMI 2 1 P1],1,-1);
    lmiterm([-LMI 2 2 M1],1,1);lmiterm([-LMI 2 2 P1],1,-1);lmiterm([-LMI 3 3 0],Pw);
    lmiterm([-LMI 4 1 0],mathcalC_x1*delta_21*delta_31*AA{i});
    lmiterm([-LMI 4 1 Fy],mathcalC_x1*delta_21*delta_31*BB{i},CC{i});
    lmiterm([-LMI 4 2 bar_Fx],mathcalC_x1*delta_21*delta_31*BB{i},1);
    lmiterm([-LMI 4 3 0],mathcalC_x1*delta_21*delta_31bar*DD{i});
    lmiterm([-LMI 4 3 Fy],mathcalC_x1*delta_21*delta_31bar*BB{i},EE{i});
    lmiterm([-LMI 4 4 0],StateC1);
end
for i=1:8
    LMI=newlmi;
    lmiterm([-LMI 1 1 M1],1,1);lmiterm([-LMI 2 1 M1],1,1);lmiterm([-LMI 2 1 P1],1,-1);
    lmiterm([-LMI 2 2 M1],1,1);lmiterm([-LMI 2 2 P1],1,-1);lmiterm([-LMI 3 3 0],Pw);
    lmiterm([-LMI 4 1 0],mathcalC_x2*delta_22*delta_32*AA{i});
    lmiterm([-LMI 4 1 Fy],mathcalC_x2*delta_22*delta_32*BB{i},CC{i});
    lmiterm([-LMI 4 2 bar_Fx],mathcalC_x2*delta_22*delta_32*BB{i},1);
```

```
    lmiterm([-LMI 4 3 0],mathcalC_x2*delta_22*delta_32bar*DD{i});
    lmiterm([-LMI 4 3 Fy],mathcalC_x2*delta_22*delta_32bar*BB{i},EE{i});
    lmiterm([-LMI 4 4 0],StateC2);
end
for i=1:8
    LMI=newlmi;
    lmiterm([-LMI 1 1 M1],1,1);lmiterm([-LMI 2 1 M1],1,1);lmiterm([-LMI 2 1 P1],1,-1);
    lmiterm([-LMI 2 2 M1],1,1);lmiterm([-LMI 2 2 P1],1,-1);lmiterm([-LMI 3 3 0],Pw);
    lmiterm([-LMI 4 1 0],mathcalC_x3*delta_23*delta_33*AA{i});
    lmiterm([-LMI 4 1 Fy],mathcalC_x3*delta_23*delta_33*BB{i},CC{i});
    lmiterm([-LMI 4 2 bar_Fx],mathcalC_x3*delta_23*delta_33*BB{i},1);
    lmiterm([-LMI 4 3 0],mathcalC_x3*delta_23*delta_33bar*DD{i});
    lmiterm([-LMI 4 3 Fy],mathcalC_x3*delta_23*delta_33bar*BB{i},EE{i});
    lmiterm([-LMI 4 4 0],StateC3);
end
for i=1:8
    for j=1:8
        LMI=newlmi;
        lmiterm([-LMI 1 1 M1],1,1);lmiterm([-LMI 2 1 M1],1,1);
        lmiterm([-LMI 2 1 P1],1,-1);lmiterm([-LMI 2 2 M1],1,1);
        lmiterm([-LMI 2 2 P1],1,-1);lmiterm([-LMI 3 3 0],Pw);
        lmiterm([-LMI 4 1 0],mathcalC_z{j}*delta_2y*delta_3y*AA{i});
        lmiterm([-LMI 4 1 Fy],mathcalC_z{j}*delta_2y*delta_3y*BB{i},CC{i});
        lmiterm([-LMI 4 2 bar_Fx],mathcalC_z{j}*delta_2y*delta_3y*BB{i},1);
        lmiterm([-LMI 4 3 Fy],mathcalC_z{j}*delta_2y*delta_3ybar*BB{i},EE{i});
        lmiterm([-LMI 4 3 0],mathcalC_z{j}*delta_2y*delta_3ybar*DD{i});
        lmiterm([-LMI 4 4 0],OutputC);
    end
end
LMI=newlmi;
lmiterm([-LMI 1 1 M1],1,1);lmiterm([-LMI 2 1 0],eye(3));lmiterm([-LMI 2 2 N1],1,1);
LMI=newlmi;
lmiterm([-LMI 1 1 Q1],1,1);lmiterm([-LMI 2 1 0],eye(3));lmiterm([-LMI 2 2 P1],1,1);
LMI=newlmi;
lmiterm([-LMI 1 1 delta],1,1);
lmiterm([LMI 1 1 P1],.5*[1 0 0]*Q10,[1 0 0]','s');
lmiterm([LMI 1 1 P1],.5*[0 1 0]*Q10,[0 1 0]','s');
lmiterm([LMI 1 1 P1],.5*[0 0 1]*Q10,[0 0 1]','s');
lmiterm([LMI 1 1 Q1],.5*[1 0 0],P10*[1 0 0]','s');
lmiterm([LMI 1 1 Q1],.5*[0 1 0],P10*[0 1 0]','s');
lmiterm([LMI 1 1 Q1],.5*[0 0 1],P10*[0 0 1]','s');
lmiterm([LMI 1 1 N1],.5*[1 0 0]*M10,[1 0 0]','s');
lmiterm([LMI 1 1 N1],.5*[0 1 0]*M10,[0 1 0]','s');
lmiterm([LMI 1 1 N1],.5*[0 0 1]*M10,[0 0 1]','s');
lmiterm([LMI 1 1 M1],.5*[1 0 0],N10*[1 0 0]','s');
lmiterm([LMI 1 1 M1],.5*[0 1 0],N10*[0 1 0]','s');
lmiterm([LMI 1 1 M1],.5*[0 0 1],N10*[0 0 1]','s');
dbc2=getlmis;
CC2=zeros(1,43);CC2(1)=1;VXx2_f=zeros(1,43);
[OPX,VXx2]=mincx(dbc2,CC2,OP,VXx2_f);
```

下面的程序代码的目录和命名为 FC_Mthd2(eta_optimized)/OFRMPC_FC_sub4.m。

```
setlmis([]);
delta0=lmivar(1,[1 1]);
Qx=lmivar(1,[3 1]);rho=lmivar(1,[1 1]);Upie=lmivar(2,[3 3]);
phi_1=lmivar(1,[1 1]);phi_2=lmivar(1,[1 1]);
for i=1:4
    LMI=newlmi;
    lmiterm([-LMI 1 1 0],1);lmiterm([-LMI 1 1 phi_1],-1,1);
    lmiterm([-LMI 1 1 phi_2],-1,1);lmiterm([-LMI 1 1 phi_1],1,X0'*Mx0*X0);
    lmiterm([-LMI 2 1 phi_1],-1,Mx0*X0);lmiterm([-LMI 2 2 phi_1],1,Mx0);
    lmiterm([-LMI 3 3 phi_2],1,eye(3));lmiterm([-LMI 4 1 Upie],-1,Xc1);
    lmiterm([-LMI 4 1 0],BB{i}*FFx0*Xc0);lmiterm([-LMI 4 2 0],AA{i}+BB{i}*FFy0*CC{i});
    lmiterm([-LMI 4 3 0],BB{i}*FFy0*EE{i}+DD{i});lmiterm([-LMI 4 4 Qx],1,1);
end
LMI=newlmi;
lmiterm([-LMI 1 1 0],1);lmiterm([-LMI 1 1 rho],-1,1);lmiterm([-LMI 2 1 Upie],1,Xc1);
lmiterm([-LMI 2 2 0],QQQ10-NNN10 );
LMI=newlmi;
lmiterm([-LMI 1 1 rho],1,NNN10);lmiterm([-LMI 1 1 Qx],-1,1);
LMI=newlmi;
lmiterm([-LMI 1 1 0],inv(MMx0));lmiterm([-LMI 1 1 Qx],-1,1);
LMI=newlmi;
lmiterm([-LMI 1 1 Upie],1,1,'s');lmiterm([-LMI 1 1 0],-eye(3));
LMI=newlmi;
lmiterm([-LMI 1 1 Upie],-1,1,'s');lmiterm([-LMI 1 1 0],3*eye(3));
LMI=newlmi;
lmiterm([-LMI 1 1 delta0],1,1);lmiterm([LMI 1 1 Qx],.5*[1 0 0],[1 0 0]','s');
lmiterm([LMI 1 1 Qx],.5*[0 1 0],[0 1 0]','s');
lmiterm([LMI 1 1 Qx],.5*[0 0 1],[0 0 1]','s');
dbc4=getlmis;
CC4=[1 0 0 0 0 0 0 0 0 0 0];
[TMIN4,VXx4]=feasp(dbc4,OP);
```

下面的程序代码的目录和命名为 FC_Mthd2(eta_optimized)/sub5_eta_s_x.m。

```
function zeta_bar_sx=sub4_eta_s_x(mathcalC_x,DD,BB,EE,Fy0)
setlmis([]);
eta_x=lmivar(1,[1 1]);
for i=1:8
    LMI=newlmi;
    lmiterm([-LMI 1 1 eta_x],1,1);
    lmiterm([-LMI 2 1 0],mathcalC_x*(DD{i}+BB{i}*Fy0*EE{i}));
    lmiterm([-LMI 2 2 eta_x],1,1);
end
dbc6=getlmis;
OP=[0 200 1e9 10 1];CCsub6=[1];[TMIN6,VXx6_f]=feasp(dbc6,OP);
[OPX6,VXx6]=mincx(dbc6,CCsub6,OP,VXx6_f);
zeta_bar_sx=dec2mat(dbc6,VXx6,eta_x);
```

下面的程序代码的目录和命名为 FC_Mthd2(eta_optimized)/sub5_eta_s_y.m。

```
setlmis([]);
eta_y=lmivar(1,[1 1]);
for i=1:8
    LMI=newlmi;
```

```
    lmiterm([-LMI 1 1 eta_y],1,1);
    lmiterm([-LMI 2 1 0],CC{i}*(DD{i}+BB{i}*Fy0*EE{i}));
    lmiterm([-LMI 2 2 eta_y],1,1);
end
dbc5=getlmis;
OP=[0 200 1e9 10 1];CCsub5=[1];[TMIN5,VXx5_f]=feasp(dbc5,OP);
[OPX5,VXx5]=mincx(dbc5,CCsub5,OP,VXx5_f);
```

下面的程序代码的目录和命名为 FC_Mthd3(eta_optimized, Lc_Fy_fixed)/OFRMPC_Lc_Fy_fixed。

```
clc; clear all;
%% 初始化
Steps=300;
load noise.mat;
Pw=eye(1);
A=[   0.9617          0             0
    0          0.9872          0
    0          0              0.6564];
B=[45.4498          0             119.0970 ]';
D=[-0.0004525       0.0004525     -0.0006790]';E=-0.63;
MC1 =[10.9952   -0.6717    5.6465];MC2 =[10.9952   -0.6717    2.4199];
MC3 =[10.9952   -0.2879    5.6465];MC4 =[10.9952   -0.2879    2.4199];
MC5 =[ 4.7122   -0.6717    5.6465];MC6 =[ 4.7122   -0.6717    2.4199];
MC7 =[ 4.7122   -0.2879    5.6465];MC8 =[ 4.7122   -0.2879    2.4199];
C1 =[10.9952   -0.6717    5.6465]*21.0606;C2 =[10.9952   -0.6717    2.4199]*21.0606;
C3 =[10.9952   -0.2879    5.6465]*21.0606;C4 =[10.9952   -0.2879    2.4199]*21.0606;
C5 =[ 4.7122   -0.6717    5.6465]*21.0606;C6 =[ 4.7122   -0.6717    2.4199]*21.0606;
C7 =[ 4.7122   -0.2879    5.6465]*21.0606;C8 =[ 4.7122   -0.2879    2.4199]*21.0606;
AA={A,A,A,A,A,A,A,A};BB={B,B,B,B,B,B,B,B};
CC={C1,C2,C3,C4,C5,C6,C7,C8};DD={D,D,D,D,D,D,D,D};
EE={E,E,E,E,E,E,E,E};InputC=0.0008^2;OutputC=10.63^2;
StateC1=(0.4*0.1516)^2;StateC2=(0.4*2.4811)^2;StateC3=(0.4*0.1467)^2;
cc0=8.5; % 估计误差集合调节参数
Mx0=cc0^2*[1088  0   0  0   4.061 0   0   0 1147.8]; Mx0_results{1}=Mx0;
X10=1/sqrt(3)/cc0*[0.6*0.1516, -0.4*2.4811,  0.6*0.1476]';
X1V1(1)=[1 0 0]*X10;    X1V2(1)=[0 1 0]*X10;  X1V3(1)=[0 0 1]*X10;
Ytrue(1)=21.0606*(log((X1V1(1)+0.1516)*sqrt(X1V3(1)+0.1476)/(X1V2(1)+2.4811))
    -log(0.1516*sqrt(0.1476)/2.4811))+E*rand2(1);
Y0=Ytrue(1);Q_weight=1;    R_weight=1;
Xc0=1/sqrt(3)/cc0*[0.4*0.1516, -0.2*2.4811,  0.4*0.1476]';    All_Xc1{1}=Xc0;
XcV1(1)=[1 0 0]*Xc0;    XcV2(1)=[0 1 0]*Xc0;    XcV3(1)=[0 0 1]*Xc0;
X0=Xc0;X0V1(1)=[1 0 0]*X0;    X0V2(1)=[0 1 0]*X0;  X0V2(1)=[0 0 1]*X0;
Fy0= -1.2115*10^(-5);  hat_Lc0=[-0.1067    0.5552   0.3324]'*0.001;
%%优化eta的子程序
mathcalC_x1=[1 0 0];  mathcalC_x2=[0 1 0];  mathcalC_x3=[0 0 1];
mathcalC_z={C1,C2,C3,C4,C5,C6,C7,C8};
zeta_su=sqrt(Fy0*E*(Fy0*E)');    zeta_sy=0;
zeta_sx1=0; zeta_sx2=0; zeta_sx3=0;
zeta_bar_sx1=sub3_eta_s_x(mathcalC_x1,DD,BB,EE,Fy0);
zeta_bar_sx2=sub3_eta_s_x(mathcalC_x2,DD,BB,EE,Fy0);
zeta_bar_sx3=sub3_eta_s_x(mathcalC_x3,DD,BB,EE,Fy0);
sub3_eta_s_y;
```

```
zeta_bar_sy=dec2mat(dbc5,VXx5,eta_y);
%对输入u
eta_1=zeta_su/sqrt(InputC);delta_1=1/sqrt(1-eta_1);        delta_1bar=1/sqrt(eta_1);
%对状态1                                              %对状态2
eta_2x1=zeta_sx1/sqrt(StateC1);                      eta_2x2=zeta_sx2/sqrt(StateC2);
eta_3x1=zeta_bar_sx1/sqrt(StateC1);                  eta_3x2=zeta_bar_sx2/sqrt(StateC2);
delta_21=1/sqrt(1-eta_2x1);                          delta_22=1/sqrt(1-eta_2x2);
delta_21bar=0;                                       delta_22bar=0;
delta_31=1/sqrt(1-eta_3x1);                          delta_32=1/sqrt(1-eta_3x2);
delta_31bar=1/sqrt(eta_3x1);                         delta_32bar=1/sqrt(eta_3x2);
%对状态3                                              %对输出y
eta_2x3=zeta_sx3/sqrt(StateC3);                      eta_2y=zeta_sy/sqrt(OutputC);
eta_3x3=zeta_bar_sx3/sqrt(StateC3);                  eta_3y=zeta_bar_sy/(sqrt(OutputC)-zeta_sy);
delta_23=1/sqrt(1-eta_2x3);                          delta_2y=1/sqrt(1-eta_2y);
delta_23bar=0;                                       delta_2ybar=1/sqrt(eta_2y);
delta_33=1/sqrt(1-eta_3x3);                          delta_3y=1/sqrt(1-eta_3y);
delta_33bar=1/sqrt(eta_3x3);                         delta_3ybar=1/sqrt(eta_3y);
%%算法初始参数
U0=eye(3);   fea_results=zeros(1,Steps);   Ck_results=inf*ones(1,Steps);
alpha=0.001;             fai_x=[1 0];    flag_Step_de=0;Mx0_results{1}=Mx0;
OP=[0 200 -1 10 1];
tic;
for iii=1:Steps
    OFRMPC_FC_sub2;  %直接求解凸优化问题
    U0_results{iii}=U0;
    if TMIN1<0  %若优化问题可行，则得到控制器参数
        fea_results(iii)=1;
        [OPX,VXx1]=mincx(dbc1,CC1,OP,VXx1_f);
        QQQ10=dec2mat(dbc1,VXx1,Q1);               NNN10=dec2mat(dbc1,VXx1,N1);
        hat_Ac0=dec2mat(dbc1,VXx1,hat_Ac);         hat_Fx0=dec2mat(dbc1,VXx1,hat_Fx);
        Rh0=dec2mat(dbc1,VXx1,rho);                gamma0=dec2mat(dbc1,VXx1,gama);
    end
    gama_results(iii)=gamma0;
    PPP10=inv(QQQ10);          MMM10=inv(NNN10);
    AAc0=-inv(U0)*hat_Ac0*inv(inv(U0)*(QQQ10-NNN10));
    MMM20=-U0'*MMM10;LLc0=-inv(U0)*hat_Lc0;
    FFx0=hat_Fx0*inv(inv(U0)*(QQQ10-NNN10));FFy0=Fy0;
    UU(iii)=FFx0*Xc0+FFy0*Y0;Xc1=AAc0*Xc0+LLc0*Y0;       All_Xc1{iii+1}=Xc1;
    XcV1(iii+1)=[1 0 0]*Xc1;  XcV2(iii+1)=[0 1 0]*Xc1;    XcV3(iii+1)=[0 0 1]*Xc1;
    X11=A*X10+B*UU(iii)+D*rand2(iii);
    X1V1(iii+1)=[1 0 0]*X11;X1V2(iii+1)=[0 1 0]*X11;X1V3(iii+1)=[0 0 1]*X11;
    Ytrue(iii+1)=21.0606*(log((X1V1(iii+1)+0.1516)*sqrt(X1V3(iii+1)+0.1476)/(X1V2(iii+1)
        +2.4811))
        -log(0.1516*sqrt(0.1476)/2.4811))+E*rand2(iii);
    X0org=U0*Xc1;MMx0=inv(1-X0org'*inv(QQQ10-NNN10)*X0org)*MMM10;
    OFRMPC_FC_sub1;
    TMIN4results(iii)=TMIN4;
    if TMIN4<0
        [OPX,VXx4]=mincx(dbc4,CC4,OP,VXx4);
        Qx=dec2mat(dbc4,VXx4,Qx);Mx0=inv(Qx);U0=dec2mat(dbc4,VXx4,Upie);X0=U0*Xc1;
    else
```

```
        X0=X0org;Mx0=MMx0;
    end
    Xc0=Xc1;      X10=X11;    Y0=Ytrue(iii+1);
    X0V1(iii+1)=[1 0 0]*X0;    X0V2(iii+1)=[0 1 0]*X0; X0V3(iii+1)=[0 0 1]*X0;
    Mx0_results{iii}=Mx0;
end
toc;
figure;
plot(X1V1,'->r');hold on
plot(X1V2,'-+k');hold on
plot(X1V3,'-sb');figure;
plot(XcV1,'->r');hold on
plot(XcV2,'-+k');hold on
plot(XcV3,'-sb');figure
plot(Ytrue)figure
plot(UU)
```

下面的程序代码的目录和命名为 FC_Mthd3(eta_optimized, Lc_Fy_fixed)/OFRMPC_FC_sub1。

```
setlmis([]);
delta0=lmivar(1,[1 1]);Qx=lmivar(1,[3 1]);rho=lmivar(1,[1 1]);
Upie=lmivar(2,[3 3]);phi_1=lmivar(1,[1 1]);phi_2=lmivar(1,[1 1]);
for i=1:4
    LMI=newlmi;
    lmiterm([-LMI 1 1 0],1);lmiterm([-LMI 1 1 phi_1],-1,1);
    lmiterm([-LMI 1 1 phi_2],-1,1);lmiterm([-LMI 1 1 phi_1],1,X0'*Mx0*X0);
    lmiterm([-LMI 2 1 phi_1],-1,Mx0*X0);lmiterm([-LMI 2 2 phi_1],1,Mx0);
    lmiterm([-LMI 3 3 phi_2],1,1);lmiterm([-LMI 4 1 Upie],-1,Xc1);
    lmiterm([-LMI 4 1 0],BB{i}*FFx0*Xc0);
    lmiterm([-LMI 4 2 0],AA{i}+BB{i}*FFy0*CC{i});
    lmiterm([-LMI 4 3 0],BB{i}*FFy0*EE{i}+DD{i});lmiterm([-LMI 4 4 Qx],1,1);
end
LMI=newlmi;
lmiterm([-LMI 1 1 0],1);lmiterm([-LMI 1 1 rho],-1,1);
lmiterm([-LMI 2 1 Upie],1,Xc1);lmiterm([-LMI 2 2 0],QQQ10-NNN10 );
LMI=newlmi;
lmiterm([-LMI 1 1 rho],1,NNN10);lmiterm([-LMI 1 1 Qx],-1,1);
LMI=newlmi;
lmiterm([-LMI 1 1 0],inv(MMx0));lmiterm([-LMI 1 1 Qx],-1,1);
LMI=newlmi;
lmiterm([-LMI 1 1 Upie],1,1,'s');lmiterm([-LMI 1 1 0],-eye(3));
LMI=newlmi;
lmiterm([-LMI 1 1 Upie],-1,1,'s');lmiterm([-LMI 1 1 0],3*eye(3));
LMI=newlmi;
lmiterm([-LMI 1 1 delta0],1,1);
lmiterm([LMI 1 1 Qx],.5*[1 0 0],[1 0 0]','s');
lmiterm([LMI 1 1 Qx],.5*[0 1 0],[0 1 0]','s');
lmiterm([LMI 1 1 Qx],.5*[0 0 1],[0 0 1]','s');
dbc4=getlmis;
CC4=zeros(1,19);CC4(1)=1;
[TMIN4,VXx4]=feasp(dbc4,OP);
```

下面的程序代码的目录和命名为 FC_Mthd3(eta_optimized, Lc_Fy_fixed)/OFRMPC_FC_sub2。

```
setlmis([]);
gama=lmivar(1,[1 1]);rho=lmivar(1,[1 1]);Q1=lmivar(1,[3 1]);
N1=lmivar(1,[3 1]);hat_Ac=lmivar(2,[3 3]);hat_Fx=lmivar(2,[1 3]);
LMI=newlmi;
lmiterm([-LMI 1 1 0],1);lmiterm([-LMI 1 1 rho],-1,1);lmiterm([-LMI 2 1 0],X0);
lmiterm([-LMI 2 2 Q1],1,1);lmiterm([-LMI 2 2 N1],-1,1);
for i=1:8
    LMI=newlmi;
    lmiterm([-LMI 1 1 Q1],(1-alpha),1);lmiterm([-LMI 2 1 N1],(1-alpha),1);
    lmiterm([-LMI 2 2 N1],(1-alpha),1);lmiterm([-LMI 3 3 0],alpha*Pw);
    lmiterm([-LMI 4 1 Q1],BB{i}*Fy0*CC{i},1);lmiterm([-LMI 4 1 Q1],AA{i},1);
    lmiterm([-LMI 4 1 hat_Fx],BB{i},1);lmiterm([-LMI 4 2 N1],AA{i},1);
    lmiterm([-LMI 4 2 N1],BB{i}*Fy0*CC{i},1);
    lmiterm([-LMI 4 3 0],BB{i}*Fy0*EE{i});lmiterm([-LMI 4 3 0],DD{i});
    lmiterm([-LMI 4 4 Q1],1,1);lmiterm([-LMI 5 1 Q1],hat_Lc0*CC{i},1);
    lmiterm([-LMI 5 1 hat_Ac],1,1);lmiterm([-LMI 5 2 N1],hat_Lc0*CC{i},1);
    lmiterm([-LMI 5 3 0],hat_Lc0*EE{i});lmiterm([-LMI 5 4 N1],1,1);
    lmiterm([-LMI 5 4 Q1],-1,1);lmiterm([-LMI 5 5 N1],-1,1);
    lmiterm([-LMI 5 5 Q1],1,1);
end
for i=1:8
    LMI=newlmi;
    lmiterm([-LMI 1 1 Q1],1,1);lmiterm([-LMI 2 1 N1],1,1);
    lmiterm([-LMI 2 2 N1],1,1);lmiterm([-LMI 3 1 Q1],BB{i}*Fy0*CC{i},1);
    lmiterm([-LMI 3 1 Q1],AA{i},1);lmiterm([-LMI 3 1 hat_Fx],BB{i},1);
    lmiterm([-LMI 3 2 N1],AA{i},1);lmiterm([-LMI 3 2 N1],BB{i}*Fy0*CC{i},1);
    lmiterm([-LMI 3 3 Q1],1,1);lmiterm([-LMI 4 1 Q1],hat_Lc0*CC{i},1);
    lmiterm([-LMI 4 1 hat_Ac],1,1);lmiterm([-LMI 4 2 N1],hat_Lc0*CC{i},1);
    lmiterm([-LMI 4 3 N1],1,1);lmiterm([-LMI 4 3 Q1],-1,1);
    lmiterm([-LMI 4 4 N1],-1,1);lmiterm([-LMI 4 4 Q1],1,1);
    lmiterm([-LMI 5 1 Q1],Q_weight^0.5*CC{i},1);
    lmiterm([-LMI 5 2 N1],Q_weight^0.5*CC{i},1);lmiterm([-LMI 5 5 gama],1,1);
    lmiterm([-LMI 6 1 Q1],R_weight^0.5*Fy0*CC{i},1);
    lmiterm([-LMI 6 1 hat_Fx],R_weight^05,1);
    lmiterm([-LMI 6 2 N1],R_weight^0.5*Fy0*CC{i},1);lmiterm([-LMI 6 6 gama],1,1);
end
LMI=newlmi;
lmiterm([-LMI 1 1 rho],1,Mx0);lmiterm([-LMI 2 1 0],eye(3));
lmiterm([-LMI 2 2 N1],1,1);
for i=1:8
    LMI=newlmi;
    lmiterm([-LMI 1 1 Q1],1,1);lmiterm([-LMI 2 1 N1],1,1);
    lmiterm([-LMI 2 2 N1],1,1);lmiterm([-LMI 3 1 Q1],delta_1*Fy0*CC{i},1);
    lmiterm([-LMI 3 1 hat_Fx],delta_1,1);
    lmiterm([-LMI 3 2 N1],delta_1*Fy0*CC{i},1);
    lmiterm([-LMI 3 3 0],InputC-delta_1bar^2*Fy0*EE{i}*EE{i}'*Fy0');
end
for i=1:8
    LMI=newlmi;
    lmiterm([-LMI 1 1 Q1],1,1);lmiterm([-LMI 2 1 N1],1,1);
    lmiterm([-LMI 2 2 N1],1,1);lmiterm([-LMI 3 3 0],Pw);
```

```
    lmiterm([-LMI 4 1 Q1],mathcalC_x1*delta_21*delta_31*AA{i},1);
    lmiterm([-LMI 4 1 Q1],mathcalC_x1*delta_21*delta_31*BB{i}*Fy0*CC{i},1);
    lmiterm([-LMI 4 1 hat_Fx],mathcalC_x1*delta_21*delta_31*BB{i},1);
    lmiterm([-LMI 4 2 N1],mathcalC_x1*delta_21*delta_31*AA{i},1);
    lmiterm([-LMI 4 2 N1],mathcalC_x1*delta_21*delta_31*BB{i}*Fy0*CC{i},1);
    lmiterm([-LMI 4 3 0],mathcalC_x1*delta_21*delta_31bar*DD{i});
    lmiterm([-LMI 4 3 0],mathcalC_x1*delta_21*delta_31bar*BB{i}*Fy0*EE{i});
    lmiterm([-LMI 4 4 0],StateC1);
end
for i=1:8
    LMI=newlmi;
    lmiterm([-LMI 1 1 Q1],1,1);lmiterm([-LMI 2 1 N1],1,1);
    lmiterm([-LMI 2 2 N1],1,1);lmiterm([-LMI 3 3 0],Pw);
    lmiterm([-LMI 4 1 Q1],mathcalC_x2*delta_22*delta_32*AA{i},1);
    lmiterm([-LMI 4 1 Q1],mathcalC_x2*delta_22*delta_32*BB{i}*Fy0*CC{i},1);
    lmiterm([-LMI 4 1 hat_Fx],mathcalC_x2*delta_22*delta_32*BB{i},1);
    lmiterm([-LMI 4 2 N1],mathcalC_x2*delta_22*delta_32*AA{i},1);
    lmiterm([-LMI 4 2 N1],mathcalC_x2*delta_22*delta_32*BB{i}*Fy0*CC{i},1);
    lmiterm([-LMI 4 3 0],mathcalC_x2*delta_22*delta_32bar*DD{i});
    lmiterm([-LMI 4 3 0],mathcalC_x2*delta_22*delta_32bar*BB{i}*Fy0*EE{i});
    lmiterm([-LMI 4 4 0],StateC2);
end
for i=1:8
    LMI=newlmi;
    lmiterm([-LMI 1 1 Q1],1,1);lmiterm([-LMI 2 1 N1],1,1);
    lmiterm([-LMI 2 2 N1],1,1);lmiterm([-LMI 3 3 0],Pw);
    lmiterm([-LMI 4 1 Q1],mathcalC_x3*delta_23*delta_33*AA{i},1);
    lmiterm([-LMI 4 1 Q1],mathcalC_x3*delta_23*delta_33*BB{i}*Fy0*CC{i},1);
    lmiterm([-LMI 4 1 hat_Fx],mathcalC_x3*delta_23*delta_33*BB{i},1);
    lmiterm([-LMI 4 2 N1],mathcalC_x3*delta_23*delta_33*AA{i},1);
    lmiterm([-LMI 4 2 N1],mathcalC_x3*delta_23*delta_33*BB{i}*Fy0*CC{i},1);
    lmiterm([-LMI 4 3 0],mathcalC_x3*delta_23*delta_33bar*DD{i});
    lmiterm([-LMI 4 3 0],mathcalC_x3*delta_23*delta_33bar*BB{i}*Fy0*EE{i});
    lmiterm([-LMI 4 4 0],StateC3);
end
for i=1:8
    for j=1:8
        LMI=newlmi;
        lmiterm([-LMI 1 1 Q1],1,1);lmiterm([-LMI 2 1 N1],1,1);
        lmiterm([-LMI 2 2 N1],1,1);lmiterm([-LMI 3 3 0],Pw);
        lmiterm([-LMI 4 1 Q1],mathcalC_z{j}*delta_2y*delta_3y*AA{i},1);
        lmiterm([-LMI 4 1 Q1],mathcalC_z{j}*delta_2y*delta_3y*BB{i}*Fy0*CC{i},1);
        lmiterm([-LMI 4 1 hat_Fx],mathcalC_z{j}*delta_2y*delta_3y*BB{i},1);
        lmiterm([-LMI 4 2 N1],mathcalC_z{j}*delta_2y*delta_3y*AA{i},1);
        lmiterm([-LMI 4 2 N1],mathcalC_z{j}*delta_2y*delta_3y*BB{i}*Fy0*CC{i},1);
        lmiterm([-LMI 4 3 0],mathcalC_z{j}*delta_2y*delta_3ybar*DD{i});
        lmiterm([-LMI 4 3 0],mathcalC_z{j}*delta_2y*delta_3ybar*BB{i}*Fy0*EE{i});
        lmiterm([-LMI 4 4 0],OutputC);
    end
end
dbc1=getlmis;
```

```
CC1=zeros(1,26);CC1(1)=1;
[TMIN1,VXx1_f]=feasp(dbc1,OP);
```

下面的程序代码的目录和命名为 FC_Mthd3(eta_optimized, Lc_Fy_fixed)/sub3_eta_s_x.m。

```
function zeta_bar_sx=sub4_eta_s_x(mathcalC_x,DD,BB,EE,Fy0)
setlmis([]);
eta_x=lmivar(1,[1 1]);
for i=1:8
    LMI=newlmi;
    lmiterm([-LMI 1 1 eta_x],1,1);
    lmiterm([-LMI 2 1 0],mathcalC_x*(DD{i}+BB{i}*Fy0*EE{i}));
    lmiterm([-LMI 2 2 eta_x],1,1);
end
dbc6=getlmis;
OP=[0 200 1e9 10 1];CCsub6=[1];[TMIN6,VXx6_f]=feasp(dbc6,OP);
[OPX6,VXx6]=mincx(dbc6,CCsub6,OP,VXx6_f);
zeta_bar_sx=dec2mat(dbc6,VXx6,eta_x);
```

下面的程序代码的目录和命名为 FC_Mthd3(eta_optimized, Lc_Fy_fixed)/sub3_eta_s_y.m。

```
setlmis([]);
eta_y=lmivar(1,[1 1]);
for i=1:8
    LMI=newlmi;
    lmiterm([-LMI 1 1 eta_y],1,1);
    lmiterm([-LMI 2 1 0],CC{i}*(DD{i}+BB{i}*Fy0*EE{i}));
    lmiterm([-LMI 2 2 eta_y],1,1);
end
dbc5=getlmis;
OP=[0 200 1e9 10 1];CCsub5=[1];[TMIN5,VXx5_f]=feasp(dbc5,OP);
[OPX5,VXx5]=mincx(dbc5,CCsub5,OP,VXx5_f);
```

附录　一些公共程序代码

下面的程序代码的目录和命名为 ControlLib/MatrixCalc.cs。

```
using System;
namespace ControlLib
{
    public class MatrixD
    {
        /// 按照double类型算，开始
        /// 由于要进行矩阵运算，行数为1、列数为1的情况，也都写成二维数组
        /// 矩阵的转置
        public static double[,] Transpose(double[,] iMatrix)
        {
            int row = iMatrix.GetLength(0);
            int column = iMatrix.GetLength(1);
            double[,] TempMatrix = new double[row, column];
            double[,] iMatrixT = new double[column, row];
            for (int i = 0; i < row; i++)
            {
                for (int j = 0; j < column; j++)
                {
                    TempMatrix[i, j] = iMatrix[i, j];
                }
            }
            for (int i = 0; i < column; i++)
            {
                for (int j = 0; j < row; j++)
                {
                    iMatrixT[i, j] = TempMatrix[j, i];
                }
            }
            return iMatrixT;
        }
        ///   矩阵的逆矩阵
        public static double[,] Athwart(double[,] iMatrix)
        {
            int i = 0;
            int row = iMatrix.GetLength(0);
            double[,] MatrixZwei = new double[row, row * 2];
            double[,] iMatrixInv = new double[row, row];
            for (i = 0; i < row; i++)
            {
                for (int j = 0; j < row; j++)
                {
                    MatrixZwei[i, j] = iMatrix[i, j];
                }
```

```
        }
        for (i = 0; i < row; i++)
        {
            for (int j = row; j < row * 2; j++)
            {
                MatrixZwei[i, j] = 0;
                if (i + row == j)
                    MatrixZwei[i, j] = 1;
            }
        }
        for (i = 0; i < row; i++)
        {
            if (MatrixZwei[i, i] != 0)
            {
                double intTemp = MatrixZwei[i, i];
                for (int j = 0; j < row * 2; j++)
                {
                    MatrixZwei[i, j] = MatrixZwei[i, j] / intTemp;
                }
            }
            for (int j = 0; j < row; j++)
            {
                if (j == i)
                    continue;
                double intTemp = MatrixZwei[j, i];
                for (int k = 0; k < row * 2; k++)
                {
                    MatrixZwei[j, k] = MatrixZwei[j, k] - MatrixZwei[i, k] * intTemp;
                }
            }
        }
        for (i = 0; i < row; i++)
        {
            for (int j = 0; j < row; j++)
            {
                iMatrixInv[i, j] = MatrixZwei[i, j + row];
            }
        }
        return iMatrixInv;
    }
    ///   矩阵加法
    public static double[,] Add(double[,] MatrixEin, double[,] MatrixZwei)
    {
        double[,] MatrixResult = new double[MatrixEin.GetLength(0), MatrixZwei.
            GetLength(1)];
        for (int i = 0; i < MatrixEin.GetLength(0); i++)
            for (int j = 0; j < MatrixZwei.GetLength(1); j++)
                MatrixResult[i, j] = MatrixEin[i, j] + MatrixZwei[i, j];
        return MatrixResult;
    }
    ///   矩阵减法
```

```
    public static double[,] Sub(double[,] MatrixEin, double[,] MatrixZwei)
    {
        double[,] MatrixResult = new double[MatrixEin.GetLength(0), MatrixZwei.
            GetLength(1)];
        for (int i = 0; i < MatrixEin.GetLength(0); i++)
            for (int j = 0; j < MatrixZwei.GetLength(1); j++)
                MatrixResult[i, j] = MatrixEin[i, j] - MatrixZwei[i, j];
        return MatrixResult;
    }
    ///   矩阵乘法
    public static double[,] Times(double[,] MatrixEin, double[,] MatrixZwei)
    {
        double[,] MatrixResult = new double[MatrixEin.GetLength(0), MatrixZwei.
            GetLength(1)];
        for (int i = 0; i < MatrixEin.GetLength(0); i++)
        {
            for (int j = 0; j < MatrixZwei.GetLength(1); j++)
            {
                for (int k = 0; k < MatrixEin.GetLength(1); k++)
                {
                    MatrixResult[i, j] += MatrixEin[i, k] * MatrixZwei[k, j];
                }
            }
        }
        return MatrixResult;
    }
    //矩阵数乘
    public static double[,] TimesScalar(double k, double[,] Ma)
    {
        double[,] MatrixResult = new double[Ma.GetLength(0), Ma.GetLength(1)];

        for (int i = 0; i < Ma.GetLength(0); i++)
            for (int j = 0; j < Ma.GetLength(1); j++)
                MatrixResult[i, j] = Ma[i, j] * k;
        return MatrixResult;
    }
    ///   矩阵对应行列式的值
    public static double Determinant(double[,] MatrixEin)
    {
        return MatrixEin[0, 0] * MatrixEin[1, 1] * MatrixEin[2, 2] + MatrixEin[0, 1]
            * MatrixEin[1, 2] * MatrixEin[2, 0] + MatrixEin[0, 2] * MatrixEin[1, 0] *
             MatrixEin[2, 1]
        - MatrixEin[0, 2] * MatrixEin[1, 1] * MatrixEin[2, 0] - MatrixEin[0, 1] *
            MatrixEin[1, 0] * MatrixEin[2, 2] - MatrixEin[0, 0] * MatrixEin[1, 2] *
            MatrixEin[2, 1];
    }
}
public class Matrix
{
    public int Columns;/// 矩阵列数
    public int Rows;/// 矩阵行数
```

```
public double[] Elements; /// 矩阵数据缓冲区
public double this[int row, int column]/// 矩阵元素索引器
{
    get
    {
        if (column < 0 || column >= this.Columns || row < 0 || row >= this.Rows)
            throw new ArgumentOutOfRangeException();
        return Elements[column + row * this.Columns];
    }
    set
    {
        if (column < 0 || column >= this.Columns || row < 0 || row >= this.Rows)
            throw new ArgumentOutOfRangeException();
        Elements[column + row * this.Columns] = value;
    }
}
public Matrix()
{
    Init(0, 0);
}
/// 指定行列构造函数
public Matrix(int rows, int columns)
{
    Init(rows, columns);
}
/// 指定值构造函数
public Matrix(int rows, int columns, double value)
{
    Init(rows, columns);
    SetVal(value);
}
/// 指定值数组构造函数
public Matrix(int rows, int columns, double[] values)
{
    Init(rows, columns);
    Array.Copy(values, this.Elements, rows * columns);
}
/// 将矩阵改为一维数组
public static double[] to1dDouble(Matrix m)
{
    double[] M = new double[m.Rows];
    for (int i = 0; i < m.Rows; i++)
    {
        M[i] = m[i, 0];
    }
    return M;
}
/// 将矩阵改为二维数组
public static double[,] to2dDouble(Matrix m)
{
    double[,] M = new double[m.Rows, m.Columns];
```

```
    for (int i = 0; i < m.Rows; i++)
    {
        for (int j = 0; j < m.Columns; j++)
        {
            M[i, j] = m[i, j];
        }
    }
    return M;
}
/// 拷贝构造函数
private Matrix(Matrix other)
{
    Init(other.Rows, other.Columns);
    Array.Copy(other.Elements, this.Elements, Rows * Columns);
}
/// 初始化函数
public void Init(int rows, int columns)
{
    Elements = new double[columns * rows];

    this.Rows = rows;this.Columns = columns;
}
public Matrix Clone()
{
    return new Matrix(this.Rows, this.Columns, this.Elements);
}
public override string ToString()
{
    string str = "";
    foreach (double d in Elements)
    {
        str += d.ToString();str += ",";
    }
    if (str.Length > 0) str = str.Substring(0, str.Length - 1);
    return str;
}
/// 重载 + 运算符
public static Matrix operator +(Matrix m1, Matrix m2)
{
    return m1.Add(m2);
}
/// 重载 - 运算符
public static Matrix operator -(Matrix m1, Matrix m2)
{
    return m1.Subtract(m2);
}
/// 重载 * 运算符
public static Matrix operator *(Matrix m1, Matrix m2)
{
    return m1.Multiply(m2);
}
```

```
/// 重载 double[] 运算符
public static implicit operator double[] (Matrix m)
{
    return m.Elements;
}
/// 按列返回数组
public double[] GetArrayInCols()
{
    double[] var = new double[Columns * Rows];
    for (int i = 0; i < Columns; i++)
    {
        for (int j = 0; j < Rows; j++)
        {
            var[Rows * i + j] = this[j, i];
        }
    }
    return var;
}
/// 获取指定行的向量
public double[] GetRowVector(int row)
{
    double[] var = new double[Columns];
    Array.Copy(Elements, Columns * row, var, 0, Columns);
    return var;
}
/// 获取指定列的向量
public double[] GetColVector(int column)
{
    double[] var = new double[Rows];
    for (int i = 0; i < Rows; i++)
    {
        var[i] = this[i, column];
    }

    return var;
}
/// 实现矩阵的加法
private Matrix Add(Matrix other)
{
    if (Object.ReferenceEquals(other, null)) return this;
    if (Columns != other.Columns || Rows != other.Rows)
        throw new ArgumentException();
    Matrix var = new Matrix(this);
    for (int i = 0; i < Elements.Length; i++)
    {
        var.Elements[i] = var.Elements[i] + other.Elements[i];
    }
    return var;
}
/// 实现矩阵的减法
private Matrix Subtract(Matrix other)
```

```
{
    if (Object.ReferenceEquals(other, null)) return this;
    if (Columns != other.Columns || Rows != other.Rows)
        throw new ArgumentException();
    Matrix var = new Matrix(this);
    for (int i = 0; i < Elements.Length; i++)
    {
        var.Elements[i] = var.Elements[i] - other.Elements[i];
    }
    return var;
}
/// 实现矩阵的乘法
public Matrix Multiply(Matrix other)
{
    if (Object.ReferenceEquals(other, null))
        throw new ArgumentNullException();
    if (Columns != other.Rows)
        throw new ArgumentException();
    Matrix var = new Matrix(Rows, other.Columns);
    // 矩阵乘法, 即
    // [A][B][C]   [G][H]     [A*G + B*I + C*K][A*H + B*J + C*L]
    // [D][E][F] * [I][J] =   [D*G + E*I + F*K][D*H + E*J + F*L]
    //             [K][L]
    for (int i = 0; i < var.Rows; i++)
    {
        for (int j = 0; j < other.Columns; j++)
        {
            double value = 0.0;
            for (int k = 0; k < Columns; k++)
            {
                value += this[i, k] * other[k, j];
            }
            var[i, j] = value;
        }
    }
    return var;
}
/// 矩阵中所有的数乘一个值
public Matrix MutiplyScalar(int val)
{
    Matrix var = new Matrix(Rows, Columns);
    for (int i = 0; i < this.Elements.Length; i++)
    {
        var.Elements[i] = var.Elements[i] * val;
    }
    return var;
}
/// 矩阵的转置
public Matrix Transpose()
{
    // 构造目标矩阵
```

```
        Matrix Trans = new Matrix(Columns, Rows);
        // 转置各元素
        for (int i = 0; i < Rows; i++)
        {
            for (int j = 0; j < Columns; j++)
                Trans[j, i] = this[i, j];
        }
        return Trans;
    }
    /// 矩阵的求负
    public Matrix Negative()
    {
        Matrix var = new Matrix(Rows, Columns);
        for (int i = 0; i < Elements.Length; i++)
        {
            var.Elements[i] = -Elements[i];
        }
        return var;
    }
    /// 数据清零
    public void Clear()
    {
        Array.Clear(Elements, 0, Elements.Length);
    }
    /// 重置全部数据值为val
    public void SetVal(double val)
    {
        for (int i = 0; i < Elements.Length; i++)
        {
            Elements[i] = val;
        }
    }
    /// n阶单位矩阵
    public static Matrix MakeUnitMatrix(int size)
    {
        return MakeScalarMatrix(size, 1);
    }
    /// n阶数量矩阵
    public static Matrix MakeScalarMatrix(int size, double value)
    {
        Matrix var = new Matrix(size, size);
        for (int i = 0; i < size; i++)
        {
            var[i, i] = value;
        }
        return var;
    }
    /// 按照列联合矩阵
    public Matrix AddR(Matrix other)
    {
        if (other == null) return this.Clone();
```

```
    Matrix var = new Matrix(this.Rows, this.Columns + other.Columns);
    for (int i = 0; i < this.Rows; i++)
    {
        Array.Copy(this.Elements, this.Columns * i, var.Elements, var.Columns * i
            , this.Columns);
        Array.Copy(other.Elements, other.Columns * i, var.Elements, var.Columns *
             i + this.Columns, other.Columns);
    }
    return var;
}
/// 按照行联合矩阵
public Matrix AddB(Matrix other)
{
    if (other == null) return this.Clone();
    Matrix var = new Matrix(this.Rows + other.Rows, this.Columns);
    Array.Copy(this.Elements, var.Elements, this.Elements.Length);
    Array.Copy(other.Elements, 0, var.Elements, this.Elements.Length, other.
        Elements.Length);
    return var;
}
/// 用指定的行组合成新的矩阵
public Matrix CombineRows(int[] inds)
{
    if (inds == null) return new Matrix(0, 0);
    Matrix var = new Matrix(inds.Length, this.Columns);
    for (int i = 0; i < inds.Length; i++)
    {
        Array.Copy(this.Elements, this.Columns * inds[i], var.Elements, var.
            Columns * i, this.Columns);
    }
    return var;
}
/// 用前n行组成新的矩阵
public Matrix CombineTopRows(int count)
{
    if (count < 0) throw new ArgumentException();
    Matrix var = new Matrix(count, this.Columns);
    Array.Copy(this.Elements, var.Elements, this.Columns * count);
    return var;
}
/// 用后n行组成新的矩阵
public Matrix CombineBottomRows(int count)
{
    if (count < 0) throw new ArgumentException();
    Matrix var = new Matrix(count, this.Columns);
    Array.Copy(this.Elements, this.Elements.Length - this.Columns * count, var.
        Elements, 0, this.Columns * count);
    return var;
}
/// 在原矩阵的基础上增加n行
public Matrix AddRows(int count)
```

```
{
    Matrix var = new Matrix(this.Rows + count, this.Columns);
    Array.Copy(this.Elements, var.Elements, this.Elements.Length);
    return var;
}
/// 在原矩阵的基础上增加n行，并设定值
public Matrix AddRows(int count, double val)
{
    Matrix var = new Matrix(this.Rows + count, this.Columns);
    Array.Copy(this.Elements, var.Elements, this.Elements.Length);
    for (int i = this.Elements.Length; i < var.Elements.Length; i++)
    {
        var.Elements[i] = val;
    }
    return var;
}
/// 在当前矩阵第row行第column列位置，用other矩阵中的数值替换
public bool ReplaceSubMatrix(int row, int column, Matrix other)
{
    if (other == null) return true;
    if (row + other.Rows > this.Rows) return false;
    if (column + other.Columns > this.Columns) return false;
    for (int i = 0; i < other.Rows; i++)
    {
        Array.Copy(other.Elements, other.Columns * i, this.Elements, this.Columns
             * (row + i) + column, other.Columns);
    }
    return true;
}
/// 将矩阵数组中前n行按行拼接成新的矩阵
public static Matrix UnionTopMatrixsByRow(Matrix[] array, int count)
{
    if (array == null || count == 0) return new Matrix(0, 0);
    if (count < 0 || count > array.Length) throw new ArgumentException();
    int newRows = 0;
    for (int i = 0; i < count; i++)
    {
        newRows += array[i].Rows;
    }
    int newColumns = array[0].Columns;
    Matrix var = new Matrix(newRows, newColumns);
    int index = 0;
    for (int i = 0; i < count; i++)
    {
        Array.Copy(array[i].Elements, 0, var.Elements, index, array[i].Elements.
            Length);
        index += array[i].Elements.Length;
    }
    return var;
}
///   矩阵的逆矩阵
```

```
public static Matrix Athwart(Matrix iMatrix)
{
    int i = 0;
    int row = iMatrix.Rows;
    Matrix MatrixZwei = new Matrix(row, row * 2);
    Matrix iMatrixInv = new Matrix(row, row);
    for (i = 0; i < row; i++)
    {
        for (int j = 0; j < row; j++)
        {
            MatrixZwei[i, j] = iMatrix[i, j];
        }
    }
    for (i = 0; i < row; i++)
    {
        for (int j = row; j < row * 2; j++)
        {
            MatrixZwei[i, j] = 0;
            if (i + row == j)
                MatrixZwei[i, j] = 1;
        }
    }
    for (i = 0; i < row; i++)
    {
        if (MatrixZwei[i, i] != 0)
        {
            double intTemp = MatrixZwei[i, i];
            for (int j = 0; j < row * 2; j++)
            {
                MatrixZwei[i, j] = MatrixZwei[i, j] / intTemp;
            }
        }
        for (int j = 0; j < row; j++)
        {
            if (j == i)
                continue;
            double intTemp = MatrixZwei[j, i];
            for (int k = 0; k < row * 2; k++)
            {
                MatrixZwei[j, k] = MatrixZwei[j, k] - MatrixZwei[i, k] * intTemp;
            }
        }
    }
    for (i = 0; i < row; i++)
    {
        for (int j = 0; j < row; j++)
        {
            iMatrixInv[i, j] = MatrixZwei[i, j + row];
        }
    }
    return iMatrixInv;
```

```
        }
    }
}
```